“十三五”职业教育国家规划教材

# 机械制图与计算机绘图

（第二版）

主　编　陈玉莲
副主编　季晓明　顾广辉
参　编　祁贤业　钟立才　刘　森

中国矿业大学出版社
· 徐州 ·

## 内容提要

随着计算机及网络技术的飞速发展，教材编者根据新的人才培养需求，在总结了多年职业教育教学改革实践经验的基础上，按照最新标准，以最新 AutoCAD 2022 为蓝本对本教材第一版的内容进行了优化和创新。在编写过程中，特别注意基础知识在实际生产中的应用，安排了绘制平面图形、识读与绘制三视图及轴测图、识读机械图样与测绘、AutoCAD 绘制平面图和 AutoCAD 绘制 3D 图等 5 个教学项目，以工作任务引导基础理论知识的学习，实现了机械制图与工作任务的融合。本次改版配有微课、动画、录屏视频、三维实体模型、焦点解析等富文本阅读材料，读者可随扫随学。

本书可作为普通高等教育应用型本科及高职高专院校机械类、近机类专业的教学用书，也可供相关工程技术人员参考。与本书配套的《机械制图与计算机绘图习题集》同时由中国矿业大学出版社出版。

**图书在版编目(CIP)数据**

机械制图与计算机绘图 / 陈玉莲主编. — 2 版. — 徐州：中国矿业大学出版社，2022.2

ISBN 978-7-5646-5307-1

Ⅰ. ①机… Ⅱ. ①陈… Ⅲ. ①机械制图—职业教育—教材②计算机制图—职业教育—教材 Ⅳ. ①TH126 ②TP391.72

中国版本图书馆 CIP 数据核字(2022)第 032002 号

**书　　名**　机械制图与计算机绘图

**主　　编**　陈玉莲

**责任编辑**　何晓明

**出版发行**　中国矿业大学出版社有限责任公司

（江苏省徐州市解放南路　邮编 221008）

**营销热线**　(0516)83884103　83885105

**出版服务**　(0516)83995789　83884920

**网　　址**　http://www.cumtp.com　**E-mail**:cumtpvip@cumtp.com

**印　　刷**　江苏淮阴新华印务有限公司

**开　　本**　787 mm×1092 mm　1/16　**本册印张** 25.5　**本册字数** 636 千字

**版次印次**　2022 年 2 月第 2 版　2022 年 2 月第 1 次印刷

**总 定 价**　58.00 元(共两册)

# 前　言

随着计算机及网络技术的飞速发展，教材编者根据新的人才培养需求，在总结了多年职业教育教学改革实践经验的基础上，按照最新标准，对本教材第一版的内容进行了优化和创新，编写而成这本内容翔实、特色鲜明的“新形态一体化”教材。教材本着“够用、实用、可持续发展”的新理念，通过“相对弱化尺规作图，强化三维绘图和计算机绘图，突出实用技能(以最新 AutoCAD 2022 为蓝本)”来适应课程改革的新情况，努力贯彻新国标(全书遵守并贯彻最新国标，使教学与一线生产在有关制图国标方面“零距离”对接)。

本书仍沿用“项目-任务”形式编写，任务前面列有“知识要点、技能目标、思政目标”，内容以“任务导入(思政案例)、相关知识(介绍各知识点的理论知识)、任务实施(案例讲解)”进行安排，特别注意了基础知识在实际生产中的应用，共安排了 2 篇 5 个项目 14 个任务，由此搭建教材内容体系，以工作任务引导基础理论知识的学习，实现机械制图与工作任务的融合。本次改版配有微课、动画、录屏视频、三维实体模型、焦点解析等富文本阅读材料，读者可随扫随学。同时，为了方便日常教学，还新增了与之配套的教案、课程标准、课件、dwg 源文件等。另外，为了提升技能，特别提供了“拓展练习”。改版后的新教材既保持了原有优势，又体现了新时代特色。

为便于读者对课程内容的掌握和进行系统的绘图训练，我们同时编写了《机械制图与计算机绘图习题集》与教材配套使用。

教材由陈玉莲担任主编，季晓明、顾广辉担任副主编。具体编写分工为：江苏安全技术职业学院季晓明任务一和任务二，江苏安全技术职业学院刘森任务三和任务四，徐州工业职业技术学院顾广辉任务五、任务六、任务九和任务十，兰州资源环境职业技术大学祁贤业任务七和任务八，兰州资源环境职业技术大学钟立才任务十一和任务十二，兰州资源环境职业技术大学陈玉莲任务十三、任务十四和附录。全书由陈玉莲统稿和审核。

兰州资源环境职业技术大学杨桢教授审阅了本书，提出了宝贵的修改意见，在此表示衷心的感谢。本书可供普通高等教育应用型本科及高职高专院校机械类、近机类专业师生使用，也可供相关技术人员参考。

限于编者水平，书中的不足之处敬请读者斧正，以便在后续的版本中持续改进。

编　者

2022年1月

# 目　录

## 第一篇　机械制图



## 第二篇　计算机绘图

# 第一篇　机械制图

# 项目一　绘制平面图形

## 任务一　图样概述

【知识要点】 机械零部件及工程图学概况，机械制图课程的任务、性质及学习方法。

【技能目标】 能熟练使用铅笔、三角板、圆规、绘图板、丁字尺等常用绘图工具。

【思政目标】 学习机械制图，绘就智造蓝图。

### 任务导入

机械制图是研究用投影法绘制和阅读机械图样的一门学科，是工科学生必修的、非常重要的、实践性强的技术基础课。机械图样是设计、制造和维修机械设备的重要技术资料，是工程界的交流语言。

思政案例

### 相关知识

微课
图样概述

#### 一、熟悉图样

1. 图样的概念

在工程技术上，为了准确表达工程对象（如机器、零件、建筑物等）的形状、大小、相对位置及技术要求，通常需要将其按一定的投影方法和有关技术规定表达在图纸上，这样就得到了工程图样，简称图样（俗称图纸）。用于表示机器、仪器等图样的称为机械图样，它是工程图样中应用最多的一种，常用的机械图样有零件图（表达单个机械零件的图样）和装配图（表达机器，包括部件或组件的图样）。任何机器都是由许多零件和部件组成的，部件又是由若干个零件组成的。图样与机器、部件、零件之间的关系如图 1-1 所示。图 1-1(a)为千斤顶的立体图；图 1-1(b)为千斤顶的部件之一——顶杆零件图，它用来说明定位键的形状、尺寸、技术要求、材料等，以便进行加工和检验；图 1-1(c)为千斤顶的装配图，它用来说明千斤顶的工作原理，装配关系以及组成该部件的各零件的名称、数量、主要结构形状等，以便了解千斤顶的构造和设计要求，并用来指导该部件的装配。可见，装配图和零件图相互依赖、各有所用。

2. 工程图样的作用

在现代工业生产中，各种机器、工具、车辆、船舶、电子仪器的设计、制造以及各种工程建筑的设计、施工都要以图样为依据。在生产和科学实验活动中，设计者需要通过工程图样表达设计意图；制造者需要通过图样了解设计要求，依照图样制造设计对象；使用者需要通过图样了解设计、制造对象的结构及性能。因此，图样是表达设计意图、交流技术思想与指导

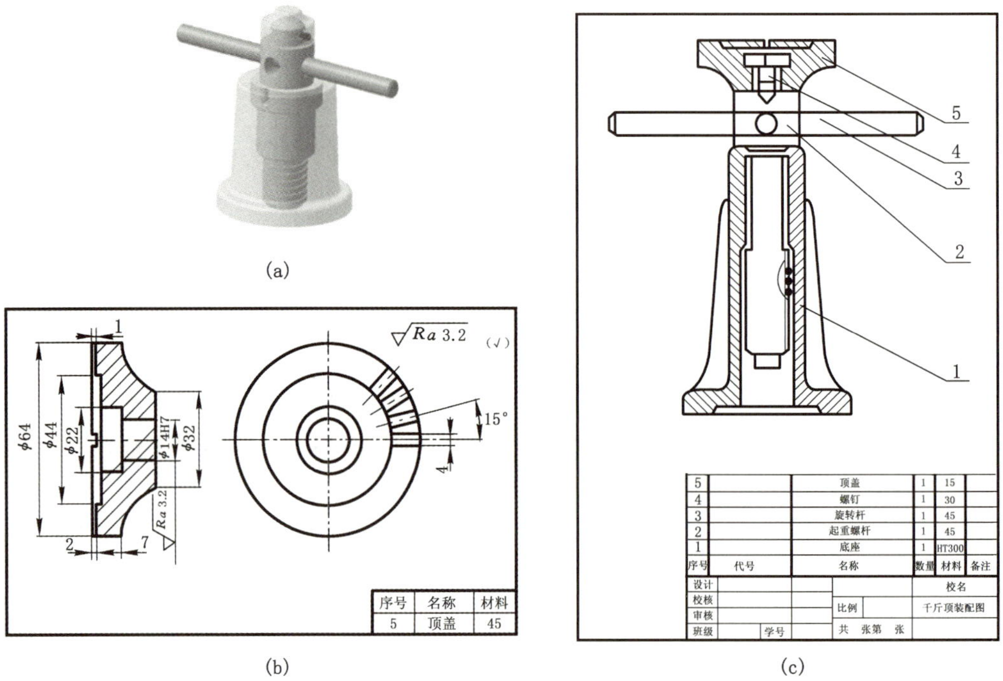


图 1-1　图样与机器、部件、零件之间的关系

生产的重要工具，是工业生产中的重要技术文件，是工程界共同的技术语言。

不同的生产部门对图样有不同的要求，建筑工程中使用的图样称为建筑图样，机械制造业中使用的图样称为机械图样。人们在工厂里经常听到这样一句话，就是“按图加工”，如果我们没有掌握机械制图的知识，就无法做到按图加工。这就从一个侧面告诉我们，图样在工业生产中有着极其重要的地位和作用。随着生产和科学技术的发展，图样的作用也越来越重要。

## 二、工程图学发展简史

任何一门学科的产生和发展，都是和生产的发展密不可分的。工程图学同其他学科一样，是伴随着生产发展而产生和日趋完善的，也是劳动人民长期生产实践经验的积累、总结和提高的结果。我国在工程图学方面有着悠久的历史，据出土文物考证，早在一万多年前的新石器时代，我国人民就能够绘制一些简单的几何图形。早在我国的数学名著《周髀算经》中就有勾股弦等几何作图问题的记载。宋代李诫（字明仲）所著的《营造法式》一书是我国最早的一部关于建筑标准和图样的辉煌巨著。该书总结了我国在建筑上的技术成就，并附有大量的图样，书中正确使用了正投影法和轴测投影法表达建筑造型和结构，图 1-2 所示的山西洪洞广胜寺下寺大殿立面图即是正投影图。明代宋应星所著《天工开物》一书中的大量图例正确运用了轴测图表示工程结构。随着生产技术的不断发展，农业、交通、军事等器械日趋复杂，为了更清楚地表达机器构造，图样的形式和内容日益接近现代工程图样。如在清代程大位所著《算法统宗》一书的插图中，有丈量步车的装配图和零件图。这些都说明我国在图样发展上不仅有着悠久的历史，而且有较高的水平。

(a)

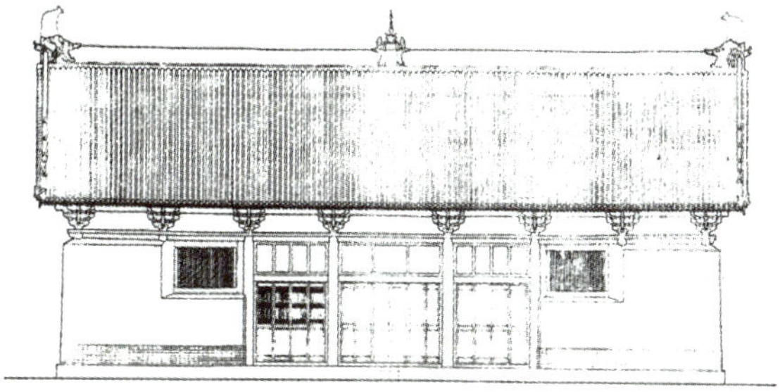

(b)

图 1-2　山西洪洞广胜寺下寺大殿木结构图

随着科学技术的突飞猛进，制图理论与技术得到了很大的发展。尤其是在 IT 迅速发展的今天，计算机绘图的出现使整个图学领域进入了一个新的时代。目前，计算机绘图已广泛应用于各个领域，我们相信，计算机绘图技术的推广和普及，必将推动我国的制图技术向更高的水平跃进。

## 三、本课程的主要任务与学习方法

### 1. 本课程的主要任务

本课程学习的主要任务是：

(1) 学习投影法(主要是正投影法)的基本理论及其应用。

(2) 学习、贯彻国家标准《技术制图》与《机械制图》及其有关规定。

(3) 培养学生的空间想象和思维能力，以及绘图的实际技能，使其具有三种作图(徒手作图、仪器作图和计算机作图)能力和较强的读图能力，重点在于实践能力的培养。

(4) 培养认真负责的工作态度和严谨细致的工作作风，这对于工程技术人员来说是十分重要的。

### 2. 本课程的学习方法

(1) 本课程理论性、实践性均较强，学习时注意理论联系实际。在学习中除了掌握基本理论知识外，还必须密切联系实际，更多地注意在具体作图时如何运用这些理论。因此，只有通过一系列绘图、看图练习，才能掌握本课程的基本原理和基本方法。

(2) 在学习中，严格遵守国家标准，学会查阅有关标准。

(3) 掌握正确的看图和画图方法。必须经常注意空间几何关系的分析以及空间几何元素与其投影之间的相互关系。只有“从空间到平面，再从平面到空间”，进行反复研究和思考，才是学好本课程的有效方法。

(4) 注意正确使用绘图仪器，不断提高尺规绘图技能和绘图速度。

(5) 在计算机绘图的训练中，应在掌握 AutoCAD 基本绘图方法的前提下，加强上机实操，不断提高综合应用 AutoCAD 绘图的技能。

(6) 认真听课，及时复习，独立完成作业，有意识地培养自学能力和标准意识，提高创新意识，养成认真工作的习惯，这是 21 世纪高技能人才必备的基本素质。

## 四、认识绘图工具

常用的手工绘图工具有图板、丁字尺、三角板和绘图仪器等。正确熟练地使用绘图工具、掌握正确的绘图方法，既能保证绘图质量，又能提高绘图速度。下面介绍一些最常用的手工绘图工具及其使用方法。

### 1. 图板、丁字尺和三角板

图板用来铺放和固定图纸，如图 1-3 所示。画图时，需将图纸平铺在图板上，所以，图板的表面必须平整、光洁且富有弹性。图板的左侧边称为导边，必须平直。常用的图板规格有 0 号、1 号和 2 号三种。图板要保持清洁，防止受热受潮，以免翘曲变形或开裂。

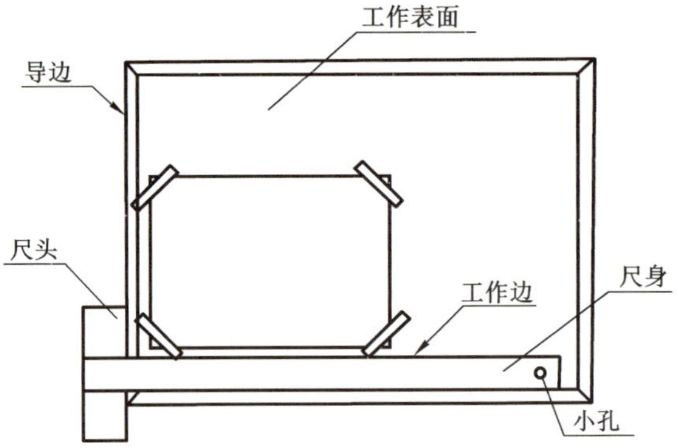


图 1-3　图板和丁字尺

丁字尺主要用来画水平线，它由互相垂直的尺头和尺身组成，如图 1-3 所示。使用时，用左手扶住尺身，将尺头的内侧边紧贴图板的导边，上下移动丁字尺，自左向右可画出一系列不同位置的水平线，如图 1-4 所示。

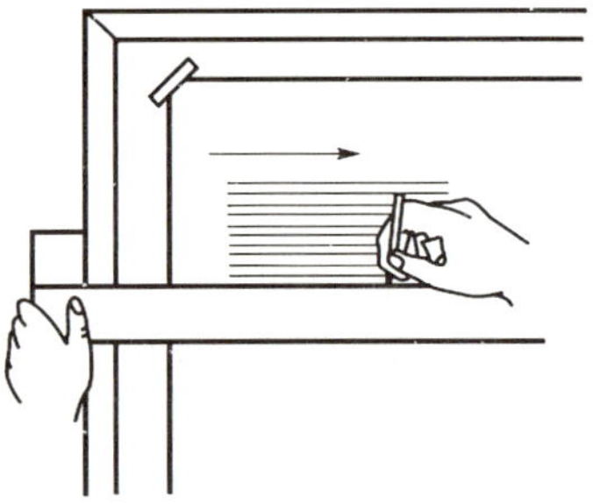

图 1-4　用丁字尺画水平线

三角板由 45°和 30°(60°)各一块组成一副。将一块三角板与丁字尺配合使用，自下而上可画出一系列不同位置的直线，如图 1-5 所示；还可画与水平线成特殊角度(如 30°、45°、60°、15°、75°)的倾斜线。两块三角板互相配合使用，可画任意已知直线的平行线或垂直线，如图 1-6 所示。

### 2. 圆规和分规

圆规是画圆或圆弧的工具，如图 1-7(a)所示。圆规的定心针两端形状不同：作分规用时，锥形尖端朝下；画圆时，有台阶的一端朝下确定圆心——将钢针尖对准圆心，扎入图纸。画圆时，钢针与铅芯插脚应基本垂直于纸面，且针尖应略长于铅芯，用力均匀、顺时针方向转动画圆，如图 1-7(b)所示。活动腿根据需要可换装铅芯插脚、钢针插脚、鸭嘴插脚，画半径

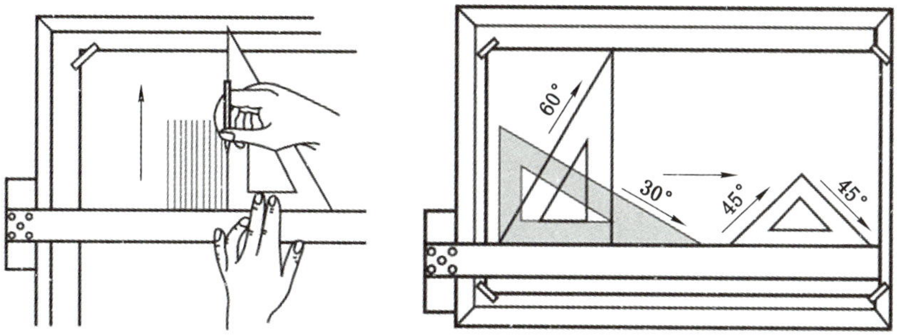


图 1-5　三角板与丁字尺配合画直线和各种倾斜线

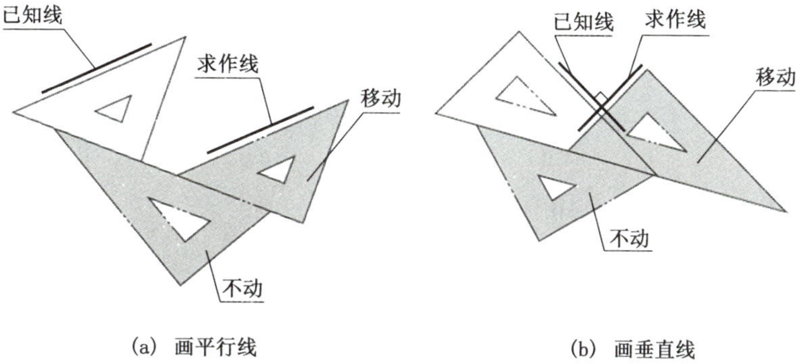


图 1-6　两块三角板相互配合画平行线及垂直线

很大的圆时还可以加装延长杆，如图 1-7(c)所示。

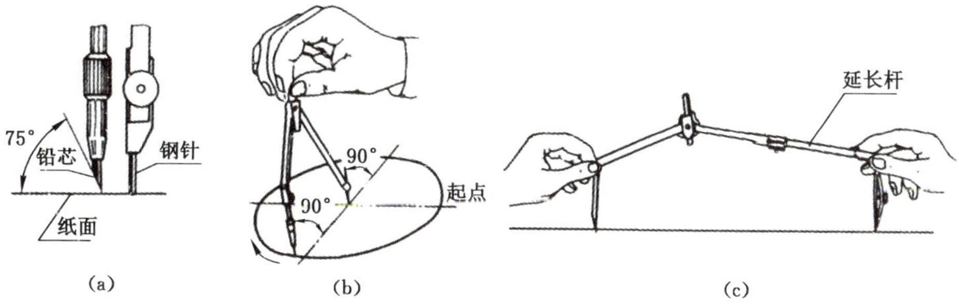


图 1-7　圆规的用法

圆规上铅芯常削成楔形和铲形，如图 1-8(a)所示，楔形用于画细线，铲形用于画粗实线，如图 1-8(b)所示。

分规是量取尺寸和等分线段的工具。分规两腿并拢时，两针尖应对齐。用分规截取等长线段时，两针尖轮流为轴，交替地来回转动，如图 1-9 所示。

3. 铅笔和图纸

绘图铅笔的铅芯有软硬之分，用标号 B 或 H 表示。B 前面数字越大表示铅芯越软而颜色深；H 前面数字越大表示铅芯越硬而颜色淡；标号 HB 表示铅芯软硬适中。绘制机械图

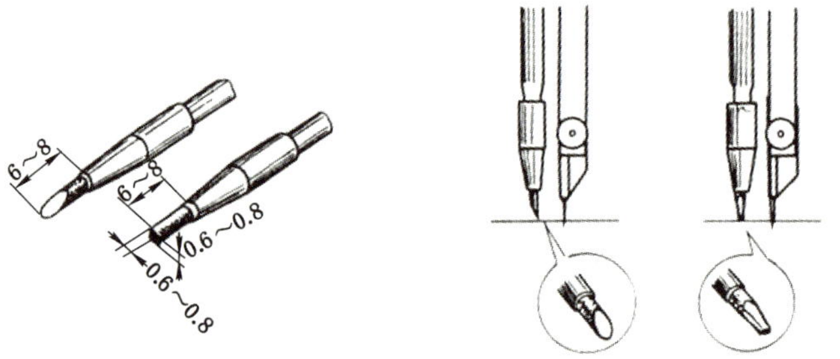


(a) (b)

图 1-8 圆规上铅芯的削法和形状

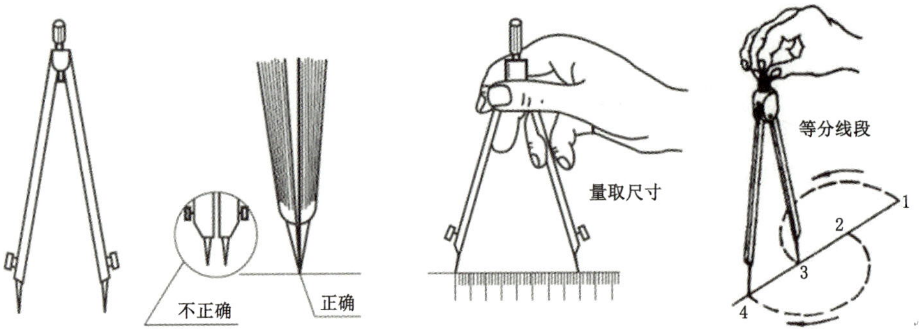


图 1-9 分规的用法

样时，常用 2H 或 H 铅笔画底稿线和加深细线；用 HB 或 H 铅笔写字和画箭头；用 HB 或 B 铅笔画粗线；加深粗线的圆或圆弧时，比加深直线用的 HB 或 B 铅笔软一级。

削铅笔应从无标号的一端削起，以便保留标号，辨认笔芯的软硬。铅笔要削成合适的形状和尺寸，见表 1-1。其中，锥形和楔形用于画细线和写字，矩形和铲形用于绘制粗实线。

表 1-1 铅笔的削法

| | 铅笔 | | | 圆规用铅芯 | |
|---|---|---|---|---|---|
| 用途 | 画细线 | 写字 | 画粗线 | 画细线 | 画粗线 |
| 软硬程度 | H 或 2H | HB | HB 或 B | H 或 HB | B 或 2B |
| 削磨形状 | 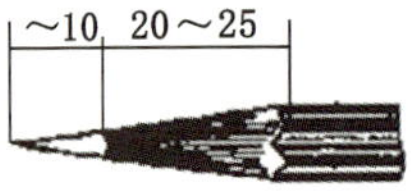 | |  |  | 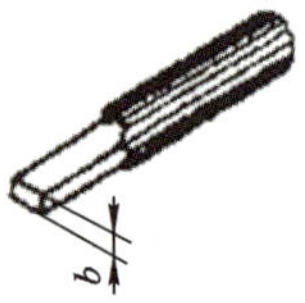 |
| | 锥形 | | 铲形 | 楔形 | 截面为矩形的四棱柱 |

绘图时一般选用质地坚实、纸面洁白、用橡皮擦不易起毛、上墨不渗化的图纸。

图纸有正面和反面之分，绘图时应先用橡皮擦拭，以检查图纸的正反面(易起毛的是反面)，然后将图纸固定在图板的左下方，并在图纸下边缘留出丁字尺的宽度，如图 1-3 所示。

4. 曲线板

曲线板是绘制非圆曲线的常用工具。画线时，先徒手将各点轻轻地连成曲线，如图1-10所示。然后在曲线板上选取曲率相当的部分，分几段逐次将各点连成曲线，但每段都不要全部描完，至少留出后两点间的一小段，使之与下段吻合，以保证曲线的光滑连接。

其他常用的绘图用品还有擦图片（如图 1-11 所示，用于修改图线时遮盖不需擦掉的图线）、小刀、胶带纸、细砂纸、毛刷、橡皮等。

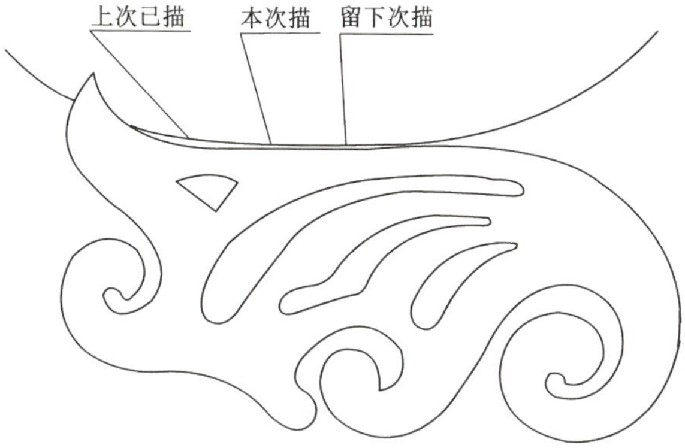


图 1-10　用曲线板画非圆曲线

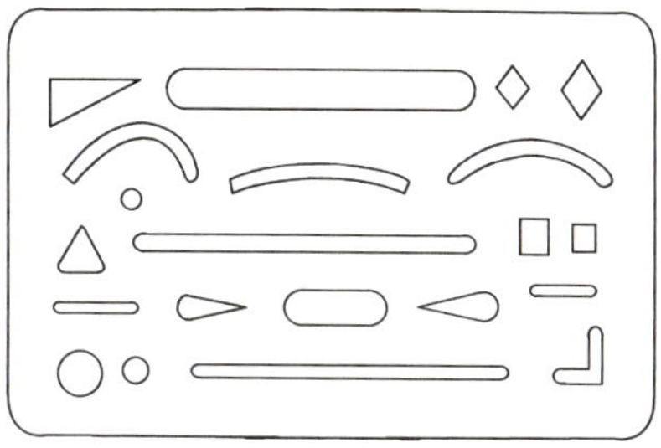

图 1-11　擦图片

## 任务二　应用国标手工绘制平面图形

【知识要点】　机械制图和 CAD 制图国家标准的一般规定，平面图形的绘制与标注。

【技能目标】　能按国家标准采用绘图工具及仪器正确绘制平面图形和进行尺寸标注。

【思政目标】　基于二八原则，探究图形奥秘，夯实绘图技能。

### 任务导入

熟悉最新国标的基本规定，建立标准化意识，掌握绘图方法，形成严谨、规范的绘图习惯。

思政案例

### 相关知识

#### 一、机械图样的一般规定

1. 图纸幅面及格式

（1）图幅（GB/T 14689—2008）

图幅指图纸的大小。绘制技术图样时，应优先采用表 1-2 所规定的基本幅面。必要时也可加长幅面，但应按基本幅面的短边整数倍增加，如图 1-12 所示。其中，粗实线部分为基本幅面，细实线所示为第一选择的加长幅面。

微课
应用国标手工绘图

加长后幅面记作：基本幅面代号×倍数，如A3×3，表示按 A3 图幅的短边 297 mm 加长 3 倍，即加长后的图幅为 420 mm×891 mm。

表 1-2　图纸幅面尺寸　　单位：mm

| 幅面代号 | A0 | A1 | A2 | A3 | A4 |
|---|---|---|---|---|---|
| $B\times L$ | 841×1 189 | 594×841 | 420×594 | 297×420 | 210×297 |
| $e$ | 20 | | 10 | | |
| $c$ | 10 | | | 5 | |
| $a$ | 25 | | | | |

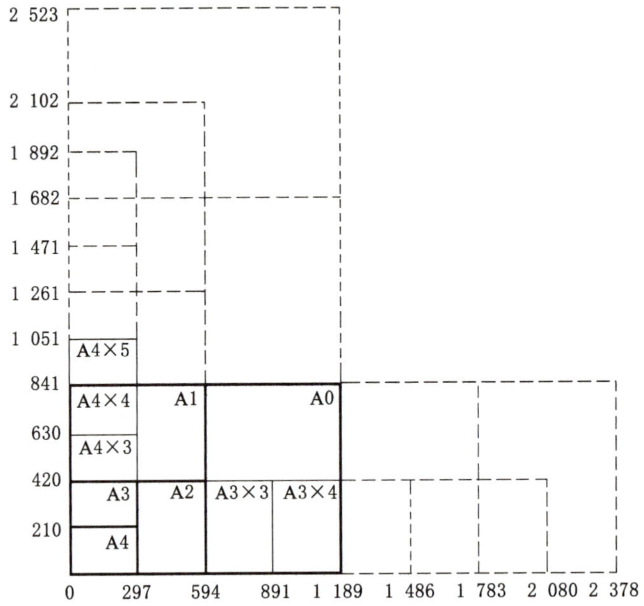


图 1-12　图纸幅面的关系

(2) 图框格式

图纸可横放或竖放，一般采用 A4 竖放或 A3 横放。图样中的图框由内、外两框组成，外框用细实线画出，大小为幅面尺寸；内框用粗实线画出，用于限定绘图区域。其格式分为不留装订边[如图 1-13(a)所示，内、外框间距随图纸幅面变化，具体值可查阅表 1-2]和留装订边[用于需要装订的图样，如图 1-13(b)所示]两种。同一产品所有的图样应采用同一种图框格式。

(3) 标题栏(GB/T 10609.1—2008)

每张图纸上都必须画出标题栏，外框为粗实线，内格为细实线。标题栏的位置应位于图纸的右下角，尺寸不随图纸大小、格式变化，如图 1-14 所示。看标题栏的方向即为看图、画图的方向。在本课程的作业中，建议采用图 1-15 所示的简易格式。

(4) 图纸的折叠(GB/T 10609.3—2009)

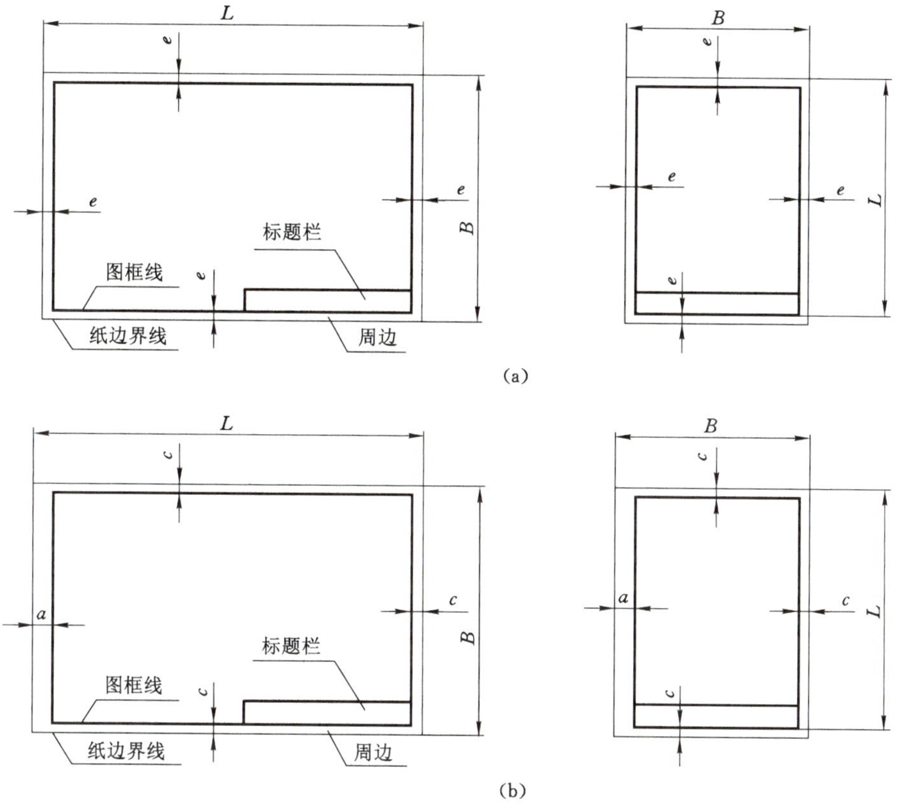


图 1-13　图框格式

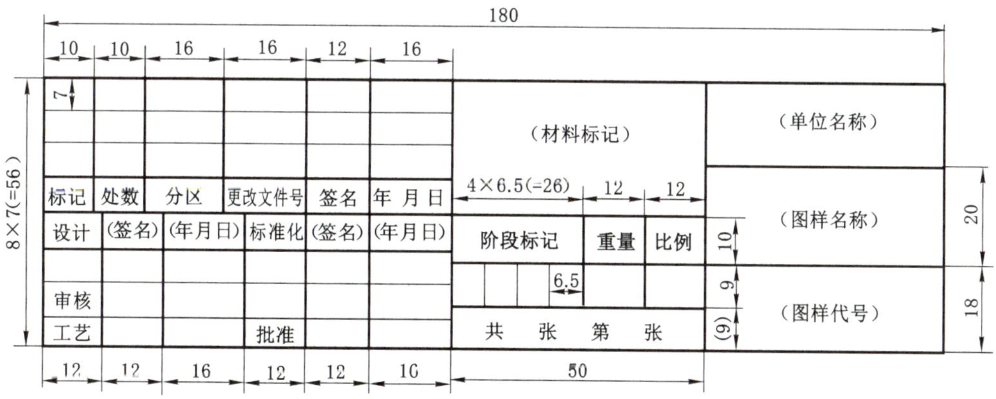


图 1-14　标题栏国标格式

图纸以手风琴式方法进行折叠，且正面应折向外方。折叠后的图纸幅面一般为 A4 或 A3 大小，以便放入文件袋或装订成册保存；折叠后的图纸应使标题栏在右下、外面，以便查阅。

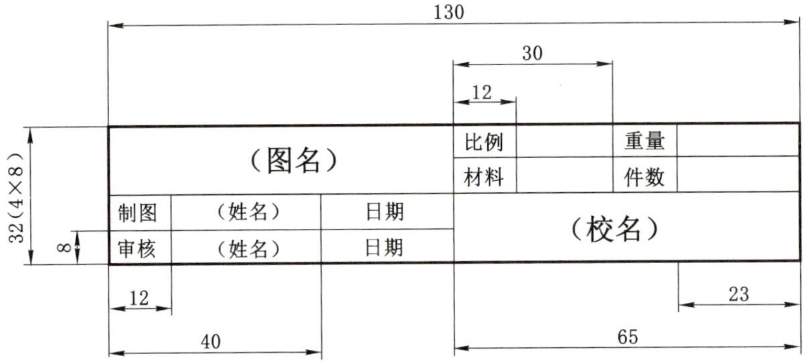


图 1-15　学生用简易标题栏格式

2. 比例(GB/T 14690—1993)

图中图形与其实物相应要素的线性尺寸之比称为比例。

比值为 1 的比例,称为原值比例,即 1∶1;比值大于 1 的比例,称为放大比例,如 2∶1 等;比值小于 1 的比例称为缩小比例,如 1∶2 等。

国家标准规定,绘制图样时应在表 1-3 中选取合适的比例,在保证图样清晰的前提下,尽可能采用 1∶1 的比例,使图样反映实物的真实大小。

表 1-3　比例系列

| 种类 | 常用比例 | 允许用比例 |
|---|---|---|
| 原值比例 | 1∶1 | |
| 放大比例 | 2∶1,5∶1,10∶1<br>$2\times10^n$∶1,$5\times10^n$∶1,$1\times10^n$∶1 | 2.5∶1,4∶1<br>$2.5\times10^n$∶1,$4\times10^n$∶1 |
| 缩小比例 | 1∶2,1∶5,1∶10<br>1∶$2\times10^n$,1∶$5\times10^n$,1∶$1\times10^n$ | 1∶1.5,1∶2.5,1∶3,1∶4,1∶6<br>1∶$1.5\times10^n$,1∶$2.5\times10^n$,1∶$3\times10^n$,1∶$4\times10^n$,1∶$6\times10^n$ |

注:$n$ 为正整数。

同一张图样上的各图形一般采用相同的比例,并统一注在标题栏中。

图形不论放大或缩小,在标注尺寸时,均应按机件的实际尺寸标注,图形中的角度按实际角度绘制和标注,如图 1-16 所示。

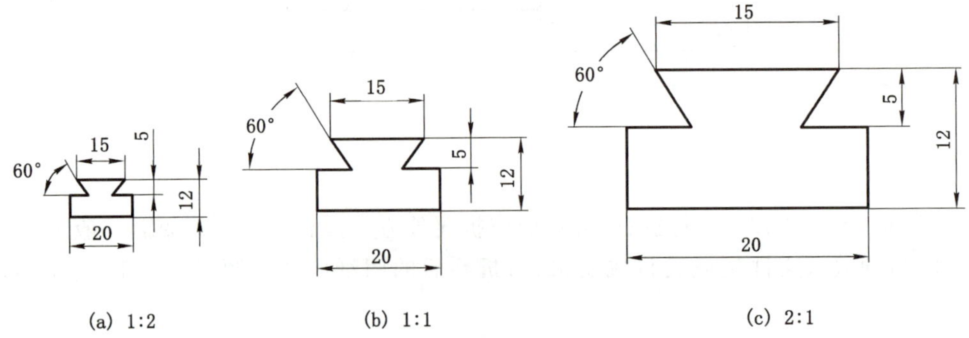


图 1-16　尺寸数值与绘图比例无关

3. 字体(GB/T 14691—1993)

字体指的是图样中汉字、字母和数字的书写形式。

(1) 汉字在 CAD 中,常用字高为 3.5 mm

图样中的汉字应写成长仿宋体,并应采用国家正式公布推行的简化字。字的大小应按规定字号(字体高度用 $h$ 表示)选取。公称尺寸(mm)系列为:1.8、2.5、3.5、5、7、10、14、20 等 8 种。如需书写更大的字,则字体高度应按$\sqrt{2}$的比率递增。字体的高度代表字体的号数,如 7 号字的高度为 7 mm。汉字的高度一般不应小于 3.5 mm,其字宽一般为 $h/\sqrt{2}$(约为字高的 0.7 倍)。

长仿宋体字的书写必须做到:字体工整、笔画清楚、间隔均匀、排列整齐。

(2) 字母和数字

图样中的字母和数字可写成斜体或直体。斜体字字头向右倾斜,与水平基准线成 75°。注意用作指数、分数、极限偏差、注脚等的数字及字母,一般应采用小一号的字体书写。

(3) 字体示例

汉字、数字和字母的示例见表 1-4。

表 1-4　字体示例

| 字体 | | 示例 |
|---|---|---|
| 长仿宋体 | 10 号字 | 字体工整笔画清楚间隔均匀排列整齐 |
| | 7 号字 | 字体工整笔画清楚间隔均匀排列整齐 |
| | 5 号字 | 字体工整笔画清楚间隔均匀排列整齐 |
| 拉丁字母 | 大写斜体 | *ABCDEFGHIJKLMNOPQRSTUVWXYZ* |
| | 小写斜体 | *abcdefghijklmnopqrstuvwxyz* |
| 阿拉伯数字 | 斜体 | *0123456789* |
| | 正体 | 0123456789 |
| 罗马数字 | 斜体 | *Ⅰ Ⅱ Ⅲ Ⅳ Ⅴ Ⅵ Ⅶ Ⅷ Ⅸ Ⅹ* |
| | 正体 | Ⅰ Ⅱ Ⅲ Ⅳ Ⅴ Ⅵ Ⅶ Ⅷ Ⅸ Ⅹ |
| 字体应用 | | $\phi20^{+0.010}_{-0.023}$ $7°^{+1°}_{-2°}$ $\frac{3}{5}$ $10^{3}$ $s^{-1}$ $D_1$ $T_d$<br>10JS5(±0.003) M24-6h mm/kg<br>$\phi25\frac{H6}{m5}$ $\frac{Ⅱ}{2:1}$ 6.3√ |

4. 图线(GB/T 17450—1998、GB/T 4457.4—2002)

(1) 图线及其应用

机械图样中常用图线及其应用场合见表 1-5,图 1-17 所示为常用图线应用举例。

图线的应用

图线的宽度分为粗、细两种,其比率为 2∶1,线宽 $b$ 的推荐系列(mm)为:0.13、0.18、0.25、0.35、0.5、0.7、1、1.7、2。粗实线的宽度 $b$ 应根据图形的大小和复杂程度选取,一般取 $b$=0.5~2 mm。

表 1-5 图线的应用

| 代码 | 线型 | 图线型式 | 线宽 | 一般应用 |
|---|---|---|---|---|
| 01.1 | 细实线 |  | $b/2$ | 过渡线、尺寸线及尺寸界线、剖面线、重合断面的轮廓线、指引线、螺纹牙底线及基准线等 |
| | 波浪线 |  | $b/2$ | 断裂处的边界线,视图与剖视图的分界线 |
| | 双折线 | 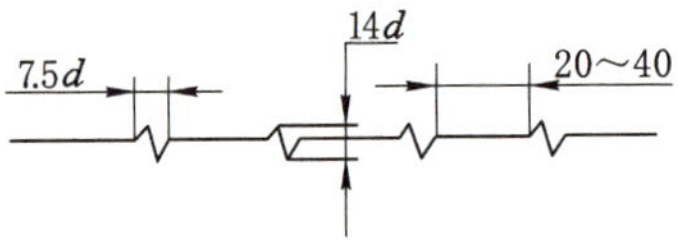 | $b/2$ | 断裂处的边界线,视图与剖视图的分界线 |
| 01.2 | 粗实线 |  | $b$ | 可见轮廓线、表示剖切面起讫和转折的剖切符号、相贯线 |
| 02.1 | 细虚线 |  | $b/2$ | 不可见轮廓线、不可见棱边线 |
| 02.2 | 粗虚线 | 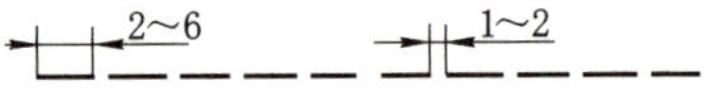 | $b$ | 允许表面处理的表示线 |
| 04.1 | 细点画线 | 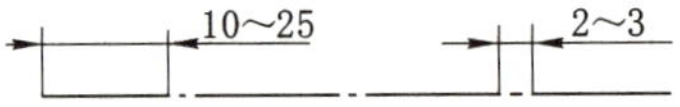 | $b/2$ | 轴线、对称中心线、分度圆(线)、剖切线等 |
| 04.2 | 粗点画线 | 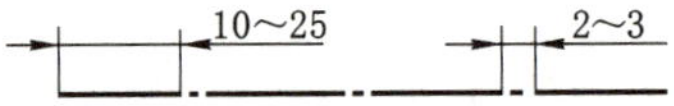 | $b$ | 限定范围表示线 |
| 05.1 | 细双点画线 | 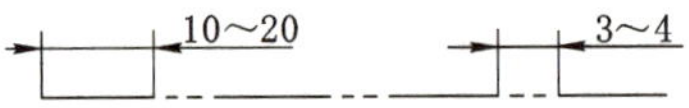 | $b/2$ | 相邻辅助零件的轮廓线,可动零件极限位置的轮廓线、轨迹线、中断线等 |

注:表中细虚线、细点画线、细双点画线的线段长度和间隔的数值仅供参考。

(2) 图线画法

① 同一图样中同类图线的宽度应基本一致。细虚线、细点画线及细双点画线的线段长度和间隔应各自大致相同。

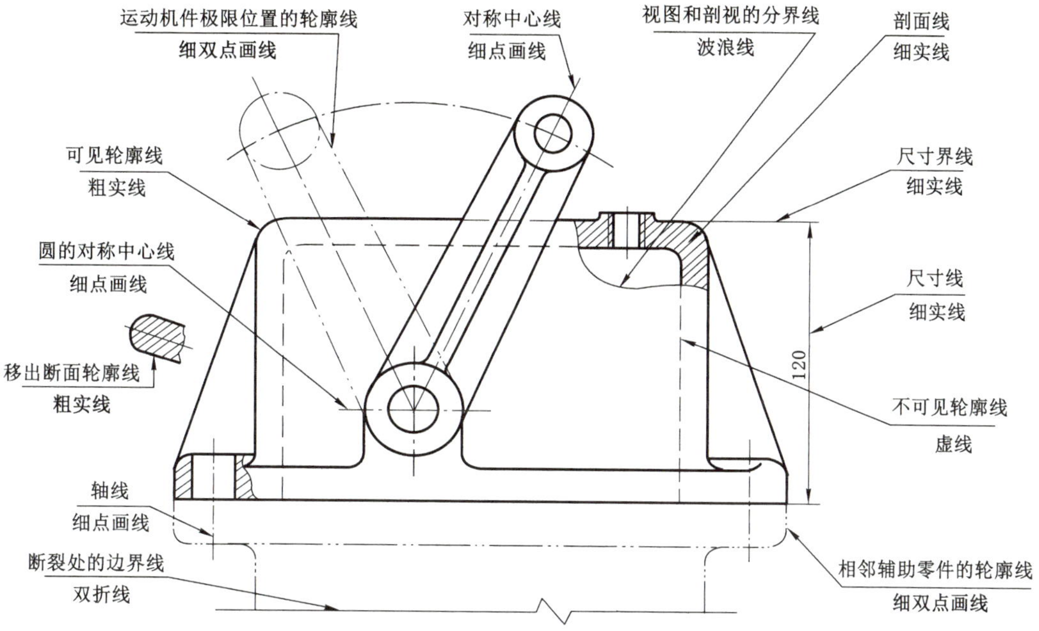


图 1-17　常用图线应用举例

② 两条平行线之间的距离应不小于粗实线的 2 倍宽度，其最小距离不得小于 0.7 mm。

③ 绘制圆的对称中心线时，圆心应为画线的交点，且一般超出图形的轮廓线 2～5 mm，如图 1-18 所示。

④ 在较小的图形上绘制点画线和双点画线有困难时，可用细实线代替，如图 1-18 所示。

⑤ 虚线与虚线相交或虚线与其他图线相交，应在画线处相交。当虚线在粗实线的延长线上时，粗实线应画到分界点，先留空隙再画虚线。当虚线圆弧与虚线直线相切时，虚线圆弧应画到切点，先留空隙再画虚线直线。如图 1-18 所示。

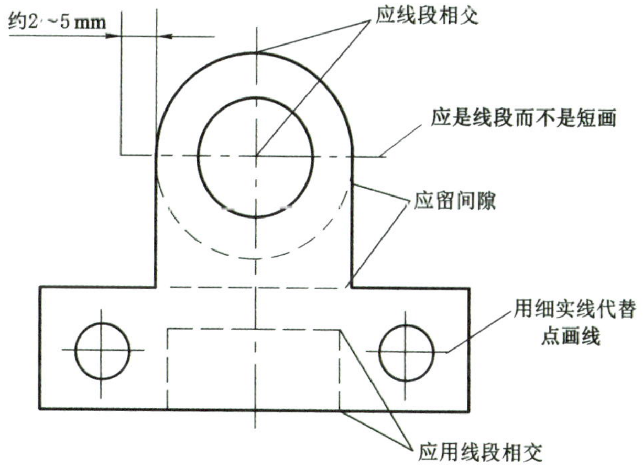


图 1-18　图线的画法

5. 尺寸标注(GB/T 4458.4—2003、GB/T 16675.2—2012)

图形表达机件的形状结构,而机件的大小由尺寸确定。标注尺寸应严格遵守国家标准的规定,以保证尺寸标注的正确、完整、清晰和合理。

(1) 基本规则

① 机件的真实大小应以图样上标注的尺寸数值为依据,与图形的大小及绘图的准确度无关。

② 图样(包括技术要求和其他说明)中的尺寸,以毫米(mm)为单位时,不需标注计量单位的代号或名称。如采用其他单位时,则必须注明相应的计量单位的代号或名称。

③ 图样中标注的尺寸,为该图样所示机件的最后完工尺寸,否则应另加说明。

④ 机件的每一尺寸,一般只标注一次,并应注在反映该结构最清晰的图形上。

⑤ 标注尺寸时,尽可能采用规定的符号和缩写词,见表 1-6。

表 1-6 符号和缩写词

| 名称 | 符号或缩写词 | 名称 | 符号或缩写词 |
|---|---|---|---|
| 直径 | $\phi$ | 45°倒角 | $C$ |
| 半径 | $R$ | 深度 | ↧ |
| 球直径 | $S\phi$ | 沉孔或锪平 | ⊔ |
| 球半径 | $SR$ | 埋头孔 | ∨ |
| 圆弧 | ⌒ | 均布 | EQS |
| 厚度 | $t$ | 斜度 | ∠ |
| 正方形 | □ | 锥度 | ⊿ |

(2) 尺寸的组成

标注一个尺寸,一般涉及尺寸界线、尺寸线(包括箭头)和尺寸数字,如图 1-19 所示。

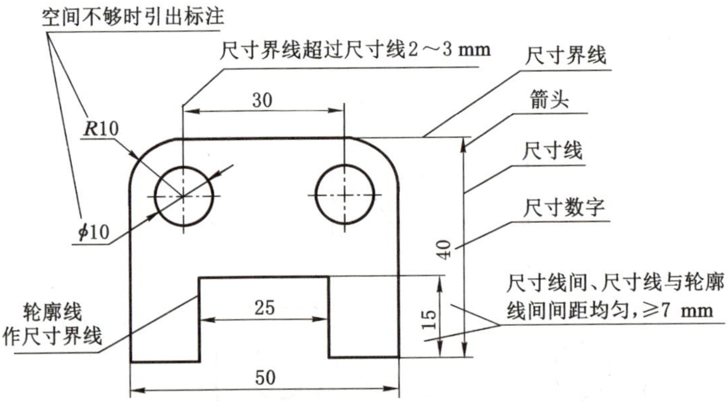


图 1-19 尺寸的组成及标注示例

① 尺寸界线

尺寸界线表示尺寸的范围，用细实线绘制，由图形轮廓线、轴线或对称中心线处引出，也可直接利用这些线作尺寸界线。尺寸界线一般与尺寸线垂直，并超出尺寸线 2～3 mm，如图 1-19 所示。

② 尺寸线

尺寸线用细实线绘制，其终端常采用箭头，画法如图 1-20 所示。箭头应与尺寸界线接触，一张图纸上箭头大小要一致。尺寸线不能用其他图线替代，也不得与其他图线重合或画在其延长线上。

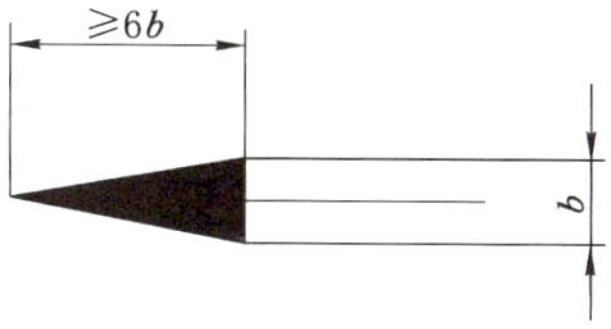


图 1-20　箭头的画法

③ 尺寸数字

尺寸数字要严格按照标准字体书写清楚，同一张图纸上尺寸数字大小要一致，且不能被任何图线通过。

(3) 尺寸的注法（表 1-7）

表 1-7　尺寸的注法

| 类型 | 图例 | 说明 |
| --- | --- | --- |
| 线性尺寸 | 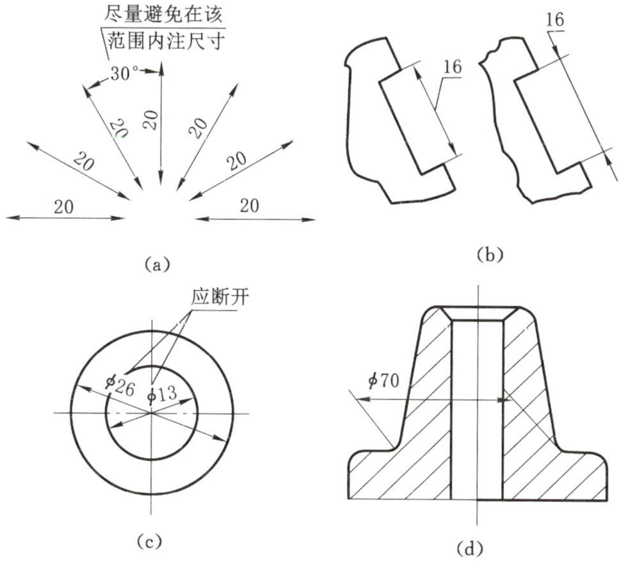  | 1. 尺寸线必须与所标注的线段平行。<br>2. 尺寸数字：水平方向注写在尺寸线上方，字头朝上。竖直方向注写在尺寸线左方，字头朝左。倾斜方向注写在尺寸线斜上方，字头朝上，如图(a)所示。应避免在如图(a)所示 30°范围内注写；不可避免时可引出标注，如图(b)所示。特殊情况下，尺寸数字的位置也允许注写在尺寸线的中断处；任何图线不能通过尺寸数字，必要时将图线断开，如图(c)所示。<br>3. 尺寸界线一般与尺寸线垂直，必要时才允许倾斜，如图(d)所示 |

表 1-7(续)

| 类型 | 图例 | 说明 |
|---|---|---|
| 半径和直径 | 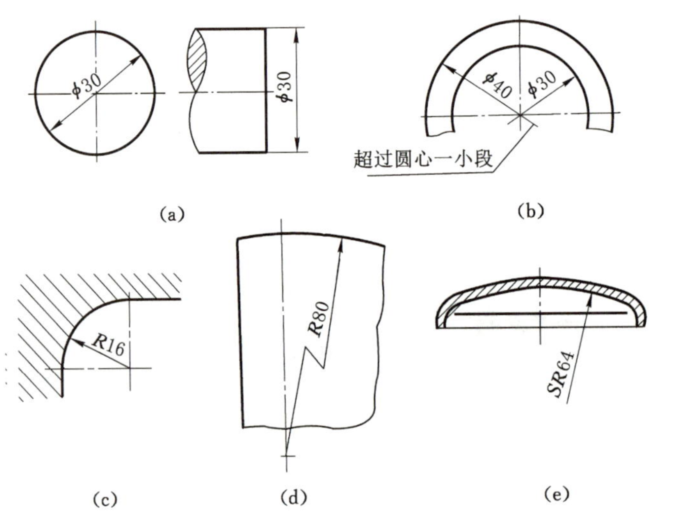 | 1. 整圆或优弧一般标注直径,劣弧一般标注半径,如图(a)所示。<br>2. 尺寸线一般过圆心,终端应画成箭头,如图(b)所示。<br>3. 半径、直径尺寸数字前应分别注写符号"*R*""*ϕ*",如图(c)所示;标注球的半径、直径时,应在符号"*R*""*ϕ*"前再加注符号"*S*",如图(e)所示。<br>4. 当圆弧半径过大或在图纸范围内无法标出其圆心位置时,可按图(d)形式标注;若不需说明其圆心位置,可按图(c)形式标注 |
| 角度 | 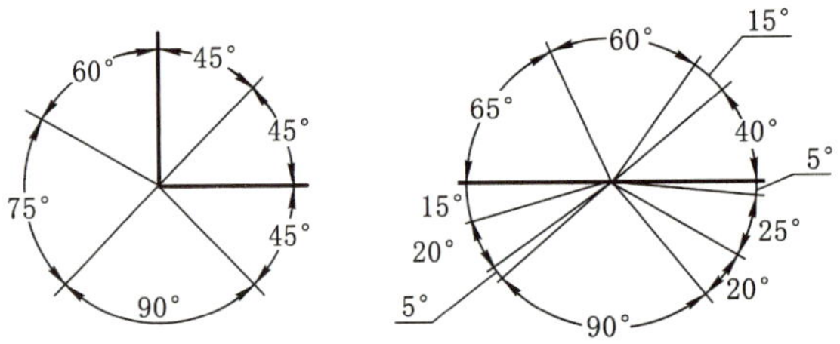 | 角度的尺寸界线应沿径向引出,尺寸线是以角的顶点为圆心画出的圆弧线;角度数字应水平注写;角度较小时也可用指引线引出标注 |
| 小尺寸 | 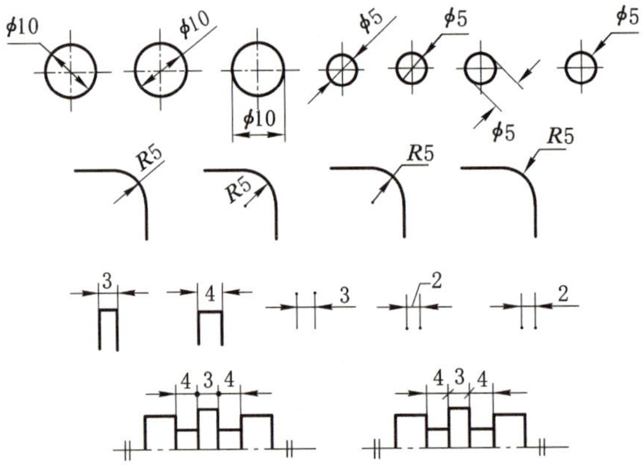 | 在没有足够位置画箭头或注写数字时,可按左图形式标注;当采用箭头时,位置不够允许用圆点代替斜线或箭头 |

(4) 标注尺寸时常见的错误

标注尺寸时常见的错误示例如图 1-21 所示。

## 二、CAD 制图国家标准简介

自计算机诞生至今,也只有短短的几十年,但其应用领域却已几乎遍及人类生活的所有方面。CAD(Computer Aided Design)技术,是指使用计算机系统进行辅助设计的全过程,

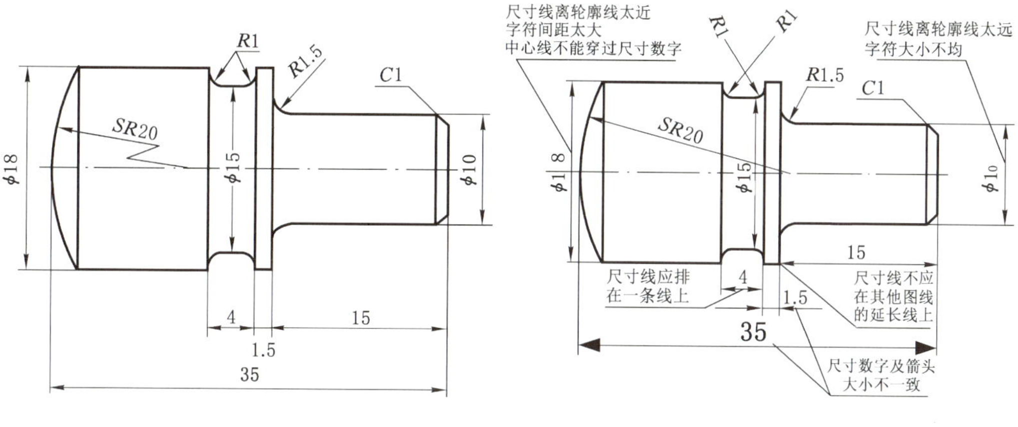


(a) 正确　　　　(b) 不正确

图 1-21　标注尺寸时常见的错误示例

包括资料信息检索、市场调研分析、方案构思、计算分析、检验测试和编制设计文件等。其中，CAD 制图则早在 20 世纪 50 年代就已出现，但由于初期的软硬件功能均不强，主要在实验室范围逐步发展；到了 20 世纪 70 年代，其应用范围才迅速扩展，且计算机制图和数学、工程学、美学等学科交叉形成了一个崭新的学科——计算机图形学（CG）；特别是 20 世纪 80 年代初，以“AutoCAD”为代表的一批设计软件如雨后春笋般涌现，因其速度快、精度高，而促成了计算机制图逐步取代了传统的手工制图。

CAD 制图是在工程制图的基础上发展起来的。CAD 制图标准体系包括最基本的两个部分：支持标准和其他的具体标准。支持标准包括最基本的术语、开发规范、CAD 图形系统、机械产品数据交换和图形符号表示规则。而其他的具体标准则主要由规则标准、方法标准、图形符号、几何精度、结构要素、标准件和常用件及相关标准组成。《CAD 工程制图规则》（GB/T 18229—2000）和《机械工程 CAD 制图规则》（GB/T 14665—2012）（以下简称 CAD 制图标准）根据机械工程中应用 CAD 制图的特点（如图线的绘制要进行具体结构尺寸的计算，颜色、分层等的设置应按计算机特有方式进行等）进行了一系列详细而具体的规定，对机械行业应用 CAD 制图提出了明确的要求。

1.《CAD 工程制图规则》（GB/T 18229—2000）

这是一项基础性的标准，它主要规定了用计算机绘制工程图过程中所要遵守的基本规则，包括有关术语、CAD 工程制图的基本设置要求、投影法、图形符号的绘制、CAD 工程图的基本画法、CAD 工程图的尺寸标注及 CAD 工程图的管理等。该标准除了直接引用《技术制图》国家标准外，还对计算机绘制工程图进行了相应的规定。在字体方面，除了使用长仿宋字外，对字体的大小与图纸幅面的关系，字体的最小字（词）距、行距以及间隔线或基准线与书写字体之间的最小距离，字体的选择范围进行了详细的规定。在图线方面，详细规定了屏幕上图线的显示颜色。在工程图的管理方面，除了图层的管理以外，还规定了文件的管理。

2.《机械工程 CAD 制图规则》（GB/T 14665—2012）

这是机械行业具体的 CAD 制图标准，主要规定了机械工程中用计算机辅助设计时的制图规则，适用于在计算机及其外围设备中进行显示、绘制、打印的机械工程图样及有关技术文件。具体包括 CAD 制图中的图线、字体、尺寸线的终端形式，图样中各种线型在计算机中的分层等。该标准引用了《技术制图》的多项标准，规定凡涉及该标准未规定的内容时，应符合原来的标准和规定，并要求在使用 CAD 绘制机械图样时，首先应考虑表达准确、看图方便，在完整、清晰、准确地表达机件各部分形状的前提下力求制图简便，这与手工绘图的要求相同。标准规定的相交线、接触与连接线和转弯线的画法，重合图线的优先顺序及尺寸线的终端形式也与手工绘图无异。该标准还规定在使用 CAD 绘制机械图样时尽量采用 CAD 新技术，最大限度地发挥计算机的优势。在图线方面，给出了图线结构的具体计算公式，如虚线按公式计算后，避免了按手工绘图要求的短画 $12d$、间隔画 $3d$ 时，图线的一端可能是较短或较长短画的问题。图线的颜色及分层标识、字体的大小要求与《CAD 工程制图规则》(GB/T 18229—2000)相同。

以下就 CAD 工程图标准与机械制图标准有差别的地方进行简单介绍：

(1) 对图幅和比例，CAD 标准与技术制图标准规定基本相同，在 CAD 绘图过程中可等效采用。

(2) 字体选用范围：在绘制 CAD 机械图时，一般采用矢量字体。为了使图样中的汉字字体与阿拉伯数字字体及外文字体高度一致，规定 shx 字体为 gbeitc(gb——国标，e——English，itc——italic 斜体字，指符合国标的英文斜体字)或 gbenor(gb——国标，e——English，nor——normal 正体字，指符合国标的英文正体字)及 gbcbig(gb——国标，c——Chinese，big——big5 大五码，是支持亚太地区语言的字体，指符合国标的大五码中文字体)。汉字在输出时一般采用正体，并采用国家正式公布和推行的简化字，也可等效采用绘图软件 AutoCAD 内置仿宋字体。

(3) 字体与图幅大小的关系：在绘制 CAD 工程图时，一般 A0～A1 幅面图纸中，字母及数字高为 5 mm，汉字高为 7 mm；A2～A4 幅面图纸中，字母及数字高为 3.5 mm，汉字高为 5 mm。另外，CAD 制图标准中对字体的最小字(词)距、行距以及间隔线或基准线与书写体之间的距离也做了规定。

(4) 基本线型：CAD 标准中规定了多种线型，与技术制图标准相同，但有的绘图软件如 AutoCAD 的线型库“acadiso.lin”中的 15 种线型为 ISO 标准，可等效采用。CAD 标准中对图线的结构计算也做了详细的规定，主要包括双折线、虚线、点画线、双点画线结构计算等。

(5) 图线颜色：CAD 制图标准中规定屏幕上常用图线颜色：粗实线颜色为白色，细实线、波浪线和双折线颜色为绿色，细虚线为黄色，粗虚线为白色，细点画线为红色，粗点画线为棕色，细双点画线为粉红色等，并要求相同类型的图线应采用同样的颜色。

(6) 图线宽度：为了便于机械工程 CAD 制图，CAD 制图标准中规定了 5 组图线组合，见表 1-8。一般优先选用该标准中的第四组，即粗线宽 0.7 mm、细线宽 0.35 mm。

**表 1-8　图线组别**

| 分组 | | | | | | 一般用途 |
|---|---|---|---|---|---|---|
| 组别 | 1 | 2 | 3 | 4 | 5 | |
| 线宽/mm | 2.0 | 1.4 | 1.0 | 0.7 | 0.5 | 粗实线、粗点画线、粗虚线 |
| | 1.0 | 0.7 | 0.5 | 0.35 | 0.25 | 细实线、波浪线、双折线、细虚线、细点画线、细双点画线 |

(7) 图层管理：CAD制图标准中规定图样可分01～16层，其中14、15、16为备用层，并对每一层上放置的线型做了规定。绘制机械图样时常用线型放置如下：01层——粗实线，02层——细线，05层——细点画线，08层——尺寸要素，10层——剖面符号，13层——文本(粗)。

(8) 剖面区域表示：CAD标准与机械制图标准基本相同，但有的绘图软件如AutoCAD内置金属剖面线符号为ANSI标准，绘图时可等效采用。

## 三、几何作图

所谓几何作图，就是依照给定的条件，准确地绘出预定的几何图形。机件的轮廓形状虽然各不相同，但分析起来，都是由直线、圆弧和其他一些非圆曲线等基本的几何图形所组成的。熟练掌握几何作图的方法，学会分析图形，才能正确无误地绘制出平面图形。

微课
几何作图

1. 基本的几何作图方法

一些基本的几何作图方法见表1-9。

表1-9　基本的几何作图方法

| 作图要求 | 图例 | 说明 |
| --- | --- | --- |
| 等分线段 | 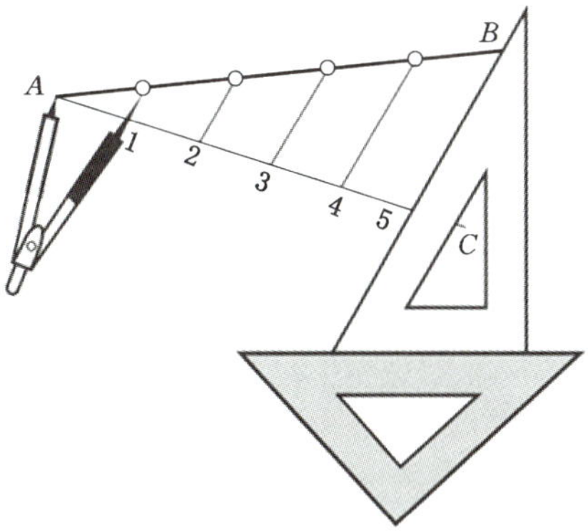 | 平行线法：将线段 *AB* 五等分。先由一端点 *A*(或 *B*)任作射线 *AC*，在 *AC* 上以适当长度截得1、2、3、4、5各等分点。连接5*B*，并过4、3、2、1各点分别作5*B*的平行线，即得线段 *AB* 的5个等分点 |
| 六等分圆周和作正六边形 | 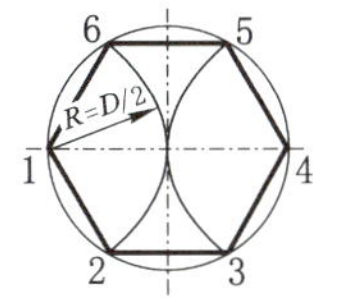六等分圆周和作正六边形<br>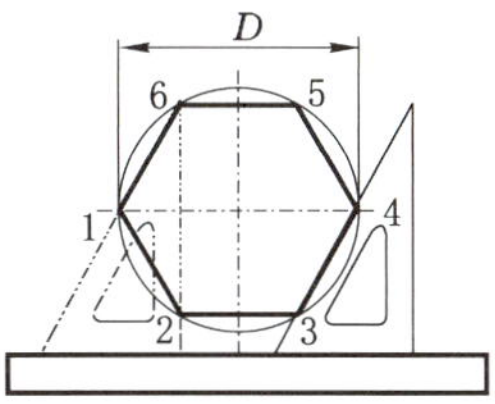已知对角距作圆内接正六边形<br>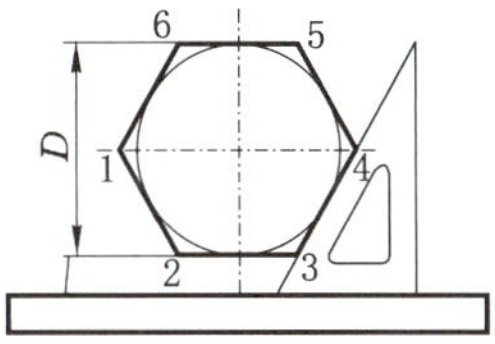已知对边距作圆外切正六边形 | 按作图方法，六等分圆周分为利用三角板和圆规作图两种。按已知条件，作正六边形有已知对角距作圆内接正六边形和已知对边距作圆外切正六边形两种方法 |

表 1-9(续)

| 作图要求 | 图例 | 说明 |
|---|---|---|
| 斜度 | 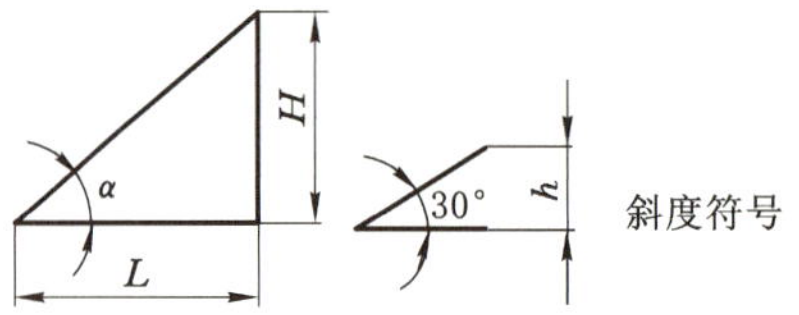<br>斜度符号$h$=字高，线宽=$\frac{h}{10}$<br>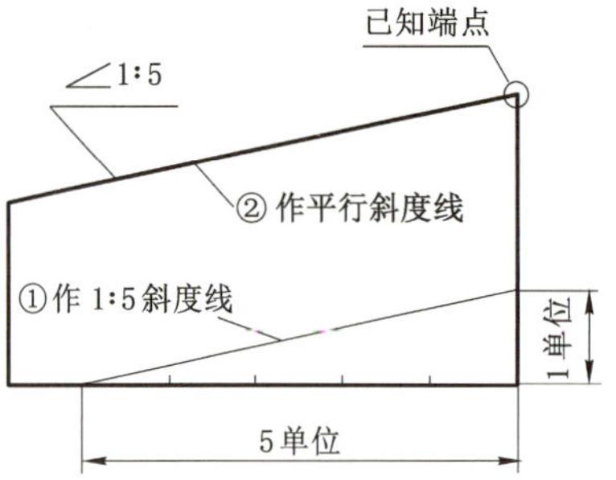<br>斜度 1:5 的画法 | 斜度是指一直线(或平面)对另一直线(或平面)的倾斜程度，其大小用两直线(或平面)间夹角的正切表示(斜度$=\tan\alpha=\frac{H}{L}=1:n$)，并写成$1:n$的形式，其前加斜度符号“∠”，斜度符号的方向应与图中斜度的方向一致。<br>作图方法：① 作斜度1∶5的辅助线，水平线取5单位长度，在竖直方向上取1单位长度，连接得1∶5的斜度线；② 过已知点推平行线到需要的位置 |
| 锥度 | 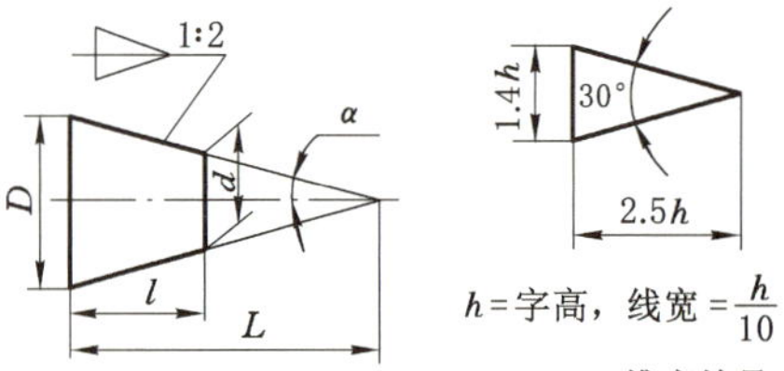<br>$h$=字高，线宽=$\frac{h}{10}$<br>(a) 锥度　(b) 锥度符号<br>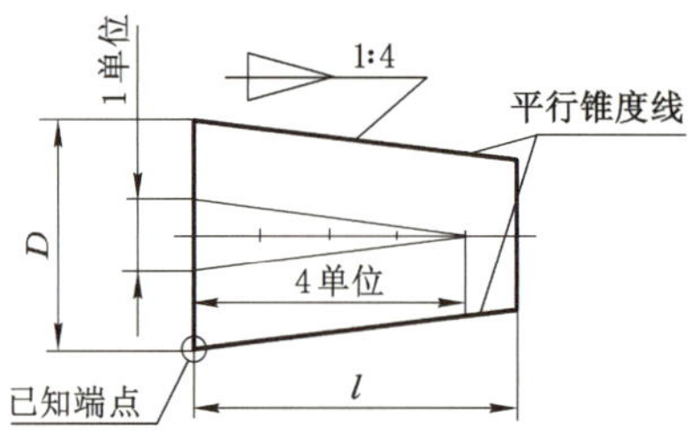<br>锥度 1:4 的画法 | 锥度是指正圆锥的底圆直径与高度之比，如果是正圆台，则为两底圆直径之差与圆台高度之比，即锥度$=\frac{D}{L}=\frac{D-d}{l}=1:n$。标注锥度时，引出标注，并加注锥度符号，锥度符号的方向应与图中锥度的方向一致。<br>作图方法：① 作锥度1∶4的辅助线，水平线取4单位长度，在竖直方向上对称取1单位长度，连接得1∶4的锥度线；② 过已知点推平行线到需要的位置 |

2. 圆弧连接

用已知半径的圆弧光滑连接(即相切)两已知线段(直线或圆弧)，称为圆弧连接。这段已知半径的圆弧称为连接弧。圆弧连接的作图要点是根据已知条件找到连接弧的圆心和切点。

(1) 圆弧连接的基本原理(表 1-10)

表 1-10　圆弧连接的基本原理

| 类型 | 图例 | 确定连接弧圆心 | 确定切点 |
| --- | --- | --- | --- |
| 圆弧与直线相切 | 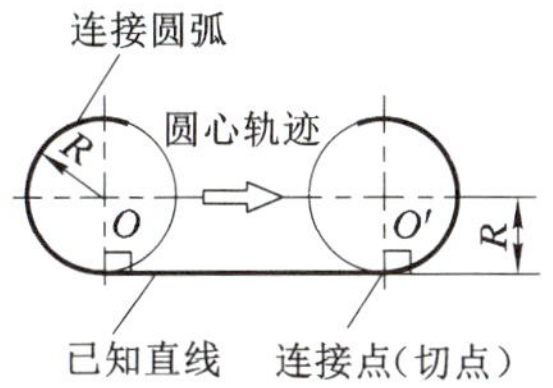 | 连接弧圆心位于平行于已知直线且相距为 $R$ 的直线上 | 过连接弧圆心向已知直线作垂线，垂足即为切点 |
| 圆弧与圆弧相外切 | 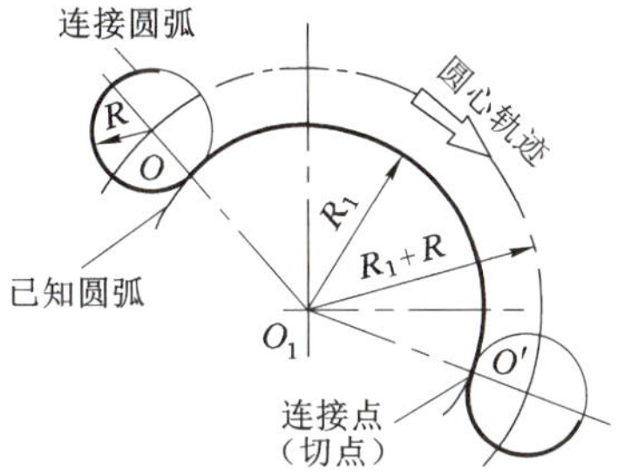 | 连接弧圆心位于与已知圆弧的同心圆弧上，其半径为 $R_1+R$ | 切点为两圆心连线与已知圆弧的交点 |
| 圆弧与圆弧相内切 | 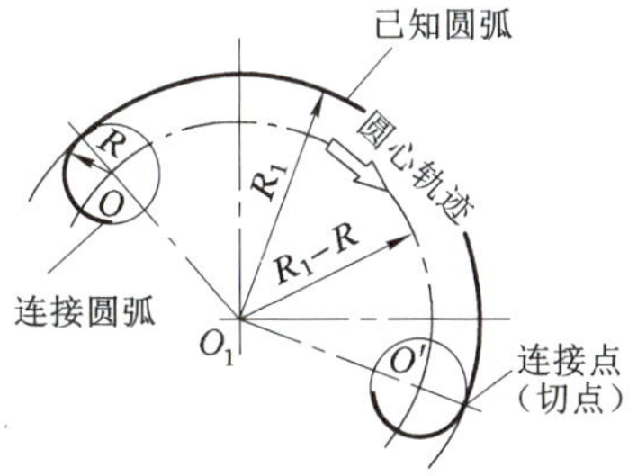 | 连接弧圆心位于与已知圆弧的同心圆弧上，其半径为 $R_1-R$ | 切点为两圆心连线延长线与已知圆弧的交点 |

(2) 圆弧连接作图举例

根据圆弧连接的基本原理，圆弧连接的形式及作图步骤见表 1-11。

表 1-11　圆弧连接的形式及作图步骤

| 类型 | 已知条件 | 作图方法和步骤 | | |
| --- | --- | --- | --- | --- |
| | | 1. 求连接弧圆心 $O$ | 2. 求切点 $A$、$B$ | 3. 画连接弧并描粗 |
| 圆弧连接两已知直线 | 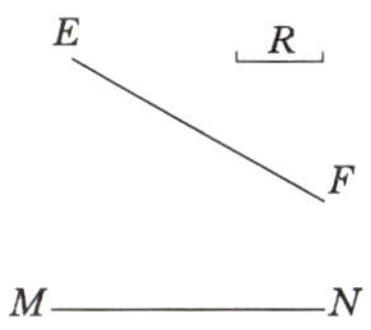 | 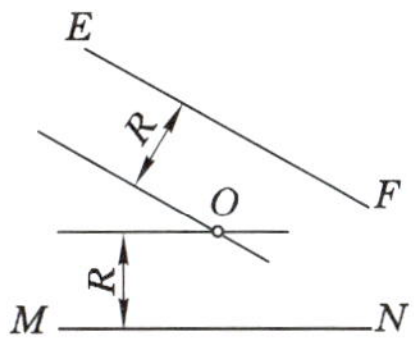 | 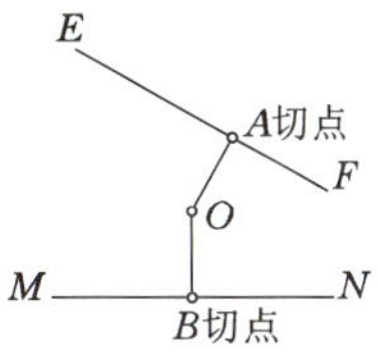 | 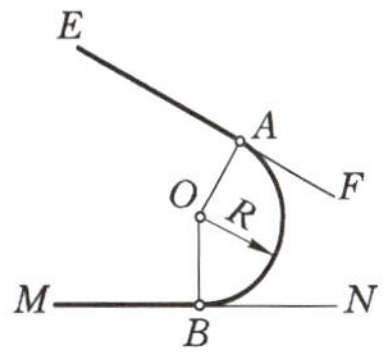 |

表 1-11(续)

| 类型 | 已知条件 | 作图方法和步骤 | | |
|---|---|---|---|---|
| | | 1. 求连接弧圆心 $O$ | 2. 求切点 $A$、$B$ | 3. 画连接弧并描粗 |
| 圆弧外切连接两已知圆弧 | 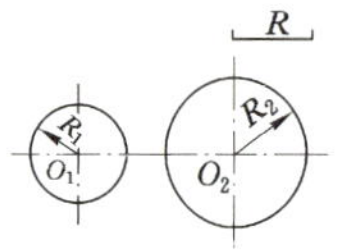 | 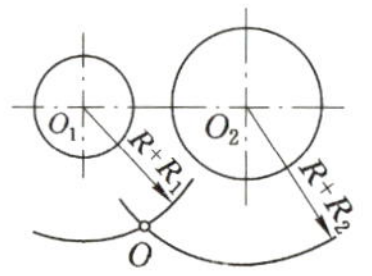 | 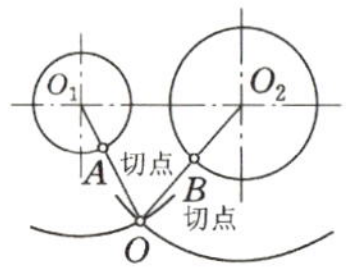 | 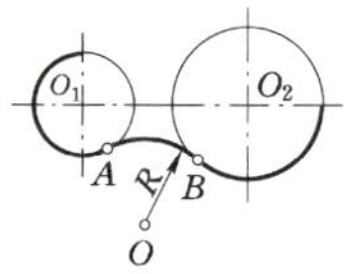 |
| 圆弧内切连接两已知圆弧 | 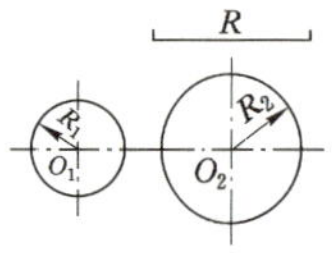 | 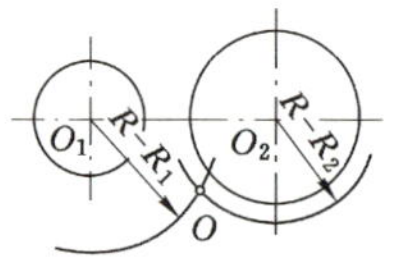 | 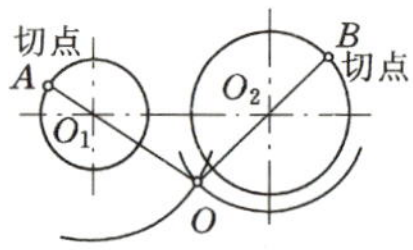 | 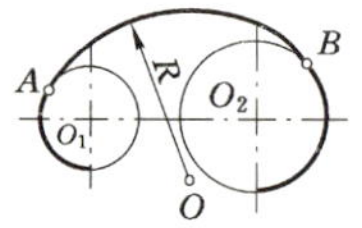 |
| 圆弧内外切连接两已知圆弧 | 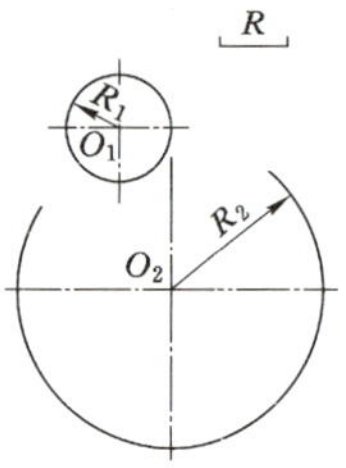 | 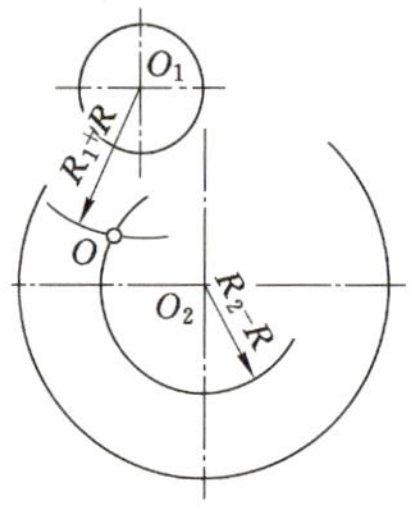 | 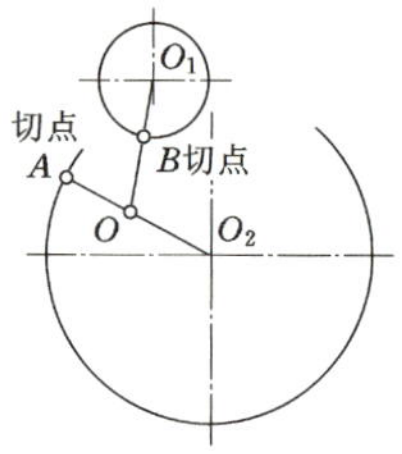 | 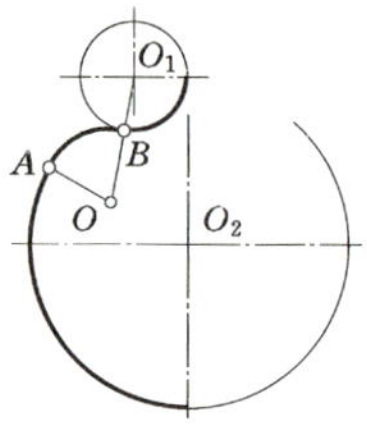 |
| 圆弧连接已知直线和圆弧 | 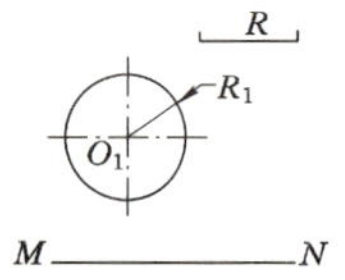 | 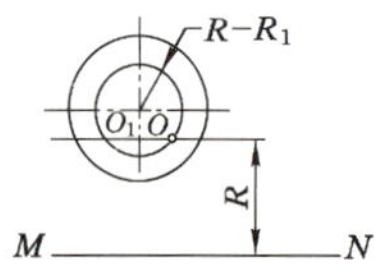 | 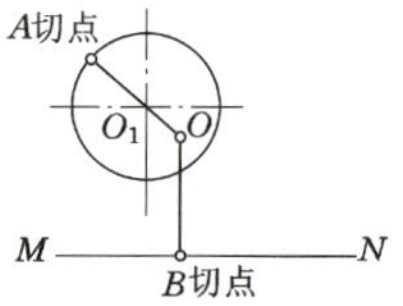 | 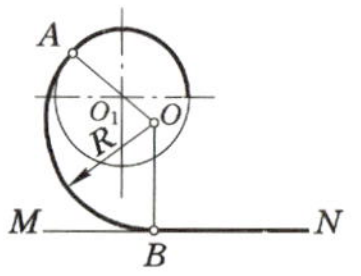 |

圆弧连接两已知直线

圆弧外切连接两已知圆弧

圆弧内切连接两已知圆弧

圆弧内外切连接两已知圆弧

圆弧连接已知直线和圆弧

如图 1-22 所示，用圆弧连接相互垂直两直线的特殊情况，可按下述方法作图，准确、方便、快捷：

① 以直角顶点 $A$ 为圆心，以连接圆弧的半径 $R$ 为半径画弧交直角两边于 $T_1$、$T_2$，即为两切点。

② 分别以 $T_1$、$T_2$ 为圆心，以 $R$ 为半径画弧相交于点 $O$，即连接圆弧的圆心。

③ 以 $O$ 为圆心，以 $R$ 为半径在两切点 $T_1$ 和 $T_2$ 之间作连接弧，即为所求。

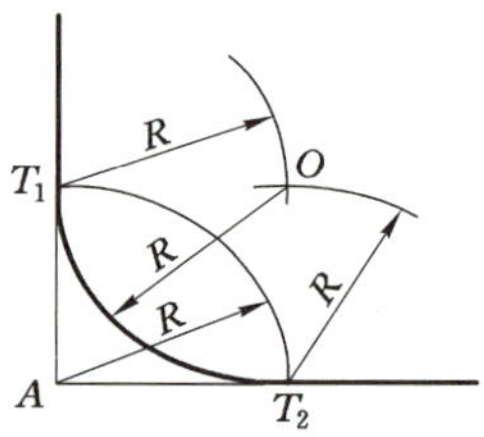

图 1-22　圆弧连接相互垂直两直线

## 四、绘制平面图形

绘制平面图形

### （一）平面图形的尺寸分析

平面图形的尺寸分析，就是分析图形中每个尺寸所起的作用，以确定其类别及画图的顺序。

平面中所标注的尺寸，按其作用可分为尺寸基准、定形尺寸和定位尺寸。

（1）尺寸基准：就是标注尺寸的起点。平面图形中有水平和垂直两个方向的尺寸基准。通常选择对称图形的对称线、较大圆的中心线、主要轮廓线作为尺寸基准。如图1-23所示，选择图形的底边为该图形垂直方向的尺寸基准，选择右侧边为水平方向的尺寸基准。

（2）定形尺寸：确定平面图形各组成部分形状大小的尺寸，如直线段的长度、圆及圆弧的直径或半径、角度的大小等。如图1-23所示支架中 $R18$、$\phi30$、$\phi15$、$R50$、$R30$ 等都是确定圆弧形状大小的定形尺寸。

（3）定位尺寸：确定平面图形中各组成部分之间的相对位置的尺寸。定位尺寸应从尺寸基准注起，如图1-23所示的尺寸70、80和50。

应当指出，有时一个尺寸可以兼有定形和定位两种作用，如图1-23中的80，既是矩形的长，也是 $R50$ 的横向定位尺寸。标注尺寸时，应首先确定图形的尺寸基准，然后依次注出各线段的定位尺寸和定形尺寸。

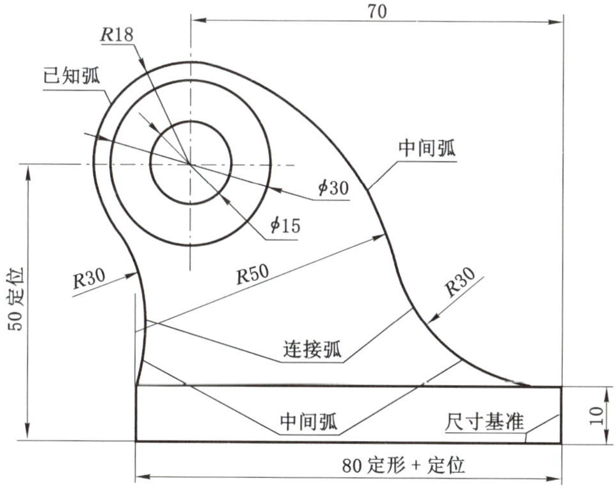


图1-23　尺寸分析和线段分析

### （二）平面图形的线段分析

平面图形中的线段，按其尺寸特点可分为三种：

（1）已知线段：定形尺寸和定位尺寸齐全的线段，称为已知线段。作图时，可根据图中所注尺寸直接画出，如图1-23中的 $R18$、$\phi30$、$\phi15$ 和直线80、10。

（2）中间线段：少一个定位尺寸的线段，称为中间线段。如图1-23中的 $R50$，其圆心在长度方向的定位尺寸为80，而高度方向的定位尺寸没有给出，画图时，根据它和 $R18$ 相切的条件才能画出。

(3) 连接线段:没有定位尺寸的线段,称为连接线段。如图 1-23 中的两个 $R30$,其圆心可利用该圆弧与 $R50$ 及 $R18$ 相切的条件求出。

需要注意:在两条已知线段之间可以有多条中间线段,但必须而且只能有一条连接线段。否则,会缺少或多余尺寸。

从上述分析可知,画图时应首先画出图形中的已知线段,再画中间线段,最后画连接线段,如图 1-24 所示。

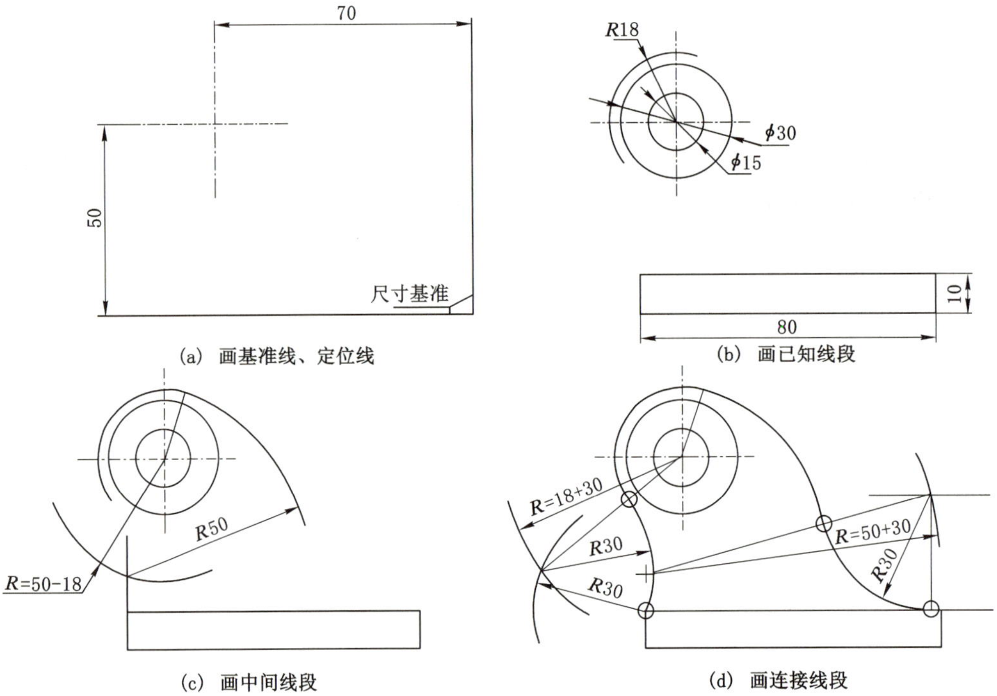


图 1-24　平面图形的作图步骤

(三) 平面图形的尺寸标注

(1) 平面图形尺寸标注的基本要求是:正确、完整、清晰。

① 正确:是指标注的尺寸应符合国家标准的有关规定,并且尺寸数值正确、不相互矛盾。

② 完整:是指尺寸标注齐全,不遗漏、不重复。

③ 清晰:是指尺寸配置在图形恰当处,布局整齐、标注清晰。

(2) 如图 1-25 所示,标注平面图形尺寸的一般步骤为:

① 分析图形的形状以及组成部分,弄清各组成部分之间的相对位置关系,确定尺寸基准。

② 标注全部定形尺寸。

③ 标注必要的定位尺寸。已知线段的两个定位尺寸都要注出;中间线段只需注出一个定位尺寸;连接线段的两个定位尺寸都不必注出,否则会出现多余尺寸。

④ 检查、调整、补遗、删多。

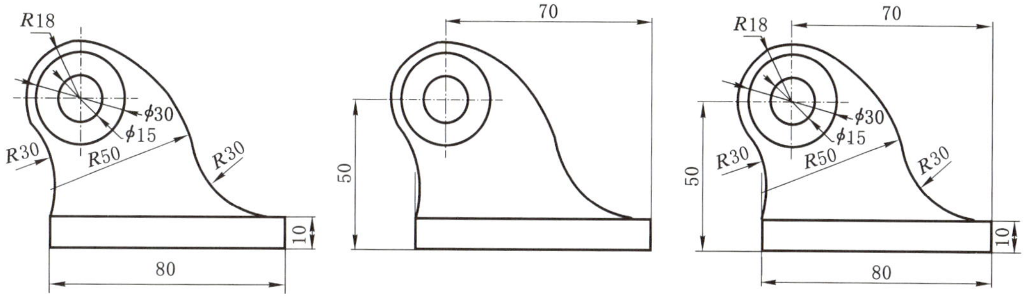


(a) 标注定形尺寸　　(b) 标注定位尺寸　　(c) 标注完全的尺寸

图 1-25　标注平面图形支架的尺寸

(3) 常见平面图形的尺寸标注示例，见表 1-12。

表 1-12　常见平面图形的尺寸标注示例

| | | | |
|---|---|---|---|
| 不必标注总体尺寸 | 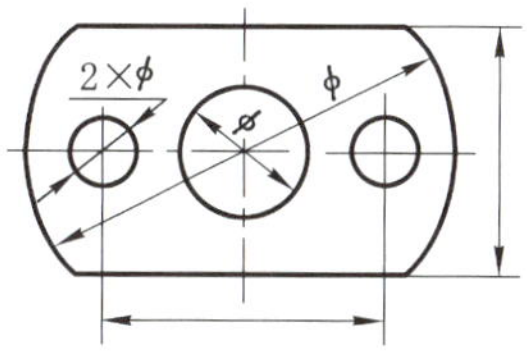 | 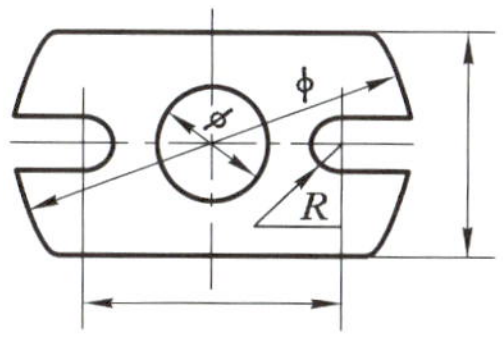 | 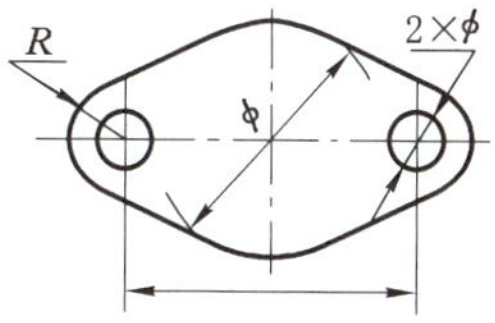 |
| | 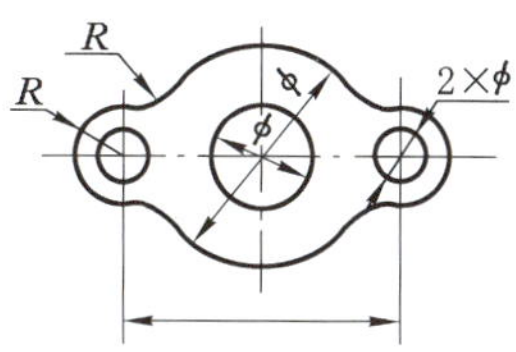 | 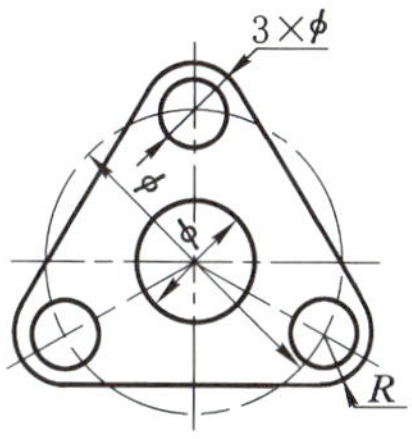 | 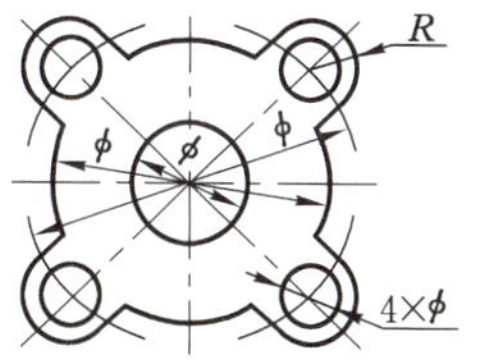 |
| 需标注总体尺寸 |  | 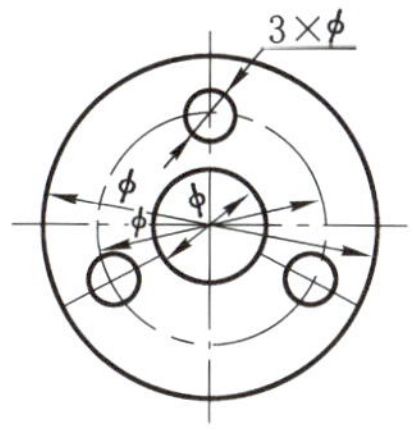 | 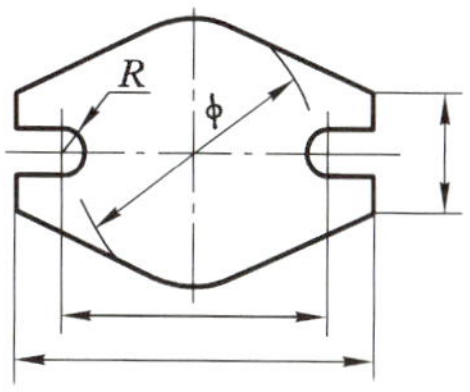 |
| | 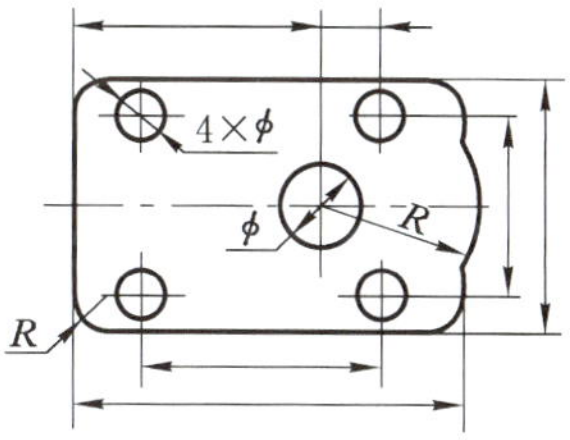 | 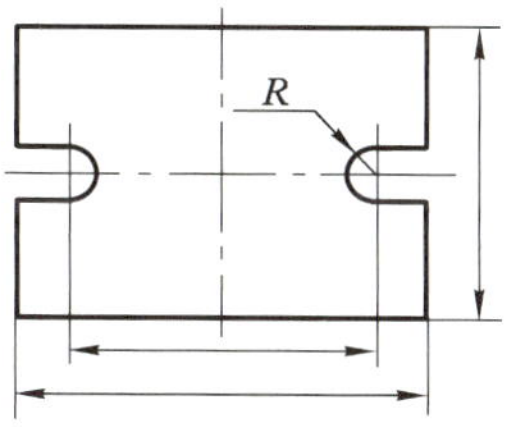 | 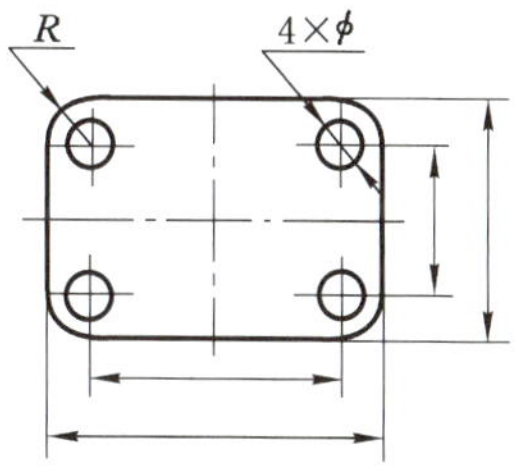 |

(四) 绘制平面图形的方法

1. 仪器绘图

(1) 绘图前的准备

① 绘图前,要准备好绘图工具及用品。

② 对平面图形进行尺寸分析和线段分析,然后根据各自特点拟订绘图步骤。

③ 确定比例,选择图幅,固定图纸。

(2) 画图形底稿

选用 H 或 2H 铅笔,分不同线型,但不分粗细,均用细线轻轻画出底稿。

① 画图框、标题栏。按国标规定画出图框线和标题栏框格。

② 布置图面。根据图形大小及标注尺寸的需要,在图纸上布置每个图的位置,画出作图基准线、中心线、轴线等。

③ 作图时,先画图形的主要轮廓,再画细节。

④ 画出尺寸界线、尺寸线。

⑤ 检查修改,擦去多余图线。

(3) 铅笔描深

底稿全部完成后,应按规定线型要求描深各种图线。

① 可选用 HB 的铅笔描深各种粗线,写字,画箭头;用 H 或 2H 铅笔描深各种细线;用圆规描圆及圆弧时,其铅芯要比描直线的铅芯软一级。

② 先描细线后描粗线,先描曲线后描直线,先从上至下描水平线,再从左到右描垂直线,最后描斜线。

③ 同线型、同方向的图线应一起描深。

④ 绘制箭头,注写尺寸数字。

⑤ 描深标题栏和图框,填写标题栏及其他说明。

2. 徒手画图

不用绘图仪器徒手绘制的图,称为草图。其最大的优点是作图快速、简便。草图主要用于现场测绘、设计方案讨论或技术交流,等定稿后再根据草图整理成手工图或进行计算机绘图,因此,工程技术人员必须具备徒手绘图的能力。由于计算机绘图的普及,草图的应用也越来越广泛。

(1) 画草图的要求

草图是徒手绘制的图,不是潦草的图。作图时应做到:线型分明、比例适当、尺寸无误、字体工整,能起到较精确传递形体信息的作用。

(2) 草图的绘制方法

绘制草图时可用铅芯较软的笔(如 HB 或 B)。粗、细各一支,分别用于绘制粗、细线。

徒手画草图时,可以用有方格的专用草图纸或在白纸下垫一格子纸,以便控制图线的平直和图形的大小。徒手画草图时,握笔应稳而有力。

① 直线的画法

画直线时,应先标出直线的两端点,手腕靠着纸面,眼睛注视线段终点,沿画线方向移动,匀速运笔,一气完成。无论在哪个方向上的直线,我们都可转动图纸,使它处于最顺手的方向,如图 1-26 所示。

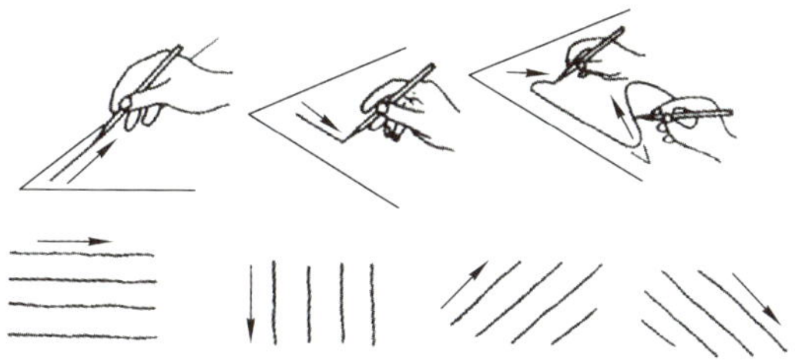

图 1-26 直线的徒手画法

② 常用角度的画法

画 30°、45°、60°等常用角度时，可根据两直角边的比例关系，在两直角边上定出两端点后，徒手连成直线，如图 1-27 所示。

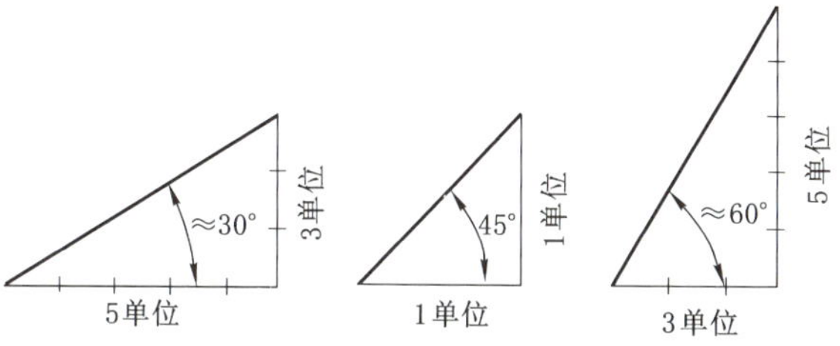


图 1-27 角度线的徒手画法

③ 圆的画法

徒手画圆时，应先用十字线定圆心，然后根据圆的大小，将圆分成若干等份，增加辅助线，在每个等份上目测截取半径，最后画成圆，如图 1-28 所示。

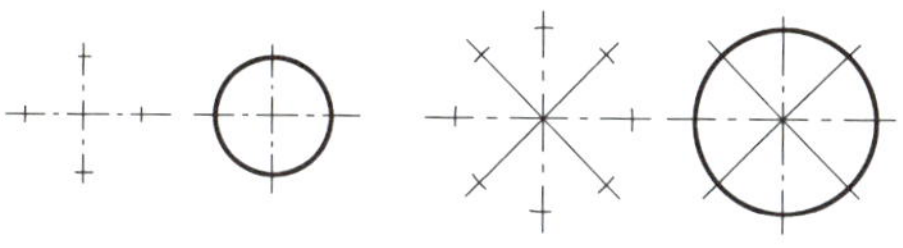

(a) 小圆画法 (b) 大圆画法

图 1-28 圆的徒手画法

## 任务实施

### 一、绘制手柄

1. 图形分析(图 1-29)

(1) 尺寸分析

① 尺寸基准：选择图形的对称线 A 为该图形垂直方向的尺寸基准，选择直线 B 为水平方向的尺寸基准。

② 定形尺寸：$R15$、$R12$、$R50$、$R10$ 等都是确定圆弧形状大小的定形尺寸。

绘制手柄

③ 定位尺寸：尺寸 8 是确定圆 $\phi5$ 的圆心在水平方向位置的尺寸；尺寸 45 是确定圆弧

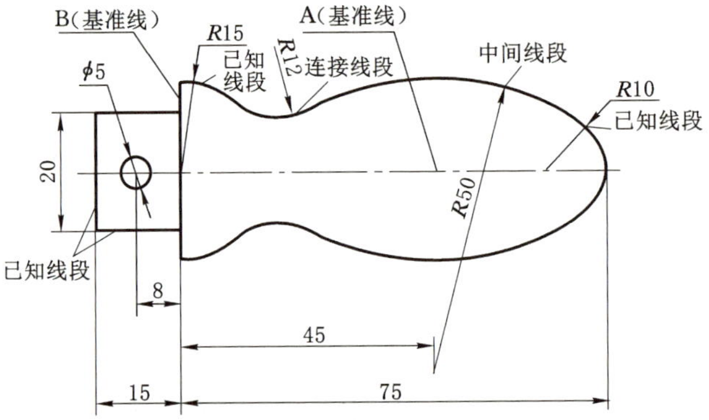


图 1-29 图形分析

$R50$ 的圆心在水平方向位置的尺寸；尺寸 75 则可确定圆弧 $R10$ 的圆心在水平方向的位置；尺寸 15 既是矩形的长，也是 $R15$ 的横向定位尺寸。

(2) 线段分析

① 已知线段：$R10$、$R15$。

② 中间线段：$R50$，其圆心在长度方向的定位尺寸为 45，而高度方向的定位尺寸没有给出，画图时根据它和 $R10$ 相切的条件才能画出。

③ 连接线段：$R12$，其圆心可利用该圆弧与 $R50$ 及 $R15$ 相切的条件求出。

2. 绘制图形(图 1-30)

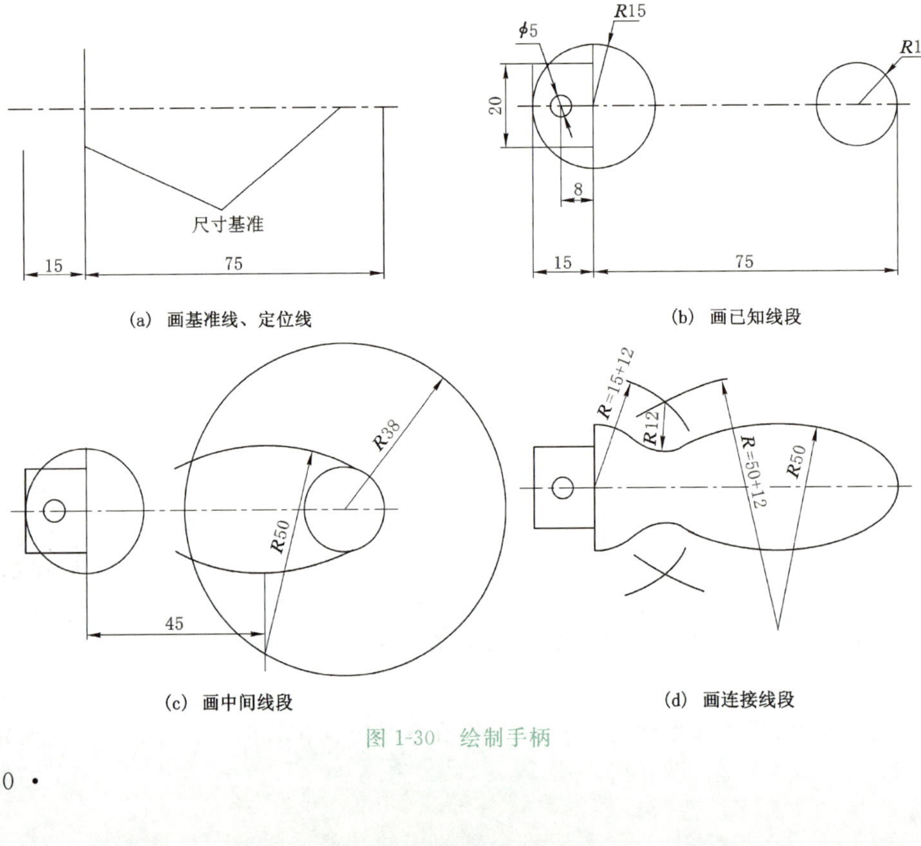


图 1-30 绘制手柄

3. 标注尺寸(图 1-31)

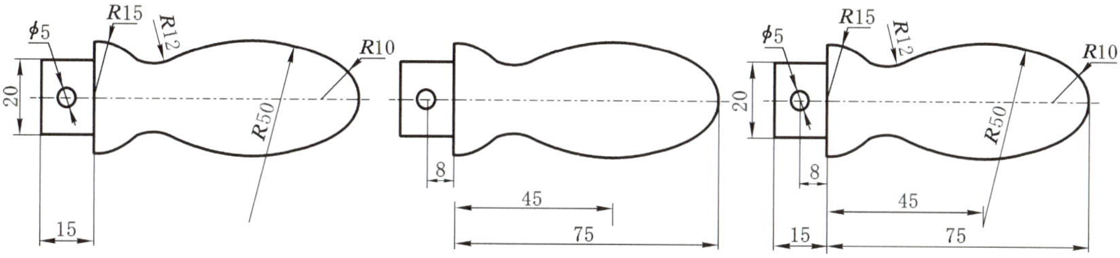


(a) 标注定形尺寸　(b) 标注定位尺寸　(c) 标注完全的尺寸

图 1-31　标注手柄尺寸

4. 检查完成全图(略)

## 二、绘制吊钩

1. 图形分析(图 1-32)

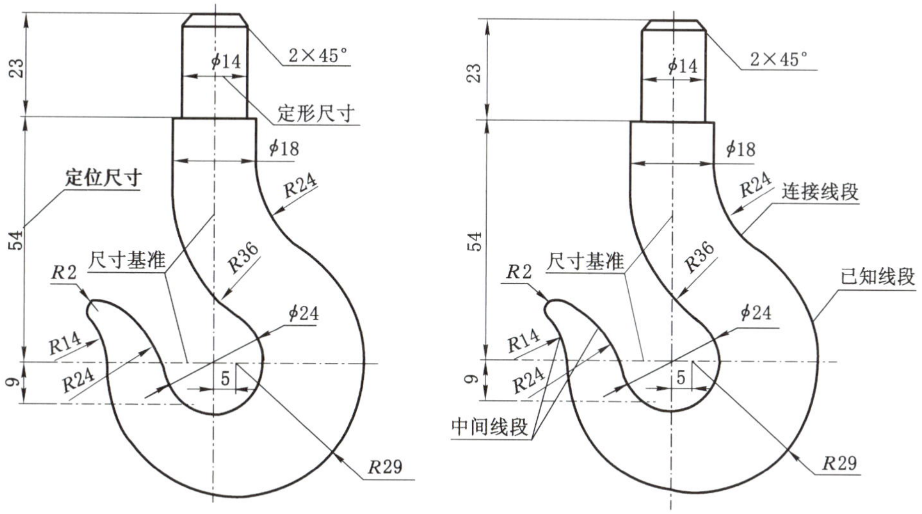


图 1-32　图形分析

(1) 尺寸分析

① 尺寸基准:选择图形的中心线为尺寸基准。

② 定形尺寸:$\phi 14$、$\phi 18$、$R24$、$R36$、$\phi 24$、$R29$、$R14$、$R24$、$R2$ 等都是确定圆弧形状大小的定形尺寸。

③ 定位尺寸:尺寸 5 是确定圆弧 $R29$ 的圆心在水平方向位置的尺寸;尺寸 23、54 和 9 则是垂直方向的定位尺寸。

(2) 线段分析

① 已知线段:$\phi 14$、$\phi 18$、$\phi 24$、$R29$。

② 中间线段:钩尖的 $R14$ 和 $R24$。

③ 连接线段:$R2$、$R24$ 和 $R36$。

2. 绘制图形(图 1-33)

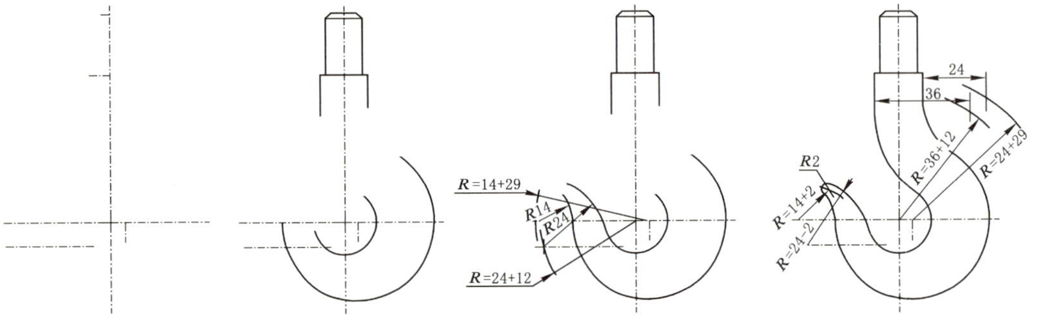


(a) 画基准线、定位线　(b) 画已知线段　(c) 画中间线段　(d) 画连接线段

图 1-33　绘制吊钩

3. 标注尺寸(图 1-34)

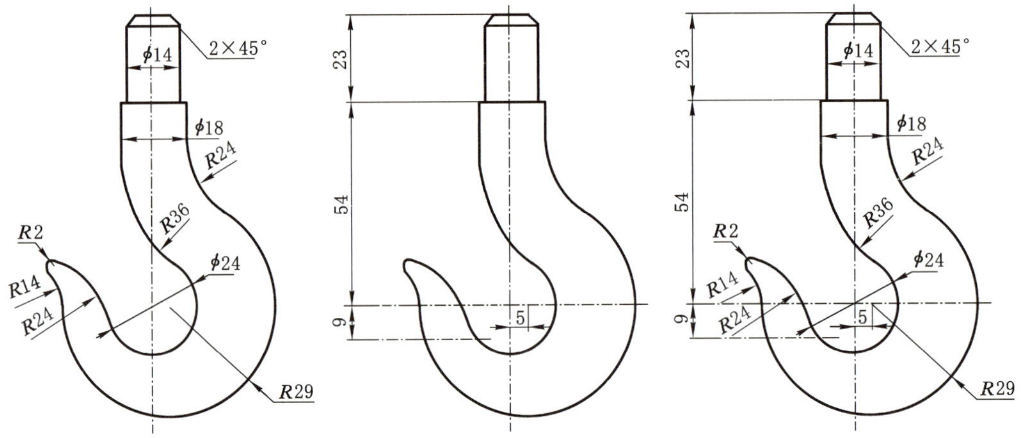


(a) 标注定形尺寸　(b) 标注定位尺寸　(c) 标注完全的尺寸

图 1-34　标注吊钩尺寸

4. 检查完成全图(略)

# 项目二　识读、绘制三视图与轴测图

## 任务三　点、直线、平面和基本体的投影

【知识要点】 了解投影的概念与分类，熟悉正投影法的基本概念，理解三视图的形成过程和投影规律，了解几何体表面点、直线和平面的投影特性，培养空间想象能力。

【技能目标】 能熟练绘制与识读柱体、锥体、球体等常见形体的视图。

【思政目标】 日晷皮影彰自信，制图投影显传承。

### 任务导入

任何一个几何体都可以分解为点、线、面等基本要素，利用正投影法来正确认知它们，为机件的识读奠定基础。

思政案例

### 相关知识

#### 一、投影法与投影图

1. 投影法

微课
投影法与投影图

在日常生活中，人们经常看到物体在灯光或阳光的照射下，在地面或墙面上产生影子的现象，这就是投影现象。人们将这些现象进行科学的总结和抽象，逐步形成了投影法。投影法就是投射线通过物体，向选定的面投射，并在该面上得到图形的方法，如图 2-1 所示。其中，投射中心就是所有投射线的起源点（点光源 $S$）。投影（投影图）就是根据投影法所得到的图形（$\triangle abc$）。投射线就是发自投射中心且通过被表示物体上各点的直线（$SA$、$SB$、$SC$）。投影面就是投影法中得到投影的面（平面 $H$）。

投影可分为中心投影和平行投影两大类。

（1）中心投影

投射线从一点发出，在此条件下形成的投影称中心投影，如图 2-1(a)所示。中心投影 $\triangle abc$ 是随着三角板到投射中心及投影面的距离的变化而变化的。其特点是直观性好、立体感强、可度量性差，常用来绘制建筑物或产品的立体图及建筑物的透视图。

（2）平行投影

投射线相互平行，在此条件下形成的投影称平行投影。根据投射线是否垂直于投影面，平行投影又分为正投影和斜投影。

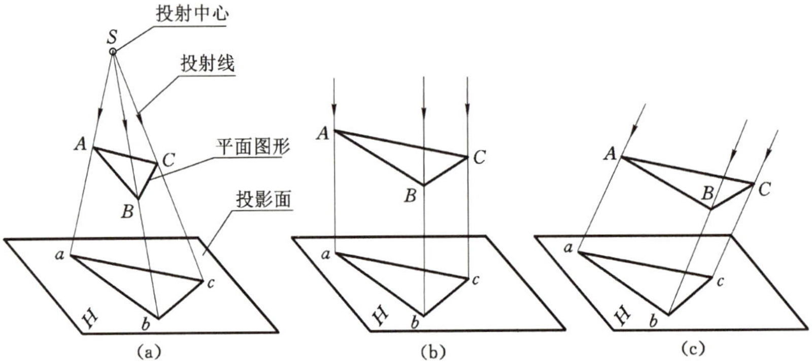


图 2-1 投影的分类

① 斜投影

投射线相互平行且倾斜于投影面，在此条件下形成的投影称斜投影，如图 2-1(c)所示。

② 正投影

投射线(相互平行)垂直于投影面，在此条件下形成的投影称正投影，如图 2-1(b)所示，其投影特性见表 2-1。

表 2-1 正投影的特性

| 投影特性 | | 图示 |
|---|---|---|
| 实形性 | 当空间平面(或空间直线)平行于投影面时，其投影反映空间平面实形(或空间直线实长) | 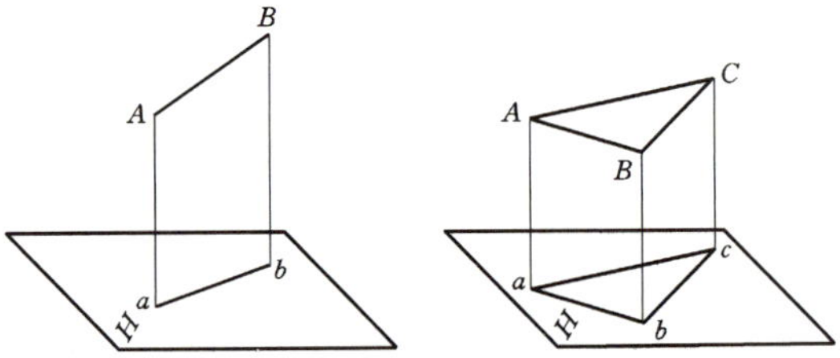 |
| 积聚性 | 当空间平面(或空间直线)垂直于投影面时，其投影积聚成一条直线(或一个点) | 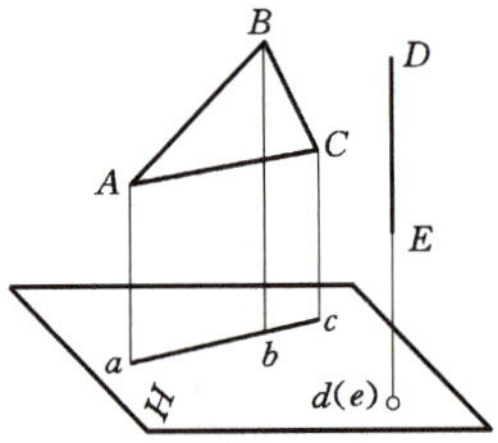 |
| 类似性 | 当空间平面(或空间直线)倾斜于投影面时，其投影为类似形 | 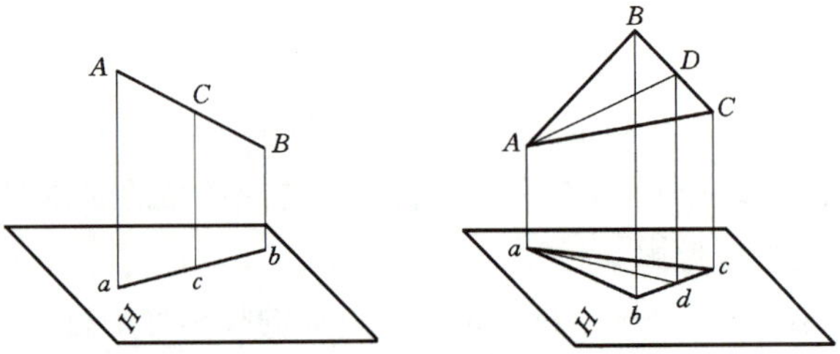 |

对于正投影，由于投射线相互平行且垂直于投影面，所以当平面图形平行于投影面时，其投影反映该平面图形的真实形状和大小，与平面图形到投影面的距离无关，因此，机械图样一般采用正投影绘制。今后若无说明，本教材中所指的投影均为正投影。

2. 正投影图——三视图的形成及其特性

(1) 三投影面体系的建立

如图 2-2 所示，三个两两互相垂直相交的投影面组成三投影面体系。其中，正立投影面简称正面，用 $V$ 表示；水平投影面简称水平面，用 $H$ 表示；侧立投影面简称侧面，用 $W$ 表示。三个投影面两两相交的交线 $OX$、$OY$、$OZ$ 称为投影轴，简称 $X$、$Y$、$Z$ 轴。三个投影轴交于一点 $O$，称为原点。三个投影面把空间分为 8 个分角，依次记为 Ⅰ，Ⅱ，Ⅲ，…，Ⅷ。根据国标的规定，机械制图采用第一角投影法绘制。

三视图的形成及其特性

(2) 三视图的形成

用正投影法所绘制的物体的图形，称为视图，即物体上所有面或线的投影(可见的为实线，不可见的为虚线)。

物体的一个投影往往不能唯一地确定物体的形状，如图 2-3 所示。因此，可以设立多投影面(常用三个投影面)，然后从物体的三个方向进行观察，这样就可以在三个投影面上画出三个视图，用以表达机件的形状。

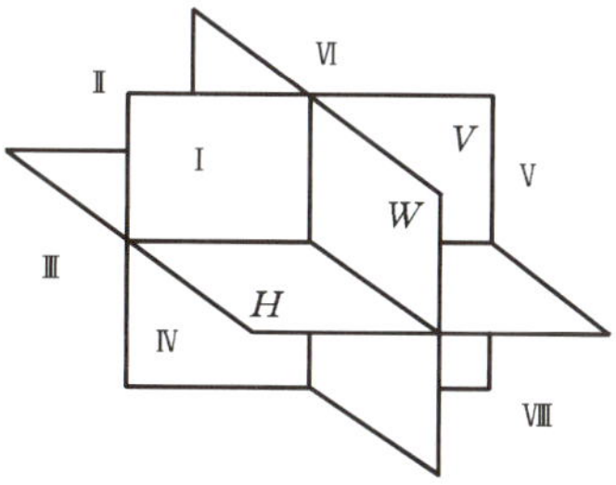


图 2-2　三投影面体系

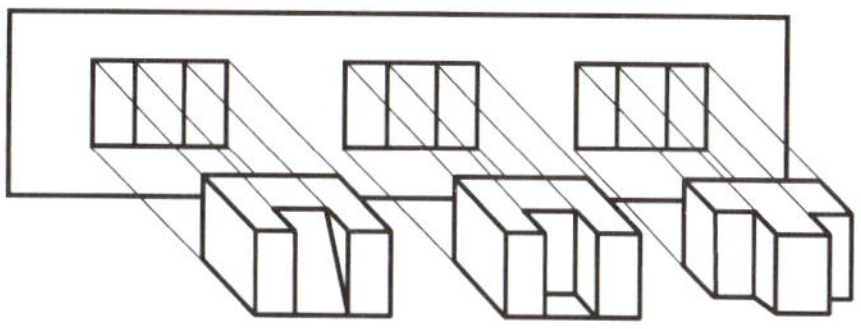

图 2-3　一个投影不能确定物体的形状

如图 2-4(a)所示，将物体置于三投影面体系中，按正投影法分别向 $V$、$H$、$W$ 三个投影面进行投射，即可得到物体的三视图。其中，由前向后投射，在 $V$ 面上所得的视图称为主视图；由上向下投射，在 $H$ 面上所得的视图称为俯视图；由左向右投射，在 $W$ 面上所得的视图称为左视图。

为了在一张纸上画三视图，需将三个相互垂直的投影面展开。如图 2-4(b)所示，$V$ 面保持不动，$H$ 面绕 $OX$ 轴向下旋转 90°，$W$ 面绕 $OZ$ 轴向右旋转 90°，使 $H$、$W$ 面与 $V$ 面共面。展开后，主视图、俯视图和左视图的相对位置如图 2-4(c)所示。以主视图为准，俯视图在主视图的正下方，左视图在主视图的正右方。应当注意：当投影面展开时，$OY$ 轴被一分为二，分别用 $OY_H$($H$ 面上的)、$OY_W$($W$ 面上的)表示；在画三视图时，必须按三视图的位置关系放置，不能随意乱放。

由于视图所表示的物体形状与物体和投影面之间的距离无关，因此在画三视图时，不必画出投影面的边框线和投影轴，只画出三视图即可，如图 2-4(c)所示。

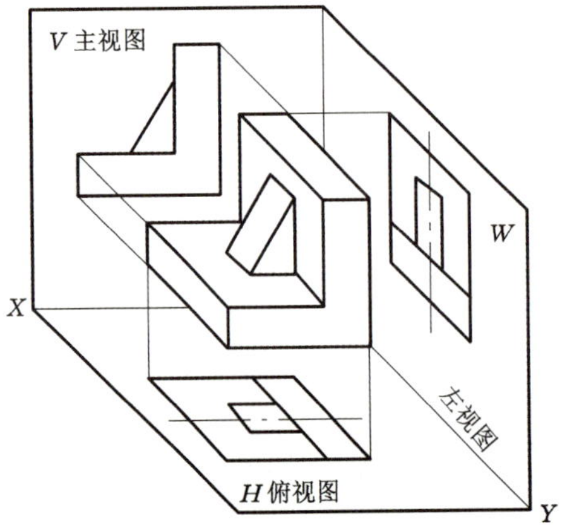


(a) 物体三视图的形成

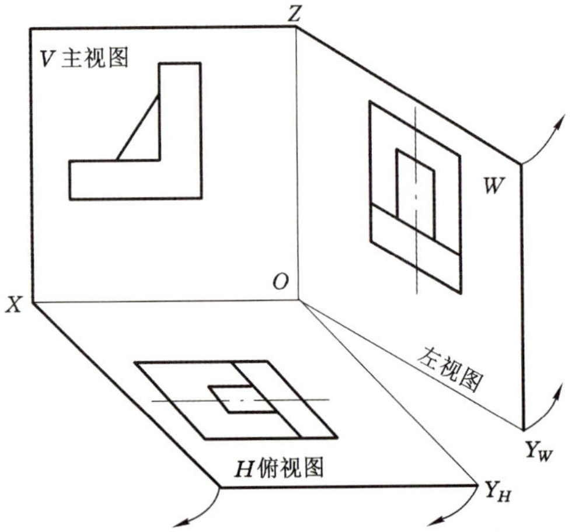


(b) 三视图的展开方法

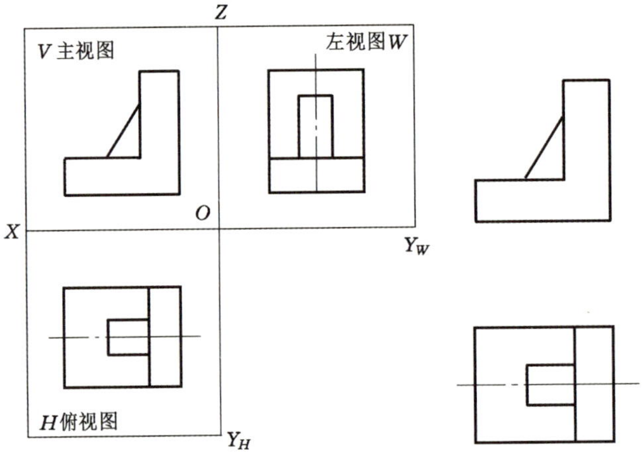


(c) 三视图的配置

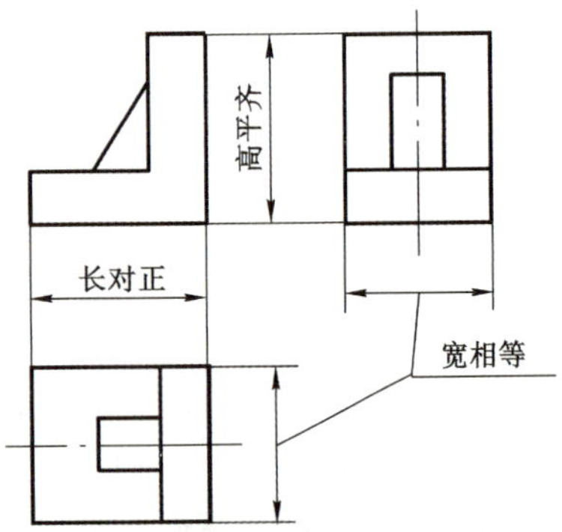


(d) 三视图的投影规律

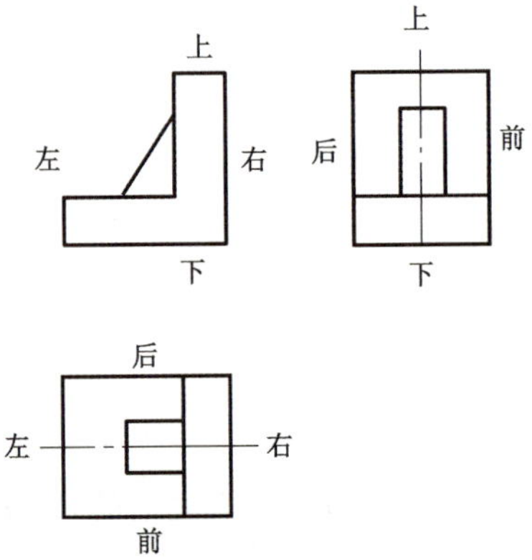


(e) 三视图的方位关系

图 2-4 三视图

（3）三视图投影规律

① 视图与物体的方位关系

如图 2-4(e)所示，在空间物体上，有上、下、左、右、前、后三对六个方位。注意：靠近人的一侧为前，远离人的一侧为后。

按照视图形成过程可知，每个视图反映两对四个方位，如图 2-4(e)所示。主视图反映了物体的上、下和左、右位置关系；俯视图反映了物体的左、右和前、后位置关系；左视图反映了物体的上、下和前、后位置关系。

注意：俯、左视图靠近主视图的一侧表示物体的后面，远离主视图的一侧表示物体的前面，如图 2-4(e)所示。

② 三视图反映物体大小的投影规律

物体都有长、宽、高三个方向的大小，在空间物体上，规定左右为“长度”；上下为“高度”；前后为“宽度”。由图 2-4(d)可以看出，每个视图只能反映物体两个方向的尺寸。主视图和俯视图都反映物体左、右（长度），主视图和左视图都反映物体的上、下（高度），俯视图和左视图都反映物体的前、后（宽度）。由此可得出三视图之间的投影关系为：主、俯视图“长对正”，主、左视图“高平齐”，俯、左视图“宽相等”。

三视图之间“长对正、高平齐、宽相等”的投影规律也称为三等关系（三等规律），不仅适用整个物体的总尺寸，也适用物体的局部尺寸。画图、读图时都应遵守这个规律。

## 二、点、直线和平面投影

微课
点的投影

1. 点的投影

（1）点的三面投影及其标注

如图 2-5(a)所示，在三投影面体系中有一点 $A$，将其分别向 $H$、$V$、$W$ 面投射（作垂线），即得点的三面投影。其中，$V$ 面上的投影称为正面投影，记为 $a'$；$H$ 面上的投影称为水平投影，记为 $a$；$W$ 面上的投影称为侧面投影，记为 $a''$。

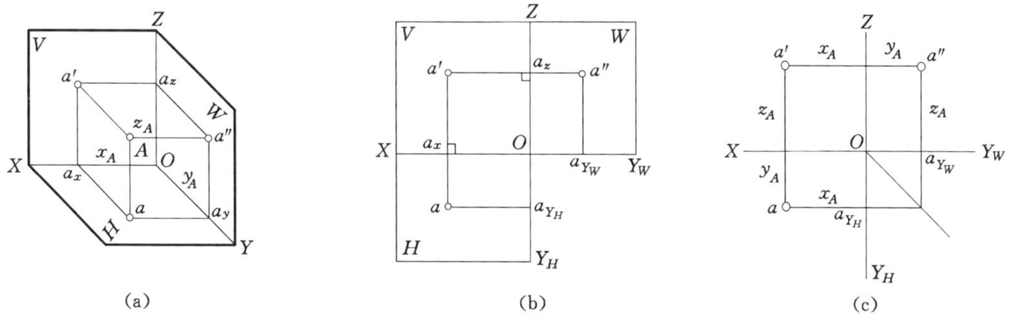


图 2-5　点的三面投影

规定：空间点用大写字母表示，如 $A$、$B$…；其水平投影用同名小写字母表示，如 $a$、$b$…；其正面投影用同名小写字母加一撇表示，如 $a'$、$b'$…；其侧面投影用同名小写字母加两撇表示，如 $a''$、$b''$…。

为把 $A$ 点的三面投影表示在同一个平面上，先移去空间点 $A$，保持 $V$ 面不动，将 $H$ 面

绕 $OX$ 轴向下旋转 90°，$W$ 面绕 $OZ$ 轴向后旋转 90°，与 $V$ 面共面，便得到 $A$ 点的三面投影图，如图 2-5(b)所示。图中，$OY$ 轴被假想地分为两条，随 $H$ 面旋转的记为 $OY_H$，随 $W$ 面旋转的记为 $OY_W$。因平面是无限延伸的，所以投影图中不必画出投影面的边界，点的三面投影如图 2-5(c)所示。其中，相邻两面投影的连线(如 $aa'$)规定画细实线。

(2) 点的三面投影规律

在图 2-5(a)中，按照长方体 $Aa''a_za'$-$aa_yOa_x$ 的几何特点可知：$aa_x \perp OX$ 轴，$a'a_x \perp OX$ 轴。当 $H$ 面绕 $OX$ 轴旋转与 $V$ 面共面后，$a$、$a_x$、$a'$ 三点共线，且 $a'a \perp OX$ 轴，如图2-5(c)所示。同理可得，点 $A$ 的正面投影与侧面投影的连线垂直于 $OZ$ 轴，即 $a'a'' \perp OZ$ 轴。

根据长方体 $Aa''a_za'$-$aa_yOa_x$ 的几何特点当然也可以得到：空间点 $A$ 的水平投影 $a$ 到 $OX$ 轴的距离等于侧面投影 $a''$ 到 $OZ$ 轴的距离，即 $aa_x = a''a_z$。

综上所述，点的三面投影规律为：

① 点的正面投影与水平投影的连线垂直于 $OX$ 轴。

② 点的正面投影与侧面投影的连线垂直于 $OZ$ 轴。

③ 点的水平投影到 $OX$ 轴的距离等于侧面投影到 $OZ$ 轴的距离。

换句话说，点的三面投影规律即为图 2-5(c)所示的封闭线框 $aa_{Y_H}a_{Y_W}a''a'$。

(3) 点的投影与直角坐标的关系

如果把投影面体系看作直角坐标系，把投影轴看作坐标轴，则点 $A$ 的直角坐标($x$，$y$，$z$)便是点 $A$ 分别到 $W$、$V$、$H$ 面的距离。如图 2-5 所示，点的每一个投影都由其中的两个坐标所确定：$V$ 面投影 $a'$ 由 $x$ 和 $z$ 坐标确定；$H$ 面投影 $a$ 由 $x$ 和 $y$ 坐标确定；$W$ 面投影 $a''$ 由 $y$ 和 $z$ 坐标确定。点的任意两个投影都包含了点的三个坐标，由此可见，点的两面投影能唯一确定点的空间位置。因此，根据点的三个坐标值和点的投影规律，就能作出点的三面投影图，也可以由点的两面投影补画出点的第三面投影。

(4) 空间两点的相对位置

空间两点的相对位置是指空间两点之间上下、左右、前后的位置关系。如图 2-6(a)所示，空间两点 $A$、$B$ 的相对位置，在投影上可以准确反映。即在投影系中，根据两点的坐标便可判断空间两点的相对位置，两点中 $x$ 坐标大者在左，$y$ 坐标大者在前，$z$ 坐标大者在上。

由图 2-6(b)可以看出，$x_A > x_B$、$y_A > y_B$、$z_A > z_B$，所以可判断空间点 $A$ 在点 $B$ 左方、前方和上方。

(5) 重影点及其可见性

如果空间两点有两个坐标相等、一个坐标不相等，则两点在某一投影面上的投影重合为一点，此两点称为对该投影面的重影点。在图 2-7 中，空间两点 $A$、$B$ 在 $V$ 面上的投影重合为一点 $b'(a')$，则点 $A$、$B$ 即为对 $V$ 面的重影点。

当空间两点在某投影面上的投影重合时，其中必有一点的投影遮挡着另一点的投影，这就出现了重影点的可见性问题。在图 2-7 中，点 $A$、$B$ 在 $V$ 面上的投影重合，由于点 $A$ 在点 $B$ 的后方，故 $b'$ 可见、$a'$ 不可见(点的不可见投影加括号表示)。

重影点可见性判别方法：顺着投射方向看，看到的空间点投影可见，否则其投影不可见。或根据它们不等的那个坐标值来确定：坐标值大的可见，坐标值小的不可见。

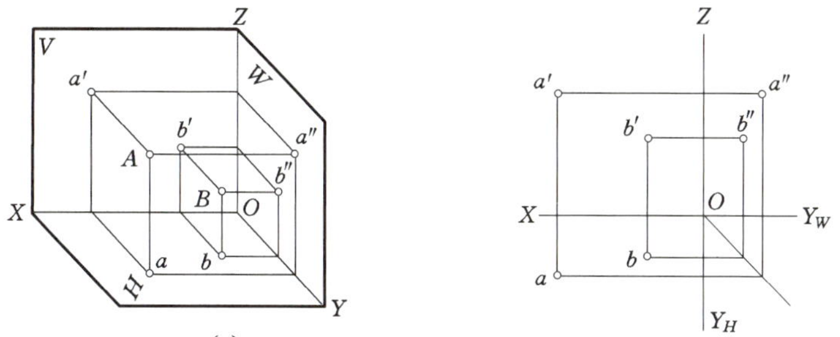


(a)　　　　　　(b)

图 2-6　两点的相对位置

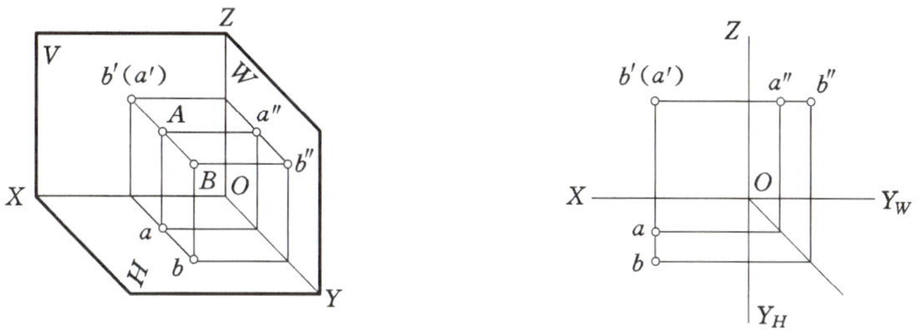


(a)　　　　　　(b)

图 2-7　重影点及其可见性

2. 直线的投影

直线的投影可由属于该直线的两点的投影连线来确定。一般用直线段的投影表示直线的投影，即作出直线两端点的投影，然后连接同面投影即可。如图 2-8 所示，求作直线 $AB$ 的三面投影 $ab$、$a'b'$、$a''b''$时，先作出 $A$ 点的三面投影 $a$、$a'$、$a''$及 $B$ 点的三面投影 $b$、$b'$、$b''$，然后连接 $a$、$b$，即可得到 $AB$ 的水平投影 $ab$，同理可得到 $a'b'$、$a''b''$。

**微课**
直线的投影

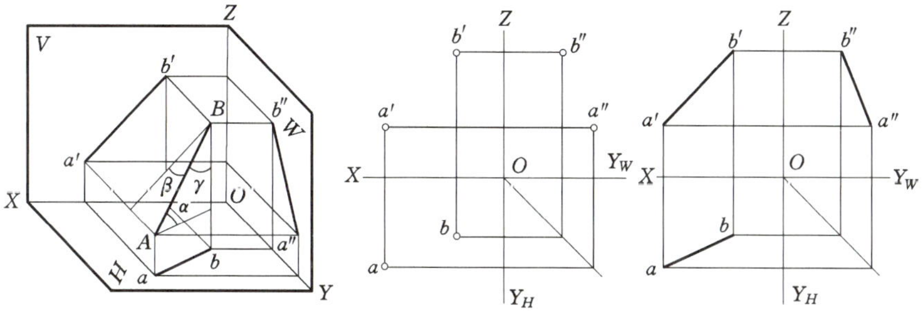


(a)　　　　　　(b)　　　　　　(c)

图 2-8　直线的三面投影

(1) 各种位置直线的投影特性

根据空间直线相对于投影面的位置，可分为一般位置直线、投影面平行线、投影面垂直线三大类，其中后两类统称为特殊位置直线。规定：直线对 $V$、$H$、$W$ 面的倾角分别用 $\alpha$、$\beta$、$\gamma$ 来表示，如图 2-8(a)所示。

① 一般位置直线

对三个投影面都倾斜的空间直线，称为一般位置直线。图 2-8 中直线 $AB$ 即为一般位置直线。

因一般位置直线对三个投影面都倾斜，所以其两个端点的上下、左右、前后位置都不同，并在三面投影上反映出来，因此可得出一般位置直线的投影特性如下：

a. 三面投影都倾斜于投影轴，但不反映空间直线对投影面倾角的真实大小。

b. 三面投影的长度均小于实长。

② 投影面平行线

平行于一个投影面而倾斜于另外两个投影面的空间直线，称为投影面平行线。其中，平行于 $H$ 面而倾斜于 $V$、$W$ 面的直线，称为水平线；平行于 $V$ 面而倾斜于 $H$、$W$ 面的直线，称为正平线；平行于 $W$ 面而倾斜于 $H$、$V$ 面的直线，称为侧平线，见表 2-2。

投影面平行线

表 2-2 投影面平行线的投影特性

| 名称 | 水平线($AB$∥$H$ 面) | 正平线($AC$∥$V$ 面) | 侧平线($AD$∥$W$ 面) |
|---|---|---|---|
| 立体图 | 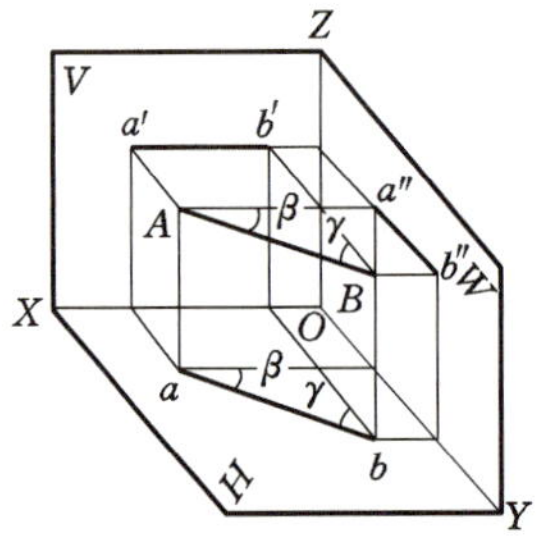 | 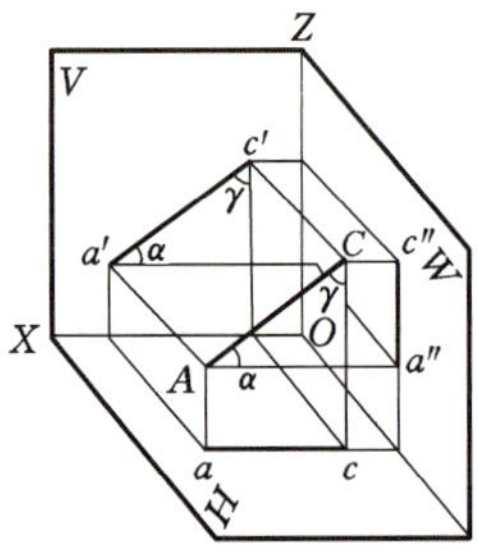 | 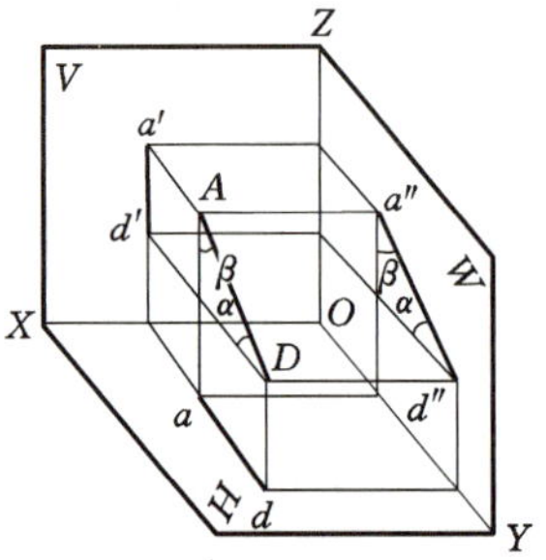 |
| 投影图 | 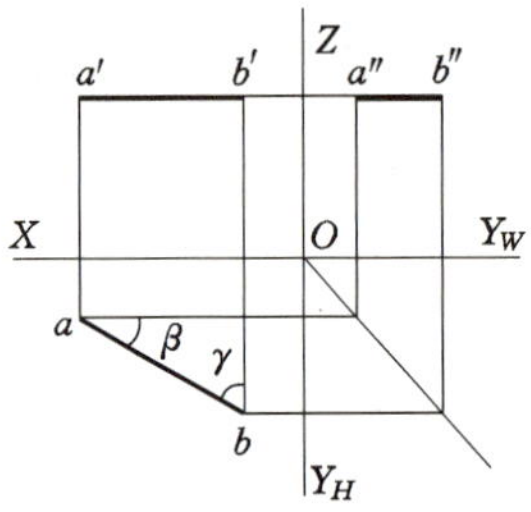 | 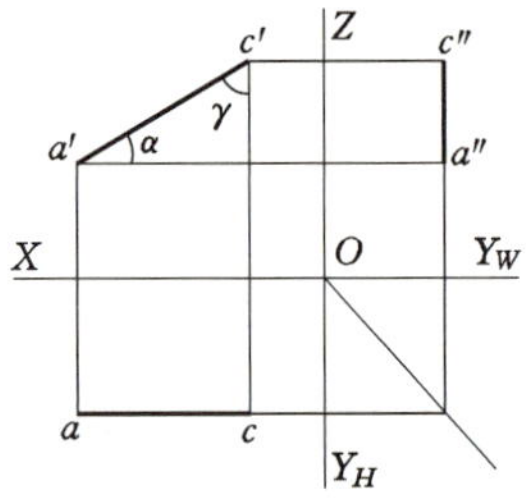 | 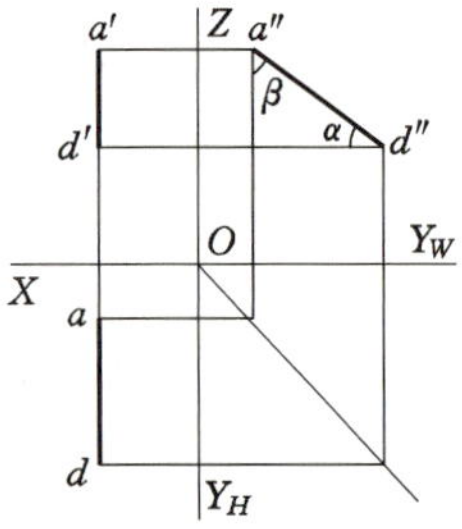 |

表 2-2(续)

| 名称 | | 水平线($AB/\!/H$ 面) | 正平线($AC/\!/V$ 面) | 侧平线($AD/\!/W$ 面) |
|---|---|---|---|---|
| 实例 | 在形体投影图中的位置 | 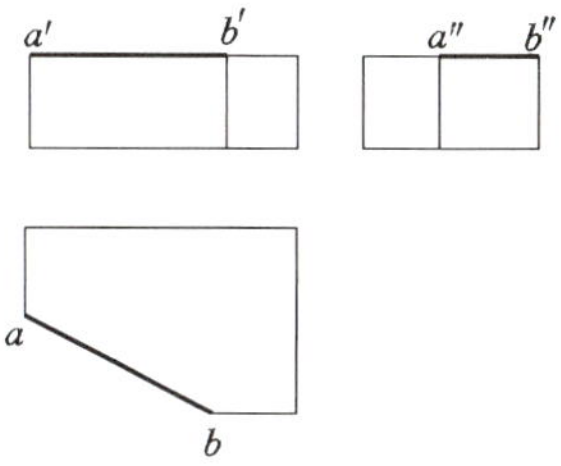 | 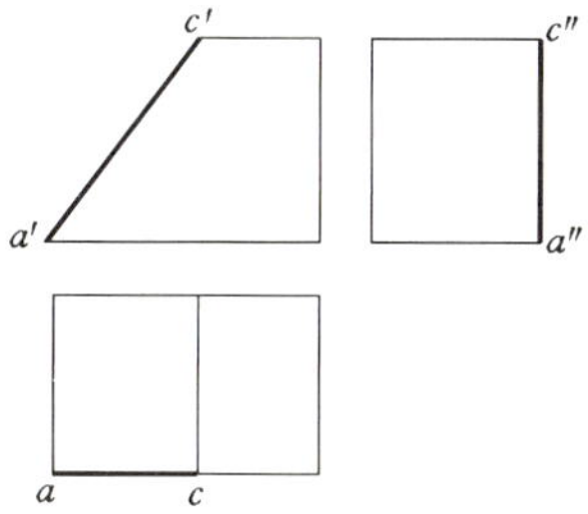 | 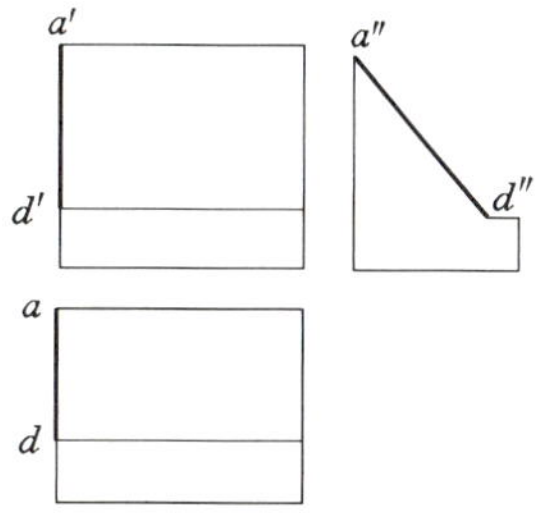 |
| | 在形体立体图中的位置 | 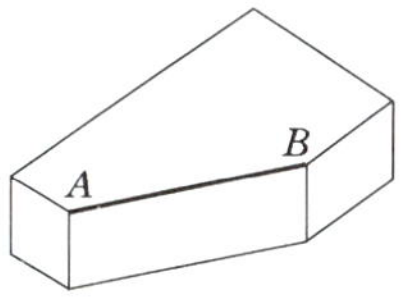 | 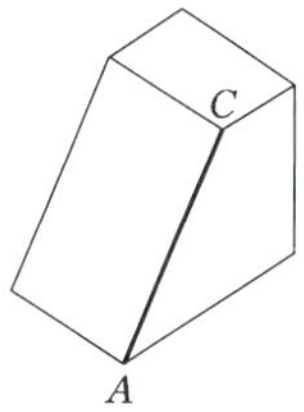 | 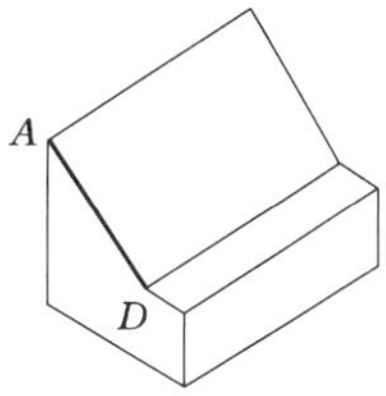 |
| 投影特性 | | 1. $ab$ 与投影轴倾斜,$ab=AB$,反映倾角 $\beta$、$\gamma$ 的真实大小;<br>2. $a'b'/\!/OX$ 轴,$a''b''/\!/OY_W$ 轴,且均不反映实长 | 1. $a'c'$ 与投影轴倾斜,$a'c'=AC$,反映倾角 $\alpha$、$\gamma$ 的真实大小;<br>2. $ac/\!/OX$ 轴,$a''c''/\!/OZ$ 轴,且均不反映实长 | 1. $a''d''$ 与投影轴倾斜,$a''d''=AD$,反映倾角 $\alpha$、$\beta$ 的真实大小;<br>2. $ad/\!/OY_H$ 轴,$a'd'/\!/OZ$ 轴,且均不反映实长 |

概括表 2-2,得出投影面平行线的投影特性如下:

a. 直线在它所平行的投影面上的投影倾斜于投影轴,反映实长。

b. 直线在其他两投影面上的投影分别平行于相应的投影轴,且短于实长。

③ 投影面垂直线

投影面垂直线

垂直于一个投影面(当然平行于另外两个投影面)的空间直线,称为投影面垂直线。其中,垂直于 $H$ 面的直线,称为铅垂线;垂直于 $V$ 面的直线,称为正垂线;垂直于 $W$ 面的直线,称为侧垂线,见表 2-3。

表 2-3 投影面垂直线的投影特性

| 名称 | 正垂线 | 铅垂线 | 侧垂线 |
|---|---|---|---|
| 轴测图 | 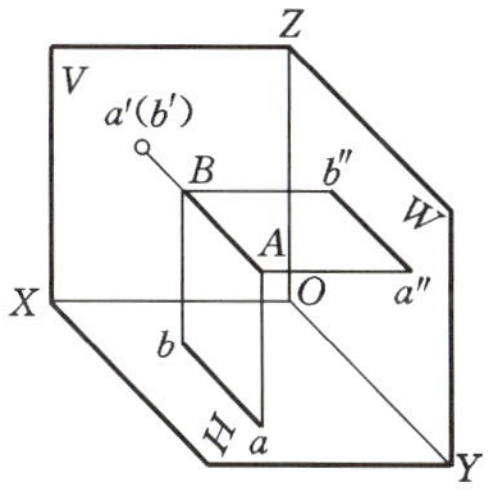 | 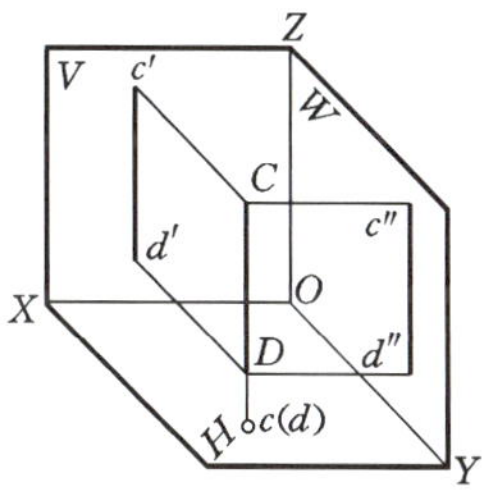 | 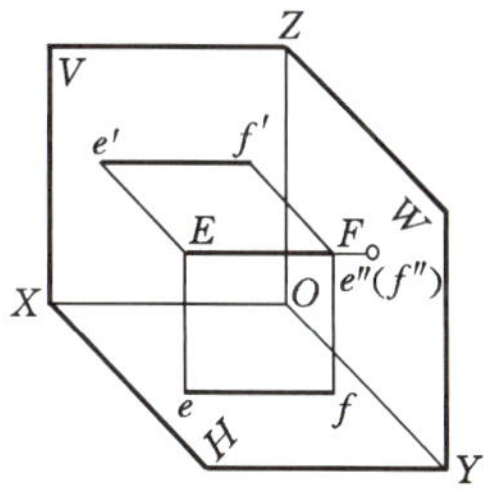 |

表 2-3(续)

| 名称 | 正垂线 | 铅垂线 | 侧垂线 |
| --- | --- | --- | --- |
| 投影图 | 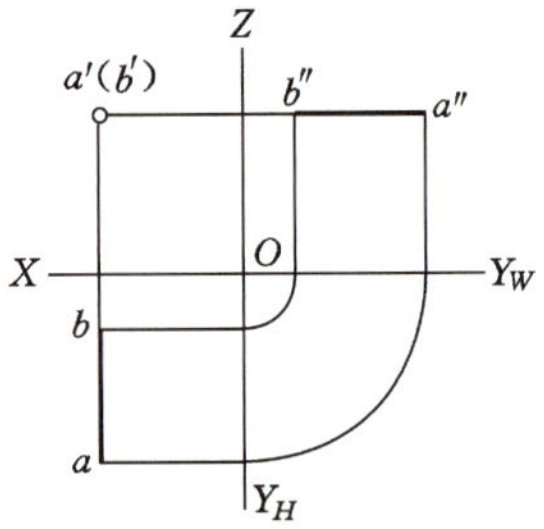 | 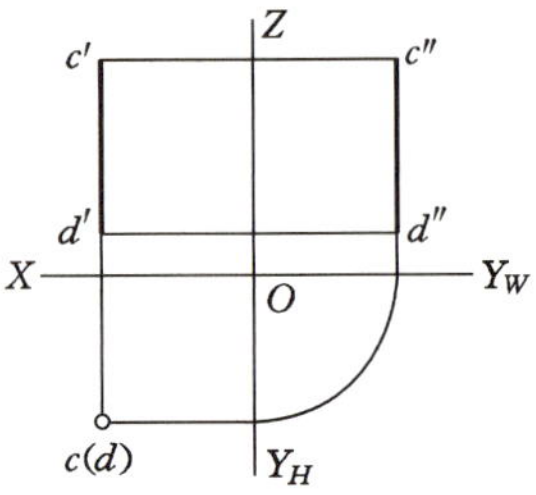 | 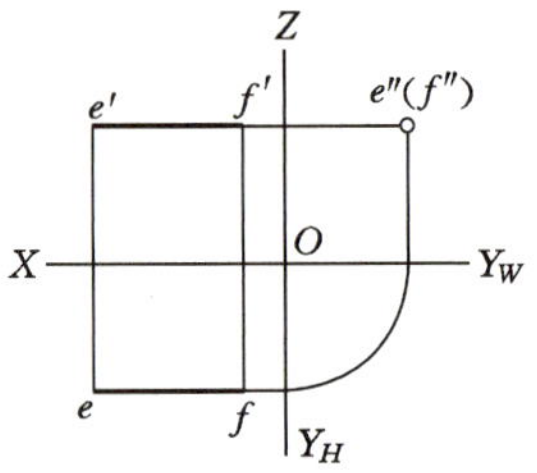 |
| 实例 | 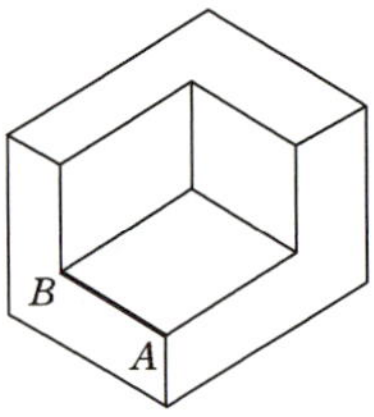 | 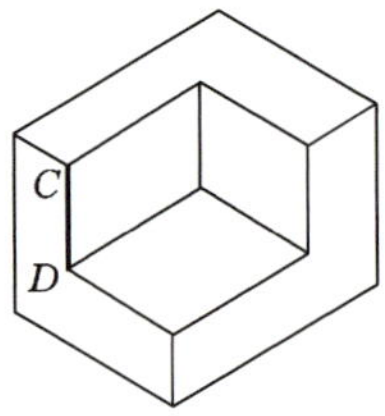 | 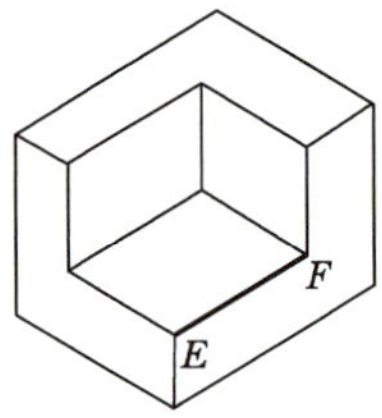 |
| | 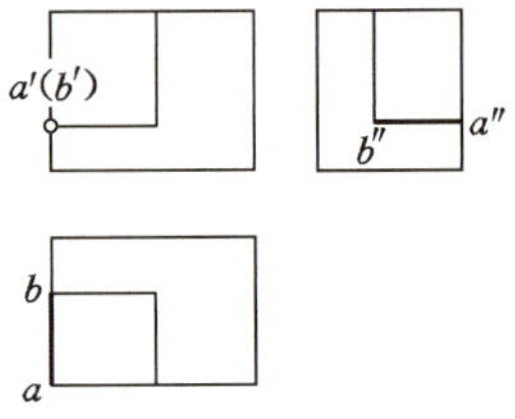 | 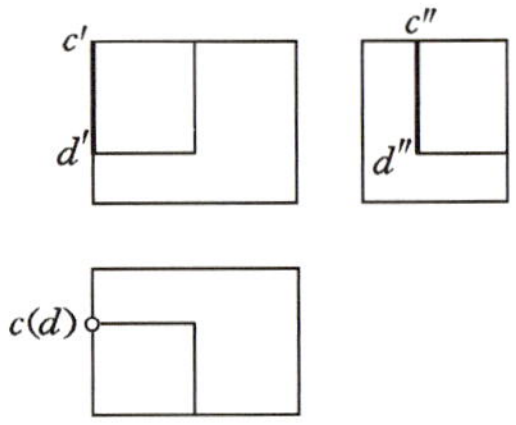 | 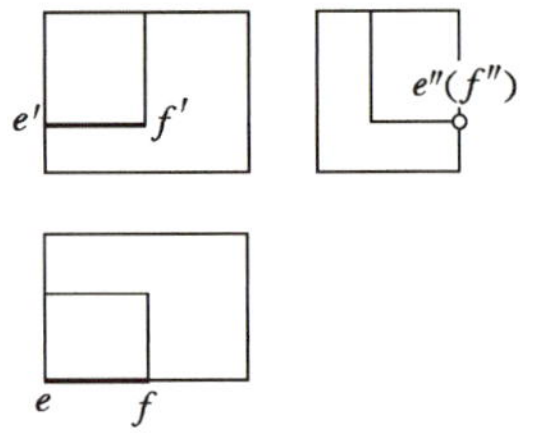 |
| 投影特性 | 1. $a'b'$ 积聚成一点；<br>2. $ab /\!/ OY_H$ 轴，$a''b'' /\!/ OY_W$ 轴，都反映实长 | 1. $cd$ 积聚成一点；<br>2. $c'd' /\!/ OZ$ 轴，$c''d'' /\!/ OZ$ 轴，都反映实长 | 1. $e''f''$ 积聚成一点；<br>2. $e'f' /\!/ OX$ 轴，$ef /\!/ OX$ 轴，都反映实长 |

概括表 2-3，得出投影面垂直线的投影特性如下：

a. 直线在它所垂直的投影面上的投影积聚为一点。

b. 直线在其他两投影面上的投影分别垂直于相应的投影轴，反映实长。

(2) 点与直线、直线与直线的相对位置及其投影特性

① 直线上点

根据平行投影的特性可知，直线上的一点，其投影必在直线的同面投影上，且符合点的投影规律；点分割线段之比等于点的投影分割线段的投影之比。如图 2-9 所示，$C$ 点在直线 $AB$ 上，则 $C$ 点的投影分别在直线 $AB$ 的同面投影上，即必有 $c$ 在 $ab$ 上，$c'$ 在 $a'b'$ 上，$c''$ 在 $a''b''$ 上，且有 $ac:cb=a'c':c'b'=a''c'':c''b''=AC:CB$ 成立。

② 两直线的相对位置

空间两直线的相对位置关系有三种：平行、相交和交叉。其中，平行、相交的两直线称为共面直线，交叉直线称为异面直线。

平行两直线的同面投影必定相互平行(或重合)，如图 2-10(a)所示；相交两直线的同面投影都相交，且交点符合点的投影规律，如图 2-10(b)所示；交叉两直线的投影既不符合平

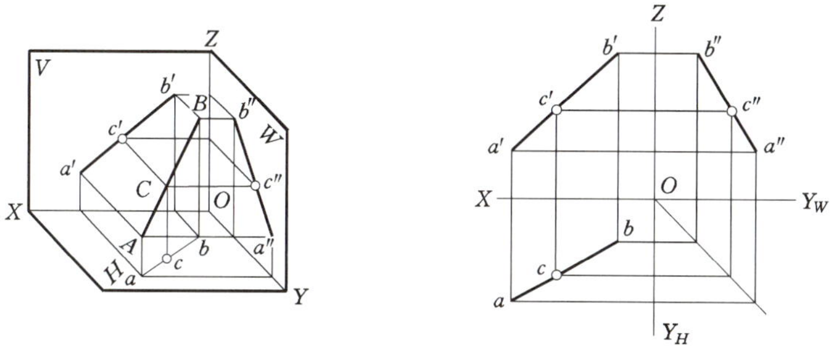


图 2-9　直线上的点的投影

行两直线的投影规律，也不符合相交两直线的投影规律，如图 2-10(c)所示。

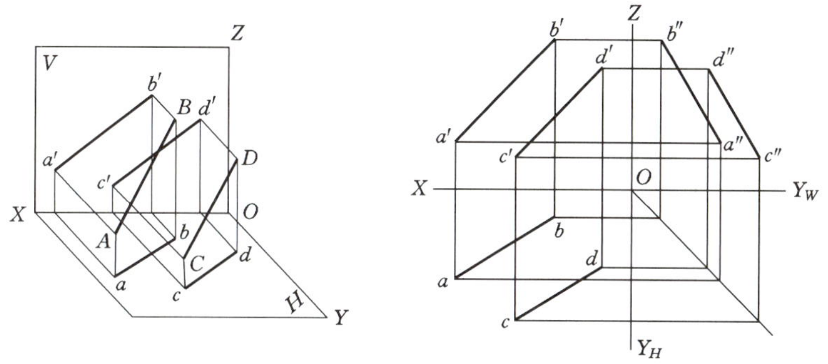


(a)

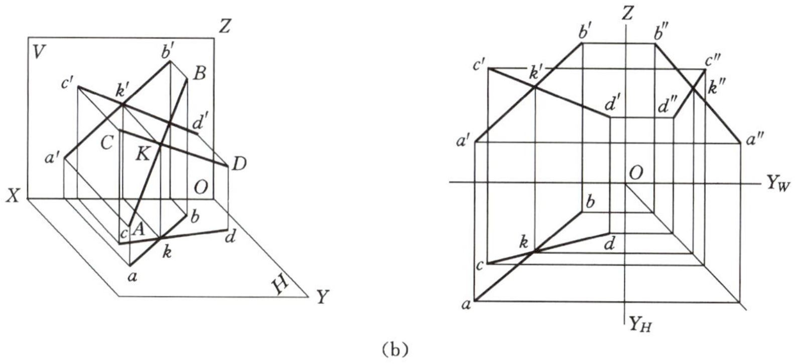


(b)

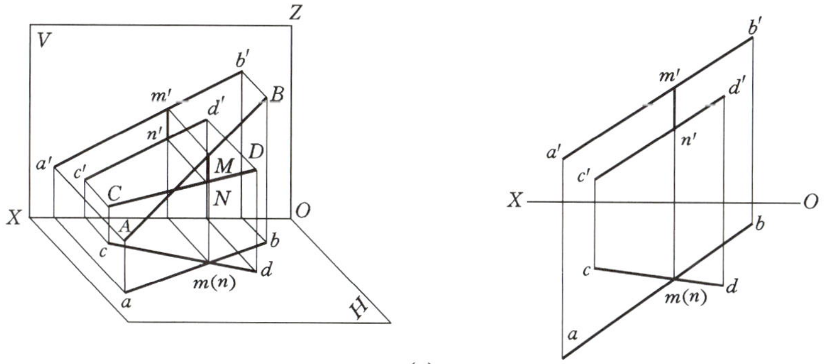


(c)

图 2-10　判断两直线的相对位置

3. 平面的投影

(1) 平面的表示法

由几何学可知，平面的空间位置可由下列几何元素确定：不在一条直线上的三点、直线及直线外一点、两相交直线、两平行直线、任意的平面图形。

微课
平面的投影

平面的投影可由属于平面的点、直线、平面图形等几何元素的投影来表示，如图 2-11 所示。

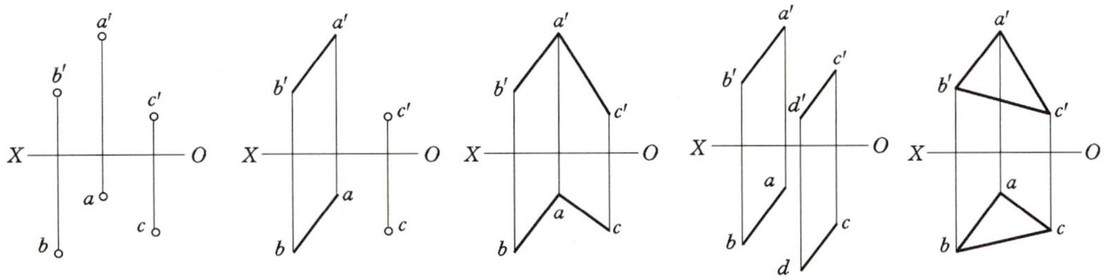


(a) 不在一条直线上的三点　(b) 直线及直线外一点　(c) 两相交直线　(d) 两平行直线　(e) 任意的平面图形

图 2-11　用几何元素表示平面

(2) 各种位置平面的投影特性

按照空间平面相对于投影面的位置，平面可分为一般位置平面、投影面平行面、投影面垂直面三大类，其中后两类统称为特殊位置平面。规定：空间平面对 $V$、$H$、$W$ 面的倾角亦用 $\alpha$、$\beta$、$\gamma$ 来表示。

① 一般位置平面

对三个投影面都倾斜的空间平面称为一般位置平面。图 2-12 中△$ABC$ 平面即为一般位置平面，因其倾斜于每个投影面，所以三面投影均为原平面的类似三角形，面积均比△$ABC$ 的小。

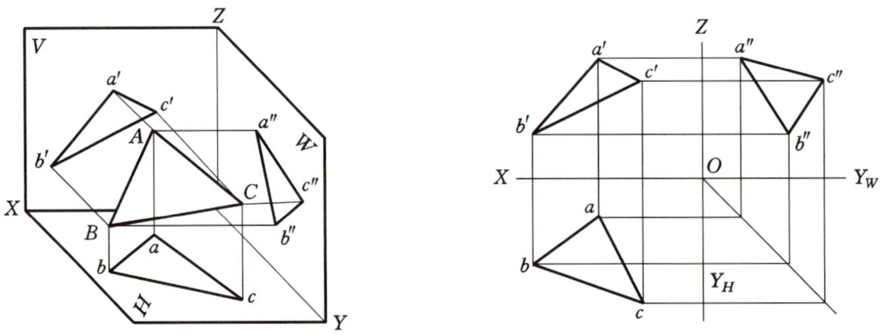


图 2-12　一般位置平面的投影

由此得出一般位置平面的投影特性：三面投影均为原平面图形的类似形，且面积缩小。

② 投影面平行面

平行于一个投影面(当然垂直于另外两个投影面)的空间平面称为投影面平行面。

根据所平行的投影面不同,投影面平行面又分为三种:平行于 $H$ 面的空间平面叫水平面;平行于 $V$ 面的空间平面叫正平面;平行于 $W$ 面的空间平面叫侧平面,见表 2-4。

投影面平行面

概括表 2-4,得出投影面平行面的投影特性如下:

a. 平面在与其平行的投影面上的投影反映平面的实形。

b. 平面在其他两个投影面上的投影均积聚成直线,且平行于相应的投影轴。

表 2-4　投影面平行面的投影特性

| 名称 | 正平面 | 水平面 | 侧平面 |
|---|---|---|---|
| 轴测图 | 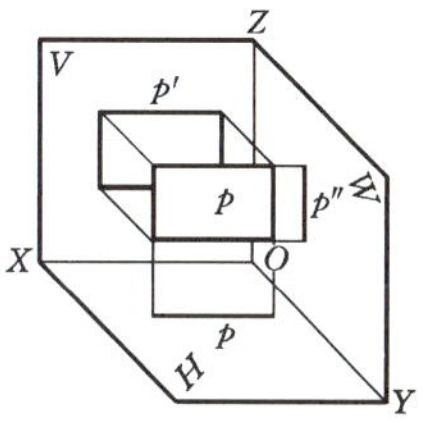 | 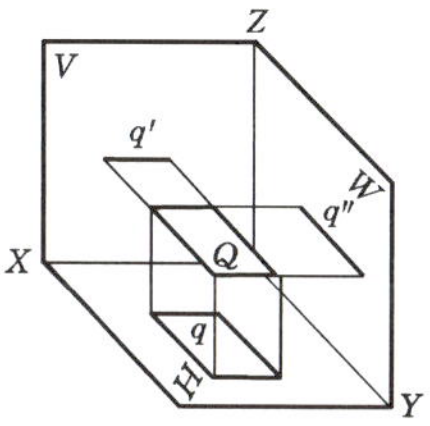 | 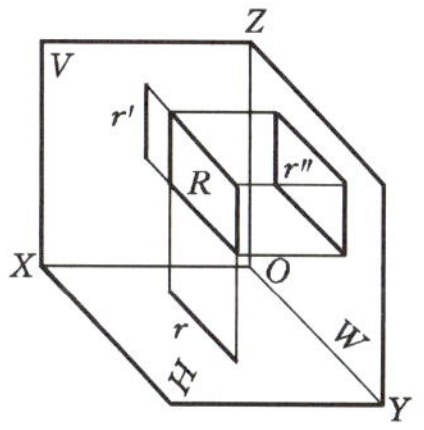 |
| 投影图 | 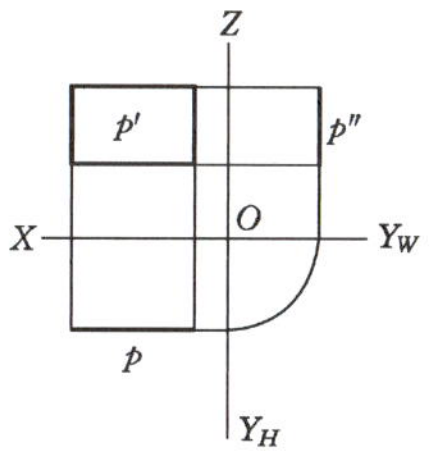 | 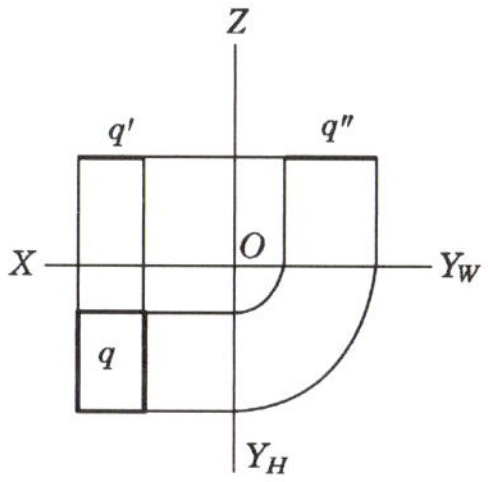 | 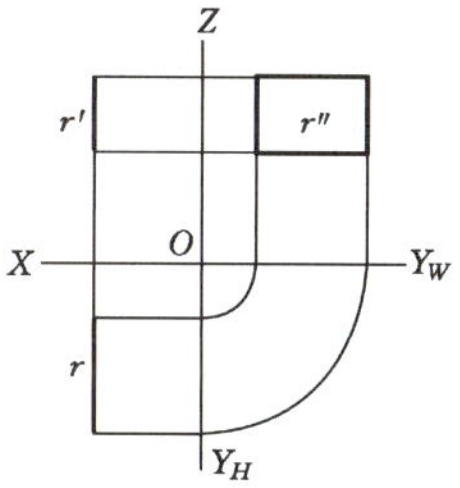 |
| 实例 | 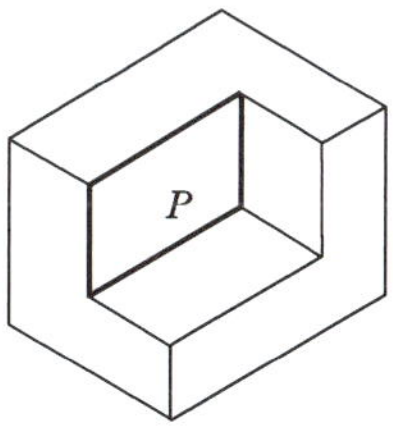 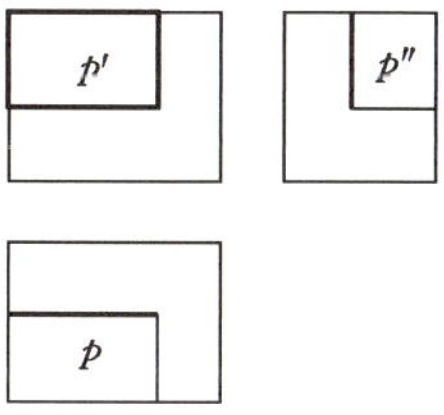 | 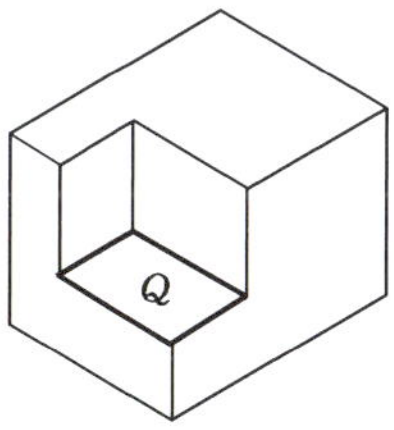 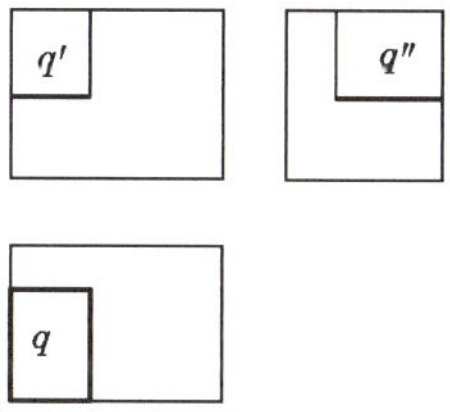 | 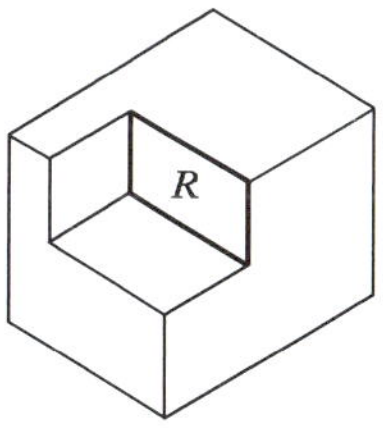 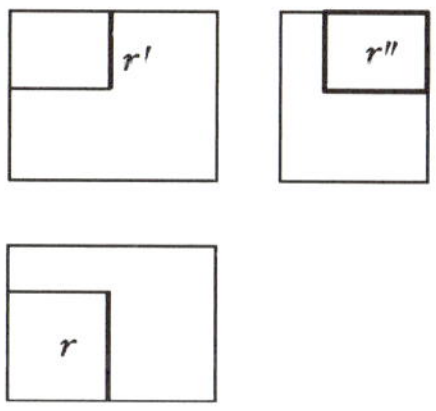 |
| 投影特性 | 1. $p'$反映平面实形;<br>2. $p$ 和 $p''$均具有积聚性,且 $p$ // $OX$ 轴,$p''$ // $OZ$ 轴 | 1. $q$ 反映平面实形;<br>2. $q'$ 和 $q''$均具有积聚性,且 $q'$ // $OX$ 轴,$q''$ // $OY_W$ 轴 | 1. $r''$反映平面实形;<br>2. $r$ 和 $r'$均具有积聚性,且 $r$ // $OY_H$ 轴,$r'$ // $OZ$ 轴 |

③ 投影面垂直面

垂直于一个投影面且倾斜于另外两个投影面的空间平面称为投影面垂直面。

投影面垂直面

根据所垂直的投影面不同，投影面垂直面又分为三种：垂直于 $H$ 面且倾斜于 $V$、$W$ 面的空间平面，叫铅垂面；垂直于 $V$ 面且倾斜于 $H$、$W$ 面的空间平面，叫正垂面；垂直于 $W$ 面且倾斜于 $V$、$H$ 面的空间平面，叫侧垂面，见表 2-5。

表 2-5　投影面垂直面的投影特性

| 名称 | 正垂面 | 铅垂面 | 侧垂面 |
|---|---|---|---|
| 轴测图 | 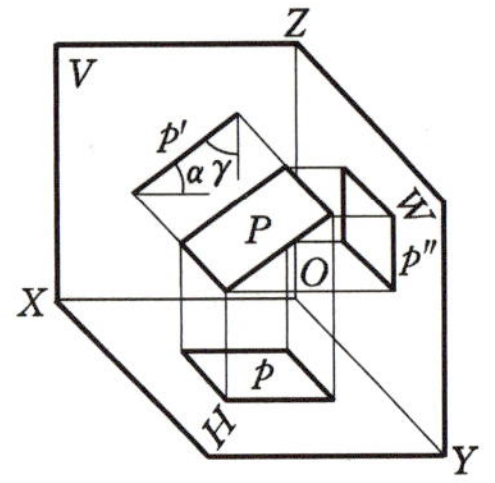 | 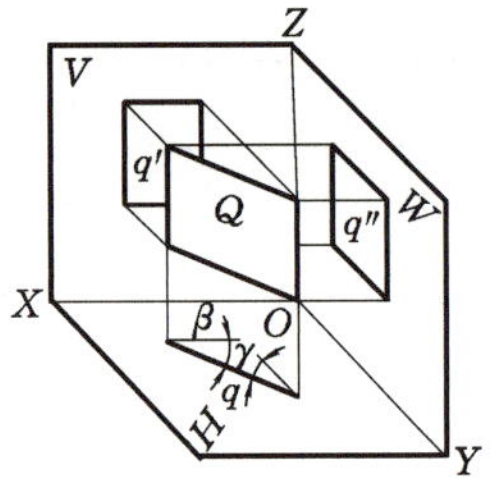 | 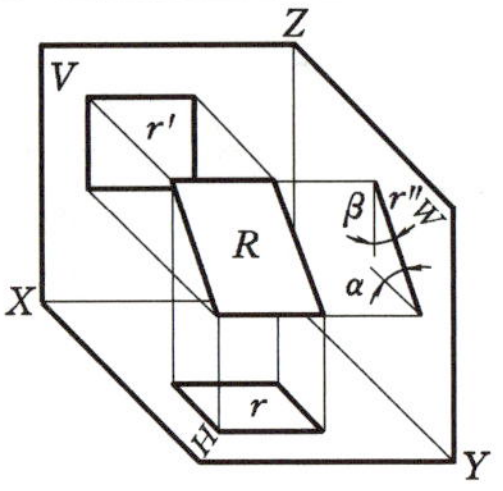 |
| 投影图 | 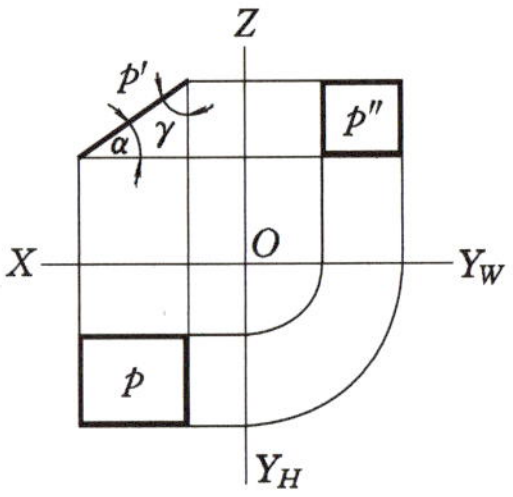 | 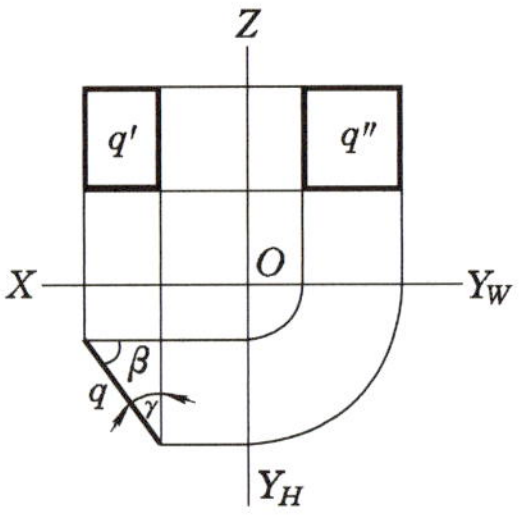 | 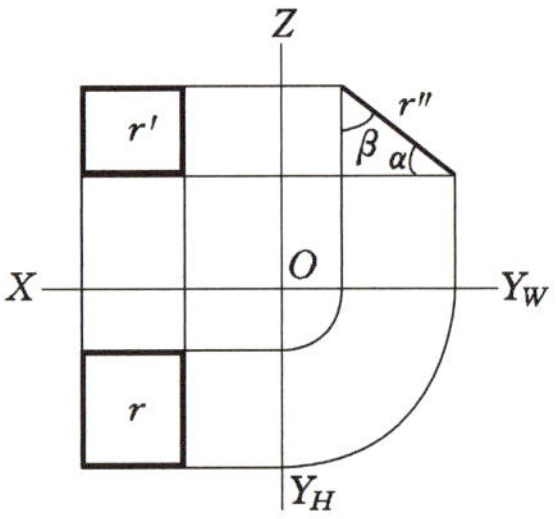 |
| 实例 | 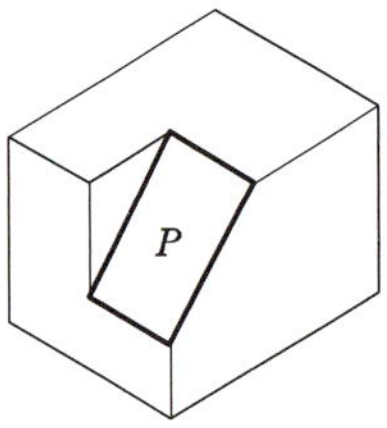 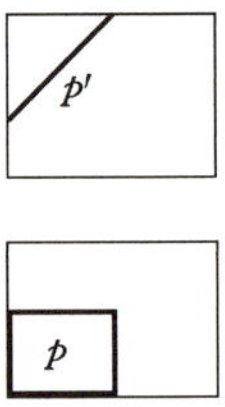 | 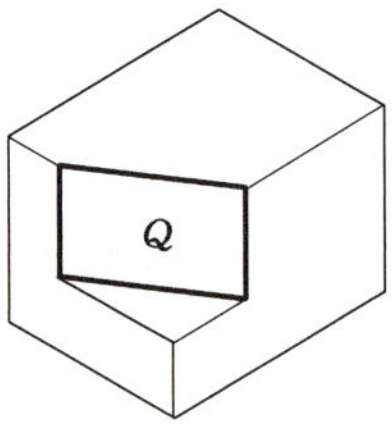 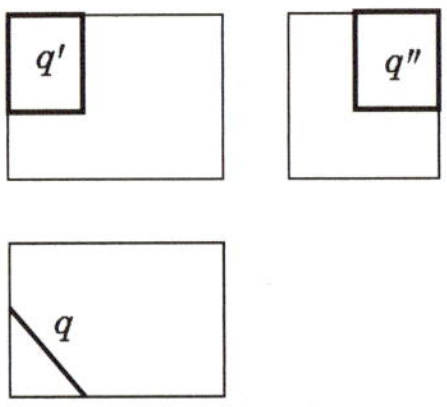 | 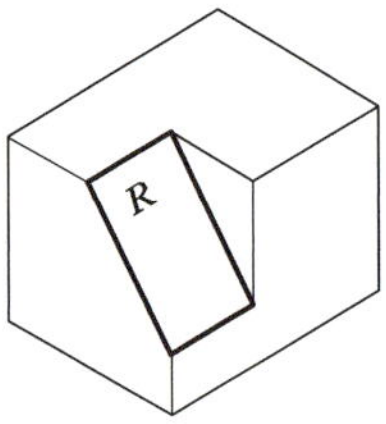 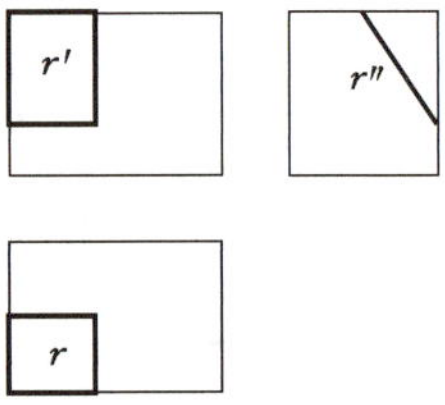 |
| 投影特性 | 1. $p'$积聚成一直线，反映 $\alpha$、$\gamma$ 角；<br>2. $p$ 和 $p''$均为原图形的类似形，且面积缩小 | 1. $q$ 积聚成一直线，反映 $\beta$、$\gamma$ 角；<br>2. $q'$和 $q''$均为原图形的类似形，且面积缩小 | 1. $r''$积聚成一直线，反映 $\alpha$、$\beta$ 角；<br>2. $r$ 和 $r'$均为原图形的类似形，且面积缩小 |

概括表 2-5，得出投影面垂直面的投影特性如下：

a. 平面在与其垂直的投影面上的投影积聚成一直线，倾斜于投影轴，它与两投影轴的夹角分别反映该平面对另外两个投影面的倾角。

b. 平面在另外两个投影面上的投影均为平面的类似形，且面积缩小。

（3）平面上的点和直线

由几何学可知，点和直线在平面内的几何条件如下：

① 若点在平面内的任一条直线上，则点就在平面上。

如图 2-13(a)所示，点 $D$ 在平面 $ABC$ 的直线 $AB$ 上。

② 若直线通过平面内的两个点，或通过平面内的一个点且平行于该平面内的一条直线，则直线就在平面上。

如图 2-13(b)所示，直线 $DE$ 通过平面 $ABC$ 的两个点 $D$、$E$；如图 2-13(c)所示，直线 $DE$ 通过平面 $ABC$ 上的点 $D$，且平行于平面 $ABC$ 上的直线 $BC$。

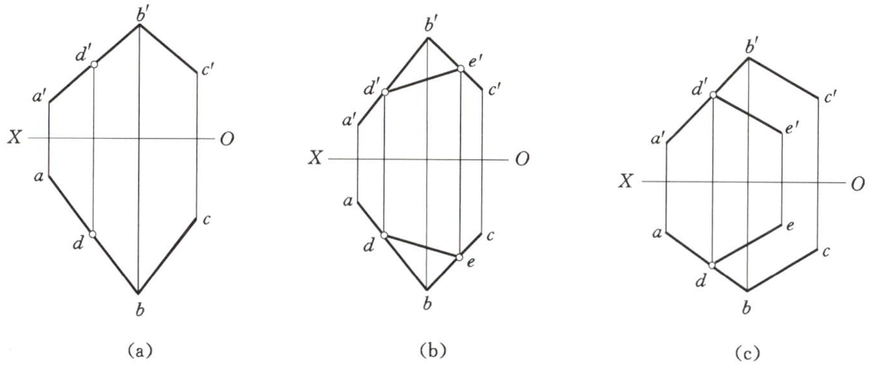


图 2-13　平面上的点和直线

## 三、绘制基本体的三视图

棱柱、棱锥、圆柱、圆锥、圆球等形状简单且规则的物体称为基本体，它们是构成复杂物体的单位。

基本体按照表面几何性质的不同，分为平面立体（表面均为平面的立体）和曲面立体（表面为曲面或曲面与平面的立体）两类。

1. 平面立体的三视图及表面取点

平面立体的所有表面都是平面。其中，平面与平面的交线称为棱线；棱线与棱线的交点称为顶点。平面立体按棱线间的相对关系可分为棱柱和棱锥两种，如图 2-14 所示。

**微课**
平面立体投影

因为平面立体上的每个面均为平面多边形，故画平面立体的投影图实质上就是画出平面立体上各平面或各棱线的投影。

（1）棱柱

棱柱分直棱柱（侧棱与顶、底面垂直）和斜棱柱（侧棱与顶、底面倾斜）。直棱柱形状特点是：顶面和底面是全等、平行的多边形，各侧面（矩形）或侧棱垂直于顶面、底面。顶面、底面是正多边形的直棱柱，称为正棱柱。

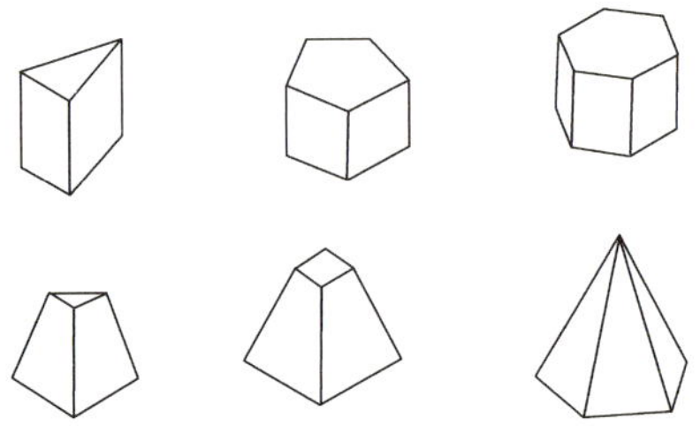

图 2-14　常见的平面立体

① 棱柱的三视图

图 2-15(a)所示为正六棱柱，其顶面和底面为全等、平行的正六边形，六个侧面(矩形)或侧棱垂直于顶面、底面。

为了便于作图，将正六棱柱的底面平行于 $H$ 面放置，并使其前、后两个侧面平行于 $V$ 面，便可得到图 2-15(b)所示的正六棱柱的三视图。由图可知，该六棱柱的顶面、底面(六边形)均为水平面，其水平投影重合为正六边形且反映实形，正面投影和侧面投影积聚为直线；六个侧棱面均为矩形。其中，前、后两侧棱面为正平面，正面投影反映实形，水平投影和侧面投影积聚为直线；其余侧棱面为铅垂面，水平投影均积聚为直线，正面投影和侧面投影均为类似形(矩形)。

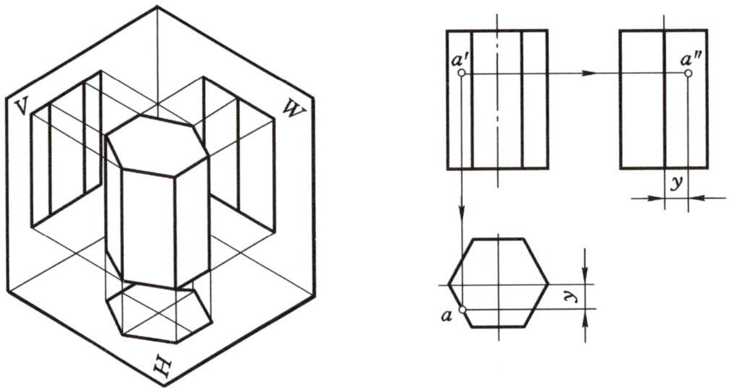


(a)　　(b)

图 2-15　正六棱柱的三视图及表面取点

由以上分析可知，当棱柱的底面为水平面时，其俯视图为反映底面实形的多边形，主、左两视图分别为一组矩形。作图时，可先画棱柱的俯视图——实形多边形，再根据投影规律作出其他两个视图，具体的作图步骤如图 2-16 所示。

a. 画出作图基准线，布置图面。图 2-16(a)中画出了各投影图的对称中心线、底线。

b. 画出水平投影。正六边形，即顶面、底面的实形投影，如图 2-16(b)所示。

c. 画出正面投影。根据正六棱柱的高度，按投影关系画出正面投影，外轮廓为矩形，其中有两条竖线，如图 2-16(c)所示。

d. 画出侧面投影。按投影关系画出侧面投影，外轮廓为矩形，其中有一条竖线，如图 2-16(d)所示。

e. 检查加深，完成作图。

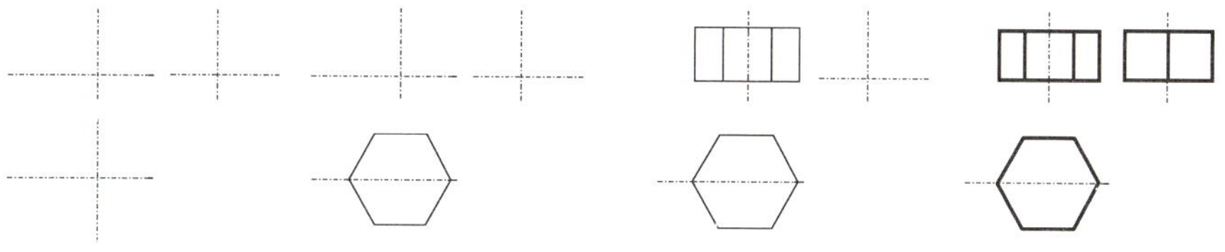

(a)　　(b)　　(c)　　(d)

图 2-16　正六棱柱三视图的作图步骤

② 棱柱表面取点

在平面立体表面上取点，其原理和方法与平面上取点相同。如图 2-15 所示，正六棱柱的各个表面都处于特殊位置，因此在棱柱表面上取点可利用积聚性原理作图。

对于立体表面上点的投影的可见性，规定：表面可见点可见，表面被遮挡，其上点的投影亦不可见；当表面投影具有积聚性时，其上点的投影为可见。

如图 2-15(b)所示，已知棱柱表面上一点 $A$ 的正面投影 $a'$，求其他两面投影。

分析：由于 $a'$可见，因此点 $A$ 必在棱柱的左前棱面上，该棱面是铅垂面，其水平投影积聚成直线，所以点 $A$ 的水平投影 $a$ 必在该直线上，由 $a'$和 $a$ 即可求得侧面投影 $a''$，$a''$可见，如图 2-15(b)所示。

(2) 棱锥

棱锥的底面为多边形，各侧面为具有公共顶点（锥顶）的三角形。当棱锥的底面是正多边形，各侧面是全等的等腰三角形时，称为正棱锥；从正棱锥的锥顶向底面作垂线，垂足点是底面的中心。

① 棱锥的三视图

图 2-17(a)所示的棱锥为正三棱锥。其底面为正三角形，三个侧面为全等的等腰三角形。

为了便于作图，将正三棱锥的底面平行于 $H$ 面放置，并使其一侧面 $SAC$ 垂直于 $W$ 面，便可得如图 2-17(b)所示的三棱锥的三视图。

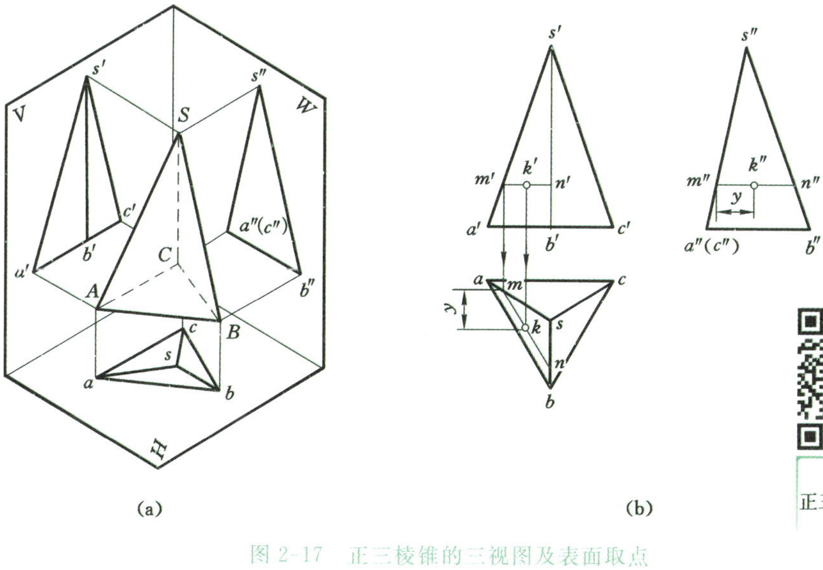


正三棱锥的投影

图 2-17　正三棱锥的三视图及表面取点

由图可知，棱锥的锥顶为 $S$，底面为 $\triangle ABC$。底面为水平面，其 $H$ 面投影反映实形，正面投影和侧面投影积聚为一直线；棱面 $\triangle SAB$、$\triangle SBC$ 为一般位置面，它们的各个投影均为类似形——三角形；棱面 $\triangle SAC$ 为侧垂面，其 $W$ 面投影积聚为一条直线，另两投影为类似形——三角形。

由以上分析可知，当棱锥的底面为水平面时，其俯视图外形为反映底面实形的多边形且内部为一组三角形，主、左两视图分别为一组三角形。作图时，可先画底面多边形的各个投影，再作出锥顶的各个投影，然后连接各棱线即得棱锥的三视图，具体作图步骤如图 2-18 所示。

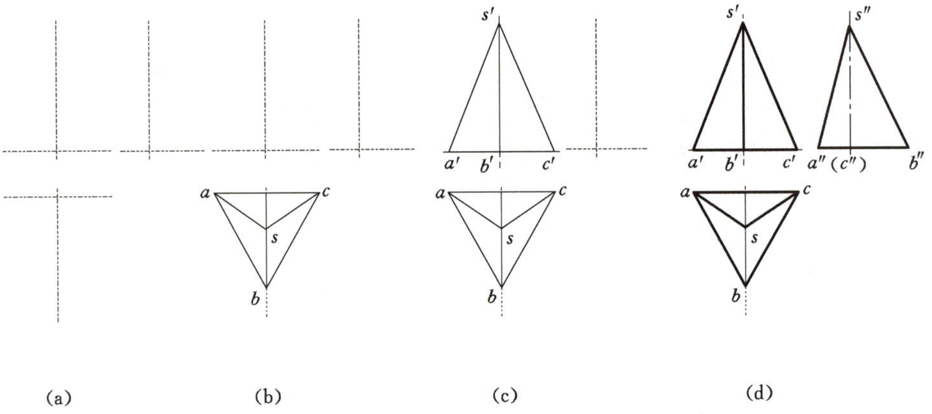


图 2-18　正三棱锥三视图的作图步骤

a. 画出基准线，布置图面。图 2-18(a) 中画出了各投影图的对称中心线、底线、边线和锥顶所在的线。

b. 画水平投影。水平投影轮廓为 $\triangle abc$（棱锥底面实形），$s$ 点为 $\triangle abc$ 的中心，表示锥顶的投影，如图 2-18(b) 所示。

c. 画出正面投影。根据正三棱锥的高，按“长对正”的投影关系作出底面、锥顶的正面投影，连线便得到三棱锥的正面投影，如图 2-18(c) 所示。

d. 画出侧面投影。按“高平齐、宽相等”的投影关系作出底面、锥顶的侧面投影，连线便得到三棱锥的侧面投影，如图 2-18(d) 所示。

e. 检查加深。检查各图，擦去多余的图线并按规定加深图线。

② 棱锥表面取点

在棱锥表面上取点，首先要确定点所在的平面，再分析该平面的投影特性。当该平面为一般位置平面时，可采用辅助直线法求出点的投影。

如图 2-17(b) 所示，已知点 $K$ 的正面投影 $k'$，求点 $K$ 的其他两面投影。

正三棱锥的表面取点

分析：由于 $a'$ 可见，因此断定点 $K$ 必定在棱面 $\triangle SAB$ 上。$\triangle SAB$ 为一般位置平面，需用辅助直线法求点。过点 $k'$ 作一直线 $m'n' /\!/ a'b'$，由正面投影 $m'n'$ 求出水平投影 $mn$，根据点与直线的从属关系，在直线 $mn$ 上由 $k'$ 求出水平投影 $k$，再由 $k'$、$k$ 求出侧面投影 $k''$。

2. 回转体的三视图及表面取点

在机械工程中，用得最多的曲面立体是回转体，如圆柱、圆锥、圆球和圆环等。在投影图上表示回转体就是把围成立体的回转面或平面与回转面表示出来，并判别其可见性。

微课
曲面立体投影

(1) 圆柱

① 圆柱的三视图

圆柱由顶面、底面和圆柱面所组成。圆柱面可看作由一条直母线绕平行于它的轴线回转而成。直母线在圆柱面上的任一位置，称为圆柱面的素线。

圆柱的投影及表面取点

如图 2-19 所示，将圆柱的轴线垂直于 $H$ 面放置，则得到圆柱的三视图。

由图可知，当圆柱轴线垂直于水平面时，圆柱上、下底面的水平投影反映实形，正面和侧面投影积聚成直线。圆柱面的水平投影积聚为一圆周，与两底面的水平投影重合。在正面投影中，前、后两半圆柱面的投影重合为一矩形，矩形的两条竖线分别是圆柱面最左、最右素线的投影，也是圆柱面前半部(可见部分)、后半部(不可见部分)分界的转向轮廓线。在侧面投影中，左、右两半圆柱面的投影重合为一矩形，矩形的两条竖线分别是圆柱面最前、最后素线的投影，也是圆柱面左半部(可见部分)、右半部(不可见部分)分界的转向轮廓线。

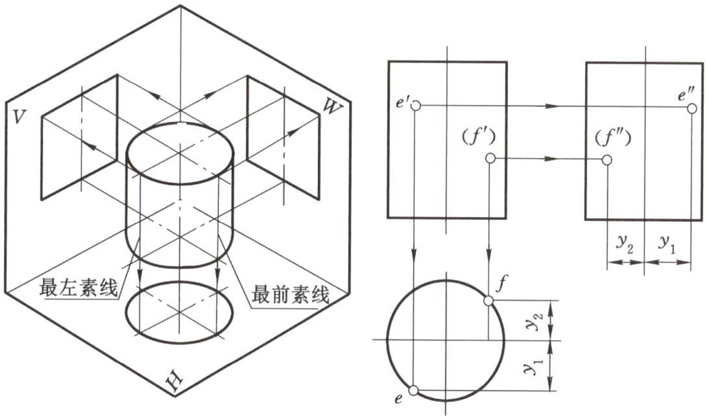


(a) (b)

图 2-19 圆柱的三视图及表面取点

显然曲面的投影关键是找曲面上转向轮廓线(素线)的投影。

由以上分析可知，当圆柱的轴线垂直于水平面时，其俯视图为反映底面实形的圆，主、左两视图为矩形。作图时，可先画俯视图，再画主、左两视图，具体的作图步骤如图 2-20 所示。画圆柱的三视图时，首先画出中心线和轴线，其次画出圆的投影，再次按照投影关系画出圆柱的第二、第三投影。

② 圆柱表面取点

如图 2-19(b)所示，已知圆柱表面上点 $E$ 和点 $F$ 的正面投影 $e'$ 和 $(f')$，求 $E$、$F$ 的其他两投影。

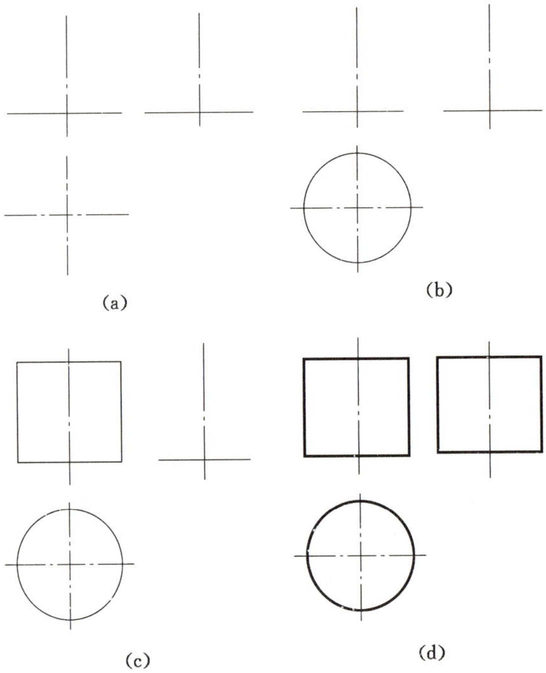


图 2-20　圆柱三视图的作图步骤

分析：由于 $e'$ 可见，因此断定点 $E$ 必定在前半圆柱面上。根据圆柱面水平投影具有积聚性的特征，在水平投影前半圆周上即可求得 $e$，再由 $e'$、$e$ 求得 $e''$。因 $E$ 在左半圆柱面上，故 $e''$ 可见。由 $F$ 点的正面投影可知，$F$ 点在圆柱面的右、后半部分，其水平投影应在俯视图的后半圆周上，侧面投影为不可见。$F$ 点作图过程与 $E$ 点相同。

(2) 圆锥

① 圆锥的三视图

圆锥由圆锥面和底面(垂直轴线)组成。圆锥面是一直母线绕着与它相交的轴线回转而成的。

圆锥的投影及表面取点

如图 2-21 所示，将圆锥的轴线垂直于 $H$ 面放置，则得到圆锥的三视图。

由图可知，该圆锥的轴线为铅垂线，底面圆为水平面，其水平投影反映实形，正面投影和侧面投影均为等腰三角形。与圆柱相类似，正面投影是前、后两半圆锥面的重合投影，三角形的两腰分别是圆锥的最左、最右素线的投影，也是前、后两半圆锥面投影的分界线，一般称为圆锥正面投影的转向轮廓线。侧面投影是左、右两半圆锥面的重合投影，三角形的两腰分别是圆锥的最前、最后素线的投影，也是左、右两半圆锥面投影的分界线，一般称为圆锥侧面投影的转向轮廓线。

由以上分析可知，当圆锥的轴线垂直于水平面时，其俯视图为反映底面实形的圆，主、左两视图为等腰三角形。作图时，可先画俯视图，再画主、左两视图，具体的作图步骤如图 2-22 所示。

a. 先画出对称中心线、轴线等作图基准线，如图 2-22(a)所示。

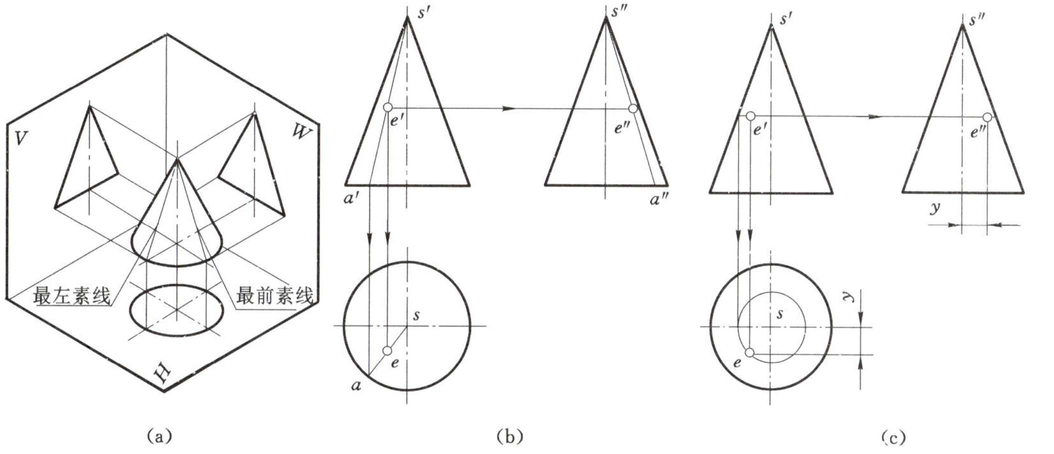


图 2-21　圆锥的三视图及表面取点

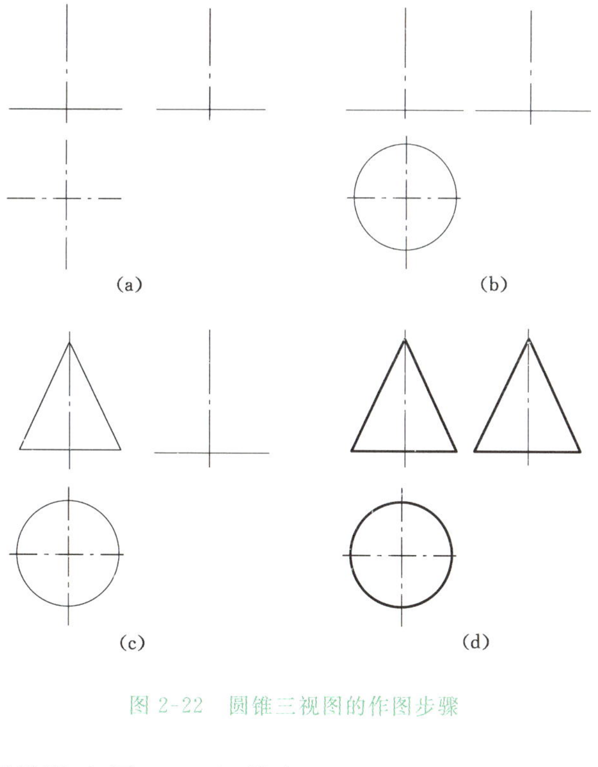


图 2-22　圆锥三视图的作图步骤

b. 画出圆的水平投影,如图 2-22(b)所示。

c. 根据圆锥的高度,按投影关系画出正面投影——等腰三角形,如图 2-22(c)所示。

d. 按投影关系画出侧面投影——等腰三角形,如图 2-22(d)所示。

e. 检查加深。检查各投影图,擦去多余的图线并按规定线型加深。

② 圆锥表面取点

如图 2-21(b)所示,已知圆锥表面上点 $E$ 的正面投影 $e'$,求点 $E$ 的其他两投影。

分析：由于 $e'$ 可见，因此断定点 $E$ 必定在前半圆锥面上，具体作图可采用以下两种方法。

方法 1　辅助素线法：

过锥顶投影 $s'$ 和点 $e'$ 作一辅助直线 $s'a'$，由 $s'a'$ 求出水平投影 $sa$ 和侧面投影 $s''a''$，再根据点在直线上的投影性质，由 $e'$ 求出 $e$ 和 $e''$，如图 2-21(b)所示。

方法 2　辅助圆法(纬圆法)：

过点 $E$ 作一垂直于回转轴线的水平辅助圆，该圆的正面投影为过 $e'$ 且平行于底面圆投影的直线，该直线反映辅助圆的直径，由此可作出辅助圆的水平投影(圆)，$e$ 必在此圆周上，由 $e'$ 求出 $e$，再由 $e'$、$e$ 求出 $e''$，如图 2-21(c)所示。

(3) 球

① 球体的三视图

圆球的投影及表面取点

圆球的表面是球面。球面是由一条圆母线以其直径为轴线回转一周而成的。球面可分为前、后两半球面或左、右两半球面或上、下两半球面。

如图 2-23 所示，将圆球的轴线垂直于 $H$ 面放置，则得到球体的三视图。

由图可知，该球的三面投影均为圆，且圆的直径均与球的直径相等。水平投影圆为可见的上半球和不可见的下半球的分界圆，即水平投影的轮廓圆；正面投影圆为可见的前半球和不可见的后半球的分界圆；圆球侧面圆为可见的左半球和不可见的右半球的分界圆，即侧面投影的轮廓圆。

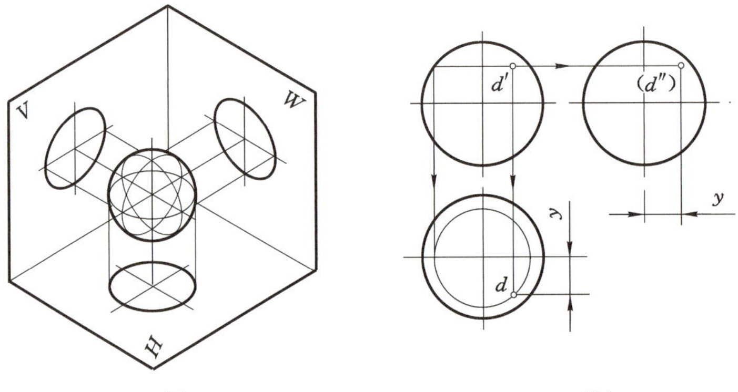


(a)　　(b)

图 2-23　球体的三视图及表面取点

由以上分析可知，圆球的三面投影是直径相等的圆，三个投影圆是球面三个方向的转向轮廓线，其直径等于圆球直径。作图时，首先画中心线，再画出三个与圆球直径相等的圆。

② 球体表面取点

球面的投影没有积聚性，且球面上也不存在直线，所以必须采用辅助圆法——纬圆法求作其表面上点的投影。

如图 2-23(b)所示，已知球面上点 $D$ 的正面投影 $d'$，求点 $D$ 的其他两投影。

分析：过点 $D$ 作一平行于 $H$ 面的辅助圆，它的正面投影为一直线段，水平投影为直径等于该直线段的圆，$D$ 必定在该圆周上。由 $d'$ 即可求出 $d$，再由 $d$、$d'$ 求出 $d''$，如图 2-23(b)所示。由正面投影 $d'$ 可知，点 $D$ 在球面的前、右、上半部分，所以 $d$ 可见、$d''$ 不可见。

## 任务实施

### 一、点、直线和平面的三面投影作图训练

1. 点的投影

**【例 2-1】** 如图 2-24 所示，已知点 $A(20,15,24)$，求点 $A$ 的三面投影。

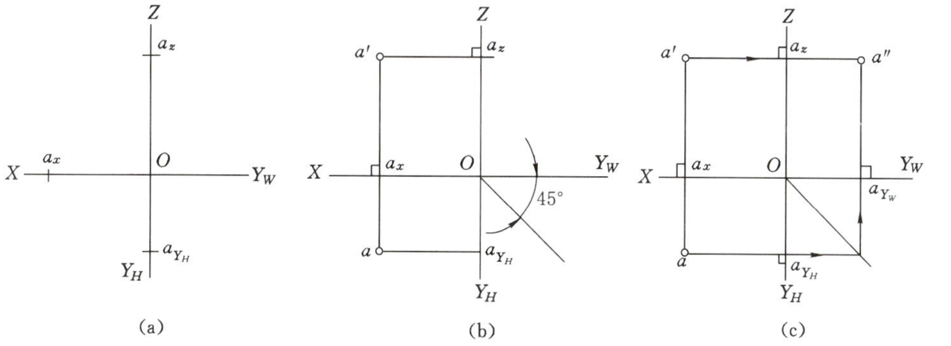

图 2-24　求点 A 的三面投影

**解：** 作图步骤如下：

(1) 画出投影轴，分别在各轴上量取 $Oa_x=20$，$Oa_z=24$，$Oa_{Y_H}=15$，如图 2-24(a)所示。

(2) 分别过 $a_x$、$a_z$、$a_{Y_H}$ 作投影轴的垂线，垂线两两相交，$V$ 面交点为 $A$ 的正面投影 $a'$，$H$ 面交点为 $A$ 的水平投影 $a$，如图 2-24(b)所示。

(3) 过原点作 $Y_HOY_W$ 的平分线，即过 $O$ 点向右下方作 45°辅助线，如图 2-24(b)所示。

(4) 延长 $aa_{Y_H}$ 与平分线相交，再由此交点作 $OY_W$ 的垂线，与过 $a'$ 点且垂直于 $OZ$ 轴的投影连线相交，交点 $a''$ 即为所求，如图 2-24(c)所示。

**【例 2-2】** 如图 2-25 所示，已知点 $A$ 的正面投影 $a'$ 和水平投影 $a$，求作侧面投影 $a''$。

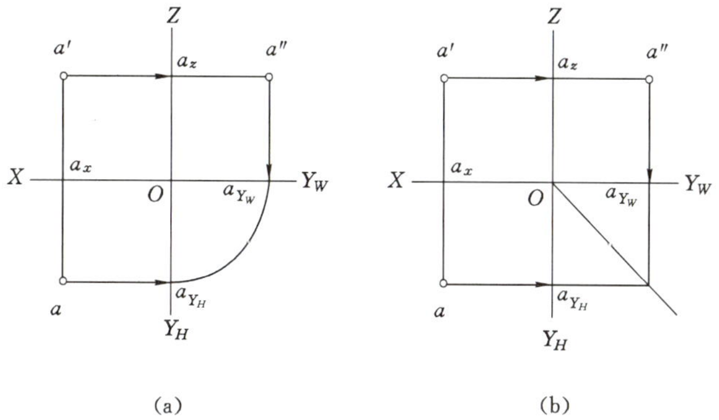

图 2-25　已知点的两面投影求第三面投影

**解：** 作图步骤如下：

(1) 按投影规律，作 $aa_{Y_H}$ 垂直于 $OY_H$，并以 $O$ 为圆心，$Oa_{Y_H}$ 为半径画弧交 $OY_W$ 于 $a_{Y_W}$ 点。

(2) 由 $a_{Y_W}$ 点向上作直线垂直于 $OY_W$，并与过 $a'$ 且垂直于 $OZ$ 轴的投影连线相交，交点即为点 $A$ 的侧面投影 $a''$。

为使 $aa_x = a''a_z$，也可过 $O$ 点向右下方作 45°辅助线，并过点 $a$ 作 $OY_H$ 的垂线与 45°线相交，然后再由此交点作 $OY_W$ 的垂线，与过 $a'$ 点且垂直于 $OZ$ 轴的投影连线相交，交点 $a''$ 即为所求，如图 2-25(b)所示。

2. 直线的投影

**【例 2-3】** 如图 2-26 所示，作出分线段 $AB$ 为 2∶3 的点 $C$ 的两面投影 $c'$、$c$。

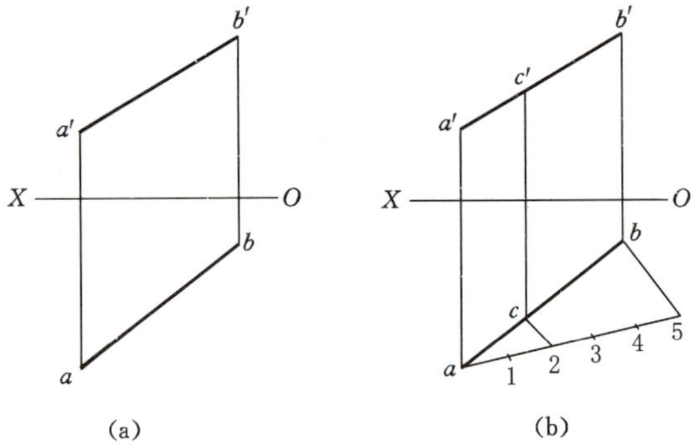


图 2-26 求直线上的点

**分析：** 根据直线上点的投影特性，可将直线的任一投影分成 2∶3，得到分 $AB$ 为 2∶3 的点 $C$ 的一个投影，利用从属性再求出点 $C$ 的另一投影。

**解：** 作图过程如图 2-26(b)所示。

(1) 过 $a$ 任意作一辅助直线，并在其上量取 5 个单位长度。

(2) 连接 $5b$，过 2 分点作 $5b$ 的平行线，交 $ab$ 于 $c$ 点。

(3) 过 $c$ 点作直线垂直于 $OX$ 轴，与 $a'b'$ 相交，交点即为 $c'$。

**【例 2-4】** 如图 2-27 所示，判断两直线 $AB$、$CD$ 是否平行。

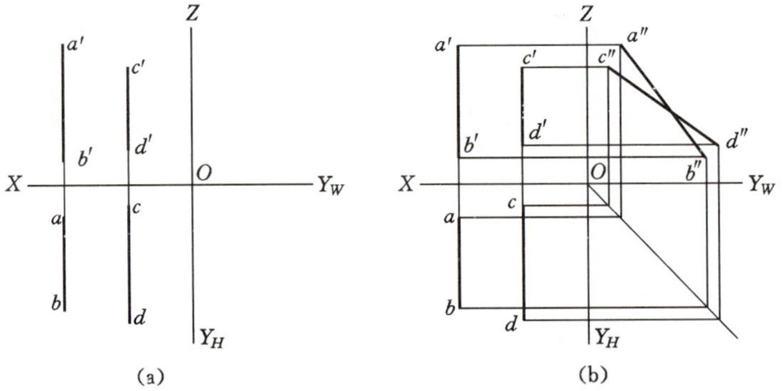


图 2-27 判断两直线是否平行

**分析**:由 $AB$、$CD$ 的两面投影可知,$AB$、$CD$ 都是侧平线,要判断其是否平行有两种方法:补画第三投影或利用定比性。

**解**:　方法一:补画出两直线的侧面投影,如图 2-27 所示,由于 $a''b''$ 与 $c''d''$ 不平行,所以可判断 $AB$ 与 $CD$ 不平行。

方法二:如果两直线同向且满足定比性,那么两直线就平行。如图 2-27(a)所示,$AB$ 与 $CD$ 虽然同向,但 $ab : cd \neq a'b' : c'd'$,因此可以判断 $AB$ 与 $CD$ 不平行。

3. 平面的投影

**【例 2-5】**　如图 2-28(a)所示,已知平面△$ABC$ 上点 $E$ 的正面投影 $e'$,求点 $E$ 的水平投影 $e$。

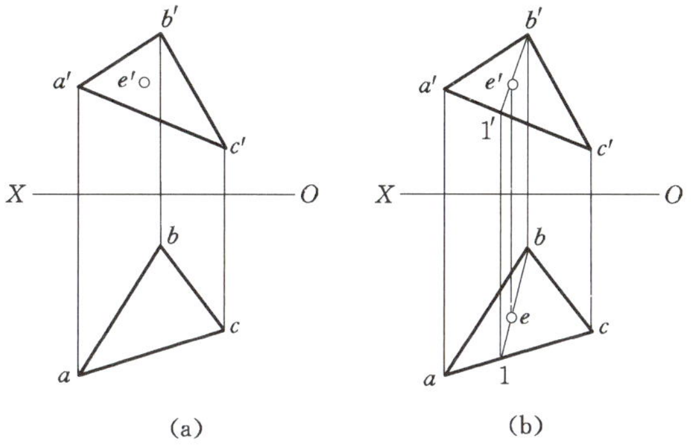


图 2-28　平面上取点

**分析**:由于点 $E$ 在平面△$ABC$ 上,故可过点 $E$ 在平面△$ABC$ 上作一条直线 $B$Ⅰ,交直线 $AC$ 于Ⅰ点;先求直线 $B$Ⅰ的正面投影、水平投影,再求点 $E$ 的水平投影。

**解**:　作图步骤如图 2-28(b)所示。

(1) 连 $b'e'$ 并延长交 $a'c'$ 于 $1'$,得到直线 $B$Ⅰ的正面投影 $b'1'$。

(2) 作出直线 $B$Ⅰ的水平投影 $b1$(因Ⅰ点在直线 $AC$ 上)。

(3) 求出 $E$ 点的水平投影 $e$(因 $E$ 点在直线 $B$Ⅰ上)。

**【例 2-6】**　如图 2-29(a)所示,已知四边形 $ABCD$ 的正面投影和 $BC$、$CD$ 两边的水平投影,试完成四边形的水平投影。

**分析**:因四边形 $ABCD$ 是一平面,所以 $A$、$B$、$C$、$D$ 四点共面。$BC$ 和 $CD$ 是两相交直线,因此确定△$BCD$ 平面,故 $A$ 点在△$BCD$ 平面上。可利用在平面上取点的方法求出点 $A$ 的水平投影。

**解**:　作图步骤如图 2-29(b)所示。

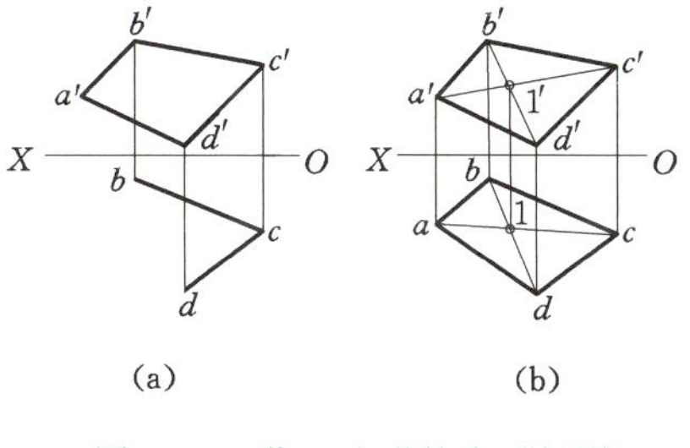


图 2-29　作四边形的水平投影

(1) 连 $bd$ 和 $b'd'$，得到△$BCD$ 平面的两面投影。

(2) 连接 $a'c'$ 与 $b'd'$ 交于 1′，得到两相交直线 $AC$、$BD$ 交点Ⅰ的正面投影。

(3) 因点Ⅰ在 $BD$ 上，由 1′可找到 1，得到 $c1$（直线 CⅠ或 $AC$ 的水平投影）。

(4) 由 $a'$ 可得到，点 $A$ 的水平投影 $a$ 在 $c1$ 延长线上。

(5) 连 $ab$ 和 $ad$，即完成四边形 $ABCD$ 的水平投影。

**【例 2-7】** 如图 2-30(a)所示，已知四边形 $ABCD$ 的两面投影，在其上取一点 $K$，使点 $K$ 在 $H$ 面之上 10，在 $V$ 面之前 15。

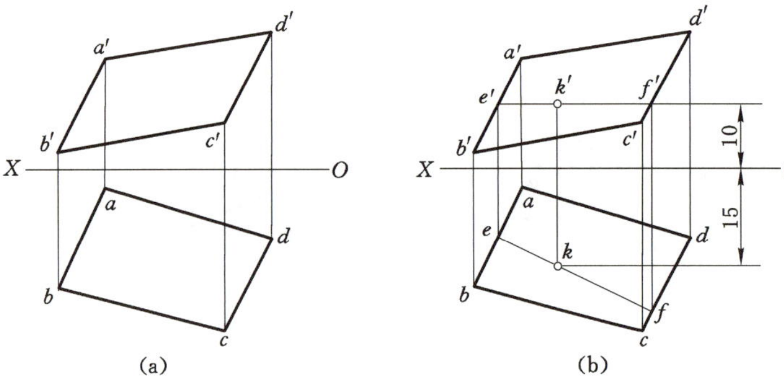


图 2-30 在四边形 $ABCD$ 内取点 $K$

**分析**：可在四边形 $ABCD$ 内取位于 $H$ 面之上 10 的水平线 $EF$，再在 $EF$ 上取位于 $V$ 面之前 15 的点 $K$。

**解**： 作图步骤如图 2-30(b)所示。

(1) 在 $OX$ 轴上方 10 处作直线 $e'f'$ 平行于 $OX$ 轴，再由 $e'f'$ 作出 $ef$。

(2) 在 $ef$ 上取位于 $OX$ 轴之前 15 的点 $k$，即为所求点 $K$ 的水平投影。再由 $k$ 作出 $k'$ 即可。

## 二、基本立体投影及其面上取点的作图训练

首先确定点所在的面，若该面投影有积聚性，则可利用其积聚性求点的第二投影，再求第三投影；若点所在的面投影没有积聚性，则要过该点作辅助线，先找辅助线的投影，再找点的投影。作图原理、方法与平面上取点相同。

点可见性的判别：点所在的面可见，其投影也可见，反之不可见。点的投影落在面的积聚投影上，可以不判断其可见性。

1. 平面立体

**【例 2-8】** 如图 2-31 所示，已知正五棱柱表面上点 $M$、$N$ 的正面投影 $m'$、$n'$，求其他两面投影。

**解**： (1) 由于 $m'$ 可见，并根据 $m'$ 的位置，可判定点 $M$ 在左、前侧面上。

(2) 因左、前侧面为铅垂面，其水平投影积聚成一直线，所以点 $M$ 的水平投影 $m$ 必在此直线上。

(3) 根据 $m$ 和 $m'$ 即可求得 $m''$。

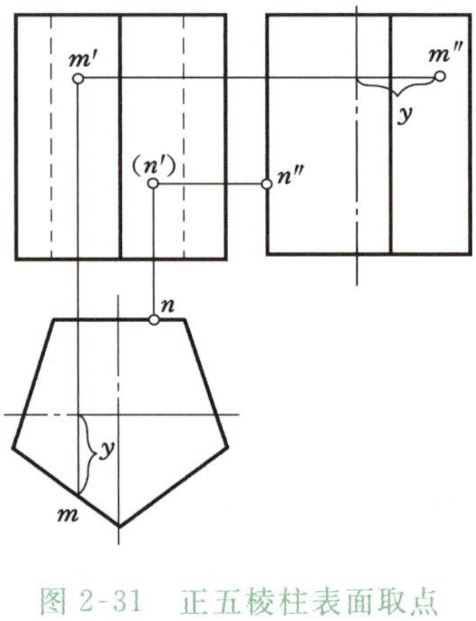


图 2-31 正五棱柱表面取点

(4) 判断可见性：由于点 $M$ 所在的左、前侧面投影可见，所以 $m''$ 可见；因点 $M$ 的水平投影 $m$ 落在左、前侧面的

积聚投影上，所以点 $m$ 的可见性不需判断。

$n$、$n''$的求法类似，请读者自行分析。

**【例 2-9】** 如图 2-32(b)所示，已知正三棱锥表面上点 $K$ 的正面投影 $k'$，求其他两面投影 $k$、$k''$。

**解：** 根据 $k'$的位置及可见性，可判定 $K$ 点位于棱锥的△$SAC$ 侧面内，由于△$SAC$ 投影没有积聚性，因此需用辅助线法求 $K$ 点的其他投影。

(1) 如图 2-32(a)所示，作辅助线 $S$Ⅰ：连锥顶 $S$ 和 $K$ 点并延长交 $AC$ 于Ⅰ点。

(2) 连接 $s'k'$与底边 $a'c'$相交于 $1'$，得 $S$Ⅰ的正面投影 $s'1'$。

(3) Ⅰ点在 $AC$ 上，所以Ⅰ点的水平投影 1 在 $ac$ 上，得 $S$Ⅰ的水平投影 $s1$。

(4) 点 $K$ 在 $S$Ⅰ上，所以 $k$ 必在 $s1$ 上。

(5) 根据 $k'$和 $k$ 求出 $k''$。

(6) △$SAC$ 的三个投影均可见，故 $K$ 点的三个投影都可见。

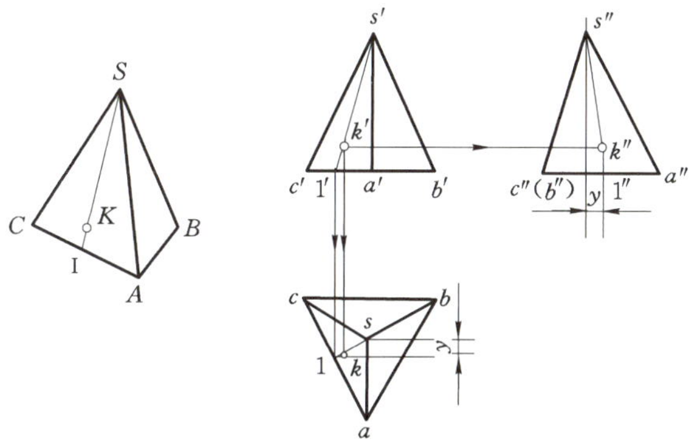


(a) (b)

图 2-32 正三棱锥表面上点的投影

2. 回转体

**【例 2-10】** 如图 2-33 所示，已知圆柱表面上点 $M$ 和 $N$ 的正面投影 $m'$、$n'$，求 $M$、$N$ 两点的其他两面投影。

**解：** (1) $m'$可见且位于圆柱轴线左边，故点 $M$ 在圆柱面的左、前部分。

(2) 圆柱面的水平投影积聚为圆，故可直接求出 $m$(在圆左、前部分)。

(3) 根据 $m'$和 $m$，按投影关系求出 $m''$。

(4) 点 $M$ 所在的圆柱面的左、前部分侧面投影可见，所以 $m''$可见；$m$ 在圆柱面的积聚投影上，所以无须判别可见性。

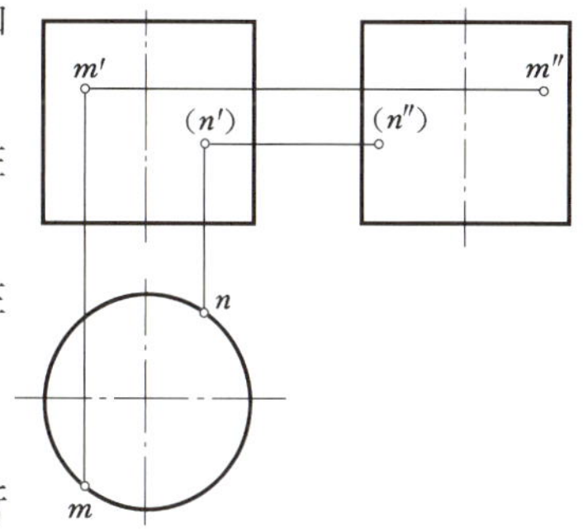


图 2-33 圆柱表面取点

点 $N$ 的作图方法相同，读者可自行分析。

**【例 2-11】** 如图 2-34(b)所示，已知圆锥表面上点 $K$ 的正面投影 $k'$，求点 $K$ 的其他两面投影 $k$、$k''$。

**解：** (1) 由图 2-34 可知，$k'$可见且位于圆锥轴线左侧，故点 $K$ 一定位于圆锥面的左、

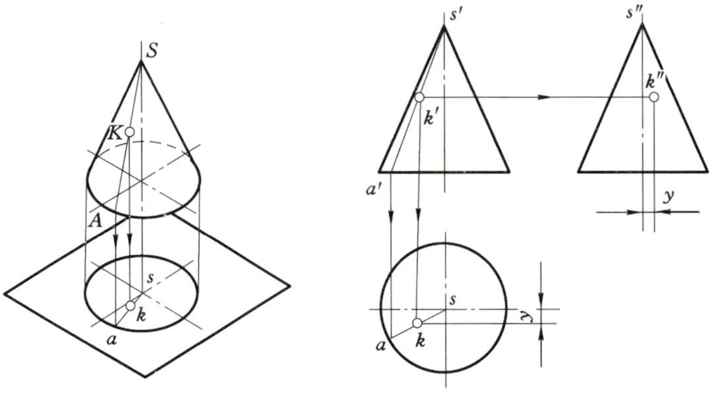


(a) (b)

图 2-34 用辅助素线法求圆锥表面上点的投影

前部分。

(2) 圆锥面的投影没有积聚性，故作素线 $SA$[图 2-34(a)]：连锥顶 $S$ 与 $K$ 点并延长交底面圆于 $A$ 点。

(3) 连接 $s'k'$ 延长后交底面圆周于点 $a'$，得 $SA$ 的正面投影 $s'a'$。

(4) $A$ 点在底面圆周上，所以可得 $A$ 点的水平投影 $a$，连接 $sa$。

(5) $K$ 点在 $SA$ 上，所以 $k$ 在 $sa$ 上。

(6) 根据 $k'$ 和 $k$ 求出 $k''$。

(7) $K$ 点在圆锥面的左、前部分，故 $k''$ 和 $k$ 均可见。

**【例 2-12】** 如图 2-35(b)所示，已知圆锥表面上点 $K$ 的正面投影 $k'$，求点 $K$ 的其他两面投影 $k$、$k''$。

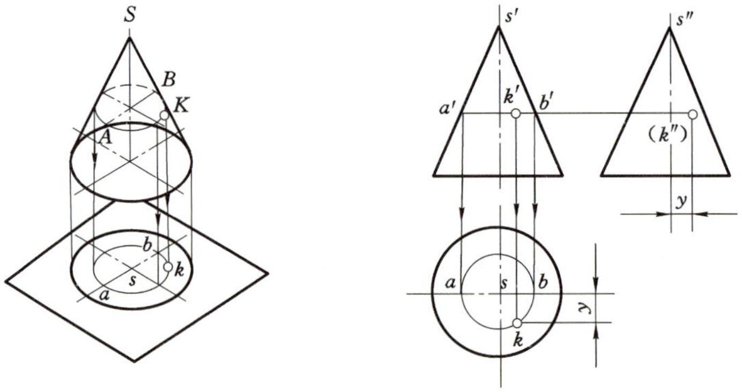


(a) (b)

图 2-35 用辅助圆法求圆锥表面上点的投影

**解：** (1) 由图 2-35 可知，$k'$ 可见且位于圆锥轴线右侧，故点 $K$ 一定位于圆锥面的右、前部分。

(2) 圆锥面的投影没有积聚性，故过点 $K$ 在锥面上作一水平纬圆[图 2-35(a)]。

(3) 过 $m'$ 作水平纬圆的正面投影，积聚为一直线 $a'b'$，长度为纬圆的直径。

(4) 作该纬圆的水平投影，为一个实形圆，$k$ 在此圆上(因点 $K$ 在水平纬圆上)。

(5) 根据 $k'$ 和 $k$ 求出 $k''$。

(6) 点 $K$ 在圆锥面的右、前部分，故 $k''$ 不可见，$k$ 可见。

**【例 2-13】** 如图 2-36 所示，已知球面上点 $K$ 的正面投影 $k'$，求其水平投影 $k$ 和侧面投影 $k''$。

**解：** (1) 根据 $k'$ 的位置和可见性，可判定点 $K$ 在球面的前、右、上部。

(2) 球面的投影没有积聚性，过点 $K$ 在球面上作水平辅助圆。

(3) 在 $V$ 面上过 $k'$ 作水平辅助圆的积聚性投影 $1'2'$，反映圆的直径。

(4) 在 $H$ 面上作辅助圆的水平投影，反映圆的实形。

(5) 由 $k'$ 作 $X$ 轴垂线，在辅助圆的 $H$ 面投影上求得 $k$，再由 $k'$、$k$ 即可求得 $k''$。

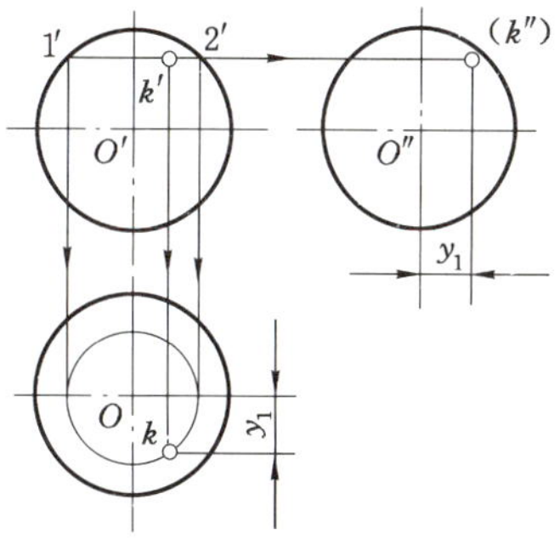

图 2-36　圆球表面上点的投影

(6) 判断可见性：由于点 $K$ 位于球面前、右、上部，因此其水平投影 $k$ 可见，侧面投影 $k''$ 不可见。

本题也可在球面上作平行于 $W$ 面或 $V$ 面的辅助圆，读者可自己思考。

## 任务四　识读与绘制轴测图

【知识要点】　了解轴测图的基本概念。

【技能目标】　能绘制轴测图。

【思政目标】　轴测图立体看视图，高维度战略观人生。

### 任务导入

思政案例

正投影视图能正确、完整地反映物体的形状和尺寸，且度量性好、易于作图，但其立体感不强，需要多面图形综合在一起读图想象，因此只有具备一定读图能力的人才能看懂。轴测图是一种立体感较强的表达物体的图。它接近人们的视觉习惯，是根据一定的坐标关系和尺寸比例表现物体三维立体形状的工程图样。但由于轴测图不能确切地反映物体真实的形状和大小，并且作图较正投影图复杂，因而在生产中它常作为辅助图样。利用这种图样，可以帮助我们更好地读懂正投影视图。

### 相关知识

#### 一、轴测图基本概念

1. 轴测图的定义

将空间物体连同确定其位置的直角坐标系，沿不平行于任一坐标平面的方向，用平行投影法投射在某一选定的单一投影面上所得到的具有立体感的图形，称为轴测投影图，简称轴测图，如图 2-37 所示。

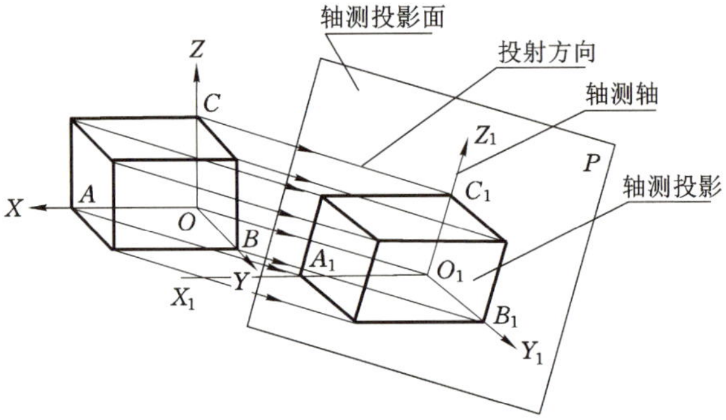


图 2-37 轴测图的形成

在轴测投影中，我们把选定的投影面 $P$ 称为轴测投影面；把空间直角坐标轴 $OX$、$OY$、$OZ$ 在轴测投影面上的投影 $O_1X_1$、$O_1Y_1$、$O_1Z_1$ 称为轴测轴；把两轴测轴之间的夹角 $\angle X_1O_1Y_1$、$\angle Y_1O_1Z_1$、$\angle X_1O_1Z_1$ 称为轴间角；轴测轴上的单位长度与空间直角坐标轴上对应单位长度的比值称为轴向伸缩系数。轴间角与轴向伸缩系数是绘制轴测图的两个主要参数。

2. 轴测图的种类

(1) 按照投影方向与轴测投影面的夹角的不同，轴测图可以分为：

① 正轴测图：轴测投影方向（投影线）与轴测投影面垂直时投影所得到的轴测图。

② 斜轴测图：轴测投影方向（投影线）与轴测投影面倾斜时投影所得到的轴测图。

(2) 通常 $OX$、$OY$、$OZ$ 轴的轴向伸缩系数分别用 $p_1$、$q_1$、$r_1$ 表示。其中，$p_1=O_1A_1/OA$，$q_1=O_1B_1/OB$，$r_1=O_1C_1/OC$。正轴测图中用 $p$、$q$、$r$ 表示。按照轴向伸缩系数的不同，轴测图又可以分为：

① 正（或斜）等侧轴测图：$p=q=r$，简称正（斜）等测图。

② 正（或斜）二等侧轴测图：$p_1=r_1\neq q_1$，简称正（斜）二测图。

③ 正（或斜）三等侧轴测图：$p_1\neq q_1\neq r_1$，简称正（斜）三测图。

本章只介绍工程上常用的正等测图和斜二测图的画法。

3. 轴测图的基本性质

(1) 物体上互相平行的线段，在轴测图中仍互相平行；物体上平行于坐标轴的线段，在轴测图中仍平行于相应的轴测轴，且同一轴向所有线段的轴向伸缩系数相同。

(2) 物体上不平行于坐标轴的线段，可以用坐标法确定其两个端点然后连线画出。

(3) 物体上不平行于轴测投影面的平面图形，在轴测图中变成原图形的类似形。例如，长方形的轴测投影为平行四边形、圆形的轴测投影为椭圆等。

## 二、正等侧轴测图

1. 正等测图的形成

如图 2-38(a) 所示，如果使三条坐标轴 $OX$、$OY$、$OZ$ 对轴测投影面处于倾角都相等的位置，把物体向轴测投影面投影，这样所得到的轴测投影就是正等侧轴测图，简称正等测图。

2. 正等测图的参数

图 2-38(b)表示了正等测图的轴测轴、轴间角和轴向伸缩系数等参数及画法。由图可以看出，正等测图的轴间角均为 120°，且三个轴向伸缩系数相等。经推证并计算可知 $p=q=r=0.82$。为作图简便，实际画正等测图时常采用 $p=q=r=1$ 的简化伸缩系数画图，即沿各轴向的所有尺寸都按物体的实际长度画图。但按简化伸缩系数画出的图形比实际物体放大了 1/0.82≈1.22 倍。

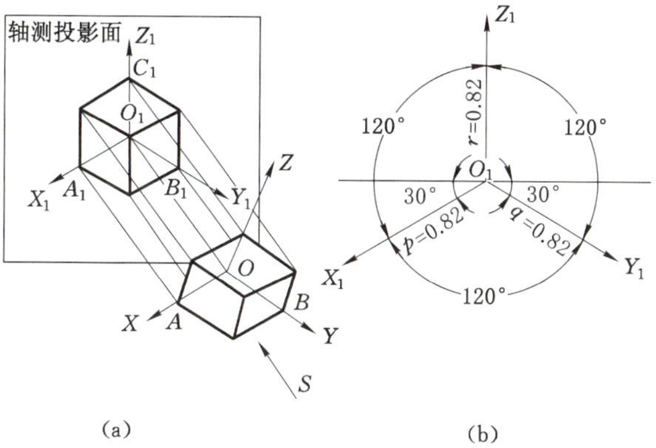


图 2-38 正等测图的形成及参数

## 三、斜二侧轴测图

1. 斜二测图的形成

如图 2-39(a)所示，如果使物体的 $XOZ$ 坐标面对轴测投影面处于平行的位置，采用平行斜投影法也能得到具有立体感的轴测图，这样所得到的轴测投影就是斜二侧轴测图，简称斜二测图。

2. 斜二测图的参数

图 2-39(b)表示了斜二测图的轴测轴、轴间角和轴向伸缩系数等参数及画法。由图可以看出，$X_1$ 轴与 $Z_1$ 轴垂直，$Y_1$ 轴与其余两轴轴间角为 135°，且三个轴向伸缩系数经推证并计算可知 $p_1=r_1=1$，$q_1=0.5$。

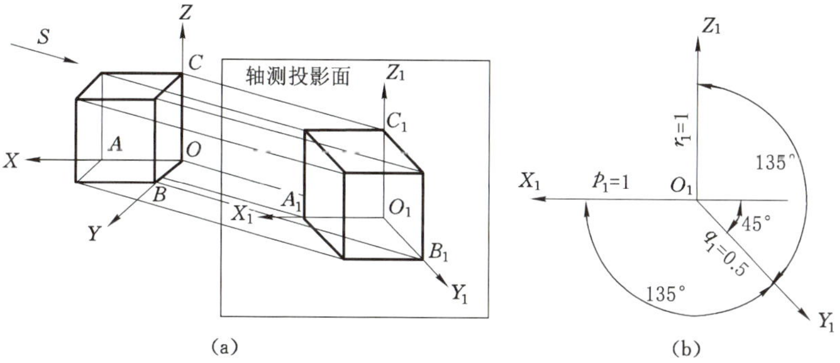


图 2-39 斜二测图的形成及参数

## 任务实施

### 一、绘制基本体草图

能在现场正确而迅速地画出轴测图，是每位工程人员必须具备的一项重要技能。由于正等测图中轴向伸缩系数一般取 1，现场测量、作图方便，因此下面介绍一些基本体的正等测草图的绘制方法。

**【例 2-14】** 如图 2-40 所示，绘制长方体的正等测草图。

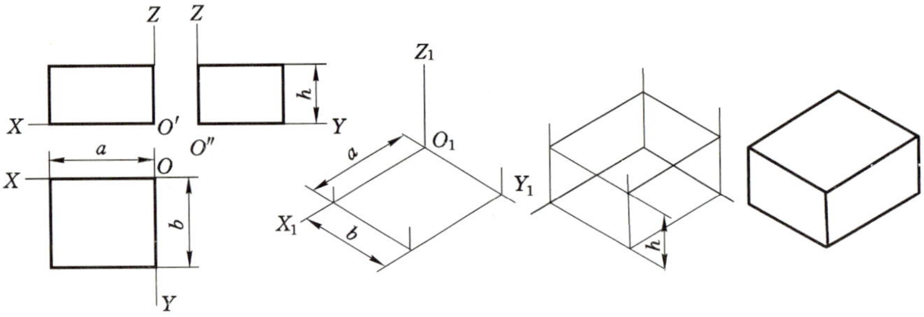


图 2-40　长方形的正等测草图绘制

**解：** 如图 2-40 所示，先画出 $O_1Z_1$ 轴，然后按 tan 30°=3/5 的关系近似地画出 $O_1X_1$、$O_1Y_1$ 轴，根据长方体的特点，选择其中一个角顶点作为空间直角坐标系原点 $O_1$，并以过该角顶点的三条棱线与三条坐标轴重合。然后用各顶点的坐标分别定出长方体的八个顶点的轴测投影，依次连接各顶点即可。

**【例 2-15】** 如图 2-41 所示，绘制正六棱柱的正等测草图。

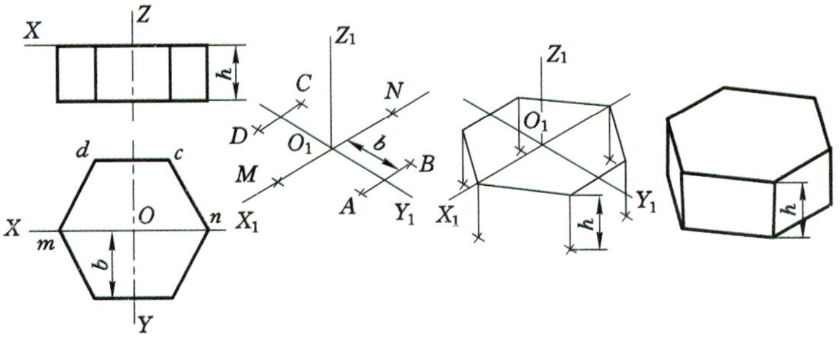


正六棱柱的正等侧轴测图

图 2-41　正六棱柱的正等测草图绘制

**解：** 如图 2-41 所示，先画出 $O_1Z_1$ 轴，然后按 tan 30°=3/5 的关系近似地画出 $O_1X_1$、$O_1Y_1$ 轴，由于正六棱柱前后、左右对称，顶面为正六边形，六条边两两平行，故选择顶面的中点作为空间直角坐标系原点，棱柱的轴线作为 $O_1Z_1$ 轴，顶面的两条对称线作为 $O_1X_1$、$O_1Y_1$ 轴。然后用各顶点的坐标分别定出正六棱柱的各个顶点的轴测投影，依次连接各顶点即可。

**【例 2-16】** 如图 2-42 所示，绘制圆柱体的正等测草图。

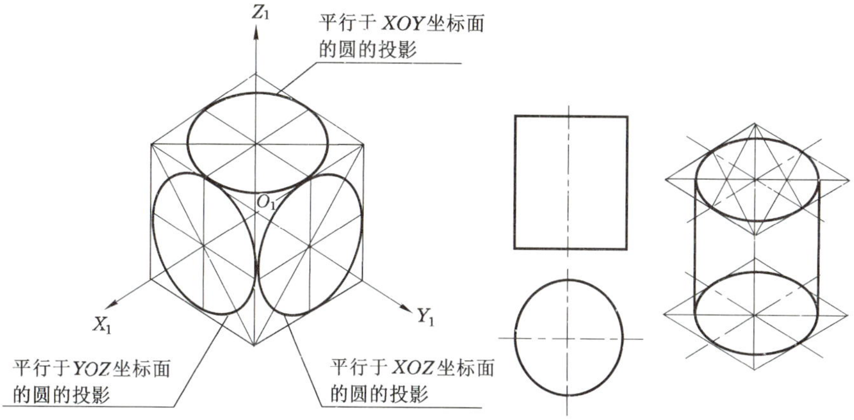


图 2-42　圆柱体的正等测草图绘制

**解：** 如图 2-42 所示，在绘制圆柱体顶面的正等测图时，应首先判断该圆平行于哪个坐标面，以便选择相应的轴测轴，其次根据圆的直径作出菱形(此时，菱形的四条边应平行于相应的轴测轴)，最后徒手分别画出组成椭圆的四段圆弧(注意四段圆弧应与菱形的四条边相切)。以这种方式分别作出该圆柱体顶面和底面的椭圆后，再作其公切线，最后擦去辅助线条即可。

## 二、绘制轴测图

### 1. 轴测图的选择与绘制方法

轴测图在形成的过程中，轴测轴及投影方向的不同，使轴间角和轴向变形系数存在差异，产生了多种不同的轴测图。因此，选择不同的轴测图形式，产生的立体效果不同。正等测图最为常用，其图形直观、形象、立体感强，但出现椭圆时作图复杂。形体三个方向及表面交接较复杂时(尤其是顶面)，宜选用正等测图。在斜二测图中，由于平行于 $X_1O_1Z_1$ 坐标面的平面的轴测投影反映实形，因此，当立体的正面形状复杂、具有较多的圆或圆弧，而在其他平面上图形较简单时，采用斜二测图比较方便。

绘制立体轴测图的最常用的方法是坐标法和切割法。用坐标法作图时，可以按照坐标轴测量坐标，标出各顶点的轴测位置，最终连接各顶点形成轴测图。对于不完整的物体，可以按照完整立体来绘制轴测图，最后用切割法绘制出不完整的部分。

### 2. 正等测图的绘制

**【例 2-17】** 求作图 2-43(a)所示两面投影 V 形块的正等测图。

**解：** 作图步骤如下：

(1) 画出坐标轴的轴测投影，如图 2-43(b)所示。画图时尽量避免画虚线，因此原点 $O_1$ 可设置成 V 形块的正前面右下角。

(2) 根据尺寸 $L_1$、$L_2$、$L_3$ 和 $H_1$、$H_2$、$H_3$ 作立体正前面各点 $A$、$B$、$C$、$D$、$E$、$F$、$G$、$H$、$I$、$O_1$ 的轴测图。注意：点画线到 $Z_1$ 轴的距离等于尺寸 $L_1$ 的一半，如图 2-43(c)所示。

(3) 分别从 $A$、$B$、$C$、$D$、$F$、$G$、$H$、$I$ 点向后量取立体的宽度 $S$，得出 V 形块后面上各个

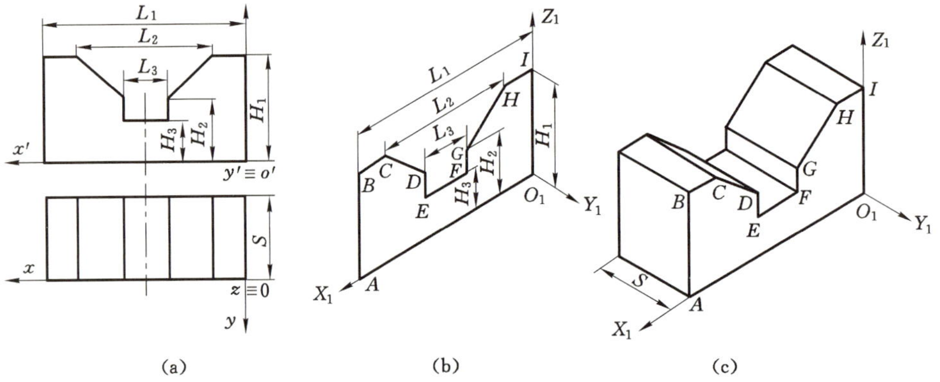


图 2-43　V 形块的正等测图绘制

可见的点。

（4）用实线将前后对应各点连接起来，判断可见性后，擦去多余的线条并加粗各图线，完成 V 形块的正等测图。

**【例 2-18】** 求作图 2-44(a)所示两面投影圆角平板的正等测图。

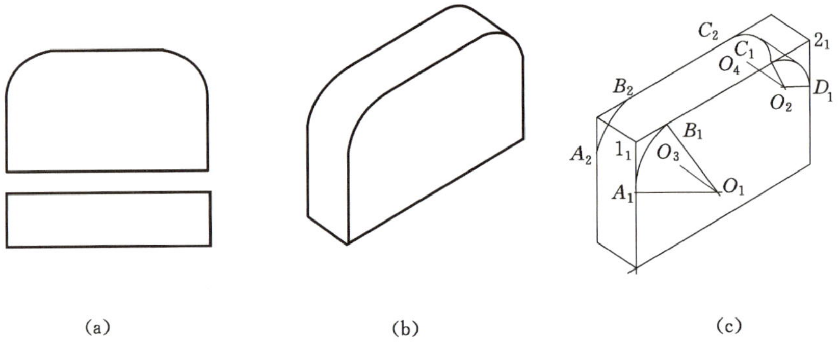


图 2-44　圆角平板的正等测图绘制

**解：** 作图步骤如下：

（1）画平板外形（矩形）的轴测图。

（2）根据圆角半径找出平板前侧两个椭圆的圆心 $O_1$、$O_2$ 及其相应的切点 $A_1$、$B_1$ 和 $C_1$、$D_1$，并画出这两个圆弧的轴测图。

（3）根据板厚，分别将各圆心向后移动同样距离，找出 $O_3$、$O_4$ 的位置及其相应的切点 $A_2$、$B_2$ 和 $C_2$、$D_2$。再按这些点画出后侧面可见轮廓的轴测图。

（4）分别作出前后相应圆弧的切线，擦去多余的线条并加粗各图线，得带圆角平板的正等测图，如图 2-44(b)所示。

3. 斜二测图的绘制

斜二测图的绘制

斜二测图的具体画法步骤与正等测图类似，先画出轴测轴，再根据斜二测图的投影特性，在画图时注意沿 $O_1Y_1$ 轴方向的长度应取物体上相应长度的一半。

【例 2-19】　求作图 2-45(a)所示两面投影四棱台的斜二测图。

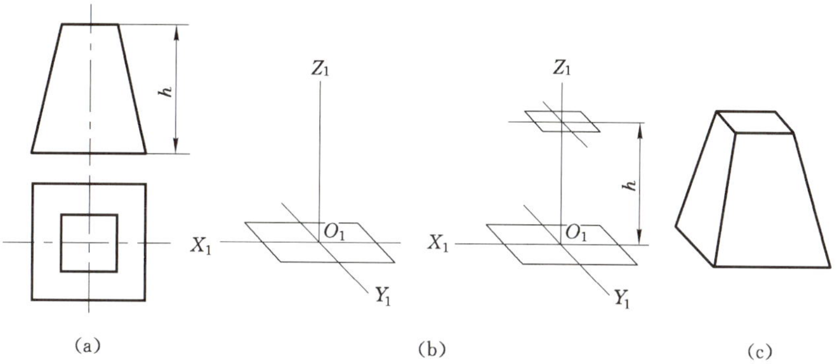


图 2-45　四棱台的斜二测图绘制

**解：**　作图步骤如下：

(1) 在 $X_1O_1Y_1$ 平面上画出底面矩形的轴测图，如图 2-45(b)所示。

(2) 根据四棱台的高度 $h$，在 $O_1Z_1$ 轴上截取 $h$ 的距离，并在截点处作 $O_1X_1$、$O_1Y_1$ 的平行线，以画底面相同的方式作出顶面矩形的轴测图。

(3) 连接顶面、底面相应顶点，判断可见性后，擦去多余的线条并加粗各图线。该四棱台的斜二测图如图 2-45(c)所示。

【例 2-20】　求作图 2-46(a)所示两面投影圆台的斜二测图。

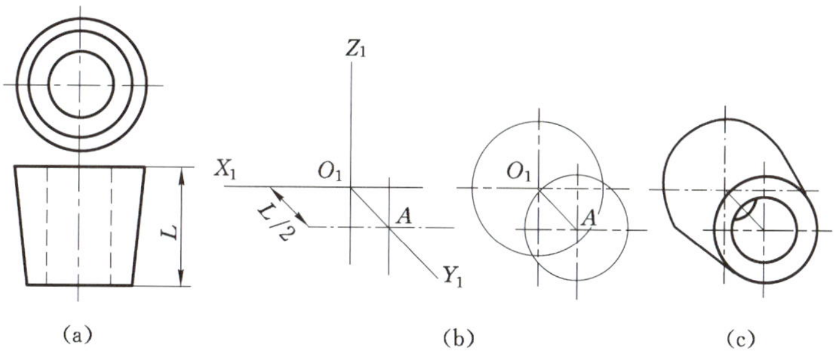


图 2-46　圆台的斜二测图绘制

**解：**　作图步骤如下：

(1) 由于平行于 $X_1O_1Z_1$ 坐标面的圆的斜二测投影反映实形，所以该圆台前后侧在斜二测图中仍然是圆形。因此，在 $X_1O_1Z_1$ 平面上以 $O_1$ 为圆心画出圆台后侧圆的轴测图，如图 2-46(b)所示。

(2) 根据圆台的厚度 $L$ 在 $O_1Y_1$ 轴上截取 $L/2$ 的距离，并在点 $A$ 作 $O_1X_1$、$O_1Z_1$ 的平行线，以画后侧圆的相同方式作出前侧圆的轴测图。

(3) 作出这两个圆的公切线。

(4) 重复前几步骤，作出圆台通孔，判断可见性后，擦去多余的线条并加粗各图线。该圆台的斜二测图如图 2-46(c)所示。

# 任务五　识读与绘制组合体的三视图

【知识要点】　了解平面与立体表面相交时产生的截交线、两回转体表面相交时所产生的相贯线，从而明确形体分析法在组合体三视图的绘制、阅读和尺寸标注中的应用。

【技能目标】　能熟练绘制截交线和相贯线的投影，熟练掌握形体分析法在画图、读图和标注尺寸中的应用。

【思政目标】　青春飞扬显价值，正确定位促和谐。

## 任务导入

实际工程中，机件往往比较复杂，因此需要了解平面与立体表面相交、两立体相交时的投影，并借助形体分析法和线面分析法来表达组合体的三视图。

思政案例

## 相关知识

### 一、截交线

微课
截交线

在机件表面上，常常遇到平面与立体相交并产生交线的情况。画图时，为了清楚地表达机件的形状，必须正确地画出其交线的投影。

立体被平面截切后的那两部分形体称为截断体。截平面与立体表面的交线称为截交线。截交线所围成的封闭形平面称为截断面。如图 2-47 所示。

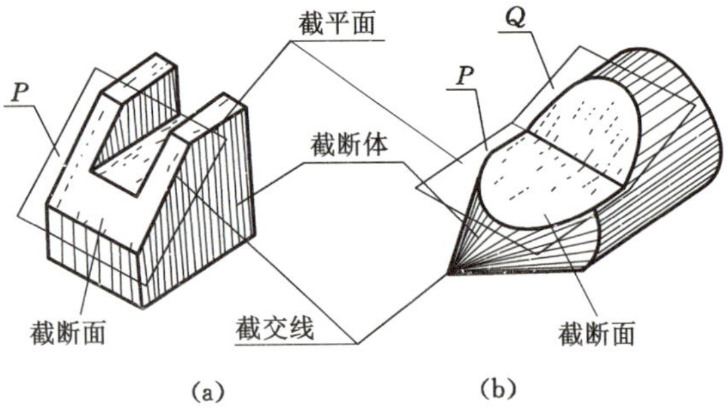


图 2-47　截交线

立体分为平面体与回转体两类，又因截平面与基本体的相对位置不同，其截交线的形状也不同。但任何截交线都具有以下两个基本性质：

(1) 截交线是截平面与立体表面的共有线，它既在截平面上，又在立体表面上。截交线上的点是截平面与立体表面的共有点，所以求截交线的实质，就是求出截平面与基本体表面的一系列共有点的集合。

(2) 立体是由其表面所围成的，任何立体都有一定的大小和形状，截交线一定是闭合的平面图形。

画截交线时基本的作图思路是：

(1) 根据基本体、截平面与基本体的相对位置，分析截交线的形状。

(2) 分析截平面的投影特性，从而明确截交线的投影。

(3) 画截交线的投影，整理图形。

(一) 平面体的截交线

平面体的表面是由若干个平面图形组成的，所以它的截交线是由直线所组成的封闭的平面多边形。多边形的各个顶点是棱线与截平面的交点，多边形的每条边是棱面与截平面的交线。因此，作平面体的截交线，就是求出截平面与各棱线的交点，然后依次连接即可。

**【例 2-21】** 求作带切口四棱锥的截交线，如图 2-48 所示。

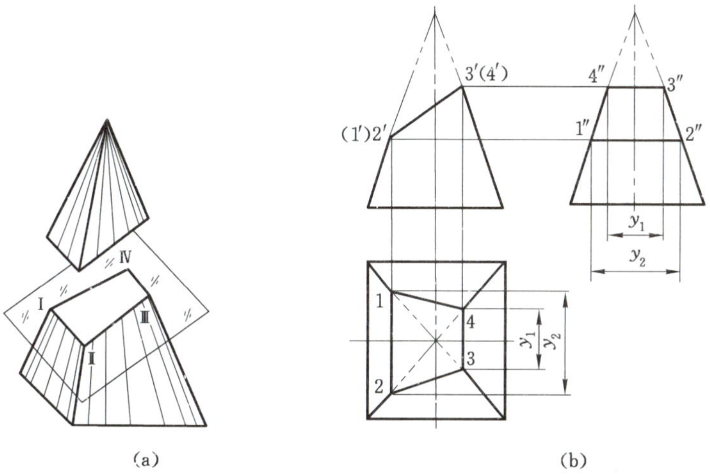


图 2-48　斜切四棱锥

**分析：**四棱锥被截平面斜切，截交线为四边形，其四个顶点分别是四条侧棱线与截平面的交点。又知截平面是一个正垂面，所以截交线的正面投影积聚在正垂面上，其水平投影和侧面投影为四边形的类似形。

**解：** 作图步骤如图 2-48(b)所示。

(1) 因截平面的正面投影积聚成直线，所以可直接定出截交线各点的正面投影 2′(1′)、3′(4′)。

(2) 再根据直线上点的投影规律，求出各顶点的水平投影 1、2、3、4 和侧面投影 1″、2″、3″、4″。

(3) 依次连接各顶点的同面投影，即得截交线的投影。

(二) 回转体的截交线

回转体的表面是由曲面或曲面和平面所组成的，它的截交线一般是封闭的平面曲线。截交线上的任一点都可看作是回转面上的某一条线(直线或曲线)与截平面的交点。因此，在回转面上适当地作出一系列辅助线(素线或纬圆)，并求出它们与截平面的交点，然后依次光滑连接即得截交线。

1. 圆柱的截交线

平面与圆柱体相交时，根据截平面对圆柱体轴线位置的不同，截交线有三种形状，即矩形、圆和椭圆，见表 2-6。

表 2-6　圆柱的截交线

| 截平面位置 | 与轴线平行 | 与轴线垂直 | 与轴线倾斜 |
| --- | --- | --- | --- |
| 截交线形状 | 矩形 | 圆 | 椭圆 |
| 轴测图 | 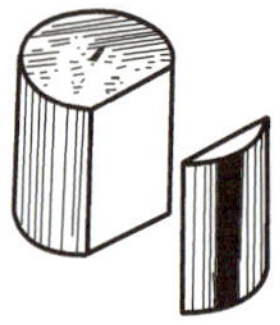 | 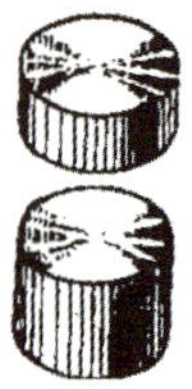 | 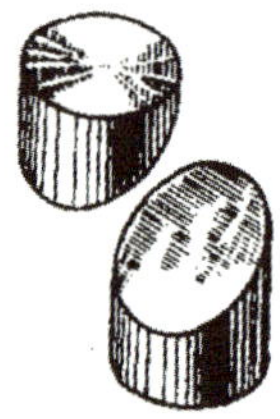 |
| 投影图 | 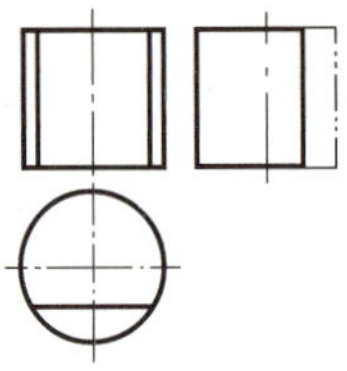 | 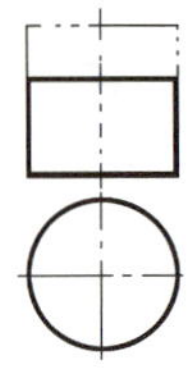 | 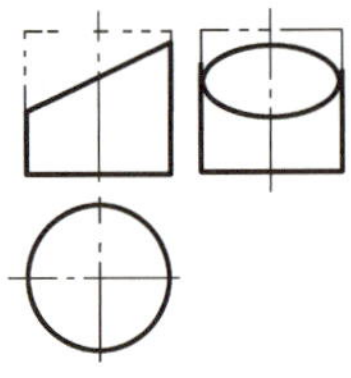 |

根据截交线是截平面和圆柱面上的共有线这一性质，作截交线的投影图时，可以利用圆柱面上取点、取线的方法作图，下面举例说明。

**【例 2-22】** 绘制如图 2-49 所示的切口圆柱体的投影图。

**分析：**如图 2-49(a)所示，切口圆柱体可看成被三个截平面截切而成，由两个平行于圆柱轴线的侧平面截切形成的截交线为矩形，它们的侧面投影反映实形，且两个矩形投影重合，它们的正面投影和水平投影都积聚成一直线段；由一个与圆柱轴线垂直的水平面截切形成的截交线为圆的一部分，其水平投影反映实形，正面、侧面投影积聚成直线段。

**解：** 作图步骤如图 2-49(b)所示。

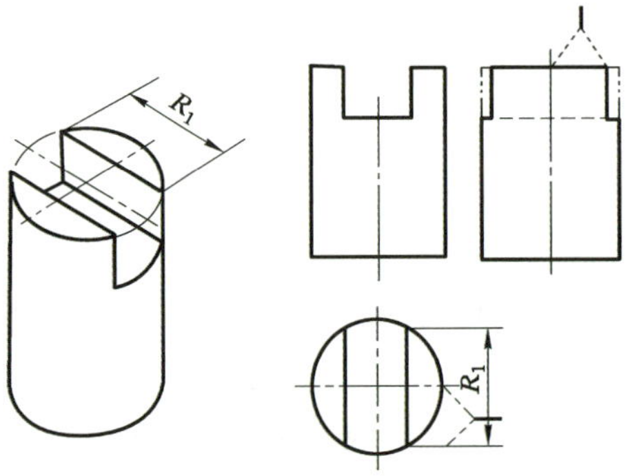


(a)　　(b)

切口圆柱体的投影

图 2-49　切口圆柱体

**【例 2-23】** 求如图 2-50 所示圆柱截切体的投影。

**分析：**如图 2-50 所示，截平面 $P$ 与圆柱轴线斜交，因此截交线为椭圆，由于平面 $P$ 为正垂面，所以椭圆的正面投影与截平面的正面投影积聚成一条斜直线，椭圆的水平投影与圆柱的水平投影积聚成一圆，故所求的只是侧面投影。

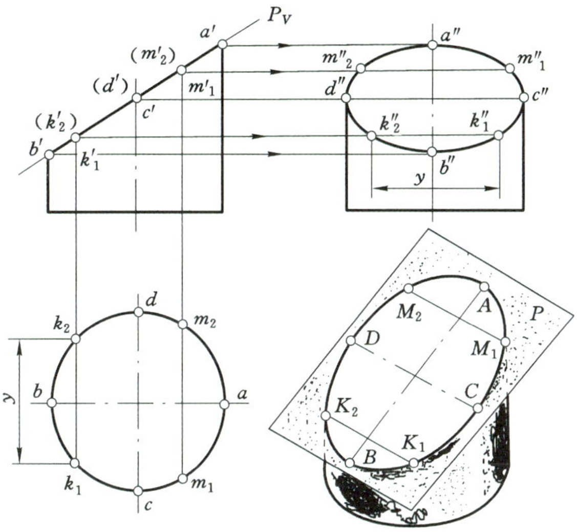


圆柱体截交线

图 2-50 圆柱截切体

**解：** 作图步骤如图 2-50 所示。

(1) 求特殊位置点。特殊点通常指曲线上最高、最低、最左、最右、最前、最后点等确定曲线投影范围的极限点以及可见性的分界点，一般来说，这些点大多在回转体的投影外形轮廓线上。由图中可以看出，椭圆长轴端点 $A$、$B$ 在圆柱正面投影外形轮廓线上，它们分别是曲线的最高点、最低点；而椭圆短轴端点 $C$、$D$ 在圆柱侧面投影外形轮廓线上，它们分别是曲线的最前点、最后点。根据圆柱外形轮廓线在各投影中的对应位置及线上点的投影原理，先确定上述四点的水平投影 $a$、$b$、$c$、$d$(在圆上)及正面投影 $a'$、$b'$、$c'$、$(d')$，然后求出其侧面投影 $a''$、$b''$、$c''$、$d''$。

(2) 求一般位置点。为了光滑连接曲线，可在特殊点之间取适当数量的一般位置点。如在正面投影上取 $k'_1$ 及$(k'_2)$、$m'_1$ 及$(m'_2)$，再用圆柱面上取点的方法，求出各点的水平投影 $k_1$、$k_2$、$m_1$、$m_2$ 及侧面投影 $k''_1$、$k''_2$、$m''_1$、$m''_2$。

(3) 连曲线。将上述所得各点的侧面投影按水平投影的顺序连成光滑的曲线，即得到椭圆的侧面投影。注意：曲线过 $c''$、$d''$点时，与圆柱侧面投影外形轮廓线相切。

(4) 整理外形轮廓线。由正面投影可知，圆柱侧面投影外形轮廓线在 $c'(d')$以上的一段被截掉了，所以在侧面投影中，该轮廓线只画到 $c''$、$d''$处。由于平面 $P$ 位于左上方，所以整个椭圆的侧面投影均可见，应画成实线。

2. 圆锥的截交线

平面与圆锥相交，由于截平面与圆锥轴线的相对位置不同，其截交线有五种不同的形状，即圆、三角形、椭圆、抛物线、双曲线，见表 2-7。

表 2-7　圆锥的截交线

| 截平面位置 | 垂直于轴线 | 过锥顶 | 倾斜于轴线（不与轮廓素线平行） | 平行于轮廓素线 | 平行于轴线（过锥顶除外） |
|---|---|---|---|---|---|
| 截交线形状 | 圆 | 三角形 | 椭圆 | 抛物线 | 双曲线 |
| 轴测图 | 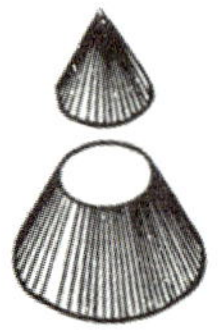 |  |  |  | 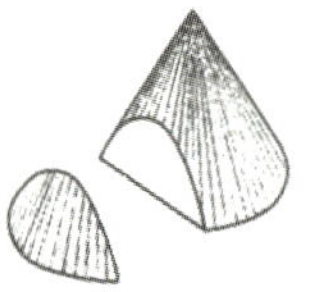 |
| 投影图 | 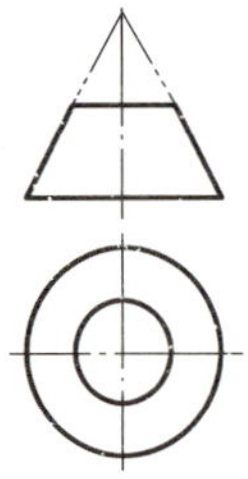 | 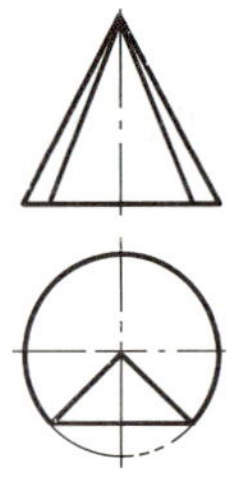 | 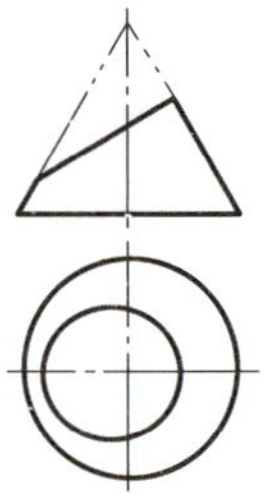 | 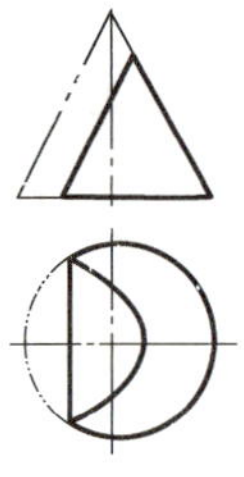 | 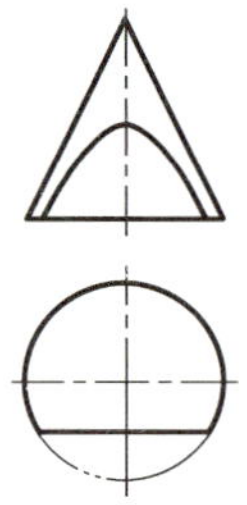 |

当圆锥的截交线为圆和三角形时，其投影可直接画出。若截交线为椭圆、抛物线和双曲线时，用圆锥面上取点的方法才能求得其投影。

**【例 2-24】** 圆锥被一平面所截切，完成其截交线的投影，如图 2-51(a)所示。

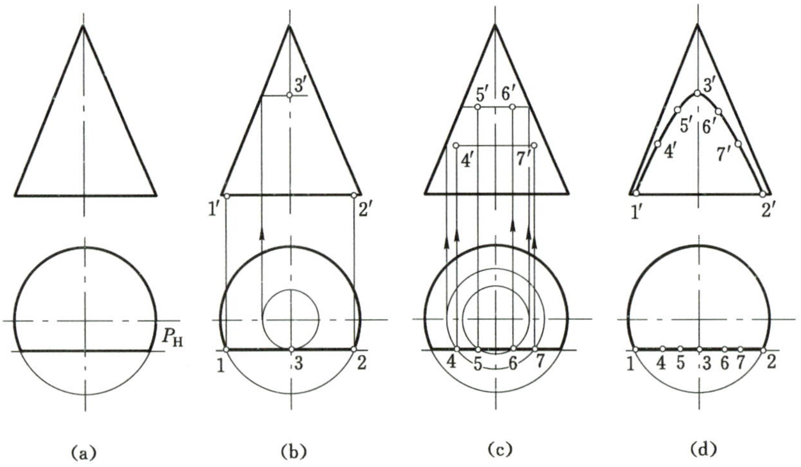


圆锥被正平面截切

图 2-51　圆锥截交线的求法

**分析：**如图 2-51(a)所示，截平面是平行于圆锥轴线的正平面，所以圆锥的截交线是双曲线，截交线的正面投影反映实形，其水平投影积聚成一直线，故所求的仅是双曲线的正面投影。

**解：**　作图步骤如图 2-51 所示。

(1) 求特殊位置点。如图 2-51(b)所示，圆锥底圆上的点是双曲线的最低点，其水平投影为 1、2 两点，可直接确定它们的正面投影 1′、2′；双曲线上离锥顶最近的点是双曲线的最高点，其水平投影为 3 点，利用过Ⅲ点在圆锥面上作辅助圆的方法求出其正面投影 3′。

(2) 求一般位置点。如图 2-51(c)所示，在水平投影上于三个特殊点之间取一般位置点 4、5、6、7，再过这些点在圆锥面上作辅助圆（先画圆的水平投影，后画该圆积聚为直线的正面投影），求出各点的正面投影 4′、5′、6′、7′。也可用在圆锥面上作辅助素线的方法求上述各点的投影，读者可自行考虑作图步骤。

(3) 连曲线。如图 2-51(d)所示，将上述各点的正面投影按顺序连成光滑的曲线，即得双曲线的正面投影。

(4) 整理外形轮廓线。如图 2-51(d)所示，平面没有截切圆锥正面外形轮廓线，所以正面外形轮廓线完整画出，而双曲线处于圆锥的前半面，故其正面投影可见，画成实线。

**【例 2-25】** 完成切口圆锥体的截交线投影，如图 2-52 所示。

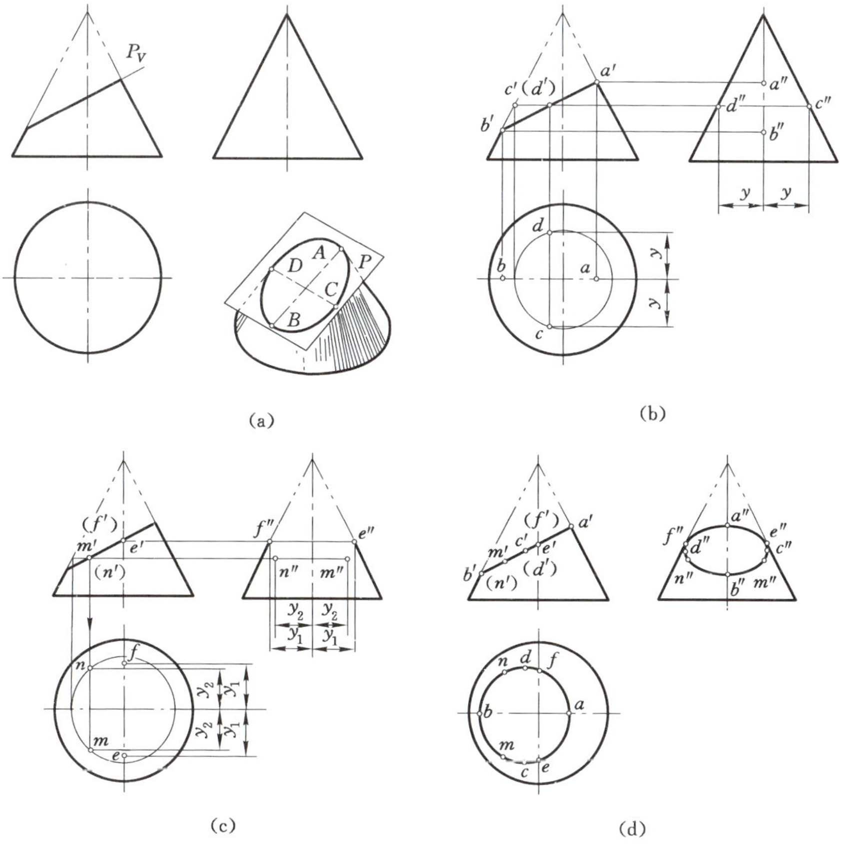


图 2-52 截平面与圆锥斜交

**分析**：如图 2-52(a)所示，截平面与圆锥轴线斜交，且不平行于最左轮廓素线，所以截交线是一椭圆，其正面投影与平面 $P$ 有积聚性的迹线 $P_V$ 重合，而水平投影和侧面投影反映椭圆的类似形，故所要求的是截交线的水平投影和侧面投影。

**解：** 作图步骤如图 2-52 所示。

(1) 求特殊位置点。先求椭圆长、短轴的端点，如图 2-52(b)所示，长轴 $AB$ 在前、后对称面上，其端点 $A$、$B$ 的正面投影就是圆锥正面投影轮廓线与 $P_V$ 的交点 $a'$、$b'$，由此可确定水平投影 $a$、$b$ 及侧面投影 $a''$、$b''$，$A$、$B$ 分别是椭圆的最高、最低点，也是最右点和最左点；而短轴 $CD$ 的正面投影 $c'(d')$ 必在 $a'b'$ 的中点处，过 $C$、$D$ 在圆锥面上作辅助圆，求出水平投影 $c$、$d$ 及侧面投影 $c''$、$d''$，此两点是最前点和最后点。这里还需要求出圆锥侧面投影外形轮廓线与平面 $P$ 的交点 $E$、$F$，其正面投影在 $P_V$ 与圆锥轴线正面投影的交点处，即 $e'(f')$，可先求出 $e''$、$f''$，再求出 $e$、$f$，如图 2-52(c)所示。

(2) 求一般位置点。在特殊点之间取点 $M$、$N$，先在 $P_V$ 上确定其正面投影 $m'$、$(n')$，再过此两点在圆锥面上作辅助圆，求出水平投影 $m$、$n$ 及侧面投影 $m''$、$n''$，如图 2-52(c)所示。

(3) 连曲线。如图 2-52(d)所示，将所求各点的水平投影和侧面投影分别连成光滑曲线，即得到椭圆的两个投影。值得注意的是：侧面投影中，椭圆过 $e''$、$f''$时，一定与圆锥外形轮廓线相切。

(4) 整理外形轮廓线。如图 2-52(d)所示，侧面投影中，圆锥外形轮廓线只画到 $e''$、$f''$处，因截平面切去了圆锥的左上部，所以椭圆的水平投影和侧面投影均可见，应画成实线。

3. 圆球的截交线

任何位置的截平面截圆球时，其截交线都是圆。当截交线平行于某一投影面时，截交线在该投影面上的投影为圆的实形，其余两个投影积聚为直线段，线段的长度等于截交线圆的直径。图 2-53(a)和图 2-53(b)分别表示用水平面和侧平面截切圆球时截交线的画法。画图时，一般先确定截平面的位置，即先画出截交线积聚成直线的投影，然后画出反映截交线实形的圆的投影。

圆球的截交线

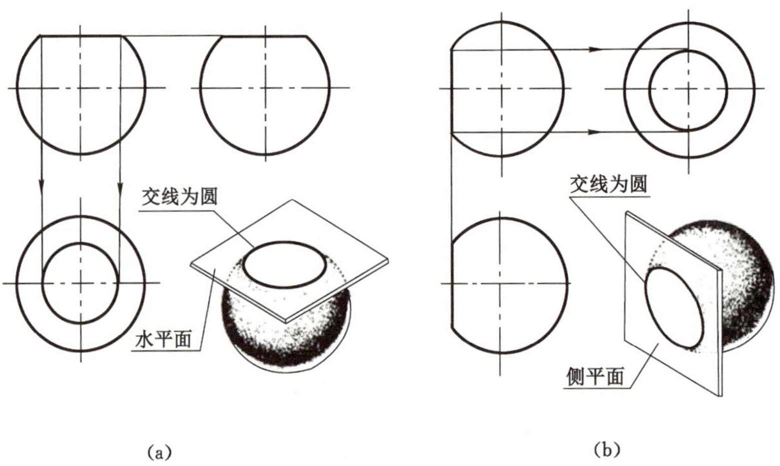


图 2-53 投影面平行面截切圆球的投影

当截平面垂直于一个投影面而倾斜于其他两投影面时，截交线在该投影面上的投影积聚为一直线段，在其他两投影面上的投影为圆的类似形(即椭圆)。

**【例 2-26】** 完成如图 2-54 所示的半圆头螺钉头部的投影。

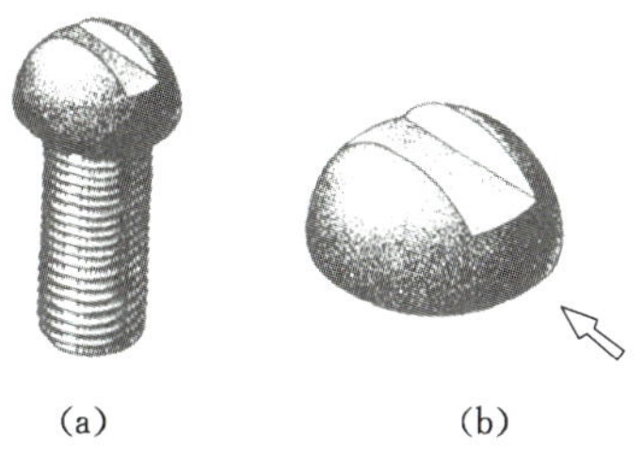

图 2-54　螺钉头部

**分析：**以图 2-54 中箭头方向为正面投影方向，可以看出，螺钉头部是一个半圆球被两个侧平面和一个水平面截切出一长方形槽，各平面与球面的截交线均为圆的一部分(即圆弧)。因各截平面的正面投影分别积聚为一段直线，因此各段截交线圆弧的正面投影分别与直线重合；两个侧平面截得的圆弧的侧面投影反映实形，其水平投影积聚成一直线段，而水平面截得两段圆弧的水平投影反映实形，侧面投影积聚为直线段。

**解：** 作图过程如图 2-55 所示。

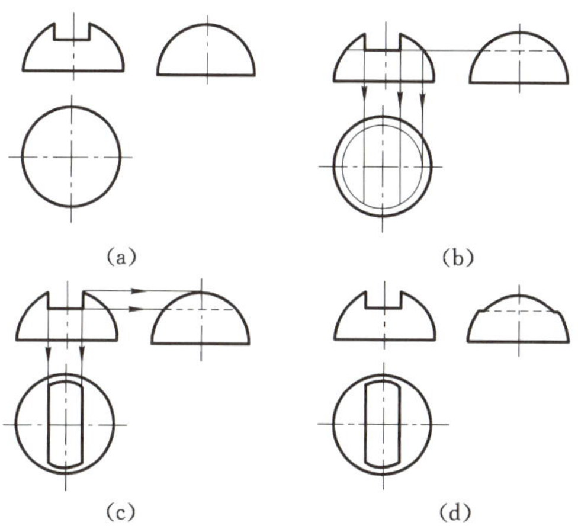

图 2-55　螺钉头部投影的作图过程

作图时为求出圆弧的半径，可假想将切平面扩大，画出平面与整个球面的截交线圆，然后留取实际存在的部分圆弧。

**【例 2-27】** 求作圆球的截交线，如图 2-56(a)所示。

**分析：**因是正垂面截圆球，截交线是圆，所以其正面投影积聚为一直线段，而水平投影和侧面投影均反映圆的类似形(即为椭圆)。

**解：** 作图步骤如图 2-56 所示。

(1) 求特殊位置点。先求外形轮廓线上的点，如图 2-56(b)所示，1′和 5′、2′和(8′)、4′和(6′)分别为球的正面投影、侧面投影和水平投影中外形轮廓线上点的正面投影，它们的侧面投影和水平投影可按外形轮廓线在投影中对应的位置关系和线上点的投影原理直接求出。其中，Ⅰ、Ⅴ是截交线上的最高点和最低点，又是最右点和最左点。然后求椭圆的长短轴，在截交线圆的直径中，ⅠⅤ是正平线，其正面投影 1′5′的长度等于截交线圆的直径，它的侧面投影 1″5″和水平投影 1 5 分别为两个椭圆的短轴；长轴是和短轴垂直平分的正垂线ⅢⅦ，如图 2-56(c)所示，其正面投影 3′(7′)积聚为一点并且在 1′5′的中点上，水平投影 3 7 和侧面投影3″7″均等于截交线圆的直径，根据 3′、(7′)点即可确定长轴的水平投影和侧面投影。Ⅲ、Ⅶ两点分别是截交线的最前点和最后点。

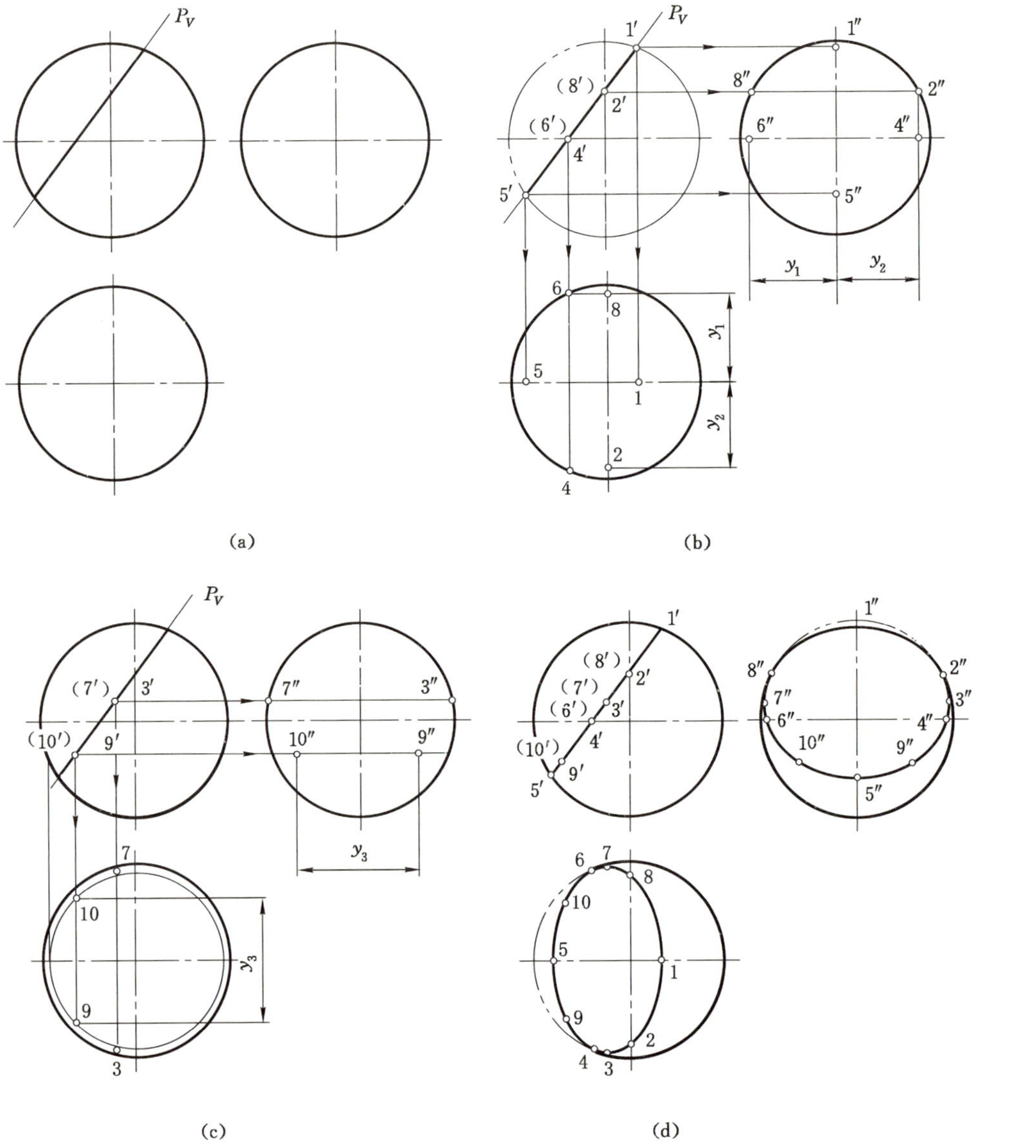


图 2-56　球被正垂面截切

(2) 求一般位置点。如图 2-56(c)所示,在正面投影中,在 $P_V$ 上取 9′、(10′)点,过这两点在球面上作水平辅助圆,求出其水平投影 9、10 及侧面投影 9″、10″。

(3) 连曲线。按各点正面投影中可见与不可见的排列顺序,将它们的水平投影和侧面投影分别连成光滑曲线(或根据长短轴作椭圆)。注意:水平投影中的椭圆过 4、6 点与外形轮廓线圆相切,而侧面投影中的椭圆过 2″、8″点与外形轮廓线圆相切。

(4) 整理外形轮廓线。如图 2-56(d)所示,水平投影中,球的外形轮廓线圆只画到 4、6 点为止,侧面投影中,球的外形轮廓线圆只画到 2″、8″点为止。因球被切去左上部一球冠,所以截交线的水平投影和侧面投影均可见,都画成实线。

4. 同轴复合回转体的截交线

实际机件常由几个同轴回转体组成复合体，其截交线由几段组成，这样就变得复杂了。因此画同轴复合回转体的截交线时，首先要分析构成机件的各种形体及截平面的位置，再分析每个形体上截交线的形状、投影特性及各段截交线之间的关系，然后逐个求出各段截交线，再按它们的相互关系连接成封闭的平面图形。

顶尖的截交线

**【例 2-28】** 画出如图 2-57(a)所示连杆头的投影图。

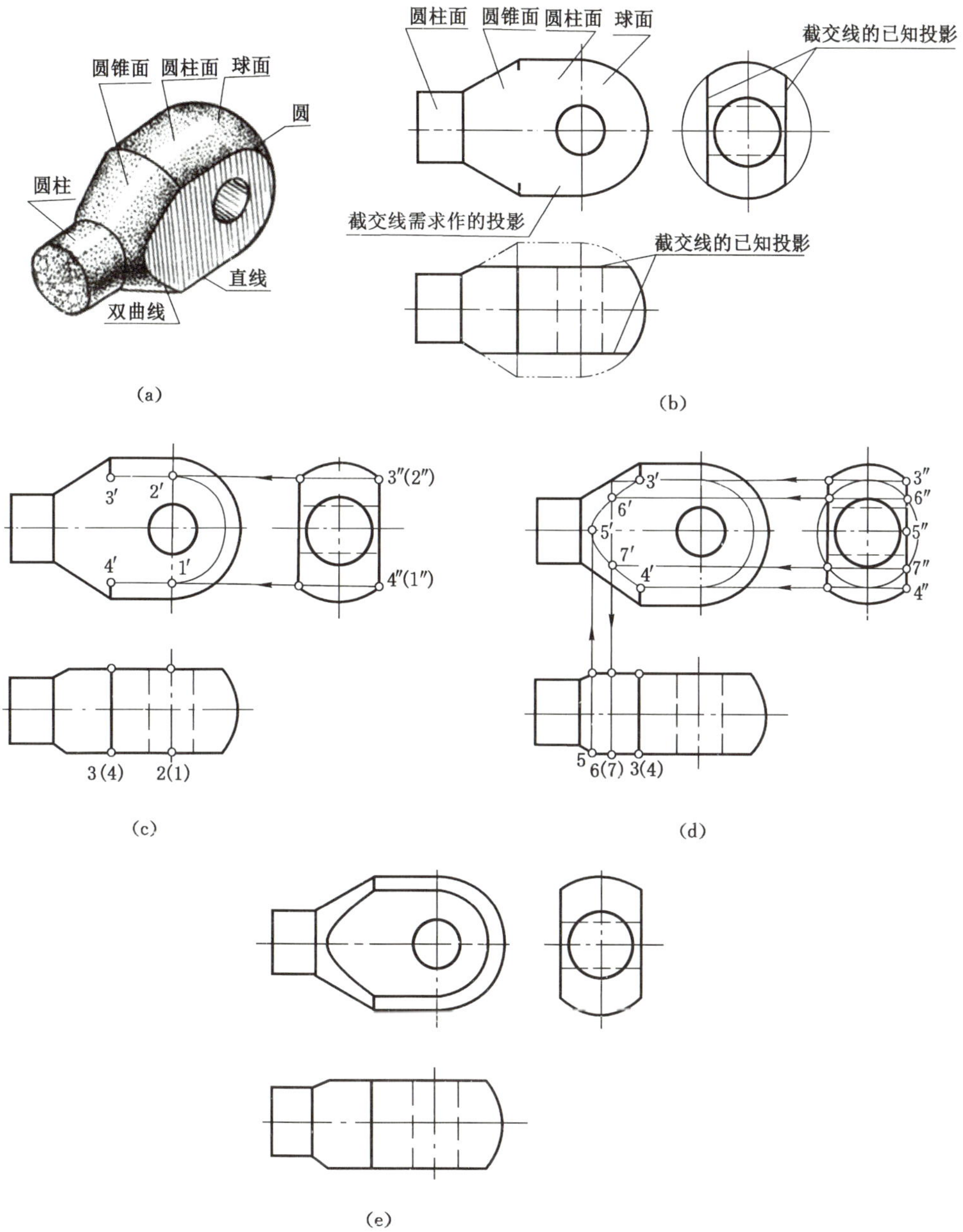


图 2-57　连杆头的截交线

**分析**:由图 2-57 可知,连杆头是由同轴的小圆柱、圆锥台、大圆柱及半圆球(大圆柱与半圆球相切)组合而成的,并且前、后被两平行于轴线的对称平面所截切。截平面截切圆锥所得截交线是双曲线,截切大圆柱所得截交线为两条平行直线(即矩形),截切半圆球所得截交线为半圆。如图 2-57(b)所示,连杆头的轴线为侧垂线,截平面是正平面,所以整个截交线的水平投影和侧面投影分别积聚为直线,要求的是反映实形的正面投影。

**解**: 作图步骤如图 2-57(c)~(e)所示。

## 二、相贯线

### (一) 相贯线及其性质

相交的两立体称为相贯体。相交两立体的表面交线称为相贯线。如图 2-58(a)所示的三通,是圆柱与圆柱相交;如图 2-58(b)所示的轴承盖,是圆台与球相交,它们都产生了相贯线。为了清晰地表示出机件各部分的形状和相对位置,在图中必须绘出相贯线。尤其在绘制金属板制件展开图时,必须准确地画出相贯线的投影,以便下料成型。

**微课**
**相贯线**

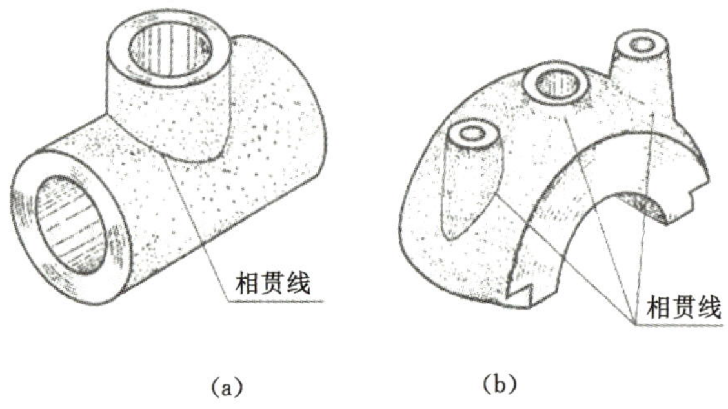


图 2-58 相贯线

组成机件的各基本体的几何形状、大小和相对位置不同,相贯线的形状也不同,但任何相贯线都具有以下基本性质:

(1) 相贯线是两立体表面的共有线,也是两立体表面的分界线,所以相贯线上所有点是两立体表面的共有点。

(2) 因为基本体具有一定的范围,一般情况下,相贯线是封闭的空间曲线,在特殊情况下也可成为平面曲线或直线。

### (二) 求相贯线的一般方法

根据上述性质可知,相贯线的画法可归结为求两立体表面的共有点问题。只要作出两立体表面上一系列共有点的投影,再依次将各点的同面投影连成光滑曲线即可。相贯线上点的求法,一般采用表面取点法和辅助平面法。下面分别介绍其作图原理和方法来说明两曲面立体相贯线的画法。

1. 利用积聚性取点法

(1) 作图原理:根据圆柱面投影具有积聚性的特点,在两圆柱面上取若干共有点的已知投影,从而求得所需的点。

(2) 作图条件:两相贯体都为圆柱,且两圆柱的轴线为投影面垂直线。即当两个圆柱正交，且轴线垂直于投影面时，圆柱面在该投影面上的投影积聚为圆，而相贯线的投影也重合在圆上，可利用点、线的两个已知投影求其他投影的方法画出相贯线的投影。

**【例 2-29】** 求作两圆柱正交的相贯线，如图 2-59 所示。

两圆柱正交相贯线

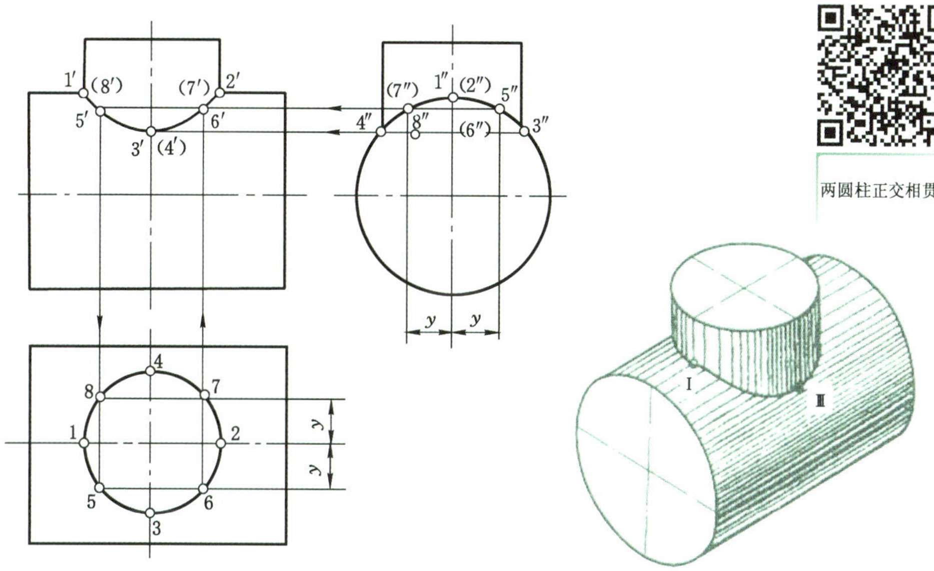


(a) (b)

图 2-59 两圆柱正交

**分析：**由图 2-59(b)可知，大圆柱轴线垂直于侧面，小圆柱轴线垂直于水平面，两圆柱轴线垂直相交。因为相贯线是两圆柱面上的共有线，所以其水平投影积聚在小圆柱的水平投影的圆周上，而侧面投影积聚在大圆柱侧面投影的圆周上（在小圆柱外形轮廓线之间的一段圆弧），需要求的是相贯线的正面投影。因相贯线前、后对称，所以相贯线前、后部分的正面投影重合。

**解：** 作图步骤如图 2-59(a)所示。

(1) 求特殊位置点。特殊位置点是决定相贯线的投影范围及可见性的点，它们大部分在外形轮廓线上。显然，本题相贯线的正面投影应由最左、最右及最高、最低点决定其范围。由水平投影可知，1、2 两点是最左、最右点Ⅰ、Ⅱ的投影，它们也是两圆柱正面投影外形轮廓线的交点，可由 1、2 对应求出 $1''$、$(2'')$ 及 $1'$、$2'$，此两点也是最高点；由侧面投影可知，小圆柱外形轮廓线与大圆柱交点 $3''$、$4''$ 是相贯线最低点Ⅲ、Ⅳ的投影，由 $3''$、$4''$ 直接对应求出 3、4 及 $3'$、$(4')$。

(2) 求一般位置点。一般位置点决定曲线的趋势。任取对称点Ⅴ、Ⅵ、Ⅶ、Ⅷ的水平投影 5、6、7、8，然后求出其侧面投影 $5''$、$6''$、$7''$、$8''$，最后求出正面投影 $5'$、$6'$ 及 $(7')$、$(8')$。

(3) 连曲线。按各点的水平投影的顺序，将各点的正面投影连成光滑曲线，即得正面投影。

(4) 判断可见性。判断相贯线投影可见性的原则是：只有当交线同时位于两个基本体的可见表面上，其投影才是可见的；可见性分界点一定在外形轮廓线上。图 2-59 中两圆柱前半面的正面投影均可见，1′和2′是可见与不可见的分界点，前半部分1′、5′、3′、6′、2′可见，连成实线，不可见的后半部分1′、(8′)、(4′)、(7′)、2′与前半部分重合。

(5) 整理外形轮廓线。由前述可知，两圆柱正面投影外形轮廓线相交于Ⅰ、Ⅱ两点，所以相交的轮廓线的投影只画到1′、2′为止，大圆柱外形轮廓线在1′、2′之间不能连线。

**【例 2-30】** 求轴线垂直交叉的两圆柱的相贯线，如图 2-60 所示。

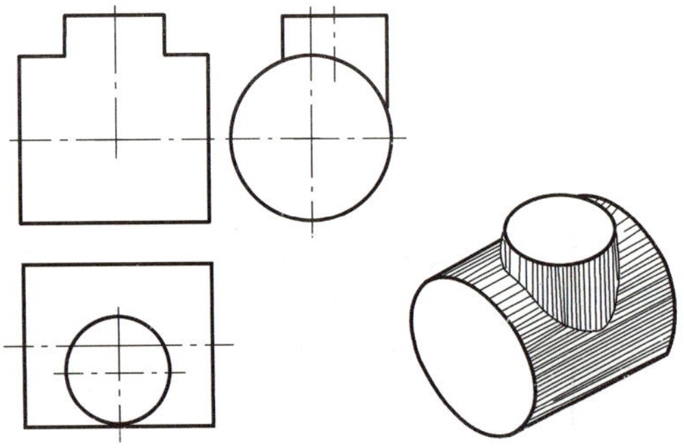

图 2-60 轴线垂直交叉的两圆柱相贯

**分析：**由图 2-60 可知，小圆柱轴线垂直于水平面，大圆柱轴线垂直于侧面，因此相贯线的水平投影重合于小圆柱有积聚性的水平投影圆周上，侧面投影重合于大圆柱有积聚性的侧面投影圆周上(小圆柱外形轮廓线之间的一段圆弧)，需要求的是其正面投影。与例 2-29 不同，本例两圆柱轴线垂直交叉，其正面投影外形轮廓线不相交，相贯线只左、右对称，而前、后不对称，所以相贯线前、后部分的正面投影不重合。

**解：** 作图步骤如图 2-61 所示。

(1) 求特殊位置点。由图 2-61(a)可知，小圆柱的正面和侧面投影外形轮廓线均与大圆柱面相交，设其交点分别为Ⅰ、Ⅱ、Ⅲ、Ⅳ；直接标出其水平投影1、2、3、4及侧面投影1″、(2″)、3″、4″，再对应求出它们的正面投影1′、2′、3′、(4′)。其中，1′、2′是相贯线上最左、最右点的投影，而3′、(4′)分别是相贯线上最前、最后点的投影。大圆柱正面投影上边的轮廓线与小圆柱交于Ⅴ、Ⅵ两点，是相贯线上的最高点，已知它们的水平投影5、6及侧面投影5″、(6″)，再对应求出正面投影(5′)、(6′)，如图 2-61(b)所示。

(2) 求一般位置点。如图 2-61(b)所示，在适当位置取一般位置点Ⅶ、Ⅷ的水平投影7、8，对应作出侧面投影7″、(8″)，最后求出正面投影7′、8′。

(3) 连曲线。如图 2-61(c)所示，按各点水平投影的顺序，将它们的正面投影连成光滑的曲线。应特别注意，曲线经过(5′)、(6′)点时，与大圆柱外形轮廓线相切，而过1′、2′点时，与小圆柱的外形轮廓线相切[见图 2-61(c)的放大图]。

(4) 判别可见性。由图 2-61(c)可知，由1′、2′点分界，在小圆柱前半面上的各点的正面投影可见，连成实线，其余连成虚线。

(5) 整理外形轮廓线。如图 2-61(c)所示，由于1′、2′可见，小圆柱的轮廓线用粗实线画到1′、2′为止，大圆柱的轮廓线只画到(5′)、(6′)处，且被小圆柱挡住的一段画成虚线[见图 2-61(c)的放大图]，(5′)、(6′)间没有连线。

值得注意的是，例 2-29 中两圆柱正面投影外形轮廓线相交，交点为Ⅰ、Ⅱ两点，而本例中两圆柱正面投影外形轮廓线交叉，无交点。两圆柱正面投影外形轮廓线相交的前提是：它

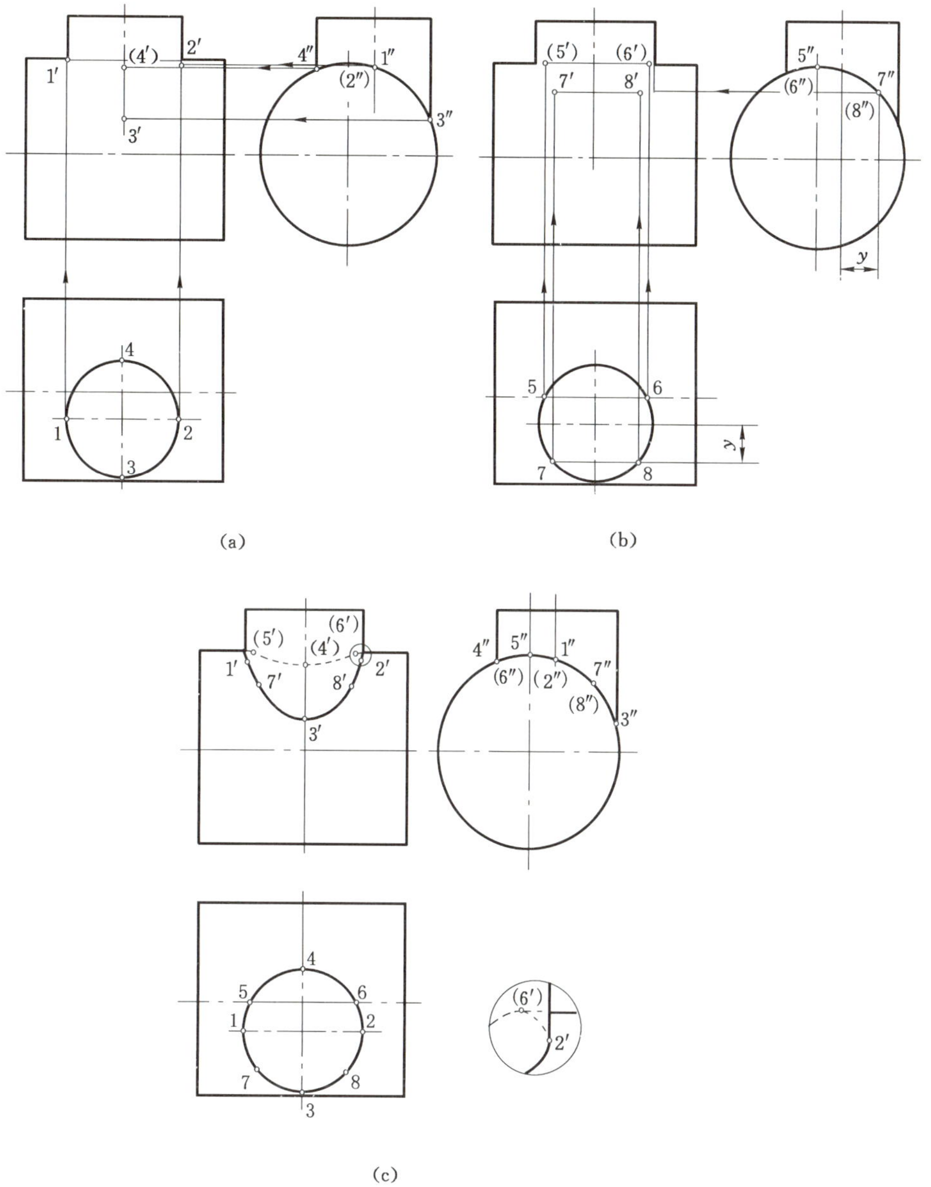


图 2-61　轴线垂直交叉两圆柱相贯线的作图

们处于同一个平面内，否则不相交。

通过上面两例分析可知，当相交两圆柱的相对位置变化时，其相贯线的形状也随之变化。图 2-62 所示为两圆柱直径不变而相对位置变化时相贯线的几种形状。

机件上常见两圆柱正交的结构，它们不仅有两实体圆柱相交的情况，还有实体圆柱与空心圆柱（内表面）相交以及两空心圆柱相交的结构，如图 2-63、图 2-64 所示。

比较上面的情况可以看出，不管是实体圆柱的外表面，还是空心圆柱的内表面，只要相交，实质上都是两圆柱面相交，其相贯线上的特殊点和作图方法是相同的。

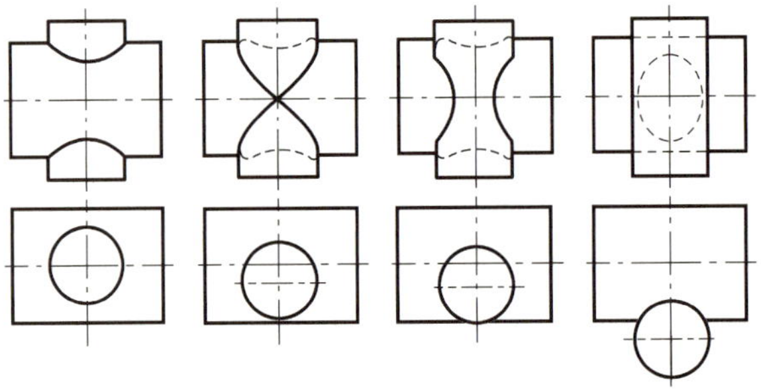

图 2-62　圆柱与圆柱轴线相对位置变动时的情形

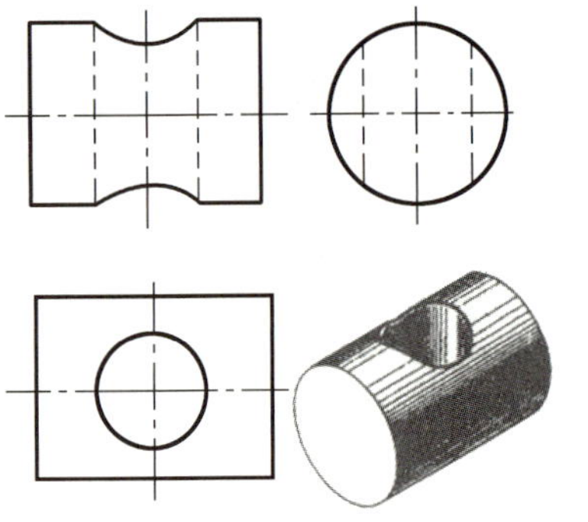

图 2-63　实体圆柱与空心圆柱相交

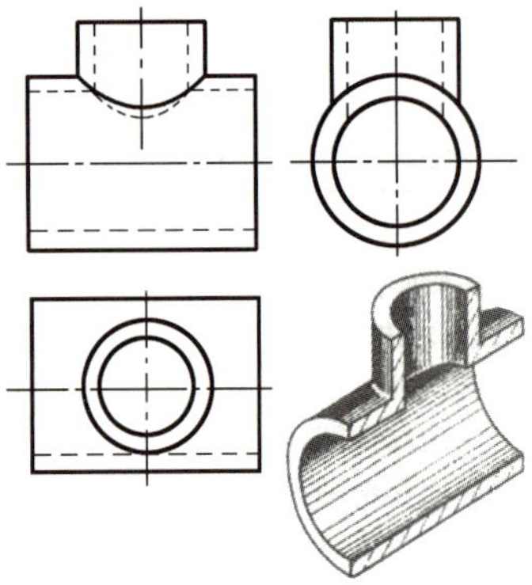

图 2-64　两空心圆柱相交

2. 辅助平面法

辅助平面法就是用辅助平面同时截断相贯的两立体，找出两截交线的交点，即相贯线上的点，如图 2-65 所示。这些点既在两立体表面上，又在辅助平面内。因此辅助平面法就是利用三面共点原理，用若干个辅助平面求出相贯线上一系列共有点。

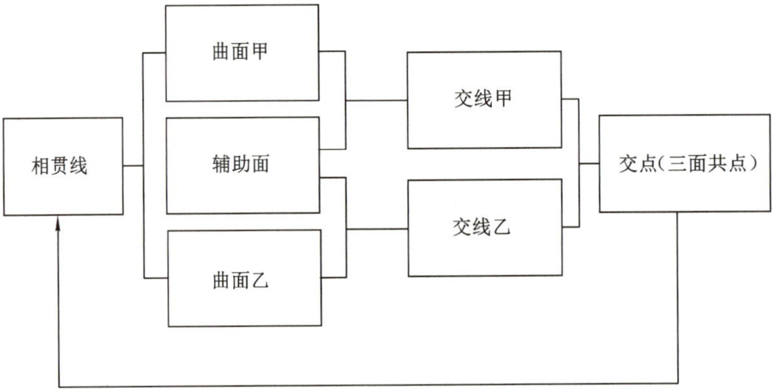


图 2-65　辅助平面法方框图

为了作图简便，辅助平面要根据相交两立体的形状及其相对位置来决定，应使辅助平面与两立体截交线的投影为最简单的图形(即直线或圆)，通常多选用与投影面平行的平面作为辅助平面。如图 2-66 所示的圆柱与圆锥台相交，画出了用水平辅助平面的情况。由图可知，水平面 $Q$ 与圆锥面的截交线为圆 $L$，而与圆柱面的截交线为两直线 $M$、$N$，$L$ 与 $M$、$N$ 分别交于Ⅴ、Ⅵ两点，此两点便是相贯线上的点。

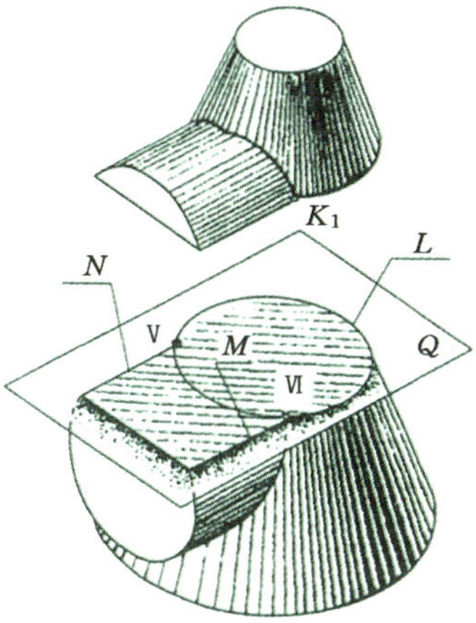

求圆柱与圆锥台相贯线

图 2-66　辅助平面的选择

用辅助平面法求相贯线的步骤为：

(1) 选择适当的辅助平面与两立体都相交。

(2) 分别求出辅助平面与两立体的截交线。

(3) 求出两立体截交线的交点，即相贯线上的点。

下面举例说明用辅助平面法求作相贯线的过程。

**【例 2-31】** 如图 2-67 所示，求圆柱与圆锥台的相贯线。

**分析：**由图 2-67 可知，圆锥台的轴线为铅垂线，圆柱的轴线为侧垂线，且两轴线正交又都平行于正面，所以相贯线为封闭的空间曲线且前、后对称，其正面投影重合。因圆柱的侧面投影为圆，则相贯线的侧面投影重合在圆周上，所以需求出相贯线的正面投影和水平投影。对于圆柱，可选用垂直于轴线的侧平面或平行于轴线的水平面作辅助平面；对于圆锥台，可选用垂直于轴线的水平面或过锥顶的各种投影面平行面作辅助平面。综合后，选择水平面作为辅助平面。

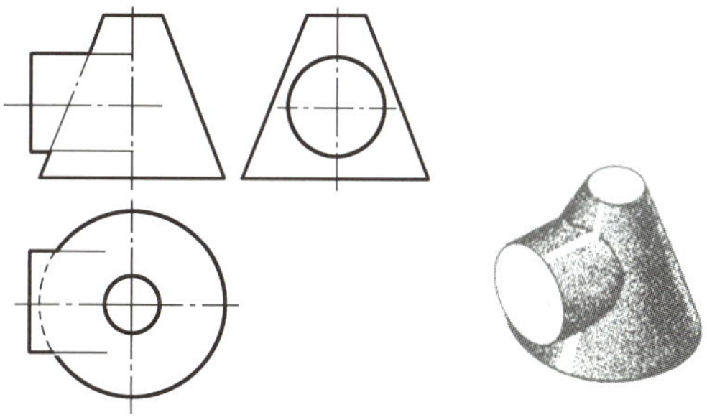

图 2-67　正交的圆柱与圆锥台相贯

**解：** 作图步骤如图 2-68 所示。

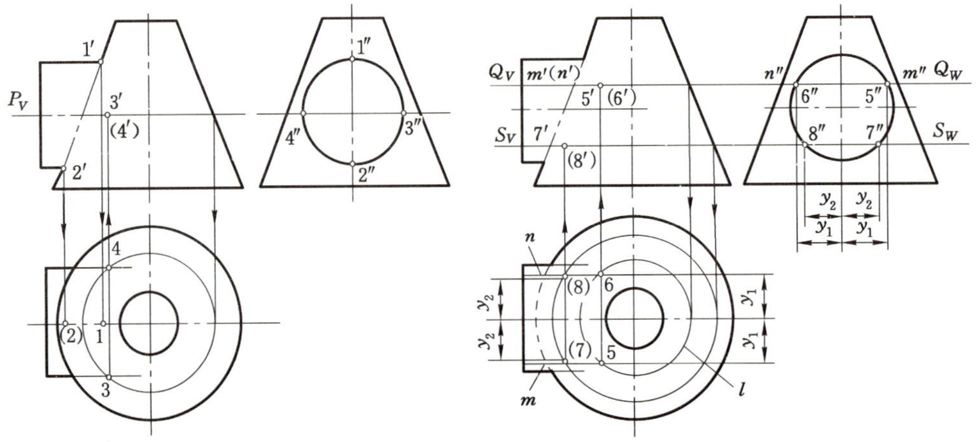


(a)　　　　(b)

图 2-68　求圆柱与圆锥台相贯线上的点

(1) 求特殊位置点。如图 2-68(a)所示，由侧面投影可知，$1''$、$2''$是最高点和最低点Ⅰ、Ⅱ的投影，此两点是两回转体正面投影外形轮廓线的交点，可直接确定 $1'$、$2'$，并由此投影确定水平投影 1、2；而 $3''$、$4''$是最前点、最后点Ⅲ、Ⅳ的侧面投影，它们在圆柱水平投影外形轮廓线上，过圆柱轴线作水平面 $P$ 为辅助平面(画出 $P_V$)，求出平面 $P$ 与圆锥面截交线圆的水平投影，此圆与圆柱面水平投影外形轮廓线交于 3、4 两点，并求出正面投影 $3'$、$(4')$。

(2) 求一般位置点。如图 2-68(b)所示，作水平面 $Q$ 为辅助平面，首先画出 $Q_V$ 及 $Q_W$，再求出 $Q$ 与圆锥面的截交线圆 $L$ 的水平投影 $l$，并画出 $Q$ 与圆柱面的两条截交线 $M$、$N$ 的水平投影 $m$、$n$，则 $l$ 与 $m$、$n$ 的交点 5、6 即是 $L$ 与 $MN$ 的交点Ⅴ、Ⅵ的水平投影，最后在 $Q_V$ 上确定 $5'$、$(6')$；同理，作水平面 $S$，求出(7)、(8)及 $7'$、$(8')$。

(3) 连曲线。如图 2-69 所示，因曲线前、后对称，正面投影中，用粗实线画出可见的前半部分曲线；水平投影中，由 3、4 点分界，在上半圆柱面上的曲线可见，将 3、5、1、6、4 段曲线画成实线，其余部分不可见，画成虚线。

(4) 整理外形轮廓线。如图 2-69 所示，正面投影中，两回转体外形轮廓线画到交点 $1'$、$2'$点为止；水平投影中，圆柱外形轮廓线用实线画到 3、4 点为止。

**【例 2-32】** 如图 2-70 所示，求圆锥台与半圆球的相贯线。

**分析**：图 2-70 中，圆锥台的轴线为铅垂线，位于半圆球的前、后对称平面内。相贯线是一条前、后对称的空间曲线，因两回转面的三个投影都没有积聚性，所以相贯线的三面投影都需求出。对于圆锥台，可选用垂直于轴线的水平面或过锥顶的各种投影面平行面作辅助平面；而对半圆球，则可选用各种投影面平行面作辅助平面。综合后，最终选择水平面和过锥顶的侧平面作为辅助平面。

**解**： 作图步骤如图 2-71 所示。

(1) 求特殊位置点。如图 2-71 所示，圆锥台与半圆球的正面投影外形轮廓线处于同一正平面内，它们必相交，交点Ⅰ、Ⅱ的正面投影为 $1'$、$2'$，由 $1'$、$2'$对应求出水平投影 1、2 及侧面投影 $1''$、$(2'')$，此两点是曲线上的最低点、最高点，也是最左点、最右点；过圆锥轴线(即过

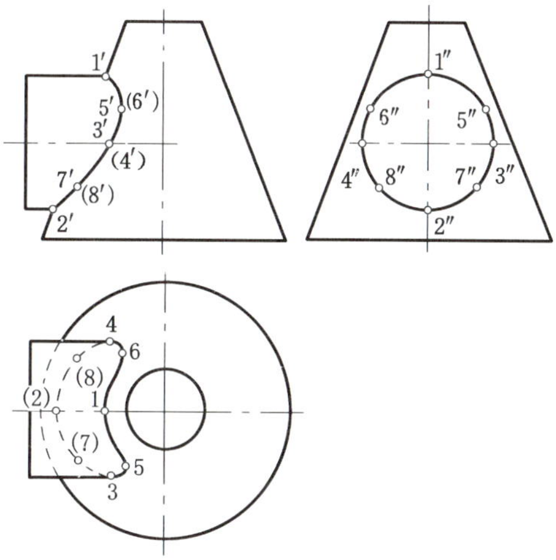


图 2-69　连接圆柱和圆锥台的相贯线

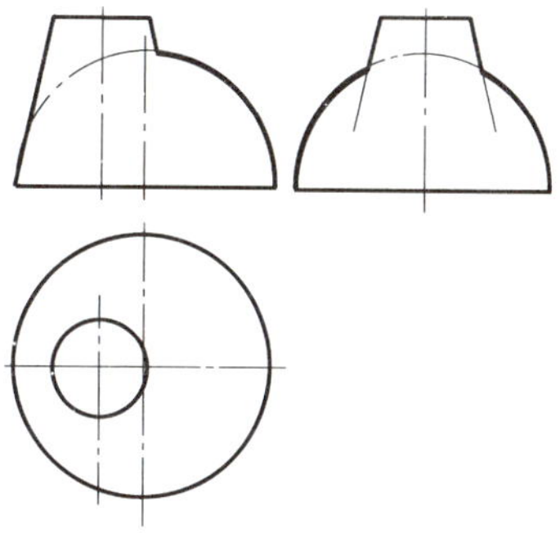

图 2-70　圆锥台与半圆球相贯

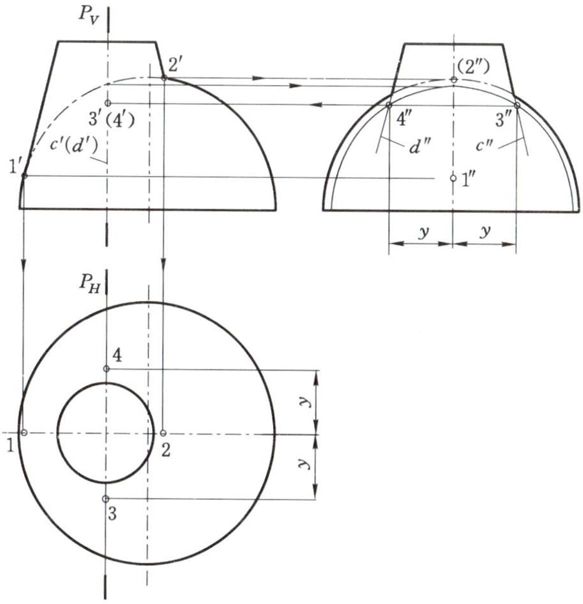


图 2-71　求圆锥台与半圆球相贯线上的特殊位置点

圆锥顶点)作侧平面 $P$ 为辅助平面,$P$ 与圆锥面的截交线为其侧面投影外形轮廓线 $CD$,与半圆球的截交线为半圆 $M$,半圆 $M$ 与 $CD$ 分别交于Ⅲ、Ⅳ两点,此两点即为相贯线上的点。画投影图时,先作 $P_V$ 及 $P_H$,再作半圆 $M$ 的侧面投影 $m''$,与 $c''$、$d''$分别交于 $3''$、$4''$点,再由 $3''$、$4''$在 $P_V$ 上确定 $3'$、$(4')$(两点重合),并在 $P_H$ 上确定 3、4 两点。

圆球的侧面投影外形轮廓线 $N$ 与圆锥面的交点,可在连曲线时用逼近法求得。

(2) 求一般位置点。如图 2-72(b)所示,用水平面 $Q_1$ 作为辅助平面,$Q_1$ 与圆锥面截交线为圆 $M_1$,与半圆球截交线为圆 $L_1$,两圆交点Ⅴ、Ⅵ为相贯线上的点。投影作图如图 2-72(a)所示,首先作 $Q_{1V}$ 及 $Q_{1W}$;求出截交线圆 $M_1$ 及 $L_1$ 的水平投影圆 $m_1$ 及 $l_1$,则两者交点 5、6 即为Ⅴ、Ⅵ点的水平投影；然后由 5、6 在 $Q_{1V}$ 上求出 $5'$、$(6')$，在 $Q_{1W}$ 上确定 $5''$、$6''$。同理，用水平面 $Q_2$ 作为辅助平面求出交点Ⅶ、Ⅷ点的水平投影 7、8，再求出 $7'$、$(8')$及$(7'')$、$(8'')$。

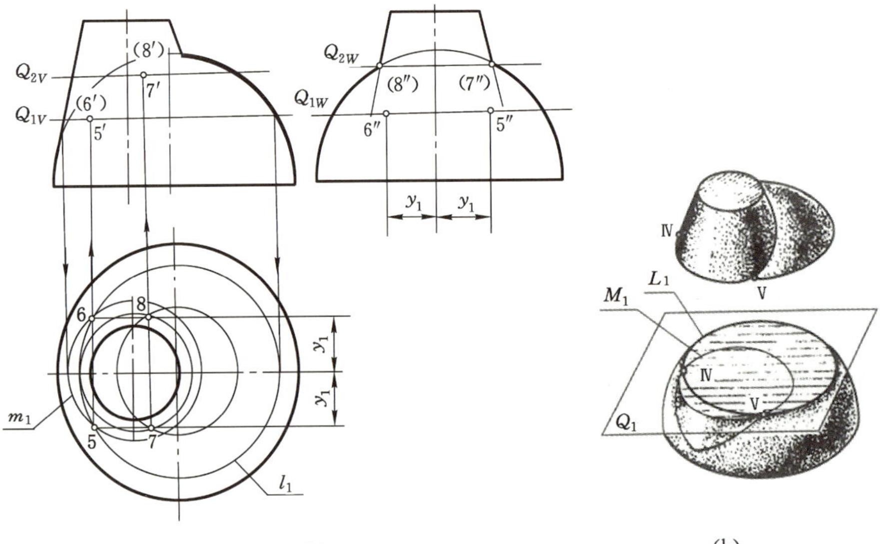


(a) (b)

图 2-72　求圆锥台与半圆球相贯线上的一般位置点

(3) 连曲线。如图 2-73 所示，将正面投影中可见点 $1'$、$5'$、$3'$、$7'$、$2'$连成光滑曲线，它与半圆球侧面投影外形轮廓线的正面投影 $n'$的交点 $k'_1$、$(k'_2)$就是圆 $N$ 与圆锥面的交点，由 $k'_1$、$(k'_2)$求出侧面投影$(k''_1)$、$(k''_2)$及水平投影 $k_1$、$k_2$。然后依次连接各点的水平投影和侧面投影，曲线的侧面投影过 $3''$、$4''$点分别与圆锥的外形轮廓线 $c''$、$d''$相切，而过$(k''_1)$、$(k''_2)$点与圆球的外形轮廓线 $n''$相切。

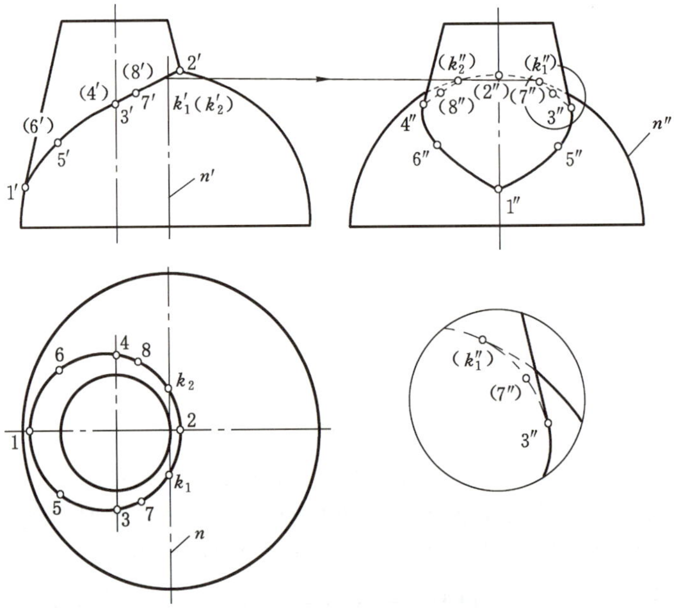


图 2-73　圆锥台与半圆球的相贯线

(4) 判断可见性。如图 2-73 所示，曲线的水平投影因可见而画成实线；在侧面投影中，曲线在左半圆锥面上的点是可见的，曲线由 3″、4″分界，把 4″(8″)($k''_1$)(2″)($k''_2$)(7″)3″一段画成虚线。

(5) 整理外形轮廓线。如图 2-73 所示，正面投影中，两回转体的外形轮廓线相交，各自画到交点 1′、2′处为止；侧面投影中，圆锥面的两外形轮廓线用粗实线分别画到 3″、4″点为止，而半圆球的外形轮廓线 $n''$只画到($k''_1$)、($k''_2$)点，且被圆锥面遮住的一小段画成虚线。注意：($k''_1$)与($k''_2$)之间没有圆弧 $n''$的投影。

辅助平面法求相贯线是普遍采用的方法，前面讨论的例 2-29 与例 2-30，同样可用辅助平面法作图，读者可自行研究。

(三) 相贯线的特殊情况

两回转体相交，其相贯线一般为空间曲线，但在特殊情况下，也可能是平面曲线或是直线，下面介绍几种常见的特殊相贯线。

(1) 同轴的两回转体相交，相贯线是垂直于轴线的圆。在与轴线平行的投影面上，该圆的投影成直线。图 2-74(a)所示为圆柱和圆球同轴，而图 2-74(b)所示为上半部是圆锥与圆球共轴，下半部是圆锥与圆柱同轴，因它们的轴线平行于正面，所以在正面投影中，相贯线圆的投影都是直线。

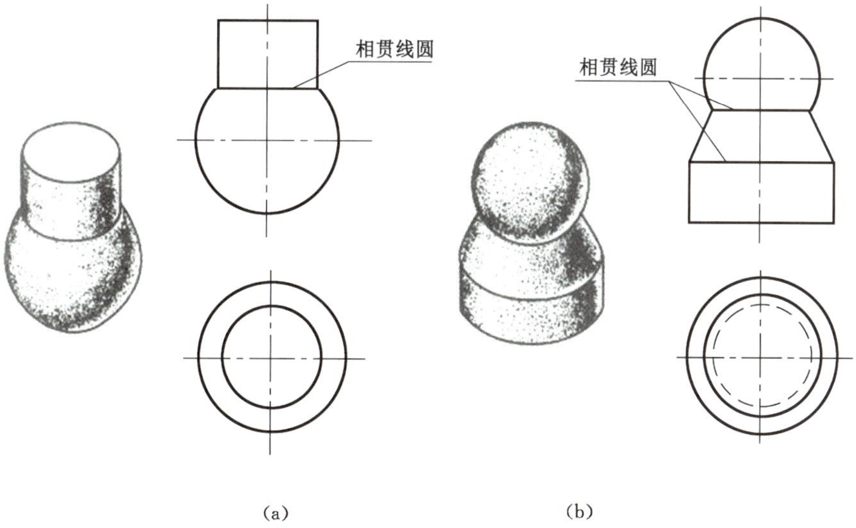


图 2-74　相贯线的特殊情况(一)

(2) 当相交两回转体表面共切于一个圆球时，其相贯线为一椭圆。在两回转体轴线同时平行的投影面上，椭圆的投影为一直线段。图 2-75(a)所示为正交的两圆柱，它们共切于一个圆球，其相贯线为大小相等的两个椭圆；图 2-75(b)所示为斜交的两圆柱共切于一圆球；图 2-75(c)所示为正交的圆锥和圆柱共切于一圆球，其相贯线为大小相等的两个椭圆。以上三种情况中，因它们的轴线平行于正面，所以相贯线的正面投影各积聚为一直线。

(3) 当两圆柱轴线平行或两圆锥共顶相交时，相贯线为直线，如图 2-76(a)和图 2-76(b)所示。

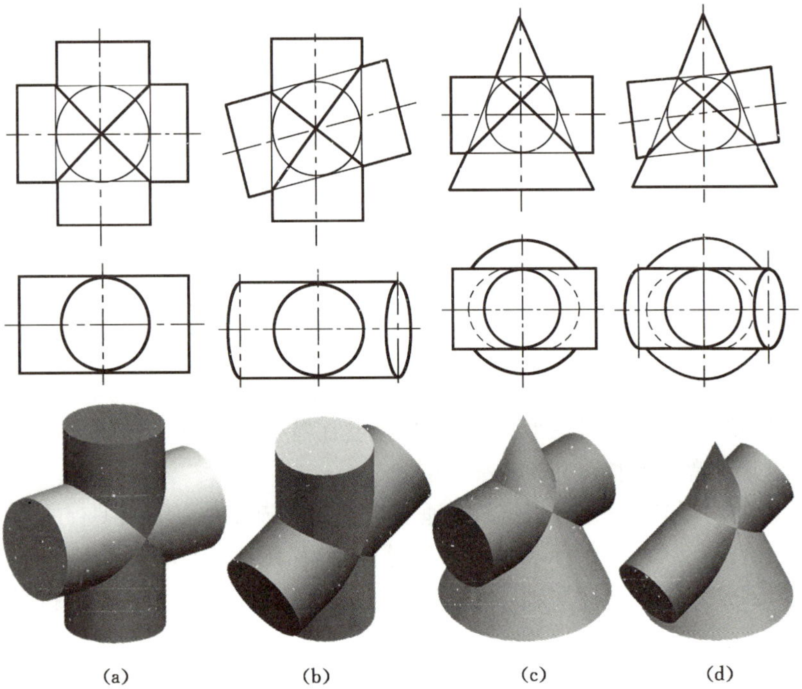


图 2-75　相贯线的特殊情况(二)

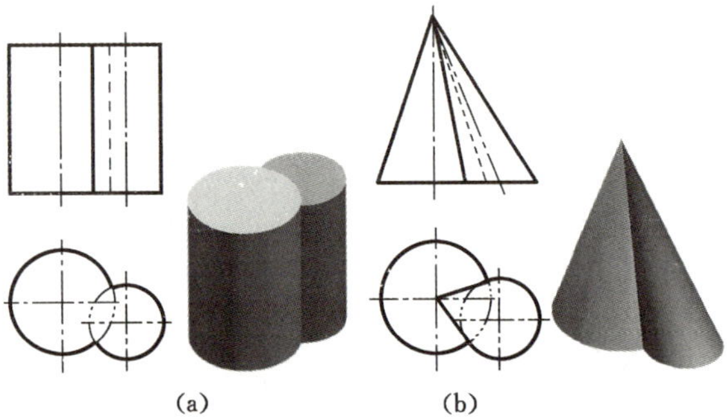


图 2-76　相贯线的特殊情况(三)

画相贯线时，如遇到上述这些特殊情况时，可直接画出相贯线，不必用前面介绍的求相贯线的两种方法。

## 三、组合体的形体分析

任何复杂的形体，从几何角度看，都是由一些基本形体按一定方式组合而成的。通常由两个或两个以上的基本体组成的形体称为组合体。

### (一) 形体分析法

为了正确而迅速地绘制和看懂组合体视图，通常在绘制、看组合体视图和标注尺寸的过程中，假想把组合体分解成若干个基本形体，分析各基本形体的形状、相对位置、组合形式以及表面连接关系，这种把复杂形体分解成简单形体的分析方法称为形体分析法。

如图 2-77(a)所示的支架，可假想分为四部分：底板为有两个侧棱倒成圆角的长方体，上面钻有两个圆柱孔;圆筒为一圆柱体,中间有一圆柱孔,它位于底板上方的中间部位,前、后位置以底板为准向后凸出;支承板是一个上方为圆柱面的平板,它与底板的后侧面平齐,并对称叠加在底板之上,上方圆柱面与圆筒相接合,其倾斜的两个侧面与圆筒的外表面相切;肋为一块带圆柱面的切割体,它叠加在底板上方,其后侧面靠在支承板上,其圆柱面与圆筒叠合,左、右两侧面与圆筒相交,如图 2-77(b)所示。

形体分析法是使复杂形体简单化的一种思维方法,也是解决组合体问题的基本方法。因此,在具体分解时,一方面取决于形体自身的形状结构,另一方面也要考虑方便画图和读图。

(二) 组合体的组合形式和表面连接关系

组合体的组合形式有叠加和切割两种基本形式,而常见的组合体则是两种形式的综合。

叠加型主要由几个基本形体叠加而成,支承板和肋叠加在底板之上,如图 2-77 所示。切割型可看作是从较大的形体中挖出或切去较小基本形体,如图 2-78 所示。

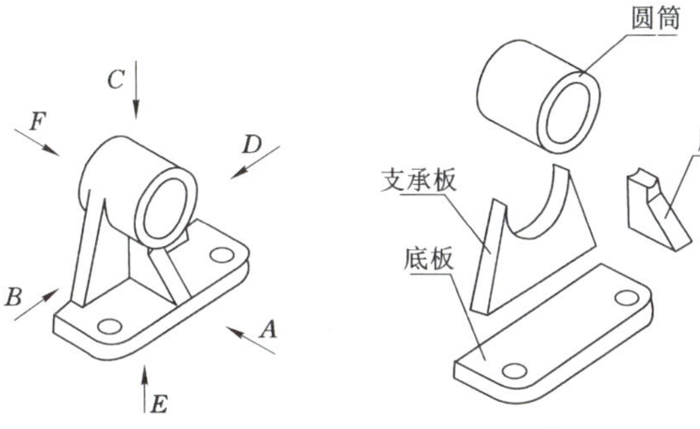


(a)　　(b)

图 2-77　支架的形体分析

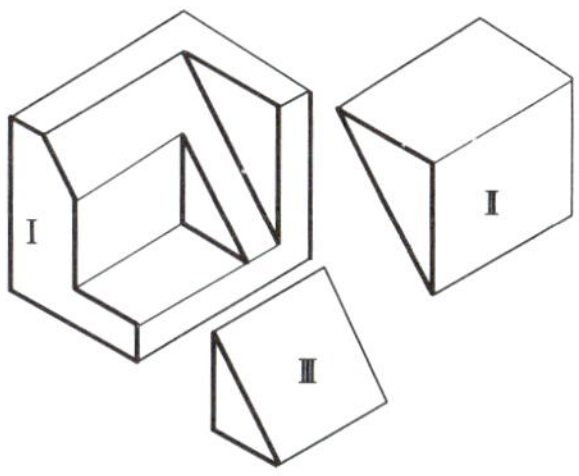


图 2-78　切割体

基本形体组合在一起之后,其形体之间的表面连接方式一般可分为四种:

(1) 不平齐:当两个形体的两表面不平齐时,两形体之间存在分界面,视图中应画出分界线。如图 2-79(a)所示的组合体,形体 1 和形体 2 的前表面不平齐,即平面 1 和平面 2 不共面,画图时中间有分界线。

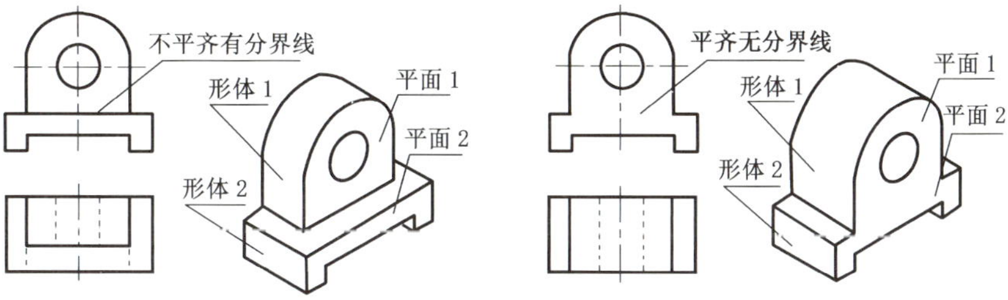


(a) 不平齐有分界线　　(b) 平齐无分界线

图 2-79　形体表面平齐和不平齐时的投影

(2) 平齐:当两个形体的两表面平齐时,无分界线,视图中不画分界线。如图 2-79(b)所示的组合体,形体 1 和形体 2 的前表面平齐,即平面 1 和平面 2 共面,画图时中间无分界线。

(3) 相切：两形体表面相切，在相切处两表面光滑过渡无界线，在该处不画线，如图 2-80 所示。

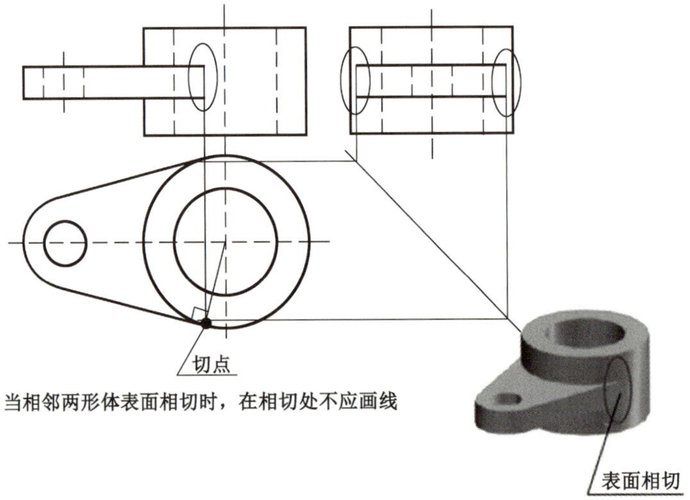


图 2-80　形体表面相切时的投影

(4) 相交：当两形体表面相交时，相交处有交线，交线是两形体表面的分界线（即相贯线），视图中在该处应画出交线。图 2-81(a)所示耳板的前、后表面与圆柱面相交，在相交处形成的交线为直线 $AB$；图 2-81(b)所示正四棱柱与半圆柱外表面、两孔内表面分别相交，均有交线。

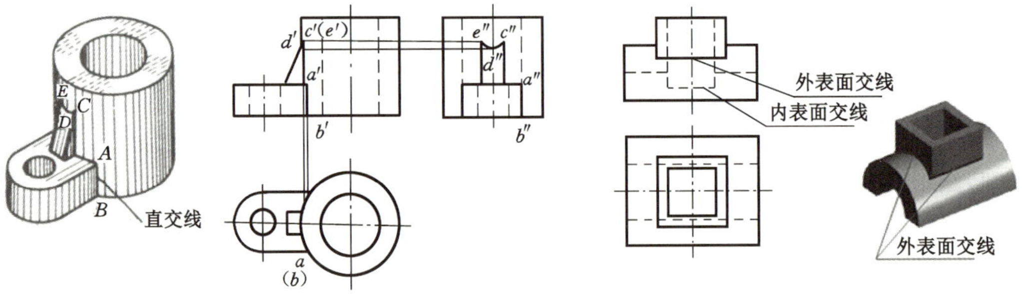


(a)　　(b)

图 2-81　形体表面相交时的投影

上述四种形体间的表面连接关系及画法，适用于叠加型组合体和切割体。如图 2-82 所示的切割体，由读者自行分析。

## 四、绘制组合体的三视图

画组合体的三视图，应按一定的方法和步骤进行，以图 2-77(a)所示支架为例说明如下。

（一）形体分析

图 2-77(a)所示的支架可分解为图 2-77(b)所示的四个部分。支承板的

微课
绘制组合体的三视图

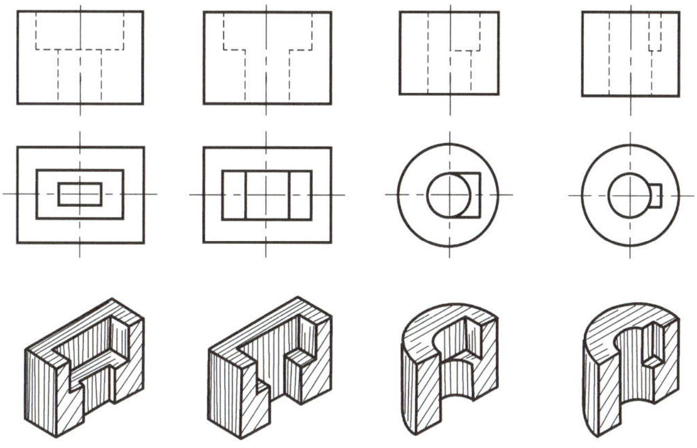

(a)　　(b)　　(c)　　(d)

图 2-82　切割体表面连接关系及画法

两个侧面与圆筒相切，肋与圆筒相交，支承板与肋叠加在底板上。

（二）视图选择

在组合体的三视图中，主视图是主要视图，选择时应考虑下面几个因素：

1. 主视图的选择

(1) 安放位置：组合体的摆放应使其上的主要面平行于投影面，应符合自然安放位置。

(2) 投射方向：一般选择反映形状特征和位置特征明显的投射方向作为主视图的投影方向。

(3) 可见性：兼顾其他视图，尽可能少出现虚线。

如图 2-77 所示的支架，按其自然位置放置，使底平面平行于水平投影面；确定投射方向时，常要将几个方向加以比较后确定，显然，按 *C*、*E* 方向投射不能反映支架的位置特征，按 *F* 方向投射，主视图虚线较多，*B*、*D* 两方向反映支架形状特征相同，但若取 *B* 向视图为主视图，则左视图虚线较多，由此可见，主视图只能从 *A*、*D* 向视图中选择。*A*、*D* 向比较，在表达形体特征方面各有特点，从对称性考虑，这里选用 *A* 向作为主视图的投射方向，如图 2-83 所示。

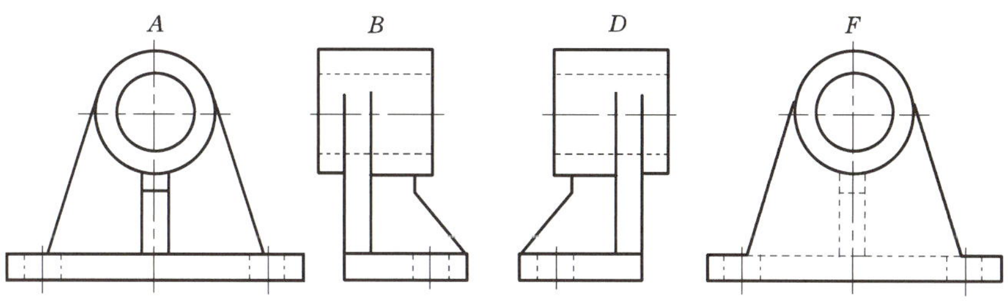


图 2-83　主视图投影方向的比较

2. 视图数目的确定

确定视图数目应以完整、清晰地表达各形体的真实形状和相对位置为原则。如图 2-77 所示的支架，主视图按 *A* 向确定后，还要画出俯视图以表达底板的形状和两孔的中心位置，画出左视图表达肋的形状，因此，要完整表达出该支架的形状，必须画出主、俯、左三个视图。

（三）选比例、定图幅

根据组合体的复杂程度和尺寸大小，应选择国家标准规定的图幅和比例。在选择时，应充分考虑到视图、尺寸、技术要求及标题栏的大小和位置等。

（四）布置视图，画作图基准线

布置视图时，应根据各视图每个方向的最大尺寸和视图之间留出标注尺寸的位置，使视图布局合理、排列匀称，并在图面上画出各视图作图基准线。作图基准线一般为底面、对称面、重要端面、重要轴线等，如图 2-84(a)所示。

（五）绘图步骤（画各视图的底稿）

作图步骤如图 2-84(b)～(f)所示。

为了正确而迅速地画出组合体视图，画底稿图时应注意以下几点：

(1) 绘图时，不应绘完整个形体的一个视图后再画另一个视图，而应采用形体分析法，按先主后次、先大后小、先外后里的顺序，逐个画出各基本形体的三视图。

(2) 画每一个基本形体时，先画特征视图或有积聚性的那个视图，再画其他视图，三个视图配合进行。这样，不但化难为易，提高作图速度，而且可以少出差错。

(3) 应从整体概念出发，处理各形体之间表面连接方式和衔接处（平齐、相切和相交处）图线的变化。

（六）检查底稿图并描深

完成底稿图后，应按形体分析法逐个检查每个视图，纠正错误、补画漏线、擦去多余图线，确认无误后，按标准线型描深，结果如图 2-84(g)所示。

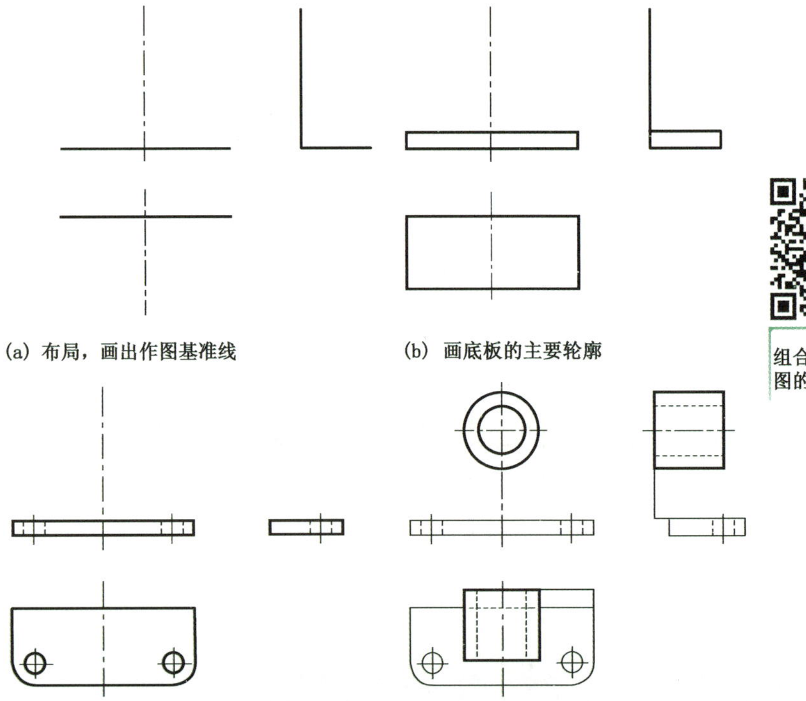

(a) 布局，画出作图基准线　　(b) 画底板的主要轮廓

组合体支架三视图的画法

(c) 画底板上的孔（先画俯视图，后画主、左视图）　　(d) 画圆筒（先画外轮廓线，后画孔）

图 2-84　支架的画图过程

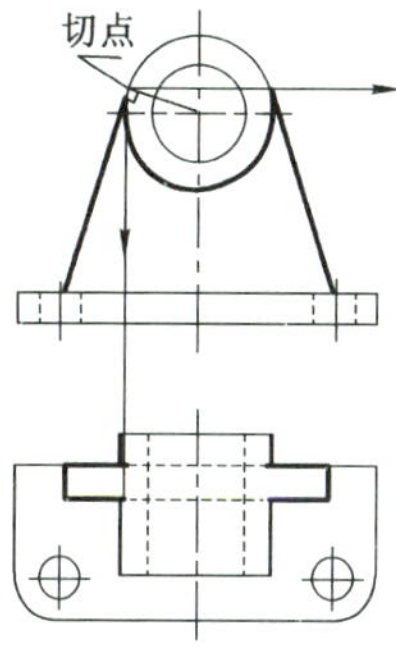


(e) 画支承板(先画主视图，后画其他视图)

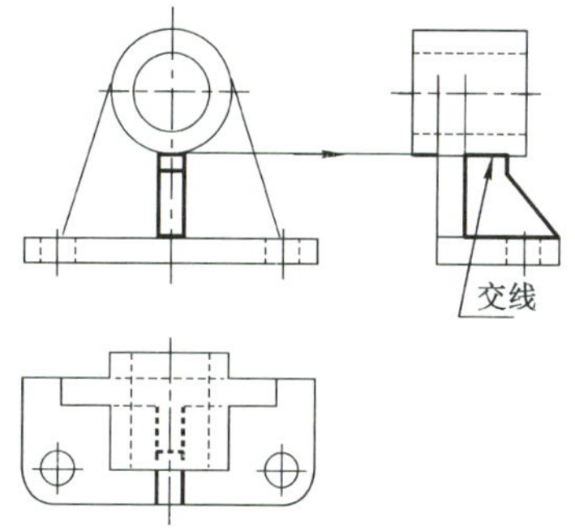


(f) 画肋

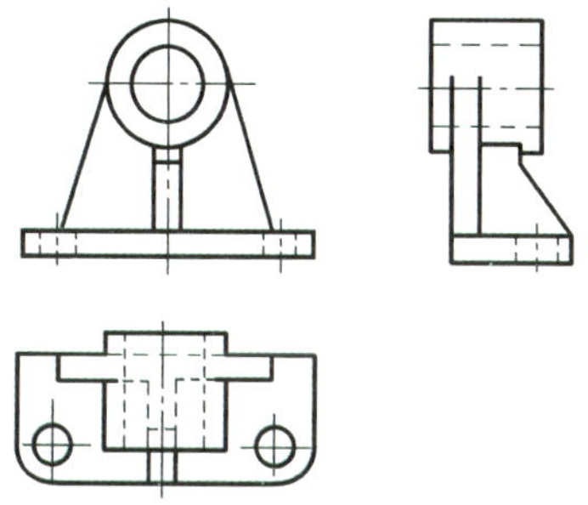

(g) 检查、描深图线

图 2-84(续)

## 五、标注组合体的尺寸

微课
标注组合体的三视图

视图只能表达机件的形状，不能确定其大小。在生产过程中，不仅要明确机件的形状，而且要知道它的大小，因此，必须在图形上标注尺寸。

(一) 基本体的尺寸标注

基本体具有长、宽、高三个方向的尺寸。

(1) 棱柱、棱锥和棱台的尺寸标注(图 2-85)

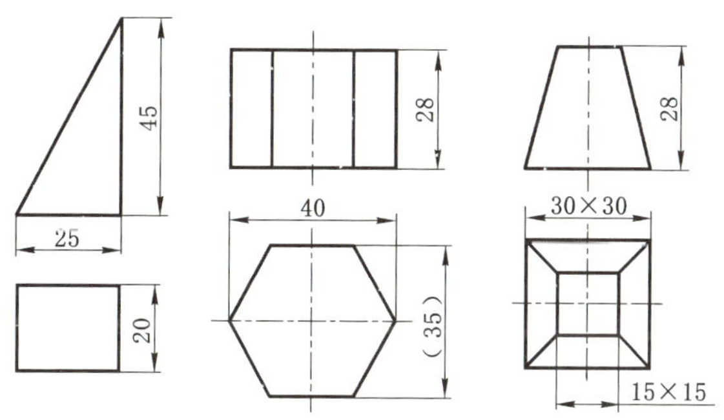


图 2-85　棱柱、棱锥和棱台的尺寸标注

棱柱、棱锥应标注确定底面大小和高度的尺寸。棱台应注上、下底面大小和高度的尺寸。注正方形尺寸时，可在正方形边长尺寸数字前加注符号“□”或用“$B\times B$”注出。

（2）回转体的尺寸标注（图 2-86）

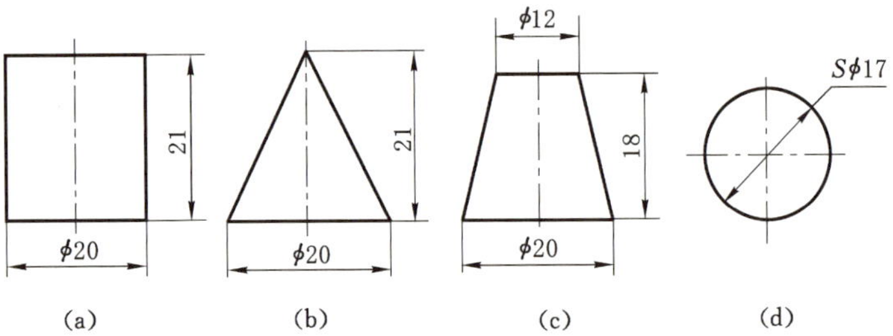


图 2-86　回转体的尺寸标注

圆柱、圆锥应标注底圆直径和高度尺寸。直径尺寸一般注在非圆视图上，并在尺寸数字前加注符号“ϕ”，若需标注半径尺寸时，应标注在圆弧的视图上，在尺寸数字前加注符号“*R*”。标注圆球体的直径或半径尺寸时，应在“ϕ”或“*R*”前加注符号“*S*”。

（二）板状体的尺寸标注

板状体上有孔、槽等结构，因此除应注出其相关尺寸外，还应注出确定孔、槽的大小尺寸与定位尺寸，如图 2-87 所示。

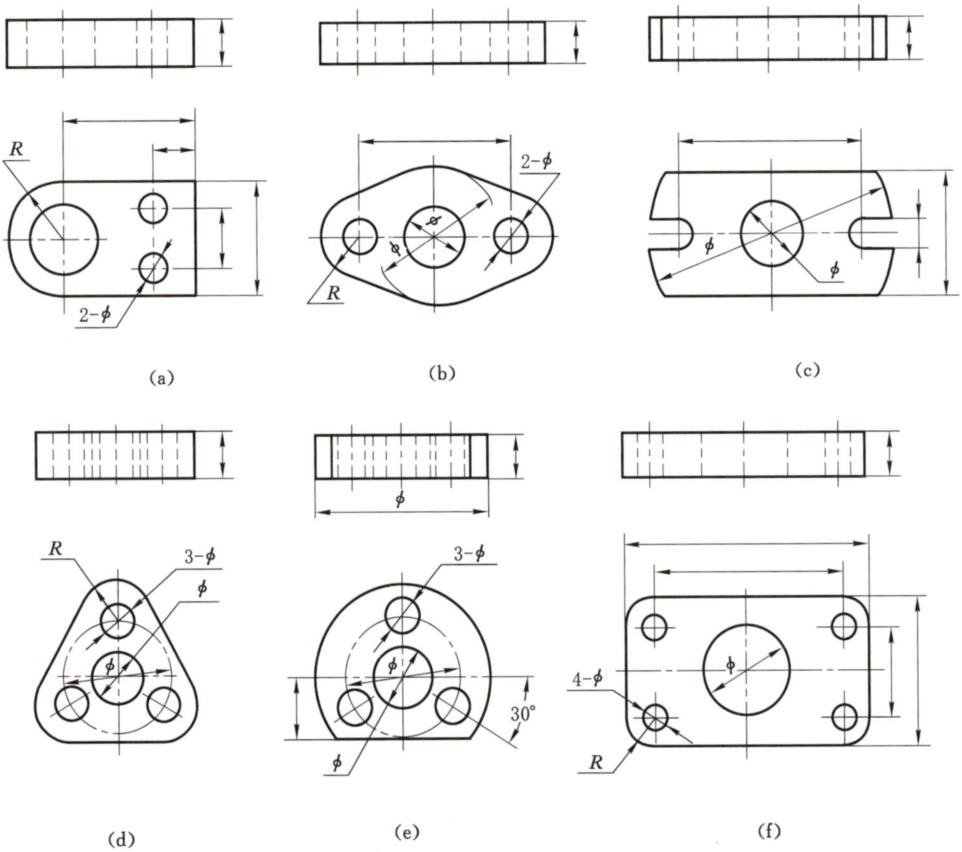


图 2-87　板状体的尺寸标注

（三）切割体的尺寸注法

标注这类形体的尺寸，除了注出完整基本体的大小尺寸外，还应注出截切平面的定位尺寸和开槽或穿孔的定形尺寸，并应把尺寸集中在反映切口、凹槽的特征视图上，如图 2-88 所示。

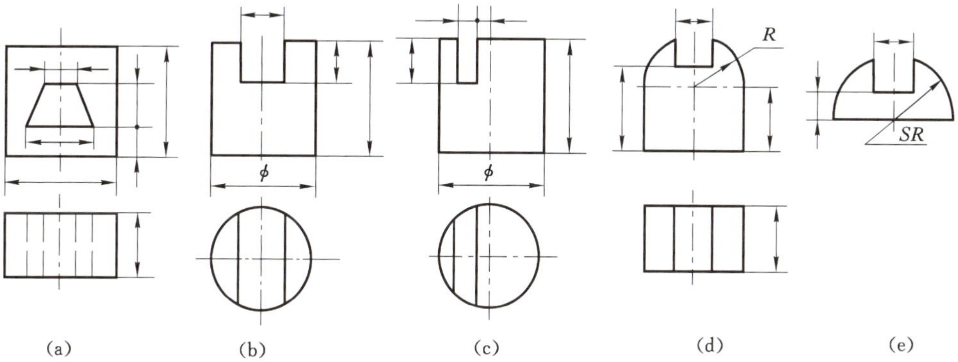


图 2-88 切割体的尺寸注法

（四）相贯体的尺寸注法

相贯体除了注出参与相交的两个基本体的大小尺寸外，还应注出确定两基本体的相对位置尺寸，并应注在反映两形体相对位置特征的视图上，如图 2-89 所示。当两相交基本体的形状、大小及相对位置确定后，相贯线的形状、大小及位置自然确定，因此相贯线上不注尺寸，因而图 2-89 中打“×”号的尺寸是错误的。

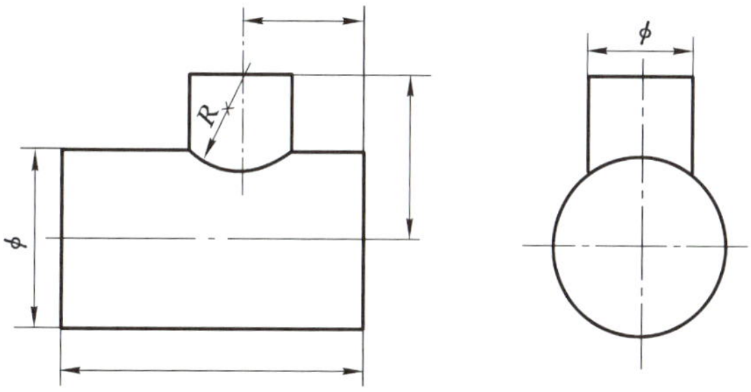


图 2-89 相贯体的尺寸注法

（五）组合体的尺寸注法

1. 尺寸基准

标注组合体的尺寸时，应先选择尺寸基准。由于组合体具有长、宽、高三个方向的尺寸，在每个方向都应有尺寸基准。选择尺寸基准应体现组合体的结构特点，并使尺寸度量方便。一般选择组合体的对称面、底面、重要端面及轴线。每个方向常有主要基准和辅助基准，见表 2-8。

2. 尺寸种类

(1) 定形尺寸确定组合体各基本体的大小尺寸。如图 2-90(a)所示的底板、竖板和直角三角柱所注的尺寸。

(2) 定位尺寸确定各组成基本形体之间的相对位置尺寸。如图 2-90(b)所示的尺寸 26 是确定竖板圆孔高度方向的定位尺寸，尺寸 40 和 23 是确定底板上两个圆孔长和宽方向的定位尺寸，尺寸 14 是确定两直角三角柱长方向的定位尺寸。

表 2-8　尺寸基准

| | | | |
|---|---|---|---|
| 图例 | 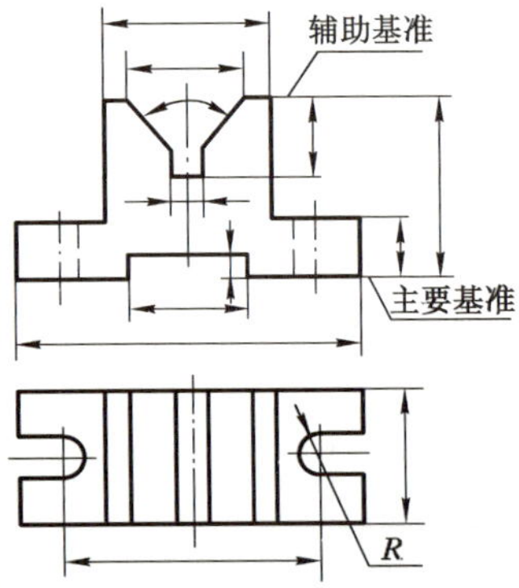 | 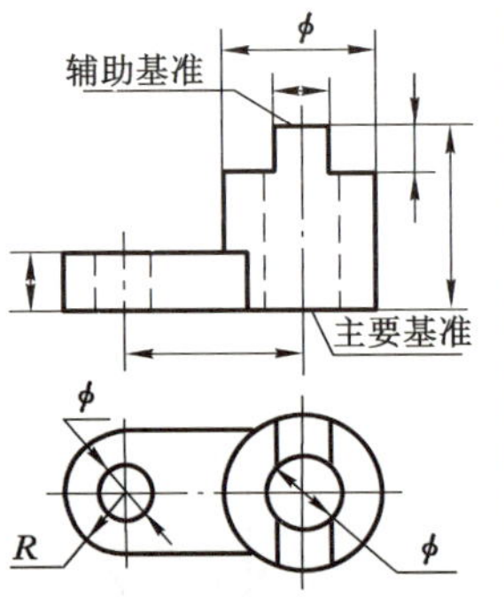 | 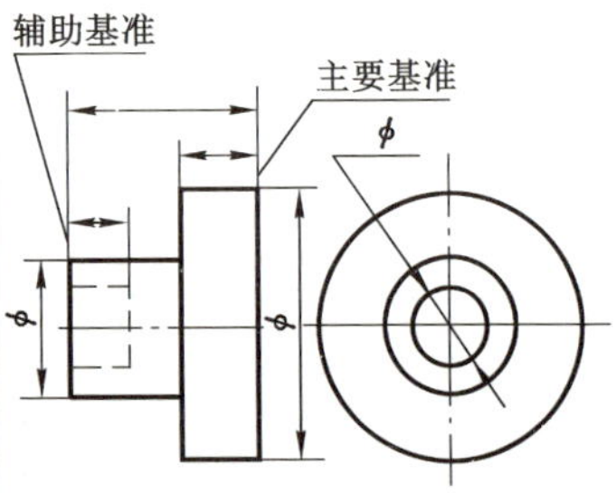 |
| 说明 | 以对称面为长和宽方向的基准，以底面为高方向的主要基准，顶面为高方向的辅助基准 | 以圆孔轴线为长方向的基准，以对称平面为宽方向的主要基准，以底面为高方向的主要基准 | 以轴线为径向基准，以右端面为长方向的主要基准，以左端面为长方向的辅助基准 |

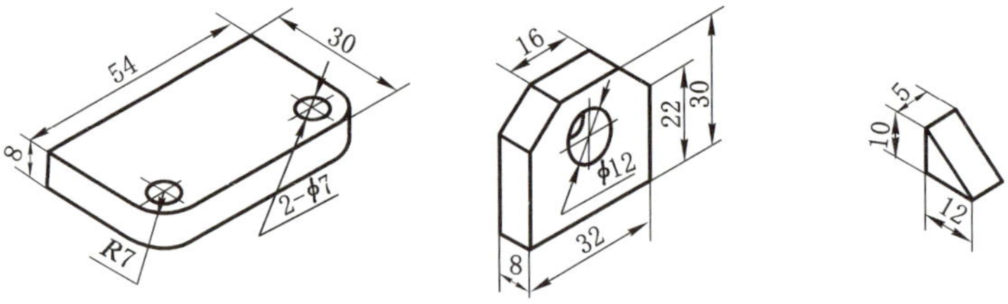


(a) 定形尺寸

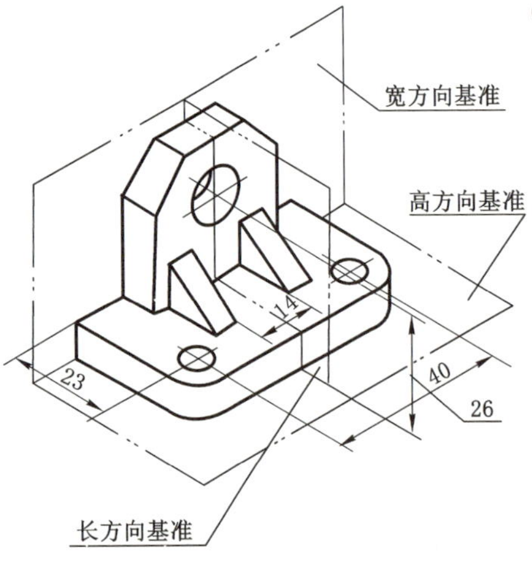


(b) 尺寸基准与定位尺寸

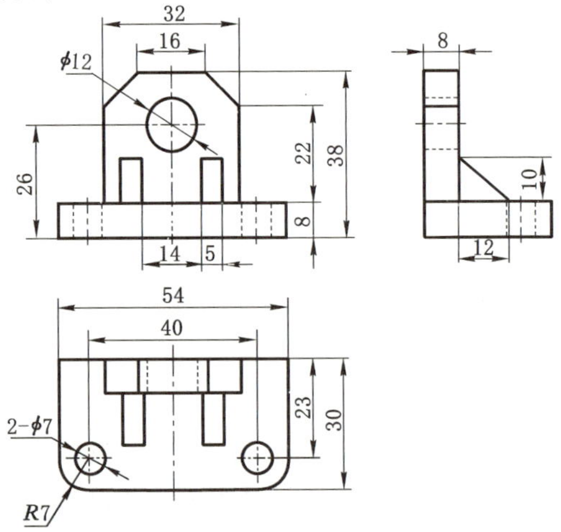


(c) 完整尺寸

图 2-90　轴承座的尺寸分析

(3) 总体尺寸确定组合体外形总长、总宽和总高的尺寸。如图 2-90(c)所示的尺寸 54

和 30 是底板定形尺寸，也是总长、总宽尺寸，尺寸 38 是总高尺寸。当注上总体尺寸后，重复的定形尺寸则可不必注出。

对于具有圆柱面的结构，为了明确圆弧中心位置和圆孔的确切位置，通常只注圆弧和圆孔的中心位置尺寸，而不直接注出总体尺寸，如图 2-91 所示。

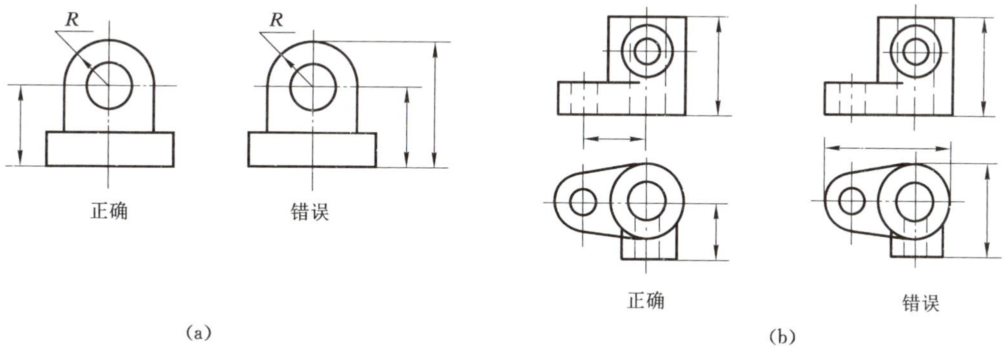


图 2-91　总体尺寸注法

（六）尺寸标注的基本要求

（1）正确：尺寸数值应正确无误，符合国标尺寸注法的规定。

（2）完整：标注尺寸要完整，不允许遗漏，也不得重复。

（3）清晰：尺寸布置应整齐清晰，便于看图。

为使图形清晰，应尽量把尺寸标注在视图外面，相邻视图有关尺寸最好注在两个视图之间，如图 2-92 所示。

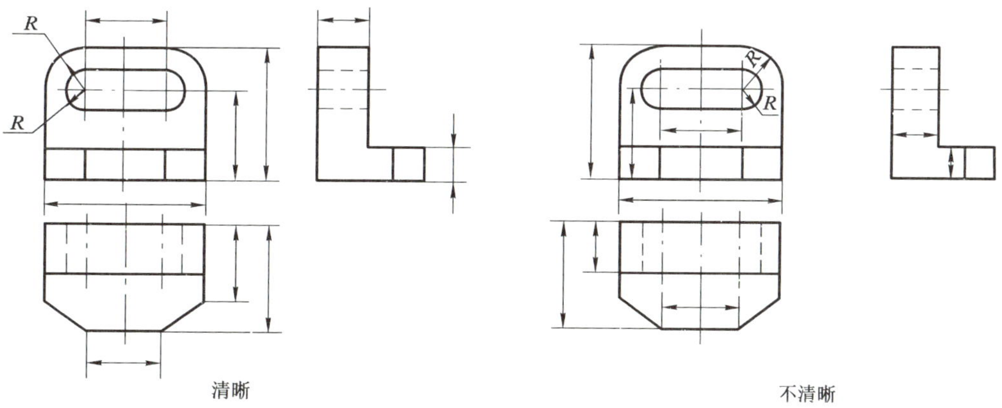


图 2-92　尺寸布置要清晰(一)

定形尺寸和定位尺寸要集中，并应注在反映形状特征和位置特征明显的视图上，如图 2-93所示。

圆柱和圆锥的直径，一般标注在非圆视图上，圆弧半径则应注在圆弧视图上，如图2-94所示。

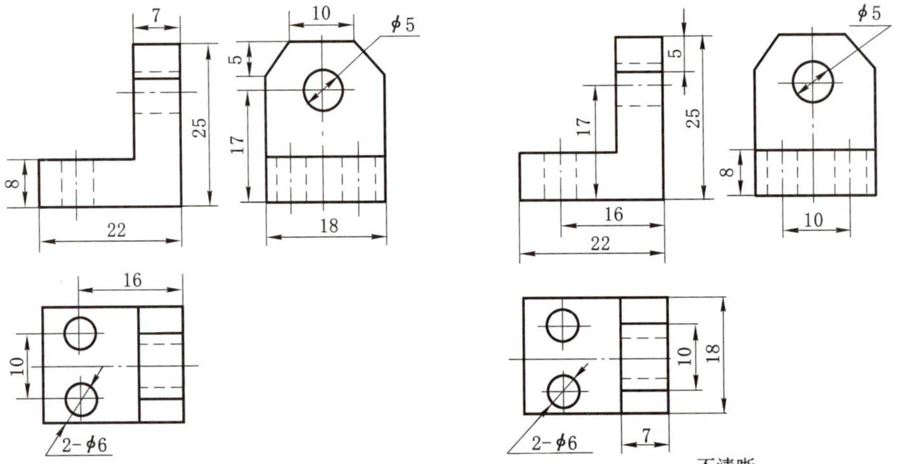


清晰　　　　不清晰

图 2-93　尺寸布置要清晰(二)

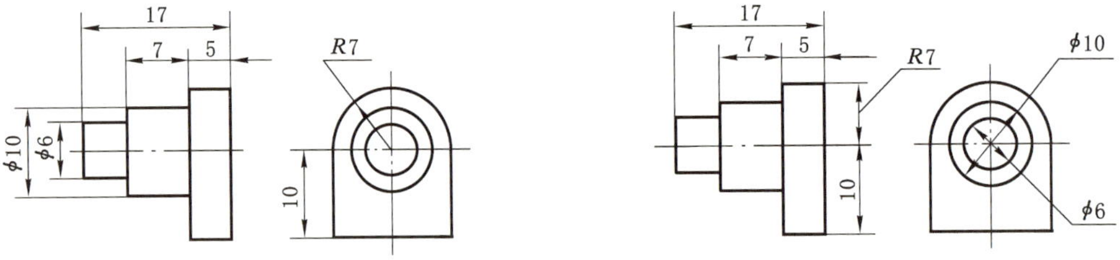


清晰　　　　不清晰和错误注法

图 2-94　尺寸布置要清晰(三)

## 六、识读组合体的三视图

读图是画图的逆向思维过程，画图和读图是学习本课程的两个重要环节。画图是把空间形体用投影方法表达在平面上；而读图是运用正投影方法，根据视图想象出空间形体的结构形状，两者是相互联系的两个过程。读图能力可通过多画图来提高，同时要总结读图规律，所以要能正确、迅速地读懂视图，必须掌握读图的基本知识和基本方法，培养空间想象能力和形体构思能力，并通过不断实践，逐步提高读图能力。

微课
识读组合体的三视图

### (一) 看图要点

1. 从形状特征视图想象形体各部分形状

由于组成组合体的各部分形状特征不一定集中在一个方向，所以读图时，必须从各视图中分离出表示各部分形体的特征视图，以此想象该形体的形状。如图 2-95 所示的支架是由四个基本形体叠加构成的，主视图反映形体Ⅱ、Ⅲ的特征，俯视图反映形体Ⅰ的特征，左视图反映形体Ⅳ的特征。所以在看图时，要抓住反映特征的视图。

组合体识读图

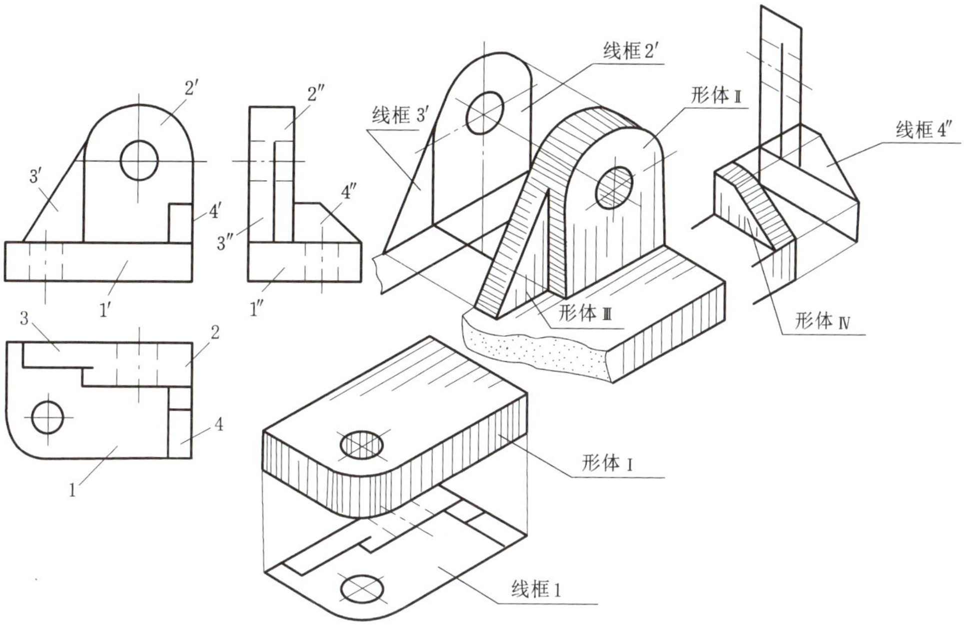


图 2-95　从形状特征视图想象形体各部分形状

2. 从位置特征视图想象形体各部分的相对位置

在给定的三视图中，必有反映各部分相对位置最为明显的视图，即位置特征视图。看图时，应从位置特征视图想象各部分的相对位置。

如图 2-96(a)所示，主视图的线框 1′和 2′清楚地表示了形体Ⅰ、Ⅱ的上、下、左、右位置，而前、后关系，即哪个凸出，哪个凹入，只能通过俯、左视图加以判断。若只联系俯视图，则因长方向投影关系相重，不能分清这两部分的凹凸关系，至少可以想象出如图 2-96(b)所示的四种形体。只有通过主、左视图配合起来看，根据主、左视图“高平齐”的投影关系，以及左视图表示前、后方位，才能确定形体Ⅰ凹入、形体Ⅱ凸出，如图 2-96(c)所示。因此，该形体的左视图是位置特征视图。

3. 弄清视图上每条线和线框的含义

弄清视图中线和线框的含义是看图的必要基础。视图中的每一封闭线框可以是形体上不同位置的平面或曲面的投影，也可以是孔的投影。如图 2-97 所示，线框 *A*、*B* 和 *D* 为平面的投影，线框 *C* 为曲面的投影。视图中的每一条线既可以是面的积聚投影，如图中直线 4；也可以是两表面的交线的投影，如图中直线 2(平面与平面的交线)、直线 3(平面与曲面的交线)；还可以是曲面的转向轮廓线的投影，如图中直线 1。

任何相邻的两个封闭线框应是物体上相交的两个面的投影，或是同向错位的两个面的投影。如图中的 *A* 和 *B*、*B* 和 *C* 都是相交两表面的投影，*B* 和 *D* 则是前、后平行两表面的投影。

4. 将几个视图联系起来看

一般情况下，一个视图不能完全确定物体的形状。因此读图时，切忌只凭一个视图就臆造出物体形状，必须把所有视图配合起来分析、构思，这样才能想象出空间物体的结构形状，如图 2-96(a)和图 2-96(b)所示。

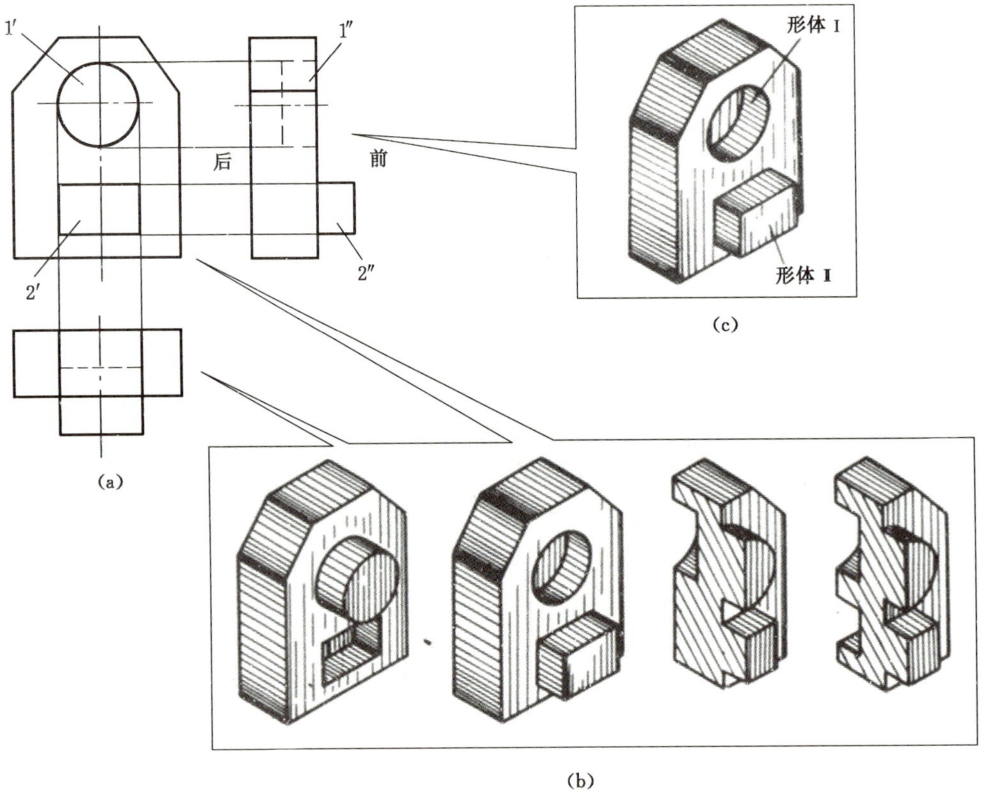


图 2-96　从位置特征视图想象形体各部分的相对位置

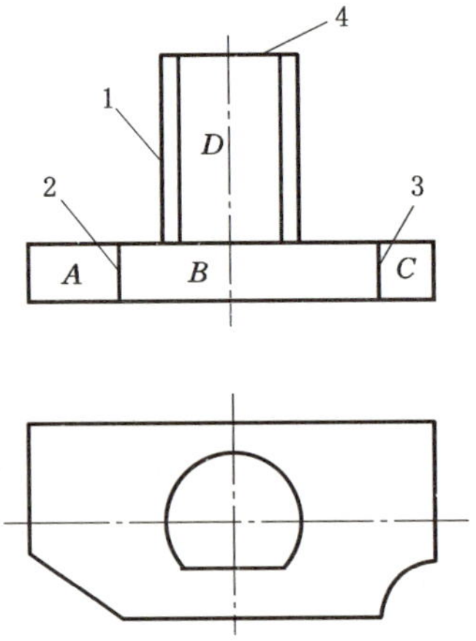


图 2-97　图线和线框的含义

5. 借助视图中线段、线框的可见性，判断形体间的相对位置

当一个视图中有两个或两个以上的线框不能借助于“三等”关系和方位关系在其他视图找到确切对应位置时，应根据视图中线框和线段可见性加以判别，从而想象出各部分的相对位置。

如图 2-98(a)所示，主视图的方形实线框 1′和圆形实线框 2′相切，通过俯、左视图仅能判断两线框分别为方孔和圆孔，但不能分清其位置。借助于主视图可知，线框 1′表示方孔在前壁，线框 2′表示圆孔在后壁，线框 1′、2′才是可见的，如图 2-98(b)所示。图 2-98(c)线框(2′)为虚线，则方孔在后壁，如图 2-98(d)所示。

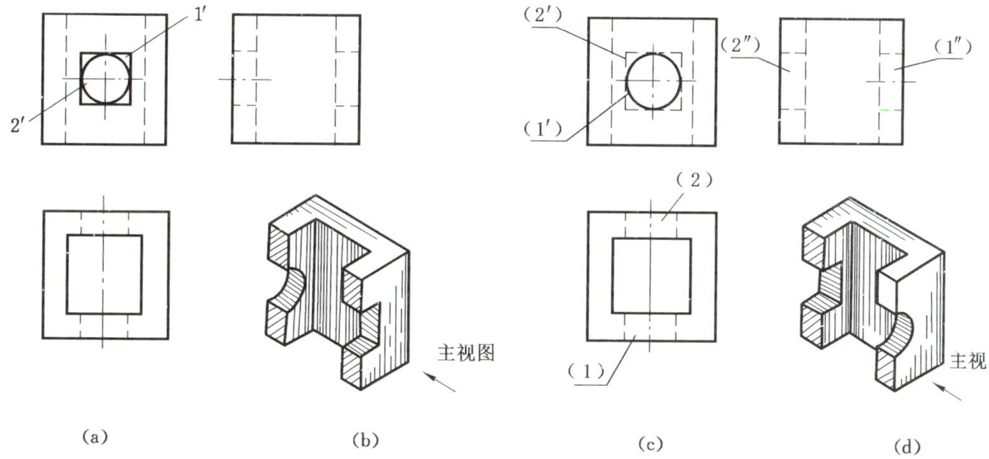


图 2-98　借助视图中线段、线框的可见性，判断形体间的相对位置

（二）看图的基本方法

1. 形体分析法

形体分析法是看图的基本方法。形体分析着眼点是体，它把视图中线框分为几个部分，视图间线框对应关系想象为基本体，然后由逐个线框想象其所示立体形状，并确定其相对位置、组合方式和表面连接关系，从而想象出整体形状。

形体分析法

例如，根据图 2-99(a)所示支座的三视图，想象出其立体形状，步骤如下：

(1) 分析视图线框。根据投影关系，把主视图中的线框分离为四个部分。其中，线框 3 为左、右两个完全相同的三角形，因此可归纳为三个线框，如图 2-99(a)所示。

(2) 对照投影辨形体(即从特征形线框想象各部分形状)。如图 2-99(b)所示，线框 1 的主、俯两视图是矩形，左视图是 L 形，可以想象出该形体是一个直角弯板，板上钻了两个圆孔；如图 2-99(c)所示线框 2 的俯视图是一个中间带有两直线段的矩形，其左视图是一个中间有一条虚线的矩形，可以想象出其形状是一个长方体的正中挖去了一个半圆槽；如图 2-99(d)所示线框 3 的俯、左视图都是矩形，表示是两个直角三角柱，对称地分布在支座的左、右两侧。

(3) 综合起来想整体。在读懂每部分形体的基础上，根据形体的三视图，进一步研究它们之间的相对位置和连接关系，把各个形体逐渐归拢在一起，形成一个整体。

2. 线面分析法

当形体被多个平面切割、形体不规则或在某些形体的投影相重合时，应用形体分析法看图往往难以读懂。这时，采用线面分析法想象形体各表面形状和相对位置，并借助立体概念想象物体的形状。

线面分析法

线面分析法着眼点是体上的面，把视图中的线框、线段对应关系想象

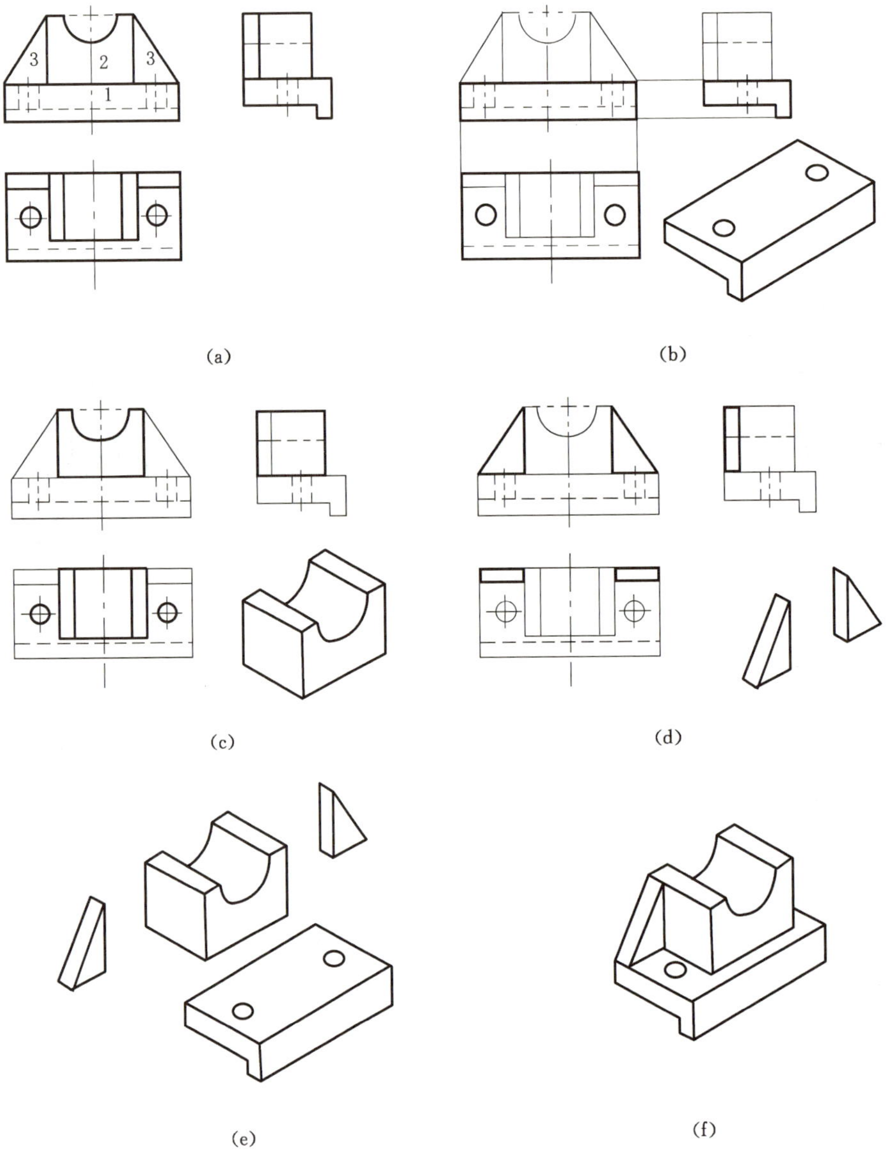


图 2-99　支座的读图方法——形体分析法

为面，逐个线框、线段对投影，想象各表面形状、相对位置，并借助立体概念，想象出物体形状。

下面以图 2-100 所示的压块为例，说明线面分析的读图方法。

(1) 确定物体的整体形状。如图 2-100(a)所示，从三个视图的外形看，压块的原形是一个长方体，通过不同的平面切割而成。从主、俯视图上可以看出压块的偏右方从上向下挖去一阶梯孔；主视图的长方形缺一个角，说明在长方体的左上方切去一块；俯视图的长方形缺两个角，说明在长方体的左端切去两块；左视图也缺两个角，说明在长方体的前、后下方各切去一块。

(2) 确定切割位置和面的形状。由图 2-100(b)可知，在俯视图中有梯形线框，而在主视图中可找出它对应的斜线，由此可见 $A$ 面是垂直于 $V$ 面的梯形平面。$A$ 平面对 $W$ 面和 $H$ 面都处于倾斜位置，所以它们的侧面投影 $a''$和水平投影 $a$ 是类似形（梯形），不反映 $A$ 面的真实形状。由图 2-100(c)可知，在主视图中有七边形线框，而在俯视图中可找出与它对应的斜线，由此可见 $B$ 面是铅垂面。平面 $B$ 对 $V$ 面和 $W$ 面都处于倾斜位置，因而侧面投影也是类似的七边形线框。由图 2-100(d)可知，从主视图上的长方形线框入手，可找到面的三个投影。由俯视图的四边形线框 $c$ 入手，可找到 $C$ 面的三个投影。从投影图中可知 $D$ 面是正平面，$C$ 面为水平面。

(3) 综合想象其整体形状。搞清楚各截切面的空间位置和形状后，根据基本形体形状、各截切面与基本形体的相对位置，进一步分析图中线段、线框的含义，可以综合想象出整体形状，如图 2-100(e)所示。

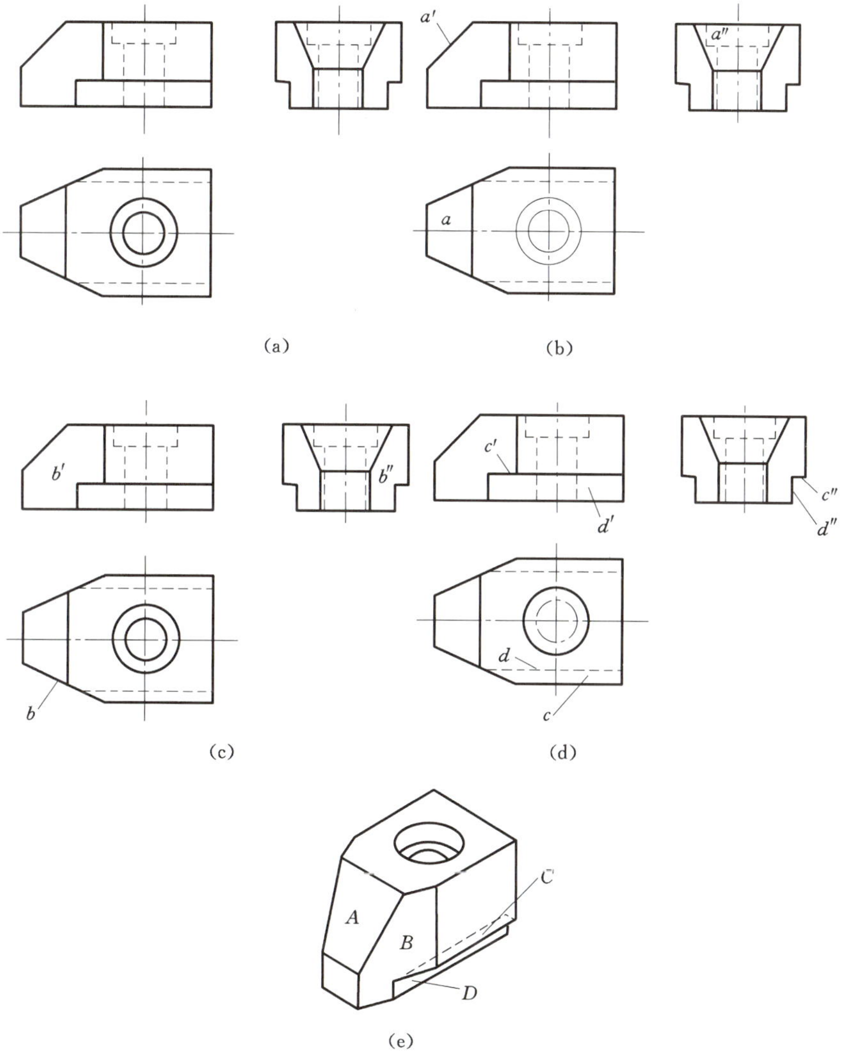


图 2-100　压块的读图方法——线面分析法

读组合体视图常常是两种方法并用，以形体分析法为主、线面分析法为辅。因此，组合体读图方法可总结为：分线框，对投影；想形体，辨位置；线面分析攻难关；综合起来想整体。

## 任务实施

在组合体中，由已知的两视图补画第三视图是读图和画图的一种综合训练，是提高读图、绘图能力和培养空间想象能力的一种有效手段，还可以进一步验证读图的效果。

### 一、补图与补线

补画组合体左视图

**【例 2-33】** 根据图 2-101 所示支座的主、俯视图，求作其左视图。

**分析：**(1) 形体分析。在主视图上将支座分成三个线框，按投影关系找出各线框在俯视图上的对应投影：线框 1 是支座的底板，为长方形，其上有两处圆角，后侧有一个矩形缺口，底部有一通槽；线框 2 是个长方形竖板，其后侧自上而下开一通槽，通槽与底板后侧缺口尺寸一致；线框 3 是一个拱形柱（由半圆柱和四棱柱组成），其上有通孔。按其相对位置，想象出其形状如图 2-101(f)所示。

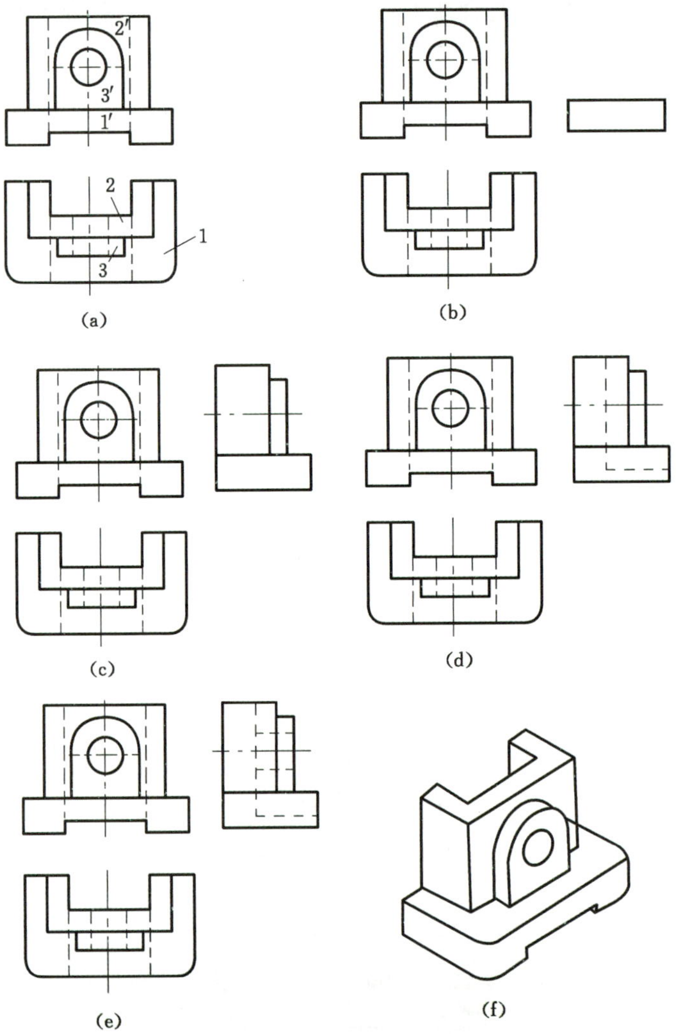


补画支座左视图

图 2-101 补画支座的第三视图

(2) 补画支座的左视图。根据给出的两视图，可看出该形体是由底板、拱形柱和长方形竖板叠加后，切去一通槽和钻一个通孔而成的。具体作图步骤按形体分析依次完成，如图 2-101(b)～(e)所示。最后加深，完成全图，其立体结构如图 2-101(f)所示。

**【例 2-34】** 根据图 2-102，想象立体形状，并补画视图中的漏线。

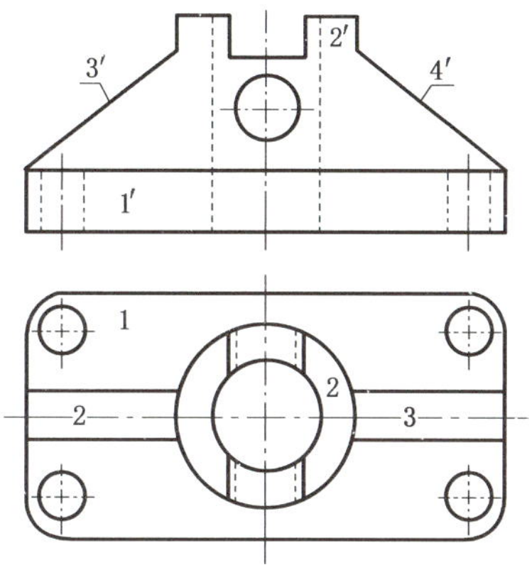


图 2-102 补漏线

**分析：**(1) 从视图中分离出表示各基本形体的线框。将俯视图分为四个线框，每一个线框各代表一个基本形体，如图 2-102 所示。

(2) 分别找出各线框对应的其他投影，并结合各自的特征视图逐一构想它们的形状。如图 2-102 所示，线框Ⅰ的俯视图是特征视图，主、左视图是矩形，可以想象出该形体是一个长方体底板，四个角为圆角过渡，并钻有四个圆柱孔。线框Ⅱ的俯视图是圆，主、左视图是矩形，表示该形体是圆柱，从其上顶面到底板钻了一个大圆柱孔，又在圆柱上部的正中挖去了一个矩形槽，并从前向后钻了一个小圆柱孔。线框Ⅲ和Ⅳ俯、左视图是由三条直线和一段圆弧组成的封闭线框，主视图是斜线(不完整)，它们是两块完全相同的加强肋，对称地分布在圆柱的左、右两侧。

(3) 根据各部分形状和它们的相对位置关系，综合想象出其整体形状，如图 2-103 所示。

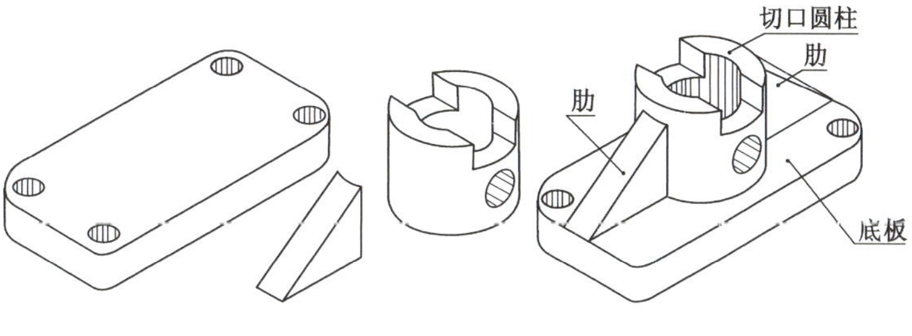


图 2-103 各组成部分的立体图

(4) 根据形体之间的表面过渡关系及投影，补画漏线。通过分析，肋和圆柱相交，主视图需要补画出左、右两条交线。在左视图中，需要补画底板上顶面和孔的投影、切口圆柱小孔与内、外圆柱面的交线(即相贯线)的投影，如图 2-104 所示。完整的三视图如图 2-105 所示。

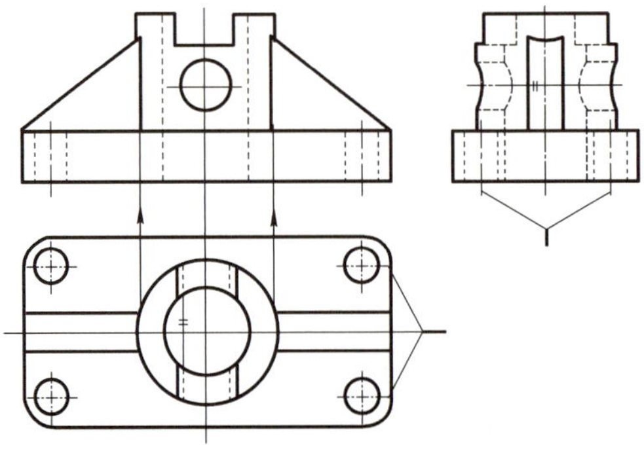

图 2-104 补线过程

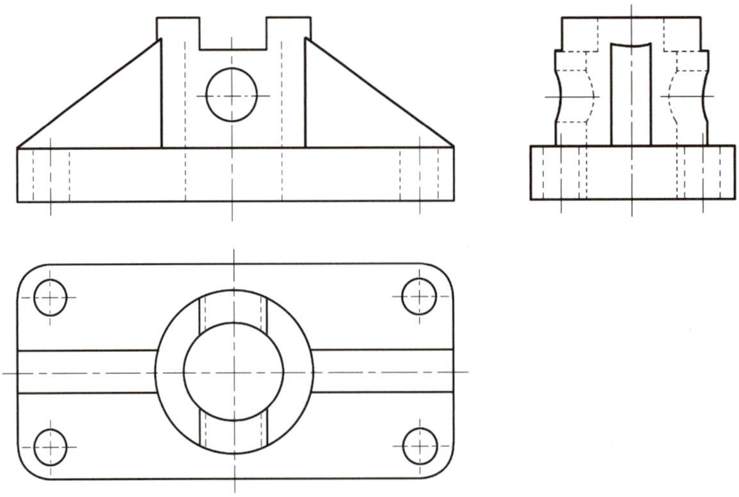

图 2-105 完整的三视图

**【例 2-35】** 已知切割体的三视图，补画视图中的漏线，如图 2-106 所示。

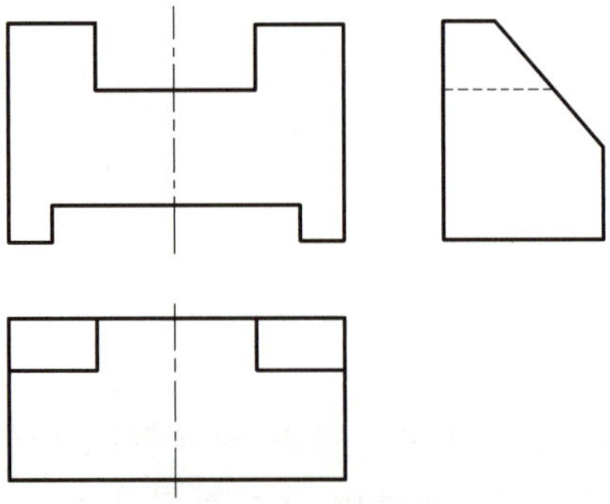

图 2-106 补漏线

**分析：**该形体通过多个平面切割而成，需要运用线面分析法，并借助于立体的特征来想象其形状。由三视图可知，形体的主、左视图都是有缺口和缺角的矩形，可初步认定该形体是由长方体切割而成，如图 2-107(a)所示。依次在长方体的正下方挖去了一个四棱柱，从左向右切去了前上角，并在中间开槽，具体如图 2-107(b)～(d)所示。

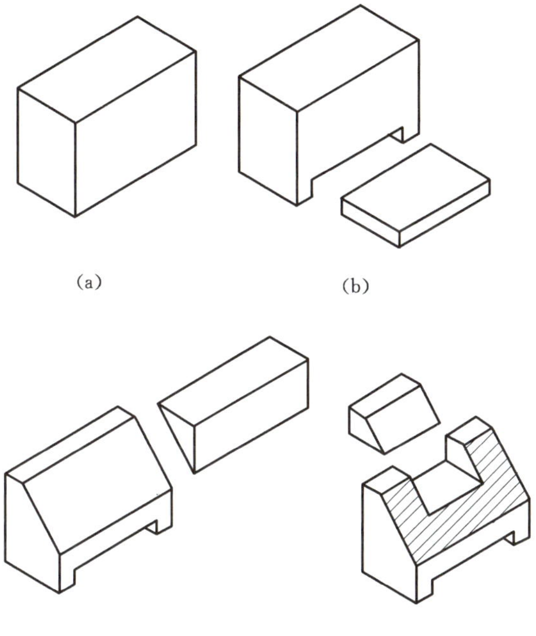

(a) (b) (c) (d)

图 2-107 形体的截切过程

补漏线的过程如图 2-108(a)所示，阴影线框表示侧垂面的投影。完整的三视图如图 2-108(b)所示。

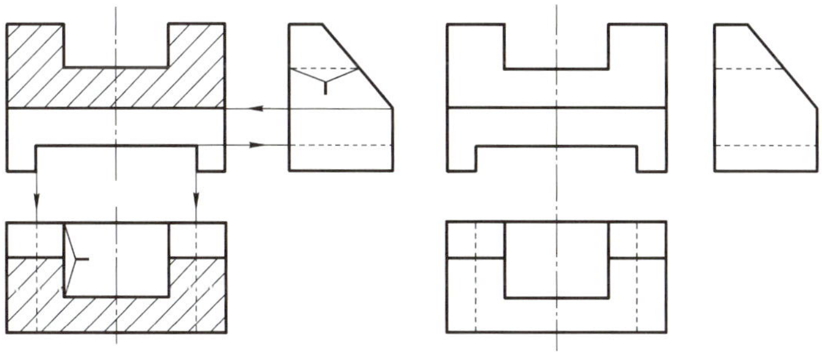

(a) (b)

图 2-108 补漏线的过程

## 二、标注组合体的尺寸

**【例 2-36】** 如图 2-109 所示，根据已知视图想象立体形状，并标注组合体的尺寸。(按 1∶1 的比例在图中量取尺寸)

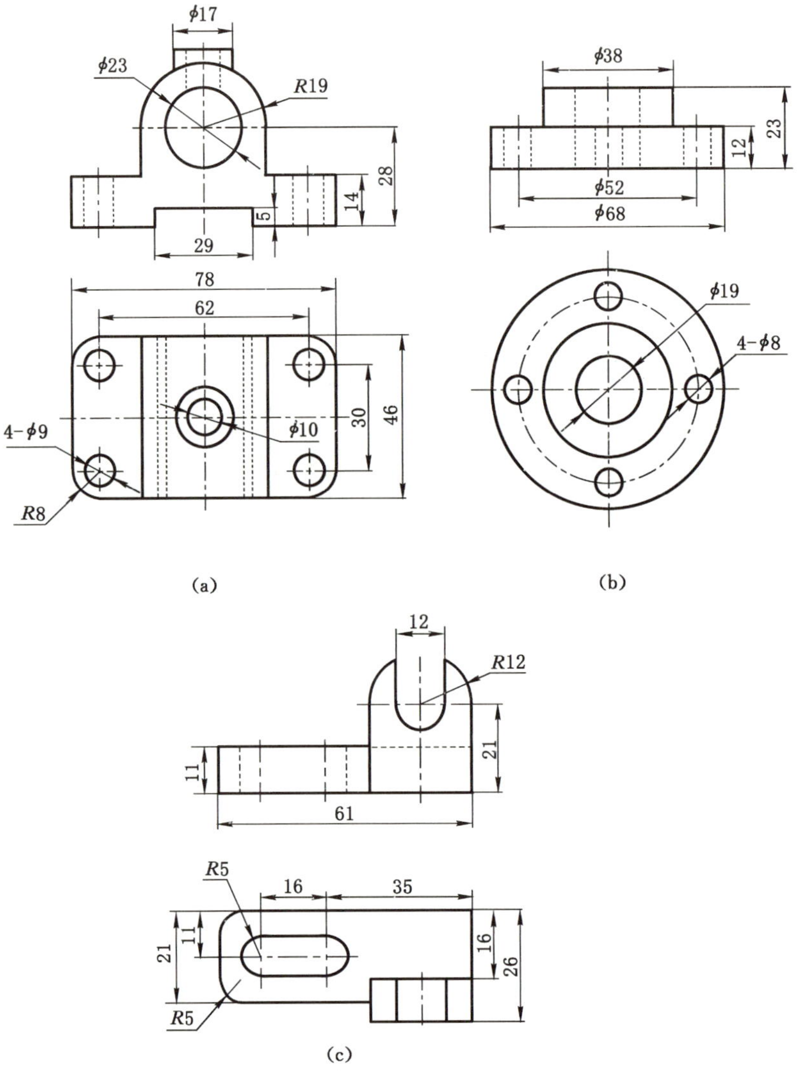


图 2-109　尺寸标注实例

# 任务六　机件的表达方法

【知识要点】　了解各基本表示法的特点和画法。

【技能目标】　能灵活应用符合国标的画法表达机件的内外结构。

【思政目标】　透过现象看本质，系统规划展宏图。

思政案例

## 任务导入

机件的形状是多种多样的。当机件的形状较简单时，采用三视图来进行表达可以将其内、外结构表达清楚。但是当机件的形状、结构比较复杂时，如果仍采用三视图来进行表达，有时很难把机件的内外结构完整、清晰地表达出来。这时，我们可以通过选择使用国家标准规定的“视图、剖视图、断面图、局部放大图和简化画法”等基本表示法来表达机件的内、外结构。

## 相关知识

### 一、视图

视图

用正投影法将机件向投影面投影所得的图形称为视图。视图主要用来表达机件的外部结构，分为基本视图、向视图、局部视图和斜视图四种。

1. 基本视图

机件向基本投影面投射所得到的视图称为基本视图。

表示一个物体可有六个基本投影方向，即上、下、左、右、前、后。相应地有六个基本的投影平面分别垂直于六个基本投影方向。为了清晰地表达出机件的六个不同方向的形状特征，在原有 $V$、$H$、$W$ 三个投影面的基础上增加三个投影面，使六个投影面构成一个正六面体，如图 2-110 所示。即在主视图、俯视图和左视图的基础上增加了三个视图，这三个视图分别为：

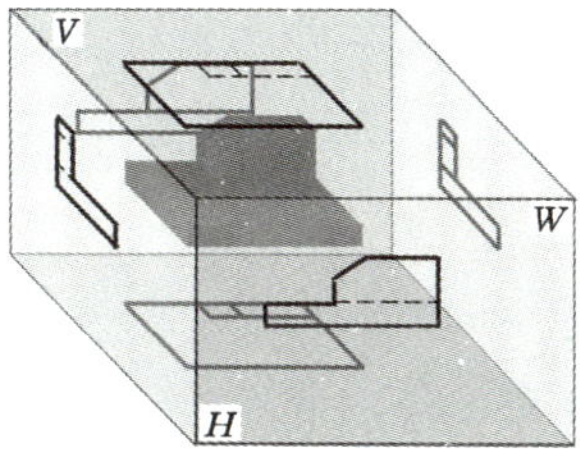

图 2-110　六个基本投影面的形成

① 右视图：从右向左投射得到的视图。

② 仰视图：从下向上投射得到的视图。

③ 后视图：从后向前投射得到的视图。

六个基本投影面按规定的方向展开，如图 2-111 所示。

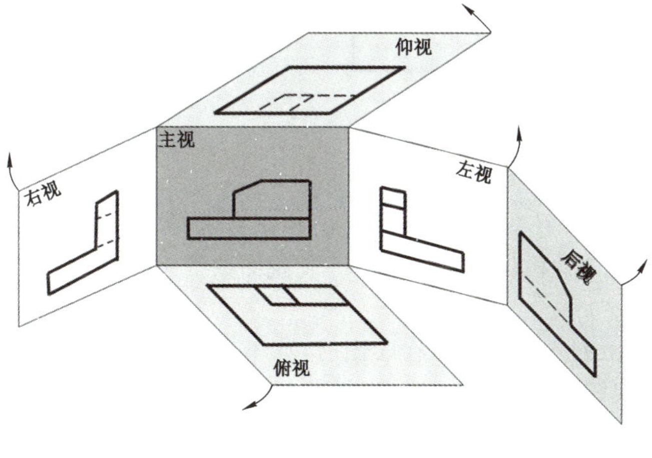

图 2-111　六个基本投影面的展开

六个基本视图的配置关系如图 2-112 所示。

六个基本视图之间仍然符合“长对正，高平齐，宽相等”的三等关系，即仰视图、主视图和俯视图反映物体长度方向尺寸，右视图、主视图、左视图和后视图反映物体高度方向尺寸，俯视图、左视图和右视图反映物体宽度方向尺寸。其方位关系为：除后视图外，各视图靠近主视图一侧，均反映机件的后面，而远离主视图的一侧，均反映机件的前面，如图 2-113 所示。

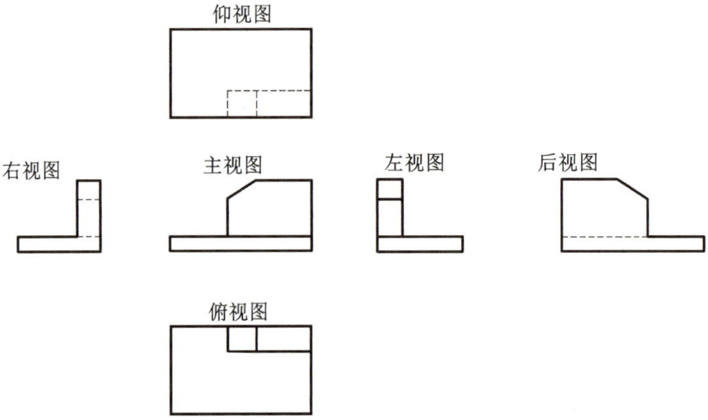


图 2-112　六个基本视图的配置

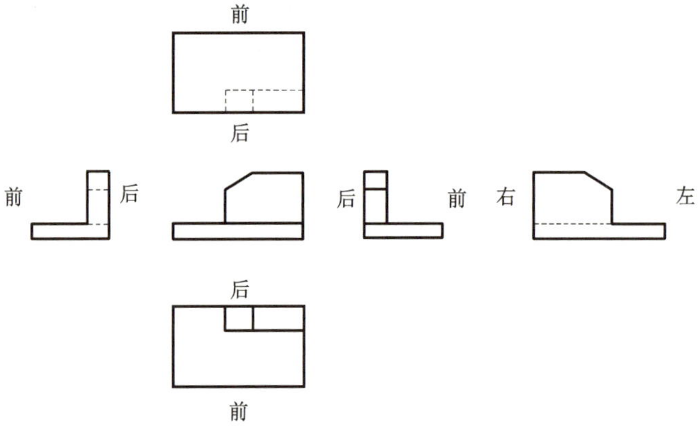


图 2-113　六个基本视图的方位

绘图时，不需要将六个基本视图全部画出，应根据机件的复杂程度和结构特点选用基本视图，在完整、清晰地表达机件特征的前提下，使视图数量为最少，力求制图简便。

2. 向视图

向视图是可自由配置的视图。在绘图时，如不能按基本视图的配置关系配置视图，应在视图（称为向视图）的上方标出视图的名称“×”（“×”为大写拉丁字母），在相应视图的附近用箭头指明投射方向，并注上相同的字母，如图 2-114 所示。

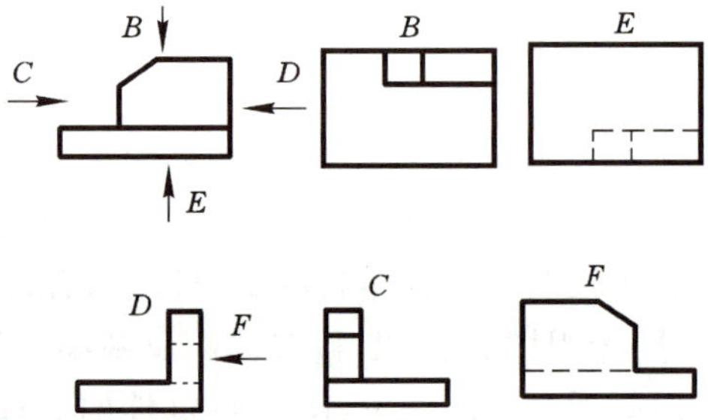


图 2-114　向视图表示

3. 局部视图

将机件的某一部分向基本投影面投射所得到的视图称为局部视图。

当机件的主要形状已经表达清楚、局部结构未表达清楚时，为了简便，不必再画一个完整的视图，而只画出未表达清楚的局部结构就可以了。如图 2-115 所示的机件，主、俯视图已将机件主要部分的形状表达清楚，只有左、右两侧的凸台结构尚未表达清楚，只要使用 A 向和 B 向的局部视图表达就可以了。

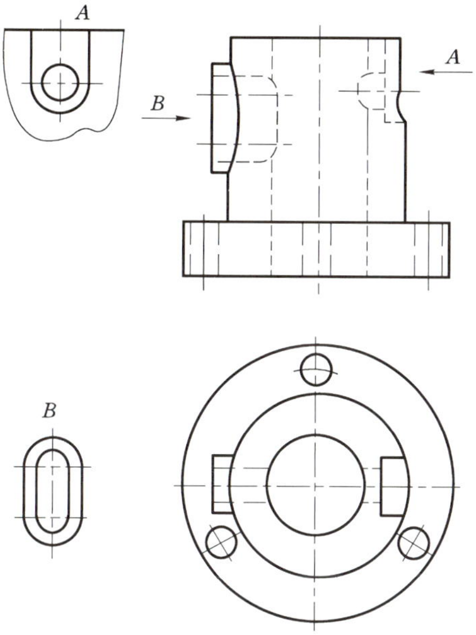


图 2-115　局部视图

局部视图的画法、配置和标注：

(1) 局部视图的画法：局部视图的断裂边界用波浪线或双折线绘出，如图 2-115 中的“A”，但当其所表示的结构完整、外轮廓封闭时，则不必画出其断裂边界线，如图 2-115 中的“B”。用波浪线作为断裂边界线时，需注意波浪线不应超过断裂机件的轮廓线，应画在机件的实体上，如图 2-116 所示。

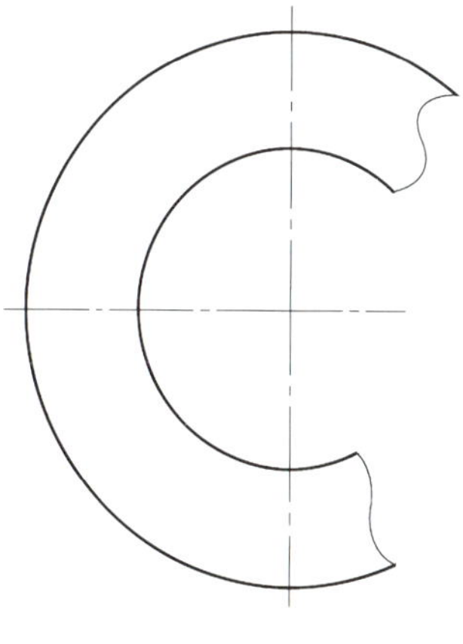

图 2-116　局部视图中波浪线画法

(2) 局部视图的配置：局部视图一般按投影关系配置，如图 2-115 中的“A”。当中间没有其他视图隔开时，可省略标注；也可按向视图的形式配置，放置在适当的位置，但必须标注，如图 2-115 中的“B”。

(3) 局部视图的标注：局部视图的标注方法同向视图，即在其视图的上方用大写的拉丁字母标出视图的名称，在相应视图的附近用箭头指明投射方向，并注上相同的字母，如图 2-115 中的“B”。

(4) 对称结构机件的局部视图：对于对称结构机件的视图可只画一半或四分之一，并在对称中心线的两端画出两条与其垂直的平行细实线，如图 2-117 所示。

4. 斜视图

将机件向不平行于基本投影面的平面投射所得到的视图，称为斜视图。

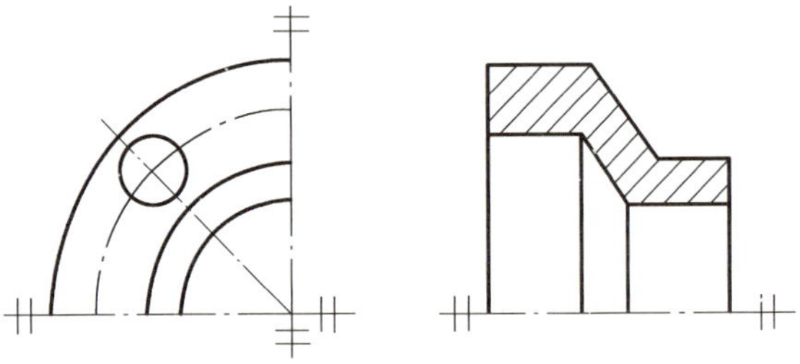

图 2-117　对称机件的局部视图

如图 2-118(a)所示，倾斜部分的上、下表面均为正垂面，与 $H$ 面倾斜，因此其在 $H$ 面上的投影不反映实形。设置一个与倾斜部分平行的投影面 $P$，将倾斜部分向 $P$ 投影面进行投射，所得到的视图就反映了该部分的实形，这就是斜视图。

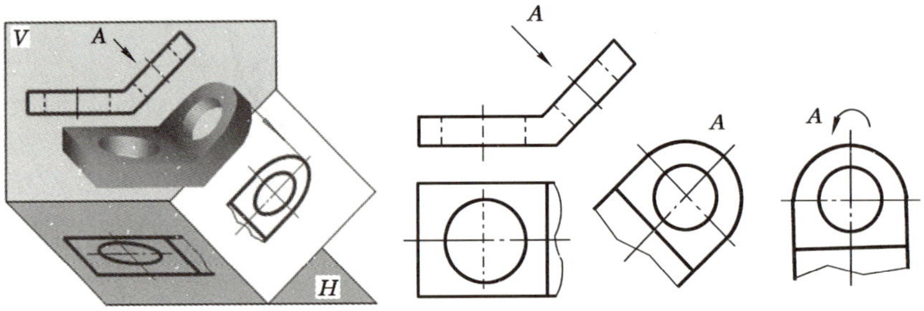


(a)　(b)　(c)

图 2-118　斜视图

斜视图的表示方法如下：

(1) 斜视图通常只用于表达机件倾斜部分的形状，其余部分不必画出，而用波浪线断开，如图 2-118(b)所示。

(2) 斜视图的标注同向视图，必须在视图的上方标注出视图的名称，在相应的视图附近用箭头指明投射方向，并注上相同的字母，如图 2-118(b)所示。

(3) 斜视图一般按投影关系配置，如图 2-118(b)所示，必要时也可配置在其他适当的位置，如图 2-118(c)所示。

(4) 在不致引起误解时，允许将斜视图旋转配置，旋转符号的箭头指向应与旋转方向一致。标注形式为"⌒×"，表示斜视图名称的大写拉丁字母应靠近旋转符号的箭头端，如图 2-118(c)所示。

## 二、剖视图

用视图表达机件的结构时，其内部的不可见结构通常是用细虚线表示的，当其内部结构复杂时，就意味着视图上的虚线多，一方面不便于标注尺寸，另一方面也给读图带来了困难。在这种情况下，可采用剖视图来表达机件的内部结构。

微课
剖视图

1. 剖视图的概念

如图 2-119 所示为机件的视图表达，上面有若干条虚线，如果想让图中的虚线变为实线，即不可见部分变为可见，可用假想的剖切平面将机件剖开，将处于观察者和剖切平面之间的部分移去，而将其余部分向投影面投射，并在剖面区域内画上剖面符号，所得到的图形称为剖视图，简称剖视，如图 2-120 所示。

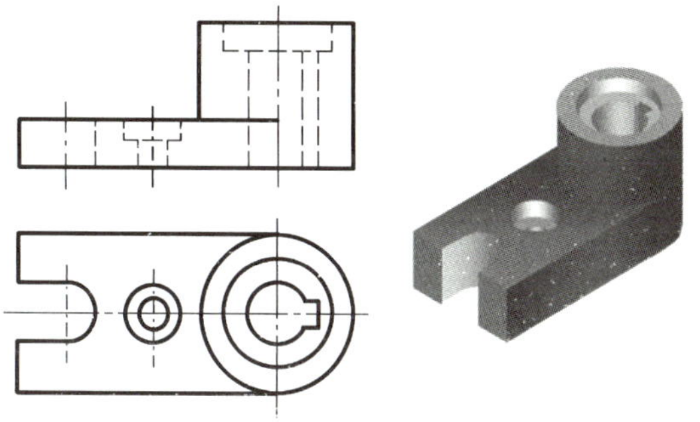

图 2-119 机件的视图

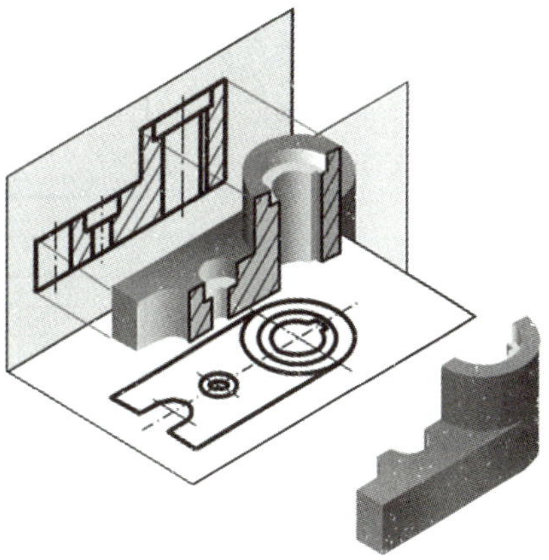

图 2-120 剖视图的概念

2. 剖视图的画法

(1) 确定剖切平面位置

剖切平面应通过被剖切部分的对称面或轴线，使该平面平行或垂直某一投影面，使剖切后的投影能反映实形，如图 2-120 所示。

(2) 画剖视图

将机件剖开后，处于剖切平面之后的所有可见部分均应向投影面投射，用粗实线绘出；剖视图是表达机件内部结构的一种方法，并没有真正将机件剖开，所以，当机件的某一个视图画成剖视图后，其他视图仍应完整地画出，如图 2-121(a)所示；在剖视图中，凡是已表达清楚的结构，细虚线应省略不画；对于没有表达清楚的结构，在不影响剖视图清晰，同时可以减少一个视图的情况下，可画少量虚线，如图 2-121(b)所示。

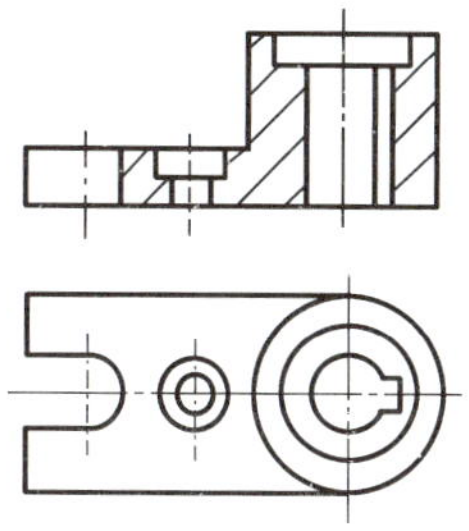

(a)

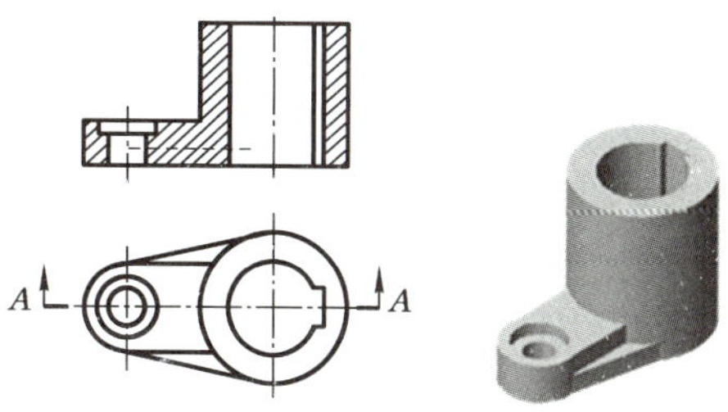


(b)

图 2-121 剖视图画法

(3) 画剖面符号

在剖视图中，应在剖切平面与机件相交的实体剖切区域画出剖面符号。不同材料的剖面符号是不相同的。《机械制图 剖面区域的表示法》(GB/T 4457.5—2013)规定了各种材料的剖面符号，具体见表 2-9。

表 2-9 材料的剖面符号

| 材料名称 | 剖面符号 | 材料名称 | 剖面符号 |
|---|---|---|---|
| 金属材料，通用剖面线<br>(已有规定剖面符号者除外) | 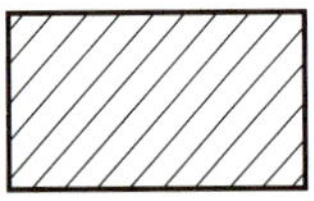 | 木质胶合板<br>(不分层数) |  |
| 线圈绕组元件 | 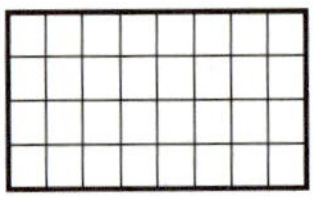 | 基础周围的泥土 | 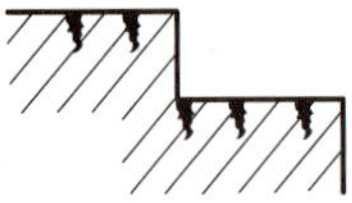 |
| 转子、电枢、变压器<br>和电抗器等的叠钢片 | 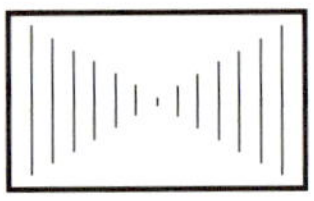 | 混凝土 |  |
| 非金属材料<br>(已有规定剖面符号者除外) | 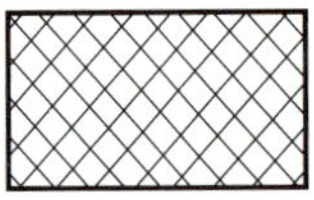 | 钢筋混凝土 | 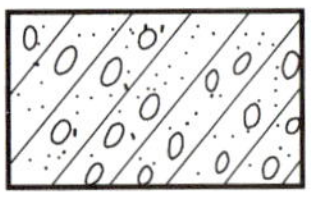 |
| 型砂、填砂、粉末冶金、<br>砂轮、硬质合金刀片等 | 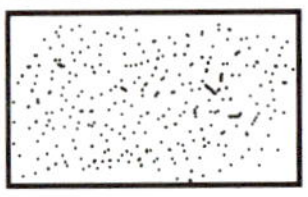 | 砖 | 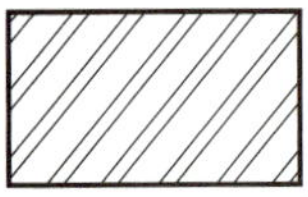 |
| 玻璃及供观察用的<br>其他透明材料 | 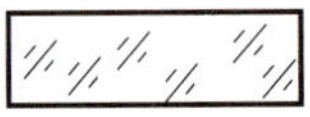 | 格网<br>(筛网、过滤网等) |  |
| 木材 纵剖面 |  | 液体 | 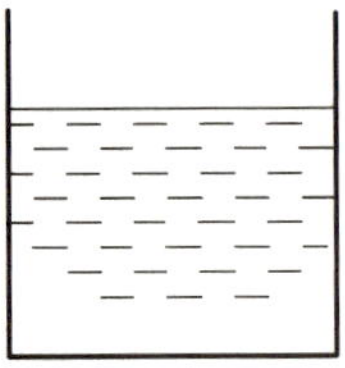 |
| 木材 横剖面 |  | | |

注：1. 剖面符号仅表示材料的类别，材料的名称和代号必须另行标注。

2. 叠钢片的剖面线方向，应与束装中叠钢片的方向一致。

3. 液面用细实线绘制。

金属材料的剖面符号又称剖面线，规定用细实线表示。在同一金属零件的零件图中，剖视图、断面图的剖面线应画成间隔相等、方向相同，且与图形的主要轮廓或剖面区域的对称线成 45°的平行线，如图 2-122 所示。当图形中的主要轮廓线与水平线成 45°时，则该图的剖面线应画成与水平线成 30°或 60°的细实线，其倾斜方向仍应与其他视图的剖面线方向一致，如图 2-123 所示。

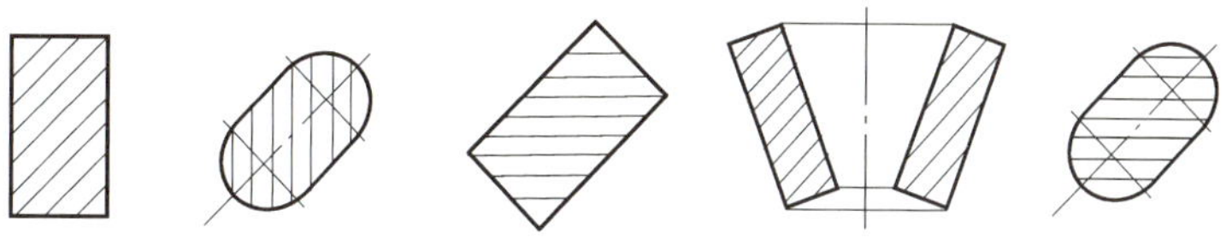

图 2-122　剖面线的画法(一)

(4) 剖视图的标注

剖视图一般应进行标注,如图 2-124 所示,内容包括:

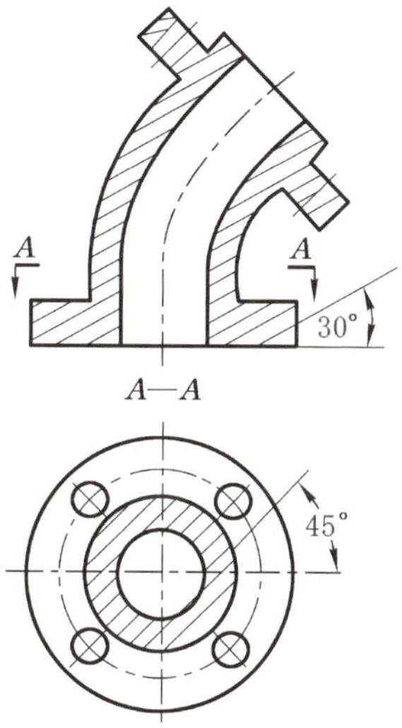


图 2-123　剖面线的画法(二)

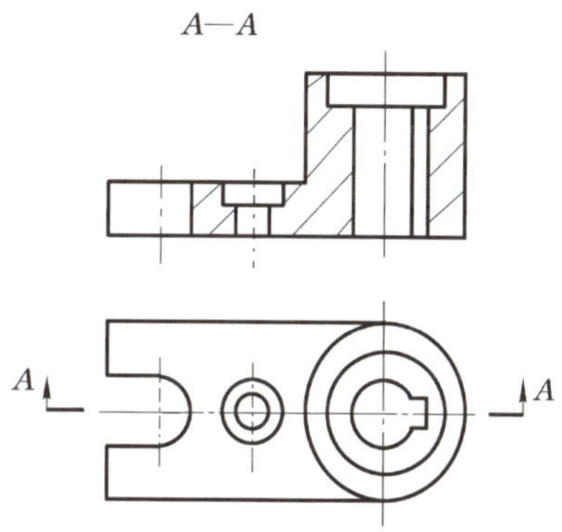


图 2-124　剖视图标注

① 剖视图名称:在剖视图的上方用大写的拉丁字母标出剖视图的名称“×—×”。

② 剖切符号:用以表示剖切位置和投射方向,并标注相同的字母。在剖切面的起止和转折处,用粗短线画出,表示剖切位置;用箭头表示投射方向,该箭头垂直于剖切位置符号,在剖切位置符号处标注与剖视图名称相同的字母。

③ 剖切线:画在表示剖切位置的粗短线之间,用细点画线表示,通常省略不画。

(5) 剖视图的配置

基本视图的配置规定同样适用于剖视图。剖视图可按投影关系配置在与剖切符号相对应的位置,如图 2-125 中的 *A*—*A*,必要时允许配置在其他适当位置,如图 2-125 中的 *B*—*B*。

当剖视图按投影关系配置、中间又无其他图形隔开时,可省略表示投射方向的箭头,如图 2-125 中的 *A*—*A*;当单一剖切平面通过机件的对称平面或基本对称平面,且视图按投影关系配置、中间又没有其他图形隔开时,可省略全部标注,如图 2-121(a)所示。

3. 剖切面的分类

根据《技术制图　图样画法　剖视图和断面图》(GB/T 17452—1998)的规定,根据物体的

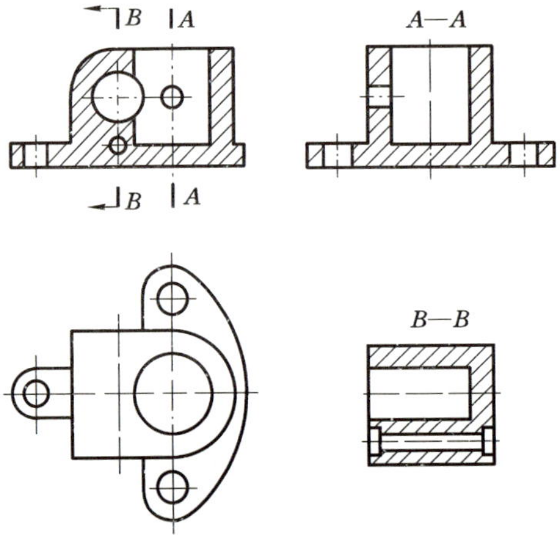


图 2-125 剖视图的配置

结构特点，可选择单一剖切面、几个平行的剖切平面或几个相交的剖切平面。

(1) 单一剖切面

所谓单一剖切面，就是仅用一个剖切面剖开机件。可以分为以下三种情况：

① 单一剖切面平行于基本投影面，如图 2-124 和图 2-125 所示。

② 单一剖切面垂直于基本投影面，如图 2-126 所示。图 2-126 中的 *B*—*B* 剖视图是采用了一个正垂面剖切得到的，它主要表达了弯管顶部凸缘、凸台和通孔的形状，可以按投影关系配置或放置在图纸的任一位置，也可以将图形旋转并标注为“×—×⌒”。

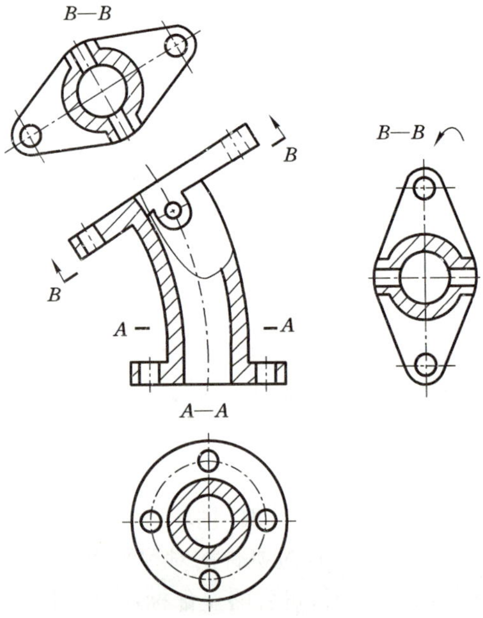


图 2-126 弯管的剖视图及标注

③ 单一柱面，剖切面一般用平面，但也可以用曲面。用单一柱面剖开机件，剖视图一般应展开绘制，如图 2-127 中的 *B*—*B* 展开。

(2) 几个平行的剖切平面

当机件上需要表达的孔、槽等内部结构位于相互平行的平面上时，宜采用几个平行的剖切平面剖切，同一规格的孔、槽剖到一个即可，如图 2-128 所示。但是，在剖面区域内不允许画出剖切平面转折处的分界线，如图 2-129(a)所示；在图形内不应出现不完整的结构，如图 2-129(b)所示；当两个要素在图形上具有公共对称中心线或轴线时，可以各画一半，应以对称中心线或轴线为界，如图 2-130 所示；在标注时，剖切符号的转折处不允许与图上的轮廓线重合，在转折处如因位置所限而注写字母困难，在不致引起误解的情况下，可以不注写字母，如图 2-130 所示。

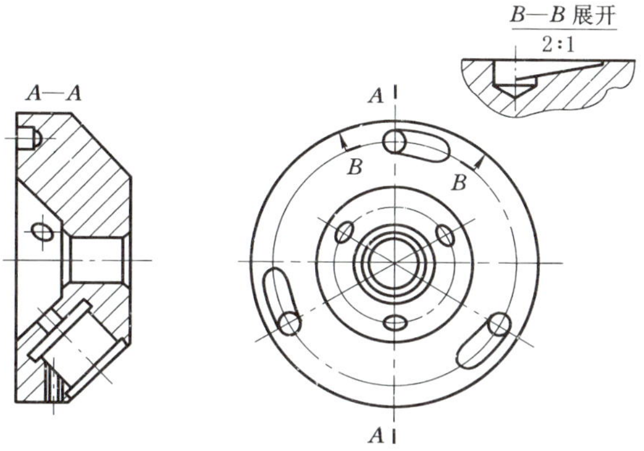


图 2-127　单一柱面剖切

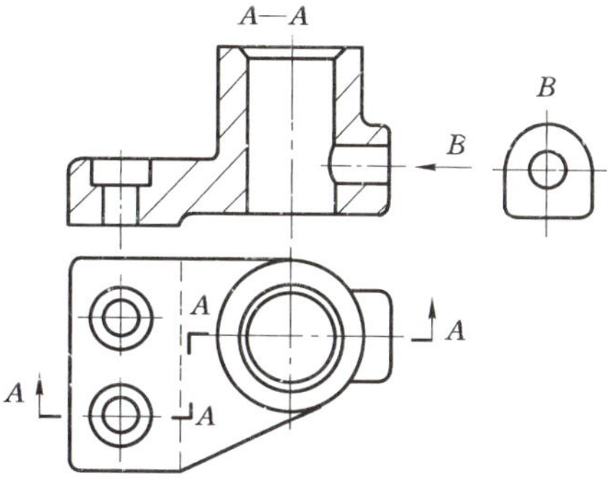


图 2-128　用几个平行的剖切平面剖切

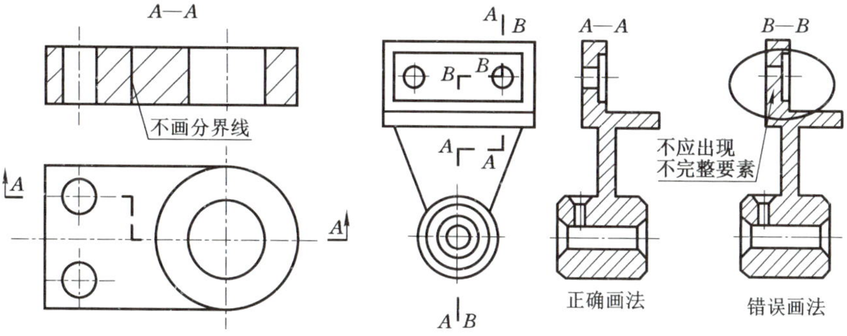


(a)　(b)

图 2-129　用几个平行的剖切平面剖切时的常见错误

(3) 几个相交的剖切平面

机件为回转体，仅使用一个剖切平面不能将其内部结构表达完全，此时可用几个相交的剖切平面剖开机件获得剖视图。

用几个相交的剖切平面获得剖视图的画法：

① 剖切面的交线应与机件的轴线重合。

② 应按“先剖切、后旋转”的方法绘制剖视图，即先假想按剖切位置剖开机件，然后将被剖切平面剖开的结构及其有关部分旋转到与选定的投影面平行的位置，再进行投射，如图 2-131(a)所示。

③ 可以采用展开画法，应标注“×—×展开”，如图 2-131(b)所示的挂轮架，用 4 个相交的剖切平面剖切后得到挂轮架的 A—A 剖视图。

④ 在剖切平面后的其他结构，一般仍按原来位置投影，如图 2-131(c)中的油孔。

⑤ 当剖切后产生不完整要素时，应将此部分按不剖绘制，如图 2-131(d)中的臂。

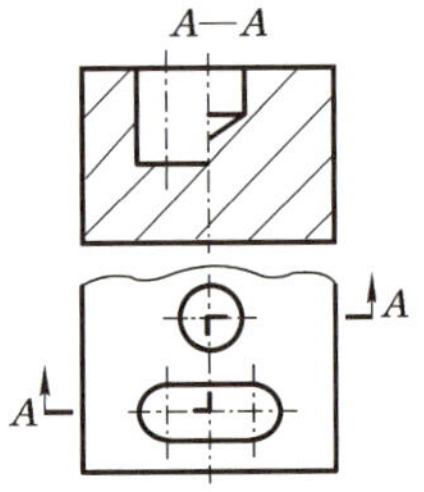


图 2-130　用几个平行的剖切平面剖切的允许画法

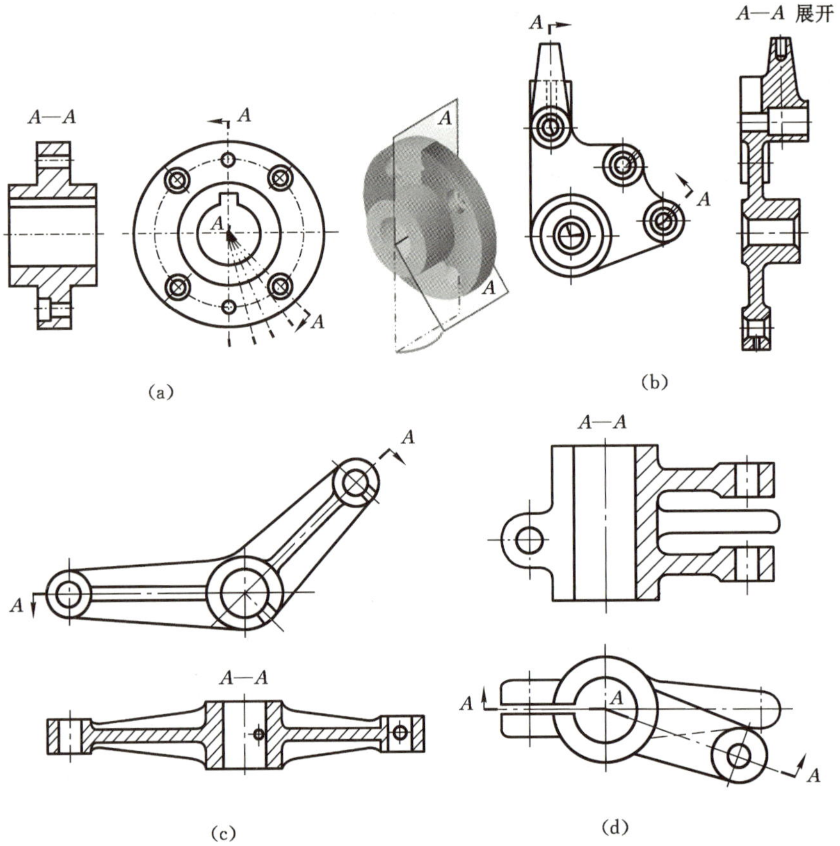


图 2-131　用几个相交的剖切平面剖切

4. 剖视图的分类

按机件被剖开的范围不同，剖视图可分为全剖视图、半剖视图和局部剖视图三种。

(1) 全剖视图

用剖切平面完全地剖开机件所得到的视图称为全剖视图，简称全剖视。

根据机件的具体形状不同，全剖视图可以是用一个剖切面剖开机件后得到，也可以是用几个剖切面剖开机件后得到，最终的效果是将机件完全剖开了。全剖视图通常用于表达内部结构复杂、外形相对简单或外形虽复杂但已在其他视图中表示清楚的机件。

图 2-132 所示为泵盖的两视图和其剖视图。通过观察泵盖的两视图会发现，其内部结构较复杂，外部结构较简单，而且前、后对称，可以使用一个剖切平面沿其对称面将其剖开成全剖视图。具体做法为：将处于剖切平面之后的所有可见部分向 $V$ 面投射，把主视图上被剖切平面剖到的左、右两个小孔和中间两个大孔的细虚线变成粗实线，处于中间两个大孔之后的两个小孔的虚线不要画出。图 2-132(b)所示为沿对称面剖切并按投影关系配置的，可以省略标注。

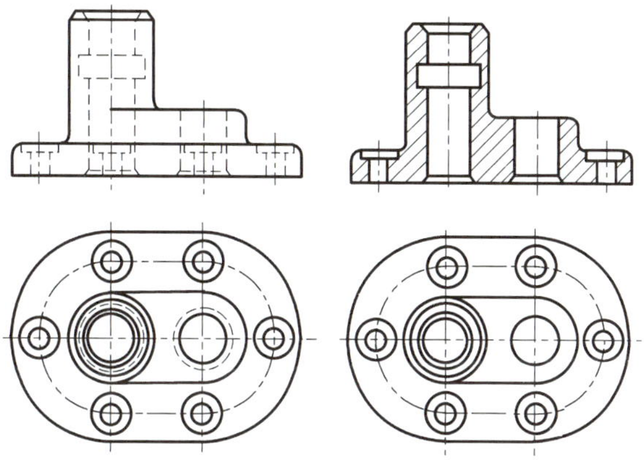

(a) 泵盖的视图　　(b) 泵盖的全剖视图

图 2-132　泵盖剖视图的形成

(2) 半剖视图

当机件具有对称平面时，在垂直于对称平面的投影面上投射所得到的图形，可以对称中心线为界，一半画成剖视，一半画成视图，这种组合图形称为半剖视图。

如图 2-133(a)所示的机件，左右、前后都对称，其主视图和俯视图都可以作成半剖视图，如图 2-133(b)所示。

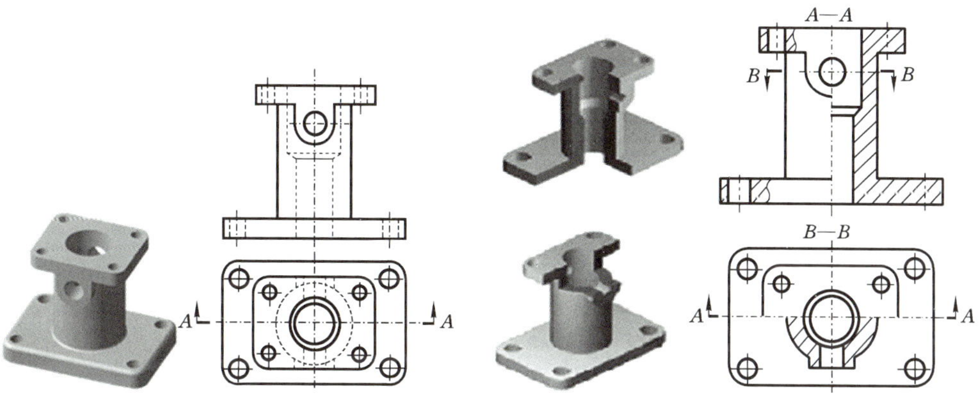


(a) 视图　　(b) 半剖视图

图 2-133　机件的半剖视图

半剖视图的特点及适用范围如下：

① 视图部分和剖视图部分一定是以细点画线作为分界线的。如果机件的轮廓线和细点画线重合，则不宜使用半剖视图，如图 2-134 所示。

② 在视图部分应省略表示内部结构的细虚线，但是对小孔仍需画出中心线，如图 2-135 所示。

③ 机件的形状基本对称，而且不对称部分已在其他视图中表达清楚，也可以画成半剖视图，如图 2-135 所示。

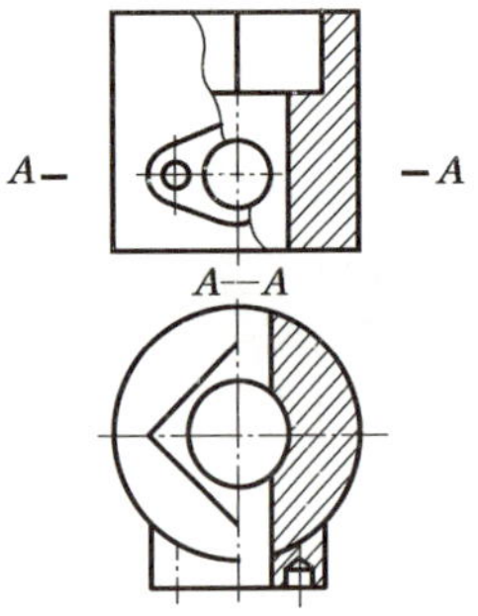


图 2-134 内轮廓线与中心线重合，不宜作半剖视图

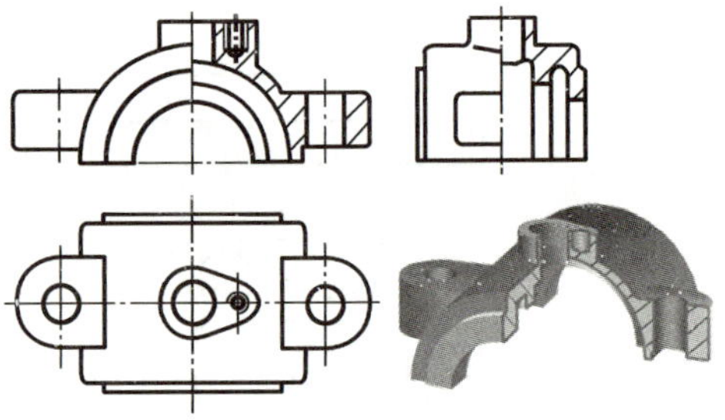

图 2-135 基本对称机件的半剖视图

④ 半剖视图的尺寸标注：对于只画出一半的结构，仅在尺寸线的一端画出箭头，另一端掠过对称中心线，且不画箭头，如图 2-136 所示。

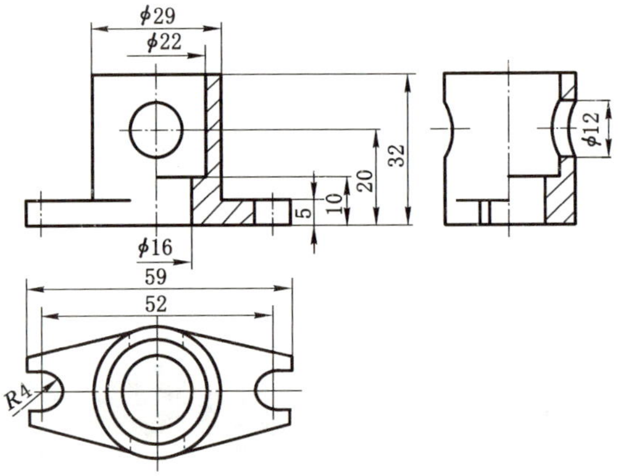


图 2-136 半剖视图的尺寸标注

⑤ 半剖视图中，剖视图部分用以表达机件的内部结构，视图部分用以表达机件的外部结构，适合于内、外结构都需要表达且形状对称或基本对称的机件。

（3）局部剖视图

用剖切面局部地剖开物体所得的剖视图称为局部剖视图，简称局部剖视。如图 2-137 所示箱体，主、俯两视图均使用了局部剖视。

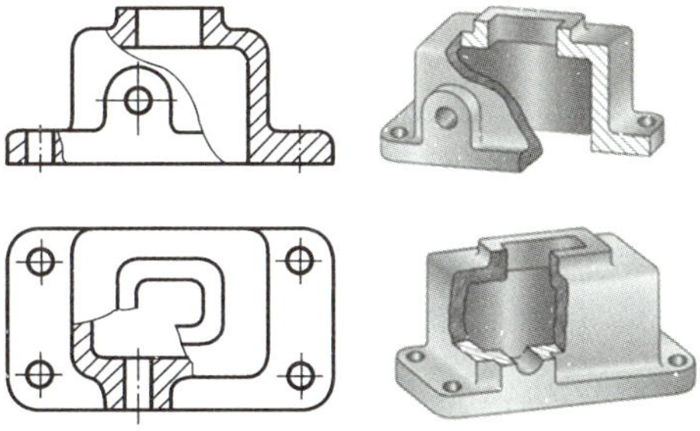

(a) 箱体的局部剖视图　　(b) 箱体的轴测剖视图

图 2-137　箱体的局部剖视图

局部剖视图的特点如下：

① 局部剖视图用波浪线或双折线作为局部剖视图与视图之间的分界线，但在同一个图样中最好只使用一种图线，不要波浪线和双折线混用。

② 画波浪线时，不应与其他图线重合，如图 2-138(a)所示。

③ 波浪线不能穿空而过，也不能超出视图的轮廓线，如图 2-138(b)所示。

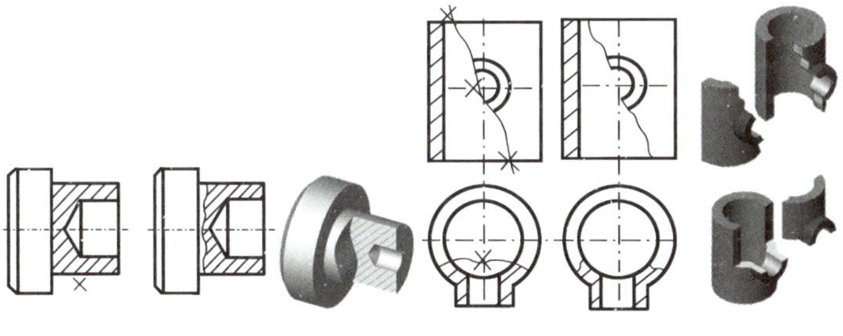

(a)　　(b)

图 2-138　波浪线的正误画法

④ 当被剖切的结构为回转体时，允许将该结构的轴线或中心线作为局部剖视与视图的分界线，如图 2-139 所示。

⑤ 在一个视图中不宜过多地采用局部剖视，以免产生破碎感，影响整体表达效果。

⑥ 局部剖视图的标注同全剖视图。当单一剖切平面的剖切位置明确时，局部剖视图不必标注，如图 2-139 中俯视图所示。

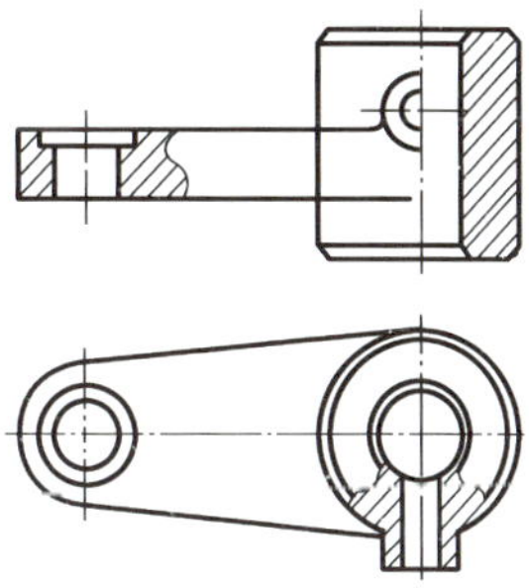

图 2-139　具有回转结构的局部剖视图分界线画法

局部剖视是一种非常灵活的表达方法，不受机件结构限制，剖切范围可根据实际需要选取，主要用于以下情况：

① 不对称机件的内、外结构均需表达，如图 2-140(a)所示。

② 内部结构需要表达，又不宜采用全剖视图，如图 2-140(b)所示。

③ 当对称机件的轮廓线与中心线重合，不宜采用半剖视图时，如图 2-140(c)所示。

④ 芯杆上有孔、槽，应采用局部剖视，如图 2-140(d)所示。

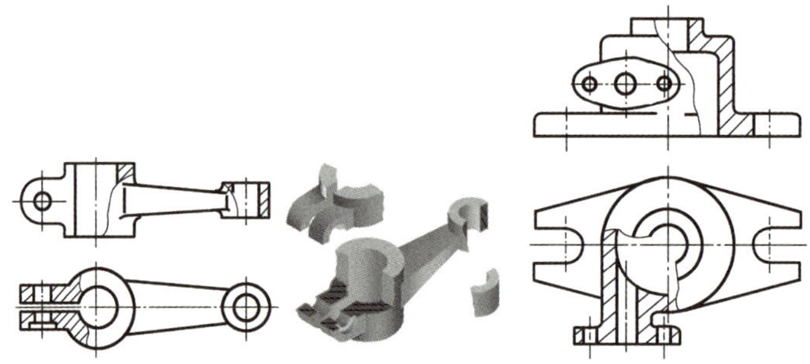

(a) (b)

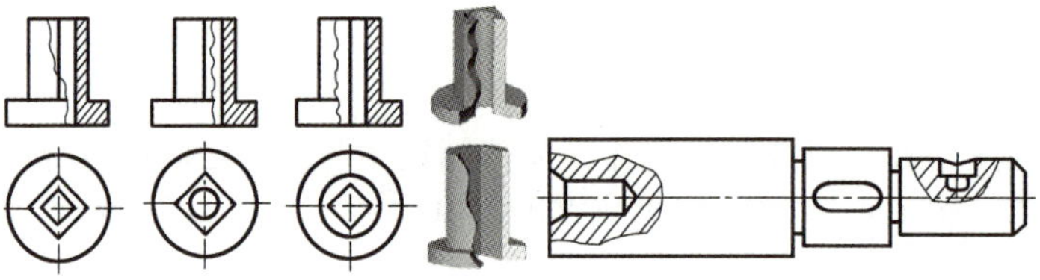

(c) (d)

图 2-140 局部剖视的使用场合

## 三、断面图(GB/T 17452—1998、GB/T 4458.6—2002)

微课
断面图

### (一) 断面图的概念

假想用剖切面将机件的某处断开,仅画出该剖切面与机件接触部分的图形称为断面图,简称断面,如图 2-141 所示。

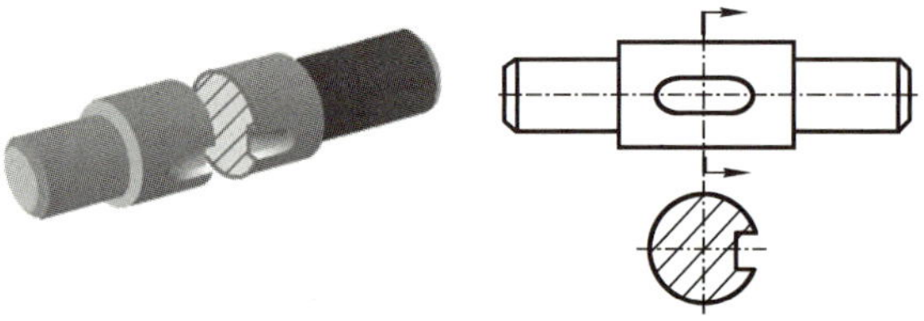

图 2-141 断面图

断面图与剖视图的区别:断面图一般只画出剖切面与机件接触部分的断面形状,而剖视图不仅画出剖切面与机件接触部分的断面形状,而且还应画出处于剖切平面之后的可见部分,如图 2-142 所示。

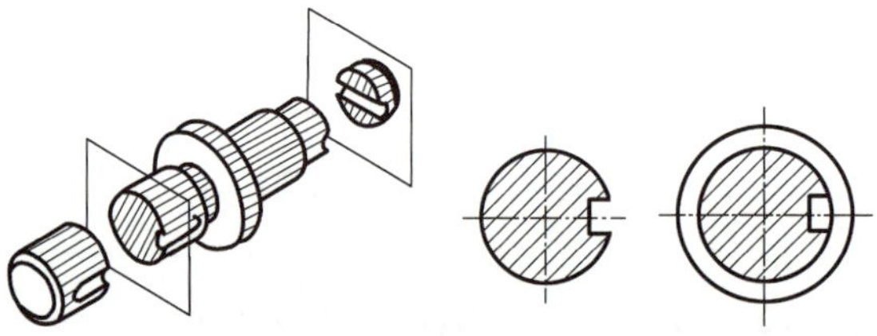

(a) 断面图 (b) 剖视图

图 2-142 断面图与剖视图的区别

（二）断面图的种类

断面图分为移出断面图和重合断面图两种。

1. 移出断面图

（1）移出断面图的概念

画在视图之外的断面图，称为移出断面图。

（2）移出断面图的画法

① 移出断面图的轮廓线用粗实线绘制，通常配置在剖切线的延长线上，如图 2-141 所示；也可按投影关系配置在与剖切符号相对应的位置，如图 2-143(a)所示；必要时允许配置在其他适当的位置。

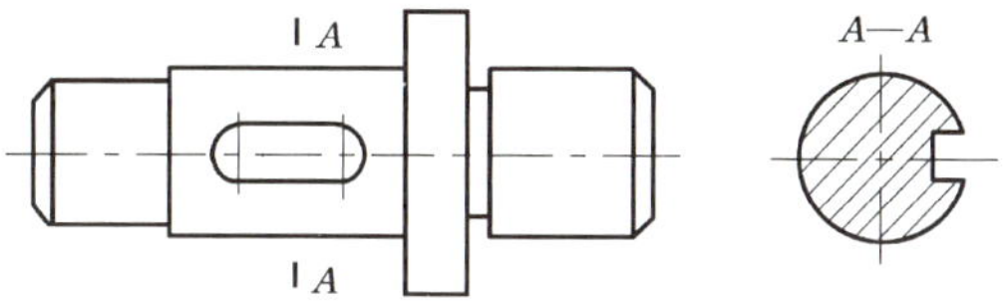


(a)

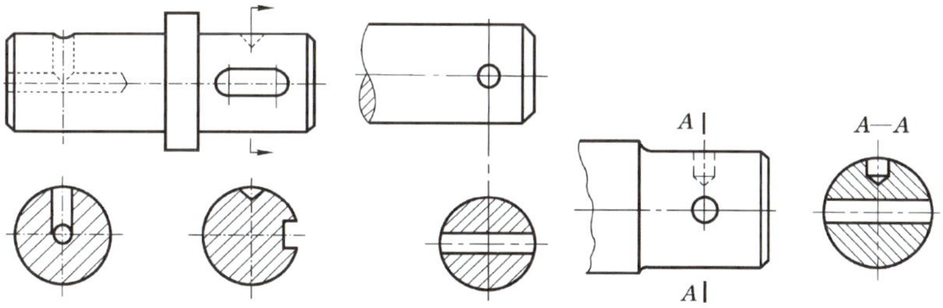


(b)

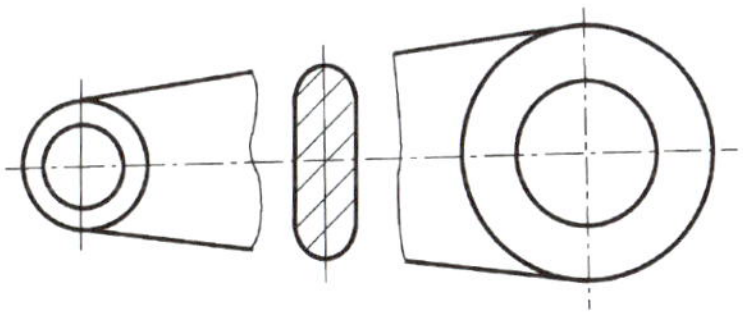

(c)

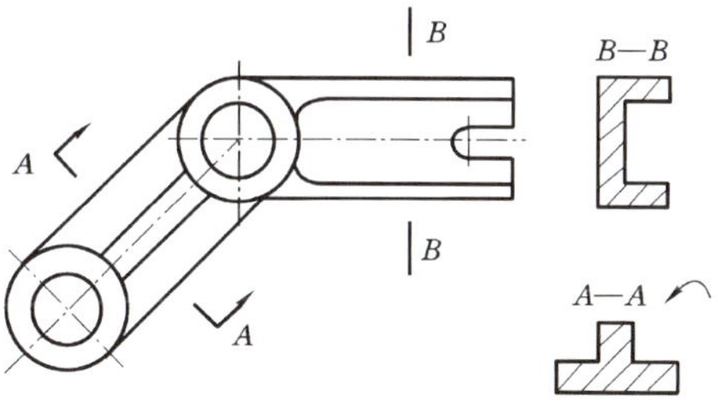


(d)

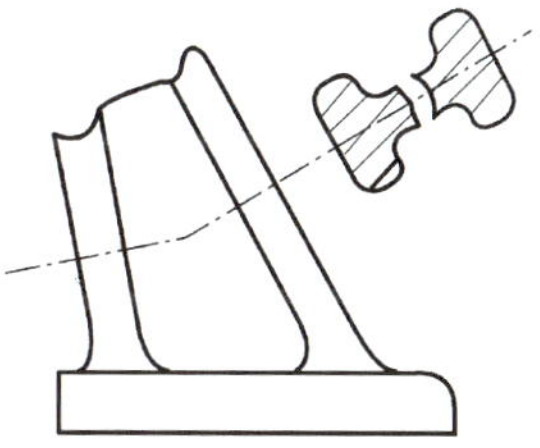

(e)

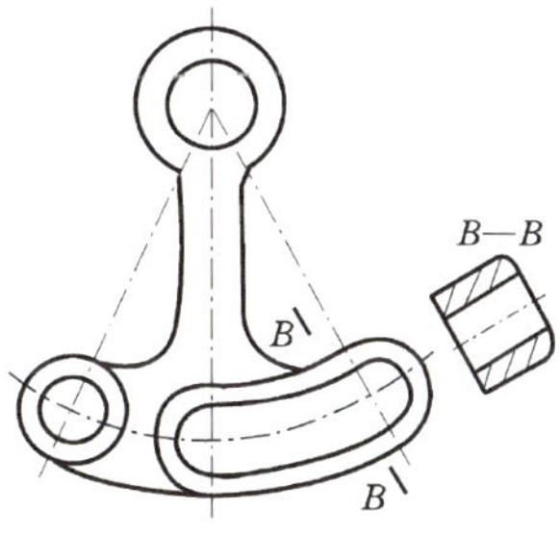


(f)

图 2-143　断面图的画法

② 剖切平面通过回转面形成的孔或凹坑的轴线时，应按剖视图画出，如图 2-143(b)所示。

③ 移出断面的图形对称时也可画在视图的中断处，如图 2-143(c)所示。

④ 在不引起误解时，允许将图形旋转，除了对其标注之外，还应给出旋转方向，如图 2-143(d)所示。

⑤ 由两个或多个相交的剖切平面剖切机件得出的移出断面，中间一般应断开，如图 2-143(e)所示。有时为了得到完整的断面图，也允许中间不断开。

⑥ 当剖切平面通过非圆孔，会导致出现完全分离的两个剖面区域时，这些结构也应按剖视图绘出，如图 2-143(f)所示。

(3) 移出断面图的标注

① 在移出断面图的上方，标出断面图的名称"×—×"，在相应的视图上用剖切符号表示剖切位置，用箭头指明投影方向，并注上与断面图的名称相同的字母，剖切线可省略不画，如图 2-144(a)所示。

② 配置在剖切线延长线上的对称移出断面，不标注字母，如图 2-144(b)所示。

③ 配置在剖切线延长线上的不对称移出断面，不标注字母，如图 2-144(b)所示。

④ 按投影关系配置的移出断面，不标注字母，如图 2-144(b)所示。

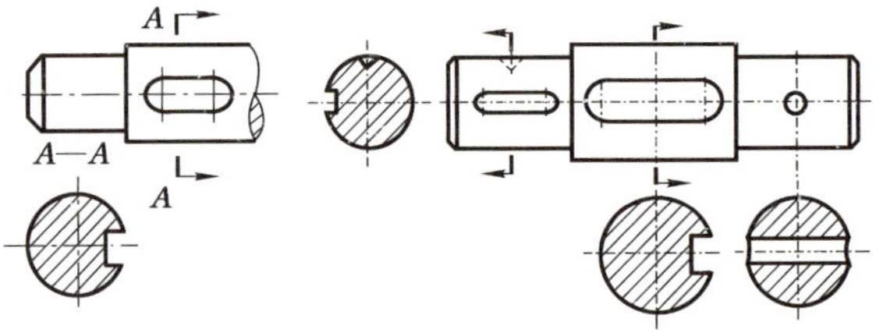


(a) (b)

图 2-144 断面图的标注

2. 重合断面图

(1) 重合断面图的概念

画在视图内部的断面图，称为重合断面图。

(2) 重合断面图的画法

重合断面图的轮廓线用细实线绘出。当视图中轮廓线与重合断面图的图形重叠时，视图中的轮廓线仍应连续画出，不可间断。

(3) 重合断面图的标注

当重合断面图对称时，不标注，如图 2-145 所示。

当重合断面图不对称时，画出剖切符号及投影方向，可省略字母，如图 2-146 所示。

## 四、规定和简化画法

微课
规定和简化画法

1. 局部放大图(GB/T 4458.1—2002)

(1) 局部放大图的概念

将机件的部分结构用大于原图形所采用的比例画出的图形，称为局部放大图。

(2) 局部放大图的画法

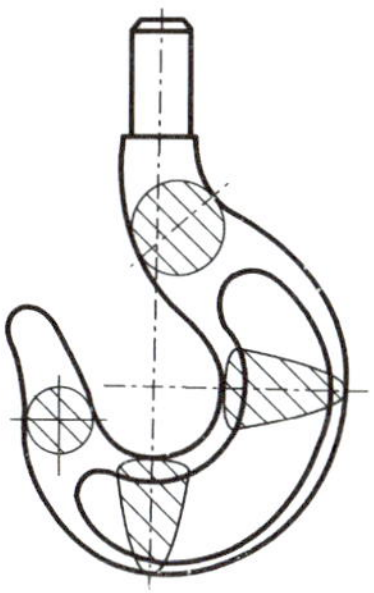

图 2-145 吊钩的重合断面图

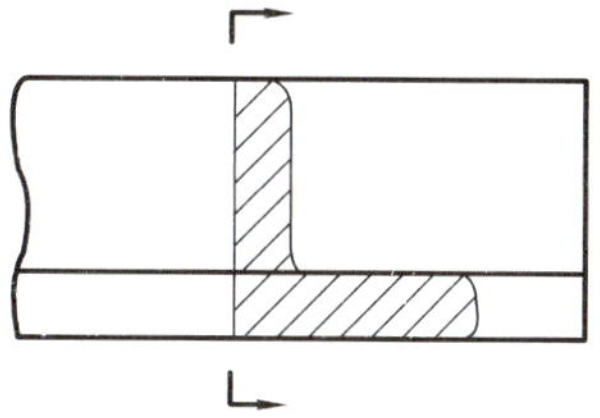

图 2-146 重合断面图的标注

① 局部放大图可画成视图、剖视图和断面图，它与被放大部分的表达方法无关。

② 绘制局部放大图时，应在原图上用细实线圈出被放大的部位。所绘制的局部放大图应尽量配置在被放大部位的附近，并用波浪线画出被放大部分的范围。

③ 当被放大的部位只有一处时，在局部放大图的上方只需注明所采用的比例；若被放大的部位有若干处时，必须用罗马数字依次标明被放大部位，并在局部放大图上方标注出相应的罗马数字和所采用的比例，如图 2-147 所示。

④ 必要时可用几个图形来表达同一个被放大部分的结构，如图 2-148 所示。

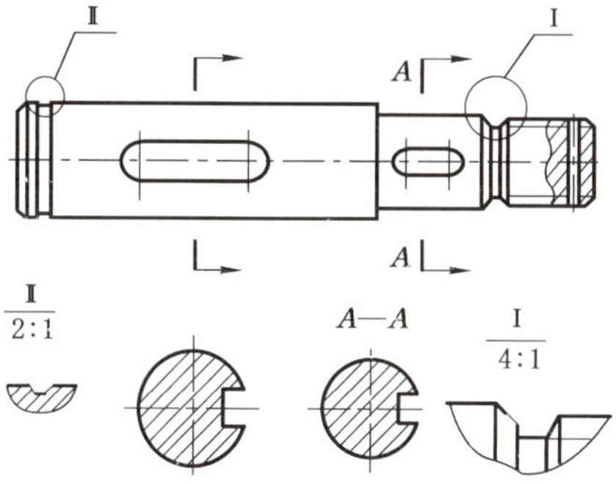


图 2-147 局部放大图

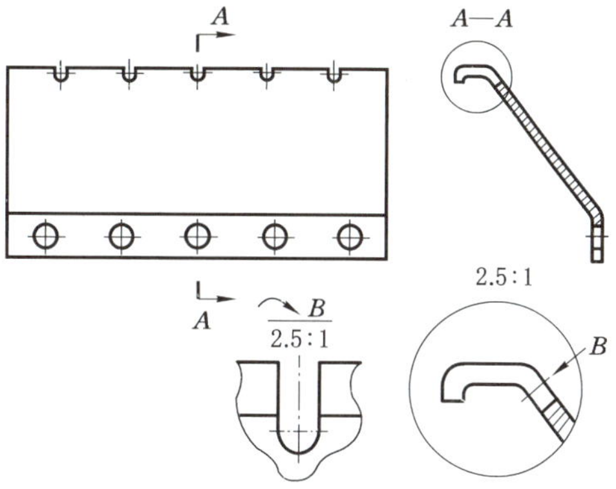


图 2-148 用几个图形来表达同一被放大结构

2. 简化画法

(1) 对于机件的肋、轮辐及薄壁等，如按纵向剖切，这些结构都不画剖面符号，而用粗实线将它与邻接部分分开。但横向剖切这些结构时，则应画出剖面符号，如图 2-149 所示。

(2) 当回转体上均匀分布的肋、轮辐、孔等结构不处于剖切平面时，可将这些结构旋转到剖切平面上画出，如图 2-150 及图 2-151 所示。

(3) 当机件上具有多个相同结构要素，并且按一定规律分布时，只需画出几个完整的结构，其余用细实线连接，或画出它们的中心线，在图中注明它们的总数。对于厚度均匀的薄片零件，可采用图 2-152(a)中所注 $t_2$ 的形式直接表示圆片的厚度。

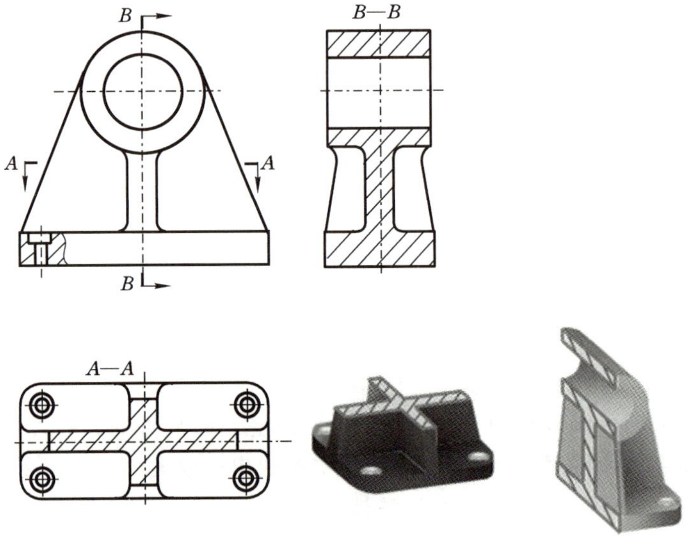


图 2-149　肋的规定画法

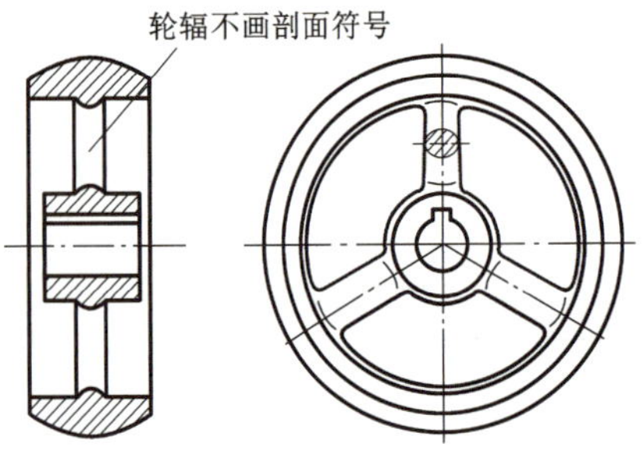


图 2-150　轮辐的规定画法

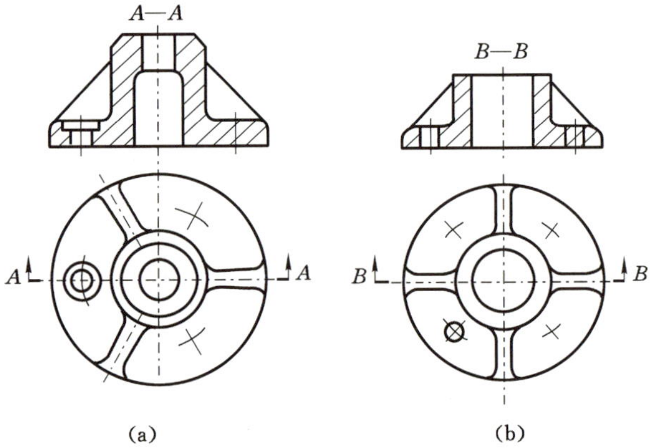


图 2-151　均布孔、肋的简化画法

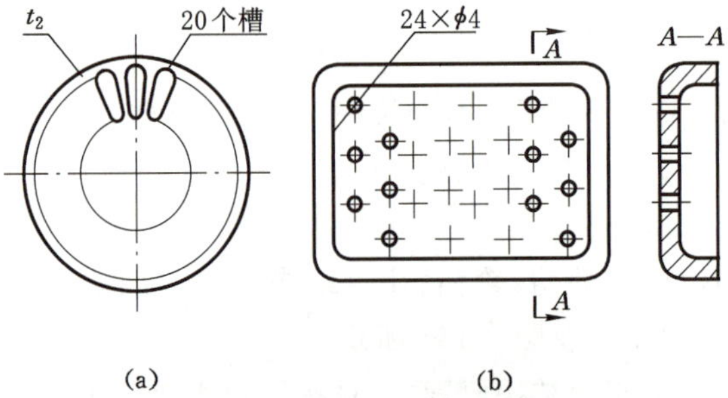


图 2-152　相同结构要素的简化画法

（4）当回转体上的平面不能得以充分表达时，可用平面符号表示，即两条相交的细实线表示，如图 2-153 所示。

（5）滚花一般可在轮廓线附近用细实线局部画出的方法表示，也可省略不画，如图 2-154 所示。

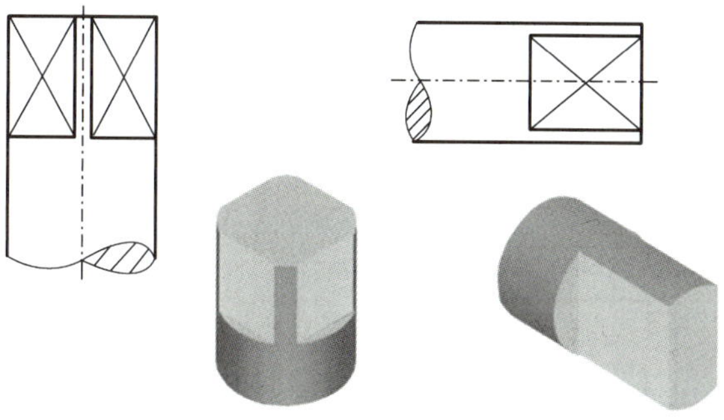

图 2-153 用平面符号表示平面

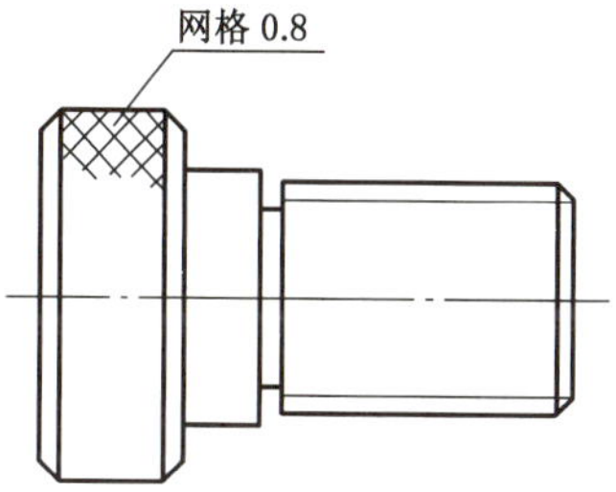


图 2-154 滚花表示

（6）轴、杆等较长的机件沿长度方向的形状一致或按一定规律变化时，可断开后缩短绘制，断裂处的边界线以波浪线画出，如图 2-155 所示。

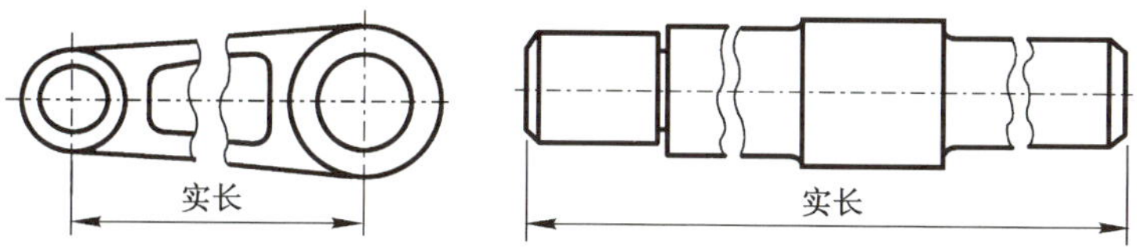


图 2-155 较长件画法

（7）在剖视图中的剖面区域内可再作一次局部剖视，两个剖面区域的剖面线应方向相同、间隔相同，但要相互错开，并用指引线标注出其名称，如图 2-156 所示。

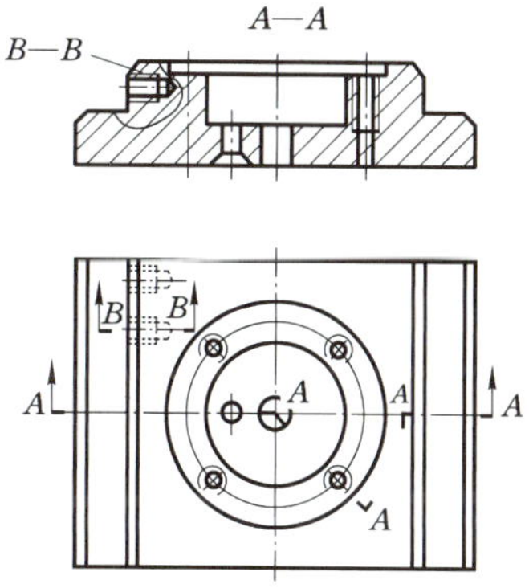


图 2-156 剖中剖画法

## 任务实施

### 一、表达零件的结构形状

根据图 2-157 所示的轴承座的三视图，想象出它的形状，用适当的表达方法重新画出这个轴承座，并调整尺寸的标注。

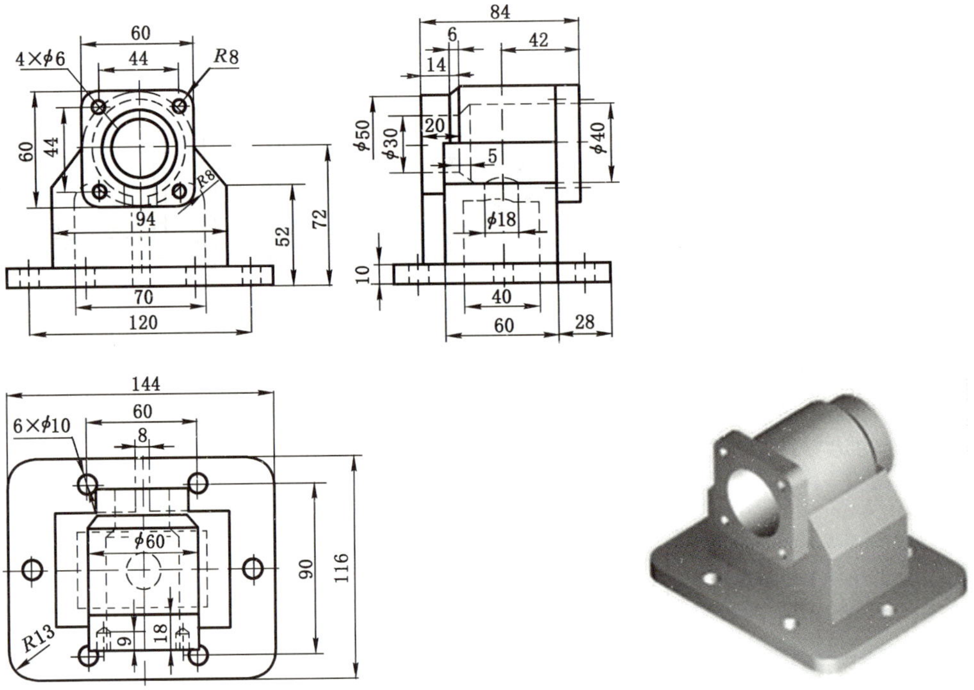


图 2-157　轴承座三视图

步骤如下：

1. 读图，进行形体分析

首先从主视图入手，寻找封闭线框，再结合其他两个视图，我们发现轴承座由 5 个部分组成：

(1) 筒体。轴承座的主体结构是筒体，其大端直径为 φ60、小端直径为 φ50，筒体内壁大端直径为 φ40、小端直径为 φ30，其内外壁大小端直径之间都有圆锥过渡。在筒体下壁上有一个直径为 φ18 的通孔与其下面的支架相通。

(2) 凸缘。在筒体的前面是一个方形的凸缘，其边长为 60，厚度为 18。有 4 个半径为 *R*8 的圆角，每个角上都有一个直径为 φ6、深 9 的圆柱形盲孔。在凸缘的中间位置开了一个直径为 φ40 的孔，与筒体大端内壁上的孔相通。

(3) 支架。支架是一个长方体，中空，左、右两边用两个正垂面进行了切削，上表面是一个圆弧面，用来支承筒体。

(4) 肋板。在支架的后面是一个肋板。

(5) 底座。底座是一个长方体，长 144、宽 116、高 10。4 个角均做成半径为 *R*13 的圆角，有 6 个直径为 $\phi10$ 的通孔。支架和肋板都在底座上。

2. 分析其结构特点，改画轴承座

轴承座左、右对称，主、俯视图可以考虑作成半剖视图，左视图可以考虑作成全剖视图。主视图若采用半剖视图，既可保留外形，又可清晰地表达出被凸缘遮住的筒体以及支架内腔，比俯视图作成半剖视图效果要好，因此，将主视图作成半剖视图。

轴承座前后、上下不对称，为了使轴承孔和支架内腔表达得更清楚，将左视图改画成全剖视图。剖切平面对肋而言为按纵向剖切，所以肋不画剖面线而用粗实线与筒体、支架和底板分界，并采用重合断面图表示出肋的断面形状。

用俯视图来表达轴承座的外部结构。由于凸缘上的盲孔结构没有表达清楚，在俯视图上使用局部剖视剖开盲孔。

改画后的轴承座三视图和调整后的尺寸如图 2-158 所示。

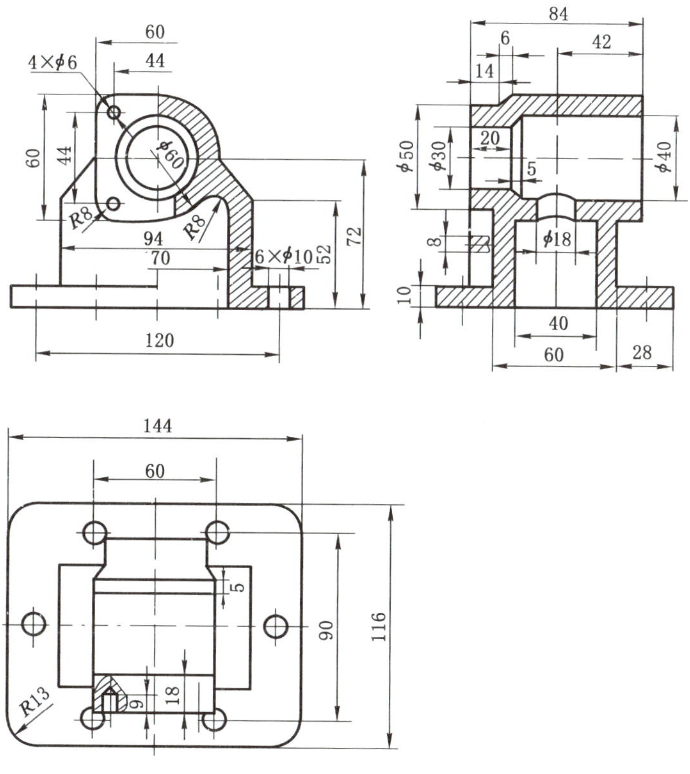


图 2-158 改画后的轴承座三视图

## 二、第三角画法简介

图样表示方法有第一角画法和第三角画法。中国、英国、法国、德国、俄罗斯等国家都是采用第一角画法，而美国、日本、加拿大、澳大利亚等国家都是采用第三角画法。所谓第一角画法，是将物体置于第一分角内，使其处于观察者与投影面之间得到多面正投影。第三角画法是将物体置于第三分角内，使投影面处于观察者和物体之间得到多面正投影。第一角画法的投影面展开及视图配置方式如图 2-159 所示，第三角画法的投影面展开及视图配置方式如图 2-160 所示。在同一张图纸内，按图 2-159 和图 2-160 配置视图时，一律不标注视图名称。第三角画法同样符合“长对正，高平齐，宽相等”的投影规律。

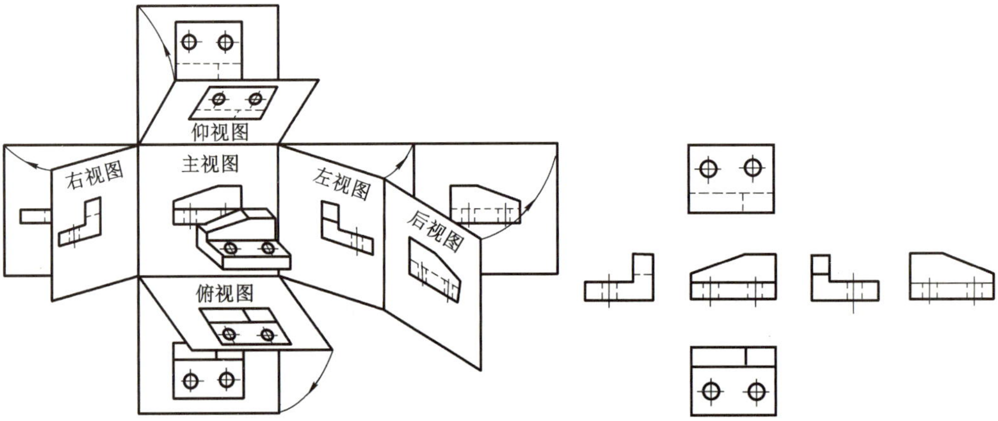


图 2-159　第一角画法的投影面展开及视图配置方式

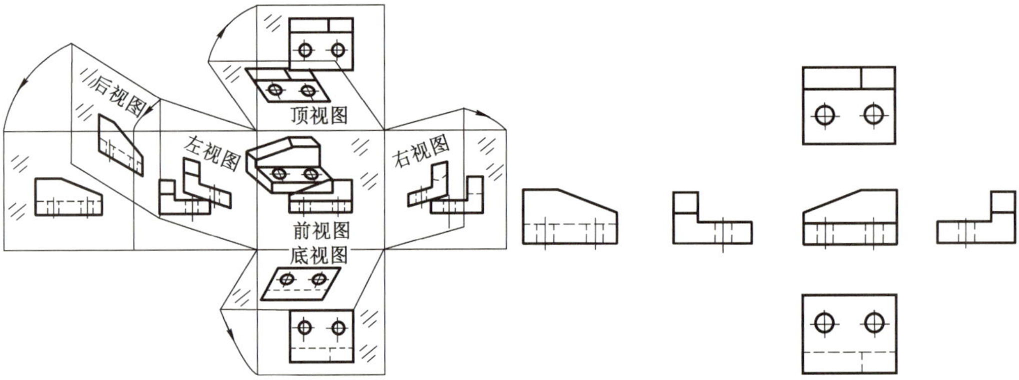


图 2-160　第三角画法的投影面展开及视图配置方式

采用第三角画法时，必须在图样中画出第三角投影的识别符号，如图 2-161 所示。

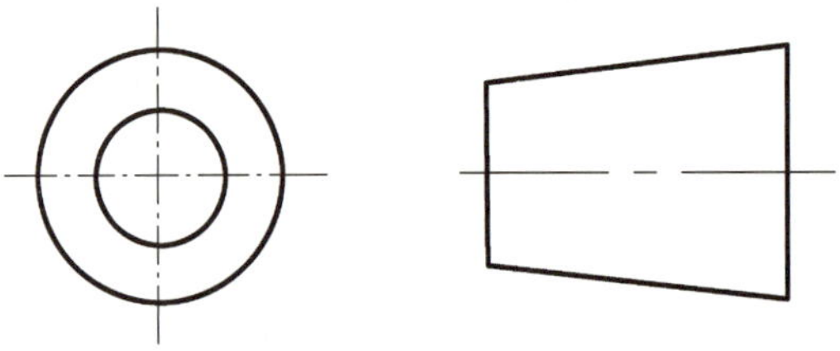

图 2-161　第三角画法的识别符号

# 任务七　识读与绘制标准件和常用件

【知识要点】 读懂和绘制包含螺纹、键槽等结构要素的机件图样，了解轴承的画法和代号。

【技能目标】 掌握螺纹及其连接件的画法和标记，掌握直齿圆柱齿轮的画法和齿轮啮合画法。

【思政目标】 践行雷锋精神，做新时代"螺丝钉"。

## 任务导入

思政案例

机器上常见到一些通用零件，如滚动轴承、螺纹连接件等，由于其用量大、应用范围广，已经被高度标准化而成为标准件，这种按规定标准生产的零件称为标准件。在机器设备上，除标准件和一般零件外，还有一些零件，如齿轮、弹簧等，结构定型，某些部分的尺寸也有统一的标准，这类零件称为常用件。本任务将讨论这两类零件的基本知识、规定画法和标记。

## 相关知识

### 一、螺纹

微课
螺纹及其连接1

螺纹是机器中常见的结构，它可用于连接，也可用于传递动力。

（一）螺纹的形成

螺纹是按照螺旋线的原理形成的。如图 2-162 所示，当圆柱面上的动点 $A$ 绕圆柱的轴线做等速旋转运动，而同时又沿着圆柱的母线方向做等速直线运动时，点 $A$ 在该圆柱面上所形成的复合运动的轨迹称为圆柱螺旋线。动点 $A$ 旋转一周后沿圆柱母线方向所移动的轴向距离，称为螺旋线的导程。

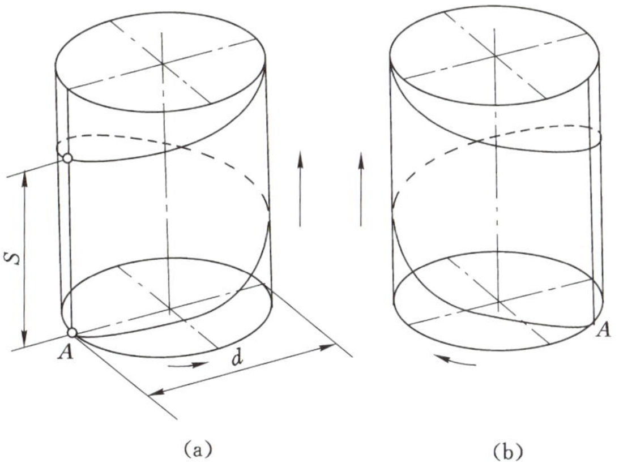


图 2-162　圆柱螺旋线的形成

螺旋线按动点的旋转方向不同，可分为右旋和左旋两种。当圆柱轴线成铅垂线位置时，右旋螺旋线的可见部分自左向右升高，如图 2-162(a)所示，而左旋螺旋线则恰好相反，其可见部分自右向左升高，如图 2-162(b)所示。

螺纹可以采用不同的加工方法制成。图 2-163(a)表示在车床上加工内、外螺纹的情况。当工件等速旋转时，螺纹车刀切入工件并沿工件轴线做等速直线移动，便在工件上加工出螺纹。车刀刀尖的形状不同，车削出的螺纹牙形也不同。图 2-163(b)表示利用丝锥加工内螺纹的情况，首先用钻头向工件钻孔，然后再用丝锥攻出内螺纹。

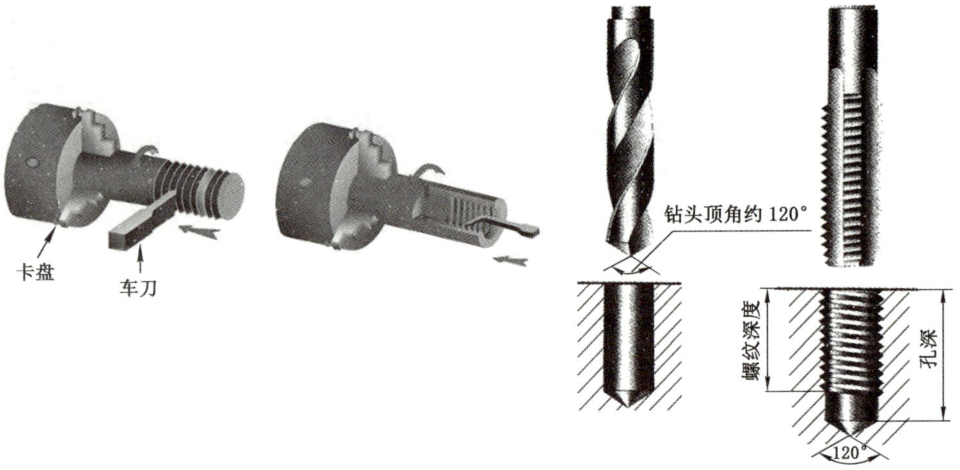


(a) 车削外和内螺纹　　(b) 加工内螺纹

图 2-163　螺纹的加工方法

在圆柱表面加工出的螺纹为圆柱螺纹，在圆锥表面加工出的螺纹为圆锥螺纹。在工件的外表面加工出的螺纹称为外螺纹，在工件内孔加工出的螺纹称为内螺纹，二者共同组成螺纹副，用于连接和传动。

(二) 螺纹的基本要素

螺纹的结构和尺寸是由牙形、大径和小径、螺距和导程、线数、旋向等要素确定的。当内、外螺纹相互连接时，其要素必须相同。

1. 牙形

在通过螺纹轴线的断面上，螺纹的轮廓形状称为牙形。螺纹的牙形有三角形、梯形、锯齿形等，见表 2-10。

表 2-10 螺纹的牙形、代号和标注

| 螺纹种类 | | | 特征代号 | | 牙形放大图 | 标注示例 | 说明 |
|---|---|---|---|---|---|---|---|
| 连接螺纹 | 普通螺纹 | 粗牙 | M | | 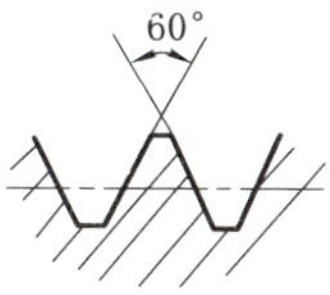  | 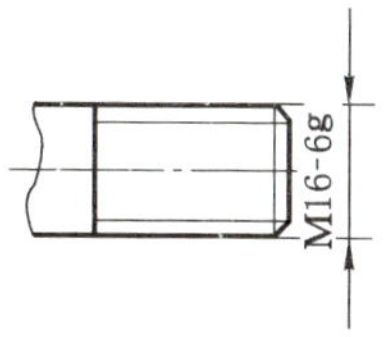  | 粗牙普通螺纹，公称直径 16 mm，中径公差带和顶径公差带均为 6g。中等旋合长度，右旋 |
| | | 细牙 | M | | | 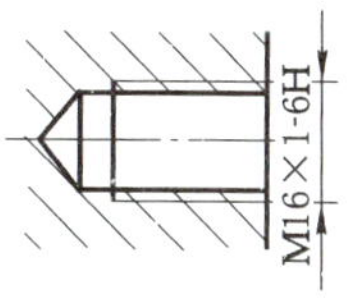  | 细牙普通螺纹，公称直径 16 mm，螺距 1 mm，右旋，中径公差带和顶径公差带均为 6H，中等旋合长度 |
| | 管螺纹 | 非螺纹密封 | G | | 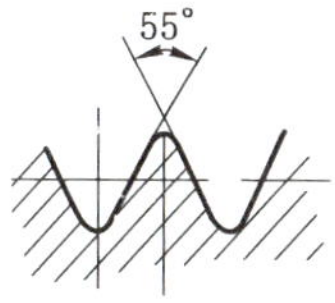  | 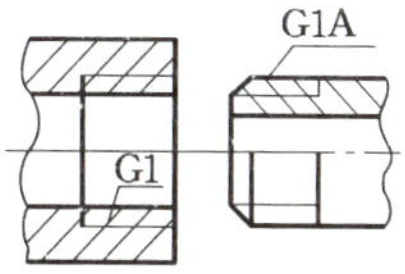  | 55°非密封管螺纹；G——螺纹特征代号；1——尺寸代号；A——外螺纹公差带代号 |
| | | 螺纹密封 | 圆锥内螺纹 | Rc | | 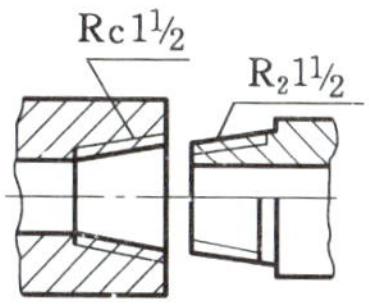  | 55°密封管螺纹；Rc——圆锥内螺纹；$R_2$——与圆锥内螺纹配合的圆锥外螺纹；$1\frac{1}{2}$——尺寸代号 |
| | | | 圆柱内螺纹 | Rp | | | |
| | | | 圆锥外螺纹 | $R_1$ $R_2$ | | | |
| 传动螺纹 | 梯形螺纹 | | Tr | | 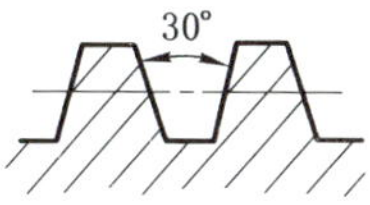  | 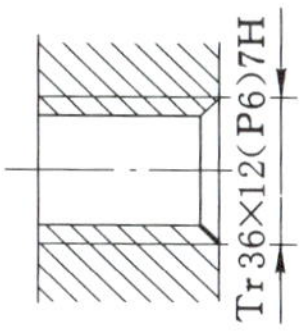  | 梯形螺纹，公称直径 36 mm，双线螺纹，导程 12 mm，螺距 6 mm，右旋，中径公差带 7H，中等旋合长度 |
| | 锯齿形螺纹 | | B | | 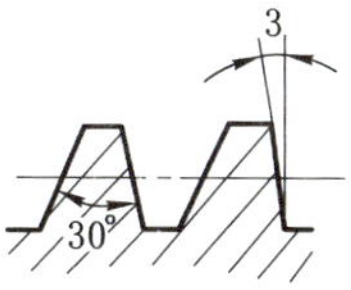  | 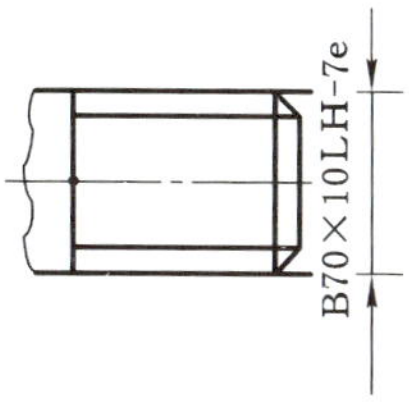  | 锯齿形螺纹，公称直径 70 mm，单线螺纹，螺距 10 mm，左旋。中径公差带为 7e。中等旋合长度 |
| | 矩形螺纹 | | 非标准螺纹 | | 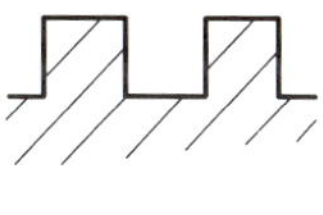 | 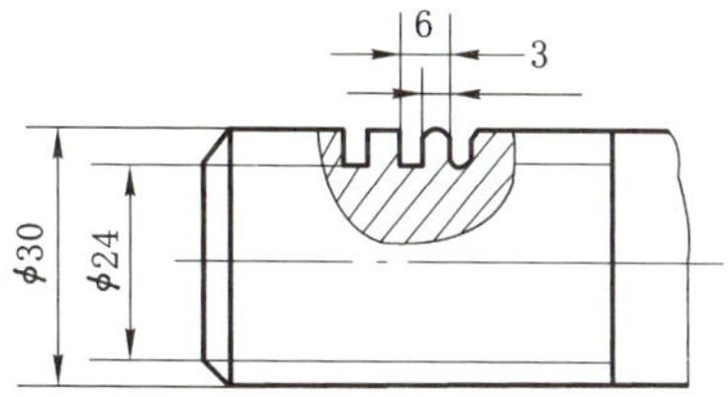  | |

2. 直径

螺纹的直径有大径、小径和中径之分，如图 2-164 所示。

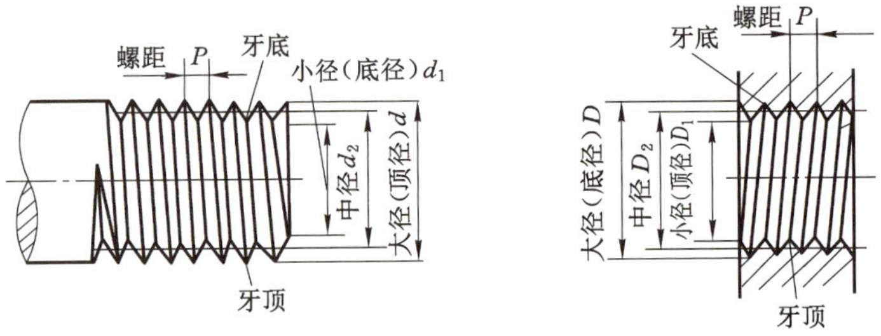


(a) 外螺纹　(b) 内螺纹

图 2-164　螺纹的要素

(1) 大径是与外螺纹的牙顶或内螺纹的牙底相重合的假想圆柱面的直径，也称螺纹的公称直径。外螺纹用“$d$”表示，内螺纹用“$D$”表示。

(2) 小径是与外螺纹的牙底或内螺纹的牙顶相重合的假想圆柱面的直径，内、外分别用“$D_1$”和“$d_1$”表示。

(3) 中径在螺纹的轴向剖面内，牙厚和牙槽宽相等处的假想圆柱面的直径分别用“$d_2$”和“$D_2$”表示。

3. 线数

螺纹有单线和多线之分。沿一条螺旋线所形成的螺纹，称为单线螺纹，如图 2-165(a)所示；沿轴向等距离分布的两条或两条以上的螺旋线所形成的螺纹，称为多线螺纹，如图 2-165(b)所示，线数用 $n$ 表示。

4. 螺距和导程

相邻两牙在中径线上对应点间的轴向距离，称为螺距，用“P”表示；同一条螺旋线上相邻两牙在中径线上对应点间的轴向距离，称为导程，用“Ph”表示。显然，对于单线螺纹 P=Ph；对于多线螺纹 P=$n$Ph，如图 2-165 所示。

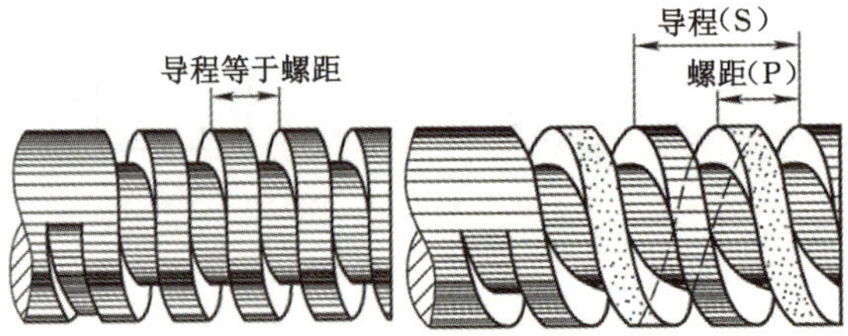


(a) 单线螺纹　(b) 双线螺纹

图 2-165　螺纹的线数、螺距和导程

5. 旋向

按螺旋线绕行方向的不同，螺纹可分为左旋和右旋两种。在工程上，右旋螺纹用途最广，如图 2-166 所示。右旋螺纹的特点是顺时针方向旋转时沿轴向旋进，左旋螺纹则是逆时针方向旋转时沿轴向旋进。旋向的判定方法为：将外螺纹轴线垂直放置，螺纹的可见部分左高右低者为左旋螺纹；反之，为右旋螺纹。

(a) 左旋 (b) 右旋

图 2-166 螺纹的旋向

（三）螺纹的种类

螺纹的种类很多，按用途分为连接螺纹（起连接作用）和传动螺纹（用于传递动力和运动）。按牙形分有三角形螺纹、梯形螺纹、锯齿形螺纹等。按螺纹牙形、直径和螺距是否符合标准，螺纹又分为：牙形、直径和螺距均符合标准的螺纹，称为标准螺纹；牙形符合标准，而直径或螺距不符合标准的，称为特殊螺纹；牙形不符合标准的，称为非标准螺纹。

（四）螺纹的规定画法

螺纹的真实投影较复杂，通常没有必要画出螺纹的真实投影，常简化作图，《机械制图 螺纹及螺纹紧固件表示法》（GB/T 4459.1—1995）制定了螺纹的规定画法。

1. 外螺纹的画法

(1) 大径画粗实线。

(2) 小径画细实线。在螺杆的倒角或倒圆内的部分也要画出；在投影为圆的视图上，表示小径的细实线圆只画约 3/4 圈，倒角圆省略不画，如图 2-167 所示。

外螺纹的画法

(3) 螺纹终止线画粗实线。外螺纹剖视时，终止线画一段粗实线到小径处，剖面线应画到粗实线处，如图 2-168 所示。

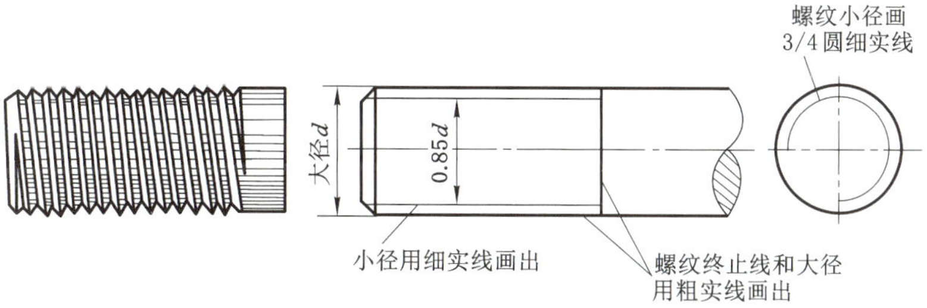


图 2-167 外螺纹的规定画法

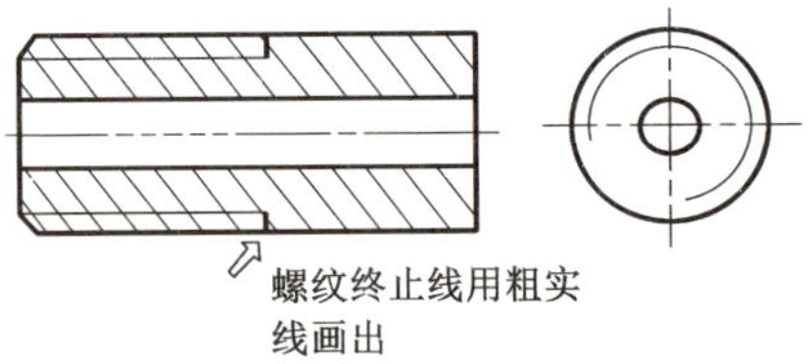


图 2-168　外螺纹剖切画法

2. 内螺纹的画法

(1) 在剖视图中，小径用粗实线画出，大径用细实线表示，螺纹终止线仍画粗实线，剖面线画到粗实线为止；在投影为圆的视图上，大径以细实线圆表示且画出约 3/4 圈，倒角圆省略不画，如图 2-169(a)所示。

(2) 画不穿通的螺孔时，应将钻孔深度和螺孔深度分别画出，钻孔的锥顶角应画成 120°，如图 2-169(a)所示。

内螺纹的画法

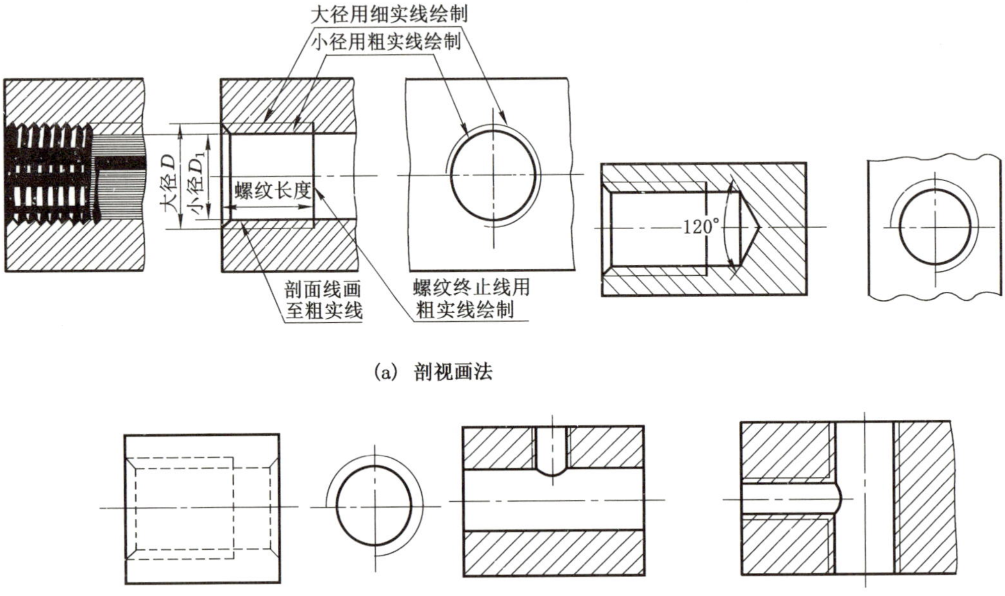


(a) 剖视画法

(b) 不剖画法　　(c) 螺孔相贯画法

图 2-169　内螺纹的规定画法

(3) 当螺纹不可见时，螺纹的所有图线均用虚线绘制，如图 2-169(b)所示。

(4) 当螺孔相交时，应画其小径相贯线，如图 2-169(c)所示。

3. 螺纹连接的画法

国标规定，在剖视图中，相互连接的内、外螺纹接合处，应按外螺纹画出，其余部分按各自的规定画法表示，如图 2-170 所示。

螺纹连接的画法

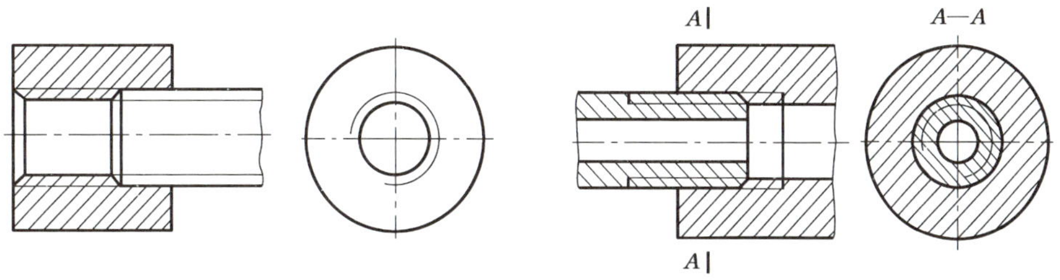


图 2-170 螺纹连接的规定画法

(五) 螺纹的标注(表 2-10)

标准的螺纹,应注出相应标准所规定的螺纹标记。公称直径以毫米(mm)为单位的螺纹,其标记直接注在大径的尺寸线上或其引出线上。

普通螺纹和梯形螺纹的完整标记由螺纹代号、螺纹公差带代号和螺纹旋合长度代号三部分组成,三者之间用短横"-"隔开。

1. 普通螺纹的标注

标注的项目和格式:

公称直径×螺距(Ph 导程,P 螺距)-中径公差带代号及顶径公差带代号-旋合长度代号-旋向

单线螺纹为"公称直径×螺距",粗牙螺纹可不注螺距。多线螺纹为"公称直径×Ph 导程 P 螺距"。右旋螺纹不必标旋向,左旋螺纹应标注"LH"。

顶径是指外螺纹的大径或内螺纹的小径。若中径和顶径公差带代号相同,只需标注一个公差带代号。每个公差带代号由公差等级数字和基本偏差的字母所组成。大写字母表示内螺纹的基本偏差,小写字母表示外螺纹的基本偏差。

旋合长度代号分为三种:短、中等、长旋合长度,其代号分别为"S、N、L"。中等旋合长度应用较广泛,所以可省略标注。

2. 梯形螺纹的标注

标注的项目和格式:

公称直径×导程(P 螺距)旋向-中径公差带代号-旋合长度代号

单线螺纹的尺寸规格用"公称直径×导程"表示;多线螺纹用"公称直径×导程(P 螺距)"表示。左旋螺纹应标注"LH",右旋不注;梯形螺纹只标注中径公差带代号;梯形螺纹没有短旋合长度,其标注方法与普通螺纹相同。

3. 管螺纹的标注

(1) 55°密封管螺纹(GB/T 7306—2000)

标注格式:

螺纹特征代号 尺寸代号-旋向代号

其公差带只有一种,所以省略不注。

(2) 55°非密封管螺纹(GB/T 7307—2001)

标注格式:

螺纹特征代号 尺寸代号 公差等级代号-旋向代号

外螺纹公差等级分为 A 级和 B 级两种,内螺纹公差等级只有一种,所以省略标注。

需要注意的是：各种管螺纹的公称直径只是尺寸代号，其数值与管子的孔径相近，并非管螺纹的大径。若要确定管螺纹的大径、中径、小径的值，需根据尺寸代号查表获得。

管螺纹的标记一律注在引出线上，引出线应由大径处引出或由对称中心线处引出，具体见表 2-10，这也是管螺纹与普通螺纹、梯形螺纹在标注方法上的差别。

对于特殊螺纹，则应在牙形符号前加注“特”字。对于非标准螺纹，则应画出牙形，并注出所需的尺寸（见表 2-10 中的图例）。

## 二、螺纹紧固件及其连接画法

利用螺纹的旋紧作用，将两个或两个以上的零件连接在一起的有关零件，称为螺纹紧固件。螺纹紧固件是标准件，常用的螺纹紧固件有螺栓、螺柱、螺钉、螺母和垫圈，如图 2-171 所示。

微课
螺纹及其连接2

### （一）常用螺纹紧固件的画法

1. 查表画法

螺纹紧固件一般不需要画其零件图，当需要用图形表达时，可根据其规定标记从相应的标准中查出各部分尺寸画出。

(a) 六角头螺栓　(b) 双头螺柱　(c) Ⅰ型六角螺母　(d) Ⅰ型六角开槽螺母
(e) 平垫圈　(f) 弹簧垫圈　(g) 开槽盘头螺钉　(h) 内六角圆柱头螺钉
(i) 十字槽沉头螺钉　(j) 开槽锥端紧定螺钉

图 2-171　常见螺纹紧固件

2. 比例画法

为了画图方便，在绘制螺纹紧固件的装配图时常采用比例画法。即以螺栓、螺柱或螺钉的螺纹大径 $d$ 为基数，按一定比例关系确定其他部分的尺寸及与之相配的螺母、垫圈的主要尺寸，如图 2-172 所示。

螺钉头部的比例画法，如图 2-173 所示。

3. 紧固件的标注

常见螺纹紧固件的标注见表 2-11。

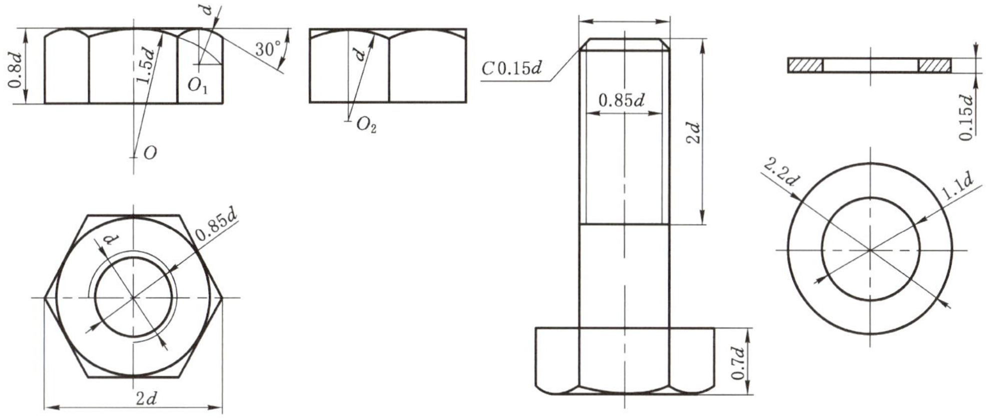


(a) 螺母　　(b) 螺栓，其头部曲线画法与螺母相同　　(c) 垫圈

图 2-172　螺母、螺栓、垫圈的比例画法

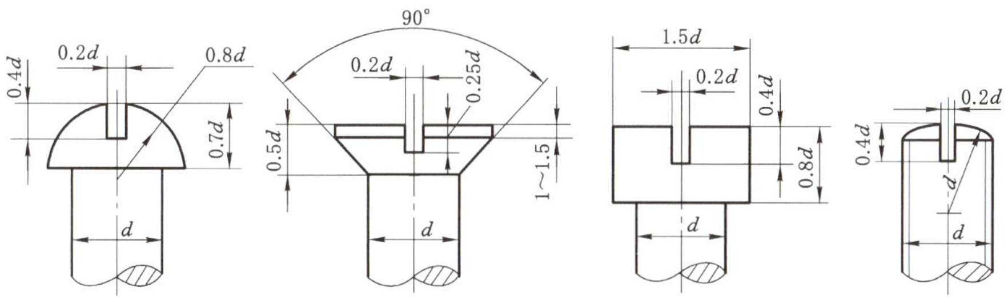


图 2-173　螺钉头部的比例画法

表 2-11　常见螺纹紧固件的标注

| 名称及标准编号 | 简图 | 标记及说明 |
| --- | --- | --- |
| 六角头螺栓<br>GB/T 5780—2016 | 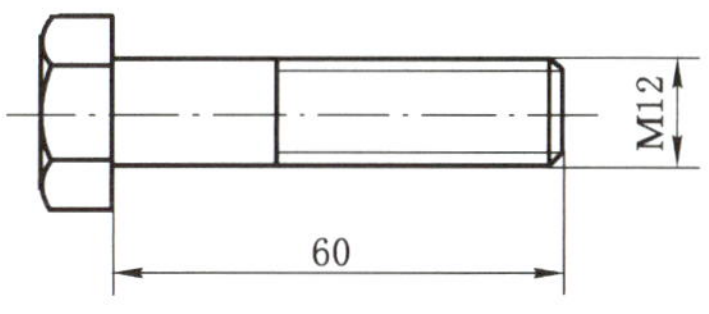  | 螺栓 GB/T 5780—2016 M12×60<br>表示螺纹规格 $d$ = M12，公称长度 $L$=30 mm |
| 双头螺柱($b_m$=1.25$d$)<br>GB 898—1988 | 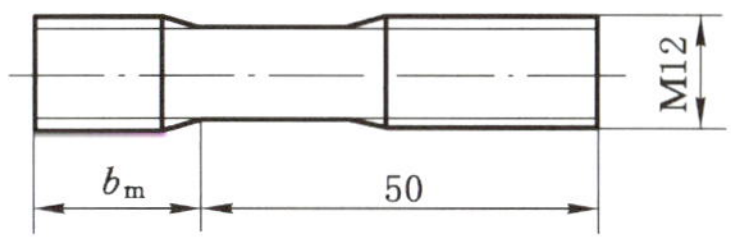  | 螺柱 GB 898—1988 M12×50<br>表示(B 型双头螺柱)螺纹规格 $d$=M12，公称长度 $L$=50 mm |
| 开槽圆柱头螺钉<br>GB/T 65—2016 | 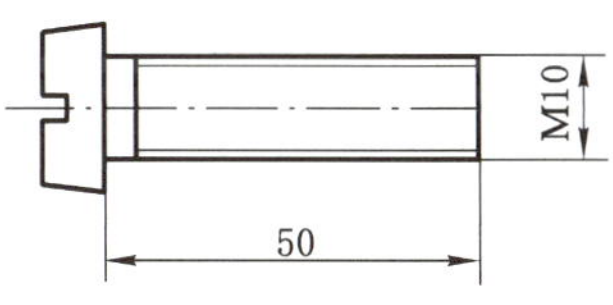  | 螺钉 GB/T 65—2016 M10×50<br>表示螺纹规格 $d$ = M10，公称长度 $L$=50 mm |

表 2-11(续)

| 名称及标准编号 | 简图 | 标记及说明 |
|---|---|---|
| 开槽长圆柱端紧定螺钉<br>GB/T 75—1985 | 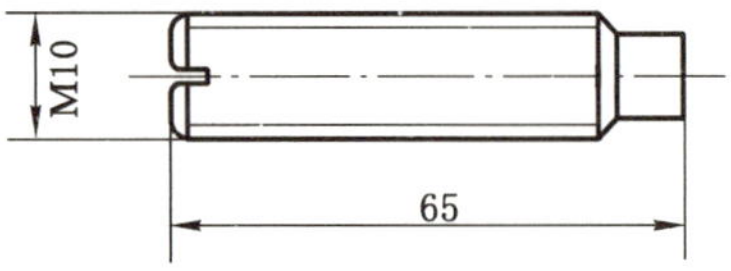 | 螺钉 GB/T 75—1985 M10×66<br>表示螺纹规格 $d$ = M10，公称长度 $L$=65 mm |
| Ⅰ型六角螺母(A级和B级)<br>GB/T 6170—2015 | 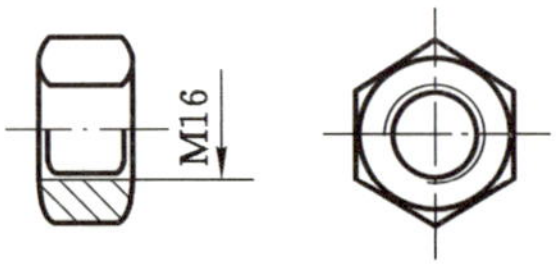 | 螺母 GB/T 6170—2015 M16<br>表示螺纹规格 $D$=M16 |
| Ⅰ型六角开槽螺母(A级和B级)<br>GB 6178—1986 | 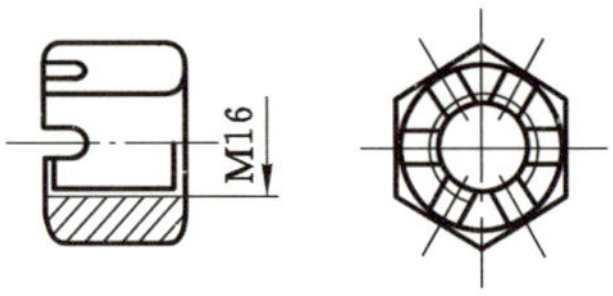 | 螺母 GB 6178—1986 M16<br>表示螺纹规格 $D$=M16 |
| 平垫圈(A级)<br>GB/T 97.1—2002 | 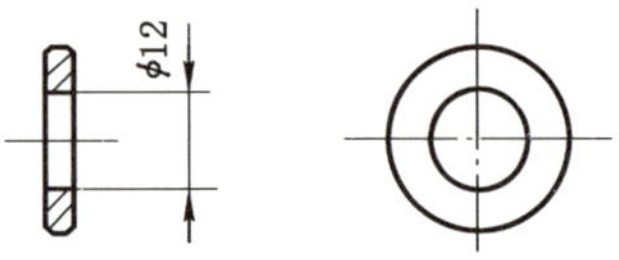 | 垫圈 GB/T 97.1—2002 12<br>表示公称尺寸(螺纹规格)$d$=12 mm |

(二) 螺纹紧固件的连接画法

螺纹紧固件的连接形式通常有三种，即螺栓连接、双头螺柱连接和螺钉连接。

1. 螺栓连接

当被连接的零件不太厚，并能钻出通孔时常采用螺栓连接。装配时，将螺栓杆身穿过被连接的通孔($\approx 1.1d$)，在制有螺纹的一端套上垫圈，并用螺母拧紧，即为螺栓连接，如图 2-174(a)所示。绘制螺栓连接图时，先确定螺栓、螺母、垫圈的形式及公称直径，从相关标准中查出它们的尺寸，或按比例画法确定。关于螺栓公称长度 $L$，则应根据被连接件的厚度、螺母及垫圈的厚度按下式计算确定，如图 2-174(b)所示。

$$L \geqslant \delta_1 + \delta_2 + h + m + a$$

式中，$\delta_1$、$\delta_2$ 为被连接件厚度；$h$ 为垫圈厚度；$m$ 为螺母厚度($h$ 和 $m$ 按 $d$ 从相应表中查出)；$a$ 为螺栓伸出螺母的长度，一般取$(0.2 \sim 0.3)d$。

按上式计算出 $L$ 后，还需从螺栓的标准长度系列中选取与 $L$ 相近的标准值。

所有尺寸确定之后，即可画出螺栓连接装配图，如图 2-174(b)所示。根据规定，装配图中允许采用简化画法。

画螺栓连接图时，除应遵照前述有关的规定画法外，还须符合装配画法的有关规定：

(1) 剖切平面通过标准件(螺栓、螺母、垫圈等)和实心零件(轴、球等)的轴线时，这些零件按不剖绘制，即只画其外形。

(2) 在剖视图中，相邻两零件的剖面线方向应相反或方向相同，但间隔不等。同一零件的剖面线方向和间隔在各个剖视图中应一致。

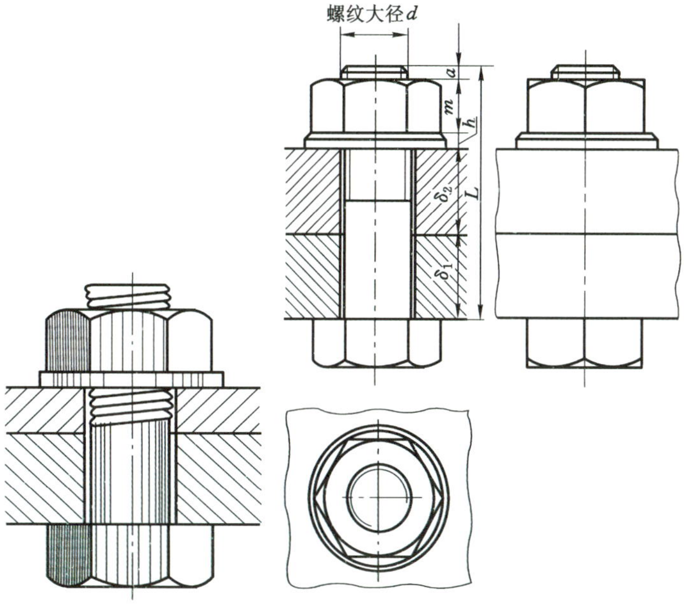


(a)　　(b)

螺栓连接的画法

图 2-174　螺栓连接

(3) 相邻两零件表面接触时应画一条粗实线，不接触时画两条粗实线。

2. 双头螺柱连接

当被连接零件之一较厚，不便加工通孔时，常用螺柱连接。将双头螺柱的旋入端(螺纹较短的一端)旋入被连接件的螺孔内，紧固端(螺纹较长的一端)穿过另一个被连接件的通孔(孔径≈$1.1d$)，加上垫圈并拧上螺母，即为双头螺柱，如图 2-175(a)所示。

绘制双头螺柱的连接图时，同样需要先确定螺柱、螺母、垫圈的形式及公称直径，从相关标准中查出它们的尺寸，或按比例画法确定，其公称长度 $L$ 按下式计算确定。

$$L=\delta+h+m+a$$

式中，$\delta$ 为上部零件的厚度；$h$ 为垫圈厚度；$m$ 为螺母厚度；$a$ 为螺柱伸出螺母的长度，约等于$(0.2\sim0.3)d$。

计算出 $L$ 后，还需从标准长度系列中选取与 $L$ 相近的标准值。

双头螺柱的比例画法如图 2-175(b)所示，作图时应注意以下几点：

(1) 双头螺柱的旋入端长度 $b_m$ 与被旋入零件的材料有关。国家标准按 $b_m$ 的不同，把双头螺柱分成四种：被旋入零件的材料为钢或青铜时，选用 $b_m=d$；对于铸铁，选用 $b_m=1.25d$；铝及铝合金，选用 $b_m=1.5d$；对于非金属材料，选用 $b_m=2d$。

(2) 为了保证连接可靠，旋入端 $b_m$ 应全部旋入螺孔内，所以螺纹终止线应与被连接件的接合面平齐以示拧紧。

(3) 螺孔的螺纹深度应大于旋入端的螺纹长度 $b_m$，一般螺孔的螺纹深度可约等于取 $b_m+0.5d$，而钻孔深度则可约等于取 $b_m+d$。

3. 螺钉连接

螺钉连接是将螺钉穿过一被连接件的通孔而直接拧入另一被连接螺钉，用以连接两个

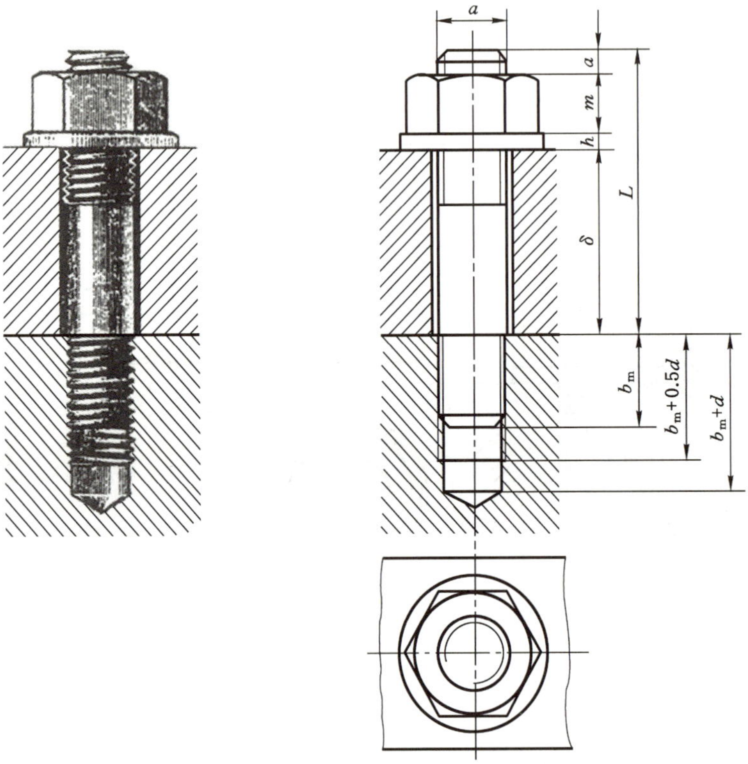


(a)　　　　(b)

图 2-175　双头螺柱连接

零件，它不需与螺母配用，如图 2-176 所示。

螺钉连接种类很多，但按其用途可分为连接螺钉和紧定螺钉。连接螺钉用于连接不经常拆卸且受力不大的零件，而紧定螺钉则用于固定连接两个零件的相对位置，使它们不产生相对运动。

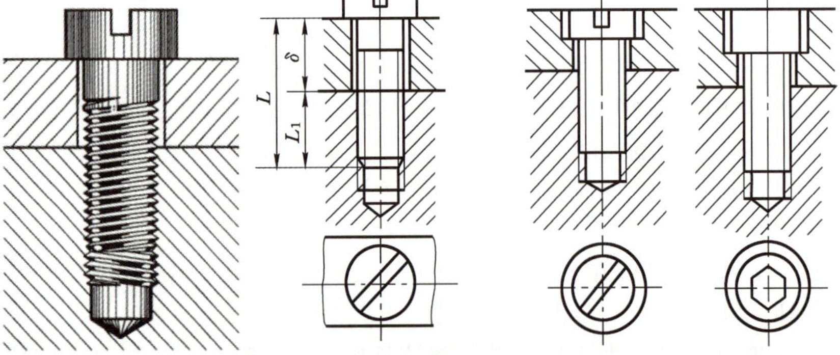


(a)　　(b)　　(c)　　(d)

图 2-176　螺钉连接

常用螺钉连接如图 2-176 所示，其螺纹连接部分的画法与螺柱连接相似，只是螺钉的螺纹终止线必须超出两连接件的接合面，螺钉头部的改锥槽在反映螺钉轴线的视图上应画出槽口的真形，在投影为圆的视图上，则应画成沿顺时针方向旋转且与中心线倾斜 45°的位置。槽宽不足 2 mm 时，可将其涂黑表示。

（三）防松装置

机器运转时，由于受到振动或冲击等，有些零部件（如螺纹连接件）可能产生松动，因此要采用防松结构。在螺纹连接中可用双螺母、弹簧垫圈、开口销锁紧和止动垫片等防松装置，如图 2-177 所示。

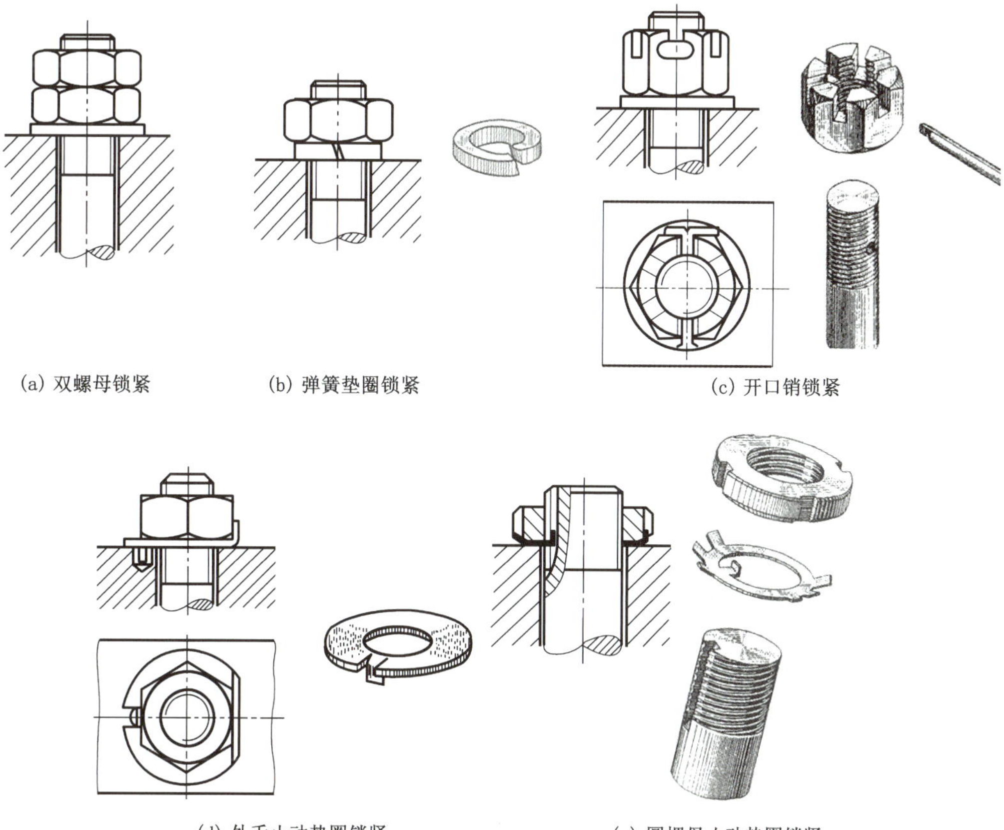

(a) 双螺母锁紧　(b) 弹簧垫圈锁紧　(c) 开口销锁紧

(d) 外舌止动垫圈锁紧　(e) 圆螺母止动垫圈锁紧

图 2-177　防松装置

（1）双螺母，如图 2-177(a)所示。

（2）弹簧垫圈，如图 2-177(b)所示。

（3）开口销和槽形螺母，如图 2-177(c)所示。

（4）外舌止动垫圈和圆螺母止动垫圈，如图 2-177(d)、(e)所示。

## 三、键和销

除了螺纹连接以外，键和销连接也是常用的可拆卸连接。

微课
键和销及其连接

（一）键连接

1. 键的作用、形式和标记

键是用来连接轴和轴上的传动件（如齿轮、皮带轮等），并通过它来传递转矩的一种零件。如图 2-178 所示，为了把轮和轴装在一起而使其同时转动，通常在轮孔和轴的表面上分别加工出键槽，然后把键放入轴的键槽内，并将带键的轴装入贯通键槽的轮孔中，这种连接称为键连接。

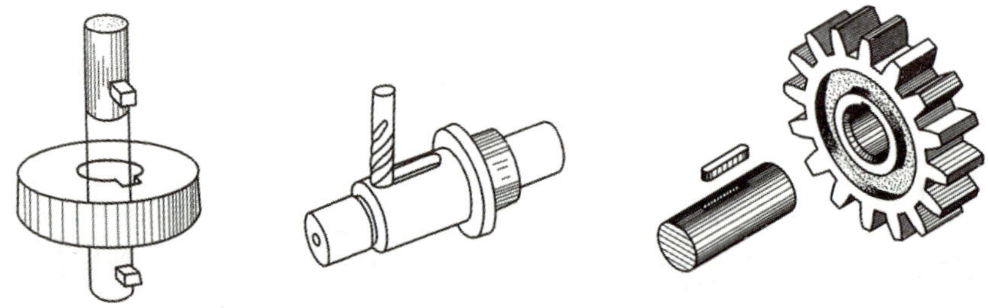

(a) 在传动件上加工键槽　(b) 在轴上加工键槽　(c) 连接图

图 2-178　键连接

常用的键可分为普通平键、半圆键、钩头楔键、花键等类型（图 2-179），其中普通平键最为常用。键是标准件，其简图和标记见表 2-12。

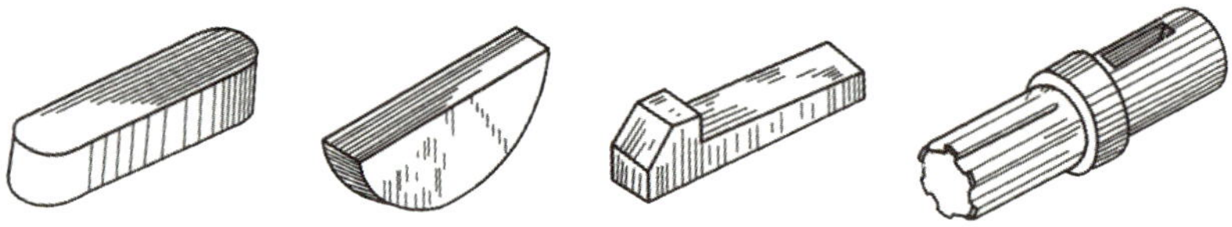

(a) 普通平键　(b) 半圆键　(c) 钩头锲键　(d) 花键

图 2-179　常用键

**表 2-12　常用键的简图和标记**

| 名称及标准编号 | 简图 | 标记示例 |
|---|---|---|
| 普通平键<br>GB/T 1096—2003 | 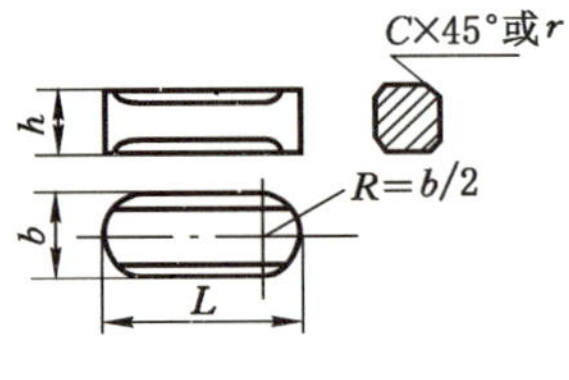 | 键 18×100 GB/T 1096—2003<br>表示 $b=18$ mm，$h=11$ mm，$L=100$ mm 的圆头普通平键 |
| | 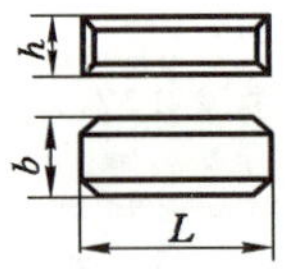 | 键 B18×100 GB/T 1096—2003<br>表示 $b=18$ mm，$h=11$ mm，$L=100$ mm 的方头普通平键（B 型） |

表 2-12(续)

| 名称及标准编号 | 简图 | 标记示例 |
| --- | --- | --- |
| 半圆键<br>GB/T 1098—2003 | 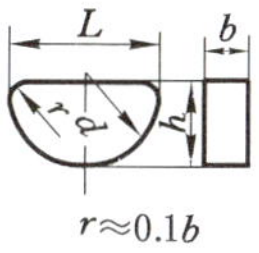 | 键 6×25 GB/T 1098—2003<br>表示 $b=6$ mm，$h=10$ mm，$d=25$ mm，$L=24.5$ mm 的半圆键 |
| 钩头楔键<br>GB/T 1565—2003 | 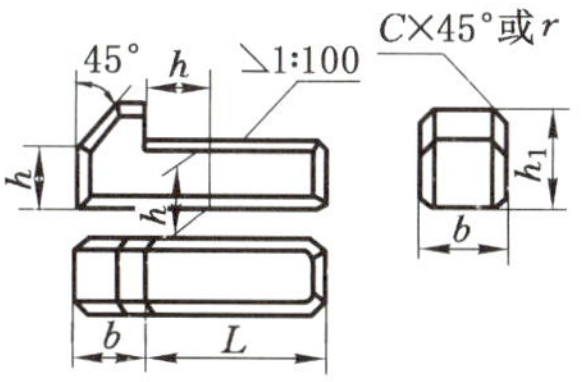 | 键 18×100 GB/T 1565—2003<br>表示 $b=18$ mm，$h=11$ mm，$L=100$ mm 的钩头楔键 |
| 花键<br>GB/T 15758—2008 | 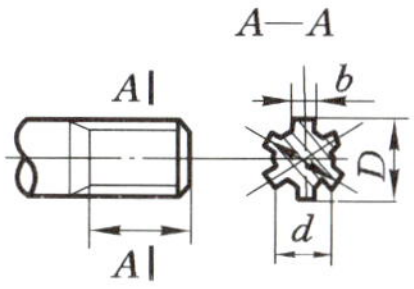 | 6D-37×32×6($z-D\times d\times b$)<br>表示齿数 $z=6$ mm，外径 $D=37$ mm，内径 $d=32$ mm，齿厚 $b=6$ mm 的外径定心齿花键 |

2. 键连接的画法

(1) 普通平键

普通平键有 A 型(圆头)、B 型(方头)、C 型(单圆头)三种，其中以 A 型键应用最多。

普通平键的尺寸可从国标中查得，键的高度 $h$ 和宽度 $b$ 根据被连接轴的直径选取，而长度 $L$ 则按轮毂长度并参照标准长度系列确定。另外，从附表中还可以查出与键相配的键槽尺寸。

普通平键的两个侧面是工作面，上、下两底面是非工作面。连接时，平键的两侧面与轴和轮毂的键槽侧面因紧密接触，所以只画一条线。顶面与轮毂的槽顶没有接触，应留出间隙，在图中画两条线，如图 2-180 所示。

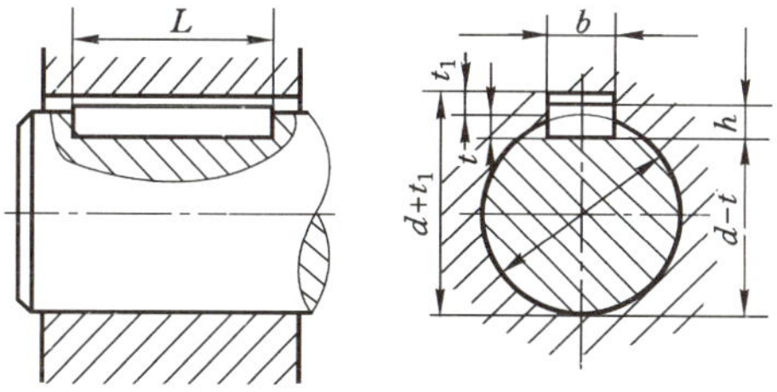


图 2-180　普通平键的连接画法

(2) 半圆键

半圆键具有自动调位的优点，主要用于锥形轴与轻载的连接上。半圆键及其键槽的尺寸，可根据轴的直径在国标中查得。半圆键的工作面也是两侧面，其连接画法与普通平键相似，即侧面与键槽侧面接触，顶面留有间隙，其画法如图 2-181 所示。

(3) 钩头楔键

钩头楔键的顶面是 1∶100 的斜度，装配时将键打入键槽，依靠键的顶面和底面与轮和轴之间挤压产生的摩擦力而连接，所以画图时顶面、侧面均不留间隙，只画一条线，如图 2-182 所示。

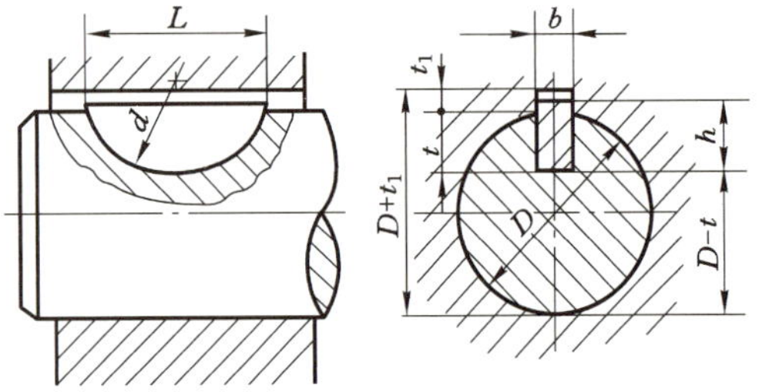


图 2-181　半圆键的连接画法

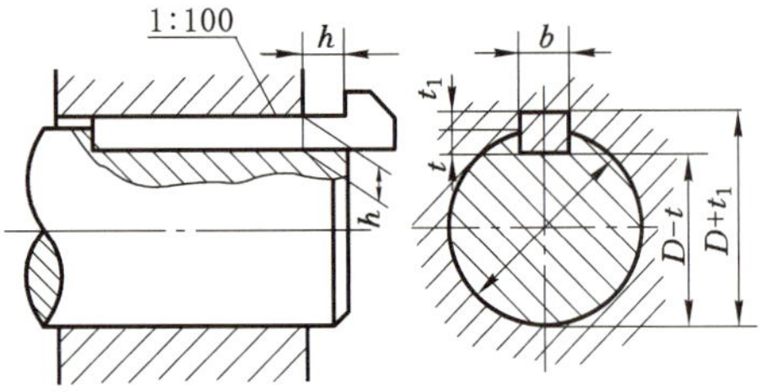


图 2-182　钩头楔键的连接画法

(4) 花键连接

花键与轴是一整体，在轴断面上键呈对称分布，有四键(称为齿)、六键、八键等。花键连接可靠、导向性好、传递力大。由于齿形不同，可分为矩形花键、渐开线花键和梯形花键等多种，常用的是矩形花键，图 2-183 所示为矩形花键连接。

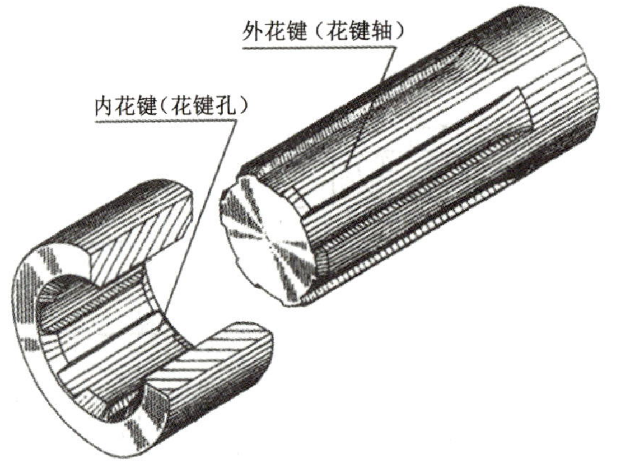


图 2-183　花键连接

国家标准对矩形外花键的画法有下列规定：

① 外花键在平行于花键轴线的投影面的视图中，大径用粗实线绘制，小径用细实线绘制，在垂直于花键轴线剖切后的断面图上画出一部分或全部齿形(图 2-184)。

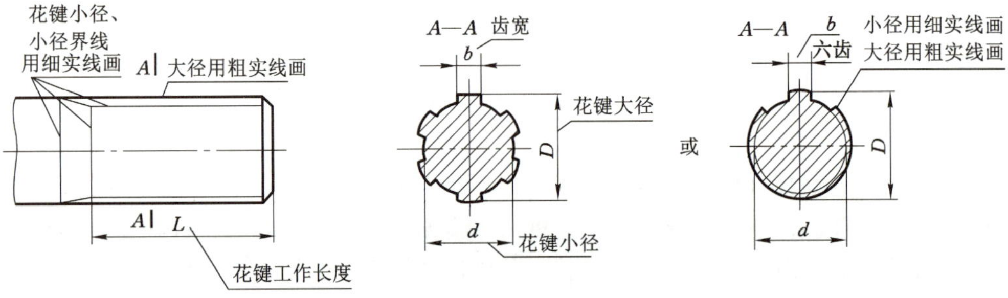


图 2-184　外花键画法

② 内花键在平行于花键轴线的投影面的剖视图中，大径和小径均用粗实线绘制，并用局部视图画出全部或一部分齿形(图 2-185)。

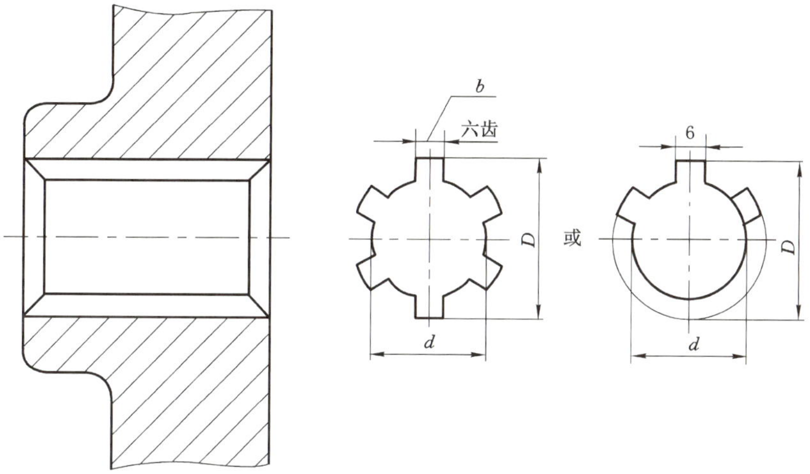


图 2-185 内花键画法

③ 花键工作长度的终止端和尾部长度的末端均用细实线绘制，并与轴线垂直，尾部则画成斜线，其倾斜角一般与轴线成 30°(图 2-184)。

花键连接的画法如图 2-186 所示。

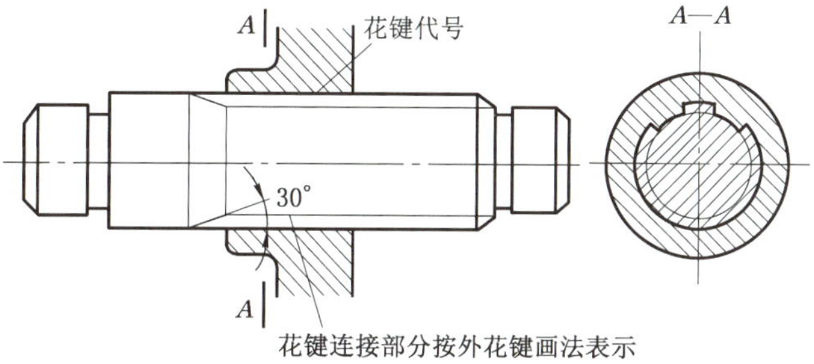


图 2-186 花键连接画法

(二) 销连接

销也是一种标准件，用于连接或在装配时作定位用，也可作为安全装置中的过载保护元件。

常用的销有圆柱销、圆锥销和开口销等，其形式和标记见表 2-13。

表 2-13 常用销的简图和标记

| 名称及标准号 | 图例 | 标记示例 |
|---|---|---|
| 圆柱销<br>GB/T 119.1—2000 | 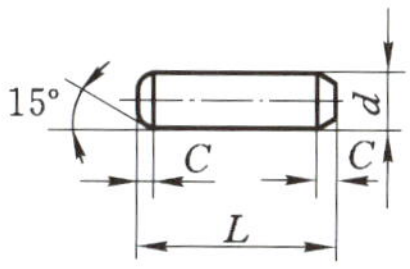 | 销 GB/T 119.1—2000 A5×20<br>表示 $d=5$ mm，$L=2$ mm，A 型圆柱销 |

表 2-13(续)

| 名称及标准号 | 图例 | 标记示例 |
| --- | --- | --- |
| 圆锥销<br>GB/T 117—2000 | 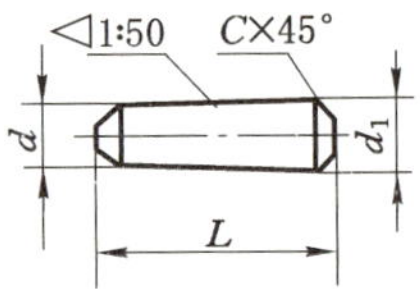 | 销 GB/T 117—2000 A10×100<br>表示 $d$=10 mm, $L$=100 mm, A 型圆锥销 |
| 开口销<br>GB/T 91—2000 | 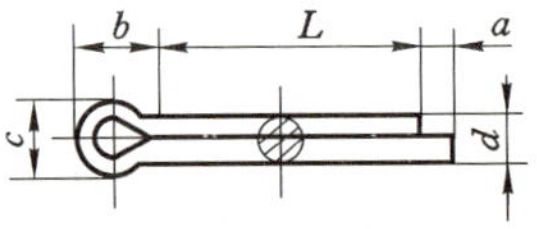 | 销 GB/T 91—2000 3×20<br>表示 $d$=3 mm, $L$=20 mm 的开口销 |

图 2-187、图 2-188 分别所示为圆柱销、圆锥销连接的情况。开口销常用在螺纹连接的锁定装置中，以防止螺母松脱，如图 2-177(c)所示。

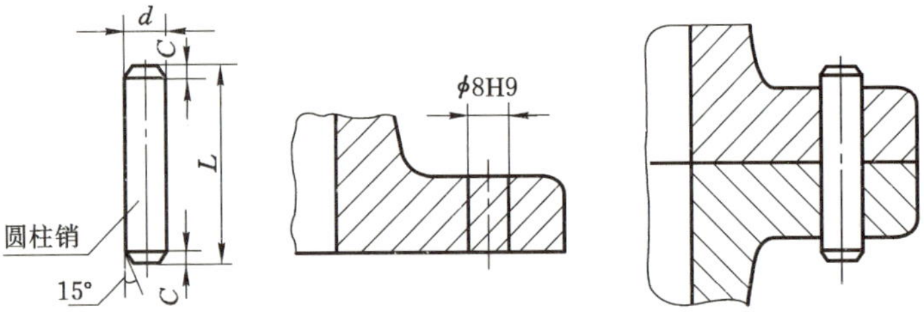


图 2-187　圆柱销的连接画法

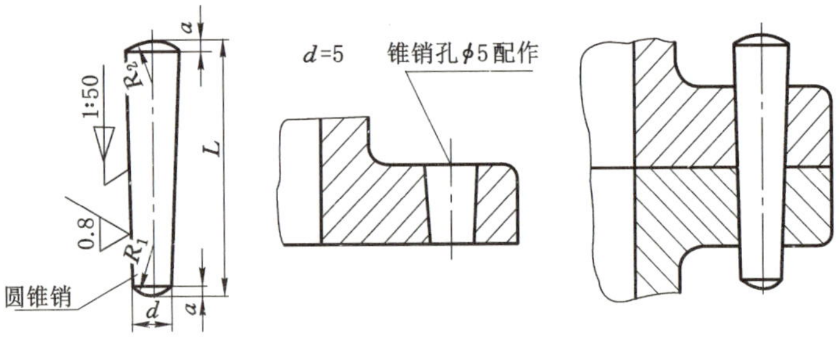


图 2-188　圆锥销的连接画法

## 四、滚动轴承

滚动轴承是支承轴的组件，它具有摩擦力小、结构紧凑等优点，因此在机器中广泛使用。

微课
轴承和弹簧

滚动轴承是标准件，由专门的工厂生产，需要时可根据设计要求进行选型。下面对滚动轴承的类型、代号和画法予以简单介绍。

### (一) 滚动轴承的结构和分类

滚动轴承(图 2-189)的结构由以下四部分组成：

(1) 内圈(推力轴承为上圈)与轴配合，并一起转动。内圈孔径 $d$ 称为轴承的内径，它是轴承的规格尺寸。

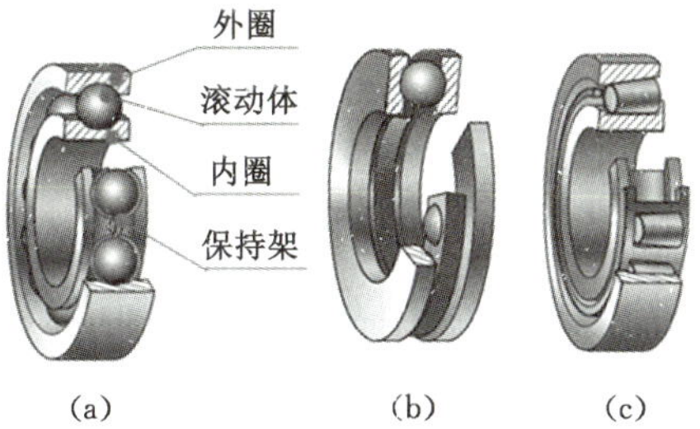


图 2-189　滚动轴承

(2) 外圈(推力轴承为下圈)装在机体的座孔里,一般不转动。外圈直径 $D$ 称为轴承的外径。

(3) 滚动体有圆球体、圆柱体、圆锥体等多种形状,它在内、外圈的弧形滚道中滚动。

(4) 保持架把滚动体均匀地隔开。

滚动轴承按承受载荷的方向可分为三种类型:① 向心轴承,主要承受径向载荷,常用的向心轴承如深沟球轴承,如图 2-189(a)所示;② 推力轴承,仅能承受轴向载荷,常用的推力轴承如推力球轴承,如图 2-189(b)所示;③ 向心推力轴承,能同时承受径向载荷和轴向载荷,常用的向心推力轴承如圆锥滚子轴承,如图 2-189(c)所示。

(二) 滚动轴承的代号

滚动轴承的种类很多,又是标准部件,为了便于选择和使用,滚动轴承结构、尺寸、公差等级、技术性能等特征用滚动轴承代号来描述。

滚动轴承代号由基本代号、前置代号和后置代号组成,其排列见表 2-14。

表 2-14　滚动轴承代号

| 前置代号 | 基本代号 | | | | 后置代号 |
|---|---|---|---|---|---|
| | 类型代号 | 尺寸系列代号 | | 内径代号 | |
| | | 宽(高)度系列代号 | 直径系列代号 | | |

注:表中基本代号的排列形式不包括滚针轴承。

1. 基本代号

基本代号表示轴承的类型、结构和尺寸。基本代号(滚针轴承除外)由轴承类型代号、尺寸系列代号、内径代号组成,部分滚动轴承类型代号、尺寸系列代号及轴承代号见表 2-15。

表 2-15　部分滚动轴承的类型代号、尺寸系列代号及轴承代号

| 轴承类型 | 类型代号 | 尺寸系列代号 | 轴承代号 |
|---|---|---|---|
| 深沟球轴承 | 6 | (1)0 | 6000 |
| | | (0)2 | 6200 |
| | | (0)3 | 6300 |
| | | (0)4 | 6400 |

表 2-15(续)

| 轴承类型 | 类型代号 | 尺寸系列代号 | 轴承代号 |
|---|---|---|---|
| 圆锥滚子轴承 | 3 | 02<br>03<br>22<br>23 | 30200<br>30300<br>32200<br>32300 |
| 推力球轴承 | 5 | 11<br>12<br>13<br>14 | 51100<br>51200<br>51300<br>51400 |

(1) 轴承类型代号

轴承类型代号用数字或字母表示,见表 2-16。

表 2-16 轴承类型代号

| 轴承类型 | 代号 | 轴承类型 | 代号 |
|---|---|---|---|
| 双列角接触球轴承 | 0 | 深沟球轴承 | 6 |
| 调心球轴承 | 1 | 角接触球轴承 | 7 |
| 调心滚子轴承 | 2 | 推力圆柱滚子轴承 | 8 |
| 推力调心滚子轴承 | 2 | 单列圆柱滚子轴承 | N |
| 圆锥滚子轴承 | 3 | 双列或多列圆柱滚子轴承 | NN |
| 双列深沟球轴承 | 4 | 外球面球轴承 | U |
| 推力球轴承 | 5 | 四点接触球轴承 | QJ |

(2) 尺寸系列代号

尺寸系列代号由轴承的宽(高)度系列代号和直径系列代号组合而成,用两位数字组成。其主要作用是区别内径相同而宽度和外径不同的轴承。

(3) 内径代号

内径代号表示轴承的公称内径,用两位数字表示。

① 轴承内径 $d=10$、12、15、17 mm 时,代号数字分别为 00、01、02、03。

② 轴承内径 $d=20\sim480$ mm 时(22、28、32 除外),代号数字为轴承公称内径除以 5 的商数,商数为一位数时,在商数前加一“0”。

③ 轴承公称内径 $d=1\sim9$ mm 或 $d\geqslant500$ mm 以及为 22、28、32 mm 时,代号数字为公称内径的毫米数值,且用“/”与尺寸系列代号隔开。

轴承基本代号举例见表 2-17。

表 2-17 轴承基本代号举例

| 5 13 06 | 3 02/28 |
|---|---|
| 5——轴承类型代号,推力球轴承;<br>13——尺寸系列代号,前位 1 为宽度系列代号,后位 3 为直径系列代号;<br>06——内径代号,轴承内径为 $6\times5=30$ mm | 3——轴承类型代号,圆锥滚子轴承;<br>02——尺寸系列代号,前位 0 为宽度系列代号,后位 2 为直径系列代号;<br>28——内径代号,轴承公称内径为 $d=28$ mm |

2. 前置、后置代号

当轴承在结构形状、尺寸、公差、技术要求等有改变时，在基本代号前、后添加补充代号。前置代号用字母表示，后置代号用字母(或加数字)表示。

（三）滚动轴承的画法

国标规定，在装配图中当不需要确切地表示滚动轴承的形状和结构时，可采用简化画法和规定画法来绘制标准滚动轴承。简化画法分为通用画法和特征画法，但同一张图样上一般只采用其中的一种画法。

1. 通用画法

在装配图的剖视图中，当不必确切地表示滚动轴承的外形轮廓、载荷特性和结构特征时，可采用通用画法，其画法是在轴的两侧用矩形线框(为粗实线)及位于线框中央正立的十字符号(为粗实线)表示，十字符号不应与矩形线框接触，见表 2-18。

表 2-18　常用滚动轴承的画法

| 轴承类型 | 通用画法 | 特征画法 | 规定画法 | 装配画法 |
| --- | --- | --- | --- | --- |
| | 均指滚动轴承在所属装配图的剖视图中的画法 | | | |
| 深沟球轴承 | 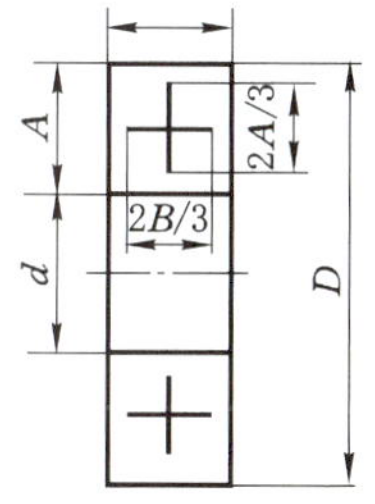 | 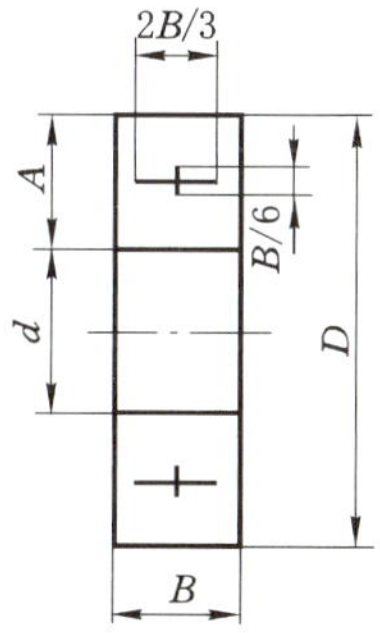 | 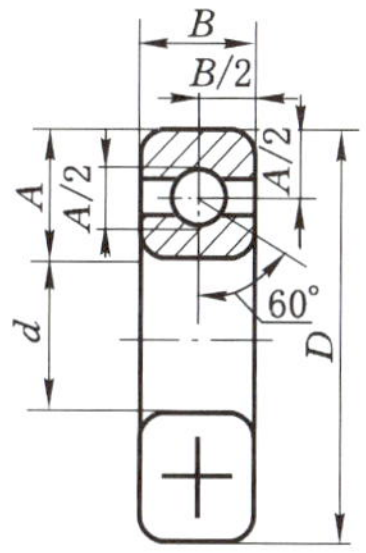 | 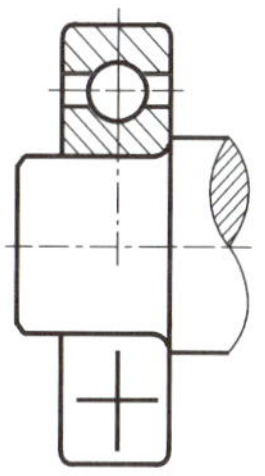 |
| 圆锥滚子轴承 | | 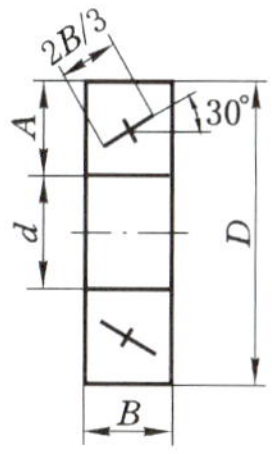 | 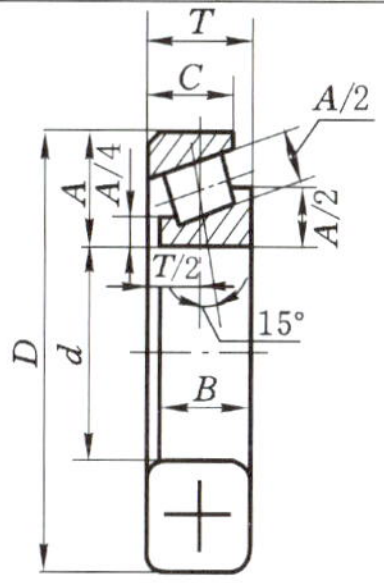 | 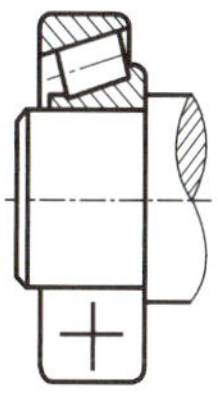 |
| 推力球轴承 | | 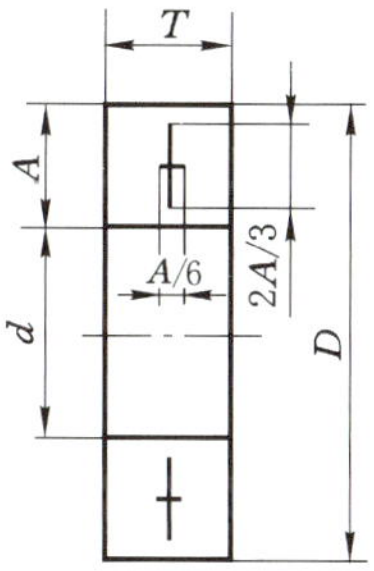 | 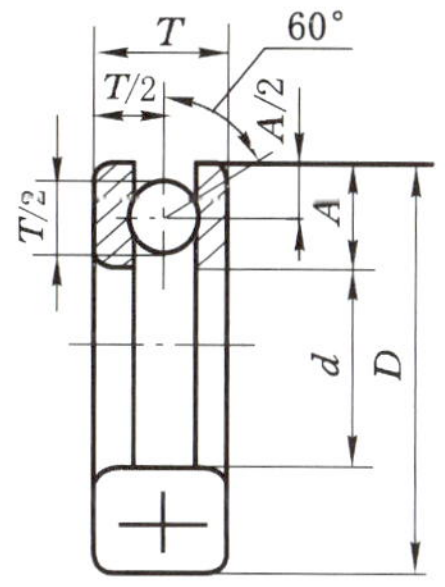 | 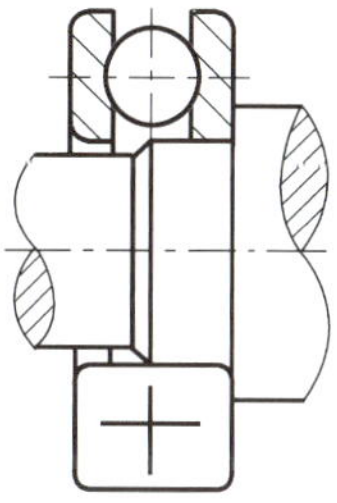 |
| 适用场合 | 当不需要确切地表示滚动轴承的外形轮廓、载荷特性、结构特征时采用 | 当需要比较形象地表示滚动轴承的结构特征时采用 | 产品样本、产品标准和产品说明书中采用 | |

2. 特征画法

在装配图的剖视图中，若需要较形象地表示滚动轴承的结构特征时，可采用特征画法。即在轴的两侧矩形线框内，用粗线画出表示滚动轴承结构特征和载荷特性的要素符号组合，见表 2-18。

3. 规定画法

必要时，可采用规定画法，即一般只画在轴的一侧，在轴的另一侧应按通用画法绘制，见表 2-18，这样能较详细地表达滚动轴承的主要结构形状。

在装配图的剖视图中，采用规定画法时，轴承的滚动体不画剖面线，各套圈的剖面线可画成方向一致、间隔相同，见表 2-18。在不致引起误解时，还允许省略剖面线。

## 五、齿轮

微课
齿轮

齿轮是广泛用于机器中的一种传动件，用来传递动力、改变转动速度和方向。齿轮的种类很多，按传动轴之间的相对位置，可分为三类：① 圆柱齿轮，一般用于两平行轴之间的传动，如图 2-190(a)所示；② 圆锥齿轮，通常用于两相交轴之间的传动，如图 2-190(b)所示；③ 蜗轮与蜗杆，通常用于两交叉轴之间的传动，如图 2-190(c)所示。

(a) 圆柱齿轮　(b) 圆锥齿轮　(c) 蜗轮与蜗杆

图 2-190　齿轮传动

齿轮轮齿的齿廓曲线可以制成渐开线、摆线或圆弧，其中渐开线齿轮应用比较广泛；轮齿的方向有直齿、斜齿、人字齿或弧形齿。

齿轮有标准齿轮与非标准齿轮，具有标准齿的齿轮称为标准齿轮。这里只讨论齿廓曲线为渐开线的标准齿轮的基本知识与规定画法。

### （一）直齿圆柱齿轮

直齿圆柱齿轮的轮齿位于圆柱面上，其齿向平行于轴线。

1. 直齿圆柱齿轮各部分名称及代号(图 2-191)

(1) 齿顶圆：通过轮齿顶部的圆，其直径用 $d_a$ 表示。

(2) 齿根圆：通过轮齿根部的圆，其直径 $d_f$ 表示。

(3) 分度圆：齿轮上一个特定的假想圆。对于标准齿轮，分度圆是指使齿厚 $s$ 与齿间 $e$ 相等的圆，其直径用 $d$ 表示。分度圆是设计、制造齿轮时进行计算和分齿的基准圆。

(4) 齿顶高：齿顶圆与分度圆的径向距离称齿顶高，用 $h_a$ 表示。

(5) 齿根高：分度圆与齿根圆之间的径向距离称齿根高，用 $h_f$ 表示。

(6) 齿高：顶圆与齿根圆的径向距离称齿高，用 $h$ 表示，$h=h_a+h_f$。

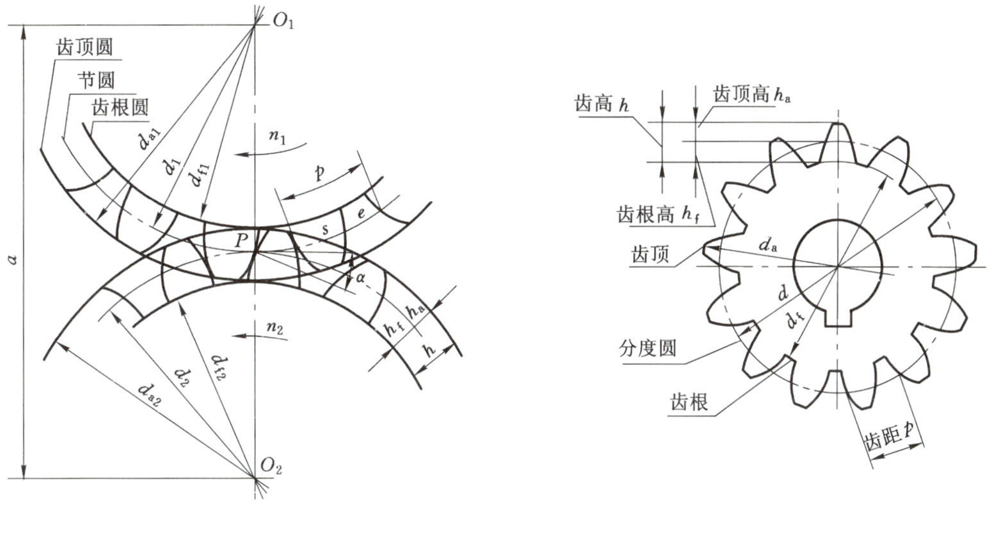


(a)　　　　(b)

图 2-191　直齿圆柱齿轮各部分名称及代号

(7) 齿距:在分度圆上,相邻两个轮齿上对应点之间的弧长称齿距,用 $p$ 表示。分度圆上齿厚 $s$、齿间 $e$ 与齿距的关系为 $s=e=p/2$。当齿轮齿数为 $z$ 时,分度圆圆周为 $p_z$。

(8) 模数:轮齿的基本参数。由于分度圆圆周长 $\pi d=zp$,则 $d=zp/\pi$,令 $m=p/\pi$,$m$ 称为模数,得 $d=mz$。模数单位为毫米(mm),为了便于设计制造,模数已标准化。标准模数见表 2-19。

表 2-19　标准模数　　单位:mm

| | |
|---|---|
| 第一系列 | 1,1.25,1.5,2,2.5,3,4,5,6,8,10,12,16,20,25,32,40,50 |
| 第二系列 | 1.125,1.375,1.75,2.25,2.75,3.5,4.5,5.5,(6.5),7,9,11,14,18,22,28,35,45 |

注:在选用模数时,应优先选用第一系列,其次是第二系列,括号内的模数值尽可能不用。

齿轮的模数 $m$ 确定后,根据与模数 $m$ 的比例关系可以算出轮齿的各基本尺寸。可以看出,模数 $m$ 越大,轮齿就越大;模数 $m$ 越小,轮齿就越小。模数是计算齿轮尺寸的重要参数。两啮合齿轮的齿距相等,因此它们的模数也必须相等。

(9) 节圆:两齿轮啮合时,齿廓接触点称为节点,以 $P$ 表示。啮合两齿轮连心线上两相切的圆称为节圆,其直径用 $d'$ 表示。标准齿轮分度圆与节圆重合,即 $d=d'$。

(10) 压力角:在节点 $P$ 处两齿廓的公法线(齿廓所受法向压力方向)与两节圆的公切线(节点处瞬时速度方向)所夹的锐角称压力角,用 $\alpha$ 表示。我国采用的渐开线齿形 $\alpha=20°$。

(11) 中心距:两啮合齿轮轴线间的距离称中心距,用 $a$ 表示。

(12) 传动比:$i=n_1/n_2=z_2/z_1$。其中,$n_1$、$z_1$ 代表主动齿轮每分钟的转数和齿数;$n_2$、$z_2$ 代表从动齿轮每分钟的转数和齿数。

2. 标准直齿圆柱齿轮的几何尺寸计算

标准直齿圆柱齿轮的各部分尺寸的计算公式见表 2-20。

表 2-20 标准直齿圆柱齿轮几何尺寸的计算公式

| 名称 | 代号 | 计算公式 |
|---|---|---|
| 齿顶高 | $h_a$ | $h_a=m$ |
| 齿根高 | $h_f$ | $h_f=1.25m$ |
| 齿高 | $h$ | $h=h_a+h_f=2.25m$ |
| 分度圆直径 | $d$ | $d=mz$ |
| 齿顶圆直径 | $d_a$ | $d_a=d+2h_a=m(z+2)$ |
| 齿根圆直径 | $d_f$ | $d_f=d-2h_f=m(z-2.5)$ |
| 齿距 | $p$ | $p=\pi m$ |
| 中心距 | $a$ | $a=(d_1+d_2)/2=m(z_1+z_2)/2$ |

3. 直齿圆柱齿轮的规定画法

(1) 单个齿轮的画法

单个圆柱齿轮的画法

渐开线齿轮的轮齿部分规定画法为：齿顶圆和齿顶线用粗实线绘制；分度圆和分度线用点画线绘制；齿根圆和齿根线用细实线绘制或省略不画，具体如图 2-192(a)、(c)所示。在剖视图上，当剖切平面通过轴线时轮齿部分按不剖处理，此时的齿根线画成粗实线，具体如图 2-192(b)所示。

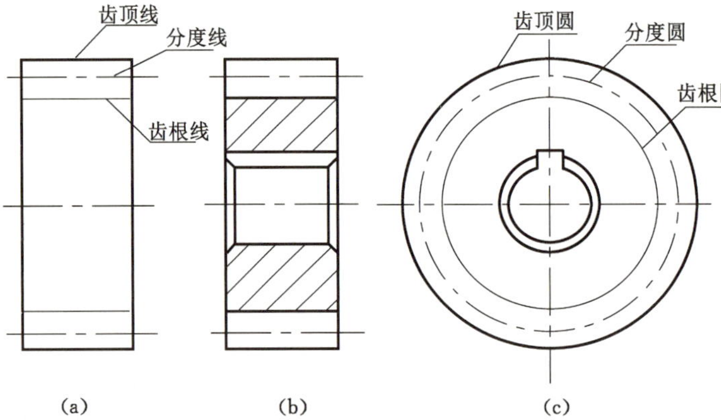


图 2-192 直齿圆柱齿轮的画法

(2) 圆柱齿轮的啮合画法

在投影为圆的视图中，两齿轮的节圆相切，用点画线画出；啮合区内的齿顶圆用粗实线画出或省略不画，如图 2-193(b)、(d)所示；齿根圆用细实线画出或省略不画，如图 2-193(b)、(d)所示。

在投影为非圆的外形图，啮合区的齿顶线和齿根线均不画出，而将节线用粗实线绘制，如图 2-193(c)所示。在剖视图中，啮合区内将一个齿轮的轮齿用粗实线绘制；另一个齿轮的轮齿被遮挡的部分画成虚线或省略不画，如图 2-193(a)所示。

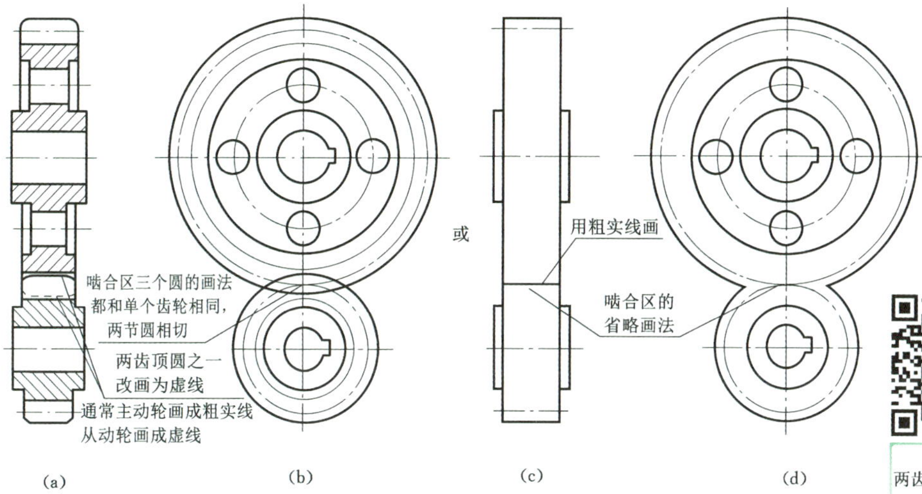


两齿轮啮合的画法

图 2-193 齿轮的啮合画法

图 2-194 所示为齿轮、齿条的啮合画法。齿条可以看成直径无穷大的齿轮，这时的齿顶圆、分度圆、齿根圆和齿廓都是直线。它的模数与其啮合齿轮的模数相同，画法与两圆柱齿轮啮合画法相同，此时齿轮的节圆与齿条的节线相切。

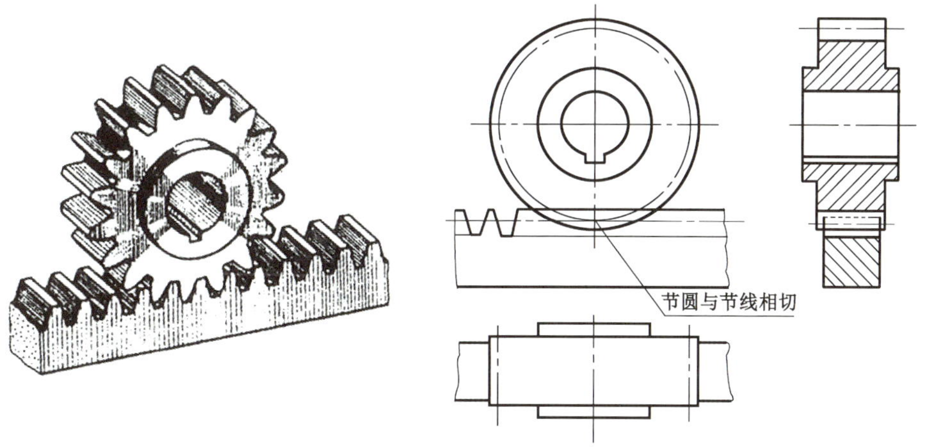


图 2-194 齿轮、齿条啮合画法

（二）斜齿圆柱齿轮

1. 斜齿圆柱齿轮各部分尺寸及其相互关系

斜齿圆柱齿轮的齿向对齿轮的轴线是倾斜的，假如用一个与分度圆重合的圆柱面剖切斜齿圆柱齿轮，然后将圆柱断面展开，如图 2-195 所示，图中齿向和轴线间夹角 $\beta$ 称螺旋角。由于其端面（垂直于轴线）的齿形和法面（垂直于齿向）的齿形不同，于是就产生了端面齿距

$p_t$ 和法向齿距 $p_n$ 以及端面模数 $m_t$ 和法向模数 $m_n$。由图还可以看出，法向齿距和端面齿距的关系是：

$$p_n = p_t \cos \beta$$

又

$$m_n = p_n / \pi, \quad m_t = p_t / \pi$$

则

$$m_n = m_t \cos \beta$$

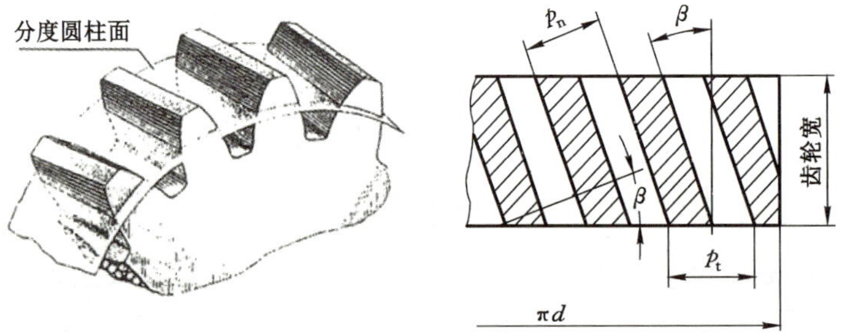


图 2-195　斜齿圆柱齿轮分度圆柱的展开图

法向模数是斜齿圆柱齿轮的主要参数，在设计、制造时仍应从表 2-19 中选取标准值。标准法向压力角 $\alpha_n = 20°$。

斜齿圆柱齿轮各部分尺寸的计算方法与直齿圆柱齿轮基本相同，具体计算公式见表 2-21。

表 2-21　标准斜齿轮各基本尺寸的计算公式

| 名称 | 代号 | 计算公式 |
|---|---|---|
| 法向齿距 | $p_n$ | $p_n = m_n \pi$ |
| 齿顶高 | $h_a$ | $h_a = m_n$ |
| 齿根高 | $h_f$ | $h_f = 1.25m_n$ |
| 齿高 | $h$ | $h = 2.25m_n$ |
| 分度圆直径 | $d$ | $d = m_n z / \cos \beta$ |
| 齿顶圆直径 | $d_a$ | $d_a = d + 2m_n = m_n(z+2)$ |
| 齿根圆直径 | $d_f$ | $d_f = d - 2.5m_n = m_n(z-2.5)$ |
| 中心距 | $a$ | $a = (d_1 + d_2)/2 = m_n(z_1 + z_2)/(2\cos \beta)$ |

2. 斜齿圆柱齿轮的画法

斜齿圆柱齿轮的画法与直齿圆柱齿轮的画法基本相同，只是常将非圆视图画成局部剖视图，在未剖的外形图上用三条与齿线方向一致的细实线表示。图 2-196(a)、(b)分别表示单个斜齿轮的画法和一对斜齿轮的啮合画法，两个互相啮合的斜齿轮的螺旋角大小相等、方向相反。

（三）圆锥齿轮

1. 直齿圆锥齿轮的尺寸计算

由于圆锥齿轮的轮齿是在圆锥面上加工出来的，因此其齿厚沿锥顶方向逐渐变小(图 2-197)，其模数也是从大端到小端逐渐减小。为了计算、测量和制造方便，国标上规定根据大端参数来计算它的各部分尺寸。

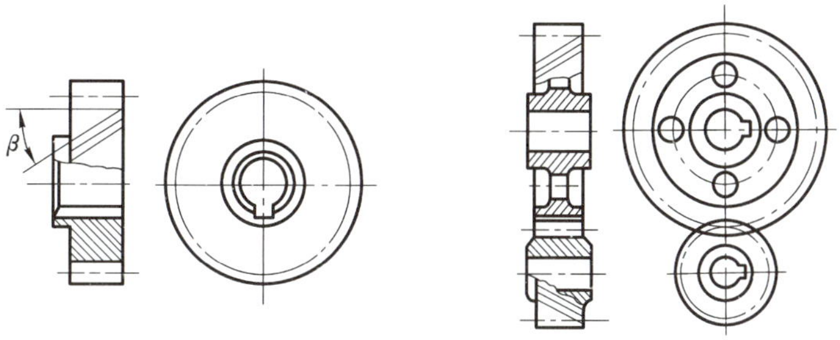


(a)　　　　(b)

图 2-196　单个斜齿圆柱齿轮的画法和一对斜齿轮啮合画法

直齿圆锥齿轮各部分名称如图 2-198 所示。它的尺寸计算与圆柱齿轮相似，当知道一对啮合圆锥齿轮的模数和齿数后，各部分尺寸按表 2-22 中的公式计算。

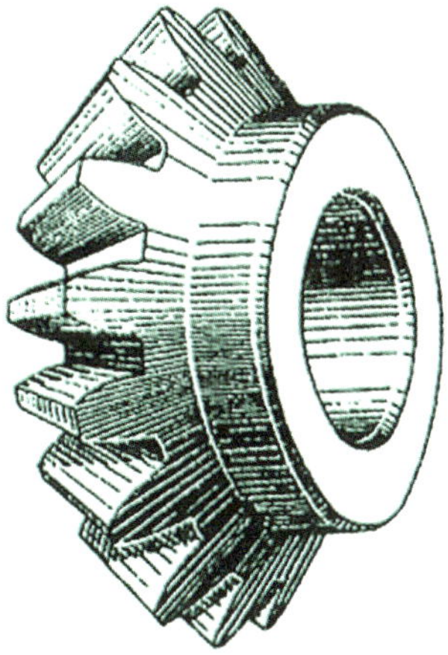

图 2-197　圆锥齿轮

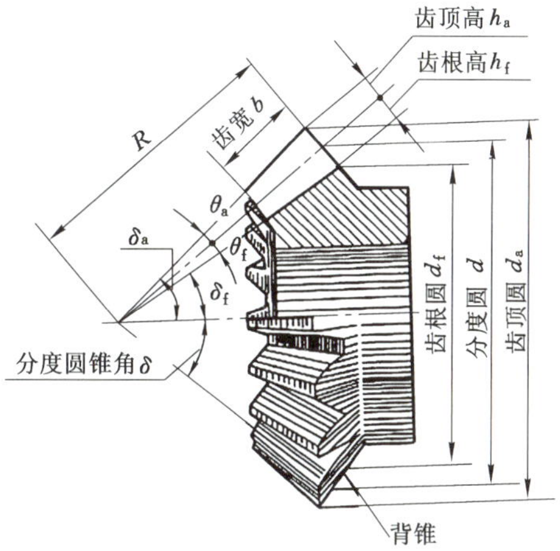


图 2-198　直齿圆锥齿轮各部分名称

表 2-22　直齿圆锥齿轮的尺寸计算

| 名称 | 代号 | 计算公式 |
|---|---|---|
| 齿顶高 | $h_a$ | $h_a = m$ |
| 齿根高 | $h_f$ | $h_f = 1.2m$ |
| 齿高 | $h$ | $h = 2.2m$ |
| 分度圆直径 | $d$ | $d = mz$ |
| 齿顶圆直径 | $d_a$ | $d_a = m(z + 2\cos\delta)$ |
| 齿根圆直径 | $d_f$ | $d_f = m(z - 2.4\cos\delta)$ |
| 外锥距 | $R$ | $R = mz/(2\sin\delta)$ |
| 齿顶角 | $\theta_a$ | $\tan\theta_a = (2\sin\delta)/z$ |
| 齿根角 | $\theta_f$ | $\tan\theta_f = (2.4\sin\delta)/z$ |
| 分度圆锥角 | $\delta$ | 当 $\delta_1 + \delta_2 = 90°$ 时，$\delta_1 = 90° - \delta_2$ |
| 顶锥角 | $\delta_a$ | $\delta_a = \delta + \theta_a$ |
| 根锥角 | $\delta_f$ | $\delta_f = \delta - \theta_f$ |
| 齿宽 | $b$ | $b \leqslant 4m$ 或 $b \leqslant R/3$ |

2. 圆锥齿轮的画法

(1) 单个圆锥齿轮的画法

单个圆锥齿轮的主视图常采用全剖视。在投影为圆的视图上，只画大、小端的齿顶圆（粗实线）和大端的分度圆（用点画线表示），如图 2-199(b)所示。如果主视图不剖时，则齿根线不画，如图 2-199(c)所示。

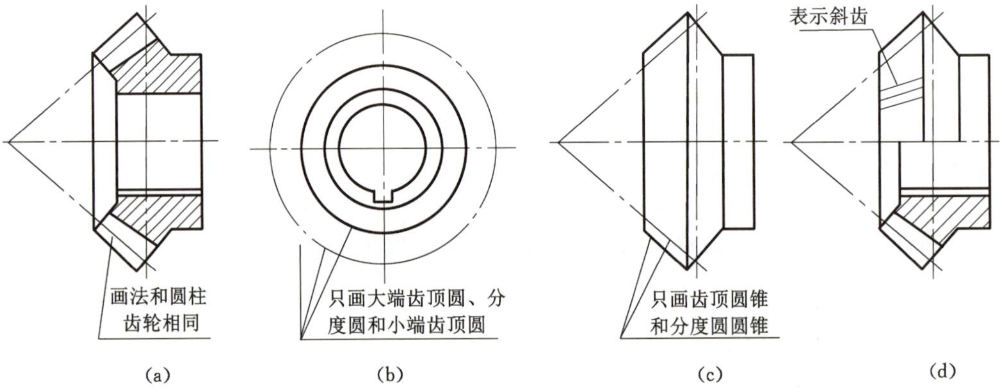


图 2-199 单个圆锥齿轮的规定画法

(2) 单个圆锥齿轮的画法

单个圆锥齿轮的作图步骤如图 2-200 所示。

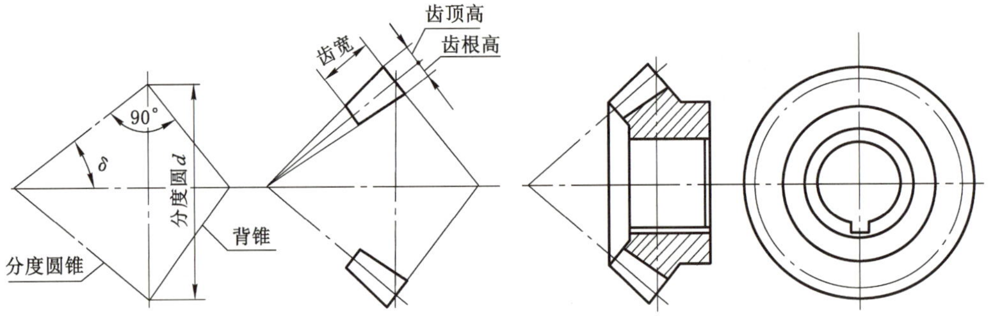


图 2-200 单个圆锥齿轮的作图步骤

(3) 圆锥齿轮的啮合画法

两圆锥齿轮的啮合画法如图 2-201 所示。剖视图啮合区域的画法与圆柱齿轮相同，也是将一个齿轮的轮齿被遮挡部分用细虚线表示或不画，其他部分画法见图中说明。

## 六、弹簧

弹簧是一种储能零件，具有减震、夹紧、测力等作用。弹簧的种类很多，常见的有螺旋压缩弹簧[图 2-202(a)]、拉伸弹簧[图 2-202(b)]、扭力弹簧[图 2-202(c)]、涡卷弹簧[图 2-202(d)]、碟形弹簧等。在此只介绍圆柱螺旋压缩弹簧的有关知识及其画法，其他弹簧的画法可查阅相关国家标准。

**微课**
轴承和弹簧

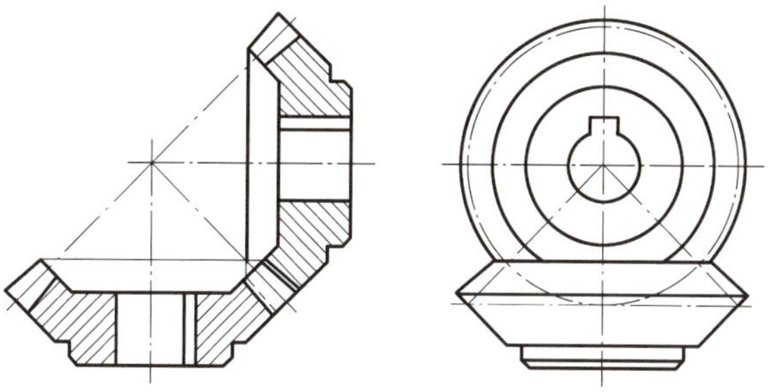

图 2-201　圆锥齿轮的啮合画法

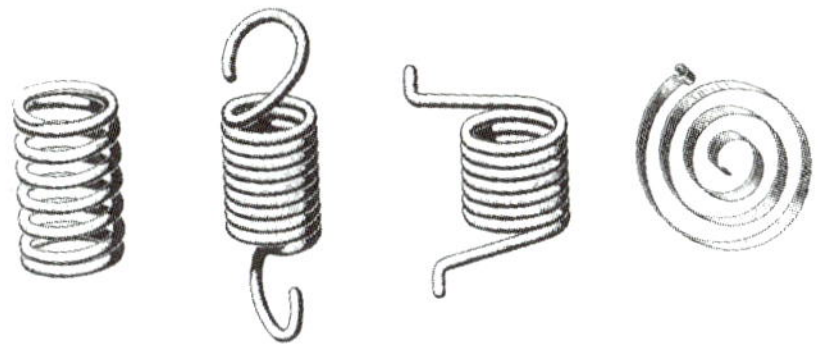


图 2-202　常用弹簧

（一）圆柱螺旋压缩弹簧各部分名称及尺寸(图 2-203)

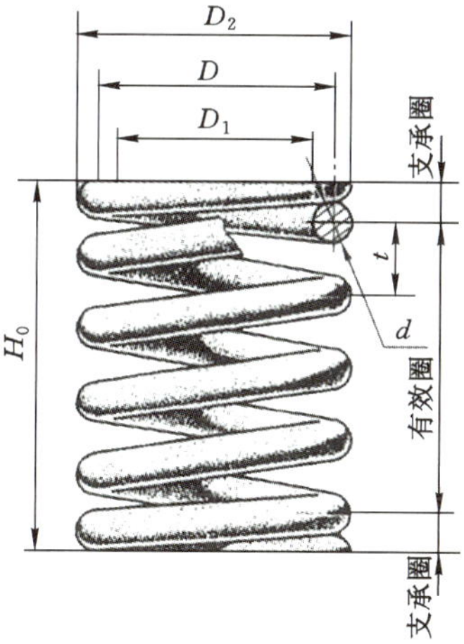


图 2-203　圆柱螺旋压缩弹簧的名称及尺寸

(1) 簧丝直径 $d$:弹簧金属丝的直径。

(2) 弹簧外径 $D_2$:弹簧最大的直径。

(3) 弹簧内径 $D_1$:弹簧最小的直径,$D_1=D_2-2d$。

(4) 弹簧中径 $D$:弹簧内径和外径的平均值,$D=(D_1+D_2)/2=D_1+d=D_2-d$。

(5) 节距 $t$:除两端外,相邻两圈的轴向距离。

(6) 有效圈数 $n$:保持相等节距且参与工作的圈数。

(7) 支承圈数 $n_z$:为了使压力弹簧在工作时受力均匀、支承平稳,要求两端面与轴线垂直。制造时，常把弹簧两端的 3/4 至 $1\frac{1}{4}$ 圈压紧靠实和磨平，使其支承平稳，此称为支承圈。支承圈根据需要有 1.5 圈、2 圈、2.5 圈三种。

(8) 总圈数：总圈数＝有效圈数＋支承圈数。

(9) 自由高度 $H_0$：弹簧在未受载荷时的弹簧高度，$H_0 = n_t + (n_z - 0.5)d$。

(10) 展开长度 $L$：制造弹簧时坯料的长度。

(11) 旋向：与螺旋线的旋向意义相同，分为左旋和右旋两种。

(二) 圆柱螺旋压缩弹簧的标记

圆柱螺旋压缩弹簧是标准件，弹簧的标记由类型代号、规格、精度代号、旋向代号和标准编号组成，规定如下：

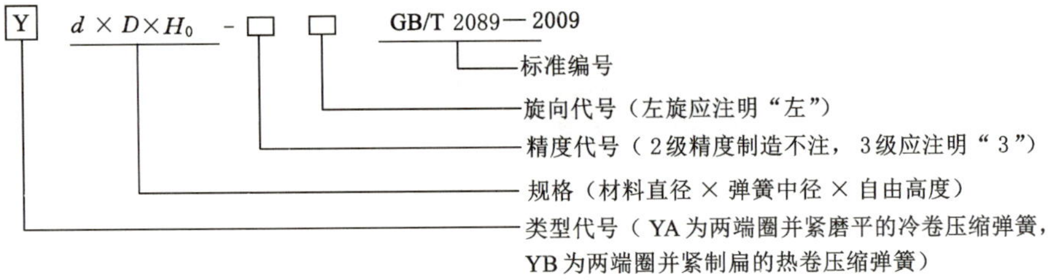


例如，YA 冷卷、两端圈并紧磨平型弹簧，材料直径为 1.2 mm，弹簧中径为 8 mm，自由高度为 40 mm，精度等级为 2 级，右旋，标记为：YA 1.2×8×40 GB/T 2089—2009。

圆柱螺旋压缩弹簧的类型、尺寸及参数等有关内容，需要时可查阅《普通圆柱螺旋压缩弹簧尺寸及参数》(GB/T 2089—2009)。

(三) 圆柱螺旋压缩弹簧的规定画法及作图步骤

1. 圆柱螺旋压缩弹簧的规定画法

(1) 在与弹簧中心轴线平行的视图上，弹簧各圈的轮廓线画成直线；单独画螺旋弹簧时，可采用过轴线的剖视图表示。

(2) 螺旋弹簧均可画成右旋，但左旋弹簧不论画成右旋还是左旋，一律要注出旋向“左”字。

(3) 有效圈在 4 圈以上，每端可只画 1～2 圈(不包括支承圈)，中间部分可省略，只需画出过簧丝中心的两条点画线，长度可缩短。

(4) 若要求两端并紧磨平时，均按支承圈数为 2.5 圈画出。

2. 圆柱螺旋压缩弹簧的作图步骤

对于圆柱螺旋压缩弹簧，具体的作图步骤如图 2-204 所示。

(四) 装配图中圆柱螺旋压缩弹簧的简化画法

在装配图中，弹簧被看作实心物体，因此，被弹簧遮住的零件轮廓不必画出，可见部分应从弹簧外轮廓线或中径画起，如图 2-205(a)所示。螺旋弹簧被剖切时，弹簧钢丝直径小于2 mm 时，断面可以用涂黑表示，如图 2-205(b)所示；也可以用示意画法，如图 2-205(c)所示。

## 任务实施

### 一、螺纹紧固件及其连接画法

**【例 2-37】** 分别补画螺栓连接和螺钉连接图中的漏线，如图 2-206(a)、(c)所示。

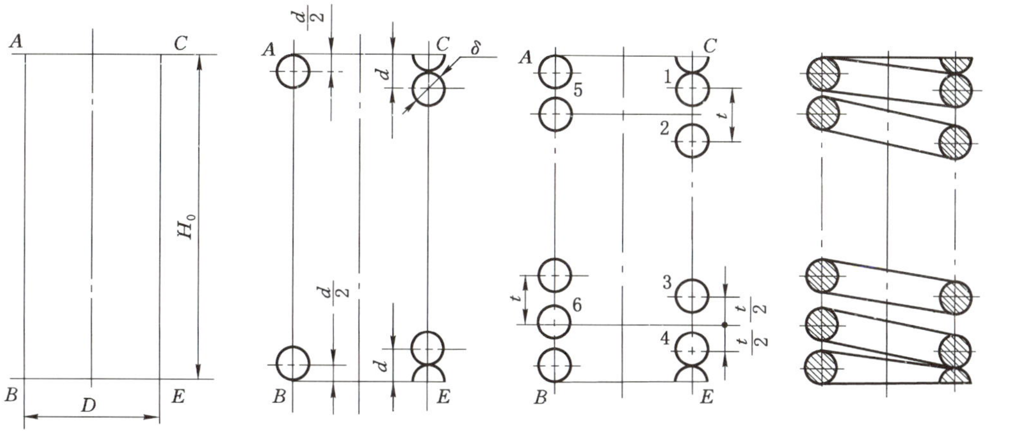


(a) 根据中径$D$和自由高度$H_0$画基准线　(b) 画支承圈和工作圈　(c) 画有效圈　(d) 按右旋方向连切线

图 2-204　圆柱螺旋压缩弹簧的作图步骤

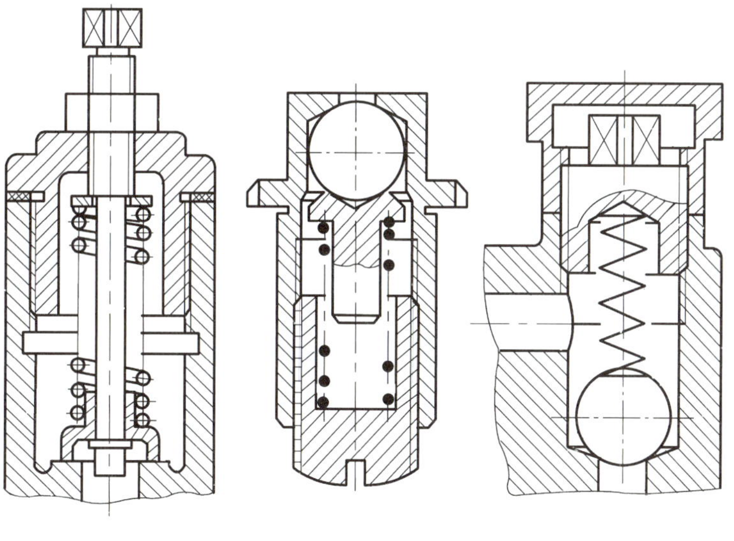

(a) 被弹簧遮挡处的画法　(b) 簧丝断面涂黑　(c) 簧丝示意画法

图 2-205　弹簧在装配图中的简化画法

**分析：**在图 2-206(a)中，主视图上需要补画被连接件通孔的投影和剖面符号、螺栓杆部的螺纹终止线和小径线，在俯视图上应补画大径和小径的投影，补线结果如图 2-206(b)所示。在图 2-206(c)中，主视图上需要补画被连接件上通孔的投影和剖面符号、螺孔的大径线，本例中螺纹深度与孔深相同，也可不同。在俯视图上应补画螺钉的一字槽投影，补线结果如图 2-206(d)所示。

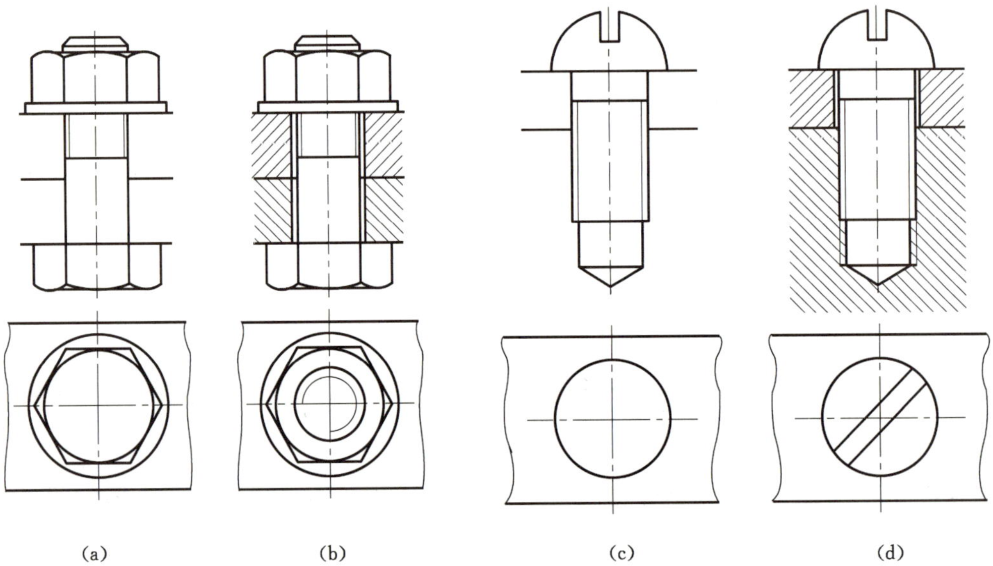


图 2-206　螺栓连接和螺钉连接图

## 二、齿轮画法

**【例 2-38】** 已知直齿圆柱齿轮的分度圆直径 $d=60$，齿数 $z=15$，试求 $m$、$d_a$、$d_f$，补全两视图，如图 2-207(a)所示。

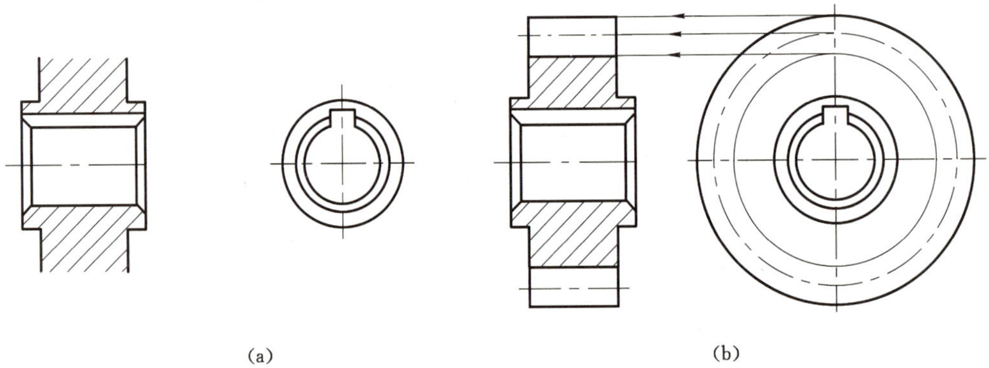


图 2-207　单个齿轮的补线

**分析：**根据图形分析，需要画出圆柱齿轮轮齿部分的投影，因此，先要求得齿顶圆直径 $d_a$ 和齿根圆直径 $d_f$（分度圆直径已知）。

由 $d=mz$ 得：

$$m=d/z=4$$

则

$$d_a=m(z+2)=68$$

$$d_f=m(z-2.5)=50$$

依据投影关系，由三个圆的直径依次画出齿顶圆、齿顶线、分度圆、分度线、齿根圆、齿根线,补线过程如图 2-207(b)所示。

**【例 2-39】** 补全两圆柱齿轮的啮合图,如图 2-208(a)所示。

**分析:**作图过程如图 2-208(b)所示,其中啮合区内靠近节线的一条细虚线和一条粗实线分别为大、小齿轮的齿顶线,可通过单个齿轮其齿顶线上、下对称的方法求得。

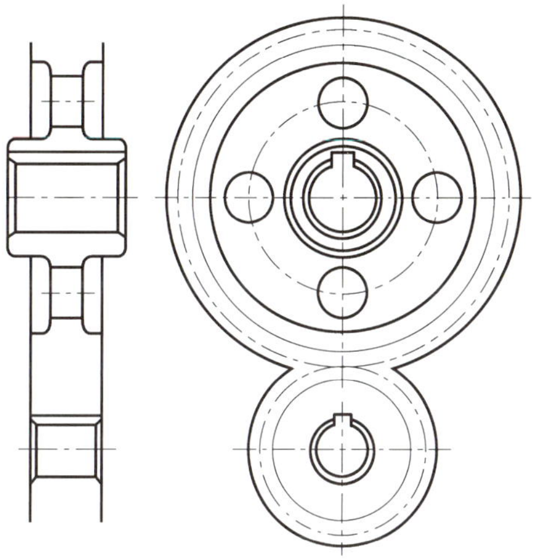

(a)

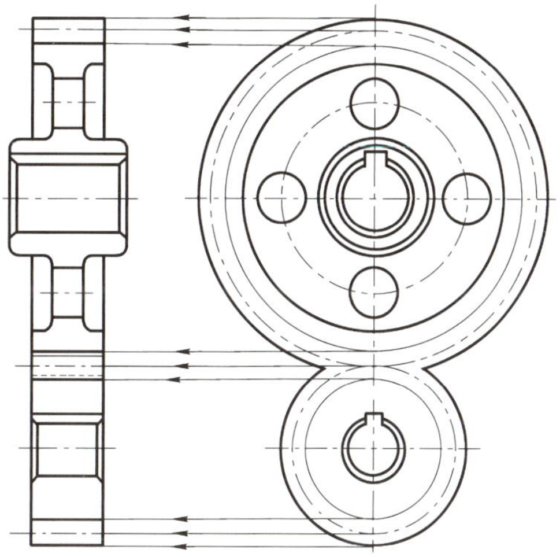

(b)

图 2-208 一对齿轮啮合的补线

# 项目三　识读机械图样与测绘

## 任务八　识读与绘制零件图

【知识要点】　了解零件图的作用，明确其表达内容和方法。

【技能目标】　能熟练识读和绘制典型零件的图样。

【思政目标】　追求卓越绘蓝图，按图索骥保质量。

### 任务导入

思政案例

机器或部件都是由许多零件装配而成的，制造机器或部件必须首先制造零件。零件图是单个零件的图样，它是制造和检验零件的主要依据。零件图是生产中指导制造和检验该零件的主要图样，它不仅仅是把零件的内、外结构形状和大小表达清楚，还需要对零件的材料、加工、检验、测量提出必要的技术要求。零件图必须包含制造和检验零件的全部技术资料。

### 相关知识

#### 一、表达零件的结构形状

微课
表达零件的结构形状

（一）零件图的内容

零件是组成机器或部件的基本单位。每一台机器或部件都是由许多零件按一定的装配关系和技术要求装配起来的。因此，制造出合格的机器或部件必须首先制造出合格的零件。零件图是用来表示零件结构形状、大小及技术要求的图样。它是制造和检验零件的主要技术依据，是生产机器设备的重要技术文件。机器或部件中，除标准件外，其余零件一般均应绘制零件图。图 3-1 所示为齿轮轴的零件图。

由图 3-1 可以看出，一张完整的零件图一般应当具有以下四项内容：

1. 一组图形

用适当数量的视图、剖视、断面图和其他规定画法等图形，完整而清晰地表达零件各部分的内、外结构形状。

2. 完整的尺寸（定位尺寸、定形尺寸、总体尺寸等）

用以正确、完整、清晰、合理地表达零件各部分的大小和各部分之间的相对位置关系。

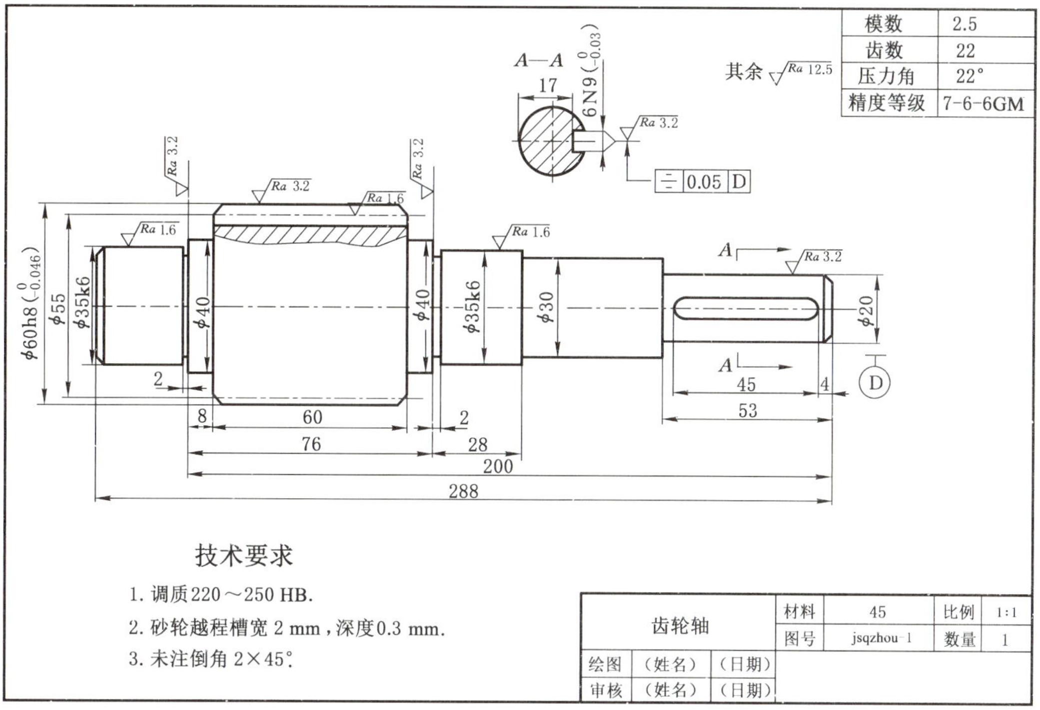


图 3-1　齿轮轴零件图

3. 技术要求

用以表示或说明零件在制造和检验时应达到的一些要求，如零件的表面粗糙度、尺寸公差、形状和位置公差及热处理要求等。

4. 标题栏

表明零件的名称、材料、数量、比例、图号和责任者签名、日期等。

（二）零件的视图表达方法

零件的视图是零件图中的重要内容之一，必须使零件上每一部分的结构形状和位置都表达完整、正确、清晰，并符合设计和制造要求，且便于画图和看图。

要达到上述要求，在画零件的视图时，应灵活运用前面学过的视图、剖视、断面图以及简化和规定画法等表达方法，选择一组恰当的图形来表达零件的形状和结构。

1. 主视图的选择

主视图是表达零件最主要的一个视图，所以，主视图选得合理与否将直接关系到零件表达方案是否合理以及看图、画图是否方便。选择主视图时应考虑以下两个方面的问题：

(1) 确定零件主视图的投影方向

确定零件主视图的投影方向的原则是：选择最能明显地反映出零件形状特征（即零件的结构形状和各组成部分相对位置）的投影方向。如图 3-2 所示的阶梯轴，以 *A* 向作为主视图投影方向，不仅能反映出各段轴的位置、形状和大小，而且能显示轴上的键槽和圆孔的位置。而 *B* 向只能看到三个同心圆。所以，选择 *A* 向作为主视图的投影方向最为合理。

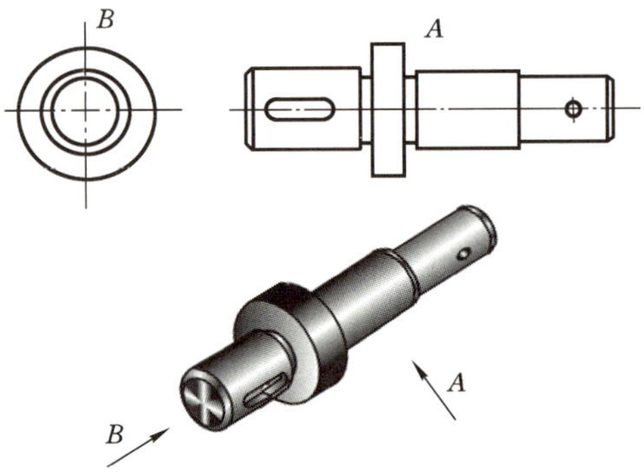


图 3-2　阶梯轴主视图方向的选择

(2) 确定零件的安放位置

当零件主视图的投影方向选定以后，其安放位置应由以下三个原则来确定：

① 加工位置原则

主视图应尽量按零件在机械加工中的主要加工工序位置放置，便于工人加工时看图。对于轴、套、轮、盘等以回转体为主体结构的零件，因其加工的主要工序是在车床和磨床上进行，所以这类零件一般以加工位置（轴线水平放置）选取主视图，如图 3-1、图 3-3 所示。

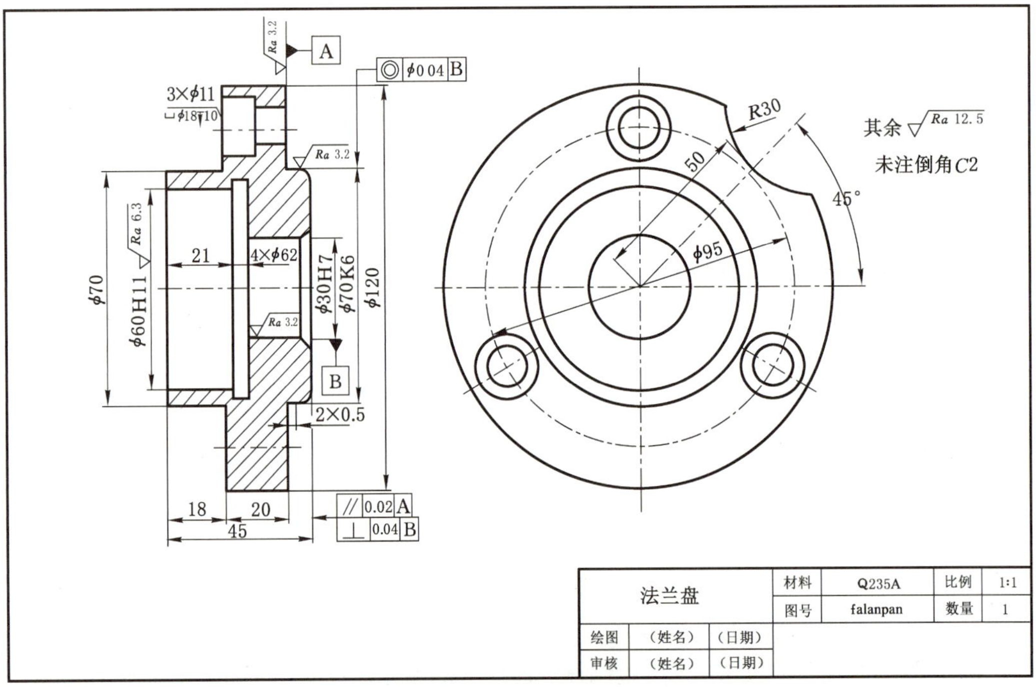


图 3-3　法兰盘零件图

② 工作位置原则

零件主视图的位置应尽量与该零件在机器中的工作位置相一致，这样便于想象零件的工作情况，且有利于看图。对于支架、箱体、钩类等零件，常按其工作位置选取主视图，如图 3-4、图 3-5 所示。

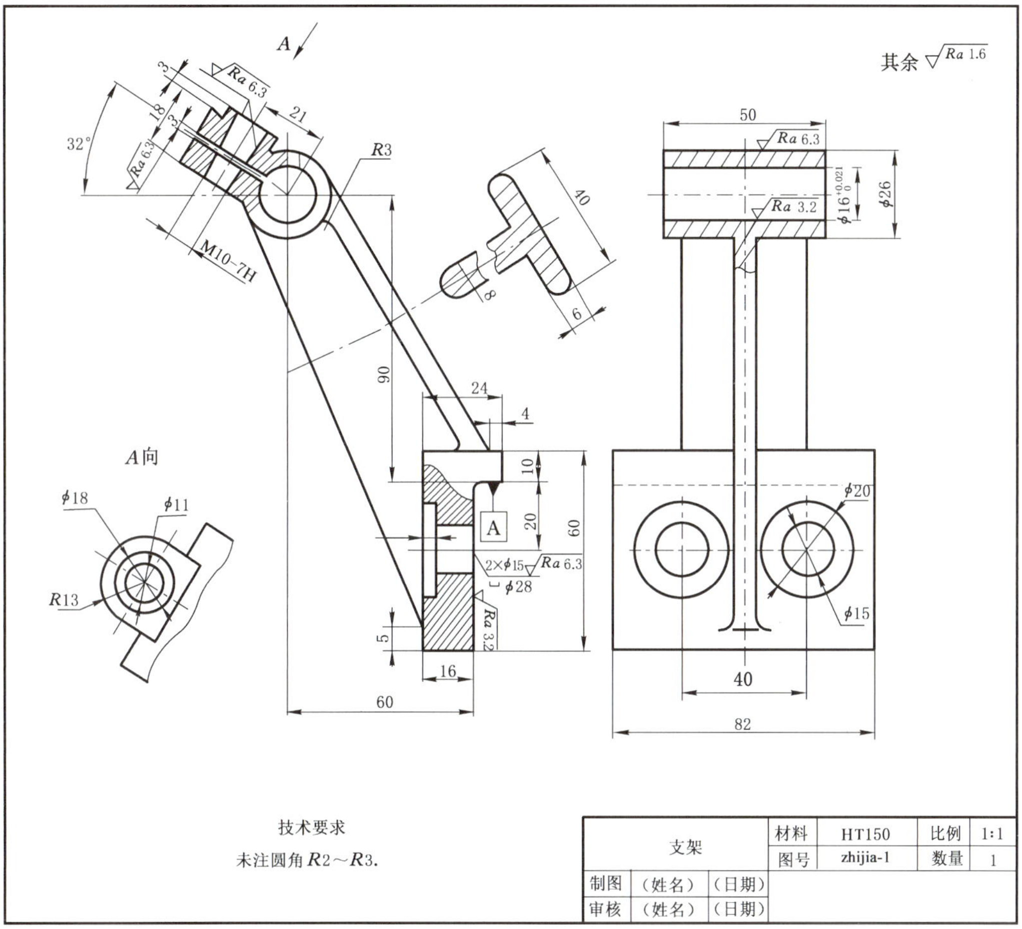


图 3-4 支架零件图

③ 自然位置原则

对于某些在机器中工作位置不固定、加工位置多变且形状不规则的零件，可按零件自然安放平稳时的位置选取主视图，如叉、杆类零件。

总之，在选择主视图时，是以表达形状特征为主，尽量做到符合加工位置和工作位置原则。

2. 其他视图的选择

主视图确定后，其他视图要配合主视图完整、清晰地表达出零件的结构形状，并尽可能减少视图的数量，所以配置其他视图时应注意以下几个问题：

(1) 每个视图都要有明确的表达重点。各个视图相互配合、相互补充，表达内容不应重复。

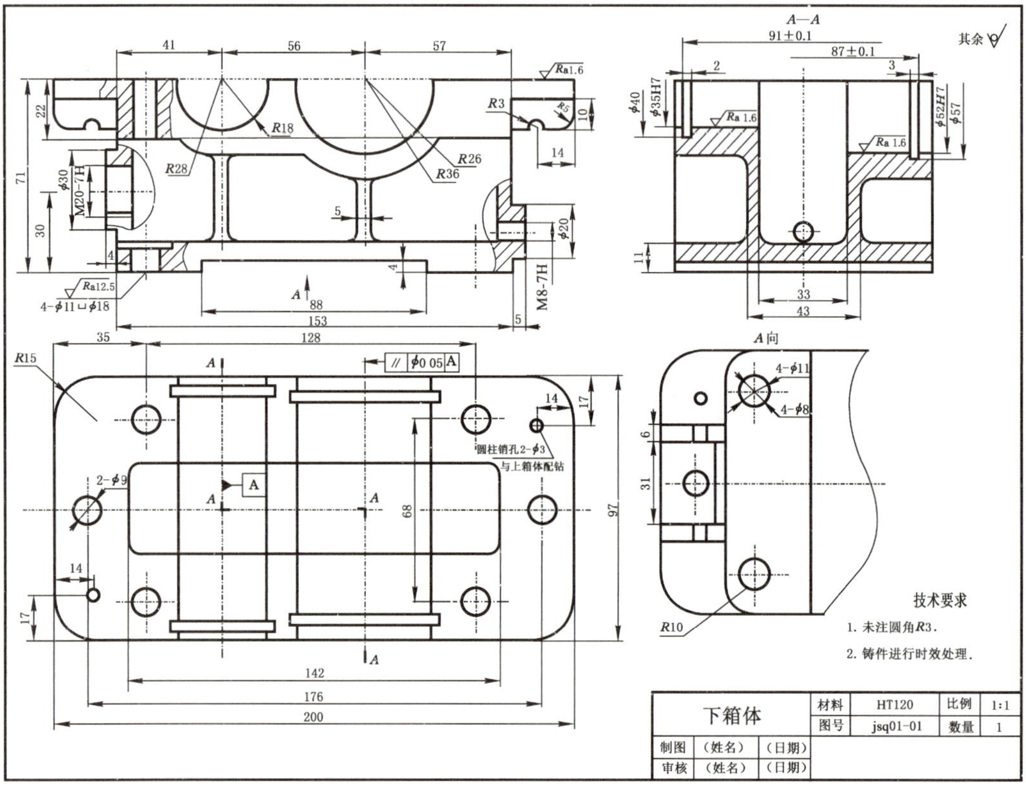


图 3-5　箱体零件图

(2) 根据零件的内部结构选择恰当的剖视图和断面图。选择剖视图和断面图时，一定要明确剖视图和断面图的意义，使其发挥最大的作用。

(3) 对尚未表达清楚的局部形状和细小结构，补充必要的局部视图和局部放大图。

(4) 尽量采用省略、简化等规定画法。

(5) 要注意合理地布置视图，以便图样清晰并有利于图幅的充分利用。

零件表达方案的选择灵活性较大，因此，在明确选择原则和要点的同时，还需要多看生产图样，不断实践，总结选择零件表达方案的经验，才能选出好的表达方案，提高表达能力。

### (三) 典型零件的表达方法

#### 1. 轴套类零件

轴套类零件各组成部分多是同轴线的回转体，主要在车床或磨床上加工，所以主视图的轴线应水平放置。这类零件一般采用主视图附加断面、局部剖视、局部放大图等图样画法来表示槽、孔等结构，如图 3-1 所示。

#### 2. 轮盘类零件

轮盘类零件主要在车床上加工，所以轴线亦应水平放置，一般选择非圆方向为主视图，根据其形状特点再配合画出局部视图或左视图，如图 3-3 所示。

#### 3. 叉架类零件

叉架类零件的形状结构一般比较复杂，加工方法和加工位置不止一个，所以主视图一般以工作位置摆放，需要的视图也较多，一般需 2～3 个视图，再根据需要配置一些局部视图、斜视图或断面图。如图 3-4 所示的支架零件，主视图按工作位置绘制，采用了局部剖视图，左视图采用了局部剖视图，此外采用了 $A$ 向局部视图表示上部凸台的形状，采用移出断面图表示倾斜肋板的断面形状。

4. 箱体类零件

箱体类零件的结构一般比较复杂，加工位置不止一个，其他零件和它有装配关系，因此，主视图一般按工作位置绘制，需采用多个视图，且各视图之间应保持直接的投影关系，没表达清楚的地方再采用局部视图或断面图表示。如图 3-5 所示的减速器下箱体就属这类零件。

（四）零件上的工艺结构及画法

零件上因设计或工艺的要求，常有一些特定的结构，如倒角、凸台、退刀槽、铸造圆角等，下面简要介绍零件上常用结构的作用、画法和尺寸标注，见表 3-1。

表 3-1　零件上常见的工艺结构

| 类别 | | 用途 | 画法示例 |
|---|---|---|---|
| 机械加工工艺结构 | 倒角与倒圆 | 为了去掉切削零件时产生的毛刺、锐边，使操作安全，便于装配，常在轴或孔的端部等处加工成倒角。倒角多为 45°，也可制成 30°或 60°。<br>为了避免在零件的台肩等转折处，因应力集中而产生裂纹，常加工出圆角。<br>倒角宽度 $C$、圆角半径 $r$ 可查表确定。零件图中的倒角可以省略不画，可在技术要求中注明 | 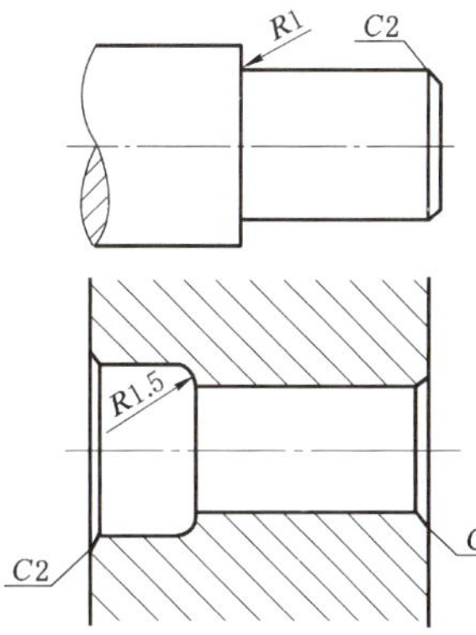 |
| | 退刀槽和越程槽 | 为了在切削零件时容易退出刀具，保证加工质量及便于装配时与相关零件靠紧，常在零件加工表面的台肩处预先加工出退刀槽或越程槽。常见的有螺纹退刀槽、砂轮越程槽、刨削越程槽等。退刀槽或越程槽的尺寸可查阅有关标准，一般的退刀槽或越程槽的尺寸可按“槽宽×槽深”或“槽宽×直径”标注。槽的结构复杂时，可画出局部放大图来标注尺寸 | 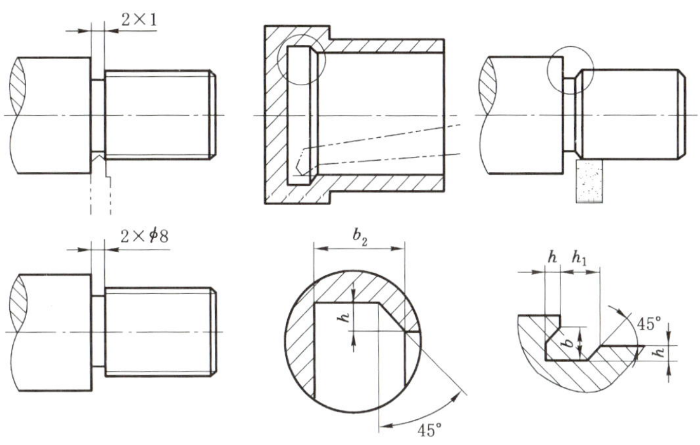 |

表 3-1(续)

| 类别 | | 用途 | 画法示例 |
|---|---|---|---|
| 机械加工工艺结构 | 凸台和凹坑 | 零件上与其他零件的接触面一般都要加工。为了减少加工面积和保证零件表面之间的接触良好，常在铸件上设计出凸台或凹坑 | 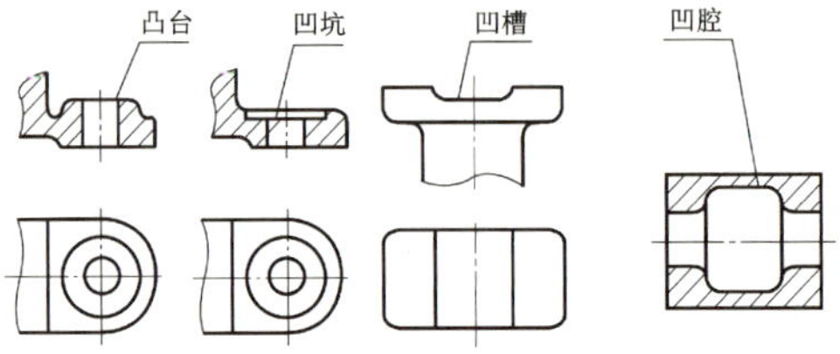 |
| | 钻孔处结构 | 钻孔时，钻头的轴线应垂直于被钻孔端面，并且不应有半悬空孔。对斜孔或曲面上的孔，应设置与钻头垂直的平面凸台或凹坑，避免钻头单边受力，产生偏斜或折断。<br>用钻头钻盲孔时，由于钻头顶部有约 120°的圆锥面，所以盲孔总有一个 120°的圆锥面，扩孔时也有一个锥角为 120°的圆台面 | 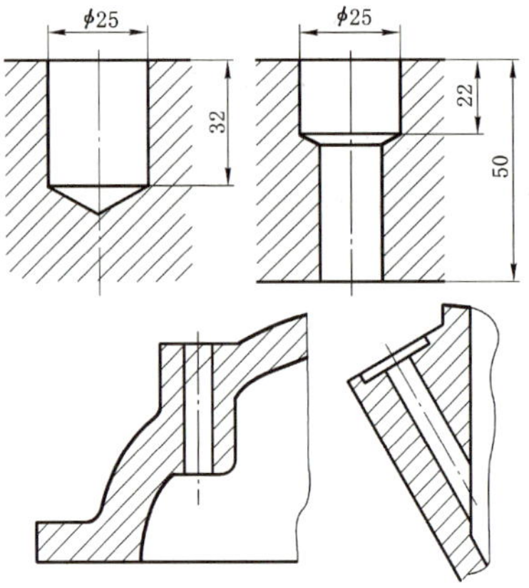 |
| 铸造工艺结构 | 铸造圆角 | 为便于铸件造型，避免从砂型中起模时砂型转角处落砂及浇注时将转角处冲毁，防止铸件转角处产生裂纹、组织疏松和缩孔等铸造缺陷，铸件上相邻表面的相交处应做成圆角。对于压铸件，其圆角能保证原料充满压模，并便于将零件从压模中取出。铸造圆角半径一般取壁厚的 0.2～0.4 倍，可从有关标准中查出。同一铸件的圆角半径大小应尽量相同或接近。铸件毛坯底面(安装面)常需经切削加工，这时铸造圆角被削平 | 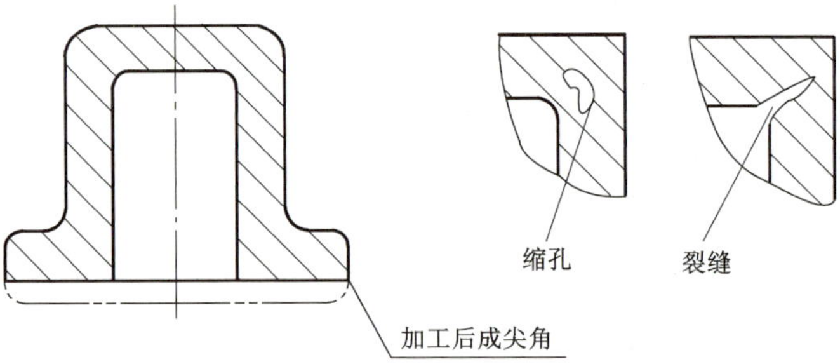 |
| | 铸件壁厚 | 铸件各部分的壁厚应尽量均匀，在不同壁厚处应使厚壁和薄壁逐渐过渡，以避免在铸造冷却过程中形成热节，产生缩孔。为避免由于厚度减薄而对强度造成影响，可用加强肋来补偿 | 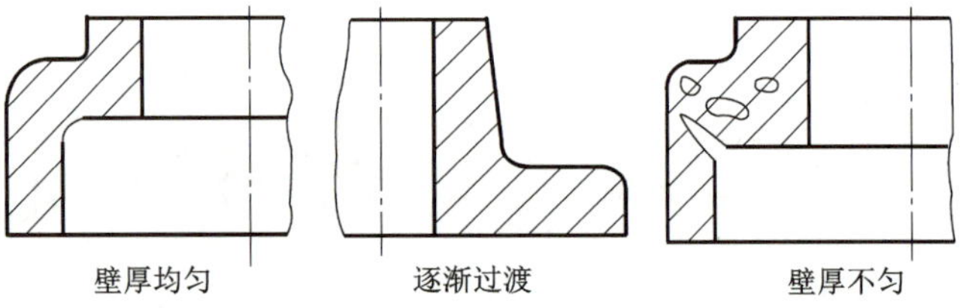 |

表 3-1(续)

| 类别 | | 用途 | 画法示例 |
|---|---|---|---|
| 铸造工艺结构 | 拔模斜度 | 造型时，为了便于将木模从砂型中取出，在铸件的内、外壁上沿起模方向常设计出一定的斜度(约 1∶10～1∶20)，叫作拔模斜度。因而铸件上也有相应的斜度。起模斜度在图中可不画出，但应在技术要求中加以注明 | 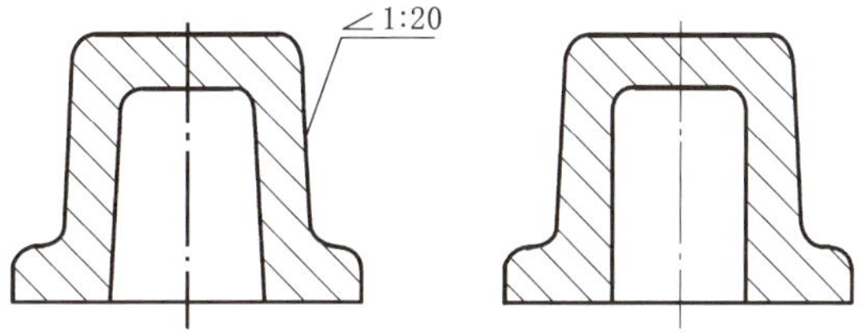 |
| | 过渡线 | 铸件表面由于圆角的存在，使铸件表面的交线变得不很明显，这种不明显的交线称为过渡线。<br>过渡线的画法与交线画法基本相同，按没有圆角的情况求出相贯线的投影，只是过渡线的两端与圆角轮廓线之间应留有空隙 | 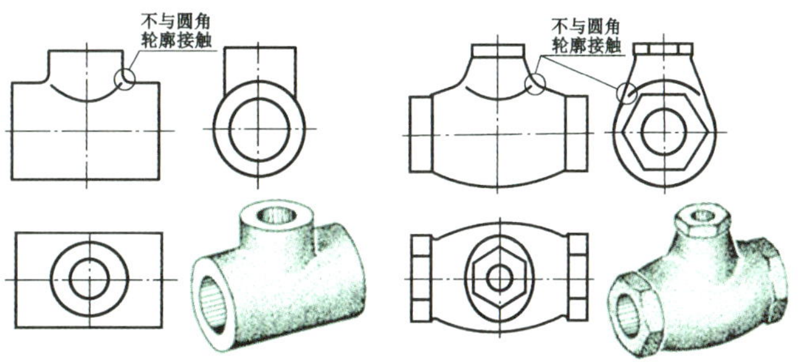 |

## 二、标注零件的尺寸与技术要求

### (一) 标注零件的尺寸

尺寸是零件图的主要内容之一，是零件加工制造的主要依据。零件图尺寸标注的要求是：正确、完整、清晰、合理。在前面已较详细介绍了正确、完整、清晰的要求，在此主要介绍怎样合理地标注尺寸。

微课
零件的尺寸标注

所谓尺寸标注合理，是指所注的尺寸既要满足设计要求，又要满足加工、测量和检验等制造工艺要求。为了能做到尺寸标注合理，必须对零件进行结构分析、形体分析和工艺分析，据此确定尺寸基准，选择合理的标注形式，结合零件的具体情况标注尺寸。

1. 尺寸基准及其选择

如前所述，尺寸基准是标注尺寸的起点。零件的尺寸基准是指导零件装配到机器上或在加工、装夹、测量和检验时，用以确定零件上几何元素位置的一些点、线或面。根据用途不同，尺寸基准可分为设计基准和工艺基准两类。

(1) 设计基准

根据机器的结构和设计要求，用以确定零件在机器中位置的一些点、线或面，称为设计基准。

如图 3-6 所示，依据轴线 B 及轴肩 A 确定齿轮轴在机器中的位置，因此该轴线和轴肩端平面分别为齿轮轴的径向和轴向的设计基准。

(2) 工艺基准

根据零件加工制造、测量和检测等工艺要求所选定的一些点、线或面，称为工艺基准。

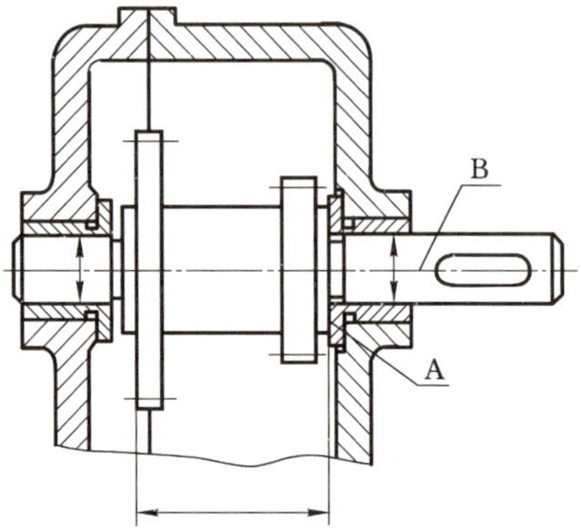


图 3-6　尺寸基准

如图 3-6 所示的齿轮轴，在加工、测量时是以轴线和左、右端面分别作为径向和轴向基准的，因此该零件的轴线和左、右端面为工艺基准。

任何一个零件都有长、宽、高三个方向(或轴向、径向两方向)的尺寸，每个尺寸都有基准，因此每个方向至少要有一个基准。同一方向上有多个基准时，其中必定有一个基准是主要的，称为主要基准，其余的基准则为辅助基准。主要基准与辅助基准之间应有尺寸联系。

主要基准应与设计基准和工艺基准重合，辅助基准可为设计基准或工艺基准。从设计基准出发标注尺寸，能反映设计要求，保证零件在机器中的工作性能；从工艺基准出发标注尺寸，能把尺寸标注与零件加工制造联系起来，保证工艺要求，方便加工和测量。因此，标注尺寸时应尽可能将设计基准与工艺基准统一起来，如图 3-6 中齿轮轴的轴线既是径向设计基准，也是径向工艺基准，即工艺基准与设计基准是重合的，称为“基准重合原则”。这样既能满足设计要求，又能满足工艺要求。一般情况下，工艺基准与设计基准是可以做到统一的，当两者不能统一起来时，要按设计要求标注尺寸，在满足设计要求前提下，力求满足工艺要求。

可作为设计基准或工艺基准的点、线、面主要有：对称平面、主要加工面、接合面、底平面、端面、轴肩平面、回转面母线、轴线、对称中心线、球心等。应根据零件的设计要求和工艺要求，结合零件实际情况恰当选择尺寸基准。

2. 尺寸标注形式(表 3-2)

表 3-2　尺寸标注形式

| 类型 | | 示例 |
|---|---|---|
| 基准型 | 零件同一方向的几个尺寸由同一基准出发进行标注。这种尺寸标注方法中的各段尺寸精度互不影响，故不产生累加误差 | 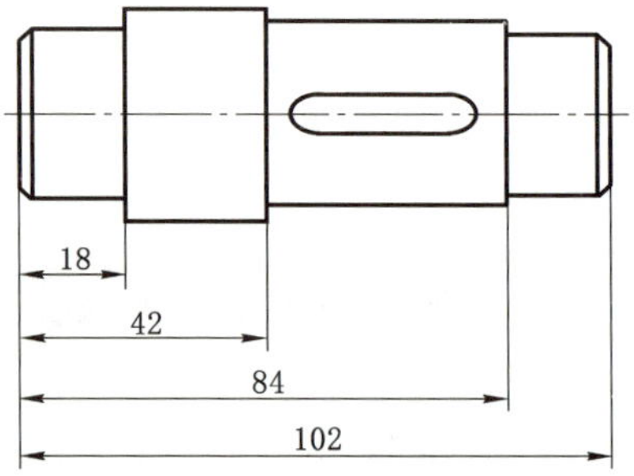 |

表 3-2(续)

<table>
<tr><th colspan="2">类型</th><th>示例</th></tr>
<tr><td>连续型</td><td>零件同一方向的几个尺寸依次首尾相接，后一尺寸以它邻接的前一个尺寸的终点为起点(基准)。这种尺寸标注方法可保证所注各段尺寸的精度要求，但由于基准依次推移，使各段尺寸的误差累加。因此，当阶梯状零件对总长精度要求不高而对各段的尺寸精度要求较高时，或零件中各孔中心距的尺寸精度要求较高时，适于采用这种尺寸标注法</td><td>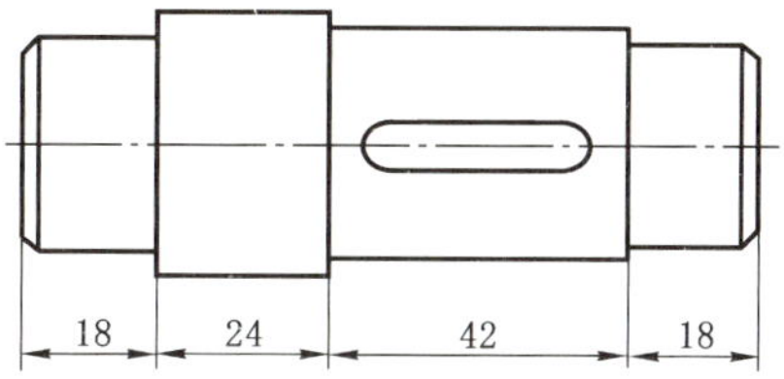
</td></tr>
<tr><td>综合型</td><td>零件同一方向的多个尺寸的标注是上述两种尺寸标注形式的综合。综合型既能保证一些精确尺寸，又能减少阶梯状零件中的尺寸误差积累。因此，综合型标注法应用较多，各尺寸的加工误差都累加到空出不注的一个尺寸上(如右侧图中的尺寸 $e$)</td><td>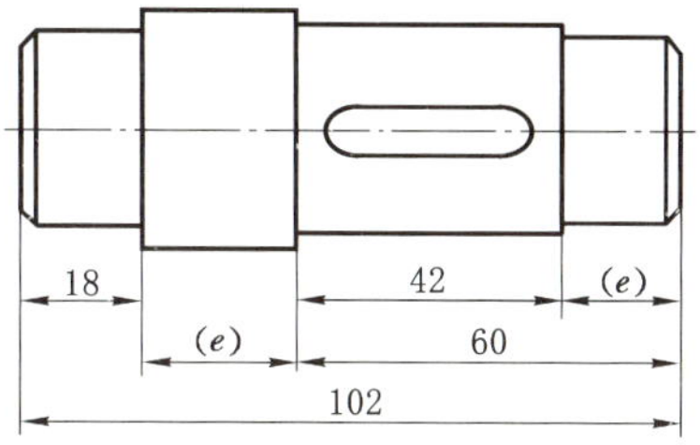
</td></tr>
</table>

3. 零件图中标注尺寸的注意事项

(1) 零件上的重要尺寸必须直接注出

重要尺寸是指零件上对机器(或部件)的使用性能和装配精度有影响的尺寸，如反映零件所属机器(或部件)的规格性能的尺寸、有装配要求的配合尺寸、保证零件正确安装的定位尺寸等。这些重要尺寸要从基准出发直接注出，以保证设计要求。如图 3-7(a)所示，轴承座的重要尺寸中心高 $h_1$ 和两安装孔的中心距 $l_1$ 都是由基准直接注出，是合理的；而不应注成图 3-7(b)所示 $h_2+h_3$ 和 $l_2-2l_3$ 的形式，因这样标注 $h_1$ 和 $l_1$ 须经过换算得到，会增加加工误差的积累，难以达到精度要求。

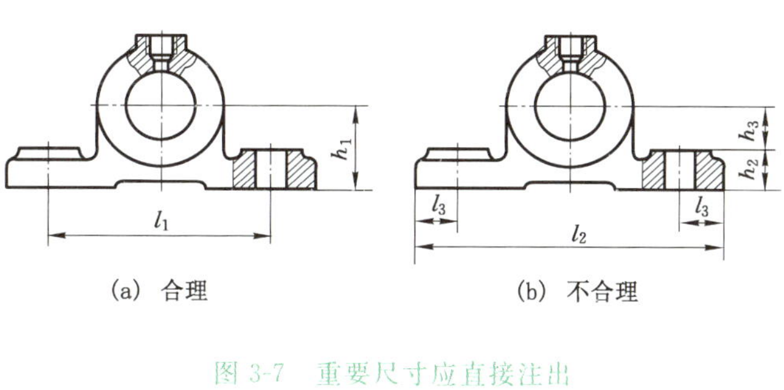


(a) 合理　　(b) 不合理

图 3-7　重要尺寸应直接注出

(2) 避免注成封闭的尺寸链

如图 3-8(a)所示，尺寸 $l_1$、$l_2$、$l_3$、$l_4$ 首尾相接，构成了一个封闭的尺寸链，尺寸链中的每个尺寸称为环。这样标注尺寸，各个尺寸精度相互影响，难以保证其中重要尺寸的精度要求。所以在标注尺寸时，应避免注成封闭的尺寸链。通常是在尺寸链中挑选一个不重要的尺寸 $l_1$ 作为开口环不加标注，使所有尺寸的加工误差都积累到开口环 $l_1$ 上，如

图 3-8(b)所示。

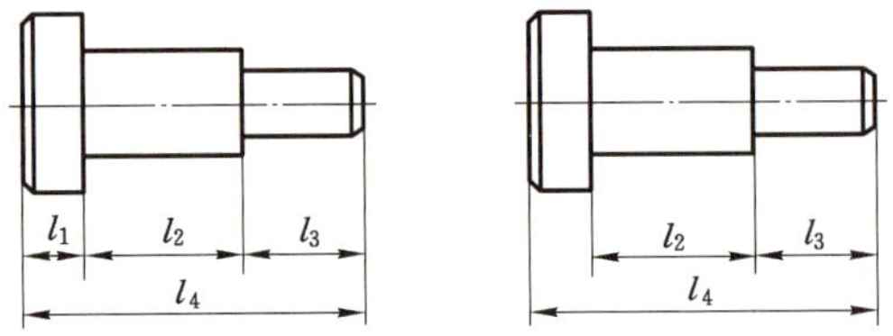


图 3-8　避免注成封闭的尺寸链

(3) 所注尺寸应符合工艺要求

① 按加工顺序标注尺寸

按加工顺序标注尺寸符合加工过程，方便加工和测量，从而易于保证工艺要求。如图 3-9 所示零件的加工顺序，不同工种加工的尺寸应尽量分开标注。

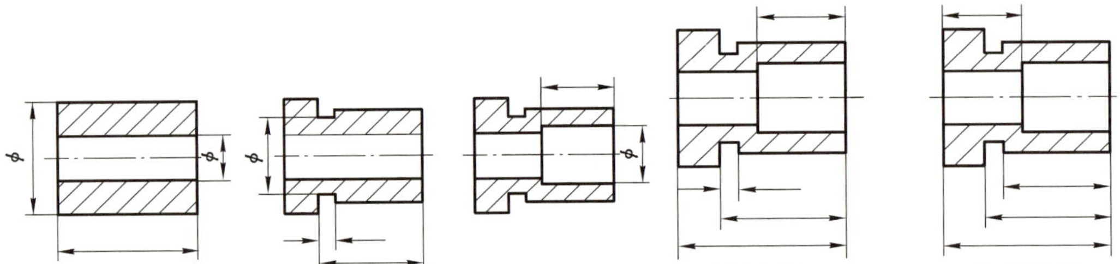


图 3-9　零件的加工顺序及尺寸标注

② 标注尺寸应尽量方便测量

在没有结构上或其他重要的要求时，标注尺寸应尽量考虑测量方便，尽量做到使用普通量具就能测量，以减少专用量具的设计和制造，如图 3-10 所示。

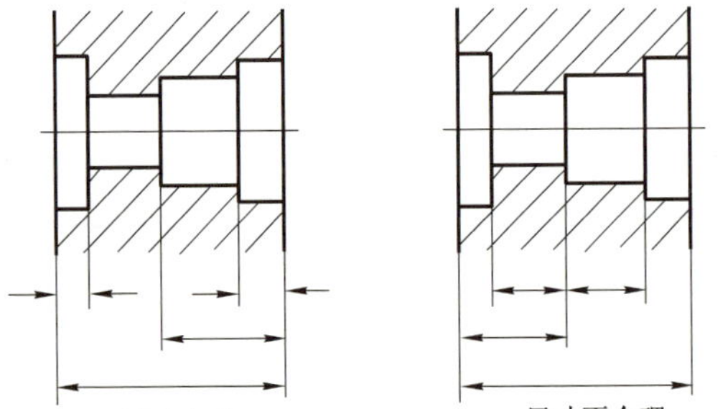


图 3-10　按测量要求标注尺寸

③ 标注尺寸应考虑加工方法和特点

图 3-11(a)所示轴承盖下部的半圆孔，是与轴承座半圆孔合在一起后加工出来的，因此不能注半径而应注直径($\phi 45$、$\phi 40^{+0.039}_{0}$)；图 3-11(b)所示的夹紧块，其左上方有一个圆弧

槽，此槽是用圆盘铣刀加工的，为了便于选取刀具，应注出圆弧直径尺寸 $\phi60$。

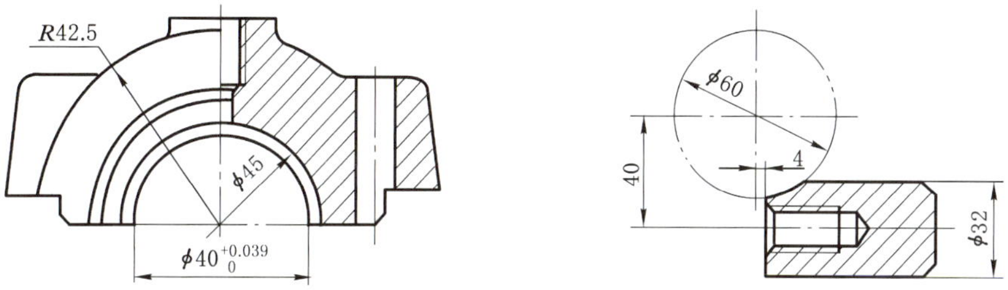


(a) 标注半圆孔直径　　　　(b) 标注圆弧直径

图 3-11　按加工方法标注尺寸

4. 零件上常见孔的尺寸注法

零件上常见结构较多，它们的尺寸注法已基本标准化。表 3-3 所例为零件上常见孔的尺寸注法。

表 3-3　零件上常见孔的尺寸注法

| 结构类型 | | 旁注法 | 普通注法 | 说明 |
|---|---|---|---|---|
| 光孔 | 圆柱孔 | 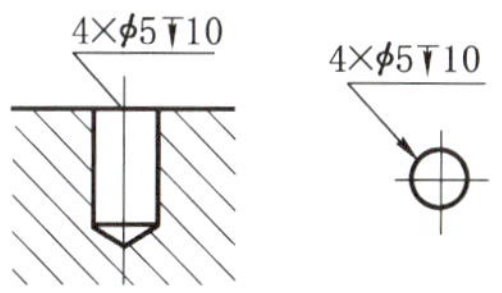 | 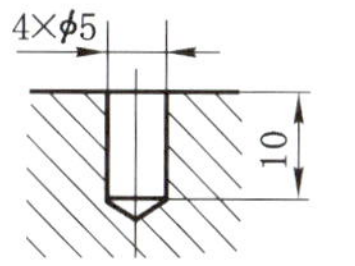 | “↧”深度符号；4 个 $\phi5$ 的孔，孔深 10 |
| | 锥销孔 | 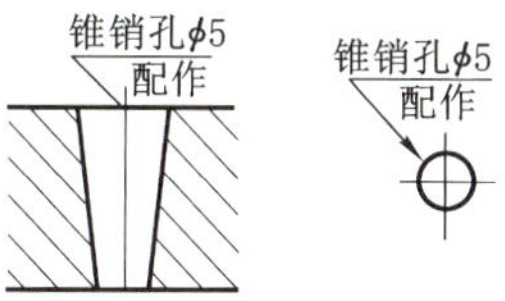 | 无<br>（圆锥销孔都采用旁注法） | “配作”是指和另一零件的同位锥销孔一起加工；$\phi5$ 是指配用圆锥销的公称直径（小端直径） |
| 沉孔 | 锥形沉孔 | 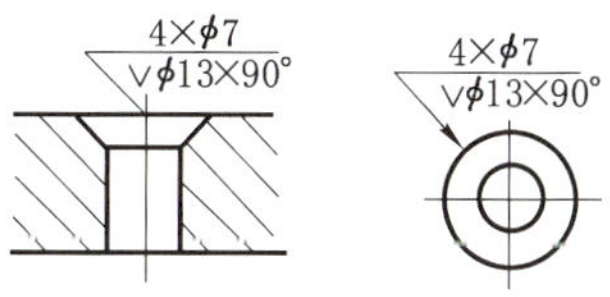 | 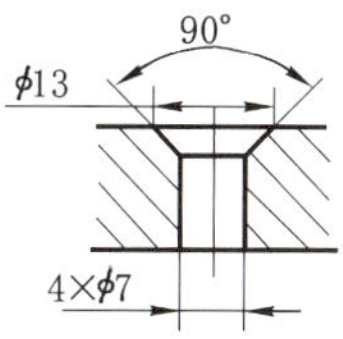 | “∨”为埋头孔符号；该孔用于安装开槽沉头螺钉，4 个 $\phi7$ 的沉孔，锥形孔 $\phi13$，90° |
| | 柱形沉孔 | 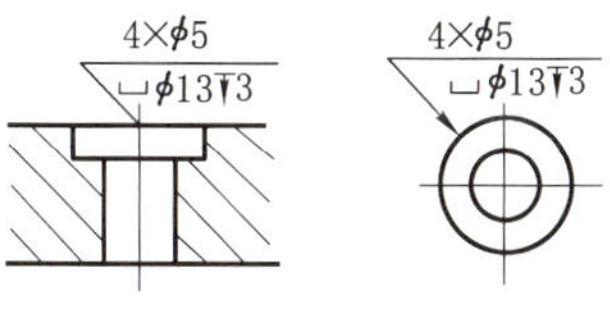 | 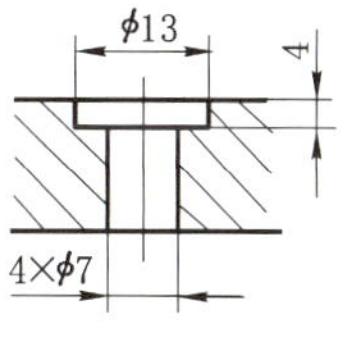 | “⌴”为沉孔符号(同锪平)；沉孔用来安装内六角圆柱头螺钉，其直径和深度均应注出 |

表 3-3(续)

| 结构类型 | | 旁注法 | 普通注法 | 说明 |
|---|---|---|---|---|
| 沉孔 | 锪平沉孔 | 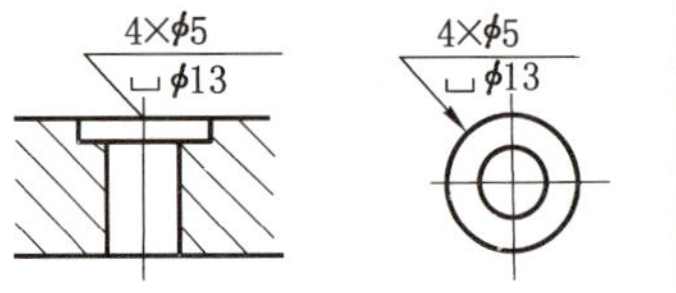 | 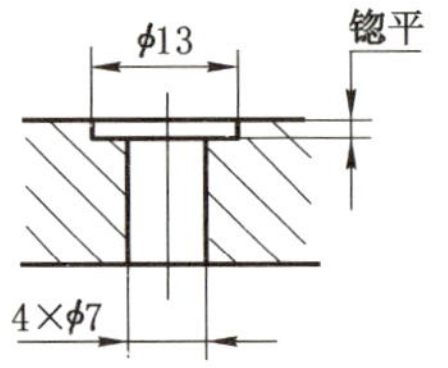 | “⌴”为沉孔符号，无深度要求时表示“锪平”；<br>锪平加工通常加工到不出现毛坯面为止，锪平面 ϕ13 的深度不需要标注 |
| 螺纹孔 | 通孔 | 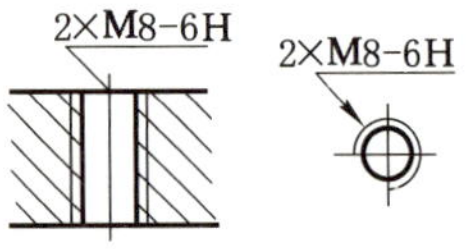 | 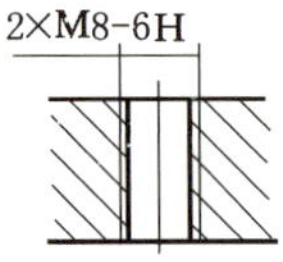 | 两个 M8 的普通粗牙螺纹，通孔，中径、顶径公差为 6H |
| | 不通孔 | 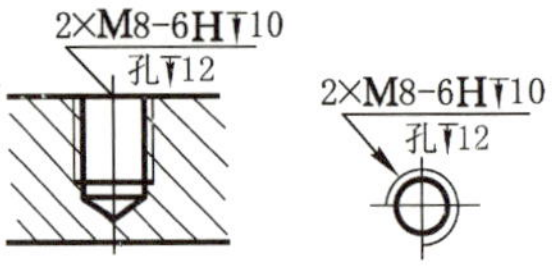 | 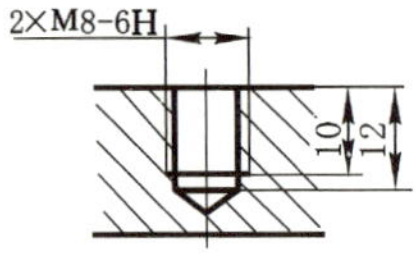 | 两个 M8 的普通粗牙螺纹，螺孔深 10，钻孔深 12 |

（二）标注零件的技术要求

零件图上除了表达零件的形状和尺寸以外，还必须注明零件在制造和检验时应达到的一些加工要求，通常称为“技术要求”。如零件的表面粗糙度、尺寸公差、形状和位置公差及热处理等。

零件图的技术要求，一般应按规定直接标注在图形上，也可用简明文字注写在图样的适当位置。

1. 表面粗糙度

(1) 表面粗糙度的概念

零件在加工时，由于机器、刀具的振动，材料被切削分裂时产生塑性变形和刀痕等影响，零件加工表面不可能是光滑平整的理想表面，用放大镜观察可看出表面仍是高低不平的，存在许多间距较小的轮廓峰谷，如图 3-12 所示。这种零件加工表面上所具有的较小间距和峰谷所形成的微观几何形状特征，称为表面粗糙度。

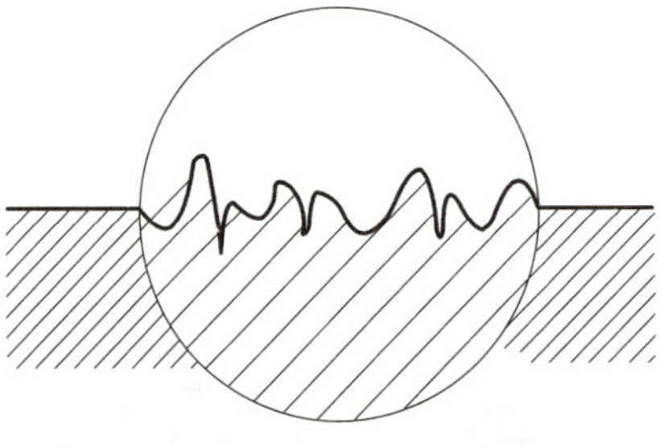

图 3-12　表面粗糙度的概念

表面粗糙度反映零件表面的光滑程度。表面粗糙度是评定零件表面质量的一项重要指标。因为它对零件的配合性能、耐磨性、抗腐蚀性、抗疲劳强度、接触刚度、密封性及美观度等均有直接影响。

(2) 表面粗糙度的评定参数

评定表面粗糙度的主要参数是轮廓算术平均偏差 $Ra$，它是指在取样长度 $l$ 范围内，被测轮廓线上各点至基准线的距离 $Y_i$ 绝对值的算术平均值，如图 3-13 所示。可近似地表示为：

$$Ra=\frac{1}{n_{i=1}}\left|y_i\right|$$

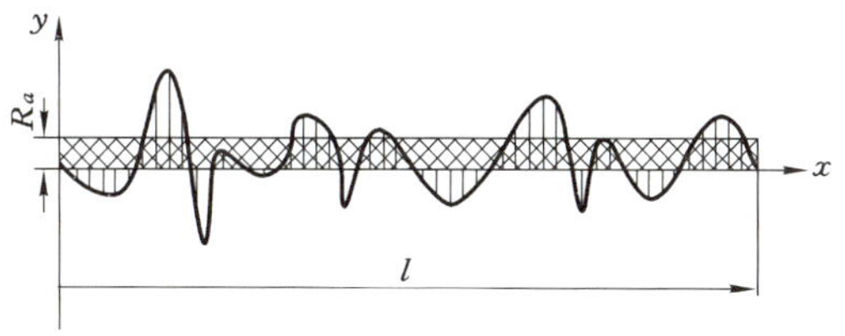


图 3-13 轮廓算术平均偏差

表面粗糙度对零件的配合性质、耐磨程度、抗疲劳强度、抗腐蚀性及外观等都有影响，因此，要合理选择其数值。表 3-4 列出了国家标准推荐的优先选用系列与加工方法及应用举例。

表 3-4 轮廓算术平均偏差 *Ra* 的数值

| *Ra* | 表面特征 | 主要加工方法 | 应用举例 |
|---|---|---|---|
| 100 | 明显可见刀痕 | 粗车、铣、刨、钻 | 粗加工表面，一般很少应用 |
| 50 | | | |
| 25 | 可见刀痕 | | |
| 12.5 | 微见刀痕 | 粗车、刨、立铣、平铣、钻等 | 不接触表面、不重要的接触面，如螺钉孔、倒角、机座底面等 |
| 6.3 | 可见加工痕迹 | 精车、精铣、精刨、铰、镗、粗磨等 | 无相对运动的零件接触面，如箱、盖、套筒要求紧贴的表面及键和键槽工作表面；相对运动速度不高的接触面，如支架孔、衬套、带轮轴孔的工作表面 |
| 3.2 | 微见加工痕迹 | | |
| 1.6 | 看不见加工痕迹 | | |
| 0.8 | 可辨加工痕迹方向 | 精车、精铰、精拉、精镗、精磨等 | 要求密合好的接触面，如与滚动轴承配合的表面、锥销孔等；相对运动速度较高的接触面，如滑动轴承的配合表面、齿轮轮齿的工作表面等 |
| 0.4 | 微辨加工痕迹方向 | | |
| 0.2 | 不可辨加工痕迹方向 | | |
| 0.1 | 暗光泽面 | 研磨、抛光、超级精细研磨等 | 精密量具的表面、极重要零件的摩擦面，如汽缸的内表面、精密机床的主轴颈、坐标镗床的主轴颈等 |
| 0.05 | 亮光泽面 | | |
| 0.025 | 镜状光泽面 | | |
| 0.012 | 雾状镜面 | | |

*Ra* 的数值越小，零件表面越趋平整光滑，但加工成本也就随之相应提高；*Ra* 的数值越大，零件表面越粗糙。

(3) 表面粗糙度代(符)号及其标注

表面粗糙度代号由表面粗糙度符号和在其周围标注的表面粗糙度数值及有关规定符号所组成。表面粗糙度的符号及其画法见表 3-5。表面粗糙度符号的尺寸比例按表 3-6 规定对应选取。

**表 3-5　表面粗糙度的符号及其画法**

| 符号名称 | 符号 | 含义 |
|---|---|---|
| 基本符号 | 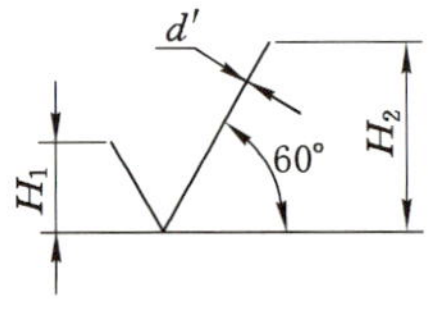 $H_1$、$H_2$、$d'$尺寸见表 3-6 | 表示未指定工艺方法的表面，仅适用于简化代号标注，没有补充说明时不能单独使用 |
| 扩展符号 |  | 表示用去除材料的方法获得的表面，仅当其含义是“被加工表面”时可单独使用 |
| | 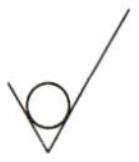 | 表示不去除材料的表面，也可用于保持上道工序的状况或原供应状况 |
| 完整符号 | 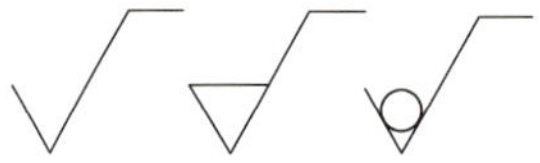 | 当要求标注表面结构特征的补充信息时，用于标注有关参数和说明 |
| 全周符号 | 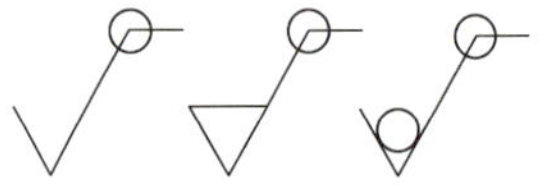 | 在上述 3 个符号的长边上均可加一横线，表示所有表面具有相同的表面粗糙度要求 |

**表 3-6　表面粗糙度符号的尺寸比例**

| 轮廓线的线宽 $d$ | 0.35 | 0.5 | 0.7 | 1 | 1.4 | 2 | 2.8 |
|---|---|---|---|---|---|---|---|
| 数字与字母高度 $h$ | 2.5 | 3.5 | 5 | 7 | 10 | 14 | 20 |
| 符号的线宽 $d'$、数字与字母笔画宽度 | 0.25 | 0.35 | 0.5 | 0.7 | 1 | 1.4 | 2 |
| 高度 $H_1$ | 3.5 | 5 | 7 | 10 | 14 | 20 | 28 |
| 高度 $H_2$ | 8 | 11 | 15 | 21 | 30 | 42 | 60 |

(4) 表面结构要求在图形符号中的注写位置

为了明确表面结构要求，除了标注表面结构参数和数值外，必要时应标注补充要求，包括传输带、加工工艺、表面纹理及方向、加工余量等。这些要求在图形符号中的注写位置如图 3-14 所示。

(5) 表面粗糙度代号

表面粗糙度符号中注写了所要求的表面特征参数后，即构成表面粗糙度代号。表面粗糙度代号的含义见表 3-7。

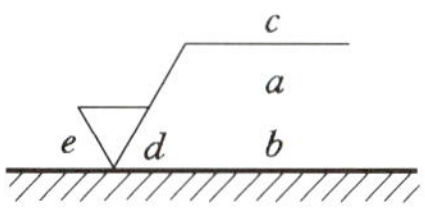


位置 $a$　　注写表面结构的单一要求
位置 $a$ 和 $b$　注写表面结构的第一、第二要求
位置 $c$　　注写加工方法，如车、磨、镀等
位置 $d$　　注写表面纹理和方法
位置 $e$　　注写加工余量

图 3-14　补充要求的注写位置

**表 3-7　表面粗糙度代号及其含义**

| 序号 | 代号示例 | 含义 | 说明 |
|---|---|---|---|
| 1 | 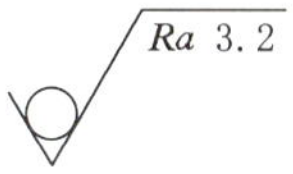 | 表示不允许去除材料，单向上限值，默认传输带，$R$ 轮廓（粗糙度轮廓），轮廓的算术平均偏差上限值为 3.2 μm，评定长度为 5 个取样长度（默认），“16%规则”（默认） | （1）参数代号与极限值之间应留空格。<br>（2）“传输带”是指评定时的波长范围，参见 GB/T 6062—2009。<br>（3）“16%规则”是指同一评定长度范围内所有的实测值中，大于上限值或小于下限值的个数应少于总数的 16%；极值规则：整个被测表面上所有的实测值皆应不大于最大允许值，皆应不小于最小允许值。参见 GB/T 10610—2009。<br>（4）若为单项上限值，“U”可不注；但若为单项下限值，则应加注“L”。<br>（5）表中所涉及术语可查阅 GB/T 131—2006 及其相关标准 |
| 2 | 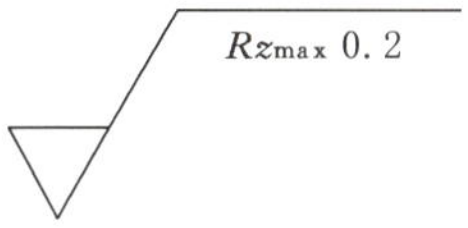 | 表示去除材料，单向上限值，默认传输带，$R$ 轮廓（粗糙度轮廓），轮廓最大高度的最大值为 0.2 m，评定长度为 5 个取样长度（默认），“16%规则”（默认） | |
| 3 | 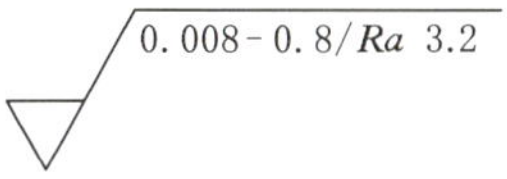 | 表示去除材料，单向上限值，传输带 0.008～0.8 mm，$R$ 轮廓（粗糙度轮廓），轮廓算术平均偏差上限值为 3.2 μm，评定长度为 5 个取样长度（默认），“16%规则”（默认） | |
| 4 | 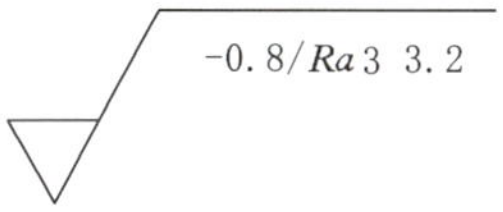 | 表示去除材料，单向上限值，传输带：根据 GB/T 6062—2009，取样长度 0.8 mm（$\lambda_s$ 默认 0.002 5 mm），$R$ 轮廓，轮廓算术平均偏差上限值为 3.2 μm，评定长度为 3 个取样长度，“16%规则”（默认） | |
| 5 | 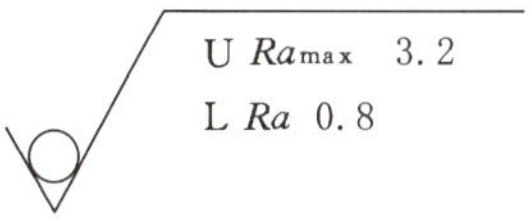 | 表示不允许去除材料，双向极限值，两极限值均使用默认传输带，$R$ 轮廓，上限值：算术平均偏差 3.2 μm，评定长度为 5 个取样长度（默认），“最大规则”；下限值：算术平均偏差 0.8 μm，评定长度为 5 个取样长度（默认），“16%规则”（默认） | |

（6）表面结构要求在图样中的注法

表面结构代号在图样上的标注方法见表 3-8。

表 3-8　表面粗糙度代号标注示例

<table>
<tr><td colspan="2">
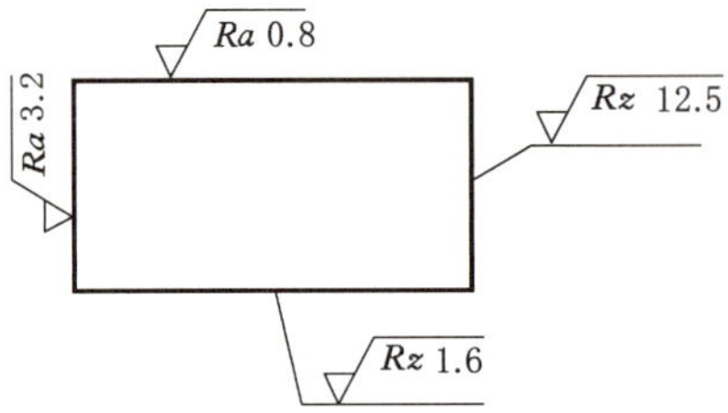

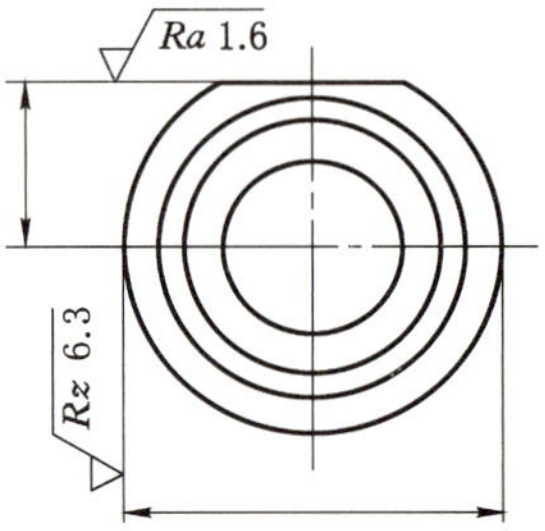

表面粗糙度要求对每一表面一般只标注一次，并尽可能标注在相应的尺寸及其公差的同一视图上。除非另有说明，所标注的表面结构要求是对完工零件表面的要求。注写和读取方向与尺寸的注写和读取方向一致
</td></tr>
<tr><td colspan="2">
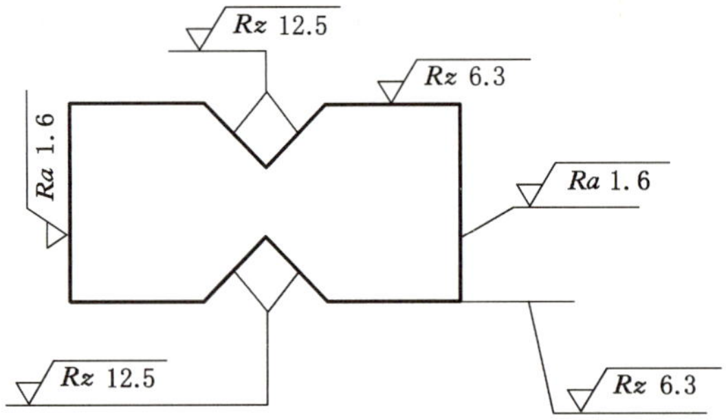

一般标注于可见轮廓线或其延长线上，符号应从材料外指向并接触表面
</td></tr>
<tr><td colspan="2">
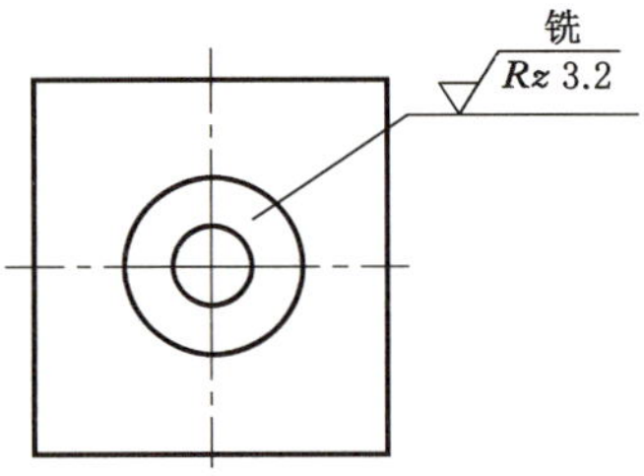

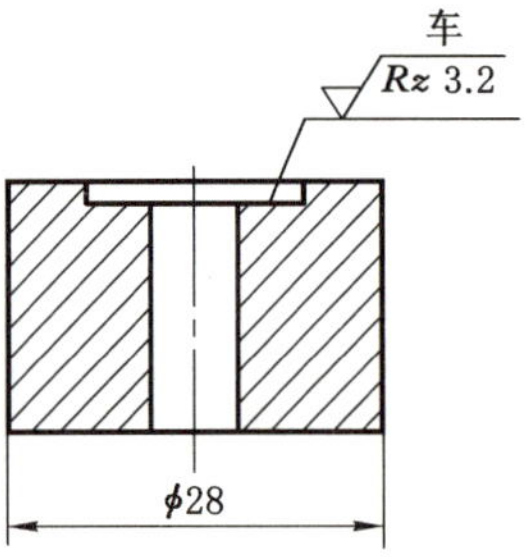

必要时也可用带箭头或者黑点的指引线引出标注
</td></tr>
<tr><td>
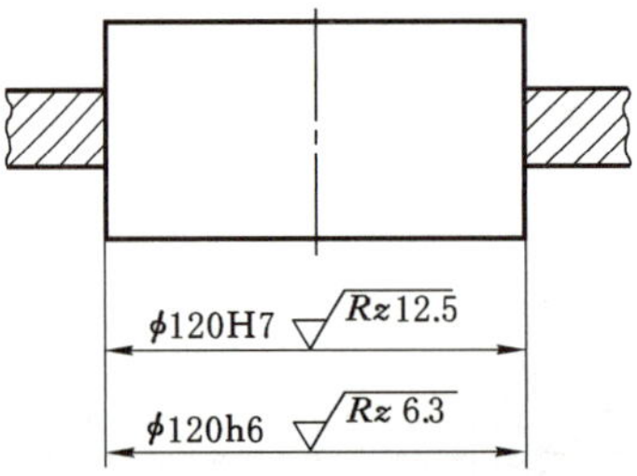

在不致引起误解时，也可以标注在给定的尺寸线上
</td><td>
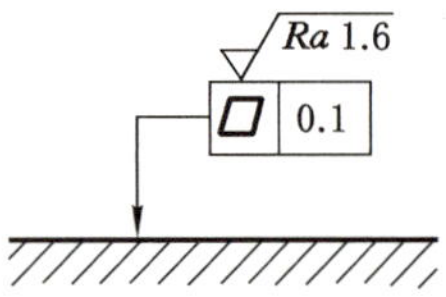

表面粗糙度代号还可标注在形位公差框格的上方
</td></tr>
</table>

(7) 表面结构要求在图样中的简化注法

① 封闭轮廓的各表面有相同的表面粗糙度要求的注法

当在图样的某个视图上构成封闭轮廓的各表面有相同的表面粗糙度要求时,可在完整图形符号上加一圆圈,标注在图样中工件的封闭轮廓线上,如图 3-15 所示,表示构成封闭轮廓的 1、2、3、4、5、6 六个面的轮廓算术平均偏差的上限值均为 3.2 μm。

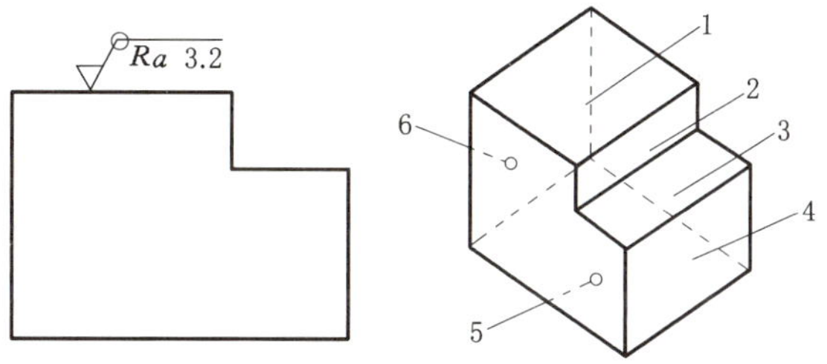


图 3-15　各表面有相同的表面粗糙度要求的注法

② 多数(包括全部)表面有相同表面粗糙度要求的注法

如果在工件的多数(包括全部)表面有相同的表面粗糙度要求,则其表面结构要求可统一标注在图样的标题栏附近。此时(除全部表面有相同要求的情况外),表面粗糙度代号的后面应包括图 3-16 所示的内容。

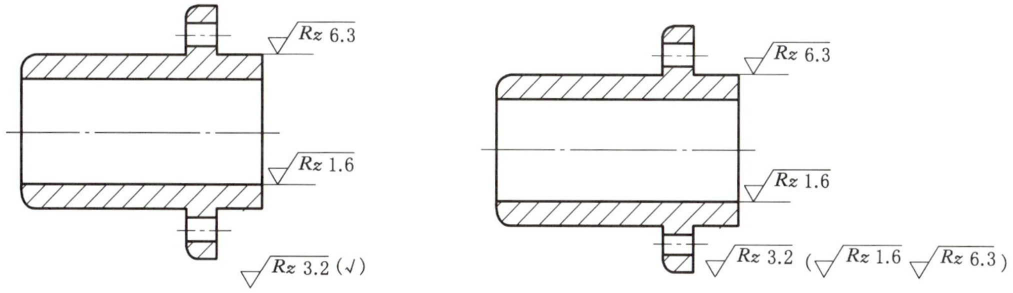


(a) 圆括号内给出无任何其他标注的基本符号　(b) 圆括号内给出不同的表面粗糙度要求

图 3-16　大多数表面有相同表面粗糙度要求的注法

③ 多个表面有相同粗糙度要求的注法

当多个表面有相同粗糙度要求或图纸空间有限时,也可以采用简化注法。

a. 用带字母的完整符号,以等式的形式,在图形或标题栏附近,对有相同表面结构要求的表面进行简化标注,如图 3-17 所示。

b. 只用表面粗糙度符号,以等式的形式给出对多个表面共同的表面粗糙度要求,如图 3-18 所示。

2. 极限与配合

对零件功能尺寸的精度控制是重要的技术要求。控制的办法是限制功能尺寸不超过设定的最大极限尺寸值和最小极限尺寸值。相配合的零件(如轴和孔)各自达到技术要求后,装配在一起就能满足设计的松紧程度和工作精度要求,保证实现功能并保证互换性。

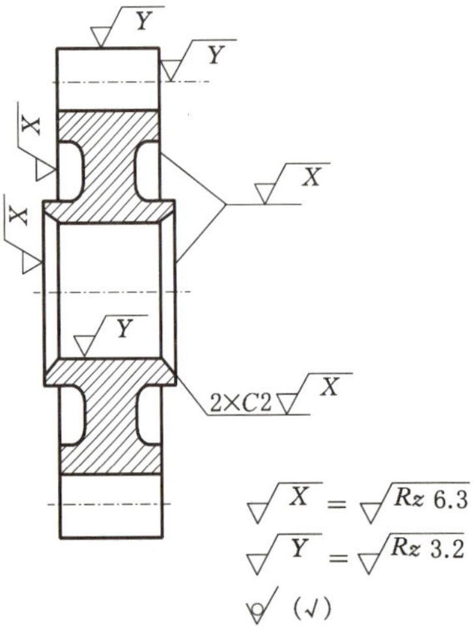


图 3-17　用带字母的完整符号的简化注法

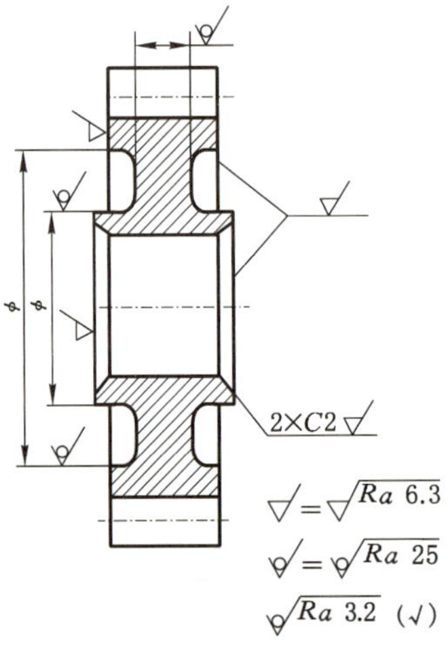


图 3-18　只用表面结构符号的简化注法

(1) 极限与配合的概念

在同一批规格大小相同的零件中任取一件，不经选择和修配就能顺利地装配到机器中去，并能保证使用要求，零件的这种性质称为互换性。极限与配合是保证零件具有互换性的重要标准。

① 基本术语

以图 3-19 为例，说明极限与配合的基本术语。

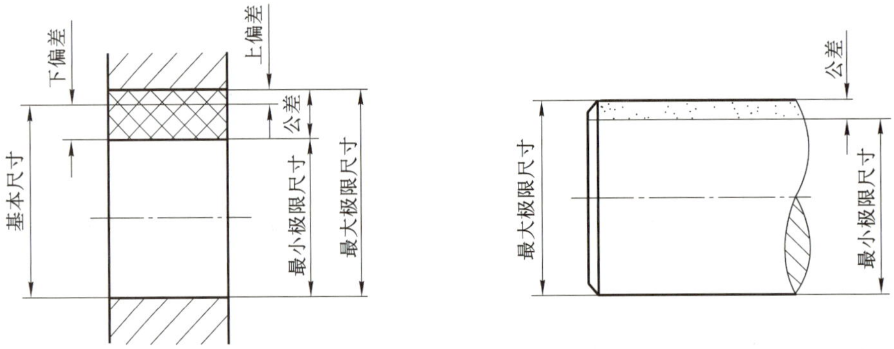


图 3-19　极限与配合的基本术语

a. 基本尺寸：设计时所确定的尺寸。孔用 $D$ 表示，轴用 $d$ 表示。

b. 实际尺寸：加工后实际测量得到的尺寸。

c. 极限尺寸：允许尺寸变化的两个界限值，它是以基本尺寸为基数来确定的。两个界限值中较大的一个称为最大极限尺寸，较小的一个称为最小极限尺寸。

d. 极限偏差(简称偏差)：极限尺寸减去基本尺寸所得的代数差。偏差可以为正、负或零值。

上偏差＝最大极限尺寸－基本尺寸

下偏差＝最小极限尺寸－基本尺寸

上、下偏差统称为极限偏差。国标规定，孔的上、下偏差分别用代号 ES 和 EI 表示；轴的上、下偏差分别用代号 es 和 ei 表示。

e. 尺寸公差(简称公差)：允许尺寸的变动量称为公差。即：

公差＝最大极限尺寸－最小极限尺寸＝上偏差－下偏差

因为最大极限尺寸总是大于最小极限尺寸，所以公差一定是正值。

孔的公差用 $T_H$ 表示，轴的公差用 $T_S$ 表示。

f. 公差带：在公差带图中，用零线表示基本尺寸，上方偏差为正，下方偏差为负，公差带是指由代表上、下偏差的两条直线所限定的一个区域，如图 3-20 所示，矩形的长度无任何意义，高度代表公差。

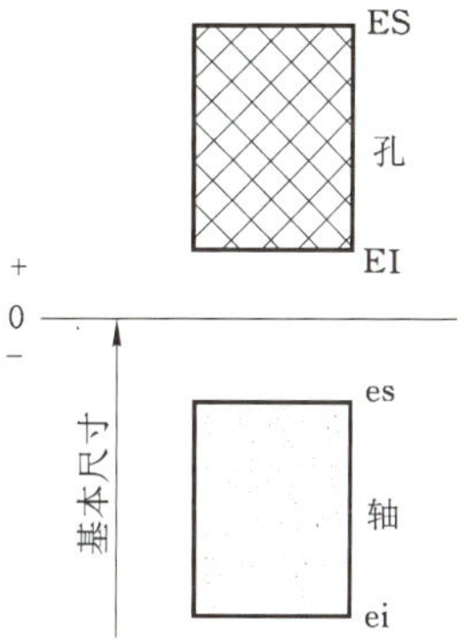


图 3-20 公差带图

② 标准公差和基本偏差

标准公差是国家标准极限与配合制中所规定的任一公差。标准公差分为 IT01、IT0、IT1～IT18，共 20 级。IT 表示标准公差，IT 后面的数字表示公差等级代号。公差等级随数值增大而依次降低。它的数值可根据基本尺寸和公差等级，从附录中查得。如 50，IT7＝25 μm，IT8＝39 μm。

基本偏差用来确定公差带相对于零线位置的上偏差或下偏差，一般是指靠近零线的那个偏差。图 3-21 为基本偏差系列示意图，其中轴、孔各有 28 个基本偏差。大写字母代表孔，小写字母代表轴。图中基本偏差表示公差带的位置，不表示公差带的大小，因此，公差带的另一端是开口的，开口的一端由标准公差限定。

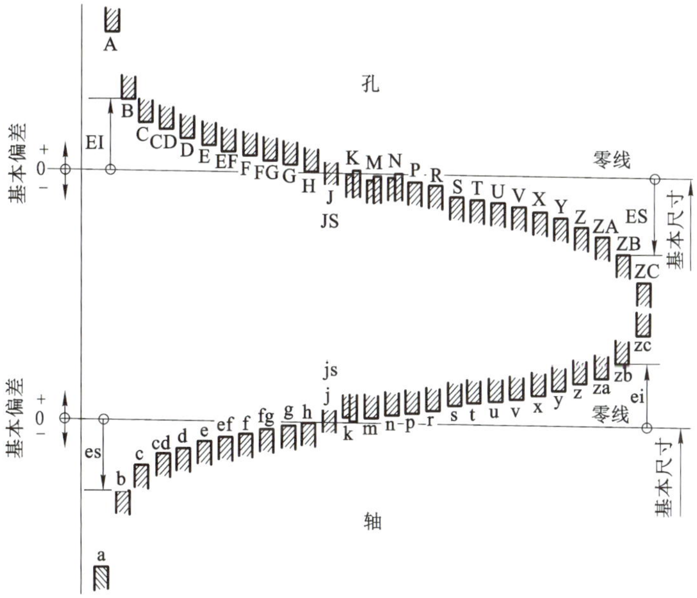


图 3-21 基本偏差系列图

孔、轴的公差带代号由基本偏差代号与标准公差等级代号组成，如 $\phi$50H8 表示基本尺寸为 $\phi$50，基本偏差代号为 H，标准公差等级为 IT8 的孔的公差带。又如 $\phi$50f7 表示基本尺寸为 $\phi$50，基本偏差代号为 f，标准公差等级为 IT7 的轴的公差带。

③ 配合的类别

基本尺寸相同、相互结合的孔和轴公差带之间的关系，称为配合。由于孔和轴的实际尺寸不同，装配后可以产生“间隙”或“过盈”。在孔与轴的配合中，孔的尺寸减去轴的尺寸所得的尺寸之差为正值时是间隙，为负值时是过盈。

根据配合的松紧程度，配合可分为以下三类：

a. 间隙配合：孔的公差带完全在轴的公差带之上，即具有间隙的配合（包括最小间隙为零的配合），如图 3-22(a)所示。

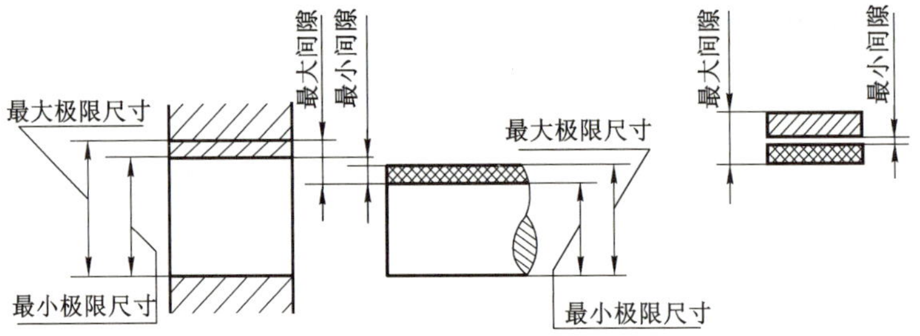


(a) 间隙配合

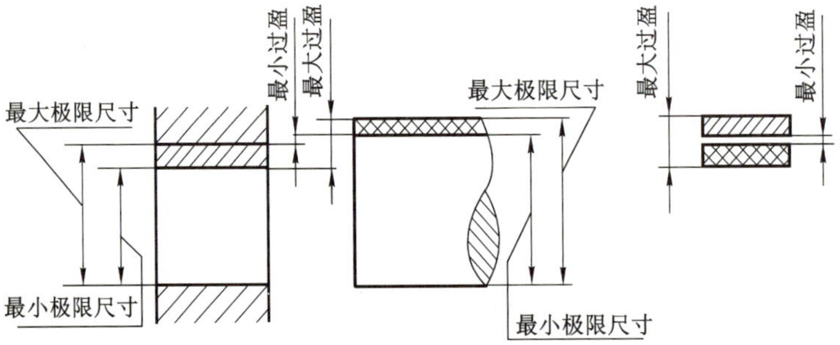


(b) 过盈配合

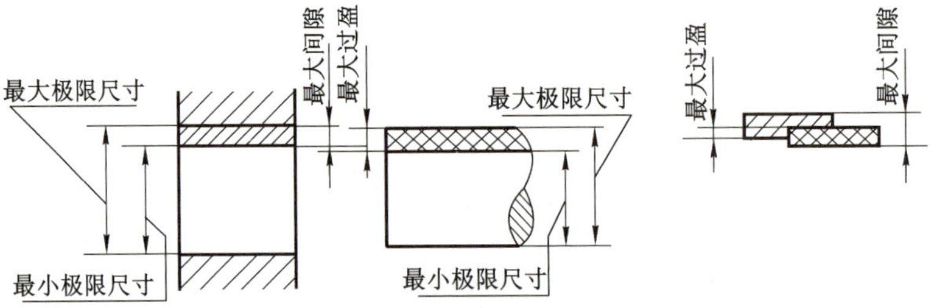


(c) 过渡配合

图 3-22　配合类别

b. 过盈配合：孔的公差带完全在轴的公差带之下，即具有过盈的配合(包括最小过盈为零的配合)，如图 3-22(b)所示。

c. 过渡配合：在孔与轴配合中，孔与轴的公差带相互交叠，任取其中一对孔和轴相互配合，可能具有间隙，也可能具有过盈，如图 3-22(c)所示。

④ 配合制

在制造相互配合的零件时，使其中一种零件作为基准件，其基本偏差固定，通过改变另一种的基本偏差来获得各种不同性质的配合制度，称为配合制。国家标准规定了两种配合制度，如图 3-23 所示。

a. 基孔制：基本偏差为一定的孔的公差带，与不同基本偏差的轴的公差带形成各种配合的一种制度。基孔制的孔称为基准孔，其基本偏差代号为 H，下偏差为零。

b. 基轴制：基本偏差为一定的轴的公差带，与不同基本偏差的孔的公差带形成各种配合的一种制度。基轴制的轴称为基准轴，其基本偏差代号为 h，上偏差为零。

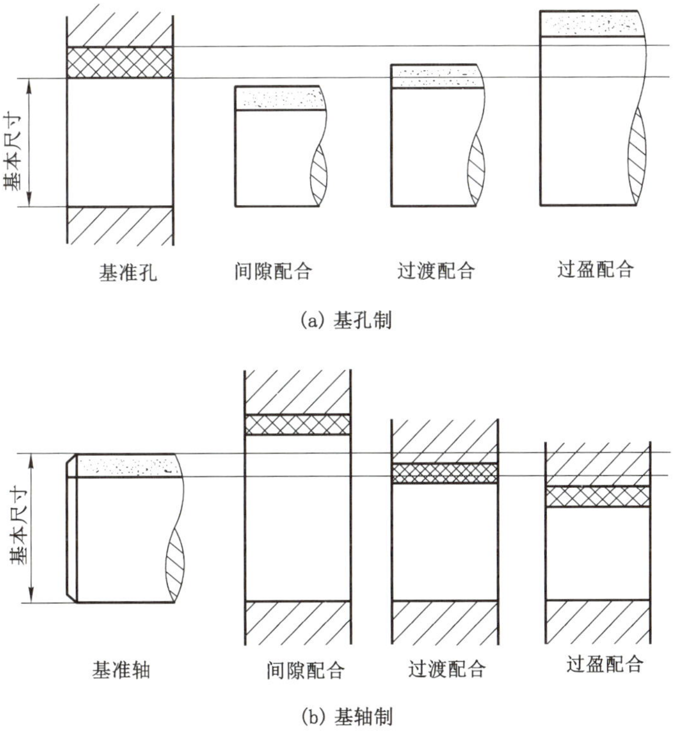


图 3-23 基孔制和基轴制

⑤ 优先与常用公差带及配合(表 3-9、表 3-10)

## 表 3-9　基孔制优先与常用配合

| 基准孔 | 轴 | | | | | | | | | | | | | | | | | | | | |
|---|---|---|---|---|---|---|---|---|---|---|---|---|---|---|---|---|---|---|---|---|---|
| | a | b | c | d | e | f | g | h | js | k | m | n | p | r | s | t | u | v | x | y | z |
| | 间隙配合 | | | | | | | | 过渡配合 | | | 过盈配合 | | | | | | | | | |
| H6 | | | | | | H6/f5 | H6/g5 | H6/h5 | H6/js5 | H6/k5 | H6/m5 | H6/n5 | H6/p5 | H6/r5 | H6/s5 | H6/t5 | | | | | |
| H7 | | | | | | H7/f6 | H7/g6◢ | H7/h6◢ | H7/js6 | H7/k6◢ | H7/m6 | H7/n6◢ | H7/p6◢ | H7/r6 | H7/s6◢ | H7/t6 | H7/u6◢ | H7/v6 | H7/x6 | H7/y6 | H7/z6 |
| H8 | | | | | H8/e7 | H8/f7◢ | H8/g7 | H8/h7◢ | H8/js7 | H8/k7 | H8/m7 | H8/n7 | H8/p7 | H8/r7 | H8/s7 | H8/t7 | H8/u7 | | | | |
| | | | | H8/d8 | H8/e8 | H8/f8 | | H8/h8 | | | | | | | | | | | | | |
| H9 | | | H9/c9 | H9/d9◢ | H9/e9 | H9/f9 | | H9/h9◢ | | | | | | | | | | | | | |
| H10 | | | H10/c10 | H10/d10 | | | | H10/h10 | | | | | | | | | | | | | |
| H11 | H11/a11 | H11/b11 | H11/c11◢ | H11/d11 | | | | H11/h11◢ | | | | | | | | | | | | | |
| H12 | | H12/b12 | | | | | | H12/h12 | | | | | | | | | | | | | |

注：1. $\frac{H6}{n5}$、$\frac{H7}{p6}$在基本尺寸小于或等于 3 mm 和$\frac{H8}{r7}$在小于或等于 100 mm 时，为过渡配合。

2. 注有◢符号者的配合为优先配合。

## 表 3-10　基轴制优先与常用配合

| 基准轴 | 孔 | | | | | | | | | | | | | | | | | | | | |
|---|---|---|---|---|---|---|---|---|---|---|---|---|---|---|---|---|---|---|---|---|---|
| | A | B | C | D | E | F | G | H | JS | K | M | N | P | R | S | T | U | V | X | Y | Z |
| | 间隙配合 | | | | | | | | 过渡配合 | | | 过盈配合 | | | | | | | | | |
| h5 | | | | | | F6/h5 | G6/h5 | H6/h5 | JS6/h5 | K6/h5 | M6/h5 | N6/h5 | P6/h5 | R6/h5 | S6/h5 | T6/h5 | | | | | |
| h6 | | | | | | F7/h6 | G7/h6◢ | H7/h6◢ | JS7/h6 | K7/h6◢ | M7/h6 | N7/h6◢ | P7/h6◢ | R7/h6 | S7/h6◢ | T7/h6 | U7/h6◢ | | | | |
| h7 | | | | | E8/h7 | F8/h7◢ | | H8/h7◢ | JS8/h7 | K8/h7 | M8/h7 | N8/h7 | | | | | | | | | |
| h8 | | | | D8/h8 | E8/h8 | F8/h8 | | H8/h8 | | | | | | | | | | | | | |
| h9 | | | | D9/h9◢ | E9/h9 | F9/h9 | | H9/h9◢ | | | | | | | | | | | | | |
| h10 | | | | D10/h10 | | | | H10/h10 | | | | | | | | | | | | | |
| h11 | A11/h11 | B11/h11 | C11/h11◢ | D11/h11 | | | | H11/h11◢ | | | | | | | | | | | | | |
| h12 | | B12/h12 | | | | | | H12/h12 | | | | | | | | | | | | | |

注：注有◢符号者的配合为优先配合。

(2) 极限与配合的标注和查阅

① 极限与配合在零件图中的标注

如图 3-24 所示，在零件图上标注公差带代号有三种形式：一是只标注公差代号，如 $\phi$50H8、$\phi$50f7；二是只标注上、下偏差，如 $\phi50^{-0.025}_{-0.050}$；三是既标注公差代号又标注上、下偏差，此时偏差数值加括号，如 $\phi50\text{f7}\left(^{-0.025}_{-0.050}\right)$。

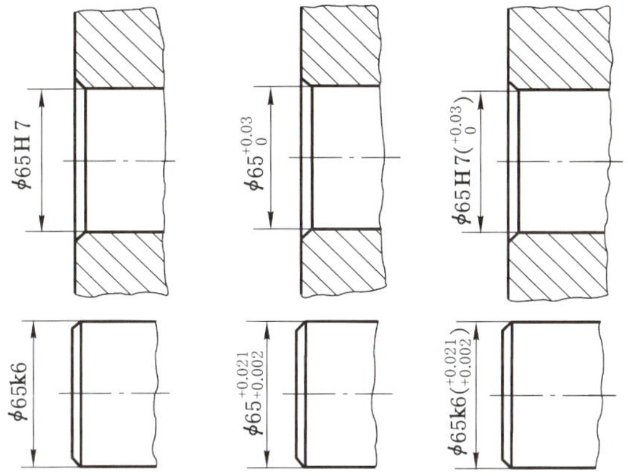


图 3-24　零件图中公差的标注

需要注意的是：

a. 偏差值的字体比基本尺寸数字的字体小一号，且上偏差注在基本尺寸的上方，下偏差注在与基本尺寸同一底线上。

b. 上、下偏差的小数点必对齐，小数点后位数也必须相同，当上偏差或下偏差为“0”时，用数字“0”标出，并与另一偏差小数点前的个位对齐，如 $\phi50^{+0.025}_{0}$。

c. 如上、下偏差数值相同，而符号相反，可简化标注，如 $\phi50\pm0.02$(小数点末位的零，可省略不写)。

国家标准规定，同一张零件图上其公差只能选用一种标注形式。

② 极限与配合在装配图中的标注

在装配图上一般只标注配合代号，采用分数形式表示，分子为孔的公差带代号，分母为轴的公差带代号。对于与轴承等标准件相配的孔或轴，可以仅标注该零件的公差带代号。如图 3-25 所示，其中滚动轴承为标准件，其内孔和外圈的尺寸已定，所以只注出与轴承内孔配合的公差带代号和与轴承外圈配合的箱体上轴承孔的公差带代号即可。

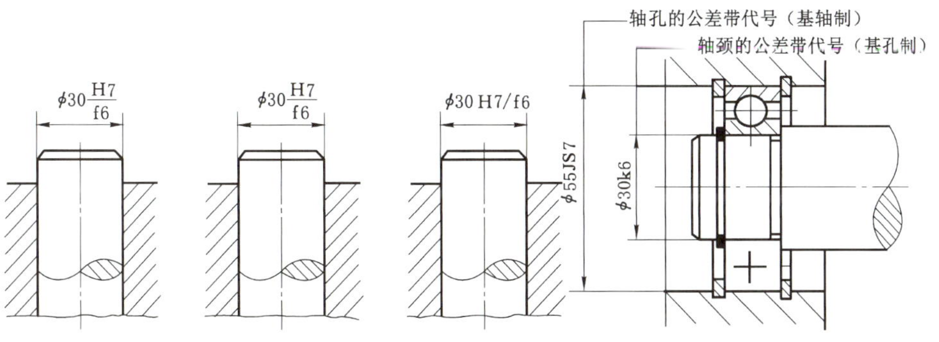


图 3-25　公差与配合在图样上的标注

③ 极限与配合查表方法示例

例如，查表确定配合代号 $\phi 30\mathrm{H7/g6}$。

根据配合代号可知，孔与轴是采用基孔制配合，孔为基准孔，下偏差为 0，即 EI=0，公差等级为 7 级，即 IT7。其标准公差值查附表 C-1 得到：在基本尺寸大于 18～30 的行与 IT7 的列交汇查得 21，即 IT7=0.021 mm。根据公式 ES=EI+IT，则 ES=0+0.021=+0.021，即 $\phi 30\mathrm{H7}$ 孔的上、下偏差分别为+0.021 和 0，写成 $\phi 30^{+0.021}_{\ \ 0}$。对于 $\phi 30\mathrm{g6}$ 的轴，其公差等级为 6，查附表 C-1 得：在大于 18～30 的行与 IT6 的列交汇查得 13，即 IT6=0.013 mm。其基本偏差为 g，查附表 C-3 可知其基本偏差为上偏差，在大于 18～30 的行与 IT6 的列交汇查得－20，即 es=－0.020，根据公式 ei=es－IT，则 ei=－0.020－0.013=－0.033，即轴的上、下偏差分别为－0.020 和－0.033，写成 $\phi 30^{-0.020}_{-0.033}$。

对于优先配合中轴、孔的极限偏差可直接在附表 C-2 查得。

查表时应该注意：

a. 表中数字的单位，标注时必须统一单位。

b. 尺寸段的划分，如 $\phi 30$ 要划在大于 18～30 的尺寸段内，不要划在大于 30～50 的尺寸段内。

3. 几何公差

(1) 几何公差的概念

评定零件质量的指标是多方面的，除前述的表面粗糙度和尺寸公差要求外，对精度要求较高的零件，还必须有形状和位置等几何公差要求。

几何公差包括形状、方向、位置和跳动公差。零件在加工过程中，不仅产生尺寸误差和表面粗糙度，而且会产生几何误差。几何误差的允许变动量称为几何公差。

(2) 几何公差的标注

在机械图样中，几何公差应采用公差框格、几何特征符号、公差值、基准、被测要素以及其他附加符号等标注。几何公差的项目及符号见表 3-11。

表 3-11 几何公差的特征项目及符号

| 公差类型 | 几何特征 | 符号 | 有无基准 | 公差类型 | 几何特征 | 符号 | 有无基准 |
|---|---|---|---|---|---|---|---|
| 形状公差 | 直线度 | — | 无 | 方向公差 | 线轮廓度 | ⌒ | 有 |
| | 平面度 | ▱ | 无 | | 面轮廓度 | ⌓ | 有 |
| | 圆度 | ○ | 无 | 位置公差 | 位置度 | ⌖ | 有 |
| | 圆柱度 | ⌭ | 无 | | 同轴度 | ◎ | 有 |
| | 线轮廓度 | ⌒ | 无 | | 对称度 | ⌯ | 有 |
| | 面轮廓度 | ⌓ | 无 | | 线轮廓度 | ⌒ | 有 |
| 方向公差 | 平行度 | // | 有 | | 面轮廓度 | ⌓ | 有 |
| | 垂直度 | ⊥ | 有 | 跳动公差 | 圆跳动 | ↗ | 有 |
| | 倾斜度 | ∠ | 有 | | 全跳动 | ⌰ | 有 |

几何公差的公差框格及基准代号如图 3-26 所示。用带箭头的指引线连接被测要素和公差框格，指引线的箭头指向被测要素的表面或其延长线，箭头方向一般为公差带的方向。

框格中的字符高度与尺寸数字的高度相同。基准中的字母永远水平书写。

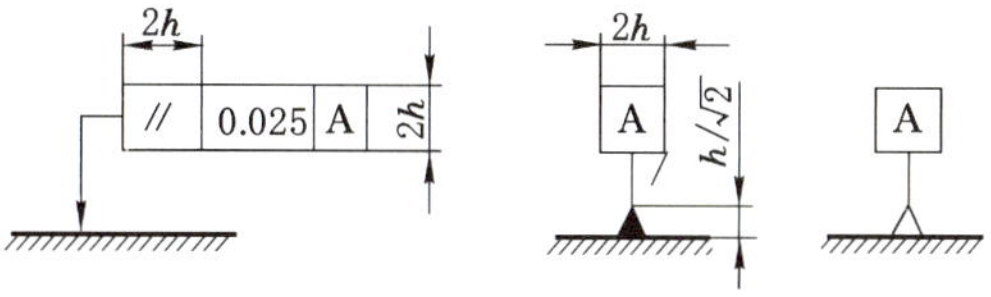


图 3-26　几何公差框格及基准代号

(3) 几何公差的公差带定义和标注示例

表 3-12 给出了常用的几何公差的公差带定义、标注和解释示例。未尽之处，请查阅相关标准(GB/T 1182—2008)。

表 3-12　几何公差的公差带定义、标注和解释示例

| 名称 | 公差带形状 | 公差带定义 | 标注示例 | 标注解释 |
|---|---|---|---|---|
| 平面度 | 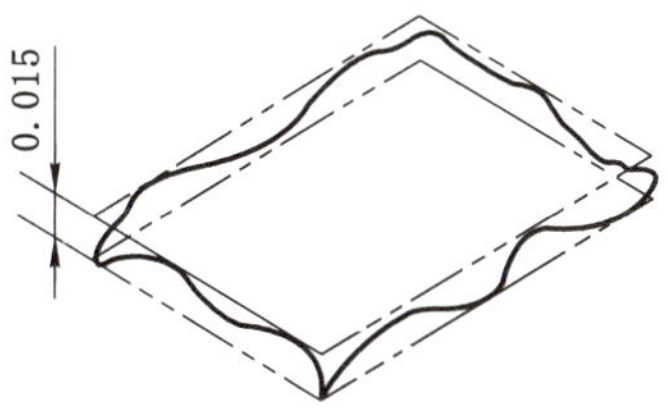 | 公差带是距离为公差值 0.015 的两平行平面之间的区域 | 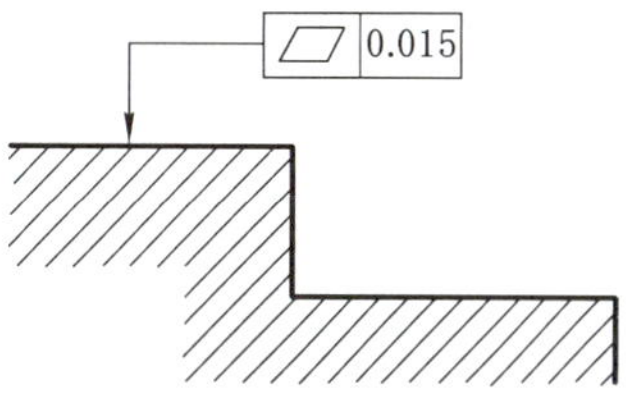 | 提取(实际)表面应限定在间距等于 0.03 的平行平面之间 |
| 直线度 | 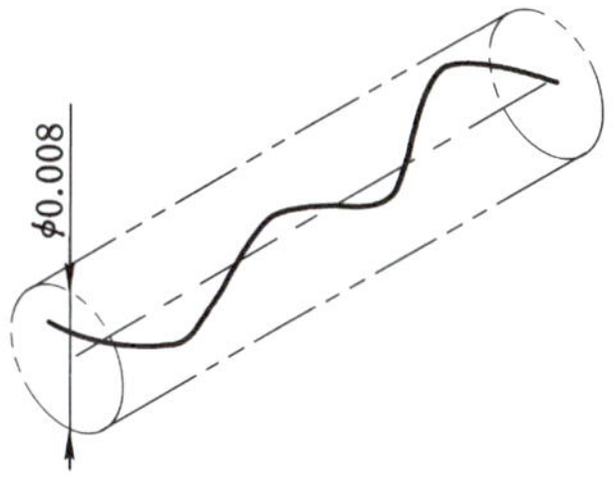 | 由于公差带前加注 ϕ，公差带为直径等公差值 0.008 的圆柱面内的区域 | 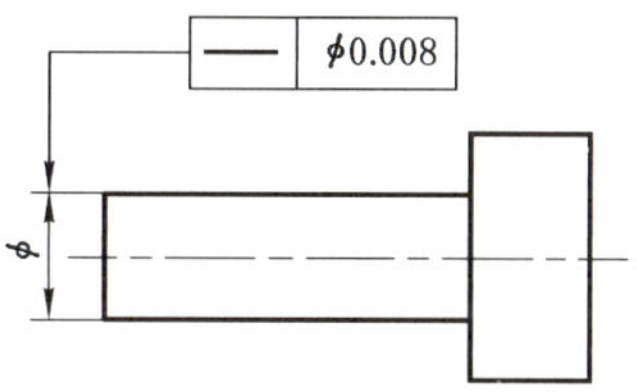 | 圆柱形的提取(实际)中心线应限定在直径等于 ϕ0.008 的圆柱面内 |
| 圆柱度 | 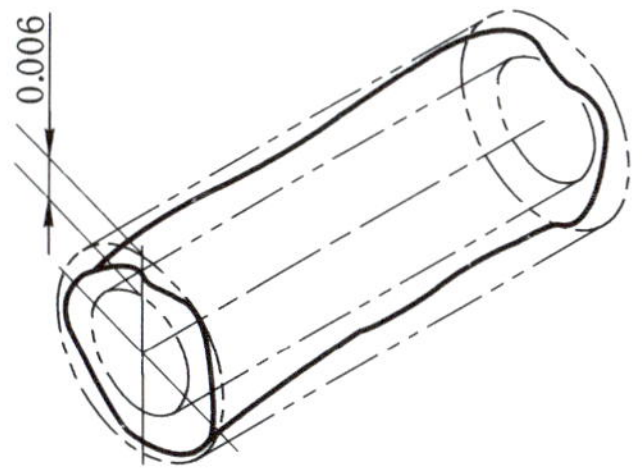 | 公差带为半径差等于公差值 0.006 的两同轴柱面所限定的区域 | 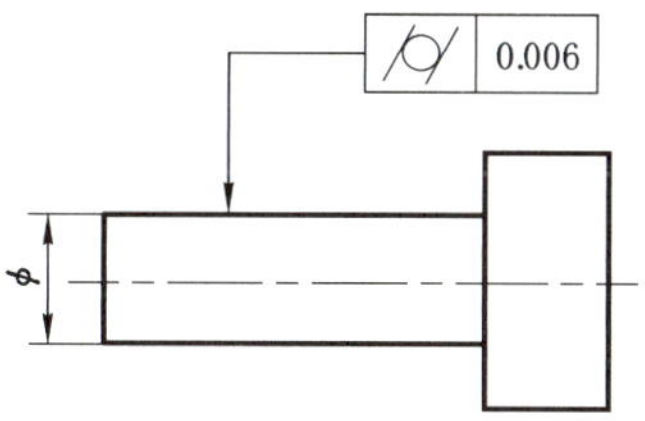 | 提取(实际)圆柱面应限定在半径差等于 0.006 的两同轴柱面之间 |
| 圆度 | 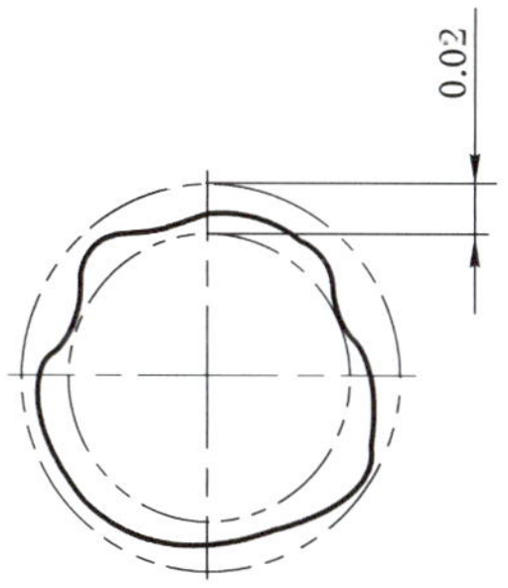 | 公差带为在给定截面内，半径差等于公差值 0.02 的两同心圆所限定的区域 | 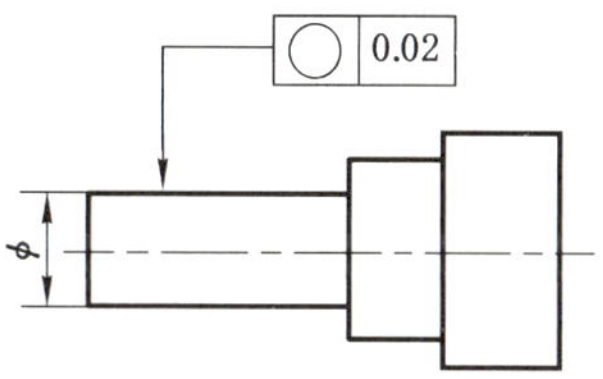 | 圆柱面的任一横截面内，提取(实际)圆周应限定在半径差等于 0.02 的两共面同心圆之间 |

表 3-12(续)

| 名称 | 公差带形状 | 公差带定义 | 标注示例 | 标注解释 |
|---|---|---|---|---|
| 平行度 | 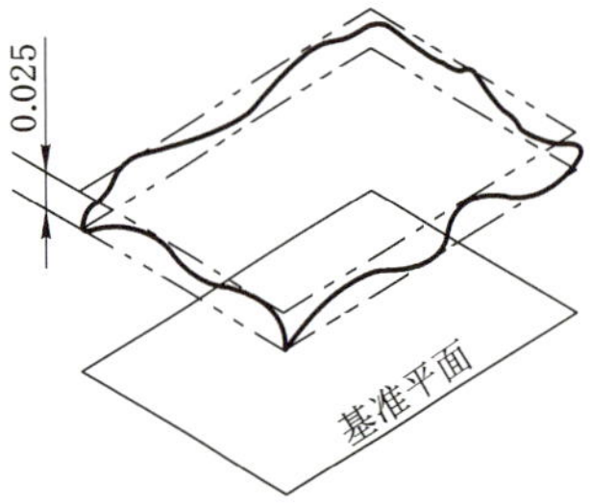 | 公差带距离等于公差值 0.025、平行于基准平面的两平行平面所限定的区域 | 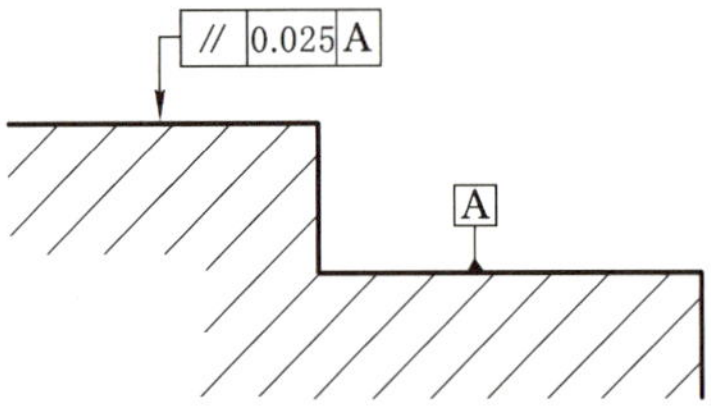 | 提取(实际)表面应限定在间距等于 0.025、平行于基准 A 的两平行平面之间 |
| | 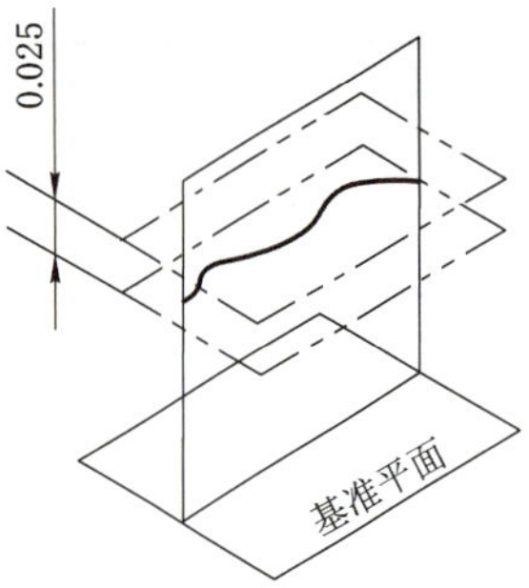 | 公差带平行于基准平面、距离等于公差值 0.025 的两平行平面所限定的区域 | 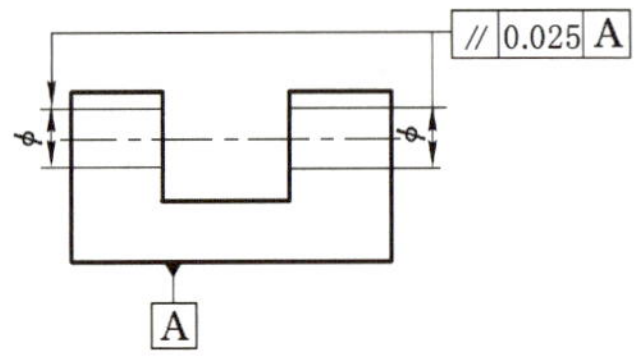 | 提取(实际)表面应限定在平行于基准 A、间距等于 0.025 的两平行平面之间 |
| 对称度 | 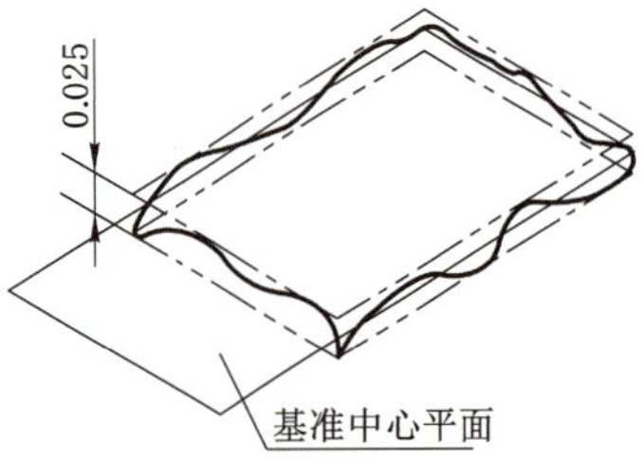 | 公差带为间距等于公差值 0.025、对称于基准中心平面的两平行平面所限定的区域 | 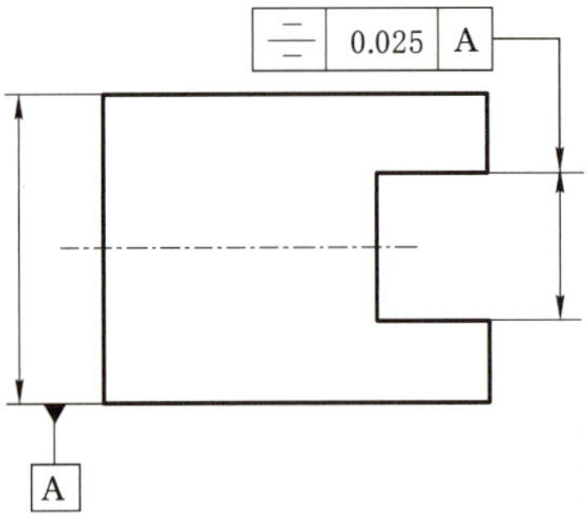 | 提取(实际)表面应限定在间距等于 0.025、对称于基准中心平面的两平行平面之间 |
| 垂直度 | 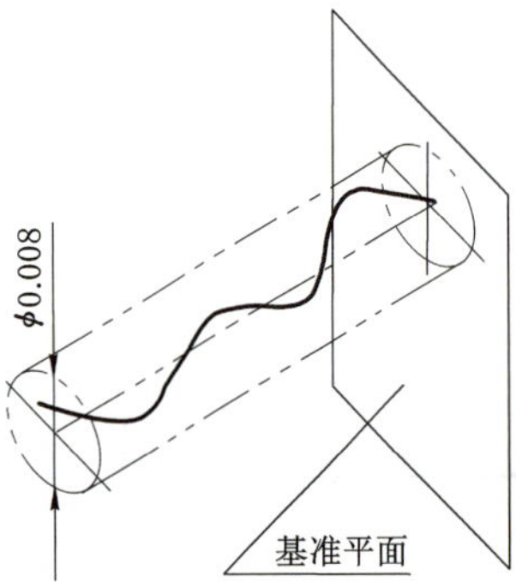 | 若公差值前加注 ϕ,公差带为直径等公差值 0.008、轴线垂直于基准平面的圆柱面所限定的区域 | 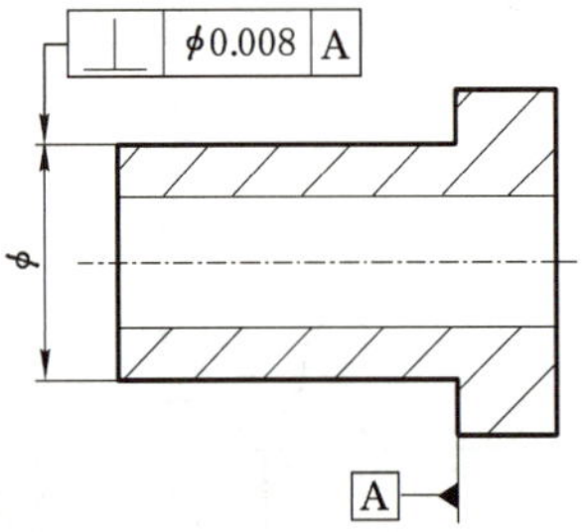 | 圆柱的提取(实际)轴线应限定在直径为 0.008、垂直于基准面 A 的圆柱面内 |

表 3-12(续)

| 名称 | 公差带形状 | 公差带定义 | 标注示例 | 标注解释 |
|---|---|---|---|---|
| 同轴度 | 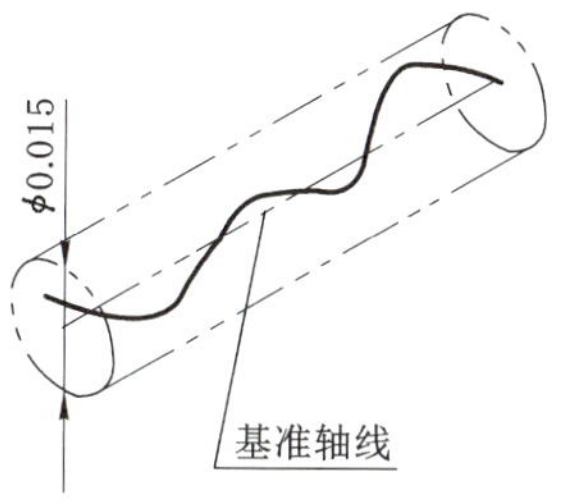 | 公差值前加注 ϕ,公差带为直径等公差值 0.015、轴线与基准轴线重合的圆柱面所限定的区域 | 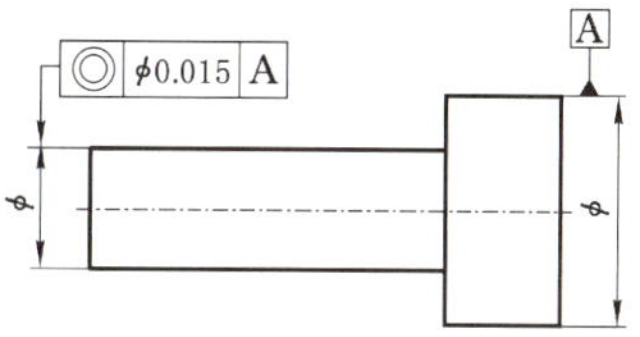 | 小圆柱面的提取(实际)中心线应限定在直径等于 0.015、轴线和基准轴线 A 重合的圆柱面内 |
| 圆跳动 | 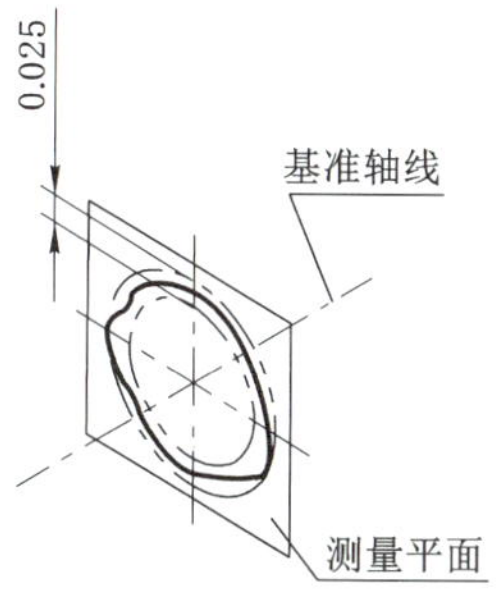 | 公差带为在任一垂直于基准轴线的横截面内、半径差等于公差值 0.025、圆心在基准轴线上的两同心圆所限定的区域 | 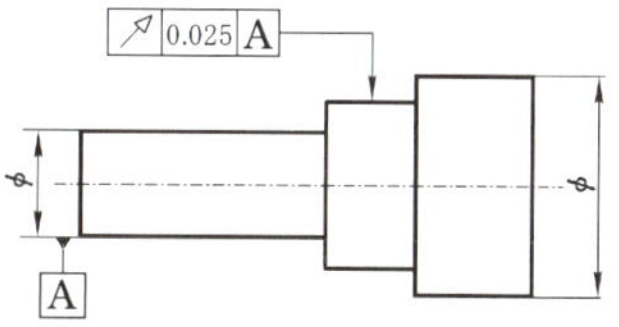 | 在任一垂直于基准轴线 A 的横截面内,提取(实际)圆应限定在半径差等于 0.025、圆心在基准轴线 A 上的两同心圆之间 |

## 任务实施

### 一、绘制零件图

以图 3-27 所示直齿圆柱齿轮为例,已知模数 $m=2$,齿数 $z=135$,绘制其零件图。

微课
绘制零件图

1. 了解和分析绘图对象

首先应了解零件的名称、材料以及它在机器或部件中的位置、作用及与相邻零件的关系,然后对零件的内、外结构形状进行分析。

由图 3-27(a)可知,直齿圆柱齿轮的典型结构主要由轮缘、轮毂、轮辐或辐板组成。轮缘上有若干个轮齿,轮缘和轮毂之间由轮辐或辐板连接,辐板上一般有 4 个或 6 个孔,轮毂中间有轴孔和键槽。

2. 确定表达方案

齿轮是常用件,国标已将其部分重要参数标准化,因此在绘图时,轮齿的形状结构不需要按真实投影画出,《机械制图 齿轮表示法》(GB/T 4459.2—2003)对单个直齿圆柱齿轮的画法做了规定,即用两视图表达齿轮。

3. 绘制视图

(1) 首先计算出齿轮轮齿的基本尺寸。

(2) 根据齿轮的总体尺寸,选择适当图幅和绘图比例,画出两视图的图形定位线,画边框线、标题栏。

(a) 实体图

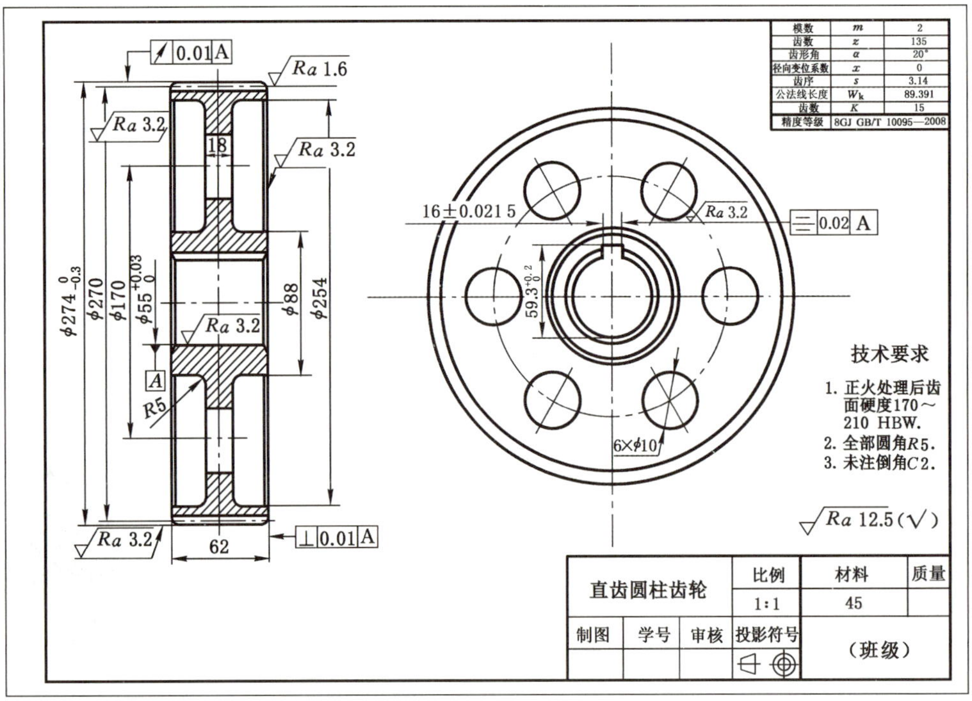


(b) 零件图

图 3-27 直齿圆柱齿轮

(3) 按国标规定的齿轮画法，先画出齿顶圆、齿根圆、分度圆等；按投影关系画出主视图；检查，擦去多余图线，加深粗实线，画剖面线，完成主、左视图，如图 3-27(b)所示。

4. 标注视图的尺寸

首先定基准，径向尺寸以轮毂孔轴线为基准，轴向尺寸以齿轮对称面为基准。在零件图中，轮齿部分的尺寸仅标注出分度圆和齿顶圆的直径即可。轮齿部分的轴向尺寸仅标注齿宽和倒角。

5. 标注技术要求

(1) 表面粗糙度要求：选齿面的表面粗糙度 $Ra$ 值≤1.6 μm，齿顶圆的表面粗糙度 $Ra$ 值在 3.2～6.4 μm 范围内选用。

(2) 尺寸公差要求：齿顶圆的尺寸公差要求为 $\phi$274h9，公差等级 IT9，上极限偏差为 0，下极限偏差为－0.13 mm，公差为 0.13 mm。齿轮内孔的尺寸公差要求为 $\phi$55H7，公差等级 IT7，上极限偏差为＋0.03 mm，下极限偏差为 0，公差为 0.03 mm。

(3) 几何公差要求

根据从动齿轮的用途，齿轮零件图上需要标注的几何公差主要有：

① 齿顶圆柱面对 55 mm 孔轴线的径向圆跳动公差值为 0.01 mm。

② 键槽两侧面的对称中心平面对 55 mm 孔轴线的对称度公差值为 0.02 mm。

③ 齿轮右端面对 55 mm 孔轴线的垂直度公差值为 0.01 mm。

文字技术要求和齿轮啮合特性表略。

6. 填写标题栏及齿轮参数表

(1) 在右下角的标题栏中填写：零件名称为直齿圆柱齿轮，材料为 45 号钢，绘图比例为 1∶1，投影符号为第一角画法，另还有制图、审核人员签名等内容。

(2) 在右上角的齿轮参数表中填写：模数、齿数、齿形角、径向变位系数、公法线长度、跨齿数及精度等级等内容。

## 二、读零件图

读零件图的目的就是要根据零件图想象出零件的结构形状，了解零件的尺寸和技术要求，研究该零件的加工制造过程。下面以图 3-5 所示的箱体为例，说明读零件图的方法和步骤。

**微课**
读零件图

1. 看标题栏

读零件图时，首先必须读标题栏，标题栏内列出了零件的名称、比例、质量、材料牌号(参见附录 E)等信息，从标题栏可以得到一些有关零件的概括信息，如从名称可判别其属于哪一种零件，便于迅速看懂图样；从材料可大致了解其加工方法(如铸铁、锻件或型材的加工等)，切削加工时应选用什么样的刀具；从比例可知道该零件的实际大小。

图 3-5 所示的零件名称是下箱体，该箱体为减速器部件中的主要零件，是包容和支承齿轮、轴等的零件。其材料是 HT120(铸件)，由此可想象到该零件上必有满足铸件工艺要求的铸造圆角及拔模斜度等结构。从图的比例和图形的大小可以估计出零件的实际大小。

2. 明确视图关系

所谓视图关系，即视图表达方法和各视图之间的投影联系。

图 3-5 所示的箱体较为复杂，共用 4 个视图表达它的内、外形结构——3 个基本视图和 1 个 $A$ 向视图。主视图采用局部剖视图，左视图采用 $A$—$A$ 全剖视图。

3. 分析视图，想象零件结构形状

这一过程是看零件图的重点，也是难点。组合体读图的方法仍然适用于读零件图，即采用形体分析法、线面分析法和结构分析法等方法，从而想象出零件的形状。

通过形体分析可知，该箱体可视为 4 个部分：啮合腔左边为支承输入轴的圆筒，其前、后有凸缘；啮合腔右边为支承输出轴的圆筒，上有凸缘；底部为底板；啮合腔的圆筒连接处有支承肋板。

想象出基本形体后，再深入到细部。这一点一定要引起高度重视，初学者往往被某些不易看懂的细节所困扰，这是没有抓住整体造成的结果。下面再看具体的结构：

(1) 啮合腔内左端的支承孔 $R18$ 是输入孔、右端的支承孔 $R26$ 为输出孔，其前、后为轴承孔，支承孔前、后凸缘上各有 3×M16 的螺孔，孔深 14，销孔 2×$\phi$3；其左端有 M20 的螺孔(油标尺孔)，右下端有一 M20 的螺孔(放置油塞的油孔)。

(2) 底板上有 6×$\phi$11 深 2$\phi$18 的沉孔(用来装地脚螺栓，将箱体紧固在地板上)，底板有一(铸造出来)长 88、宽 97、高 4 的凹槽，底板的四角有 $R15$ 的圆角。

(3) 肋板位于底板之上，其宽度为 5。

通过以上的视图分析，就可以想象出箱体的形状，如图 3-28 所示。

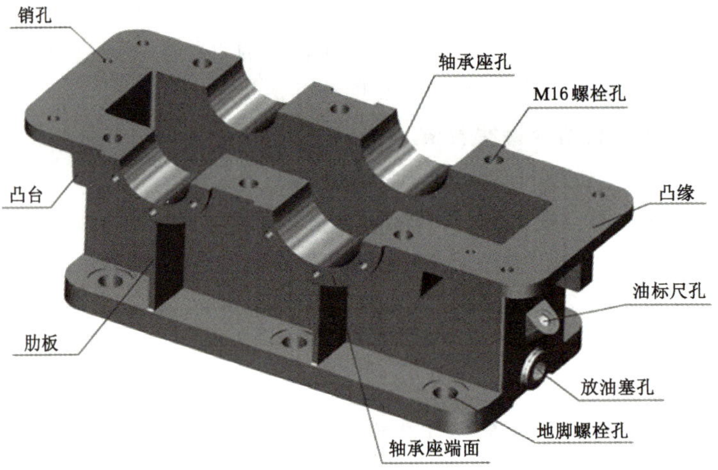


图 3-28　减速器下箱体图

4. 看尺寸，分析尺寸基准

分析尺寸时，应先分析长、宽、高三个方向的主要尺寸基准，了解各部分的定位尺寸和定形尺寸，分清楚哪些是主要尺寸。

在图 3-5 中，长、宽和高三个方向的尺寸基准分别是啮合腔体圆筒的轴线、前后对称面和底板底面。从这三个主要基准出发，结合零件的功用，进一步分析主要尺寸和各部分的定形尺寸、定位尺寸，以至完全确定这个箱体的各部分大小。

5. 看技术要求

零件图中主要有表面粗糙度、极限与配合、几何公差及热处理等有关加工、检验及表面修饰的技术要求。这些要求是制订加工工艺、组织生产的重要依据，要深入分析了解。

由图 3-5 可以看出，精度最高的是轴承孔 H7，表面粗糙度 $Ra=1.6\ \mu m$，且有与底面保持平行度要求。箱体材料为铸铁，为保证箱体加工后不致变形而影响工作，因此铸体应经时效处理。未注圆角 $R3$。

6. 综合归纳

综合前面的分析，把图形、尺寸和技术要求等全面系统地联系起来思考，得出零件的整体结构、尺寸大小、技术要求及零件的作用等完整的概念。

必须指出，在看零件图的过程中，不能把上述步骤机械地分开，往往是交叉进行的。另外，对于较复杂的零件图，还需要参考有关技术资料，如装配图、相关的零件图及说明书等。

# 任务九　识读与绘制装配图

【知识要点】　了解装配图的作用，明确其表达方法及步骤。

【技能目标】　能熟练读装配图、画装配图。

【思政目标】　绘就智造蓝图，可上九天揽月。

## 任务导入

思政案例

在机械工程中，无论是开发新产品，还是对其他产品进行仿造，都要先画出装配图。设计部门应首先画出整台机器的总装配图和组成机器各部分的部件装配图，再根据装配图拆画出零件图，从而形成一整套机器的图样；制造部门则首先根据零件图制造零件，再根据装配图将零件装配成机器（或部件）。此外，装配图还是安装、调试、维修时不可缺少的技术资料。因此，装配图是指导生产的重要的技术文件。

## 相关知识

### 一、表达装配体的结构

微课
表达装配体的结构

装配图是用来表达机器（或部件）的工作原理、零件间的相对位置、装配关系和主要零件的结构特征，并注明装配、检验、安装时所需要的尺寸数据和技术要求。装配图是制定装配工艺规程，进行装配调试、检验、使用维护和拆画零件工作图的主要技术依据。图 3-29 为一级圆柱直齿减速器装配图。由图可以看出，一张完整的装配图应包括下列内容：

（1）一组视图：用一组视图正确、完整、清晰和简便地表达机器和部件的工作原理、运动情况、各零件装配关系和连接方式以及主要零件的主要结构形状。

（2）必要的尺寸：只标注出反映机器或部件的性能、规格、外形以及装配、检验、安装时所必需的一些尺寸。

（3）技术要求：用文字或符号准确、简明地说明机器或部件的性能、装配、检验、维护规则、运输要求等。

（4）标题栏、序号和明细栏：用标题栏注明机器或部件的名称、规格、比例、图号以及设计、制图者的签名等。

在装配图上对每种零件或组件必须进行编号，并编制明细栏，依次注写出各种零件的序号、名称、规格、数量、材料等内容。

（一）装配图的表达方法

装配图的表达与零件图的表达，其共同点都是要反映它们的内、外结构形状。因此，零件图上的各种表达方法，如视图、剖视、断面等，在装配图中同样适用。但装配图表达的侧重点与零件图有所不同，装配图是以表达机器或部件的工作原理和主要装配关系为中心，把机器或部件的内部结构、外部形状和零件的主要结构形状表达清楚，而不要求把每个零件的结构形状完全表达清楚，因此装配图还有一些规定画法和特殊画法。

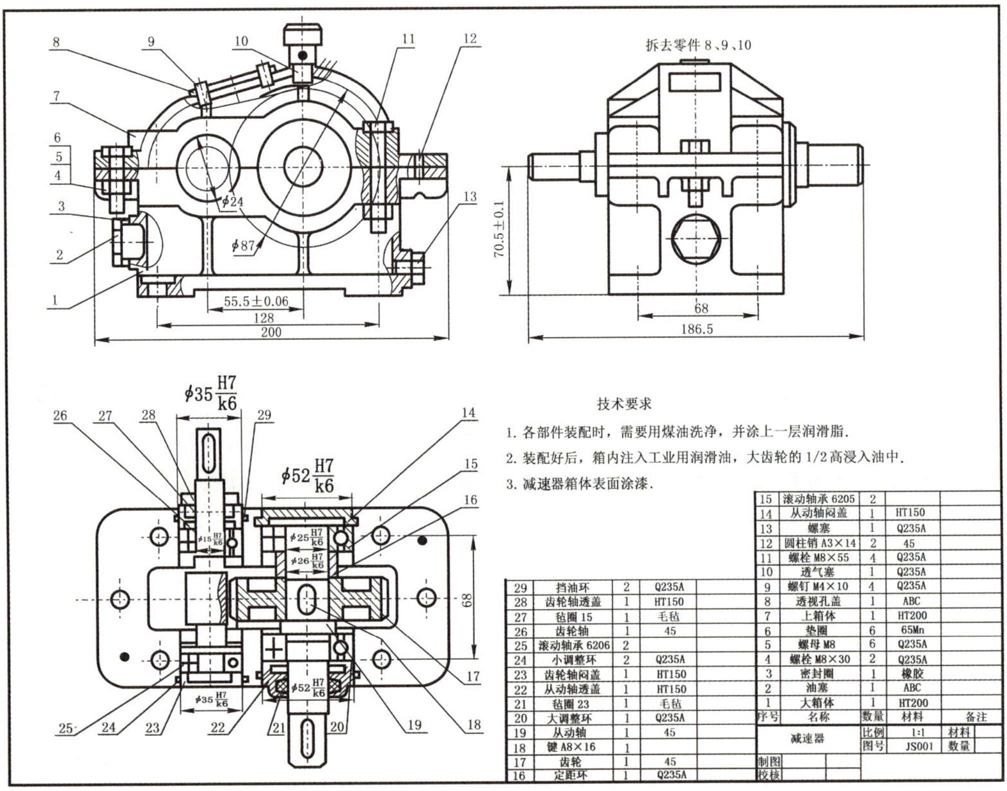


技术要求

1. 各部件装配时，需要用煤油洗净，并涂上一层润滑脂.
2. 装配好后，箱内注入工业用润滑油，大齿轮的 1/2 高浸入油中.
3. 减速器箱体表面涂漆.

| 序号 | 名称 | 数量 | 材料 | 备注 |
|---|---|---|---|---|
| 29 | 挡油环 | 2 | Q235A | |
| 28 | 齿轮轴透盖 | 1 | HT150 | |
| 27 | 毡圈 15 | 1 | 毛毡 | |
| 26 | 齿轮轴 | 1 | 45 | |
| 25 | 滚动轴承 6206 | 2 | | |
| 24 | 小调整环 | 2 | Q235A | |
| 23 | 齿轮轴闷盖 | 1 | HT150 | |
| 22 | 从动轴透盖 | 1 | HT150 | |
| 21 | 毡圈 23 | 1 | 毛毡 | |
| 20 | 大调整环 | 1 | Q235A | |
| 19 | 从动轴 | 1 | 45 | |
| 18 | 键 A8×16 | 1 | | |
| 17 | 齿轮 | 1 | 45 | |
| 16 | 定距环 | 1 | Q235A | |
| 15 | 滚动轴承 6205 | 2 | | |
| 14 | 从动轴闷盖 | 1 | HT150 | |
| 13 | 螺塞 | 1 | Q235A | |
| 12 | 圆柱销 A3×14 | 2 | 45 | |
| 11 | 螺栓 M8×55 | 4 | Q235A | |
| 10 | 透气塞 | 1 | Q235A | |
| 9 | 螺钉 M4×10 | 4 | Q235A | |
| 8 | 透视孔盖 | 1 | ABC | |
| 7 | 上箱体 | 1 | HT200 | |
| 6 | 垫圈 | 6 | 65Mn | |
| 5 | 螺母 M8 | 6 | Q235A | |
| 4 | 螺栓 M8×30 | 2 | Q235A | |
| 3 | 密封圈 | 1 | 橡胶 | |
| 2 | 油塞 | 1 | ABC | |
| 1 | 大箱体 | 1 | HT200 | |

| 减速器 | 比例 | 1:1 | 材料 | |
|---|---|---|---|---|
| | 图号 | JS001 | 数量 | |
| 制图 | | | | |
| 校核 | | | | |

图 3-29 一级圆柱直齿减速器装配图

1. 规定画法

(1) 两相邻件的接触面或基本尺寸相同的轴孔配合面，只画一条线表示其公共轮廓。而两相邻件的非接触面或基本尺寸不相同的非配合面，即使间隙很小，也必须画两条线。例如，图 3-30 中的配合面只画一条线。螺栓与螺栓孔的非接触面，画两条线表示各自轮廓。

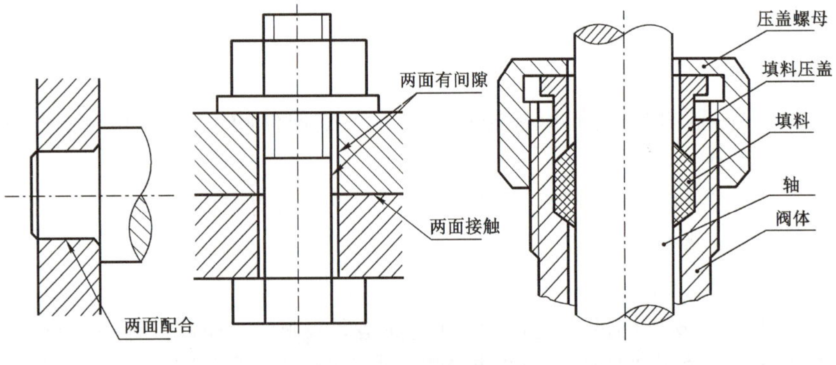


图 3-30 规定画法

(2) 在剖视或断面图中，两相邻件剖面线方向应相反；多个零件相邻时，剖面线方向可以相同，但间隔不等；而同一零件在各剖视或断面图中的剖面线方向和间隔必须相同，如图 3-30 中剖面线的画法。

(3) 在剖视图中，对于标准组件(如螺纹紧固件、油杯、键、销等)和实心杆件(如实心轴、连杆、拉杆、手柄等)，若纵向剖切且剖切平面通过其轴线时，按不剖绘制，如图 3-30 中的螺栓。

2. 特殊画法

(1) 拆卸画法

拆卸画法有两种含义：一是以拆卸代替剖视画法，当某个或几个零件在装配图中遮住了需要表达的其他结构或装配关系，可假想沿着两零件的接合面处剖切后画出投影，此时在零件的接合面上不画剖面线，如图 3-29 中的俯视图，就是沿着底座和轴承盖的接合面剖切后画出的半剖视图。二是拆卸画法，当某些零件在其他视图中已表达清楚时，可假想将其拆去后画出，如图 3-29 中的左视图。这两种画法，若需要说明时，可在图上方加注“拆去××零件”的字样。

(2) 单独表达某零件的画法

在装配图中，为表示某零件的结构形状，可另外单独画出该零件的某一视图(或剖视图、断面图)并加标注。

(3) 假想画法

在装配图中，当需要表达可动零件的极限位置时，应用细双点画线画出该零件的轮廓。如图 3-31(a)所示，用细双点画线画出了车床尾座上手柄的另一个极限位置。

对于与本部件有关但不属于本部件的相邻零部件，可用细双点画线表示其与本部件的连接关系，如图 3-31(b)中的工件。假想轮廓的剖面区域内不画剖面线。

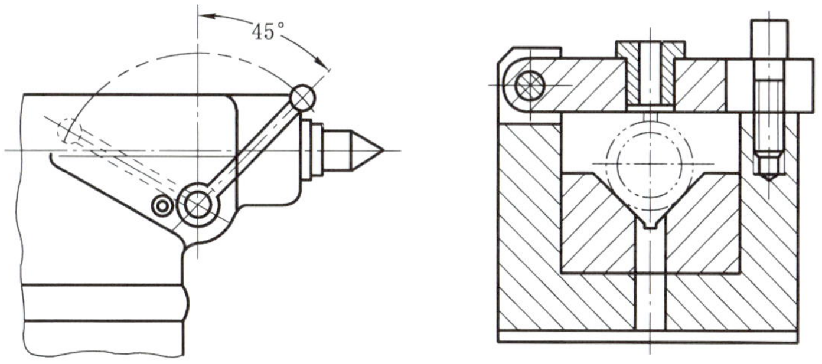


(a) 可动零件的极限位置表示方法　　(b) 相邻辅助零件的表示方法

图 3-31　假想画法

3. 简化画法

(1) 装配图中，若干相同的零件组，如螺纹连接组件等，可仅详细地画出一组，其余只需用细点画线表示其中心位置即可，如图 3-32 所示。

(2) 在装配图中，对于薄片零件、细丝弹簧、较小的斜度和锥度、较小的间隙等，为了清楚表达，允许按原绘图比例适当加大尺寸画出，如图 3-32 所示。再如图 3-30 中螺栓与螺栓孔之间的非配合间隙。

(3) 在装配图中,零件的一些细小的工艺结构(如小圆角、倒角、退刀槽等)可省略不画,如图 3-32 所示。

(4) 在装配图中,剖切平面通过某些外购成品件(如油杯、油标、管接头等)轴线时,可以只画外形;对于标准件(如滚动轴承、螺栓、螺母等),可采用简化或示意画法,如图 3-32 中滚动轴承的画法。

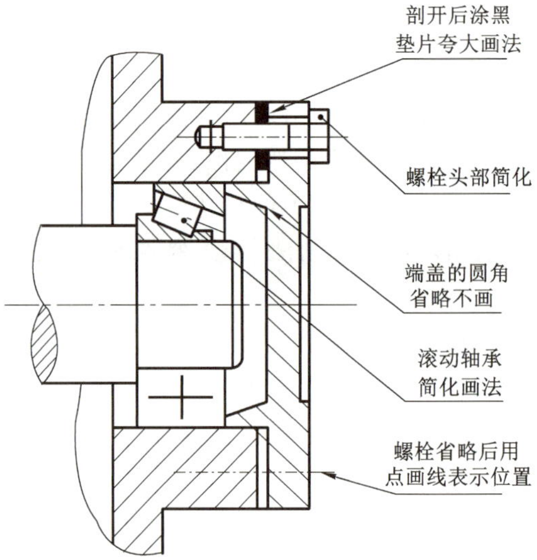


图 3-32　装配图中的简化画法

(二) 常见装配工艺结构及画法

在设计和绘制装配图的过程中,应考虑到装配结构的合理性,以保证机器或部件的性能要求,并给零件的加工和装拆带来方便。确定合理的装配结构,需具有丰富的实际经验,并做深入细致的分析比较。

1. 装配工艺结构——接触面或配合面的结构

(1) 当两零件接触时,在同一方向上只能有一对接触面,这样既可满足装配要求,又可降低加工要求,否则将造成加工困难,并且也不会同时接触,如图 3-33 所示。

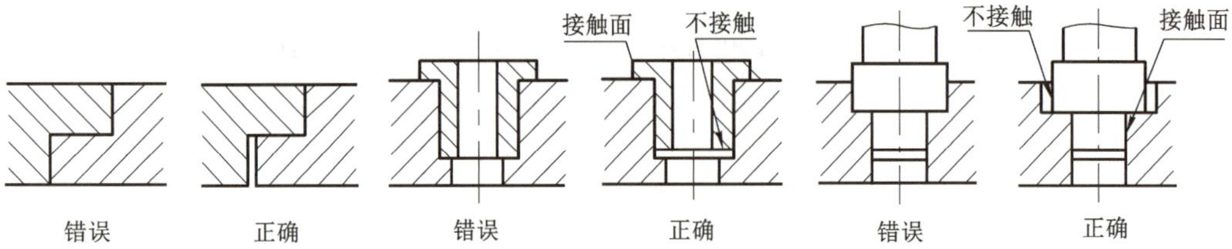


图 3-33　两零件接触面的情况

(2) 当轴孔配合且轴肩与孔的端面相互接触时,应在接触端面制成倒角、圆角或在轴肩部切槽,以保证两零件接触良好,如图 3-34 所示。

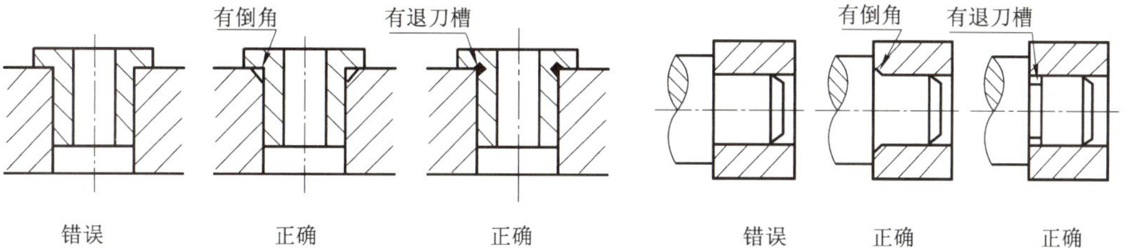


图 3-34　轴肩面与孔端面接触的画法

(3) 在装配体中，尽可能合理地减少零件与零件之间的接触面积，这样使机械加工的面积减少，保证了良好接触，并可降低加工成本，如图 3-35 所示。

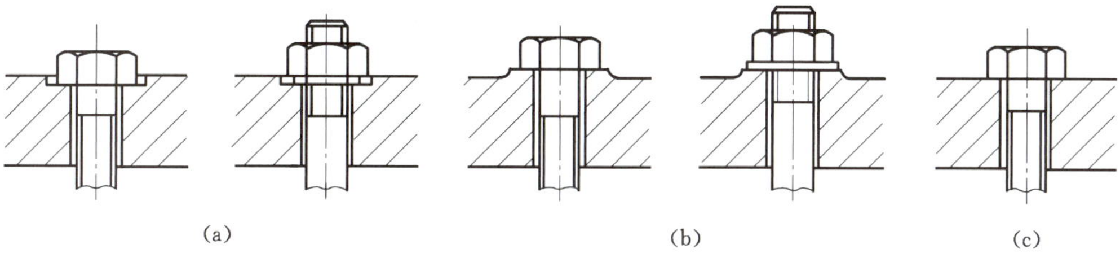


图 3-35　紧固件与被连接件接触面的结构

2. 零件的紧固与定位

(1) 螺纹防松装置

机器运转时，由于受到震动或冲击，螺纹紧固件可能发生松动，这不仅妨碍机器正常工作，有时甚至会造成严重事故，因此需用防松装置。常用的防松装置有：双螺母、弹簧垫圈、止退垫圈、开口销等，如图 3-36 所示。

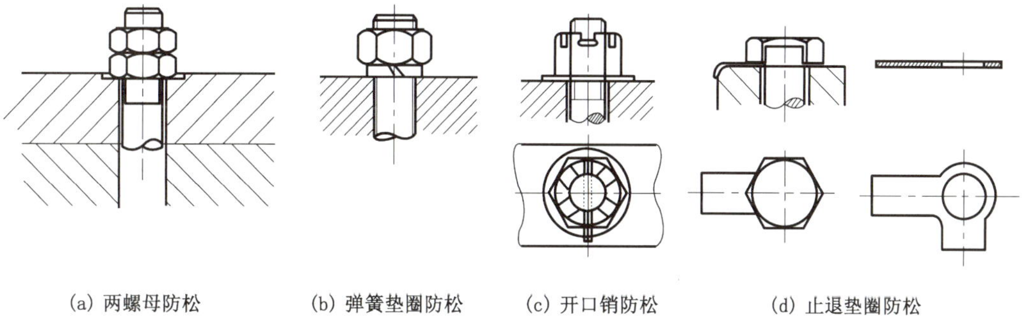


图 3-36　常见的防松装置

(2) 螺纹尾部结构

为了紧固零件，可适当加长螺纹尾部，在螺杆上加工出退刀槽，在螺孔上做出凹坑或倒角，如图 3-37 所示。轮毂孔的轴向长度应大于与其配合轴段的长度，以便于紧固。

(3) 滚动轴承的紧固

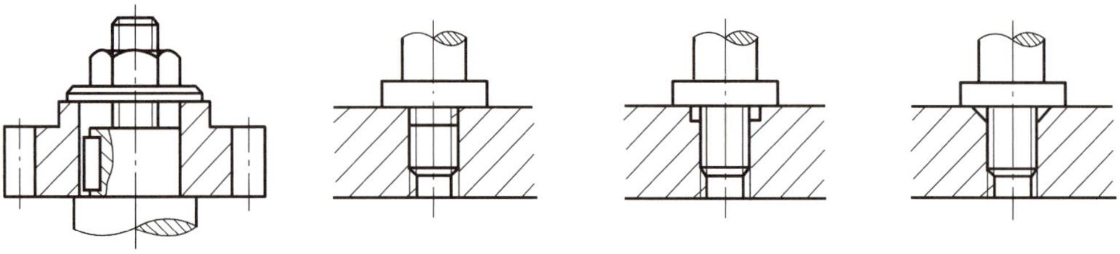

(a) 孔长大于相配合轴长　　(b) 退刀槽　　(c) 凹坑　　(d) 倒角

图 3-37　螺纹尾部结构

为防止滚动轴承在运动中产生窜动，应将其内、外圈沿轴向顶紧，如图 3-38 所示。

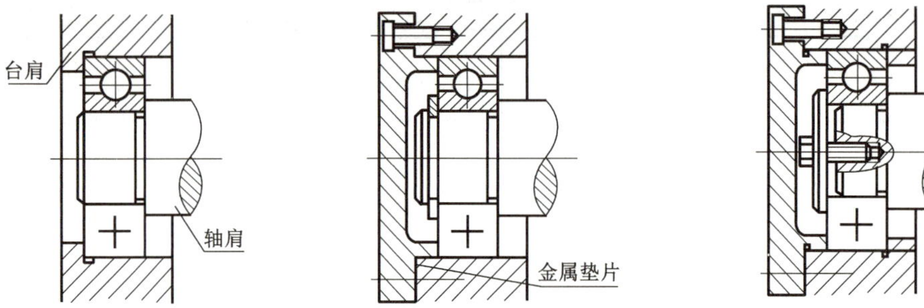


(a)　　(b)　　(c)

图 3-38　滚动轴承的紧固

3. 便于装拆的合理结构

(1) 如图 3-39 所示，考虑到零件装拆的方便与可能，一是要留出扳手的转动空间；二是要保证有足够的拆装空间。

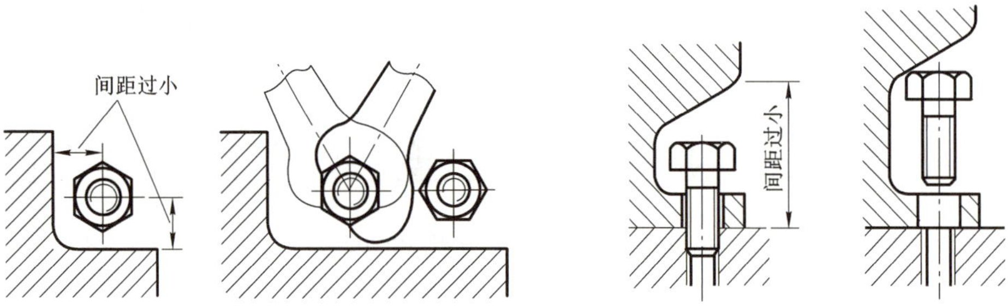


(a) 留出扳手活动空间　　(b) 留出螺钉装卸空间

图 3-39　紧固件应便于装拆

(2) 图 3-40(a)中，螺栓不便于装拆和拧紧，若在箱壁上开一如图 3-40(b)所示的手孔，或改用如图 3-40(c)所示的双头螺柱，问题即可解决。

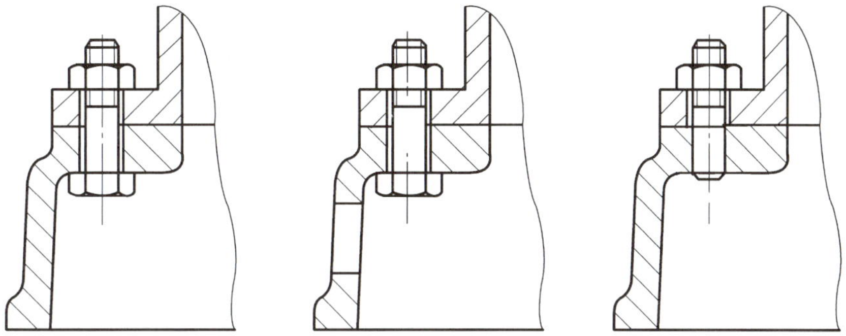

(a) 不合理　　(b) 合理　　(c) 合理

图 3-40　螺纹应便于装拆和拧紧

（3）滚动轴承的内、外圈在进行轴向定位设计时，必须要考虑到拆卸的方便，如图 3-41 所示。

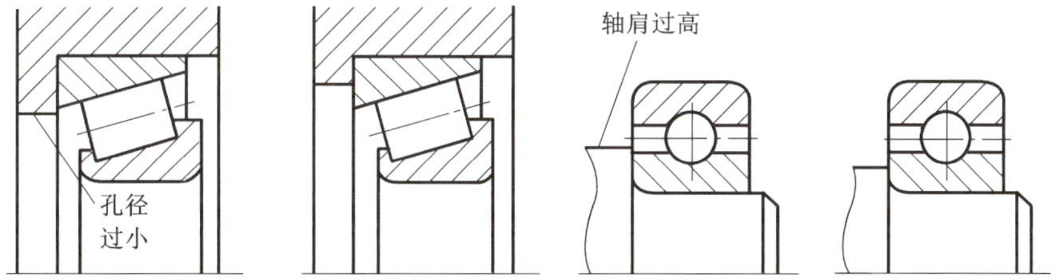


(a) 不合理　　(b) 合理　　(c) 不合理　　(d) 合理

图 3-41　轴承应便于拆卸

（4）对装有衬套的部位，应考虑使其便于拆卸，如图 3-42 所示。图 3-42(a)所示的套筒很难拆卸；若在箱体上钻几个螺钉孔，如图 3-42(b)所示，拆卸时就可用螺钉将套筒顶出。

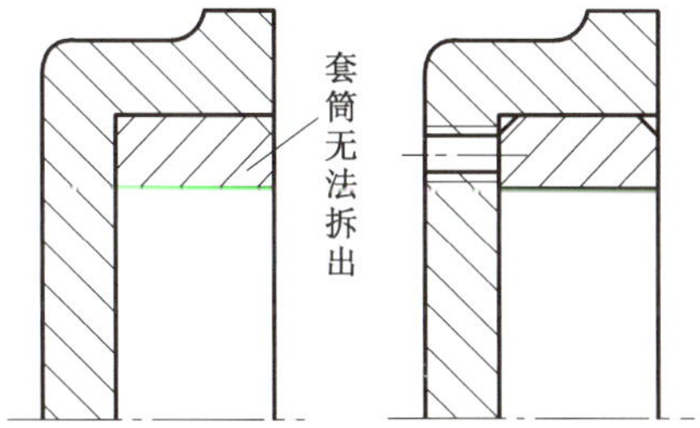


(a) 不合理　　(b) 合理

图 3-42　衬套应便于拆卸

## 二、装配体中的尺寸标注、零部件编号及明细栏

微课
装配图尺寸、明细表、技术要求

### （一）标注装配体的尺寸及技术要求

1. 尺寸标注

装配图与零件图不同，它不是用来直接指导零件生产的，不需要注出零件的全部尺寸。仅需标注进一步说明机器的性能、工作原理、装配关系和按照要求的尺寸。

（1）规格尺寸

规格尺寸也叫性能尺寸，反映部件或机器的规格和工作性能，它是设计机器、了解和选用机器的依据。如图 3-29 中两齿轮啮合的中心距 55±0.06，就是选择使用齿轮和齿轮轴的主要参数。

（2）装配尺寸

装配尺寸是保证部件正确装配，表示零件间配合性质和装配要求的尺寸。如图 3-29 中的轴与齿轮之间的配合尺寸 $\phi 26\ \frac{H7}{k6}$、轴与轴承之间的配合尺寸 $\phi 15\ \frac{H7}{k6}$、轴承与轴承座孔之间的配合尺寸 $\phi 35\ \frac{H7}{k6}$ 和 $\phi 52\ \frac{H7}{k6}$。

（3）安装尺寸

安装尺寸将部件安装在机器上或机器安装在基础上，所需要确定的尺寸。如图 3-29 中减速器箱座上安装孔（地脚螺栓）长度方向的定位尺寸为 128，孔的前、后中心距为 68，孔的直径为 $\phi 22$ 等。

（4）外形尺寸

表示机器或部件总长、总宽、总高。它是包装、运输、安装和厂房设计时所需的尺寸。如图 3-29 中减速器的总长、总宽和总高尺寸 200、186.5 和 147.5。

（5）其他重要尺寸

其他重要尺寸包括不属于上述的尺寸，但设计或装备时需要保证的尺寸。如运动零件的极限位置尺寸、调整间隙尺寸、减速器的中心高度和减速箱中的齿轮宽度等均属于这类尺寸。

需要说明的是，上述五类尺寸间往往有某种关联。即有的尺寸往往同时具有几种不同的含义，如图 3-29 主视图上的尺寸 200，它既是总体尺寸，又是主要零件的主要尺寸。此外，一张装配图中，不一定都要标全这五类尺寸，在标注尺寸时应根据装配体的构造情况，具体分析而定。

2. 装配图上技术要求的注写

不同装配体的性能要求各不相同，因此其技术要求也不相同。装配图中的技术要求，一般可从以下几个方面来考虑：

（1）装配要求：装配体在装配过程中需注意的事项，装配体装配后应达到的性能要求。如准确度、装配间隙、润滑要求等。

（2）检验要求：对装配体基本性能的检验、试验及操作方面的要求。如有的表面需装配后加工，有的孔需要将有关零件装配好后配作等。

（3）使用要求：对装配体的规格、参数及维护保养和使用时的注意事项及要求。

装配图上的技术要求，应根据装配体的具体要求而定，用文字注在明细表上方或图样下

方的空白处。

（二）零部件编号

在生产中，为了便于读图和管理图样，装配图中各零部件都必须编号，并填写明细栏。明细栏可直接画在装配图标题栏的上面，也可另列零部件明细栏，内容应包含零件名称、材料及数量等，这样有利于读图时对照查阅，并可根据明细栏做好生产准备工作。

1. 一般规定

（1）装配图中每种零部件都必须编注序号；规格相同的零件只编一个序号，标准化组件如油杯、滚动轴承、电动机等，可看作是一个整体，编一个序号；同一装配图中编注序号的形式应一致。

（2）零部件的序号应与明细栏中的序号一致。

2. 序号的组成

装配图中的序号由小圆点（或箭头）、指引线（细实线）、水平线（或圆）及序号数字组成，如图 3-43(a)所示。具体要求如下：

（1）指引线应从所指零件的可见轮廓内引出，指引线应尽量分布均匀，彼此不能相交，当通过剖面线区域时，须避免与剖面线平行。必要时，指引线可曲折一次。

（2）指引线末端不便画小圆点（如很薄的零件或涂黑的剖面）时，可在指引线末端画一箭头以代替小圆点，箭头指向该零件的轮廓线，如图 3-43(b)所示。

（3）序号数字写在水平线的上方（或圆内），数字高度应比装配图中尺寸数字高度大一号或两号。

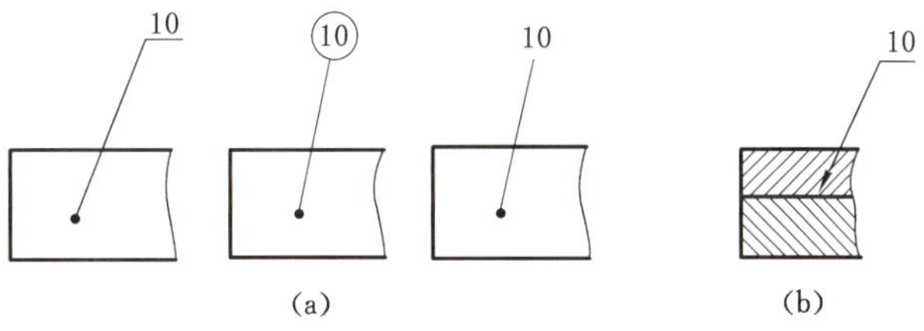


图 3-43　序号的组成

3. 零件组序号

对于一组紧固件（如螺栓、螺母和垫圈）及装配关系清楚的组件（如滚动轴承、油杯、电动机等），可看成一个整体，允许采用公共指引线，如图 3-44 所示。

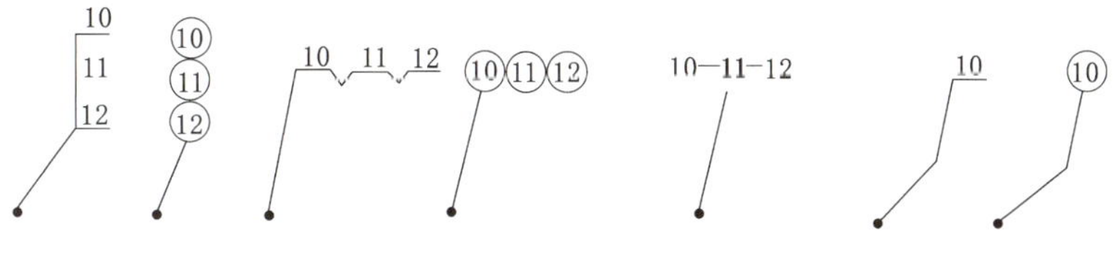


图 3-44　零件组的序号

4. 序号的排列

编注序号时，应按水平或垂直方向排列整齐，可顺时针方向或逆时针方向依次编号，不得跳号，如图 3-29 所示。

（三）明细栏

明细栏是装配图中全部零件的详细目录，是说明装配图中零件的序号、名称、材料、数量、规格等的表格。《技术制图 明细栏》(GB/T 10609.2—2009)规定了明细栏格式，如图 3-45 所示。企业也可视需要适当调整标题栏、明细栏格式。为学生做作业方便，推荐采用图 3-46 所示简化的明细栏。

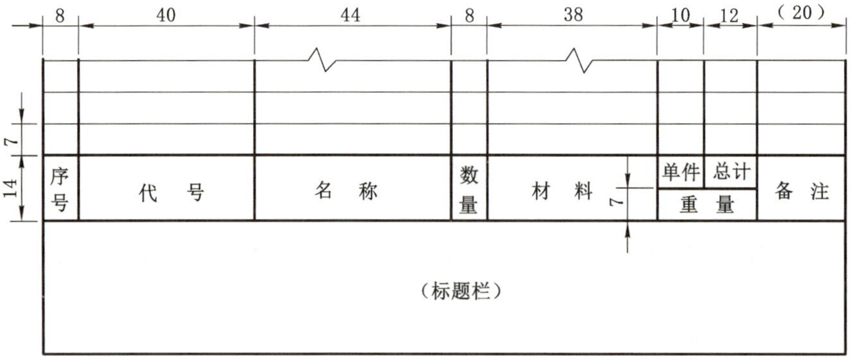


图 3-45 明细栏

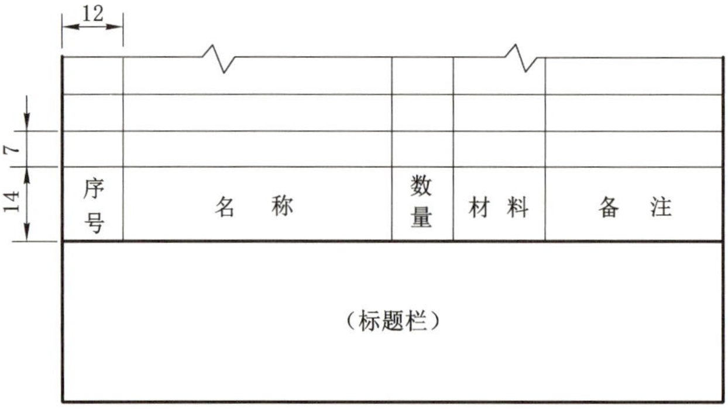


图 3-46 学生用明细栏

填写明细栏时应遵照以下规定：

(1) 明细栏位于标题栏的上方，并与标题栏相连，上方位置不够时可续接在标题栏的左侧，若还不够可再向左侧续编。对于复杂的机器或部件也可使用单独的明细栏列出，装订成册，作为装配图的一个附件。

(2) 明细栏外框竖线为粗实线，其余线为细实线，其下边线与标题栏上边线或图框下边线重合，长度相同。

(3) 为便于修改补充，序号的顺序应自下而上填写，以便在增加零件时可继续向上画格。

(4) 在“备注”栏内填写一般零件的图号和标准构件的国标代号。在“名称”栏内，标准构件应填写其名称、代号，如轴承 37、螺母 M30。

## 任务实施

### 一、画装配图

1. 选择表达方案

装配图表达的重点是清晰地反映机器或部件的工作原理、传动路线、装配关系以及各零件的主要结构形状，而不侧重表达每个零件的全部结构形状。因此，绘制装配图选择表达方案时，应在满足上述表达重点的前提下，力求使绘图简便，看图方便。其一般步骤为：

微课
绘制装配图

(1) 进行部件分析：一般从实物和有关资料了解机器或部件的功用、性能和工作原理入手，仔细分析零件在机器或部件中的作用及其结构特点，各零件间的连接关系、配合关系等，从而明确要表达的具体内容。

(2) 主视图的选择：一般按部件的工作位置选择，并使主视图能够尽量反映部件的工作原理、传动路线、装配关系及零件间的相互位置等，主视图通常取剖视。

对齿轮液压泵，可取由前向后作为主视图的投射方向，并采用两相交剖切平面剖切的全剖视。这样，主视图既可反映齿轮副的传动关系，又将泵盖与泵体间的定位、连接形式以及端盖与泵体间的防漏、传动齿轮轴上的密封结构表示得很清晰。

(3) 确定其他视图：其他视图的选择应能补充主视图尚未表达清楚的内容。一般情况下，部件中的每一种零件至少应在视图中出现一次。

确定机器或部件的表达方案时，可以多设计几套方案，每套方案一般均有优、缺点，通过分析再选择其中比较理想的表达方案。

如图 3-47 所示，以齿轮液压泵为例，其左视图可采用拆卸画法，即沿左端盖 1 和泵体 6 的接合面剖切，这样会清楚地反映出齿轮液压泵的外部形状和一对齿轮的啮合情况。进油孔的结构可用局部剖视表达。

2. 画图步骤

图 3-47(a)～(c)展示了齿轮液压泵装配图的画图步骤。

(1) 选比例、定图幅、布图，绘制各视图的主要基准线和基础零件的轮廓线。表达方案确定后，根据部件的大小、复杂程度和视图数量确定绘图比例和图纸幅面。布图时，应同时考虑标题栏、明细栏、零件序号、标注尺寸和技术要求等所需要的位置。主要基准线一般是主要的轴线(装配干线)、对称中心线、主要零件上较大的平面或端面等。绘制齿轮液压泵的装配图就是从齿轮开始的，如图 3-47(a)中画出了两齿轮轴的轮廓(基础零件的轮廓线)。

(2) 绘制主体结构和与之相关的重要零件。一般先从主视图开始，几个视图配合进行，每个视图都应从主要装配干线画起，对剖视图应先画内部结构，然后逐渐向外扩展。有时为了确定各视图的范围，或为了表示主要零件的主要结构，也可先画出外部轮廓线。齿轮液压泵的主要零件是泵体、泵盖和齿轮。画出齿轮的主要轮廓线后，接着画泵体、泵盖的轮廓线，如图 3-47(b)所示。

(3) 绘制其他次要零件和细部结构。仍从主视图开始，按各零件间的相对位置，逐个画出每个零件以及各种连接件等，完成各视图，要注意保持各视图之间的投影关系正确，完成底图，如图 3-47(c)所示。

(4) 检查修正，加深图线，画剖面线。先从主视图中的主要传动干线入手，按传动路线

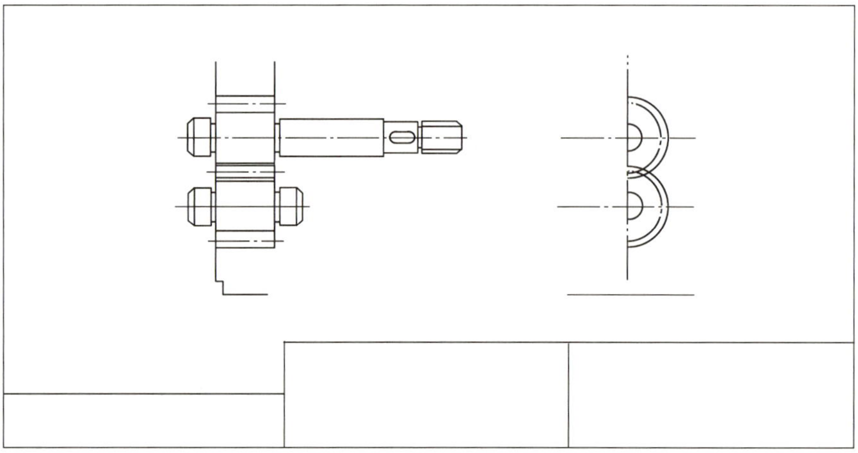

(a) 布图、绘制基准线（基础零件的轮廓线）

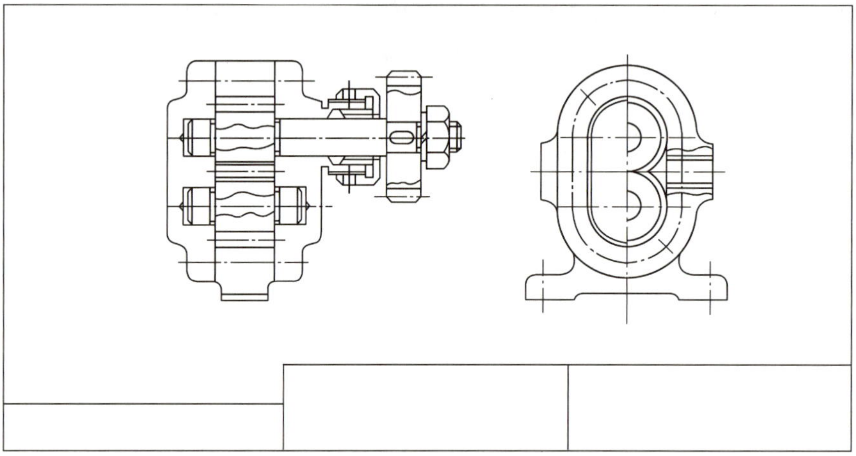

(b) 绘制主要零件轮廓线

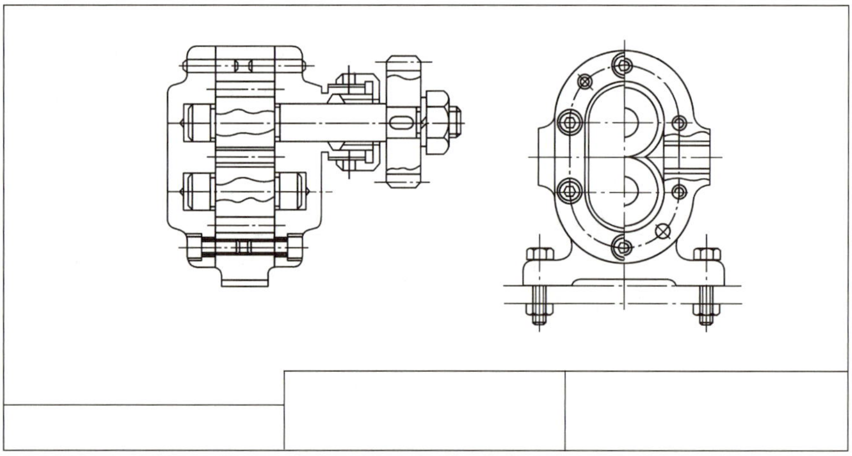

(c) 绘制细部零件及结构

图 3-47　齿轮液压泵装配图的画图步骤

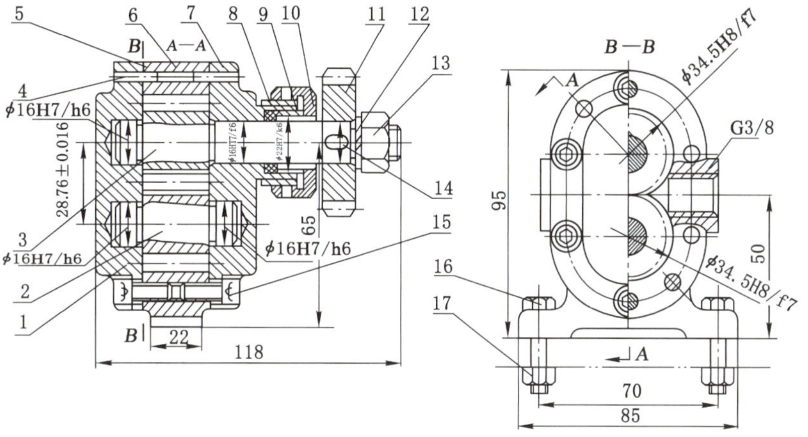


技术要求

1. 齿轮安装后，用手转动传动齿轮时，应灵活旋转.
2. 两齿轮轮齿的啮合面占齿长的 3/4 以上.

| | | | | | | | | | |
|---|---|---|---|---|---|---|---|---|---|
| 17 | 螺母 M6 | 2 | Q235 | GB/T 6170—2000 | 6 | 泵体 | 1 | HT200 | |
| 16 | 螺栓 M6×30 | 2 | Q235 | GB/T 5782—2000 | 5 | 垫片 | 2 | 纸 | $\delta=1$ |
| 15 | 螺钉 M6×16 | 12 | 35 | GB 70—1985 | 4 | 销A5×18 | 4 | 45 | GB/T 119—2000 |
| 14 | 键 5×10 | 1 | 45 | GB/T 1096—2000 | 3 | 传动齿轮轴 | 1 | 45 | $m=3, z=9$ |
| 13 | 螺母 M12×1.5 | 1 | 35 | GB/T 6171—2000 | 2 | 齿轮轴 | 1 | 45 | $m=3, z=9$ |
| 12 | 垫圈 | 1 | 65Mn | GB 859—1987 | 1 | 左端盖 | 1 | HT200 | |
| 11 | 传动齿轮 | 1 | 45 | $m=2.5, z=20$ | 序号 | 名称 | 数量 | 材料 | 备注 |
| 10 | 压紧螺母 | 1 | 35 | | 齿轮油泵 | | 比例 | | 图号 |
| 9 | 轴套 | 1 | ZCuSnPbZnS | | | | 数量 | | 共　张　第　张 |
| 8 | 密封圈 | 1 | 橡胶 | | 制图 | | （校名、班级） | | |
| 7 | 右端盖 | 1 | HT200 | | 审核 | | | | |

(d) 齿轮液压泵装配图

图 3-47(续)

检查所涉及的各零件结构是否表达完全、装配关系是否合理，再延展到各个视图，最后要注意检查视图上的细部结构是否有遗漏、各视图之间的投影关系是否正确等。

(5) 画尺寸线、剖面符号，编写零件序号，加深全图。

(6) 填写尺寸数字、技术要求、明细栏和标题栏，完成齿轮液压泵装配图，如图 3-47(d) 所示。

## 二、读装配图和拆画零件图

### (一) 读装配图

画装配图是用图形、尺寸、符号和文字来表示设计意图和设计要求的过程。而读装配图是通过对现有图形、尺寸、符号、文字的分析，了解设计者的意图和要求的过程。在设计、装配、检验和维修工作中，在进行技术革新、技术交流乃至专业课程的学习过程中，都需要读装配图。工程技术人员必须具备熟练读装配图的能力。

**微课**
识读装配图

1. 读装配图的目的和要求

(1) 了解机器或部件的性能、功能和工作原理。

(2) 弄懂各零件间的装配、连接关系和装拆顺序。

(3) 搞清各零件的结构形状和作用，想象出机器和部件中运动件的动作过程。

(4) 了解主要尺寸、技术要求和操作方法等。

以上几条目的和要求也是衡量是否读懂装配图的重要标志。为达到这些要求，必须掌握读装配图的方法。

2. 读装配图的方法步骤

以图 3-47 齿轮液压泵装配图为例，说明读装配图的方法和步骤。

(1) 概括了解

根据标题栏和产品说明书及有关技术资料，了解装配体的名称、大致用途；由明细栏了解组成该部件的零件名称、数量以及标准件的规格等，并大致了解装配体的复杂程度；由总体尺寸了解装配体的大小和所占空间。

由图 3-47(d)标题栏名称可知该装配图是一张齿轮泵的装配图，它是机器中用来输送润滑油的一个部件；由序号和明细栏中可以知道，该齿轮液压泵共由 17 种零件装配而成。

(2) 初步分析视图

了解各视图、剖视图、断面图的数量及各自的表示意图和它们之间的相互关系，找出视图名称、剖切位置、投射方向，为下一步深入读图做准备。

该齿轮泵装配图采用了两个视图表达，其中的主视图为全剖视图（$A$—$A$ 旋转剖）反映了组成齿轮泵各个零件间的装配关系。左视图是采用沿着左端盖 1 与泵体 6 接合面剖切后移去了垫片 5 的半剖视图 $B$—$B$，它清楚地反映了该泵的外部形状，齿轮的啮合情况以及吸、压油的工作原理。再采用局部剖反映吸、压油口的情况。由外形尺寸 118、85、95 可知这个齿轮液压泵的体积。

(3) 分析工作原理和装配关系

从主视图入手，根据各装配干线，对照零件在各个视图中的投影，分析各零件间的配合性质、连接方法及相互关系。再进一步分析各零件的功用与运动状态，了解其工作原理。通常先从主动件开始按照连接关系分析传动路线，也可以从被动件反序进行分析，从而弄清部件的装配关系和工作原理。

泵体 6 是齿轮泵中的主要零件之一。它的内腔容纳一对吸油和压油的齿轮。将齿轮轴 2、传动齿轮轴 3 装入泵体后，两侧由左端盖 1、右端盖 7 支承这一对齿轮轴的旋转运动。由销 4 将左、右端盖与泵体定位后，再用螺钉 15 将左、右端盖与泵体连接成整体。为了防止泵体与端盖接合面处以及传动齿轮轴 3 伸出端漏油，分别用垫片 5 及密封圈 8、轴套 9、压紧螺母 10 密封。

齿轮轴 2、传动齿轮轴 3、传动齿轮 11 是该液压泵中的运动零件。当传动齿轮 11 按逆时针方向（从左视图观察）转动时。通过键 14 将扭矩传递给传动齿轮轴 3，经过齿轮啮合带动齿轮轴 2，从而使齿轮轴 2 做顺时针方向转动。从这一对齿轮啮合转动中，可以了解其工作原理：当一对齿轮在泵体内啮合转动时，啮合区右边空间的压力降低而产生局部真空，油池内的油在大气压力作用下进入液压泵低压区内的吸油口，随着齿轮的转动，齿槽中的油不断被带至左边的压油口把油压出，送至机器中需要润滑的部分。

(4) 分析零件

分析零件的主要目的是弄清楚组成部分的所有零件的类型、作用及其主要的结构形状，必要时可画出其零件图。

(5) 分析尺寸及技术要求

进一步分析研究全部尺寸、技术要求，了解机器或部件检验、安装方法及装拆顺序等。

根据零件在部件中的作用和要求，该齿轮泵装配图中注出了相应的公差带代号。如传动齿轮 11 要带动传动齿轮轴 3 一起转动，除了靠键把两者连成一体传递扭矩外，还注出了相应的配合 $\phi$14H7/k6，它属于基孔制的优先过渡配合。齿轮轴 2、传动齿轮轴 3 与左、右端盖在支承处的配合尺寸都是 $\phi$16H7/h6，属于基孔制的优先间隙配合。两齿轮的齿顶圆与泵体内腔的配合尺寸是 $\phi$34.5H7/f7，属于基孔制的优先间隙配合。尺寸 26.76±0.016 是一对啮合齿轮的中心距，这个尺寸准确与否将会直接影响齿轮的啮合传动。尺寸 65 是传动齿轮轴轴线离泵体安装面的高度尺寸。26.76±0.016 和 65 分别是设计和安装所要求的尺寸。吸、压油口的尺寸 G3/8 和两个螺栓 16 之间的尺寸 70 以及泵体安装面的形状大小尺寸 85、22 等都属于安装尺寸。尺寸 118、95、85 属于外形总体尺寸。齿轮泵的装配图中注明了两条技术要求。

(6) 归纳总结

通过以上分析，把对机器或部件的所有了解进行归纳，获得对机器或部件整体的认识，想象出内、外全部形状，从而了解机器或部件的设计意图和装配工艺性等，完成读装配图的全过程，并为拆画零件图打下基础。

(二) 由装配图拆画零件图

在设计过程中，根据机器或部件的使用要求、工作性能，先画出装配图，再根据装配图设计零件，拆画出零件图，简称拆图。拆图时，一些标准的、常用的和简单的一般零件容易看懂，应重点分析主要的、复杂的零件，然后根据装配关系逐一画出有关零件，以保证各零件的形状、尺寸等能协调一致。

分析零件的主要方法是将零件的有关视图从装配图中分离出来，再用看零件图的方法弄懂零件的结构形状。现以齿轮泵右端盖 7 为例说明拆画的具体步骤。

1. 分离零件，补画结构

(1) 读懂装配图，分析所拆零件的作用

① 看零件图的序号和明细表，不同序号代表不同的零件。

② 看剖面线的方向和间隔，相邻两零件剖面线的方向、间隔不同，则不是同一个零件。

③ 对剖视图中未画剖面线的部分，区分是实心杆件或零件的孔槽与未剖切部分，其方法是按装配图对实心件和紧固件的规定画法来判断。

由主视图可见：右端盖上部有传动齿轮轴 3 穿过，下部有齿轮轴 2 轴颈的支承孔，在右部的凸缘的外圆柱面上有外螺纹，用压紧螺母 10 通过轴套 9 将密封圈 8 压紧在轴的四周，先从主视图上区分出右端的视图轮廓，由于在装配图的主视图上，右端盖的一部分可见投影被其他零件所遮，因而它是一幅不完整的图形，如图 3-48(a)所示。

(2) 补画结构

从诸多零件中分离出来，想象出其大体结构形状；补齐在装配图中被遮挡的轮廓线和投影线，对装配图中未表达清楚的结构进行再设计，分析该零件的加工工艺，补充被规定省略和简化了的工艺结构，想象出其结构形状。

为从装配图主视图中分离出右端盖全剖的主视图。根据此零件的作用及装配关系，可以补全所缺的轮廓线，如图 3-48(b)所示。在装配图的左视图中，其螺钉孔、销孔、轴孔都被泵体 6、齿轮轴 2、传动齿轮轴 3 等零件挡住，不能完整地表达出来，因此这些缺少的结构形状可以通过对装配整体的理解和工作情况进行补充表达和设计。右端盖的外形为长圆形，沿周围分布有 6 个螺钉沉孔和 2 个圆柱销孔。图 3-48(c)所示为从装配图中分离、补充、想象出的右端盖左视图，结合主、左视图即可想出其结构形状。图 3-48(d)所示为轴测图。

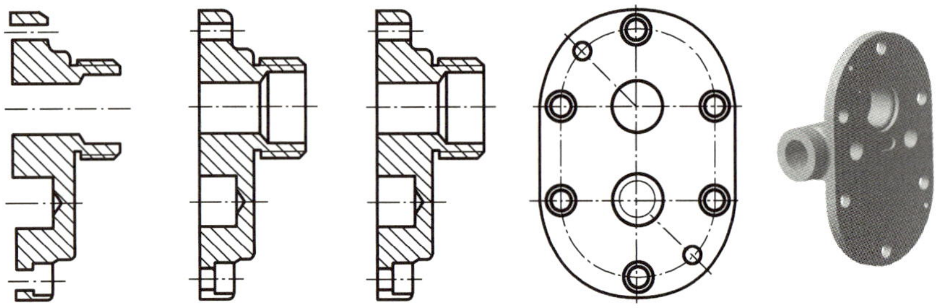


图 3-48　从装配图中分离、补充、设计后的右端盖视图

2. 确定表达方案

看懂零件的形状后，要根据零件的结构形状及在装配图中的工作位置或零件的加工位置，重新选择视图，确定表达方案。此时可以参考装配图的表达方案，但要注意不受原装配图的限制，而应对零件的结构特点进行分析，重新考虑表达方案。图 3-49 所示为端盖的表达方案，主、左视图与装配图相同。

3. 标注尺寸

要按照正确、完整、清晰、合理的要求，标注所拆画的零件图上的尺寸。拆画的零件图，其尺寸来源可从以下几方面确定：

(1) 抄注：凡是装配图上已注出的尺寸都是必要的尺寸，拆图时应将与被拆零件有关的尺寸按其数值大小直接抄注在该零件图上。配合尺寸应分别按孔、轴的公差带代号或进、出偏差值注在相应的零件图上。某些零件在明细栏中给定了尺寸，如弹簧、垫片厚度应当作已给尺寸标注。

(2) 查取：零件上的一些标准结构(如倒角、圆角、退刀槽、螺纹、销孔、键槽等)的尺寸数值，应从有关标准中查取核对后进行标注；螺孔、键槽可查明细栏，从零件中的另一标准件规定标记来确定。

(3) 计算：零件的某些尺寸数值，需根据装配图所给定的有关尺寸和参数，经过必要的计算或校核来确定，并不许圆整。如齿轮分度圆直径，可根据模数和齿数或齿数和中心距计算确定。

(4) 量取：装配图中没有标注的其余尺寸，应按装配图的比例在装配图上直接量取后算出，并按标准系列适当圆整，使之尽量符合标准长度或标准直径的数值。

根据上述尺寸来源，配齐拆画的零件图上的尺寸，标注尺寸时要恰当选择尺寸基准和标注形式，与相关零件的配合尺寸、相对位置尺寸协调一致，避免矛盾发生，重要尺寸应准确无误。

4. 确定技术要求

根据零件的作用，结合设计要求，查阅有关手册或参阅同类、相近产品的零件图来确定所拆画零件图上的表面粗糙度、公差配合、形位公差等技术要求，最后填写标题栏，完成所拆画的零件图，如图 3-49 所示。

拆画零件图是一种综合能力的训练。它不仅要具有看懂装配图的能力，而且还应具备有关的专业知识。随着计算机技术的普及提高，拆画零件图变得更容易，如果已由计算机绘出机器或部件的装配图，可对被拆画的零件进行复制，然后加以整理，并标注尺寸，即可画出零件图。上述右端盖零件图就是采用这种方法拆画的。

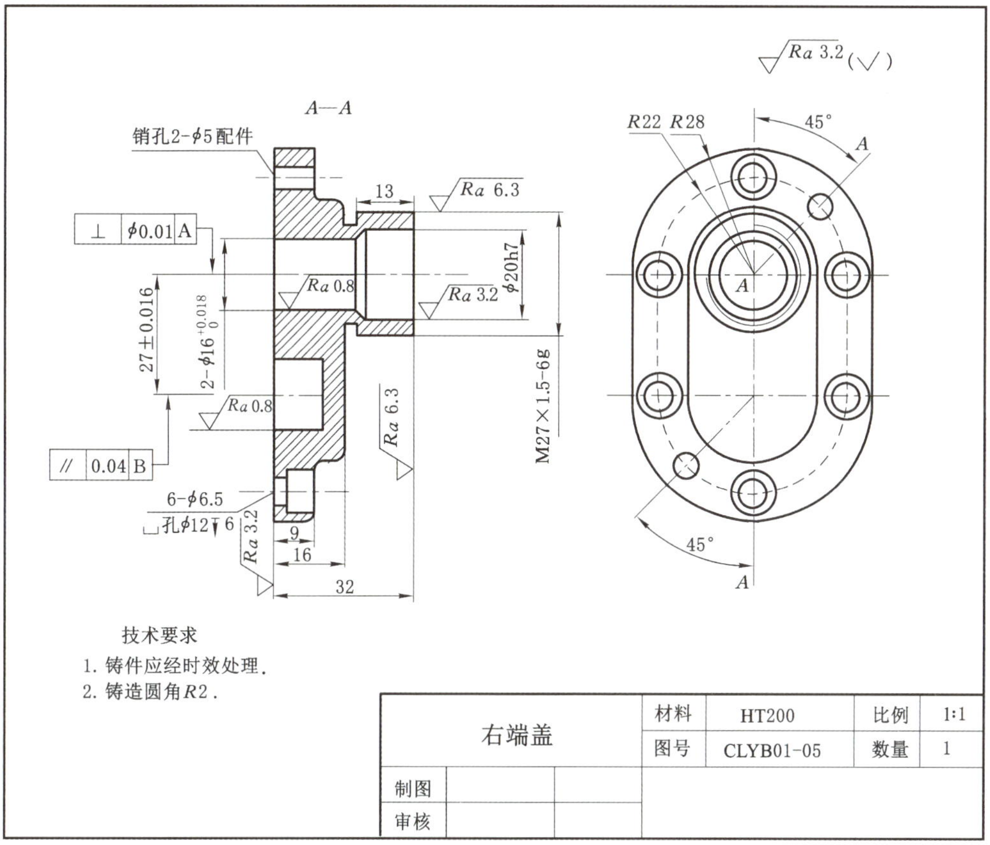


图 3-49　右端盖零件图

# 任务十　零部件测绘

【知识要点】 了解零部件测绘的重要性(目的和任务),明确测绘的内容与步骤。

【技能目标】 能正确使用常用工具拆卸机器部件,能正确使用常用制图测绘工具测量零件尺寸,能绘制零件草图(徒手)和零件工作图(尺规)。

【思政目标】 秉承工匠精神,规范测绘显神通。

## 任务导入

思政案例

根据已有的零件画出其零件图的过程称为零件测绘。零件制图测绘对推广先进技术、改造现有设备、技术革新、修配零件等都有重要作用。因此,零件制图测绘是实际生产中的重要工作之一,是工程技术人员必须掌握的制图技能。

## 相关知识

## 一、零部件测绘的基础知识

在机械设计中，可在产品设计之前对现有的同类产品进行测绘，作为设计产品的参考资料。在机器维修中，如果某零件损坏，又无备件或图纸时，可对零件进行测绘，画出零件图，作为制造该零件的依据。

### （一）测绘的内容与步骤

1. 了解和分析测绘对象，做好测绘前的准备工作

了解所测绘零部件的名称、用途、材料、制造方法以及该零件在机器或部件中的作用。组织分工，准备测绘所需模型、工具、资料等。

2. 拆卸部件

零件拆卸的一般方法有以下几种：

(1) 螺纹连接的拆卸

① 六方、四方头的螺栓和螺母可用规格合适的活扳手或系列扳手进行拆卸。

② 带槽螺钉可用螺丝刀拧松卸下。

③ 圆螺母应该用专用扳手拆卸，如无专用扳手，就用锤击冲子使其旋转卸掉。

(2) 销连接的拆卸

对圆锥销、圆柱销连接，用榔头冲击。冲圆锥销时，要从小直径端敲打。开口销用手钳或拔销钩将其拔出。

(3) 键连接的拆卸

带轮、齿轮与轴之间的普通平键、半圆键连接，只要沿轴向推开轮即可。对钩头楔键连接可垫钢条以锤击出，但最好用起键器拉出。

(4) 配合轴孔件的拆卸

① 间隙配合的轴孔件拆下是较容易的，但也要缓慢地顺轴线相互推出，避免两件相对倾斜卡住而划伤配合面。

② 过盈配合的轴孔件，一般不拆卸。如必须拆卸时，可加热带孔零件，用专门工具或压力机进行。

③ 过渡配合的轮与轴的拆卸方法是用两锤同时敲打轮毂或轮辐的对称部位，也可用一锤沿轮周均匀锤击，使其脱开。要用木榔头，若用钢锤应垫上木块，以免打坏表面。

④ 轴上的滚动轴承尽量不拆，必拆不可时必须采用专用拆卸器或压力机，采取浇油加热的方法拆卸。特别要注意拆卸时的传力点要选在滚动轴承的内圈上。

具体拆卸和装配应根据机器或部件的结构，编制拆卸规程。

3. 绘制装配示意图

采用简单的线条和图例符号绘制出部件大致轮廓的装配图样，称装配示意图。它主要表达各零件之间的相对位置、装配与连接关系、传动路线及工作原理等内容，是绘制装配工作图的重要依据。

4. 分析零件，确定表达方案

明确所画零件的类型，根据各类型零件的特点和对零件的结构与形体分析，按视图选择原则，先确定主视图——最能反映零件形状特征的视图，再根据零件的复杂程度选取必要的其他视图和适当的表达方法，以完整、清晰、简便的表达方案表达清楚零件的内、外结构形状。

5. 绘制零件草图

根据拆卸的零件，按照大致比例，用目测的方法徒手画出具有完整零件图内容的图样，称零件草图。零件草图的绘图步骤如下：

(1) 绘制图形

根据选定的表达方案，徒手画出视图、剖视等图形。

① 零件上的制造缺陷（如砂眼、气孔和刀痕等），以及由于长期使用造成的磨损、碰伤等，均不应画出。

② 零件上的细小结构（如铸造圆角、倒角、倒圆、退刀槽、砂轮越程槽、凸台和凹坑等）必须画出。

(2) 测量和标注尺寸

先选定基准，再画出全部尺寸的尺寸界线、尺寸线和箭头，然后用量具集中测量零件各部分的尺寸。

需要注意的是：

① 测量时主要结构尺寸和重要结构尺寸要精确测量标注，特别是与相邻零件的相关尺寸（如泵体上螺孔、销孔、沉孔的定位尺寸，以及有配合关系的尺寸等）一定要一致。

② 一般结构的尺寸测量后需圆整再标注。

③ 能计算出的主要尺寸（如齿轮啮合中心距）要通过计算再标注。

④ 标准化结构（螺纹、退刀槽、销孔、中心孔、键槽、齿轮等）的尺寸，必须查阅相应国家标准，并予以标准化。

(3) 注写技术要求

零件上的表面粗糙度、极限与配合、形位公差等技术要求，通常可采用类比法给出。

① 主要尺寸要保证其精度。泵体的两轴线、轴线距底面以及有配合关系的尺寸等，都应给出公差。

② 有相对运动的表面及对形状、位置要求较严格的线、面等要素，要给出既合理又经济的粗糙度或形位公差要求。

③ 有配合关系的孔与轴，要查阅与其相结合的轴与孔的相应资料（装配图或零件图），以核准配合制度和配合性质。只有这样，经制图测绘而制造出的零件，才能顺利地装配到机器上去并达到其功能要求。

(4) 填写标题栏

一般可填写零件的名称、材料及绘图者的姓名和完成时间等。

6. 绘制装配草图和装配图

根据装配示意图和零件草图绘制装配草图和装配图，这是零部件制图测绘的主要任务。装配图不仅要表达出部件的工作原理、装配关系、配合尺寸、主要零件的结构形状及相互位置关系和技术要求等，还是检查零件草图中的零件结构是否合理、尺寸是否准确的依据。

7. 绘制零件工作图

根据零件草图并结合有关零部件的图纸资料，用尺规或计算机绘制出零件工作图。由于绘制零件草图时，往往受地点条件的限制，有些问题有可能处理得不够完善，因此在画零件工作图时，还需要对草图进一步检查和校对，然后用仪器或计算机画出零件工作图，经批准后，整个零件制图测绘的工作就进行完了。由零件草图画零件图的具体步骤如下：

(1) 对草图的表达方案、尺寸标注以及技术要求等进行全面检查，力求完整、清晰、合理。

(2) 选择合适的绘图比例和图幅。画出边框线和标题栏外框，确定视图位置，画出图形定位线。

(3) 用细实线将几个视图联系起来画，画出所有尺寸界线、尺寸线和箭头。

(4) 注写尺寸数值和技术要求代(符)号，加深图线、填写标题栏、齿轮参数表和文字说明。

(5) 校核全图，完成标准直齿圆柱齿轮零件图。

8. 测绘总结与答辩

制图测绘的体会、意见和建议，800 字左右。

(二) 测绘注意事项

(1) 为保证安全和不损坏机件，拆装前要研究好拆装顺序后，再动手拆装。零件按顺序拆下，在桌上摆放整齐，轻拿轻放，可按拆装顺序把零件编上序号，小零件要妥善保管，以防丢失或发生混乱。要注意保护零件的加工面和配合面。制图测绘完成后，要将装配体装配好。

(2) 零件的制造缺陷，如砂眼、气孔、刀痕等，以及长期使用所造成的磨损，都不应画出。

(3) 零件上因制造、装配的需要而形成的工艺结构，如铸造圆角、倒角、倒圆、退刀槽、凸台、凹坑等都必须画出，不能忽略。

(4) 先画零件草图，按尺寸标注及表面粗糙度的要求画出尺寸界限、尺寸线和粗糙度符号。

(5) 测量读数时，配合尺寸应保持一致，其他尺寸圆整为整数，与标准件配合的尺寸应按标准件的尺寸选取(如与轴承配合的轴或孔)。

(6) 对螺纹、键槽、齿轮的轮齿等标准结构的尺寸，应把测量的结果与标准值核对，一般均采用标准的结构尺寸，以利于制造。

## 二、常用测量工具的使用方法

零件尺寸的测量是机器部件制图测绘中的一项重要内容。采用正确的测量方法可以减少测量误差，提高制图测绘效率，保证测得尺寸的精确度。测量方法与制图测绘工具有关，因此需要了解常用的制图测绘工具，掌握正确的使用方法和测量技术。测量零件尺寸常用的工具有直尺、外卡钳、内卡钳、钢板尺、游标卡尺、千分尺、螺纹规、圆角规等，具体的尺寸测量方法见表 3-13。

测量尺寸时必须注意以下几点：

(1) 根据零件尺寸所需的精确程度，要选用相应的测量工具测量。如一般精度尺寸可直接采用钢直尺或内、外卡钳测量读出数值，而精度较高的尺寸则需要使用游标卡尺或千分尺测量。

(2) 有配合关系的尺寸，如孔与轴的配合尺寸，一般要用游标卡尺先测出直径尺寸(通常测量轴比较容易)，再根据测得的直径尺寸查阅有关手册，确定标准的基本尺寸或公称直径。

(3) 没有配合关系的尺寸或不重要的尺寸，可将测得的尺寸进行圆整(调整到整数)。

(4) 零件上标准结构(如键槽、退刀槽、销孔、中心孔、螺纹、齿轮等)的尺寸，必须根据测得的尺寸再查表与标准值核对，查阅相应国家标准，并予以标准化。

表 3-13　零件量具的用法

| 尺寸类型 | 测量方法 |
| --- | --- |
| 长度尺寸 | 长度尺寸一般可用直尺或游标卡尺直接量得读数<br>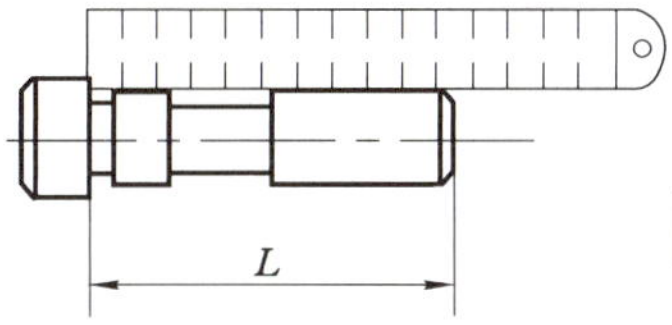<br>用直尺测长度<br>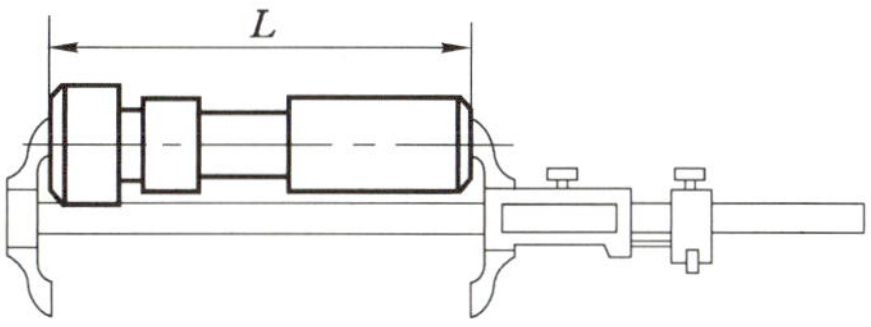<br>用游标卡尺测长度 |
| 直径尺寸 | 一般直径尺寸，内、外卡钳和直尺配合测量即可<br>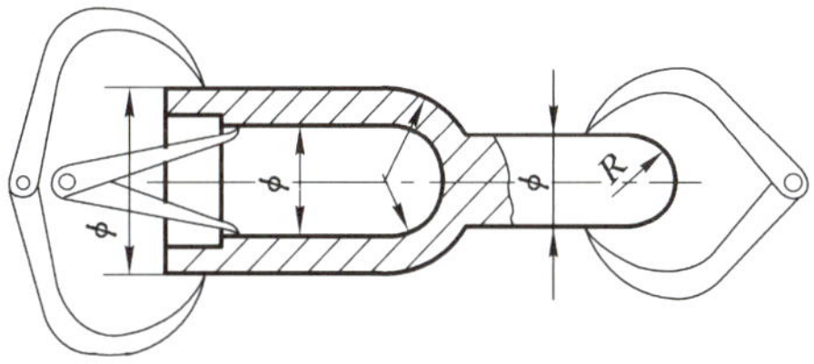<br>用内、外卡钳测直径<br>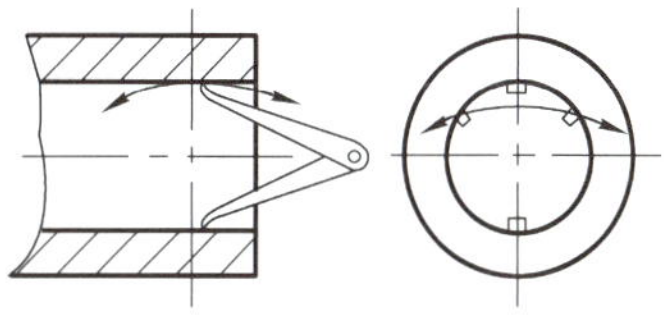<br>用内卡钳测直径的方法<br>较精确的直径尺寸，多用游标卡尺或内、外千分尺测量<br>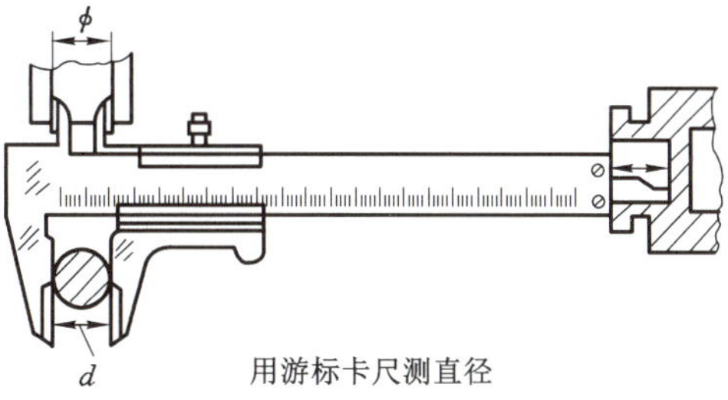<br>用游标卡尺测直径<br>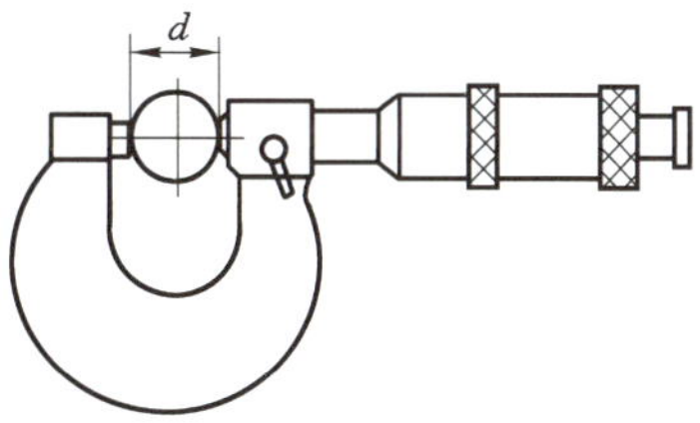<br>用外径千分尺测直径<br>在测量内径时，如果孔口小不能取出卡钳，则可先在卡钳的两腿上任取 $a$、$b$ 两点，并量取 $a$、$b$ 间的距离 $L$，如图(a)所示。然后合并钳腿取出卡钳，再将钳腿分开至 $a$、$b$ 间距离为 $L$，这时在直尺上量得钳腿两端点的距离便是被测孔的直径，如图(b)所示。也可以用图(c)所示的内、外同值卡钳进行测量<br>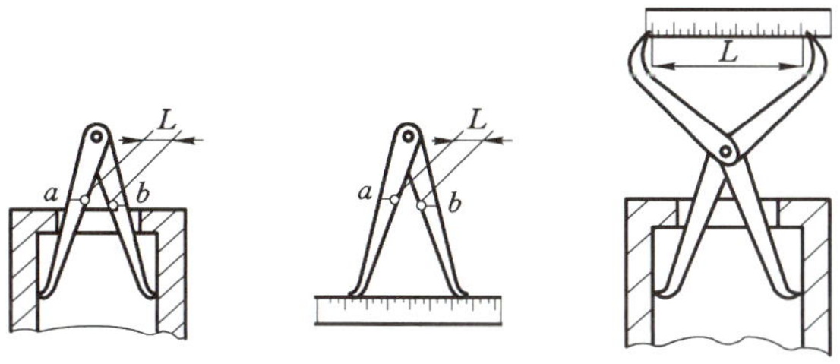<br>(a)　(b)　(c) |

表 3-13（续）

| 尺寸类型 | 测量方法 |
|---|---|
| 深度及壁厚 | 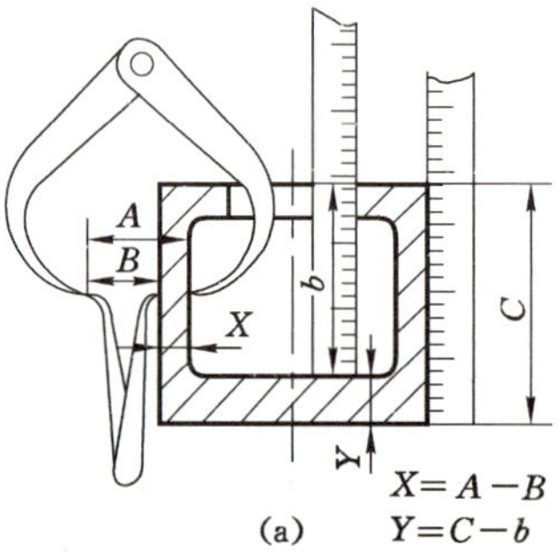<br>测壁厚，卡尺两爪尖构成的直线必须与轴线垂直<br>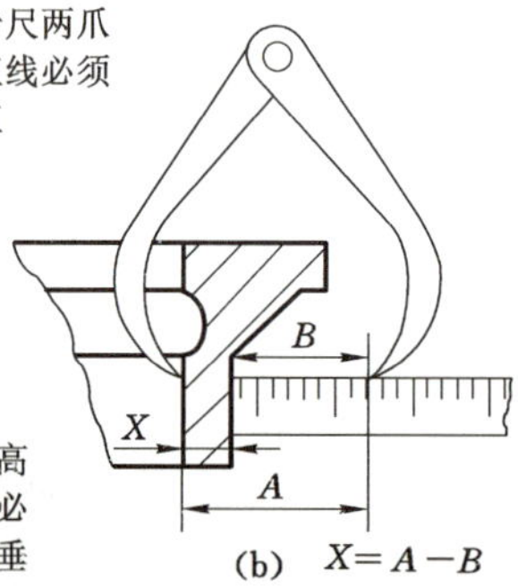<br>(a) $X=A-B$　$Y=C-b$<br>用内、外卡钳测壁厚<br>用直尺测深度、壁厚<br>测深度与高度，直尺必须与底面垂直<br>(b) $X=A-B$<br>用外卡钳和直尺测量壁厚 |
| 孔距 | 测两孔中心距，卡尺两爪尖构成的直线必须与轴线垂直<br>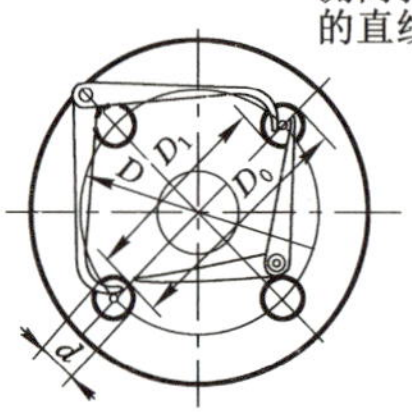<br>$D=D_0=D_1+d$<br>用内、外卡钳测孔距<br>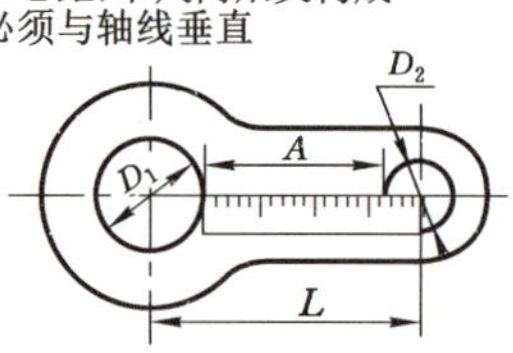<br>$L=A+\frac{D_1}{2}+\frac{D_2}{2}$<br>用直尺测孔距 |
| 中心高 | 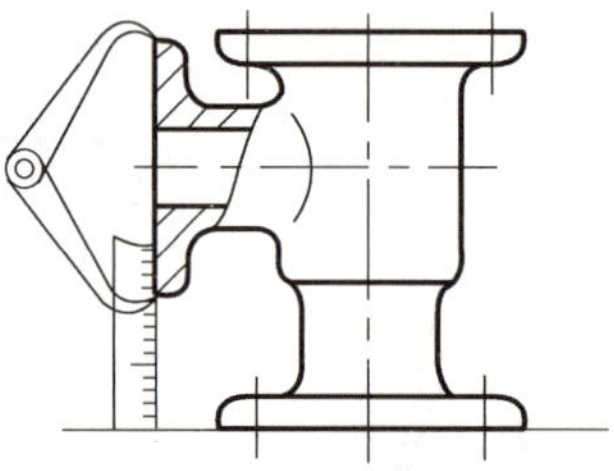<br>用直尺、卡钳测中心高<br>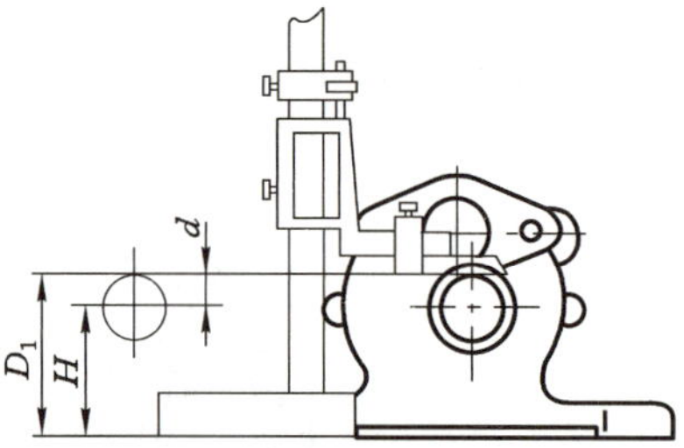<br>用高度尺测中心高 |

表 3-13(续)

| 尺寸类型 | 测量方法 |
|---|---|
| 圆弧及螺距 | 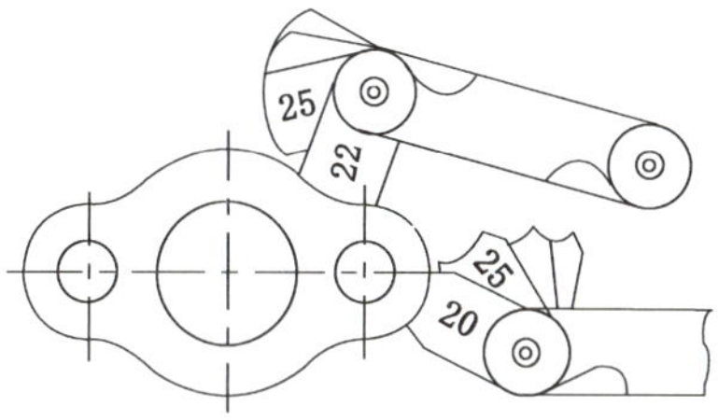<br><br>测量圆弧<br>用圆角规测圆弧半径，圆角规的平面与零件轴线互相垂直<br>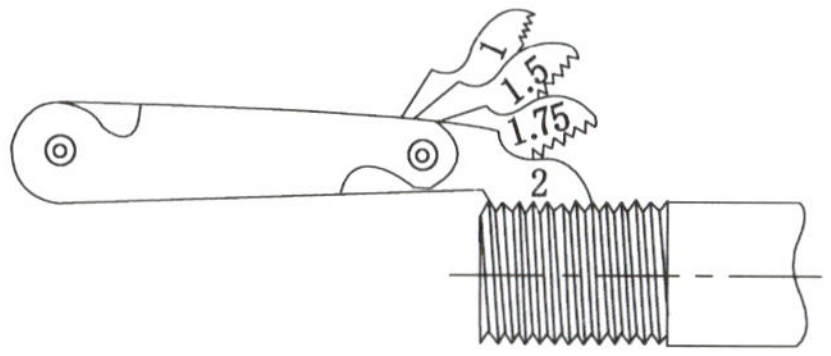<br><br>测量螺距<br>用螺距规测螺距，螺纹的牙必须与螺距规的牙吻合无间隙<br>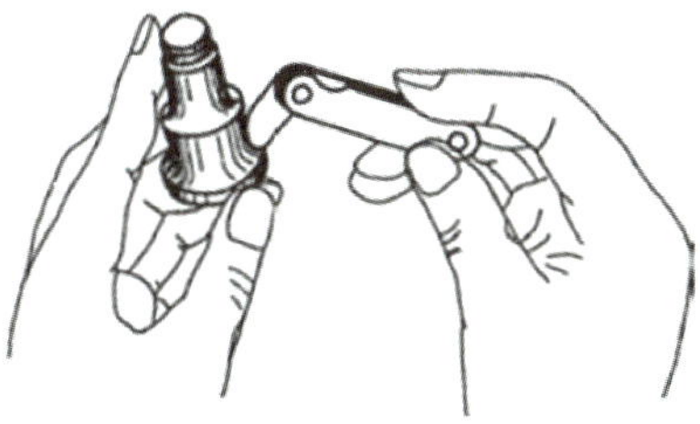<br>测量圆角<br>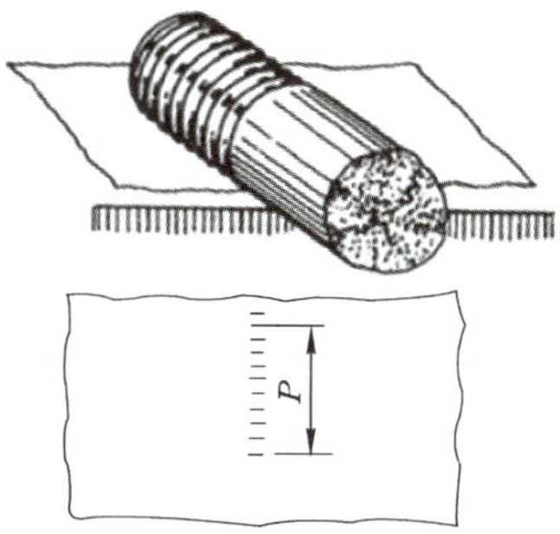<br><br>用拓印法测量螺距 |
| 曲线、曲面 | 可用纸拓印其轮廓，再测量其形状尺寸<br>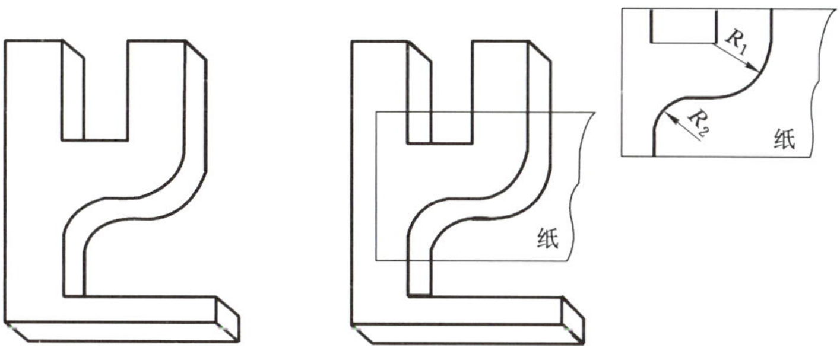<br> |
| 螺纹参数的测量 | 螺纹参数主要有牙形、公称直径(大径)、螺距、线数和旋向。线数和旋向目测即可，牙形若为标准，可根据其类型确定牙形角。<br>外螺纹的大径可用游标卡尺直接测量，内螺纹的大径可通过与之旋合的外螺纹的大径来确定，没有外螺纹时，可测出其小径和螺距，再查表确定大径值。螺距的测量可采用螺纹规。<br>不论是大径还是螺距，测量后应查阅有关的标准再圆整测量值，标注到图纸上的应当是标准值 |

表 3-13(续)

| 尺寸类型 | 测量方法 | |
|---|---|---|
| 齿轮 | 标准直齿圆柱齿轮的参数有齿数、模数、齿顶圆直径、分度圆直径等。齿数可直接数出，模数和分度圆直径可通过测量齿顶圆直径后计算得出 | |
| | 齿顶圆直径的测量分两种情况：一是齿数为偶数时，按图(a)所示测量，即相对的两个齿顶距离即为齿顶圆直径，可用游标卡尺直接测得；二是齿数为奇数时，此时按图(b)所示测出 $d$ 和 $e$，则 $d_a=d+2e$（齿轮孔径＋齿顶到孔壁的径向尺寸）。根据测得的齿顶圆直径和齿数，计算模数(注意算出的模数要查表取标准值)，然后计算齿轮分度圆直径等 | 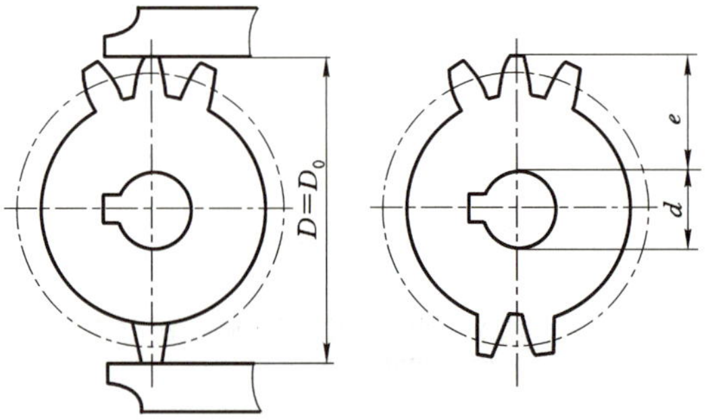(a) (b) |

# 任务实施

## 一、零件测绘

### (一) 测绘减速器中齿轮轴

(1) 目测画出草图，并标出尺寸(不写出数值)。

(2) 尺寸与测量：

① 轴向尺寸与径向尺寸的测量

轴套类零件的尺寸主要有轴向尺寸和径向尺寸两类(即轴的长度尺寸和直径尺寸)。重要的轴向尺寸要以轴的安装端面(轴肩端面)为主要尺寸基准，其他尺寸可以以轴的两头端面作为辅助尺寸基准。径向尺寸(即轴的直径尺寸)是以轴的中轴线为主要尺寸基准。

轴的轴向尺寸一般为非配合尺寸，可用钢直尺、游标卡尺直接测量各段的长度和总长度，然后圆整成整数。轴套类零件的总长度尺寸应直接度量出数值，不可用各段轴的长度累加计算。

轴的径向尺寸多为配合尺寸，先用游标卡尺或千分尺测量出各段轴径后，根据配合类型、表面粗糙度等级查阅轴或孔的极限偏差表，对照选择相对应的轴的基本尺寸和极限偏差值。

② 标准结构尺寸测量

轴套上的螺纹主要起定位和锁紧作用，一般以普通三角形螺纹偏多。普通螺纹的大径和螺距可用螺纹量规直接测量，也可以采用综合测量法测量出大径和螺距，然后查阅标准螺纹表，选用接近的标准螺纹尺寸。

键槽尺寸主要有槽宽 $b$、槽深 $t$ 和长度 $L$ 三种，从键槽的外形就可以判断键的类型。根据测量所得出的 $b$、$t$、$L$ 值，结合键槽所在轴段的基本直径尺寸，就可查附表获得键的类型和键槽的标准尺寸。

③ 工艺结构尺寸的测量

轴套零件上常见的工艺结构有退刀槽、倒角和倒圆、中心孔等，先测得这些结构的尺寸，然后查阅有关工艺结构的画法与尺寸标注方法，按照工艺结构标注方法统一标注，如常见倒角标注为 $C1$($C$ 代表 45°倒角)，退刀槽尺寸标注为 2×1(2 表示槽宽尺寸，1 表示较低的轴肩高度尺寸)或 $2\times\phi d$(2 表示槽宽尺寸，$\phi d$ 表示槽所在轴段直径尺寸)。

(3) 技术要求：在实际制图测绘中，可采用类比法参照同类型零件的技术要求选用。

(4) 材料与热处理的选择：轴类零件材料的选择与工作条件和使用要求不同有关，所选择的热处理方法也不同。轴的材料常采用合金钢制造，如 35 号、45 号合金钢，调质到 230～260 HBS。强度要求高的轴，可用 40Cr 钢，调质硬度达到 230～240 HBS 或淬硬到 35～42 HRC。在滑动轴承中运转的轴，可用 15 号钢或 20Cr 钢，渗碳淬火硬度达到 56～62 HRC，也可用 45 号钢表面高频淬火。常采用调质、正火、淬火等热处理方法，以获得一定的强度、韧性和耐磨性。

套类零件常采用退火、正火、调质和表面淬火等热处理方法。轴套类零件的热处理方法可参考附录。

(5) 绘制齿轮轴零件工作图。

### (二) 测绘减速器中的直齿圆柱齿轮

#### 1. 目测画出草图，并标出尺寸(不写出数值)

(1) 根据齿轮的总体尺寸，选择适当图幅和绘图比例，画边框线、标题栏。

(2) 画出两视图的图形定位线，画出齿轮的外轮廓线，如图 3-50(a)所示。

(3) 按国标规定的齿轮画法，先画出齿顶圆、齿根圆、分度圆等；按投影关系画出主视图；检查，擦去多余图线，加深粗实线，画剖面线，完成主、左视图，如图 3-50(b)所示。

(4) 标注尺寸：圆柱齿轮主要有径向和轴向两个方向的尺寸，径向尺寸以轮毂孔轴线为基准，轴向尺寸以齿轮对称面为基准。标注尺寸线及尺寸界线时，要分别标注圆柱齿轮的定形、定位尺寸和总体尺寸，如图 3-50(c)所示。

#### 2. 尺寸与测量

轮盘类零件在标注尺寸时，通常以重要的安装端面或定位端面(配合或接触表面)作为轴向尺寸主要基准，以中轴线作为径向尺寸主要基准。齿轮尺寸测量方法如下：

(1) 配合孔的尺寸要用游标卡尺或千分尺测量出圆的直径，再查表选用符合国家标准推荐的基本尺寸系列。

(2) 定形尺寸(轮齿)：

① 数齿数 $z$。

② 测量实际齿顶圆直径 $d'_a$。

③ 确定模数：按齿顶圆直径计算公式，初步计算 $m'=d'_a/(z+2)$，查表选取与 $m'$ 最接近的标准模数。

④ 计算轮齿各部分尺寸：根据标准模数和齿数，按公式计算出 $d$、$d_a$、$d_f$，根据草图标注尺寸。

(3) 测量齿轮其他各部分尺寸。如厚度、倒角和倒圆等可直接度量。

#### 3. 技术要求

在实际制图测绘中，可采用类比法参照同类型零件的技术要求选用。

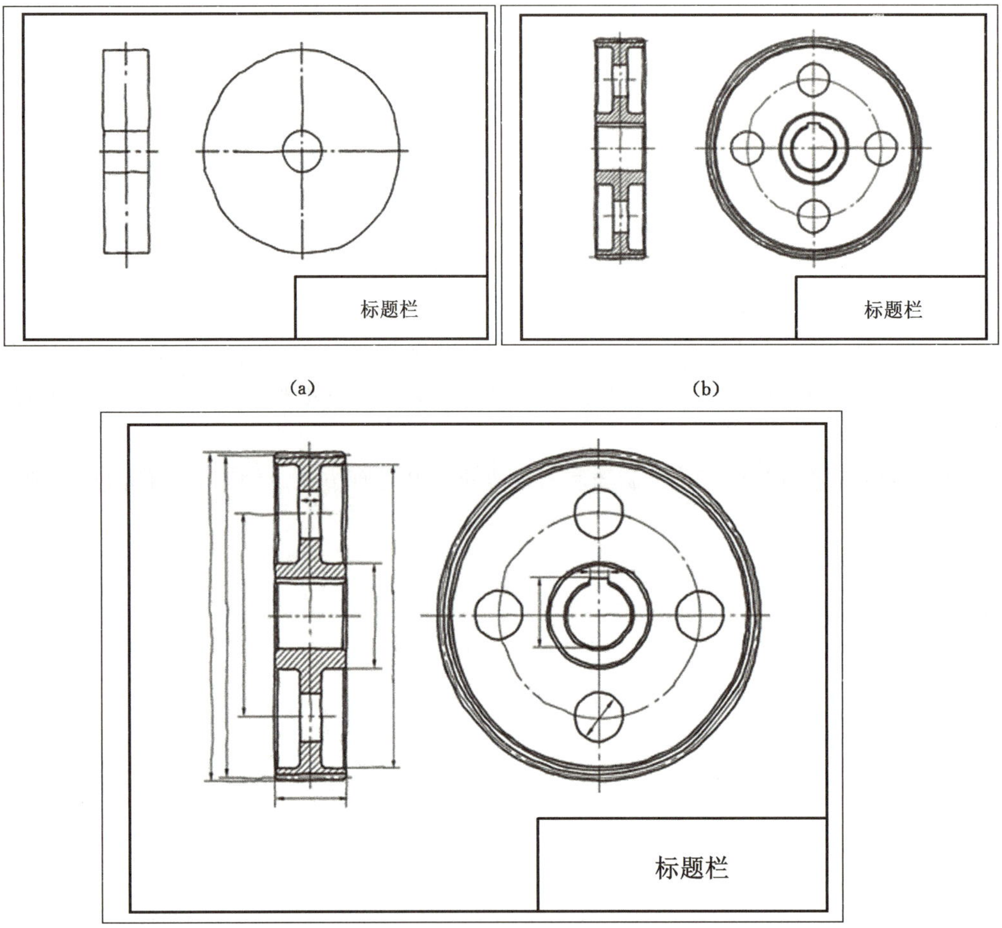


(a) (b)

(c)

图 3-50 绘制直齿圆柱齿轮零件草图

4. 材料与热处理的选择

轮盘零件可用类比法或检测法确定零件材料和热处理方法。轮盘零件坯料多为铸锻件，材料为 HT150～200，一般不需要进行热处理，但重要的、受力较大的锻造件常用正火、调质、渗碳和表面淬火等热处理方法。金属材料常见热处理方法可参考附录。

5. 绘制齿轮轴零件工作图(略)

## 二、部件测绘

根据现有机器或部件画出零件草图，整理绘制出装配图和零件图的过程称为部件(或机器)测绘。它对推广先进技术、交流生产经验、改造或维修设备等有重要的意义。因此，装配体测绘也是工程技术人员应该掌握的基本技能之一。

现以减速器从动轴系测绘为例介绍部件测绘的方法与步骤。要完成此任务，首先要对减速器从动轴系进行分析，了解其组成、工作原理及用途；其次拆卸零件，为防止零件丢失、便于复位及绘制装配图，可边拆卸边绘制部件的装配示意图；再次画出所有专用件及常用件的零件草图；最后由零件草图及装配示意图绘制装配图。如果需要，再拆画各零件的零件图。

1. 了解和分析部件结构

减速器是介于原动机和工作机之间的一种机械传动装置，用以改变转速和转矩的机械传动装置(主要是用来降低运动转速)。常用的减速器已经标准化和规格化，用户可根据各自的工作条件进行选择。

减速器的类型很多，一般按传动件的不同可分为圆柱齿轮减速器(轮齿有直齿、斜齿或人字齿等)、圆锥齿轮减速器(轮齿有直齿、斜齿、螺旋齿等)、蜗杆蜗轮减速器(蜗杆上置式或下置式)和行星齿轮减速器等；按传动的级数不同，可分为单级、双级和多级减速器；按轴在空间的相对位置不同，可分为卧式和立式减速器。其中，一级圆柱齿轮减速器是最简单的一种，用途较为广泛。

减速器是由电动机通过胶带轮带动主动小齿轮轴(输入轴)转动，再由小齿轮带动从动轴上的大齿轮转动，将动力传递到大齿轮轴(输出轴)，以实现减速的目的。主动轴与被动轴两端均由滚动轴承支承，工作时采用飞溅润滑，改善了工作情况。垫片、挡油环、填料是为了防止润滑油渗漏和灰尘进入轴承。支承环是防止大齿轮轴向窜动。调整环的作用是调整两轴的轴向间隙。减速器机体、机盖用销定位，并用螺栓紧固。机盖顶部有观察孔，机体有放油孔。

减速器包括了齿轮、轴、轴承、键连接、螺纹连接等通用件和标准件，还有箱座、箱盖等一些较复杂的零件，是比较典型的制图测绘部件，因此在机械部件制图测绘中常将减速器作为制图测绘例题。箱体是减速器的主要零件，它用来支承和固定轴系零件以及在其上装设其他附件，保证传动零件齿轮的正确啮合，使传动零件具有良好的润滑和密封。箱体可采用铸造或钢板焊接。箱体结构形式可有剖分式和整体式。剖分式结构的剖分面常与轴线平面重合，蜗杆蜗轮减速器为使结构紧凑，常采用整体箱体，但拆装、调整不方便。但剖分式箱体便于制造和安装。一级圆柱齿轮减速器采用剖分式箱体，分上、下箱体(或称箱盖和箱座)，如图 3-51 所示。

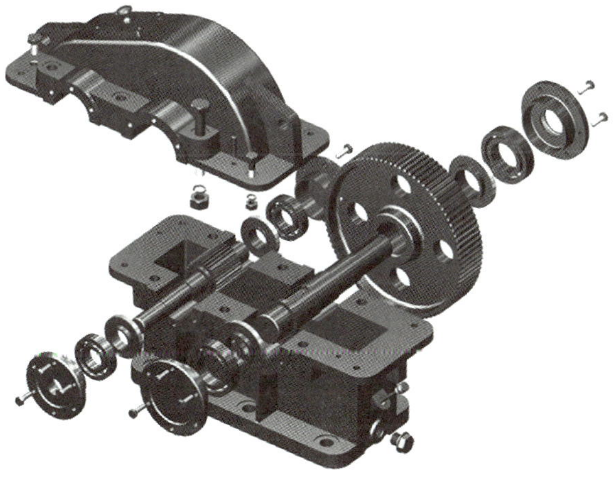

图 3-51　一级圆柱齿轮减速器

减速器从动轴系由从动轴、齿轮、键、轴承、挡油环、轴承端盖等零件组成。其中，从动轴、挡油环及轴承端盖为专用件，齿轮为常用件，键及轴承为标准件，如图 3-52 所示。

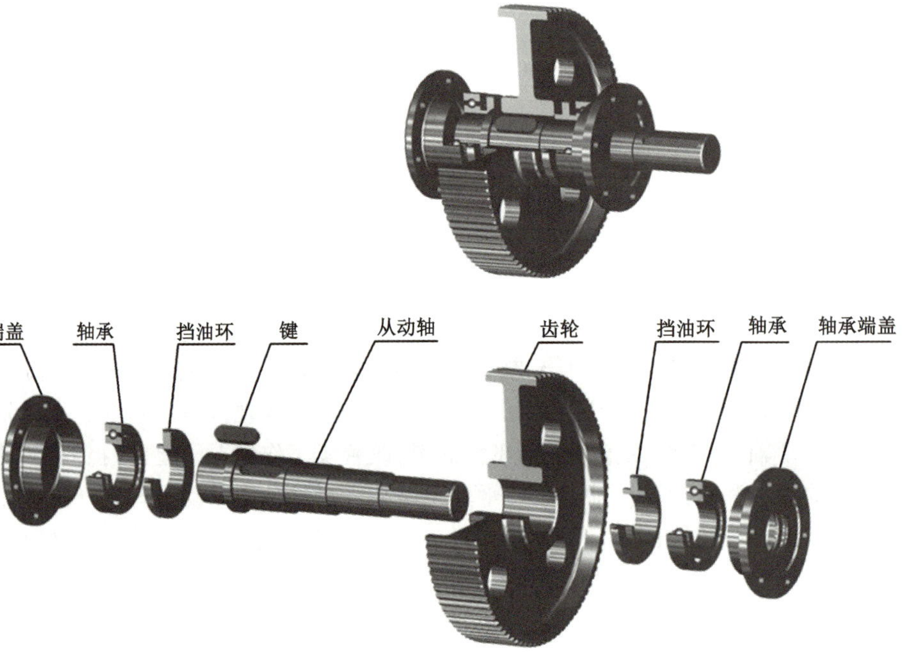


图 3-52　一级圆柱齿轮减速器的从动轴系

2. 齿轮减速器的拆卸顺序

拆卸齿轮减速器，首先要了解它们的基本结构，其基本结构是由传动零件（如齿轮、蜗轮蜗杆）、连接零件（如螺栓、键、销）、支承零件（如箱体、箱盖）及润滑和密封装置等。

减速器的箱体、箱盖是由几个螺栓连接，先拆下螺栓，将箱盖拿走，里面所有的包容零件便展现出来。再从外向里拆卸两根轴及轴系零件，即可完成拆卸工作。装配时把拆卸顺序倒过来即可。拆卸时应注意以下几点：

(1) 要周密制订拆卸顺序，划分部件的组成部分，以便按组成分类、分组以及列零件清单（明细表）。如减速器应按上下箱体及其附件、上下箱体连接件、两轴系零件这三大部分划分。

(2) 要合理选用拆卸工具和拆卸方法。按一定顺序拆卸，严防乱敲打、硬撬拉，避免损坏零件。

(3) 对精度较高的配合，在不致影响画图和确定尺寸、技术要求的前提下，应尽量不拆或少拆（如大齿轮与从动轴的键连接处可不拆），以免降低精度或损伤零件。

(4) 拆下的零件要分类、分组，并对零件进行编号登记，列出的零件明细表应注明零件序号、名称、类别、数量、材料，如是标准件，应及时测其主要尺寸，查有关标准定标记，并注明国标号；如是齿轮，应注明模数 $m$、齿数 $z$。

(5) 拆下的零件，应指定专人负责保管。一般零件、常用件是制图测绘对象，标准件定标记后应妥善保管，防止丢失。避免零件间的碰撞受损或生锈。

(6) 记下拆卸顺序，以便按相反顺序复装。

(7) 仔细查点、复核零件种类和数量。单级齿轮减速器零件种类数一般在 30～40 种，应在老师指导下对零件统一命名，以免造成混乱。

(8) 拆卸中要认真研究每个零件的作用、结构特点及零件间的装配关系或连接关系，正确判断配合性质、尺寸精度和加工要求，为画零件图、装配图创造条件。

3. 绘制装配示意图

为了能够说明齿轮减速器的工作原理，使减速器拆开后能装配复原，并且作为绘制装配工作图的依据，所以要画装配示意图。装配示意图是以简单的线条和国标规定的简图符号，以示意方法表示每个零件位置、装配关系和部件工作情况的记录性图样。

画装配示意图应注意以下几点：

(1) 对零件的表达通常不受前、后层次的限制，尽可能将所有零件集中在一个视图上表达。如仅仅用一个视图难以表达清楚时，也可补充其他视图。

(2) 图形画好后，应将零件编号或写出零件名称，凡是标准件，应定准标志。

(3) 制图测绘较复杂的部件时，必须画装配示意图。

图 3-53 为从动轴系装配示意图。

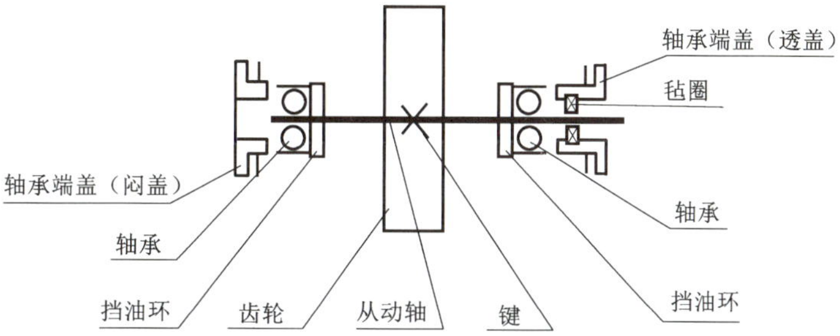


图 3-53　从动轴系装配示意图

4. 主要零部件及其结构简介

(1) 大齿轮：大齿轮的结构形式可分为实体式、辐板式、辐条式等。闭式传动多采用辐板式，常在辐板上设有均布的减轻孔。齿轮在轮毂处有轴向贯通的键槽，用键与从动轴实现轴向连接，从而将运动和动力传给从动轴。

(2) 从动轴：从动轴的各段直径及其轴向长度，根据轴上零件的结构形状大小和相对位置来决定。其上常有倒角、圆角、轴环、轴肩、退刀槽、键槽、中心孔等结构。

(3) 滚动轴承：采用一对深沟球轴承，配合基准制，同主动轴系的滚动轴承。如是斜齿圆柱齿轮传动，应采用圆锥滚子轴承，并且两轴承的锥向应按反向安装。

(4) 定位套筒：由于轴向定位和拆装的需要，大齿轮端面一侧以轴环定位，另一侧则以套筒定位，定位套筒的一侧与滚动轴承内圈接触。

(5) 调整环：为轴向定位和调整轴承轴向间隙所设，调整环的一端面与轴承外圈端面留有合适的间隙，调整环的另一端面与轴承端盖凸缘接触；可通过加减调整垫片来调整轴承的轴向间隙。

(6) 透盖与闷盖：其结构、连接、密封、定位均与主动轴系的透盖、闷盖相同，只是尺寸大小不同。

5. 画零件草图

组成装配体的零件，除去标准件，其余非标准件均应画出零件草图及工作图。零件草图及工作图的绘制应按前面零件测绘的有关内容进行。

在画零件草图时，要注意以下几点：

(1) 零件间有连接关系或配合关系的部分，它们的基本尺寸应相同。测绘时，只需测出其中一个零件的有关基本尺寸，即可分别标注在两个零件的对应部分上，以确保尺寸的协调。

(2) 标准件虽不画零件草图，但要测出其规格尺寸，并根据其结构和外形，从有关标准中查出它的标准代号，把名称、代号、规格尺寸等填入装配图的明细栏中。

(3) 零件的各项技术要求(包括尺寸公差、形状和位置公差、表面粗糙度、材料、热处理及硬度要求等)应根据零件在装配体中的位置、作用等因素来确定，也可参考同类产品的图纸，用类比的方法来确定。

对从动轴系部件我们应绘制从动轴、轴套、挡油环等零件的零件草图。轴承、键及密封圈为标准件，查表确定标记，不用绘制其零件草图。

6. 画装配图

(1) 视图表达

为了表达从动轴系的工作原理、各零件之间的装配关系以及各零件的主要结构，将从动轴系的轴线水平放置，并用通过轴线的剖切平面将轴系剖开，绘制全剖的主视图，以表达从动轴系的结构特征。

(2) 确定比例，选择图幅

根据从动轴系的大小和各零件的结构复杂程度，确定采用 1∶1 的比例绘图。考虑图形大小、尺寸标注、标题栏、明细栏及技术要求所需的位置，确定采用横放的 A3 图幅。

(3) 绘制装配图

① 绘制从动轴

国标关于装配图基本画法的规定：对于紧固件以及轴、连杆、球、键、销等实心零件，若按纵向剖切，且剖切平面通过其对称平面或轴线，则这些零件均按不剖绘制。根据此规定，绘制从动轴的图形如图 3-54(a)所示。

② 绘制键及齿轮

齿轮的左侧面与轴肩对齐，键的图形与轴上键槽的图形重合，如图 3-54(b)所示。

③ 绘制挡油环、轴承及轴承端盖

按照装配顺序依次绘制挡油环、轴承及轴承端盖等零件，如图 3-54(c)所示。

④ 绘制箱座、调整垫片、密封圈、螺钉等零件，如图 3-54(d)所示。

在绘制装配图时，还要考虑国标规定的装配图的特殊画法。

⑤ 检查、加深图形，绘制剖面线

绘制完底稿，要检查是否有多线和漏线的地方，图形有无错误，检查无误后加深图形。

(4) 标注尺寸，编写零部件序号

按国标规定依次注写。

(5) 填写标题栏、明细栏和技术要求

从动轴与齿轮之间用键连接，采用 H7/r6 过盈配合，其两端分别装有挡油环、轴承和轴承端盖。与轴承内圈配合的轴公差带为 k6，为过渡配合；与轴承外圈配合的孔公差带为 H7，为间隙配合。

图 3-54(e)为最终完成的从动轴系装配图。

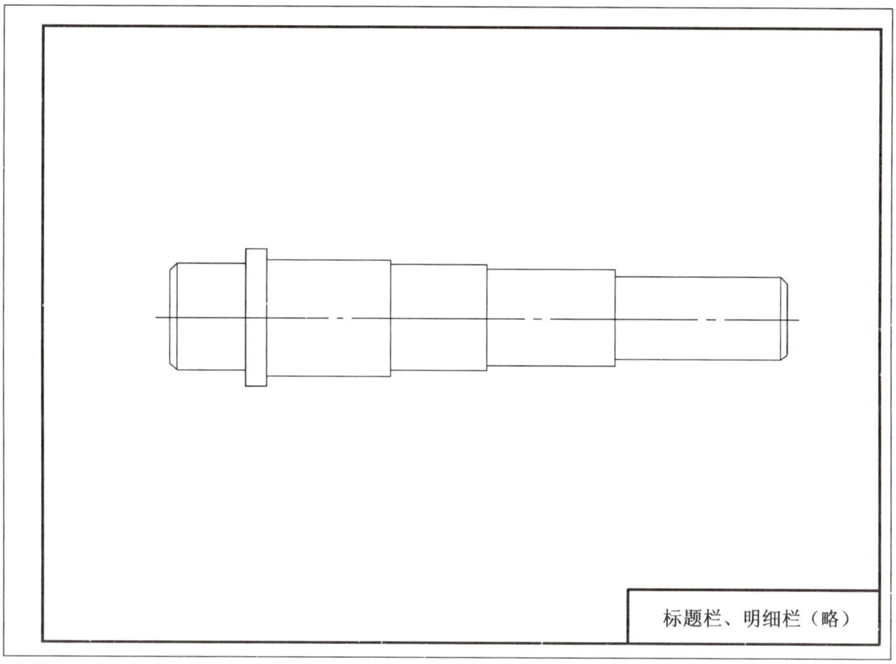


(a)

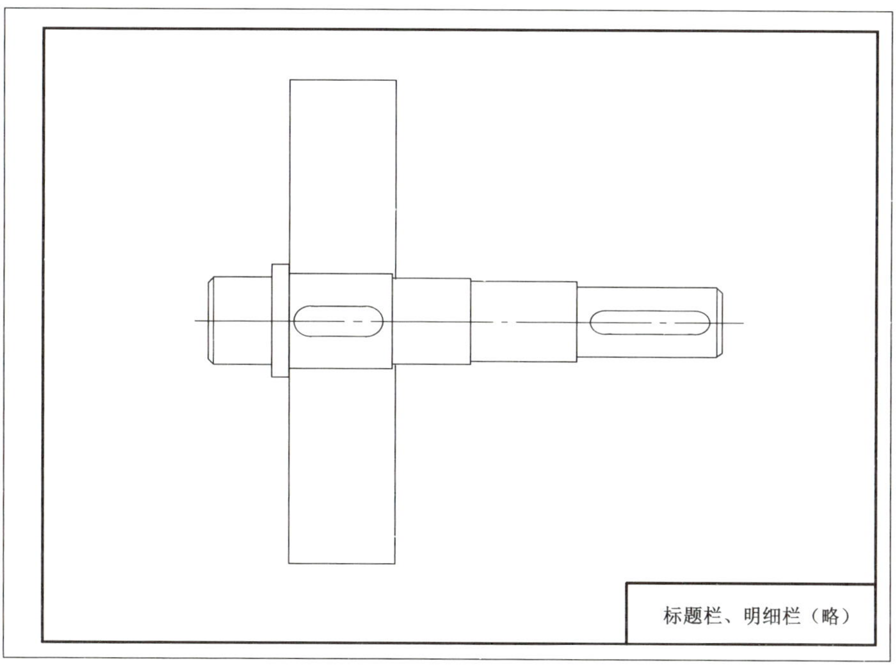


(b)

图 3-54　圆柱减速器输出轴装配线上的装配图

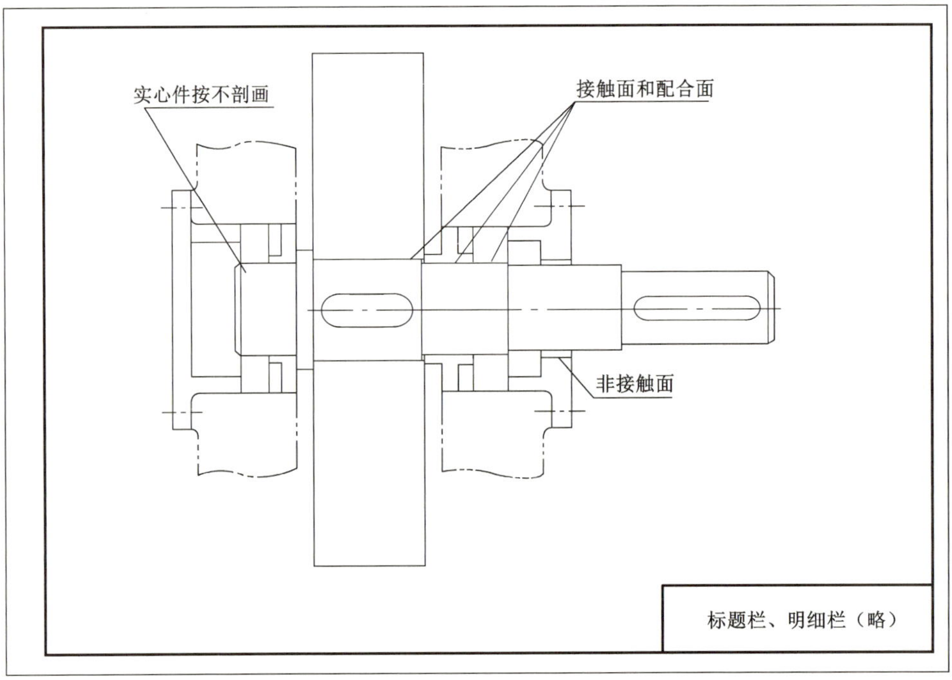
实心件按不剖画
接触面和配合面
非接触面
标题栏、明细栏（略）

(c)

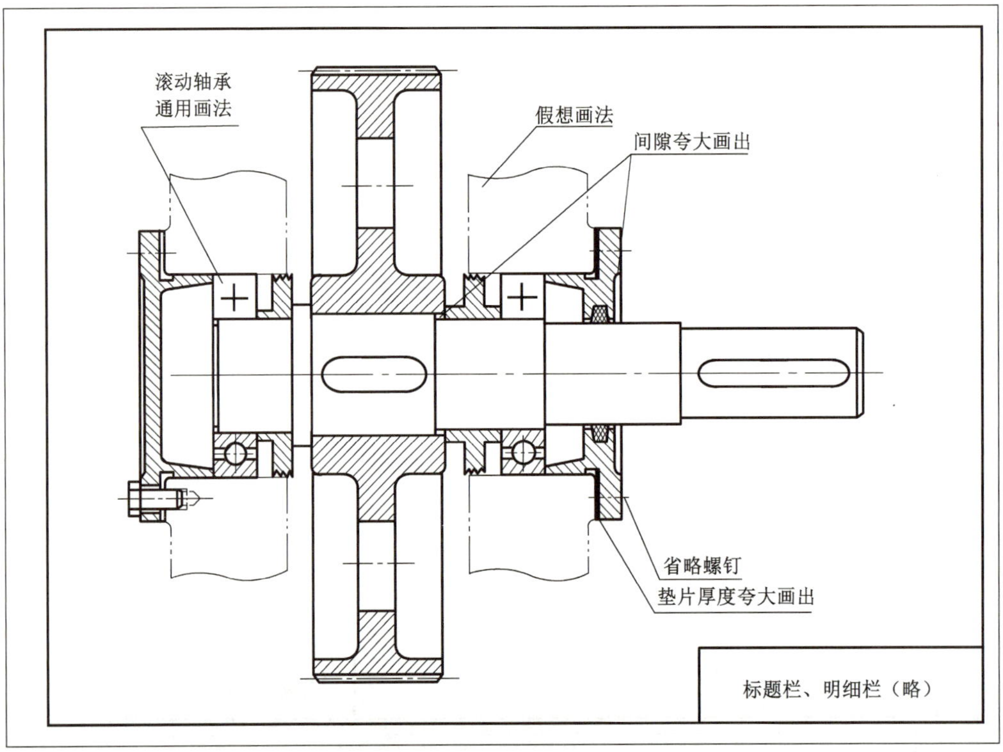
滚动轴承
通用画法
假想画法
间隙夸大画出
省略螺钉
垫片厚度夸大画出
标题栏、明细栏（略）

(d)

图 3-54(续)

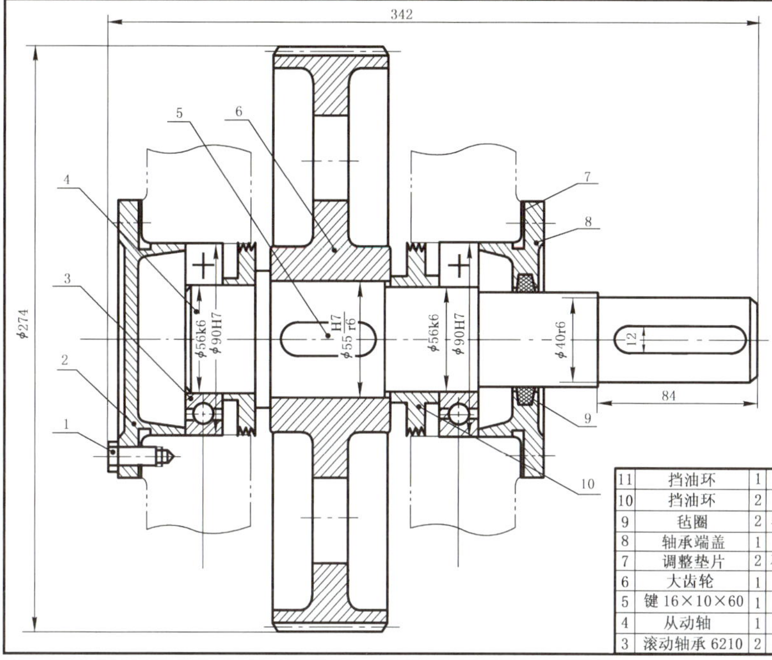


技术要求

1. 装配前所有的零件都要检查，并用煤油清洗干净.
2. 滚动轴承用汽油清洗，并检查是否能灵活转动以及有无杂音.

| | | | | | |
|---|---|---|---|---|---|
| 11 | 挡油环 | 1 | HT150 | | |
| 10 | 挡油环 | 2 | HT150 | | |
| 9 | 毡圈 | 2 | 半粗羊毛毡 | | |
| 8 | 轴承端盖 | 1 | HT200 | | |
| 7 | 调整垫片 | 2 | 石棉橡胶纸 | | |
| 6 | 大齿轮 | 1 | 45 | | $m$=2, $z$=135 |
| 5 | 键 16×10×60 | 1 | 45 | GB/T 1096—2003 | |
| 4 | 从动轴 | 1 | 45 | | |
| 3 | 滚动轴承 6210 | 2 | 组合件 | GB/T 276—1994 | |

(e)

图 3-54(续)

# 第二篇　计算机绘图

# 项目四 AutoCAD 绘制 2D 图

## 任务十一 AutoCAD 绘制平面图形

【知识要点】 了解 CAD 制图国家标准的一般规定，熟悉 AutoCAD 用户界面和基本的操作，会用绘图命令和编辑命令。

【技能目标】 掌握坐标系与坐标输入方法；掌握绘图辅助工具；掌握绘制机械图样的绘图环境参数设置以及图层、颜色、线型等对象特性设置的方法；能够熟练绘制并编辑平面图形。

【思政目标】 好风凭借力，神笔绘蓝图。

### 任务导入

思政案例

随着我国“甩图板”工程的实施，越来越多的工程技术人员学会了 AutoCAD 这个计算机辅助设计绘图的软件，现在大部分的图样都是用 AutoCAD 来绘制的。为了技术资料的妥善管理及资源共享、技术交流，有些工厂、企业把原来手工绘制的图样也改用计算机重绘——图纸矢量化。

### 相关知识

#### 一、初识 AutoCAD

AutoCAD 是由美国 Autodesk 公司开发的通用工程绘图软件，CAD(Computer Aided Design，计算机辅助设计)绘图技术已广泛应用于机械、电子、建筑、土木等各个领域。因此，了解和掌握 AutoCAD 软件的功能、操作和应用是十分必要的。

(一) AutoCAD 2022 用户界面

双击桌面“A”图标，或利用“开始”菜单，就可以启动 AutoCAD 2022，此时会看到“开始选项卡”，在这里可以使用“开始绘制”按钮来绘制新的图形，或使用各种样板来启动一个图形，还可以从最近使用的文档列表中打开一个图形……其工作界面与其他 Windows 应用软件类似。中文版 AutoCAD 2022 提供了“草图与注释”“三维基础”“三维建模”三种工作空间模式。要在三种工作空间模式中进行切换，只需单击状态栏中“切换工作空间”按钮“⚙”，在弹出的菜单中选择相应的命令即可。

AutoCAD 自 2009 版采用 ribbon 功能区后，将经典模式保留到 2014 版。用户可以方便地切换 ribbon 界面和经典界面。从 2015 版开始彻底取消了经典模式。相信不少用户习惯了 AutoCAD 的经典工作界面，对 ribbon 方式不太习惯。通过以下步骤的学习，大家很快就能自己动手创建经典工作界面。

(1) 显示菜单栏：单击快速启动栏的按钮，在下拉菜单中单击“显示菜单栏”命令，如图 4-1(a)所示。

注：单击快速启动栏的按钮，在下拉菜单中单击“隐藏菜单栏”命令来隐藏菜单栏，或者在菜单栏工具条上右击，单击“显示菜单栏”，则系统不显示经典菜单栏。

(2) 调出工具栏：依次单击“工具”→“工具栏”→“AutoCAD”，展开级联菜单，选一个试试(如“修改”)，如图 4-1(b)所示。将光标置于“修改”工具栏，右键单击，在弹出的快捷菜单中选择“标准”“特性”“图层”“绘图”“对象捕捉”“样式”“标注”“绘图次序”等选项，显示相应的工具栏。同理，可以把自己常用的工具箱都调出来，如图 4-1(c)所示。

(3) 切换选项卡、面板标题、面板按钮：在选项卡的“A360”右边的上三角按钮上单击，可以切换“最小化为选项卡”“最小化为面板标题”“最小化为面板按钮”，此时系统并未关闭丝带式菜单，如图 4-1(d)所示。

(4) 关闭功能区：如果感觉“功能区”选项卡“默认、插入、注释、参数化、视图、管理、输出、附加模块、A360”工具条没必要显示，则在该行任意位置右击，弹出快捷菜单，点击“关闭”选项即可，如图 4-1(e)所示。或在命令行输入“r”后，选择“ribbon close”，回车即可。

注：如果要恢复功能区，在命令行中输入“r”，选择“ribbon”，回车即可。

(5) 建立经典工作界面：经过上述操作，传统的经典界面出现了。可以展开“工具”→“选项”→“显示”，去掉“显示文件选项卡”的勾选，则不显示菜单栏下方的“开始”“Drawing1”等文件选项卡。单击“草图与注释”，在下拉列表中选择“将当前工作空间另存为…”，如图 4-1(f)所示。输入“AutoCAD 经典”或其他容易识别的名字，点击“保存”，可以针对二维绘图和三维绘图分别建立自己的工作空间。当然，也可以在已有的工作空间“草图与注释”“三维基础”“三维建模”上进行修改。

(6) 使用经典工作空间：单击操作界面右下角“切换工作空间”按钮，在弹出的菜单中选择“AutoCAD 经典”命令。系统显示如图 4-2 所示操作界面。

注：本书中所有操作均在该模式中进行。

AutoCAD 2022 中文版的经典工作界面由标题栏、菜单栏、工具栏、绘图窗口、光标、命令窗口、状态栏、坐标、模型/布局选项卡、命令窗口、状态栏、滚动条等组成。在此重点介绍 AutoCAD 特色组成部分。

1. 工具栏

在 AutoCAD 中，调用常用命令最容易、最快捷的方法是使用工具栏。它包含许多由图标表示的命令按钮，把光标移动到某个按钮上，稍停片刻即在按钮的一侧显示相应的功能提示，同时在状态栏中显示对应的说明和命令名，此时单击按钮就可以激活相应的命令了。

如果要显示当前隐藏的工具栏，可在任意工具栏上右击，此时将弹出一个快捷菜单，通过选择命令可以显示或关闭相应的工具栏。默认情况下，工具栏是“固定”在绘图区的四个边界的。可以把“固定”工具栏拖出，使它成为“浮动”工具栏。

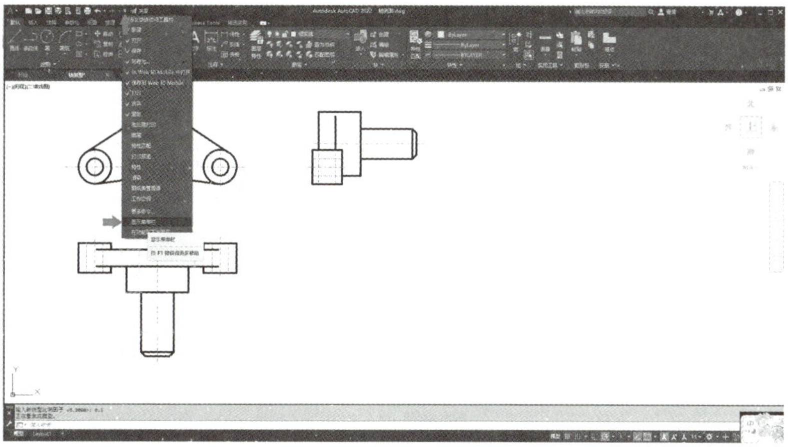

(a) 显示“菜单栏”

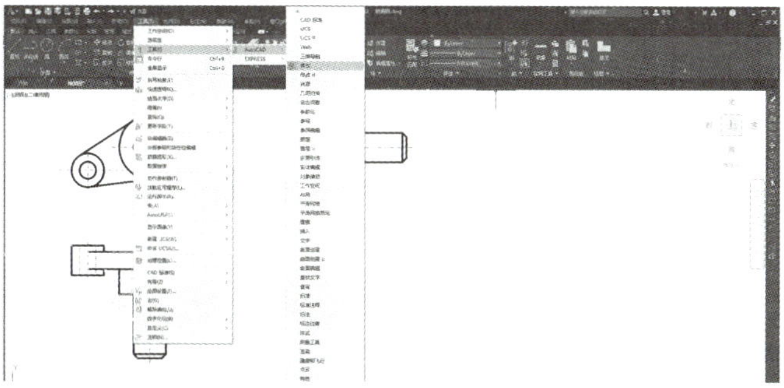

(b) 显示“修改”工具栏

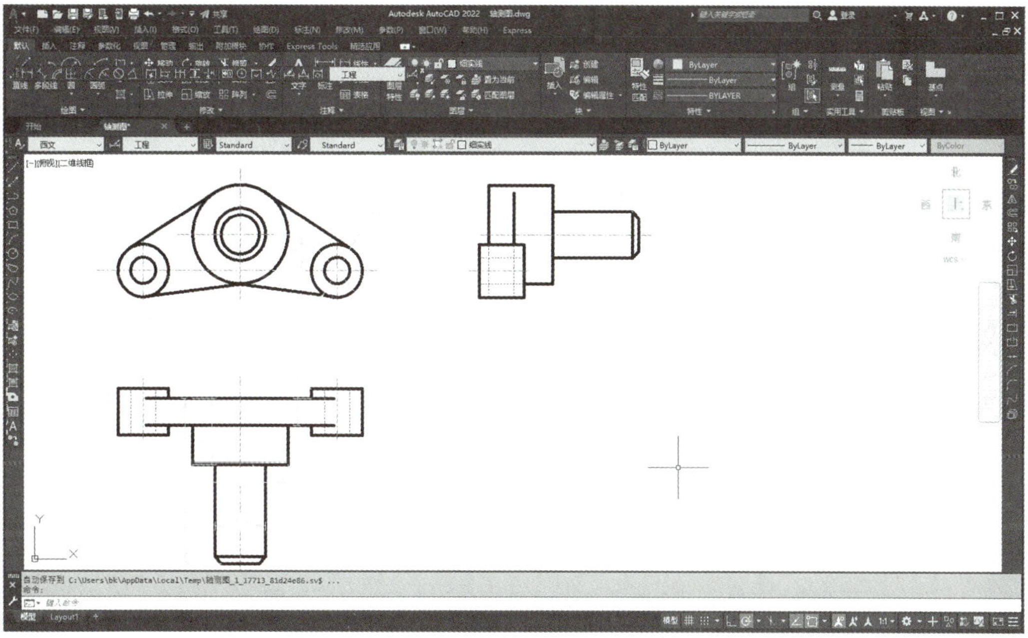

(c) 打开常用工具栏

图4-1　设置“经典”工作空间模式

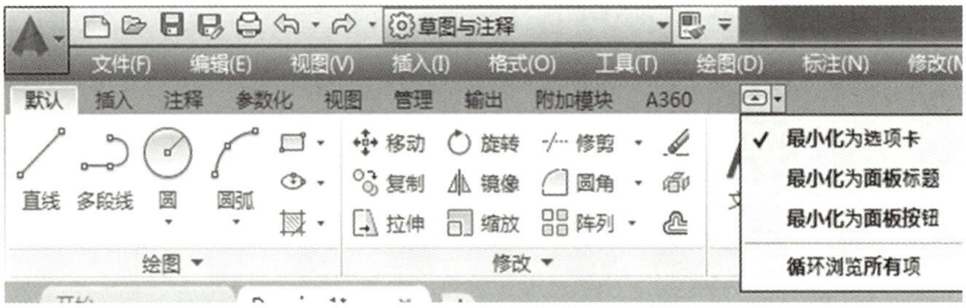


(d) 切换选项卡、面板标题、面板按钮

(e) 关闭 ribbon 功能区

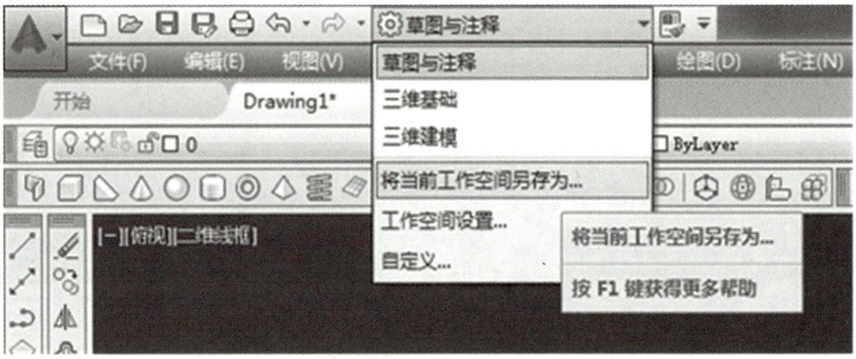


(f) 保存工作空间

图 4-1(续)

2. AutoCAD 2022 中文版视图方位显示

利用该工具可以方便地将视图按不同的方位显示，但对于二维绘图此功能作用不大。

3. 绘图窗口

在 AutoCAD 中，绘图窗口是用户绘图的工作区域，所有的绘图结果都会反映在这个窗口中。默认情况下，AutoCAD 绘图窗口是黑色背景、白色线条。用户也可以修改绘图窗口的颜色，选择“工具”→“选项”下拉菜单，系统打开“选项”对话框。单击“显示”选项卡，如图 4-3 所示。再单击“窗口元素”选项组中的“颜色”按钮，打开如图 4-4 所示的“图形窗口颜色”对话框。在“颜色”下拉列表框中，选择需要的窗口颜色(如白色)，然后单击“应用并关闭”按钮即可。这样窗口颜色就变成了白色。

4. 十字光标

在绘图窗口中除了显示当前的绘图结果外，还显示了十字光标，如图 4-2 所示。Auto-

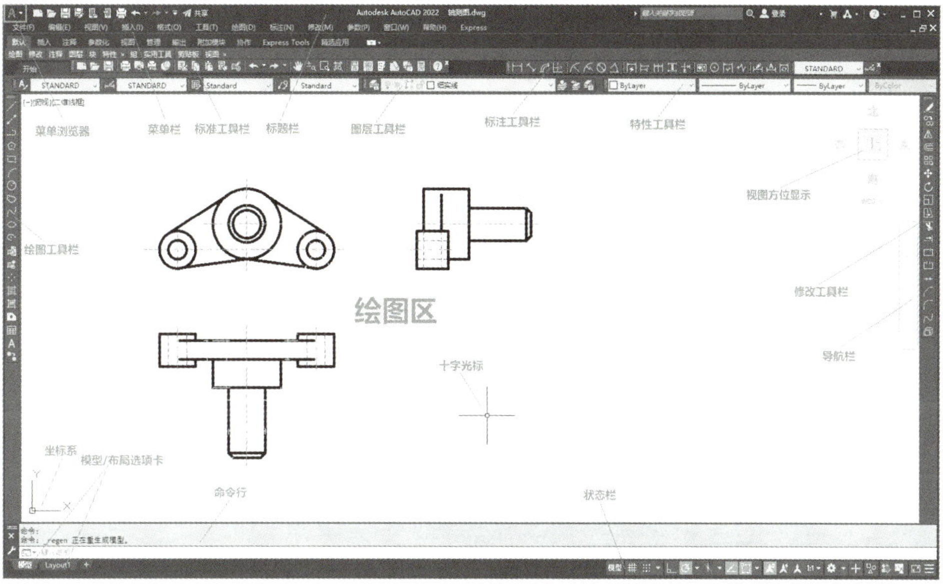


图 4-2 “经典”工作空间的界面构成

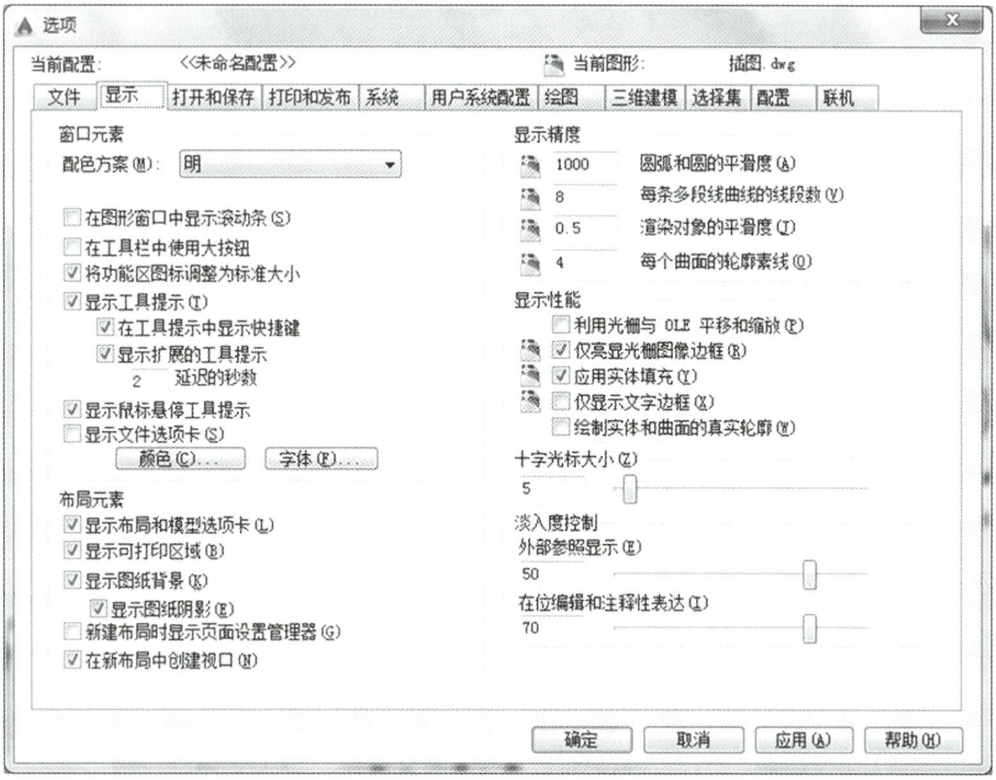


图 4-3 “选项”对话框

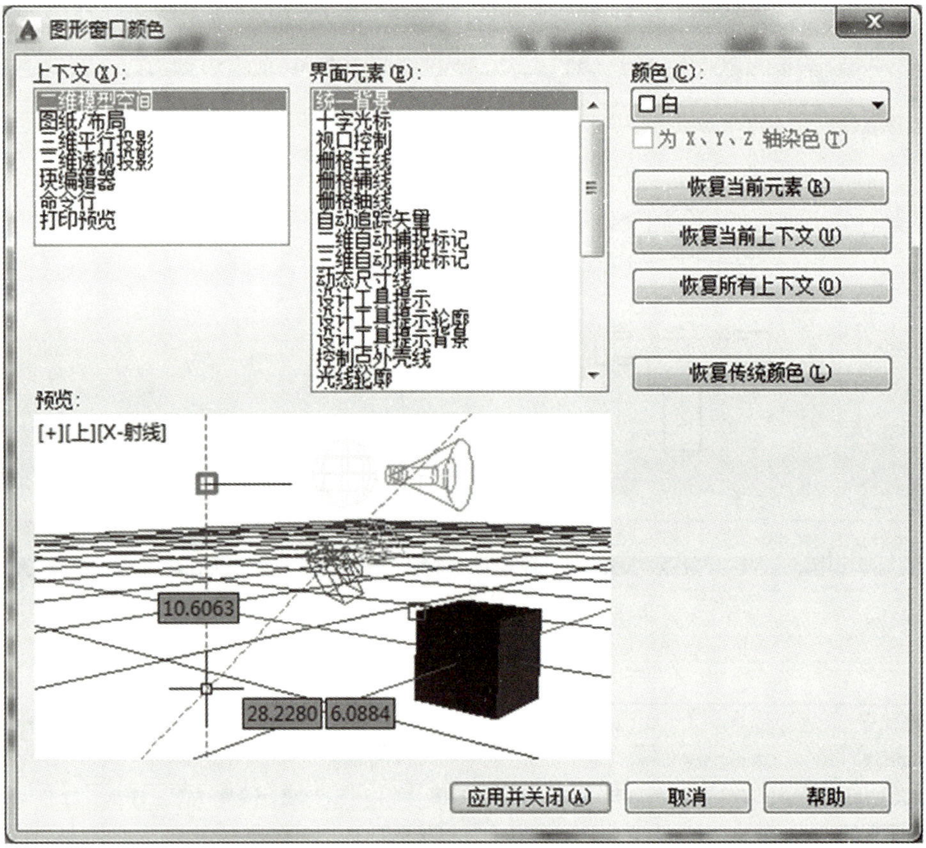


图 4-4 “图形窗口颜色”对话框

CAD 通过光标坐标值显示当前点的位置。十字线的方向与当前坐标系 $X$ 轴、$Y$ 轴平行，十字线的长度默认为绘图窗口的 5%。用户要修改其大小可选择“工具”→“选项”下拉菜单，系统打开“选项”对话框。单击“显示”选项卡，在“十字光标大小”文本框中直接输入数值，或拖动文本框后面的滑块，即可以对十字光标的大小进行调整，如图 4-3 所示。

5. 坐标系图标

绘图窗口左下角的坐标系图标，表示了用户当前使用的坐标样式。其作用是为点的坐标确定一个参照系。用户可将其关闭，选择“视图”→“显示”→“UCS 图标”下拉菜单即可。

6. 模型/布局选项卡

绘图窗口的下方有“模型”和“布局”选项卡，单击其标签可以在模型空间或图纸空间之间来回切换。

7. 命令行

“命令行”窗口位于绘图窗口的底部，用于接收用户输入的命令，并显示 AutoCAD 提示信息。在 AutoCAD 中，“命令行”窗口可以拖放为浮动窗口。

按“F2”键可打开 AutoCAD 文本窗口，它是放大的“命令行”窗口。

8. 状态栏

状态栏用来显示 AutoCAD 当前的状态，如左端显示当前光标的坐标，中间依次显示

“捕捉模式”等功能开关按钮，单击可切换其开关状态。

(二) 命令的基本操作

1. 命令的调用

在AutoCAD中，可以使用多种方法来实现图形的绘制功能。根据作图的具体情况和各人习惯的不同，可采用以下不同的形式(以画直线为例)：

(1) 下拉菜单

选择“绘图”→“直线”下拉菜单，系统执行直线绘图命令。命令行提示：

命令:_line 指定第一点:在绘图区指定一点或输入一个点的坐标

指定下一点或[放弃(U)]:

命令行中不带括号的提示为默认选项(如上面的“指定下一点或”)，如果要选择其他选项，可输入选项标识符“U”或击右键选择“放弃(U)”，然后按系统提示输入数据即可。在命令选项的后面有时还带有尖括号，其中的数值为默认值。

说明：

① 大部分情况下，按鼠标右键 = 按回车键 = 按空格键。

② 任何时候，按“Esc”键，取消当前操作。

(2) 工具栏(使用最方便、最常用)

单击“绘图”工具栏中的“”按钮，即可执行绘直线段的命令。

(3) 从键盘输入命令

在命令行中键入命令或命令别名(命令字符不区分大小写)，按回车或空格键，并根据命令行的提示信息进行操作。如键入“line”或“l”就执行画直线段的命令。这种方法快捷、准确性高，但需记忆命令。

技巧点拨：

使用命令别名可以实现高效绘图，常用的命令别名见表4-1。

表4-1　常用的命令别名

| 命令 | 全称 | 别名 | 命令 | 全称 | 别名 | 命令 | 全称 | 别名 |
|---|---|---|---|---|---|---|---|---|
| 直线 | line | l | 图层 | layer | la | 修剪 | trim | t |
| 圆 | circle | c | 删除 | erase | e | 圆角 | fillet | f |
| 多段线 | pline | pl | 拷贝 | copy | c | 缩放 | zoom | z |
| 圆弧 | arc | a | 偏移 | offset | o | 移动 | move | m |
| 单行文字 | text | dt | 阵列 | array | ar | 创建块 | block | b |

(4) 利用快捷菜单

快捷菜单是加速绘图速度、方便用户使用的工具，应该充分利用它。在屏幕的不同区域上单击右键时，可以显示不同的快捷菜单，比如在绘图窗口中选定或没有选定任何对象时、绘图窗口内一个命令执行期间、在文字或命令窗口中、工具栏或工具选项板上，等等。通常快捷菜单中的选项有：重复执行输入的上一个命令、取消当前命令、显示用户最近输入的列表、剪切、复制以及从剪贴板粘贴、选择其他命令选项，等等。

如果在前面使用过要调用的命令，可以在命令行右击，打开快捷菜单，在“近期使用的命令”子菜单中选择需要的命令，其中会存储最近使用的 6 个命令。如果经常重复使用某 6 个以内的命令，这种方法就比较高效。

2. 命令的重复、放弃、重做和终止

在 AutoCAD 中，可以方便地重复执行同一条命令，或撤销前面执行的一条或多条命令。此外，撤销前面执行的命令后，还可以通过重做来恢复前面执行的命令。

（1）重复命令

利用回车或空格键，或在命令提示下单击鼠标右键，在快捷菜单中选取重复命令。

如果要翻阅以前执行过的命令，可按下键盘上的“↑”方向键，依次向上翻阅前面在命令行中所输入的数值或命令，当命令行出现需要执行的命令后，按回车或空格键即可。

（2）放弃命令

在命令行中输入“u”（或“undo”），或者单击“标准注释”工具栏中的“”（撤销）按钮。

技巧点拨：

在命令行中执行“oops”命令，可取消前一次操作时删除的对象。该命令只能恢复以前操作时最后一次被删除的对象而不影响前面所进行的其他操作。

（3）重做

与放弃命令执行相反的功能，请在命令行中输入“redo”命令，或者单击“标准注释”工具栏中的“”（恢复）按钮。

（4）终止命令

可以随时按“Esc”键终止任何正在执行的命令与操作。

3. 透明命令

透明命令是指当执行 AutoCAD 的命令过程中可以执行的某些命令。

通过键盘执行透明命令的方法为：在当前提示信息后输入“'”符号，再输入对应的透明命令后按回车或空格键，就可以根据提示执行该命令的对应操作，执行后 AutoCAD 会返回到透明执行此命令之前的提示。

在下面的例子中，绘制直线时打开点栅格并将其设置为一个单位间隔，然后继续绘制直线。

命令：line　　　　//激活直线命令

指定第一点：'grid　　　　//打开栅格

＞＞指定栅格间距（X）或［开（ON）/关（OFF）/捕捉（S）/纵横向间距（A）］＜8.0000＞：5　　　　//指定栅格间距为 5

正在恢复执行 LINE 命令

指定第一点：

技巧点拨：

不选择对象、创建新对象或结束绘图任务的命令通常可以透明使用。透明打开的对话框中所做的修改，直到被中断的命令已经执行后才能生效。同样，透明重置系统变量时，新值在开始下一命令时才能生效。

（三）视图显示控制

通常我们是在模型空间以 1∶1 的比例（即实际尺寸）来绘制图形，而计算机显示屏幕的大小是有限的，也就是说我们的绘图区域受到计算机硬件的限制。为了便于绘图操作，AutoCAD 提供了控制图形显示的功能，这些功能只能改变图形在绘图区的显示方式，可以按用户期望的位置、比例和范围进行显示，以便于观察；但不能使图形产生实质性的改变，即不能改变图形的实际尺寸，也不影响图形对象间的相对关系。

按一定比例、观察位置和角度显示的图形称为视图。视图的缩放与平移只改变图形对象在屏幕上显示尺寸、比例和位置，而不会改变对象的实际尺寸。方式有两种：一是利用鼠标滚轮，滚动滚轮缩放视图（向上放大，向下缩小），拖动滚轮平移视图；二是利用命令 zoom 或 pan。

1. 缩放视图（zoom）

绘图区缩放，是指在绘图窗口内缩放图形，以改变其视觉大小。常用的绘图区缩放命令有：实时缩放“”、窗口缩放“”和缩放上一个“”。

（1）实时缩放

利用实时缩放，用户就可以通过垂直向上或向下移动鼠标的方式来放大或缩小图形。进入实时缩放状态，此时屏幕上出现一个类似放大镜的小标记。按住鼠标左键向上移动则将图形放大，向下移动则将图形缩小。这时命令行提示为：按“Esc”键或回车键退出，或单击鼠标右键显示快捷菜单。

（2）窗口缩放

将由两角点定义的“窗口”内的图形尽可能大地显示到屏幕上。

（3）上一个（P）

恢复图形窗口的前一幅图形，可连续使用，最多可以恢复到前 10 幅显示的图形。

2. 平移视图（pan）

平移视图可以改变图形在屏幕上的显示位置，而不改变图形中对象的位置或比例。用户可以在任何方向上移动观察图形，以便观察图形的其他部分。这相当于移动图纸。执行该命令后，屏幕上的光标呈一小手的标记。按住鼠标左键向上、下、左、右移动，则图形将跟着上、下、左、右移动。

平移命令的默认选项为实时平移模式。AutoCAD 2022 中还提供了平移命令的其他选项，这些选项可从“视图”→“平移”的子菜单中选择，AutoCAD 提供了可沿指定的上、下、左、右任一方向平移图形。

（1）实时平移

利用实时平移，能通过单击或移动鼠标重新放置图形。

选择下拉菜单“视图”→“平移”→“实时”或单击“标准注释”工具栏中“实时平移”按钮或快捷菜单（在没有选定任何对象的情况下，在绘图区域击右键后选择“平移”）后，十字光标变成手形光标。按住鼠标左键拖动，窗口内的图形就可按光标移动的方向移动。释放鼠标，可返回到平移等待状态。按“Esc”键或回车键退出实时平移模式。

（2）定点平移

选择“视图”→“平移”→“定点”命令，可以通过指定基点和位移值来平移视图。它可以用来解决缩放或平移视图无效的现象。

（3）“视图”→“平移”→“左/右/上/下”，可相应地向左、向右、向上、向下平移视图。

技巧点拨：

单击鼠标右键，可以弹出快捷菜单。在快捷菜单中，可以实现缩放与平移之间的切换。控制图显示的主要方法是利用实时缩放和实时平移。

在 AutoCAD 中，平移功能通常又称为摇镜，它相当于将一个镜头对准视图，当镜头移动时，视口中的图形也跟着移动。

3. 重画与重生成

在绘图和编辑过程中，屏幕上常常留下对象的拾取标记，这些临时标记并不是图形中的对象，有时会使当前图形画面显得混乱，这时就可以使用 AutoCAD 的重画与重生成图形功能清除这些临时标记。

在 AutoCAD 中，使用“重画”命令，系统将在显示内存中更新屏幕，消除临时标记。使用重画命令，可以更新用户使用的当前视区。

“重生成”命令有以下两种形式：一是选择“视图”→“重生成”命令，可以更新当前视区；二是选择“视图”→“全部重生成”命令，可以同时更新多重视口。

技巧点拨：

有时图形中的圆或圆弧等曲线对象在屏幕上显示为折线，此时需要改善圆弧的显示，即将显示为多边形的圆或圆弧改善光滑。选择“视图”→“重画”，或选择“工具”→“选项”→“显示”，在“显示精度”栏内更改“圆弧和圆的平滑度”，点击“确定”。

（四）坐标系和点的输入方式

1. 点的坐标

现实中的实体→面→线→点，即无论多么复杂的图形，都是由一个个坐标点组成的。所以要正确表达实物，归根结底必须正确定位点。在 AutoCAD 中，坐标系分为世界坐标系（WCS）和用户坐标系（UCS）。两种坐标系下都可以通过坐标来精确定位点。

（1）平面直角坐标系

平面直角坐标系又称为笛卡尔坐标系，它是 WCS 的一种特例——$Z$ 坐标为 0，如图 4-5（a）所示。平面上任意一点 $P$ 由 $X$ 轴和 $Y$ 轴的坐标所定义，即用一对坐标值（$x$，$y$）来定义一个点。

（2）极坐标系

极坐标系由一个极点和一个极轴构成，如图 4-5（b）所示。其中，极轴的方向水平向右，平面上任何一点 $P$ 都可以由该点到极点的连线长度 $l$（$l>0$）和连线与极轴的夹角（极角，逆时针方向为正）所定义，即用一对坐标值（$l<\alpha$）来定义一个点，其中“<”表示角度。

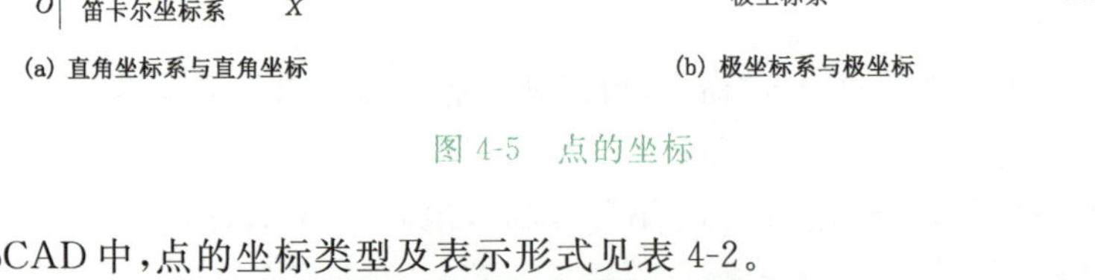

(a) 直角坐标系与直角坐标　　(b) 极坐标系与极坐标

图 4-5　点的坐标

在 AutoCAD 中，点的坐标类型及表示形式见表 4-2。

表 4-2　AutoCAD 中的点坐标

| 分类 | 绝对坐标（原点/极点为基点） | | 相对坐标（以某一指定点为基点） | |
|---|---|---|---|---|
| | 直角坐标 | 极坐标 | 直角坐标 | 极坐标 |
| 表达形式 | $x$，$y$<br>如 15，30 | $l$＜$\alpha$<br>如 60＜30 | @$x'$，$y'$<br>@20，60 | @$l'$＜$\alpha'$<br>@50＜45 |
| 备注 | 分隔符“，” | 分隔符“＜” | 以“@”打头以别于绝对坐标 | |

技巧点拨：

用键盘输入点的坐标数据时，输入法的状态必须是“半角字符”“英文标点”，即所输入的数字、数据分隔符（“，”“＜”“@”）必须是英文半角字符。

例如，写出如图 4-6(a)、(b)所示 $A$ 点四种坐标，相对点为 $B$ 点。

绝对的直角坐标：49，53　　　　绝对极坐标：72＜48

相对的直角坐标：@18，17　　　　相对极坐标：@25＜136

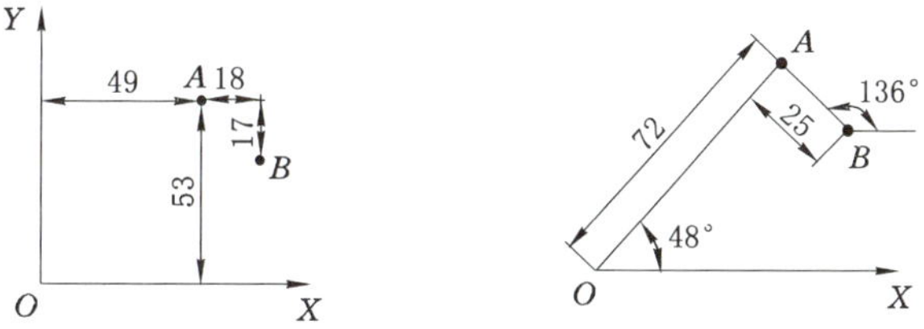


(a) 直角坐标　　　　(b) 极坐标

图 4-6　坐标系及点的坐标

(3) 输入相对坐标绘图

例如，输入如下命令绘图，绘图结果如图 4-7 所示。

命令：line

指定第一点：　　　　//（用鼠标随意定点）

指定下一点或 [放弃(U)]：@120，0

指定下一点或 [放弃(U)]：@0，−80

指定下一点或 [放弃(U)]：@130＜45

2. 点的输入方式

点的输入方式有四种：① 输入坐标；② 鼠标在绘图区域拾取点（可用目标捕捉方式捕捉绘图区已有图形的特殊点，需要打开状态栏的“对象捕捉”）；③ 直接距离输入（配合极轴、追踪和正交工具使用，即用鼠标指明方向的前提下输入直线段的长度）；④ 动态输入。

**【例 4-1】**　试以不同方式画如图 4-8 所示的正方形。

**案例目的：**AutoCAD 人机交互的最基本内容就是点的输入。要求用户了解坐标系，熟练地掌握各种数据的输入方式。

(1) 命令提示窗口输入绝对或相对坐标

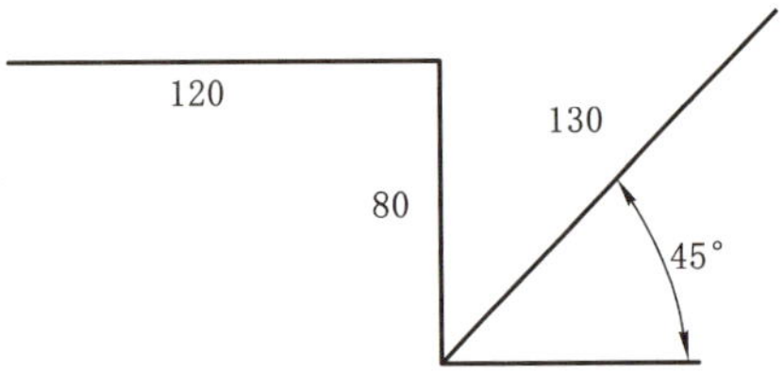


图 4-7　命令结果

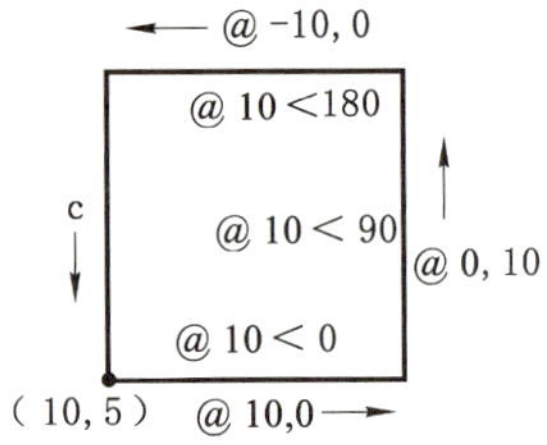


图 4-8　利用相对坐标绘制正方形

单击绘图工具栏“ ”按钮或选择菜单“绘图”→“直线”调用“line”命令，然后按下面的值响应命令的提示。

指定第一点：10，5

指定下一点或[放弃(U)]：@10，0　　//或@10<0

指定下一点或[放弃(U)]：@0，10　　//或@10<90

指定下一点或[闭合(C)/放弃(U)]：@－10，0　　//或@10<180

指定下一点或[闭合(C)/放弃(U)]：c

(2) 配合捕捉和栅格，鼠标拾取绘图区域点

由于正方形边长为 10，因此，利用 AutoCAD 的栅格捕捉、栅格显示功能，不需要输入坐标值就能方便地确定各直线的端点位置。

右击状态栏“栅格”，从弹出的快捷菜单中选“设置”，系统弹出“草图设置”对话框，将栅格捕捉间距、栅格显示间距设置为 10，同时启用捕捉间距与栅格显示功能。然后用“line”命令即可方便地完成绘制。

技巧点拨：

通过单击状态栏“捕捉”和“栅格”，可分别实现是否启用状态的切换。在“捕捉”或“栅格”上击右键，从弹出的快捷菜单中选“设置”，可打开“草图设置”对话框。

(3) 直接距离输入(配合极轴、追踪和正交工具使用)。

首先，单击状态栏上的“正交”或“极轴”按钮，即启用正交或极轴模式。发出“line”命令，系统提示：

指定第一点：10，5

指定下一点或[放弃(U)]：

此时向右移动鼠标，键入“10”后回车，即可给出水平线。

同理绘制其他三条直线。

**案例小结**：本案例主要练习了绘制正方形，在绘制该图形的过程中，主要利用直线命令，并结合不同坐标输入方式绘制水平及垂直直线。通过本实例的绘制，可掌握坐标点的输入方法，以及利用鼠标的指向并在动态文本框中输入直线长度来绘制直线的方法。

**【例 4-2】**　绘制明暗相间的正五角星。

**案例目的**：通过绘制图 4-9 了解 AutoCAD 的功能，熟悉 AutoCAD 的基本操作。具体步骤如下：

(1) 双击 Windows 桌面 AutoCAD 2022 快捷图标，打开 AutoCAD 2022。

**微课**
绘制明暗相间的正五角星

图4-9 明暗相间的正五角星

(2) 在下拉菜单“文件”→“新建”中打开“选择样板”对话框，选择已有的样板文件“acadiso.dwt”。

(3) 设置极轴。右键单击状态栏“极轴”按钮，在快捷菜单选取“设置”，打开“草图设置”对话框中“极轴追踪”选项卡，在“增量角”对话栏中输入“72”，按功能键“F3”和“F10”启用对象捕捉和对象追踪。

(4) 绘制直线：

① 在打开极轴时，屏幕上出现极轴追踪矢量时可以直接输入直线长度来绘制直线。

② 单击“绘图”工具栏直线“”按钮，系统提示：

命令：_line 指定第一点： //激活直线命令

指定下一点或[放弃(U)]:100 //移动鼠标绘制0°直线

指定下一点或[放弃(U)]:100 //移动鼠标绘制216°直线

指定下一点或[闭合(C)/放弃(U)]:100 //移动鼠标绘制72°直线

指定下一点或[闭合(C)/放弃(U)]:100 //移动鼠标绘制288°直线

指定下一点或[闭合(C)/放弃(U)]:c //移动鼠标绘制封闭直线

技巧点拨：

绘图时，当光标移动到某一极轴的增量角时，当前屏幕上会出现一条虚线(即极轴追踪矢量)，此时在光标的末端出现极轴追踪提示(如极轴：150.23<0°)，然后可以直接输入直线长度值。

提示：使用极轴时应该把对象捕捉和对象追踪同时打开。

(5) 修剪。单击“绘图”工具栏中的“修剪”按钮，系统提示：

命令：_trim //激活修剪命令

当前设置：投影＝UCS，边＝无 //显示系统信息

选择剪切边…

选择对象或<全部选择>： //击右键，以所有可视对象为潜在的剪切边

选择要修剪的对象，或按住Shift键选择要延伸的对象，或[栏选(F)/窗交(C)/投影(P)/边(E)/删除(R)/放弃(U)]：

//移动鼠标依次拾取图4-10(a)中五角星内部线1、2、3、4、5，最终效果如图4-10(b)所示

(6) 连线。激活直线命令，连接AA′，同理连接其他线，效果如图4-10(c)所示。

(7) 图案填充：

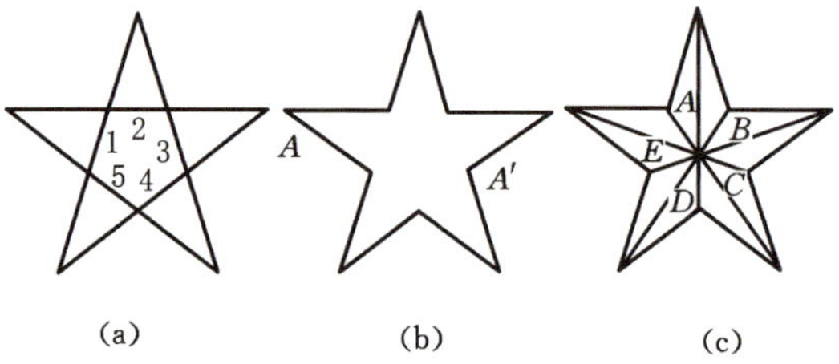


图 4-10　例 4-2 图

① 单击“绘图”工具栏中的“ ”按钮，打开“边界图案填充”对话框。

② 单击“图案”下拉列表框右侧的“...”按钮，在打开的对话框中选择“solid”图案，单击“确定”按钮返回“边界图案填充”对话框。

③ 单击拾取点“ ”按钮，在绘图区中指定填充边界，其命令行操作如下：

命令：_bhatch　　//激活图案填充命令
选择内部点　　//点取 *A* 点，如图 4-10(c)所示
正在选择所有对象
正在选择所有可见对象
正在分析所选数据
正在分析内部孤岛　　//系统提示信息
选择内部点　　//点取 *B* 点
正在分析内部孤岛
选择内部点　　//点取 *C* 点
正在分析内部孤岛
选择内部点　　//点取 *D* 点
正在分析内部孤岛
选择内部点　　//点取 *E* 点
正在分析内部孤岛

④ 系统返回“边界图案填充”对话框，单击“确定”按钮即可。

## 二、设置绘图环境

在使用 AutoCAD 绘图前，经常需要对绘图环境的某些参数进行设置，以方便使用和查看，如对绘图单位、绘图界限、图层、文字样式和标注样式等进行必要的设置，以及绘制图纸界线、图框、标题栏，然后将其保存为样板文件。利用样板可使图纸规格统一，且节省时间，提高绘图效率。关于样板文件的制作，在本项目任务十三中会详细介绍。

### （一）设置参数选项

利用 AutoCAD 2022 提供的“选项”对话框，用户可以方便地配置它的绘图环境，如设置搜索目录、设置工作界面的颜色等。选择“工具”→“选项”命令，将打开“选项”对话框。

此外，还可以通过 AutoCAD 的系统变量控制 AutoCAD 某些功能和设计环境、命令的工作方式，它可以打开或关闭捕捉、栅格或正交等绘图模式，设置默认的填充图案，或存储当前图形和 AutoCAD 配置的有关信息。

建议初学者一般采用“默认值”即可。

（二）设置绘图区域

一般来说，如果用户不进行任何设置，那么 AutoCAD 2022 系统对作图范围没有限制。可以将绘图区看作是一幅无穷大的图纸，但所绘图形的大小是有限的，因此为了更好地绘图，需要设定作图的有效区域。在中文版 AutoCAD 2022 中，使用“limits”命令可以在模型空间中设置一个想象的矩形绘图区域，也称为图限。在世界坐标系下，它是由一对二维点（即左下角点和右上角点）确定的矩形区，是可见栅格指示的区域，也是选择“视图”→“缩放”→“全部”命令时决定显示多大图形的一个参数。默认状态下，AutoCAD 2022 的绘图区为：A3 横向（420×297）。

如设置图幅规格：A4 横向。其操作步骤为：

（1）选择“格式”→“图形界限”，即执行“limits”命令，系统提示如下：

指定左下角点或［开(ON)/关(OFF)］＜0.0000,0.0000＞：↙　　　　//执行默认值

指定右上角点＜420.0000,297.0000＞：297,210 ↙　　　　//设置 A4 横向的图形界限

再次执行“limits”命令，系统提示如下：

指定左下角点或［开(ON)/关(OFF)］＜0.0000,0.0000＞：on ↙

（2）选择“视图”→“缩放”→“全部”或键入“z-a”，使所设置的图限位于屏幕的中央。然后，可单击状态上的“栅格”，用栅格点来显示新设置的图限。

技巧点拨：

第二步的目的是将绘图区放大至全屏，此时在屏幕上几乎看不到什么变化，若将“栅格”打开，即可以看到变化了；不要在一个图形文件中绘制多张图，这样设置图界就没有太大的意义了。

（三）设置绘图单位和精度设置

在 AutoCAD 2022 中，用户可以采用 1∶1 的比例因子绘图，因此，所有的直线、圆和其他对象都可以以真实大小来绘制。用户可以使用各种标准单位进行绘图，对于中国用户来说，通常使用毫米、厘米、米和千米等作为单位，其中毫米是最常用的一种绘图单位。不管采用何种单位，在绘图时只能以图形单位计算绘图尺寸，在需要打印出图时，再将图形按图纸大小进行缩放。操作步骤如下：

（1）点击“格式”→“单位”，执行“units”命令；屏幕弹出“图形单位”对话框，如图 4-11 所示。

（2）在“长度”区内选择单位类型和精度，工程绘图中一般使用“小数”和“0.0”。

（3）在“角度”区内选择角度类型和精度，工程绘图中一般使用“十进制小数”和“0”。

（4）在“用于缩放插入内容的单位”列表框中选择图形单位，缺省为“毫米”。

（5）点击“确定”按钮，完成设置。

（四）创建并设置图层

图层是 AutoCAD 的重要功能之一，借助图层的管理功能，可实现图形的分类存放与分类控制。图层相当于手工绘图中重叠透明图纸，可以在不同的图层上绘制不同的对象，最终将这些透明图纸重叠在一起就是一张完整的图形。

微课
设置图层

合理利用图层，可以事半功倍。一开始画图，就预先设置一些基本层。

每层有自己的专门用途，这样做的好处是：节省存储的空间；控制图形的颜色、线条和宽度及线型等属性；统一控制同类图形实体的显示、冻结等特性。

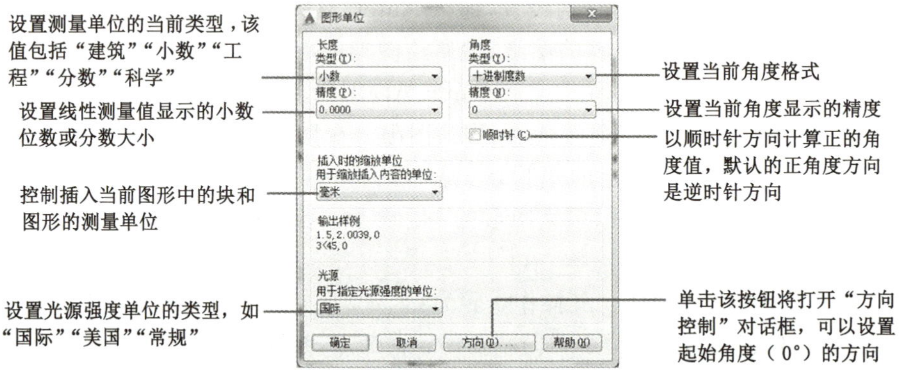


图 4-11 “图形单位”对话框

在进行图层设置之前，所绘图形对象都存放于 AutoCAD 固有的 0 图层上，根据需要可以建立若干个图层，并对各图层进行各种管理。可利用“图层特性管理器”对话框（图 4-12）或“图层”工具栏和“特性”工具栏（图 4-13）来设置图层。

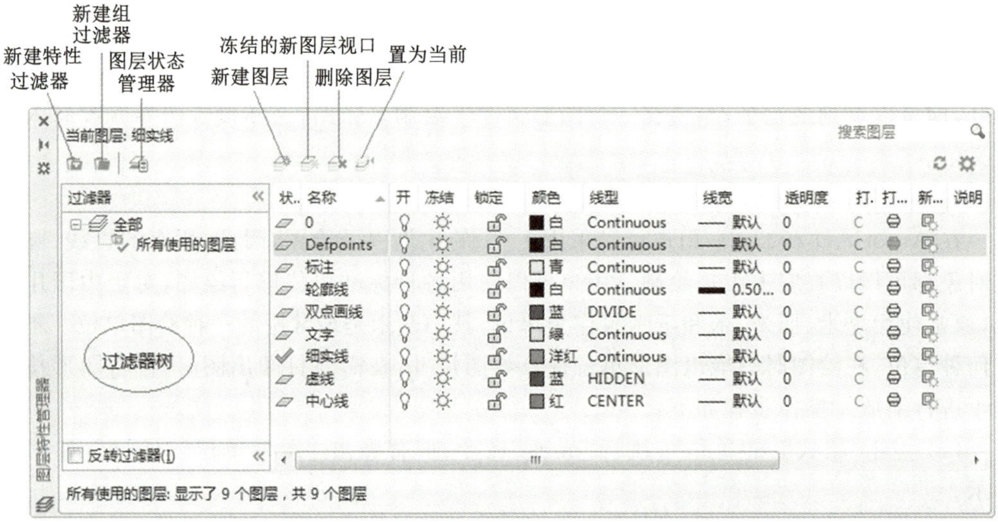


图 4-12 “图层特性管理器”对话框

技巧点拨：

缺省状态下只有一个名称为“0”的图层（状态开、白色、线型连续、默认线宽）。该图层不能删除或更名，它含有与图形块有关的一些特殊变量。

对象的基本特性包括图层、颜色、线型和打印样式等，可以通过图层或直接指定给对象。如为“随层（Bylayer）”，则对象的基本特性与其所在图层的相应特性相同。如为某一特定值，则该值将会替代当前图层中设置的值，不论在哪个图层上绘图都为该固定值。因此，用户设置对象特性时，一般情况下设为“随层”，这样便于利用图层管理对象。

图 4-13 “图层”工具栏和“特性”工具栏

1. 设置图层

如要设置新层，并在某层上绘制图形，可按以下步骤进行：

(1) 选择“格式”→“图层”或单击图层工具栏“”按钮，系统弹出“图层特性管理器”对话框(图 4-12)，单击新建图层“”按钮，可以创建一个名称为“图层 1”的新图层。默认情况下，新建图层与当前图层的状态、颜色、线型、线宽等设置相同。

① 更改图层名

两次单击该图层名或击右键选择快捷菜单中“重命名”，再输入新图层名后按回车键即可。

技巧点拨：

图层命名尽量遵循“见名知义”的原则，名称中不能包含通配字符(*与?)和空格，也不能与其他图层重名。0 图层不可重命名。

② 更改图层颜色

单击当前定义图层与“颜色”列对应的图标，打开“选择颜色”对话框，在此对话框中选择所需颜色即可。AutoCAD 提供了丰富的颜色方案供用户使用，其中最常用的颜色方案是采用索引颜色，即用自然数表示颜色，共有 255 种颜色，其中 1～7 号为标准颜色。

技巧点拨：

如果图形只是在屏幕上显示，不需要打印输出，则可按个人喜好设置。若要打印输出，则涉及彩色向黑白转换，遵循的原则是：以三原色(RGB)为基础，颜色越鲜艳，色素丢失越多，如黄色就会全部丢失。因此，需要打印输出的图形尽量设为黑白或 RGB 色。

③ 设置线型

点击“图层特性”对话框中“线型”下的线型名，系统将打开“选择线型”对话框，在“已加载的线型”列表框中选择一种线型，然后单击“确定”按钮。缺省状态下系统只加载了“continue”线型，如要加载其他线型，可单击“加载”按钮打开“加载或重载线型”对话框，从当前线型库中选择需要加载的线型。

注意：加载的线型必须在线型库(lin)文件中定义过。标准线型都保存在 acad.lin 文件中。

④ 设置图层的线宽

在“图层特性”对话框的“线宽”列中单击图层对应的线宽“—— 默认”，打开“线宽”对话框，有 20 多种线宽可供选择。也可以选择“格式”→“线宽”命令，打开“线宽设置”对话框，通过调整线宽比例，使图形中的线宽显得更宽或更窄。

（2）设置图层的状态。点击“打开/关闭”“冻结/解冻”“锁定/解锁”相应图标，可以设置图层的状态。有四种方式可以控制图层的可见性和可编辑性，见表 4-3。

对图层状态的设置不会改变绘图区中图形的特性。用户应熟练掌握各个图层状态的具体功能和设置方法。

表 4-3　图层状态图标功能

| 图标及名称 | | 功能说明 |
|---|---|---|
| | 关闭<br>打开 | 关闭的图层不可见，即该图层上所有对象将隐藏不显示、不可打印，但可与图形一起重生成；故绘制复杂图形时，可将暂时不编辑图层关闭以降低图形复杂性，如图 4-14 所示 |
| | 隔离<br>取消隔离 | 隐藏或锁定除选定对象的图层之外的所有图层 |
| | 解冻<br>冻结 | 冻结的图层不可见，不可打印，也不可重生成；故将视图中不编辑的图层暂时冻结，可加快执行绘图编辑的速度。<br>技巧点拨：当前层不能冻结，冻结的图层也不能设置为当前层 |
| | 锁定<br>解锁 | 锁定的图层仍可见，但不能进行编辑，只能绘制新的图形，这样可防止重要的图形被修改 |

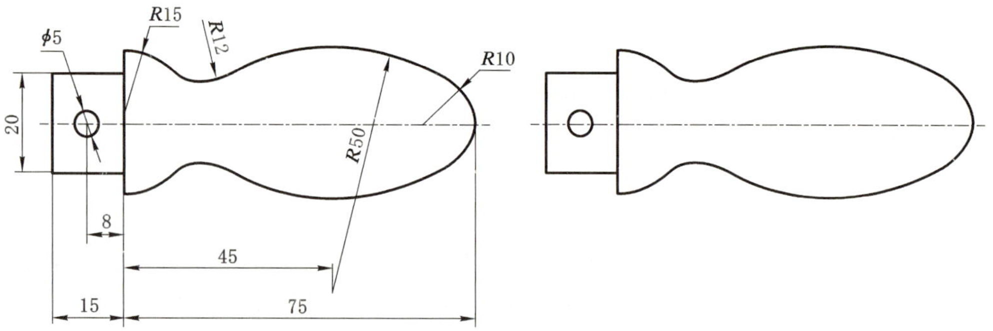


(a) 打开标注图层　　(b) 关闭标注图层

图 4-14　打开或关闭尺寸标注图层

2. 切换当前图层

选择某一图层后，单击“置为当前”按钮，即可将该层设置为当前层。在实际绘图时，为了便于操作，主要通过如图 4-13 所示的“图层”工具栏和“特性”工具栏来实现图层切换。

3. 改变对象特性

在实际绘图中，如果绘制完某一图形元素后，发现该元素并没有绘制在预先设置的图层上，可通过以下三种方式来实现：①“图层”工具栏下拉框；②“特性匹配器”(类似于Word格式刷)；③“特性”对话框：单击“快速访问”工具栏中“”按钮，调出“特性”工具选项板，如图4-15所示。选中相应的对象后，即可在“特性”工具选项板中对所选对象的特性进行修改。

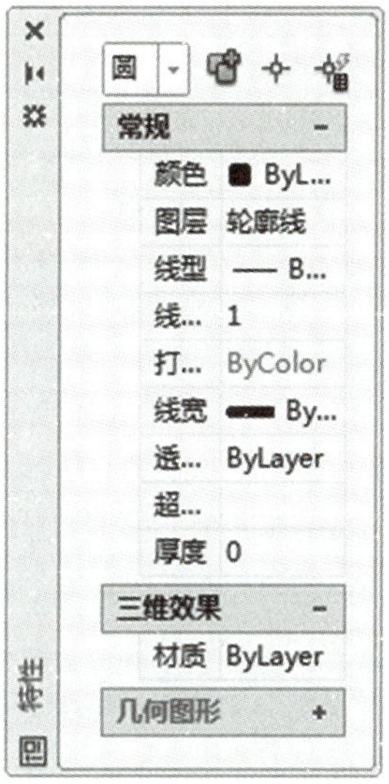


图4-15 “特性”工具选项板

4. 创建并设置图层

根据国标创建并设置表4-4所列图层。

表4-4 机械图样中图层设置

| 图层名称 | 颜色 | 线型 | 线宽/mm | 备注 |
|---|---|---|---|---|
| 轮廓线 | 白色 | contious | 0.5 | 图层名称一般有两类命名方法：一是根据用途；二是根据零部件，用户可根据自己喜好决定。颜色一般以黑白或RGB优先。线型可采用ACAD_ISO系列 |
| 中心线 | 红色 | center | 默认/0.25 | |
| 细实线 | 绿色 | contious | 默认/0.25 | |
| 细虚线 | 黄色 | dashed/hidden | 默认/0.25 | |
| 剖面线 | 绿色 | contious | 默认/0.25 | |
| 文字 | 蓝色 | contious | 默认/0.25 | |
| 标注 | 绿色 | contious | 默认/0.25 | |
| 细双点画线 | 粉红色 | divide | 默认/0.25 | |

5. 保存为样板图

将设置好的图形保存为样板图。

## 三、基本绘图命令

当绘制图形时，可在 AutoCAD 2022 中单击“菜单浏览器”按钮“ ”，在弹出的菜单中选择“绘图”；或在“功能区”选项板中选择“默认”选项卡，在“绘图”面板中单击相应按钮（或点击相应工具栏按钮）；也可从键盘输入该命令或别名。表 4-5 给出了常用的绘图命令。

表 4-5　常用的绘图命令

| 类型 | 命令 | 功能及注意事项 |
| --- | --- | --- |
| 绘制点和线（在 AutoCAD 中绘图时，点和线是基本命令，在进行绘图的过程中，这些命令是必不可少的，使用点和线命令可完成机械设计中的定位线和轮廓线等图形的绘制） | 点<br>（point） | 点是组成图形最基本的一个图形元素，在实际绘图过程中，它主要起到标记辅助功能。<br>技巧点拨：AutoCAD 默认不显示点对象，为了便于观察，在绘制点对象之前通常要通过“格式”→“点样式”对其大小、样式进行设置，否则点将与线重合在一起，无法看到点的位置 |
| | 直线<br>（line 或 l） | line 是最常用的画图命令之一，两点定一线，可连续画出多条线段，其中每一条线段相对独立，还可封闭 |
| | 构造线<br>（xline 或 xl） | 绘制两个方向无限长的直线，主要用于绘制辅助线。注：射线（ray）是一个方向无限延伸的直线，也多用作辅助线 |
| | 多段线<br>（pline 或 pl） | 绘制可变宽线或直线与弧线，整条多段线可以作为一个实体统一进行编辑，因而对于绘制一些特殊形体（如箭头等图形）很有用 |
| | 多线<br>（mline 或 ml） | 所谓多线，就是指多条平行线组成的复合线，是一个整体，最多可达 16 条。用户可以自己创建和保存多线样式。默认样式包含两条平行线，每条平行线的颜色、线型都可以单独设置，常用于绘制建筑图中的墙体、道路及矿山中的巷道等平行线 |
| | 样条曲线<br>（spline 或 spl） | 绘制多个可调控制点的曲线，适于表达具有不规则变化曲率半径的曲线，如机械图形的断切面、地形外貌轮廓线、地质图中的底板等高线等或其他拟合公差曲线 |
| 绘制多边形 | 矩形<br>（rectang 或 rec） | 矩形可以直接绘制矩形，也可以对矩形倒角或倒圆角，还可以改变矩形的线宽 |
| | 正多边形<br>（polygon 或 pol） | 正多边形命令可绘制 3～1 024 条边的正多边形，其对象类型是“多段线”。其中，选项“边（E）”是已知边长来绘制；选项“中心点”是根据一个假想外切或内接圆来画正多边形 |

表 4-5(续)

| 类型 | 命令 | 功能及注意事项 |
| --- | --- | --- |
| 绘制圆弧 | 圆<br>(circle 或 c) | 圆也是最常用的画图命令之一。AutoCAD 有 6 种绘圆的方式,其中"圆心半径"是缺省的画圆选项,而"相切、相切、半径(TTR)"多用于绘制连接弧(内切或混合弧) |
| | 圆弧<br>(arc 或 a) | 圆弧绘制是绘图中最复杂的,其画法多达 11 种。"三点画弧法"是默认画法。当采用"起点、端点、半径"画弧时,注意半径为正绘劣弧、半径为负绘优弧。默认逆时针方向成弧 |
| | 椭圆(弧)<br>(ellipse 或 el) | 在绘图中,椭圆或椭圆弧是另一种常用的基本图形对象。椭圆的形状主要由中心点、椭圆长轴与短轴三个参数来确定 |
| 面域和图案填充 | 面域<br>(region 或 reg) | 面域是具有边界的平面区域,而圆、多边形等封闭图形属于线框模型。可将由某些对象围成的封闭区域(无重叠、无相交)创建为面域。<br>技巧点拨:对面域可进行并集、差集、交集等布尔运算 |
| | 图案填充<br>(bhatch) | 以某种图案填充到指定区域,以表达该区域的特征,工程上多用来区分不同材质。<br>技巧点拨:填充时可预览填充效果,若效果不理想,可返回对话框进行调整。以拾取点方式指定填充边界,系统会以该点为中心,向四周辐射探测最小封闭区域为填充边界 |

## 四、精确绘图设置

### 1. 常用精确辅助绘图工具设置

捕捉、栅格、正交、极轴、对象捕捉以及对象追踪等辅助功能的启动与关闭非常简单,只需单击状态栏上相应的按钮即可。各项精确绘图辅助功能设置见表 4-6。

表 4-6 精确绘图设置

| 功能 | 说明 | 图例 |
| --- | --- | --- |
| 捕捉和栅格 | 栅格是显示在用户定义的图形界限内的点阵。打开栅格显示时,图形界限内将布满方格——标定位置的虚拟点,起坐标纸的作用,可以提供直观的距离和位置参照。栅格不是图形对象,不能打印输出。<br>捕捉用于设定绘图光标移动的距离,打开该设置,光标在 $X$ 轴、$Y$ 轴或极轴方向只能移动设定的距离,将光标准确定位在栅格点上 | 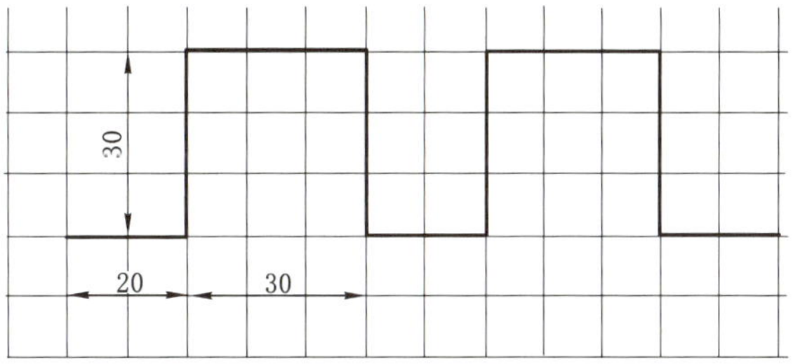<br><br>利用捕捉和栅格绘制方波图:<br>(1) 设置捕捉和栅格间距,默认为 10,故这里不需设置。<br>(2) 打开捕捉和栅格,利用直线命令完成绘制 |

表 4-6(续)

<table>
<tr><th>功能</th><th>说明</th><th colspan="2">图例</th></tr>
<tr><td rowspan="2">正交和极轴</td><td rowspan="2">正交是将绘图光标限制在水平或垂直方向上移动。<br><br>极轴追踪则是在“增量角整数倍”方向，当光标接近极轴追踪方向时，系统会自动将橡皮筋线吸附到该方向，同时沿该方向显示出极轴追踪矢量，并浮出一小标签，说明当前光标位置相对于前一点的极坐标，如下图所示。<br><br>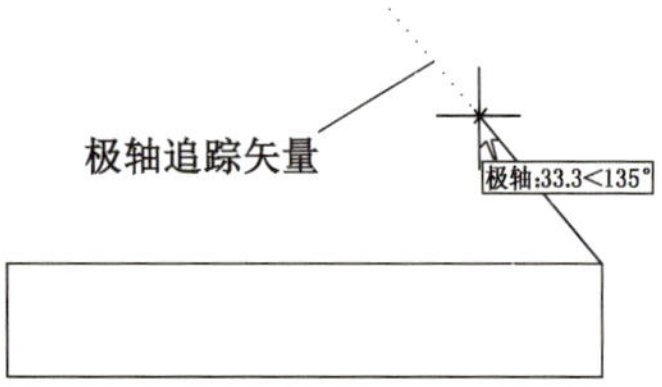<br><br>可以看出，当前光标位置相对于前一点的极坐标为 33.3<135°，即两点之间的距离为 33.3，极轴追踪矢量与 X 轴正方向的夹角为 135°。此时单击拾取键，AutoCAD 会将该点作为绘图所需点；如果直接输入一个数值（如输入 50），AutoCAD 则沿极轴追踪矢量方向按此长度值确定出点的位置；如果沿极轴追踪矢量方向拖动鼠标，AutoCAD 会通过浮出的小标签动态显示与光标位置对应的极轴追踪矢量的值（即显示“距离<角度”）。<br><br>技巧点拨：利用极轴追踪可以快速绘制与极轴追踪角成整数倍的斜线，还可以设置附加角以追踪单独的极轴角。<br><br>正交是极轴增量角为 90°的特例</td><td>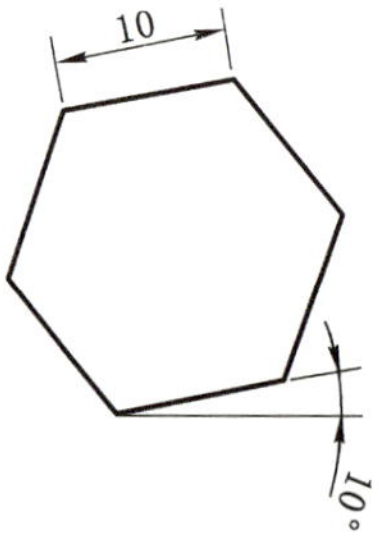<br>倾斜六边形</td><td>具体步骤：<br>(1) 设置极轴捕捉参数，如图(a)所示；<br>(2) 执行直线命令，如图(b)所示，画沿 10°方向长为 10 的起始线；<br>(3) 执行直线命令，如图(c)所示，画六边形的其他五边。<br>应注意极轴追踪信息“相关极轴:3.4020<60°”</td></tr>
<tr><td colspan="2">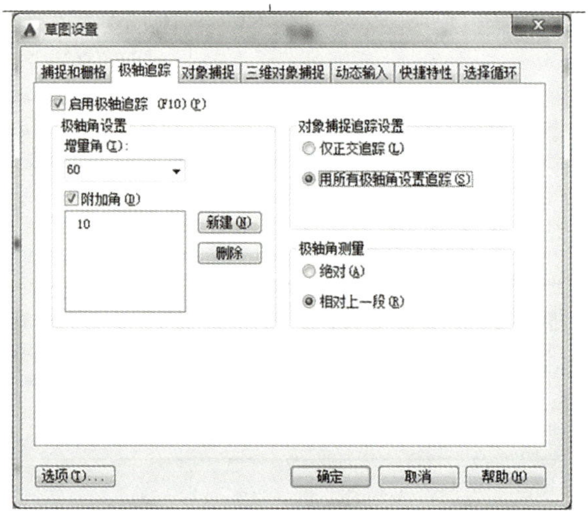<br>(a)<br>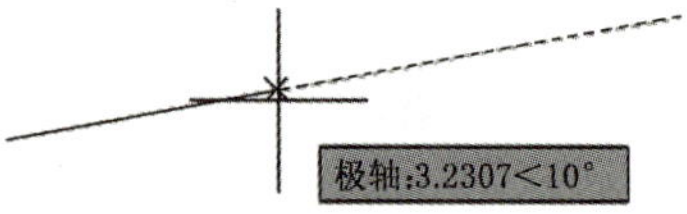<br>(b)<br>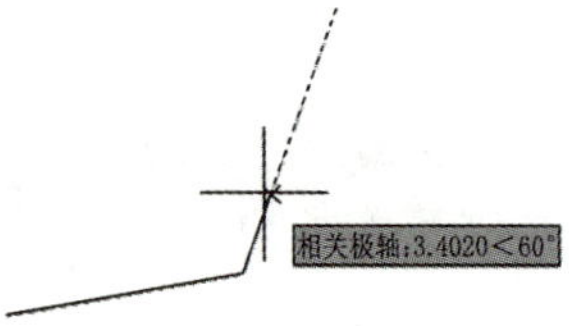<br>(c)</td></tr>
</table>

表 4-6(续)

| 功能 | 说明 | 图例 |
|---|---|---|
| 对象捕捉 | 使用对象捕捉可以将指定点快速、准确地限制在现有对象的确切位置上，如端点、中点、交点、圆心等，而无须知道这些点的精确坐标。对象捕捉点含义见表 4-7。<br>在绘图的过程中，对象捕捉模式有两种：<br>(1) 自动捕捉：通过“对象捕捉”按钮，这种模式是记忆性的，设置的对象捕捉模式始终有效，直到关闭为止。即在该模式下，只要将光标放在一个对象上，系统就会自动捕捉到该对象符合条件的几何特征点上，并显示出相应的捕捉标记。<br>(2) 单点捕捉：这种模式又称临时捕捉，即仅对本次捕捉点有效，在命令行中显示一个“于”标记。可利用“对象捕捉”工具栏或按住“Shift”键或“Ctrl”键，再击右键，在弹出对象捕捉快捷菜单中选择相应命令 | 利用对象捕捉绘制两圆公切线：<br>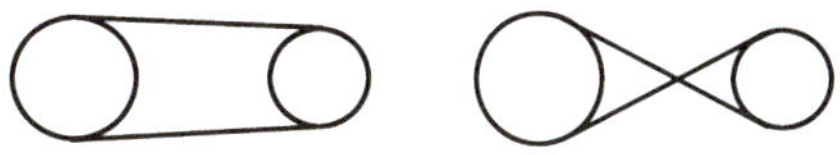<br>(a) (b)<br>具体步骤：<br>单击“直线”按钮，给出“指定第一点”提示时，单击“对象捕捉”工具条上的“捕捉到切点”按钮。移动光标到第一个圆上，出现切点指示符号时，单击“确定”。<br>提示“指定下一点或［放弃(U)］”时，再次单击“捕捉到切点”按钮。移动光标到第二个圆上，出现切点指示符号时，单击“确定”，即完成一条公切线。如果选取圆弧上的点的大致位置不同，可完成内公切线或外公切线(系统会自动就近找切点)。<br>技巧点拨：不管指定圆上哪点作为切点，系统都会根据圆的半径和指定的大致位置确定准确的切点位置，并能根据大致指定点与内、外切点距离，依据距离趋近原则判断绘制外切线还是内切线 |
| 自动追踪 | 自动追踪是光标跟随参照线确定点位置的方法，它是对象捕捉与极轴追踪的综合应用。<br>已知有一个圆和一条直线，当执行“line”命令确定直线的起始点时，利用对象捕捉追踪可以找到一些特殊点。<br>(a)图中捕捉到的点的 $X$、$Y$ 坐标分别与已有直线端点的 $X$ 坐标和圆心的 $Y$ 坐标相同。<br>(b)图中捕捉到的点的 $Y$ 坐标与圆心的 $Y$ 坐标相同，且位于相对于已有直线端点的 45°方向。如果单击拾取键，就会得到对应的点 | 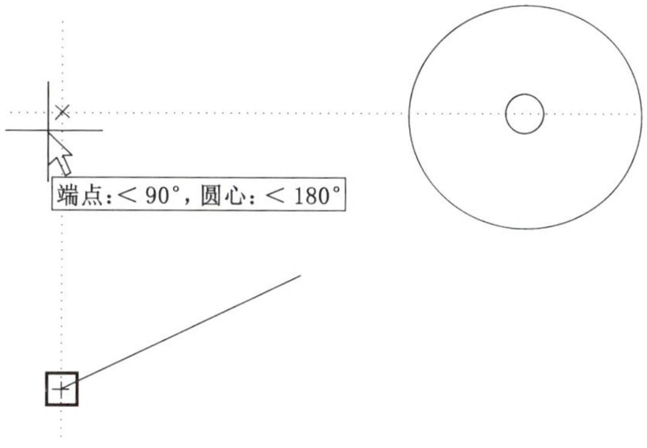<br><br>(a)<br>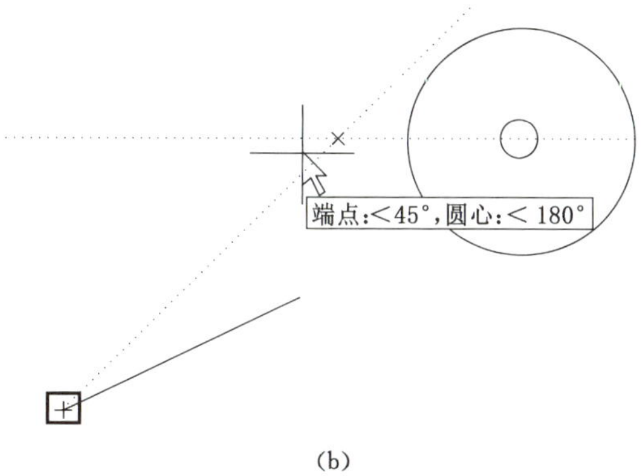<br><br>(b) |

表 4-7 对象捕捉点含义

| 特征点 | 名称 | 说明 |
|---|---|---|
| 端点 | END | 直线、圆弧的端点 |
| 圆心 | CEN | 圆、圆弧、椭圆(弧)的圆心 |
| 中点 | MID | 直线、圆弧的中点 |
| 切点 | TAN | 与圆、圆弧的切点 |
| 垂点 | PER | 过直线、圆弧外一点作它们的垂线,得到垂足 |
| 交点 | INT | 两个对象(如线、圆弧或圆)的交点 |
| 象限点 | QUA | 以圆心为坐标原点,建立平面直角坐标系,X、Y 轴与圆的交点即为象限点,即圆周上 0°、90°、180°、270°位置上的点。象限点由当前坐标系的 0°方向确定 |
| 节点 | NOD | 用“point”或“divide”等命令生成的点对象 |
| 最近点 | NEA | 捕捉到离光标最近的对象上的一点,即保证点在对象实体上 |
| 外观交点 | APP | 两个对象在视图平面上的交点。若两个对象没有直接相交,则系统自动计算其延长后的交点;若两个对象在空间上为曲面直线,则系统计算其投影方向上的交点。<br>技巧点拨:“交点”模式同“外观交点”模式不能同时起作用 |
| 平行线 | PAR | 与某一直线平行的直线上的点。<br>技巧点拨:指定了直线的第一点并选取了“平行线捕捉”模式后,把光标移到想与之平行的对象上,之后再移动光标,这时经过第一点且与选定的对象平行的方向上将出现一条构造线 |
| 延伸点 | EXT | 在某一直线、圆弧的延长线上的点 |
| 插入点 | INS | 图块、文本、属性及图形等对象的插入点 |

2. 典型案例

**【例 4-3】** 绘制如图 4-16 所示简单平面图形。

**案例目的:**通过图 4-16 所示图形的绘制,熟悉点输入方式及精确绘图辅助工具。

**微课**
**直线命令**

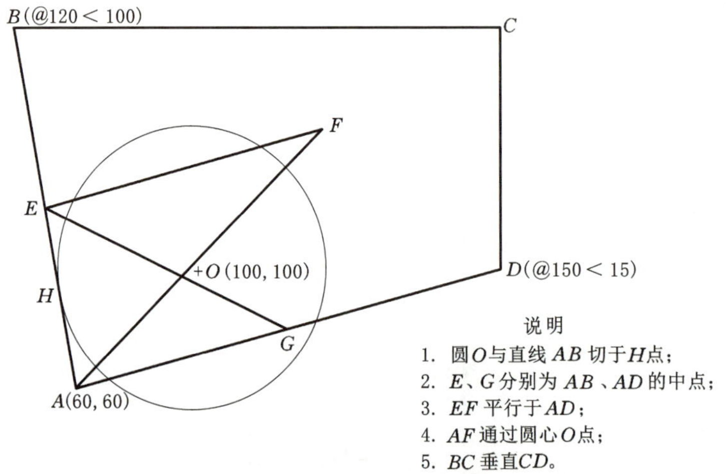


图 4-16 例 4-3 图(一)

**具体步骤：**

(1) 绘制外围。执行直线命令，系统提示：

命令：_line 指定第一点：60,60　　//输入 *A* 点坐标

指定下一点或［放弃(U)］：@120<100　　//输入 *B* 点坐标

指定下一点或［放弃(U)］：　　//回车结束直线命令

命令：_line 指定第一点：　　//捕捉 *A* 点

指定下一点或［放弃(U)］：@150<15　　//输入 *D* 点坐标

指定下一点或［闭合(C)/放弃(U)］：　　//利用自动追踪绘制 *DC*，如图 4-17(a)所示

指定下一点或［闭合(C)/放弃(U)］：　　//捕捉 *B* 点

指定下一点或［闭合(C)/放弃(U)］：　　//回车结束直线命令

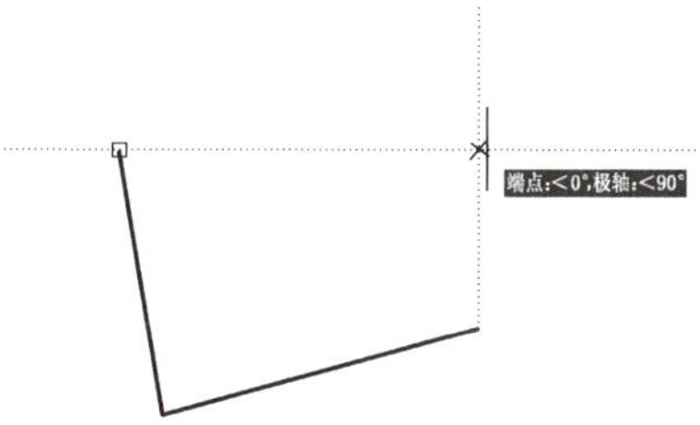


(a) 自动追踪找到*C*点

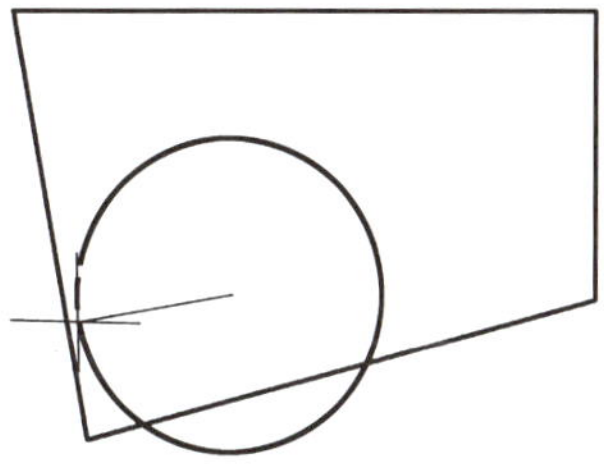

(b) 捕捉*AB*线上切点

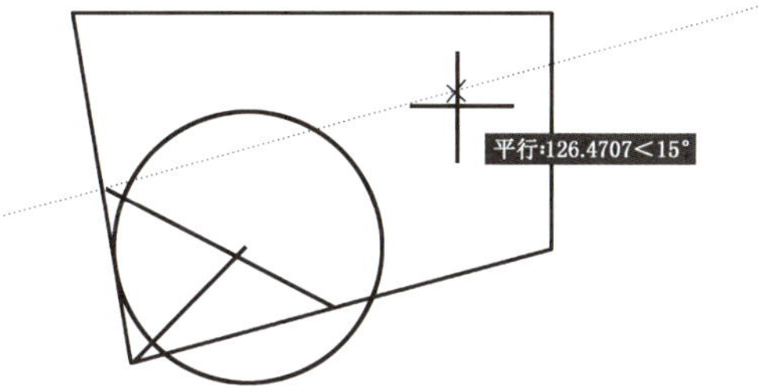


(c) 捕捉平行线绘制*EF*

图 4-17　例 4-3 图(二)

(2) 绘制圆。执行画圆命令，系统提示：

命令：circle 指定圆的圆心或［三点(3P)/两点(2P)/相切、相切、半径(T)］：100,100

//输入圆心坐标

指定圆的半径或［直径(D)］：　　//捕捉 *AB* 线上切点，如图 4-17(b)所示

(3) 绘制内部线。*EF* 线的绘制可捕捉平行线绘制，如图 4-17(c)所示。

(4) 修剪整理图形。

**【例 4-4】** 绘制如图 4-18 所示的图形。

**案例目的：**通过本案例的练习，可掌握利用自动追踪功能绘制图形的方法。

**具体步骤：**

(1) 利用直线命令先绘制矩形外框。

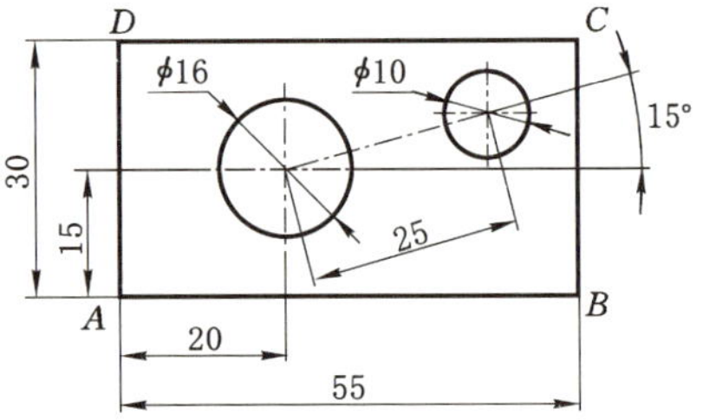


图 4-18　例 4-4 图(一)

(2) 利用自动追踪功能绘制如图 4-19 所示的两个圆,并绘制中心线。设置自动对象捕捉模式为:中点、圆心、象限点,并设置极轴角增量为 15°。

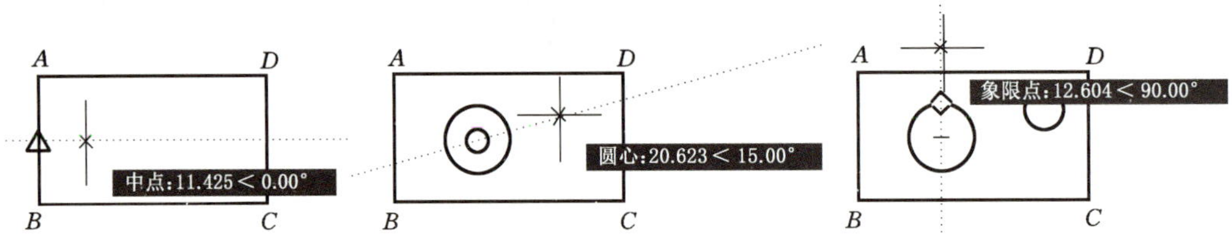


(a) 确定 ϕ16 圆的圆心　　(b) 确定 ϕ10 圆的圆心　　(c) 确定垂直中心线上端点

图 4-19　例 4-4 图(二)

命令:_circle　　//单击“”,启动“圆”命令

指定圆的圆心或[三点(3P)/两点(2P)/相切、相切、半径(T)]:20↙

//移动光标至 *AB* 中点附近,出现中点标记及提示后,向右移动光标,显示水平追踪辅助线,如图 4-19(a)所示,输入 20,回车,确定 ϕ16 圆的圆心 *E*

指定圆的半径或[直径(D)]:8↙　　//指定圆的半径为 8,回车,绘制 ϕ16 圆

命令:↙　　//回车,再次启动“圆”命令

指定圆的圆心或[三点(3P)/两点(2P)/相切、相切、半径(T)]:25↙

//移动光标至 ϕ16 圆的圆心附近,出现圆心标记及提示后,向右上方移动光标,显示 15°追踪辅助线,如图 4-19(b)所示,输入 25,回车,确定 ϕ10 圆的圆心 *F*

指定圆的半径或[直径(D)]:5↙　　//指定圆的半径为 5,回车,绘制 ϕ10 圆

命令:_line　　//单击“”图标按钮,启动“直线”命令

指定第一点:3↙　　//移动光标,捕捉 ϕ16 圆的上象限点,出现象限点标记和提示后,向上移动光标,如图 4-19(c)所示,输入 3,回车,确定中心线起点

指定下一点或[放弃(U)]:22↙

//向下移动光标,出现垂直追踪辅助线,输入 22,回车,确定中心线端点

指定下一点或[放弃(U)]:↙　　//回车,结束“直线”命令

## 五、图形编辑命令

1. 选择对象

在对图形进行修改编辑操作时，需要选择要修改的对象。AutoCAD用虚线亮显所选的对象，这些对象就构成了选择集。选择集可以包含单个对象，也可以包含复杂的对象编组。在AutoCAD中执行修改命令有两种方式：① 先选择对象，后执行命令；② 先执行命令，在命令提示下选择对象。

AutoCAD所提供的选择对象的方法较多，常用的有点选、窗选、窗交和栏选等方法。

(1) 直接点选

将鼠标移到某个目标对象上，系统会出现一方块，此时单击左键即可将其选中，如图4-20(a)所示。

(2) 窗口选择

窗口选择简称“窗选”。在屏幕上从左向右拾取两点，AutoCAD自动以这两个拾取点为对角点确定一个矩形拾取窗口，该窗口内部的对象均被选中，而窗口外部以及与窗口边界相交的对象不被选中，如图4-20(b)所示。

(3) 交叉窗口选择

交叉窗口选择简称“窗交”。与窗选方式恰好相反，在屏幕上从右向左拾取两点围成一矩形，矩形内部及与矩形边界相交的对象都会被选中，如图4-20(c)所示。

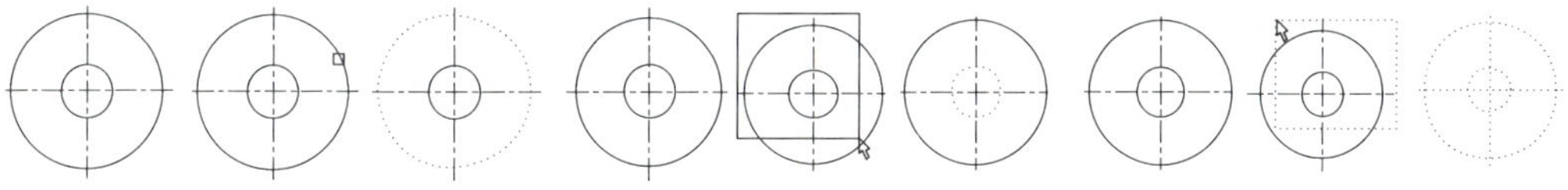

(a) 直接点选　　(b) 窗口选择　　(c) 窗交选择

图4-20　选择方式

(4) 栏选

通过绘制一条开放的多点栅栏(多段直线)来选择，其中所有与栅栏线相交的对象均会被选中。栅栏线可自交。

(5) 选择全部对象

在AutoCAD中选中全部对象的操作方法主要有如下两种：

① 按当命令行提示“选择对象”时，在该提示信息后执行“All”命令，按回车键即可。

② 在未执行任何命令情况下，按下“Ctrl+A”键也可选中绘图区中全部对象。

需要注意的是，被冻结的图层上对象不能被选中。

(6) 使用快速选择功能

可通过在命令行中执行“qselect”命令或选择“工具”→“快速选择”方式快速选择对象。

执行“qselect”命令后，打开“快速选择”对话框。通过该对话框可创建一个符合指定对象类型和对象特性的选择集，并将具有此特定属性值的对象添加到选择集中或从选择集中排除。如打开图4-18的文件，选择图形中“轮廓线”图层上的所有对象，如图4-21所示设置即可。

2. 基本编辑命令

图形编辑是指对所选对象进行删除、复制、旋转、移动、修剪、拉伸等操作。常用的编辑

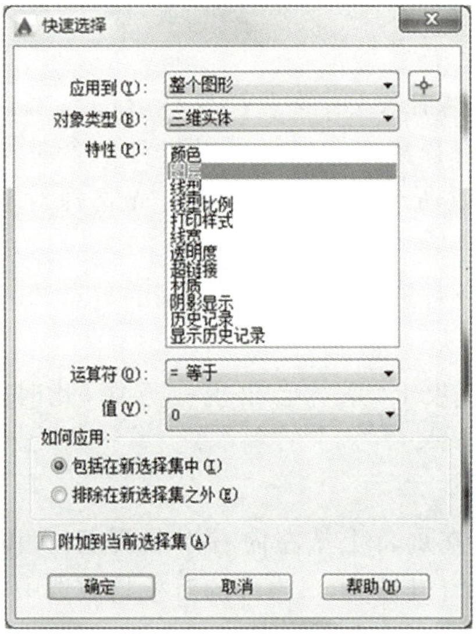


图 4-21　快速选择

命令见表 4-8。

**表 4-8　常用的编辑命令**

| 类型 | 命令 | 功能及注意事项 |
| --- | --- | --- |
| 删除及恢复类命令 | 删除<br>(erase 或 e) | 删除指定对象 |
| | oops/u | 恢复误删图形 |
| | “delete”清除命令 | 功能与删除命令 |
| 复制类命令 | 复制<br>(copy 或 co) | 将选择对象根据指定位置复制一个或多个副本 |
| | 镜像<br>(mirror 或 mi) | 将选定对象按指定镜像轴线作对称复制，原目标对象可保留也可删除 |
| | 偏移<br>(offset 或 o) | 生成同心副本。<br>技巧点拨：直线“偏移”后生成平行线 |
| | 阵列<br>(array 或 ar) | 产生呈简单规律分布(矩形或沿路径或环形)的副本，阵列后的各个对象都可独立编辑。<br>注意：阵列数目包括原始对象 |
| | 技巧点拨：显然复制对象可以用多种方式实现，我们应根据具体情况灵活选用合适的命令。<br>(1) 将某图形复制一次或随意复制多次，则应选用“copy”命令。也可用普通“复制＋粘贴”实现；<br>(2) 如果复制后的图形按一定规律排列，如形成若干行若干列，或者沿某圆周(圆弧)均匀分布，则应选用“array”命令；<br>(3) 欲生成多条彼此平行、间隔相等或不等的线条，或者生成一系列同心椭圆(弧)、圆(弧)等，则应选用“offset”命令 | |

表 4-8(续)

| 类型 | 命令 | 功能及注意事项 |
| --- | --- | --- |
| 移动类命令 | 移动(move 或 m) | 将选定对象移动指定位置,其大小和方向保持不变。<br>技巧点拨:移动和复制操作类似,区别只是源对象是否保留 |
| | 旋转(rotate 或 ro) | 参照某个基点将对象进行旋转,该命令不会改变对象整体尺寸大小 |
| | 缩放(scale 或 sc) | 将指定对象按指定比例缩放。“参照一点”方式缩放对象时,是将当前测量值作为新尺寸的基础 |
| | 对齐(align 或 al) | 将选定的对象移动、旋转或倾斜,使其与另一个对象对齐 |
| 改变几何特性类命令 | 拉伸(stretch) | 对图形进行拉伸与压缩。操作方式根据图形对象在选择框中的位置决定,与窗口相交的实体将被拉伸,窗口内的实体将随之移动 |
| | 拉长(lengthen) | 改变直线与圆弧的长度。利用该命令执行拉伸操作时允许以动态方式拖动对象终点来改变对象的长度或角度 |
| | 修剪(trim 或 tr)<br>延伸(extend 或 ex) | 修剪是以某些对象为剪切边来修剪其他对象,延伸功能与之相反。按下“Shift”键可切换二者功能。<br>技巧点拨:激活修剪或延伸命令后,直接回车则系统默认选择全部,这对简单图形的修剪或延伸非常有效 |
| | 打断(break) | 部分删除对象或把对象分解成两部分 |
| | 合并(join) | 将共线直线段或同心等径的(椭)圆弧段合并为一整体 |
| | 倒角(chamfer 或 cha)<br>圆角(fillet 或 f) | 对两个对象作倒角或进行圆弧连接。<br>技巧点拨:若倒角距离或圆角半径为 0,将延伸或修剪两对象,使之相交 |
| | 分解(explode) | 分解多段线、块或尺寸标注等由多个对象编组成的组合对象。<br>技巧点拨:分解命令是将一个合成图形分解为其部件。如一个矩形被分解后就成为 4 条直线,带有宽度的多段线分解后就失去宽度 |

**【例 4-5】** 绘制如图 4-22 所示圆管堆放图。

**案例目的:**通过本案例可以熟悉复制和缩放命令,进一步熟悉圆和正多形命令。

**案例分析:**不管堆叠多少层,圆管均是沿 60°堆放。故不妨画一半径已知的圆,将其沿 60°复制足够层数,再过圆心画一正三角形,进行缩放即可,如图 4-23所示。

微课
圆命令

**具体步骤:**

(1) 画一圆 $\phi 10$,如图 4-23(a)所示。

(2) 复制圆 $\phi$10,如图 4-23(b)所示。

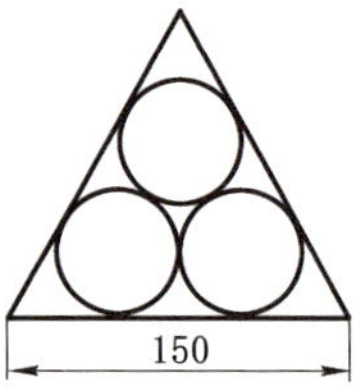


图 4-22　圆管堆放图

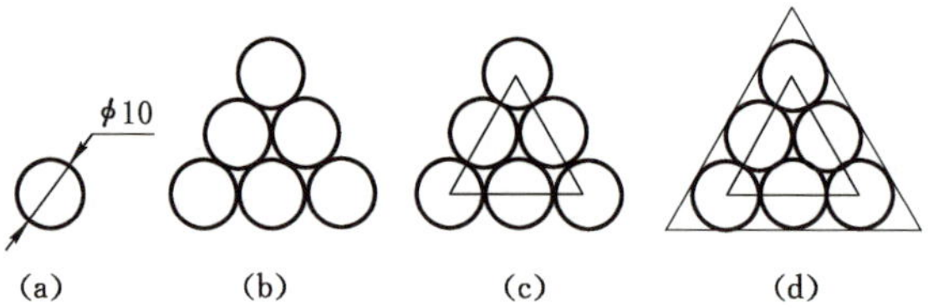


图 4-23　圆管堆放图绘制过程

系统提示:

命令:_copy 找到 1 个　　//激活复制命令,选择圆 $\phi$10

当前设置:复制模式=多个　　//显示系统信息

指定基点或[位移(D)/模式(O)]<位移>:　　//指定圆心为基点

指定第二个点或<使用第一个点作为位移>:10

//沿 60°追踪线:输入追踪距离为直径整数倍

指定第二个点或[退出(E)/放弃(U)]<退出>:20

指定第二个点或[退出(E)/放弃(U)]<退出>:10

//沿水平向右追踪线:输入追踪距离为直径整数倍

指定第二个点或[退出(E)/放弃(U)]<退出>:20

指定第二个点或[退出(E)/放弃(U)]<退出>:　　//复制最后一个圆

指定第二个点或[退出(E)/放弃(U)]<退出>:　　//回车结束复制命令

(3) 沿 60°连接圆心,画一正三角形,并向外偏移(距离为半径值 5),如图 4-23 (c)、(d)所示。

(4) 缩放图形为指定值。

命令:_scale　　//激活缩放命令

选择对象:指定对角点:找到 4 个　　//选择正三角形及内部圆

选择对象:　　//击右键或回车结束选择对象

指定基点:　　//任选一点

指定比例因子或[复制(C)/参照(R)]<1.0000>:r //选择“参照”选项,进入参照缩放

指定参照长度<1.0000>:指定第二点:　　//拾取正三角形一条边

指定新的长度或[点(P)]<1.0000>:150　　//输入缩放新长度

**【例 4-6】** 绘制如图 4-24 所示的图形。

**案例目的:**通过本案例可以练习偏移、阵列命令,进一步熟悉圆和圆弧命令。

**具体步骤：**

（1）画弧

首先画直径为 60 和 50 的圆，再画一竖直中心线，向左向右偏移 6.25，确定 $R14$ 的起点和端点，如图 4-25(a)所示，再利用“起点、端点、半径”画弧。

技巧点拨：半径应输入“－14.5”，如图 4-25(b)所示。

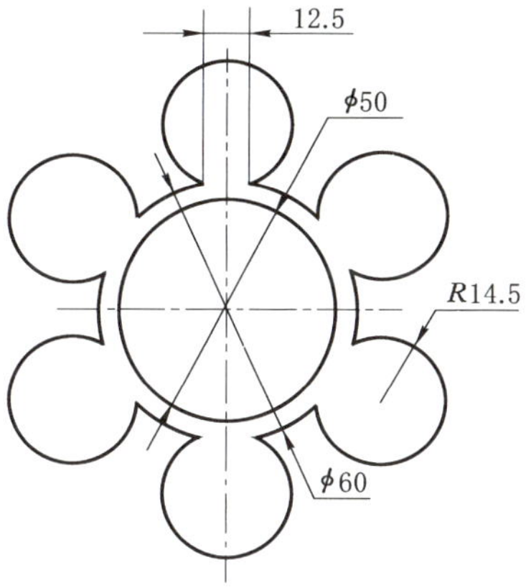


图 4-24　例 4-6 图(一)

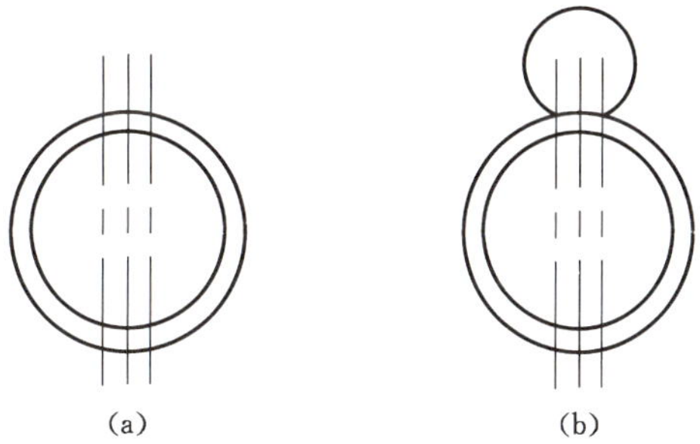


图 4-25　例 4-6 图(二)

（2）阵列弧

选择“修改”→“阵列”或修改工具栏“⊞”按钮或键入“array” 调用阵列命令，在图 4-26 所示的对话框中输入相应数值，选同心圆圆心为中心，选取弧为对象，点“确定”按钮。再进行图案填充，即可得到所需的图形。

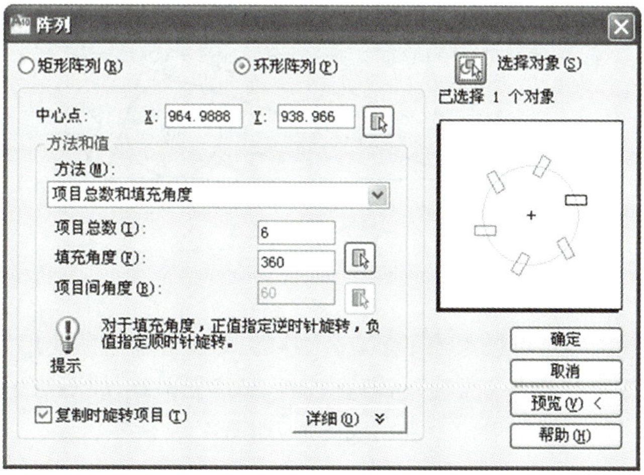


图 4-26　“环形阵列”设置

**【例 4-7】** 试用面域造型法完成如图 4-27 所示的图形。

**案例目的：**主要练习面域、阵列命令。

**案例分析：**图形由相同六部分组成，故可将其中一部分创建为面域后阵列得到全部，如图 4-28 所示。

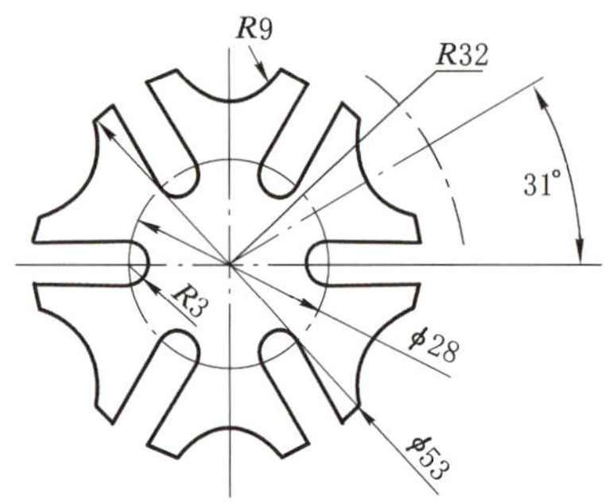


图 4-27 例 4-7 图(一)

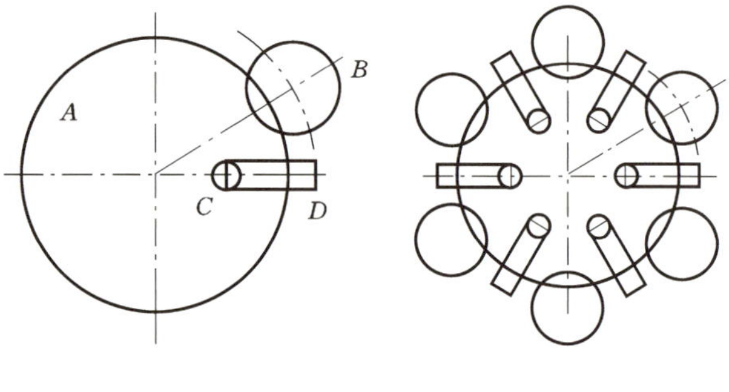


(a) (b)

图 4-28 例 4-7 图(二)

**具体步骤:**

(1) 绘制并创建面域。利用圆和矩形命令绘制 A、B、C 和 D,然后将其创建为四个面域,如图 4-28(a)所示。

(2) 环形阵列面域,如图 4-28(b)所示。

系统提示:

命令:_array //激活"array"命令,设置阵列数目为 6,其他默认

指定阵列中心点: //捕捉圆 A 的圆心作为阵列中心

选择对象:指定对角点:找到 3 个 //选择 B、C 和 D 作为阵列对象

(3) 布尔差运算。从面域 A 中减去六组 B、C 和 D。

(4) 补画中心线。

**【例 4-8】** 绘制如图 4-29 所示的图形。

**微课**
**移动类命令**

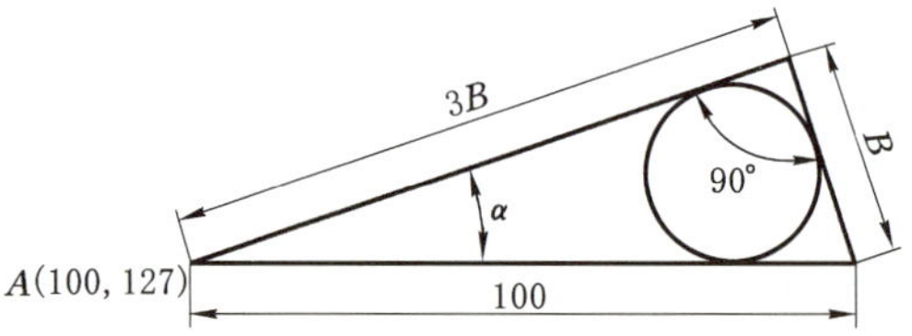


图 4-29 例 4-8 图(一)

**案例目的:**通过本案例可以深入了解旋转、移动、缩放等命令的使用方法。

**案例分析:**该图形看上去非常简单,若直接画,显然很困难,故不妨先满足其直角边约束关系,再通过旋转、移动、缩放等命令来完成图形,如图 4-30 所示。

**具体步骤:**

(1) 创建设置两个图层(轮廓线、细实线),并将轮廓线置为当前图层。

(2) 绘制三角形,不妨取两边长依次为 30 和 90,如图 4-30(a)所示。

系统提示:

命令:_line 指定第一点: //屏幕上任意拾取一点作为 A 点

指定下一点或［放弃(U)］:90

//将光标沿水平方向移动,输入 90,则绘制长为 90 的水平线

指定下一点或［放弃(U)］:30

//将光标沿铅垂方向移动,输入 30,则绘制长为 30 的铅垂线

指定下一点或［闭合(C)/放弃(U)］:c //键入“c”绘制闭合三角形

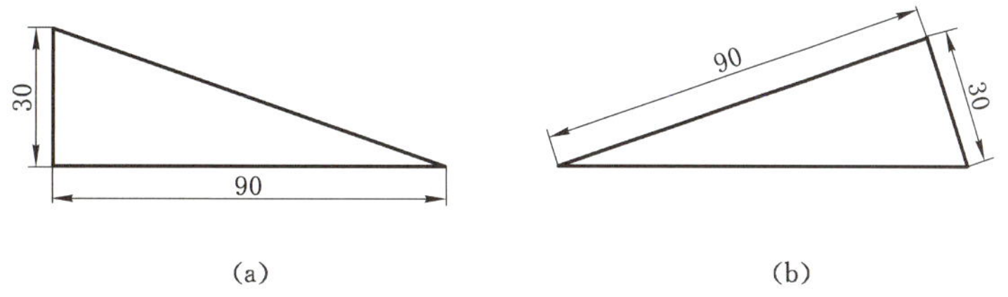


图 4-30 例 4-8 图(二)

(3) 旋转三角形,斜线水平放置,如图 4-30(b)所示。

系统提示:

命令:_rotate //激活“rotate”命令

UCS 当前的正角方向:ANGDIR=逆时针;ANGBASE=0 //显示系统信息

选择对象:指定对角点:找到 3 个 //选择三角形

选择对象: //击右键或回车结束选择对象

指定基点: //选择 *A* 点

指定旋转角度,或［复制(C)/参照(R)］<0>:r //选择“参照”选项,进入参照旋转

指定参照角<0>:指定第二点: //拾取斜线

指定新角度或［点(P)］<0>:0 //斜线旋转成水平线

(4) 缩放三角形。

系统提示:

命令:_scale //激活“scale”命令

选择对象:指定对角点:找到 3 个 //选择三角形

选择对象: //击右键或回车结束选择对象

指定基点: //选择 *A* 点

指定比例因子或［复制(C)/参照(R)］<1.0000>:r

//选择“参照”选项,进入参照缩放

指定参照长度<1.0000>:指定第二点: //拾取斜线

指定新的长度或［点(P)］<1.0000>:100 //输入缩放新长度

(5) 移动三角形,因绘制时未将 *A* 点放在指定点。

系统提示:

命令:_move //激活“move”命令

选择对象:指定对角点:找到 3 个 //选择三角形

选择对象: //击右键或回车结束选择对象

指定基点或［位移(D)］<位移>: //拾取 *A* 点作为基点,因为 *A* 点坐标已知

指定第二个点或＜使用第一个点作为位移＞:100,127 //输入位移点坐标值

3. 高级编辑命令

(1) 夹点编辑

夹点是一些小方框,它们出现在选定对象的特殊点上。如鼠标单击某个图形对象,将进入夹点模式:图形对象以虚线显示,图形上的几何特性点(如圆心、端点、中点、文字的左下角点等)将显示为蓝色的小方框,如图 4-31 所示。可以拖动这些夹点执行拉伸、移动、旋转、缩放或镜像操作。通过夹点可以将命令和对象选择结合起来,以此提高编辑速度。

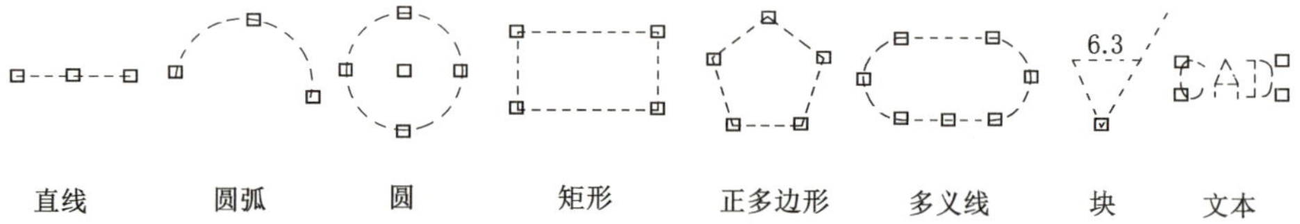


图 4-31 常用对象上的夹点

如图 4-32 所示,利用“选项”对话框,可以对夹点进行设置。

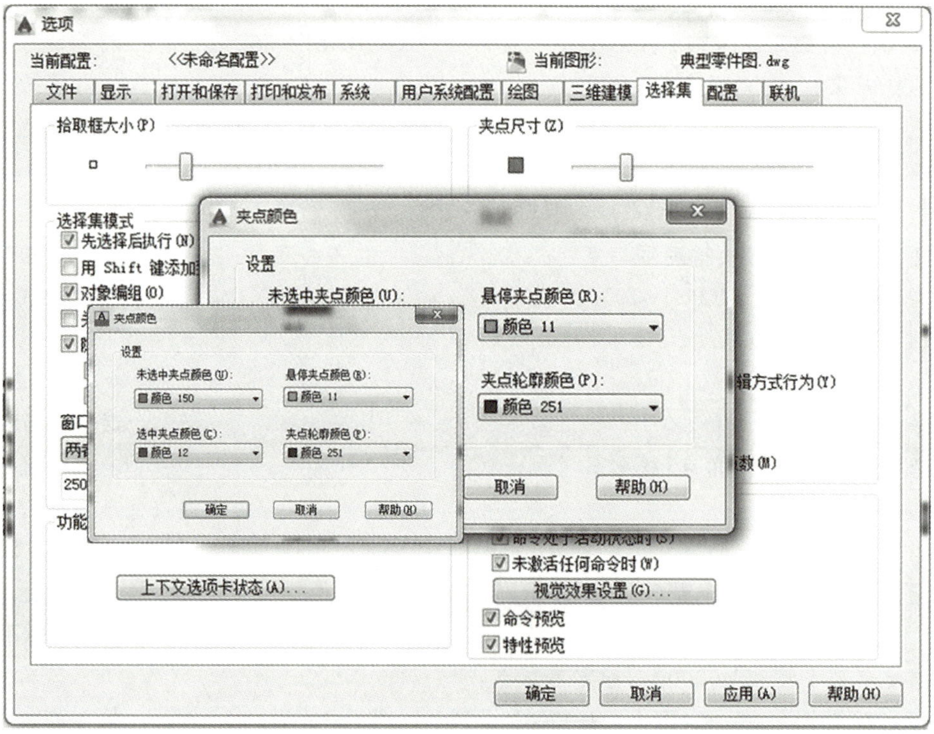


图 4-32 设置夹点

使用夹点进行编辑首先要选择作为基点的夹点,这个被选定的夹点称为基夹点。可以使用多个夹点作为基夹点来使选定夹点之间的对象形状保持不变。选择夹点时按下“Shift”键。

选择夹点后,单击右键,AutoCAD 将显示快捷菜单,列出了可用的夹点操作,可从中选

择一种夹点编辑模式：stretch(拉伸)、move(移动)、rotate(旋转)、scale(缩放)和 mirror(镜像)等。

技巧点拨：在使用夹点编辑命令时，如果灵活运用该命令中丰富的编辑方式并巧妙组合，能大大提高绘图效率。

**【例 4-9】** 利用夹点操作绘制如图 4-33 所示的图形。

**案例分析：**图形中的圆以下象限点为基点，均成一定比例，故可采用夹点的“缩放、复制”模式来快速绘制。

**具体步骤：**

① 画圆 $\phi$147.5。

② 拾取该圆，激活下象限点为夹点(红色)，击右键，选“缩放”，再击右键，选“复制”，依次输入比例缩放因子 0.8、0.6、0.4、0.2 即可。

**【例 4-10】** 绘制如图 4-34 所示的图形。

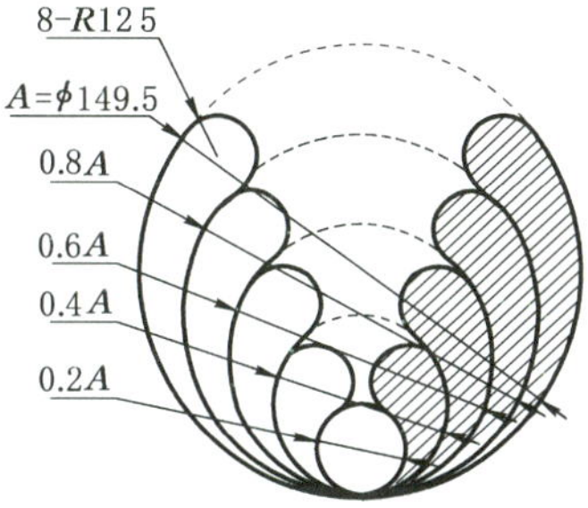


微课
夹点命令

图 4-33　例 4-9 图

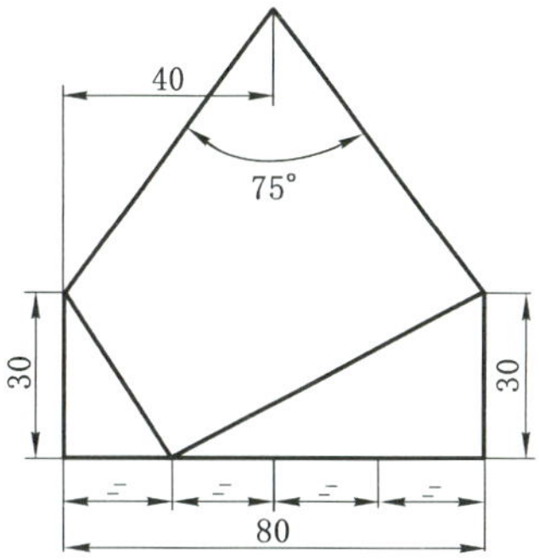


微课
移动类命令

图 4-34　例 4-10 图(一)

**案例目的：**通过本案例可深入了解夹点操作、对齐命令的使用方法。

**具体步骤：**

① 创建设置 1 个图层：轮廓线、细实线，并将轮廓线置为当前图层。

② 绘制除 75°角外所有直线。

③ 过水平线中心画一竖线 12，如图 4-35(a)所示；利用夹点操作“旋转、复制”得∠123，如图 4-35(b)所示。

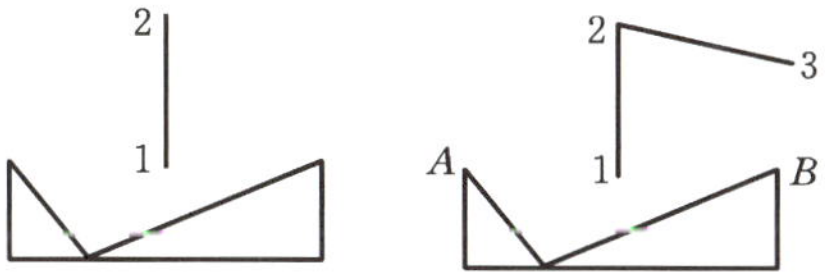


图 4-35　例 4-10 图(二)

④ 利用“对齐”命令得到 75°角，选择“修改”→“三维操作”→“对齐”下拉菜单。

系统提示：

命令：_align　　　　//激活“align”命令

选择对象：指定对角点：找到 2 个　　　　//选择三角形

选择对象：　　　　//击右键或回车结束选择对象

指定第一个源点： //拾取 1 点
指定第一个目标点： //拾取 $A$ 点
指定第二个源点： //拾取 3 点
指定第二个目标点： //拾取 $B$ 点
指定第三个源点或＜继续＞： //击右键或回车结束拾取
是否基于对齐点缩放对象？［是(Y)/否(N)］＜否＞:y //选择“是”

(2) 编辑对象特性

对象特性包含一般特性和几何特性。一般特性包括对象的颜色、线型、图层及线宽等；几何特性包括对象的尺寸和位置。可以直接在“特性”窗口中设置和修改对象的特性。

① 利用快捷特性和“特性”对话框

在 AutoCAD 2022 中，当用户选择对象时，即可显示快捷特性面板，如图 4-36 所示，从而方便修改对象的属性。在“草图设置”对话框的“快捷特性”选项卡中，选中“启用快捷特性”复选框可以启用快捷特性功能。

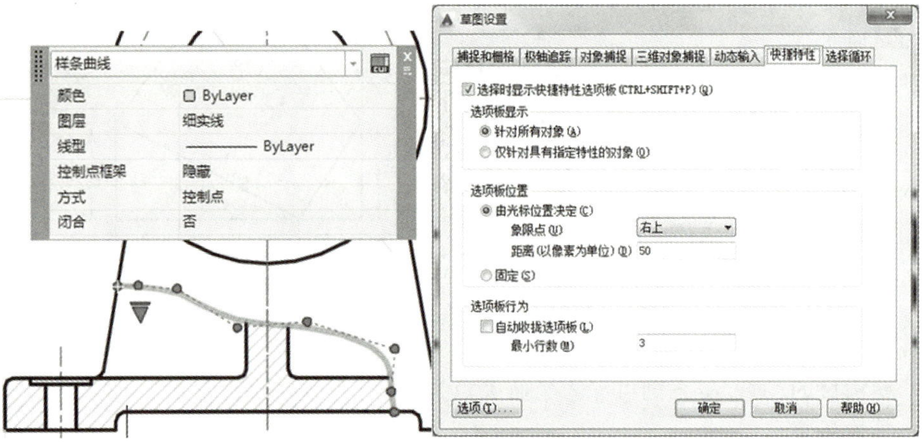


图 4-36 “快捷特性”对话框及设置

利用“特性”对话框可以修改选定对象的完整特性。选择“修改”→“特性”，或选择“工具”→“特性”，或单击“标准注释”中“”按钮，打开“特性”对话框。

“特性”选项板中显示了当前选择集中对象的所有特性和特性值，选择了一个对象，对话框内将列出该对象的全部特性及其当前设置；当选中多个对象时，将显示它们的共有特性。可以通过它浏览、修改对象的特性，也可以通过它浏览、修改满足应用程序接口标准的第三方应用程序对象。

实例操作：

a. 使用样板文件新建图形，设置绘图环境。

b. 用“图层”命令设置图层，创建“轮廓线”“尺寸线”两个图层，并编辑图层特性。

c. 绘制如图 4-37(a)所示的图形，步骤略。

d. 鼠标选中圆，选择“修改”→“特性”，在“特性”对话框中将半径值改为 10，则原图形变成如图 4-37(b)所示。

(a)　　　　　　　　　　(b)

图 4-37　实例操作图

② 特性匹配

特性匹配是一个使用非常方便的编辑工具，它对编辑同类对象非常有用。它是将原对象的特性，包括颜色、图层、线型、线型比例等，全部赋给目标对象。

调用特性匹配命令，可以通过选择“修改”→“特性匹配”或单击“标准注释”工具栏中“特性匹配”按钮。这时命令行将提示选择源对象，在选择了源对象后，光标变为小方块和小毛刷，如图 4-38 所示。

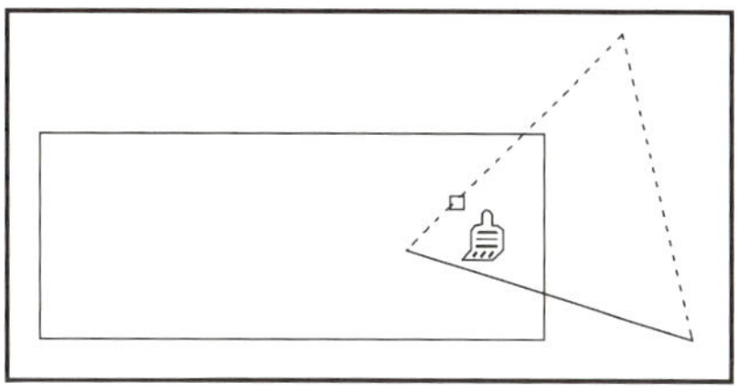

图 4-38　特性匹配光标

同时，在命令行将提示当前活动设置，包括：颜色、线型、线型比例、线宽、厚度、打印样式、文字、标注、图案填充，并要求选择目标对象或选择设置对象。

如果在该提示下直接选择对象，即选择目标对象，这些目标对象的特性将由源对象的特性替代。如果在该提示下输入选项“S”，这时将弹出如图 4-39 所示的“特性设置”对话框，使用该对话框可以设置要匹配的选项。

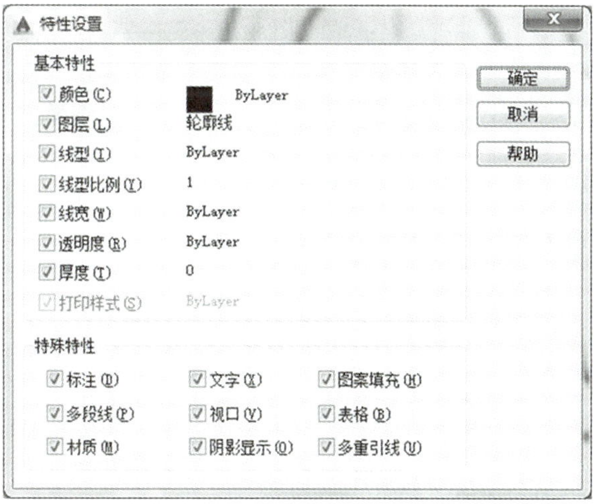


图 4-39　“特性设置”对话框

微课
圆命令

## 任务实施

### 一、基本绘图与编辑命令练习

1. 基本绘图命令

**【例 4-11】** 利用绘图命令绘制如图 4-40 所示的太极图。

**案例目的：**主要练习圆命令。

**具体步骤：**

(1) 以“圆心、直径”方式绘制圆 $\phi172$。

(2) 以“起点、端点、角度”方式绘制半圆弧。

(3) 以“圆心、直径”方式绘制圆 $\phi29$。

(4) 进行图案填充：

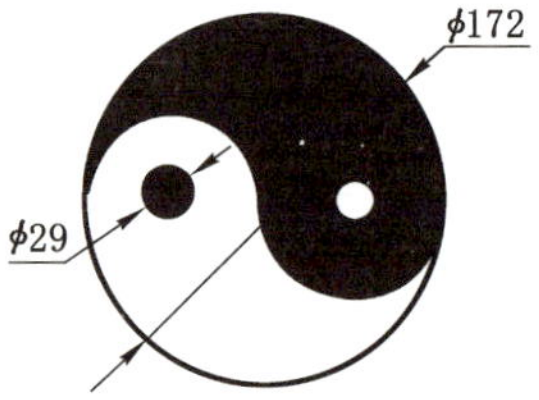


图 4-40　太极图

① 单击“绘图”工具栏中的“ ”按钮，打开“边界图案填充”对话框。

② 单击“图案”下拉列表框右侧的“…”按钮，在打开的对话框中选择“solid”图案，单击“确定”按钮返回“边界图案填充”对话框。

③ 单击拾取点“ ”按钮，在绘图区中指定填充边界，其命令行操作如下：

命令：_bhatch　　//激活图案填充命令

选择内部点　　//在左侧小圆内点取

正在选择所有对象

正在选择所有可见对象

正在分析所选数据

正在分析内部孤岛　　//系统提示信息

选择内部点　　//在右上侧大圆内点取

正在分析内部孤岛

④ 系统返回“边界图案填充”对话框，单击“确定”按钮即可。

**【例 4-12】** 利用绘图命令绘制如图 4-41 所示的二极管图。

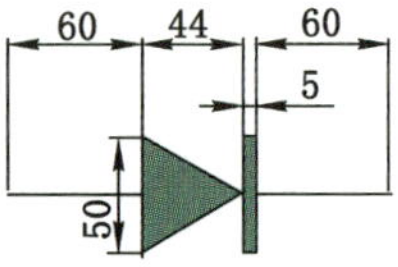


图 4-41　二极管

**微课**
多段线绘制二极管

**案例目的：**主要练习多段线命令。

**具体步骤：**

(1) 绘制左边引线。

(2) 绘制箭头。单击“绘图”工具栏中“ ”按钮。

系统提示：

命令：_pline 指定起点：　　//屏幕上拾取一点作为起点

当前线宽为 0.0000　　//系统提示信息

指定下一点或［圆弧(A)/闭合(C)/半宽(H)/长度(L)/放弃(U)/宽度(W)］：w

//进入宽度设置，设置箭头始终宽度

指定起点宽度＜0.0000＞：50　　//设置起点宽度为 50

指定端点宽度＜50.0000＞：0　　//设置端点宽度为 0

指定下一点或［圆弧(A)/闭合(C)/半宽(H)/长度(L)/放弃(U)/宽度(W)］：44

//利用自动追踪绘制箭头

指定下一点或［圆弧(A)/闭合(C)/半宽(H)/长度(L)/放弃(U)/宽度(W)］：

//回车结束多段线命令

(3) 绘制截止符。

系统提示：

命令：_pline 指定起点： //再次激活多段线命令

当前线宽为 0.0000 //系统提示信息

指定下一个点或［圆弧(A)/半宽(H)/长度(L)/放弃(U)/宽度(W)］：w

//进入宽度设置，设置截止符宽度

指定起点宽度＜0.0000＞：5 //设置起点宽度为 5

指定端点宽度＜5.0000＞： //回车默认端点宽度为 5

指定下一点或［圆弧(A)/闭合(C)/半宽(H)/长度(L)/放弃(U)/宽度(W)］：50

//竖直向上移动鼠标，输入追踪距离 50，确定截止符起点

指定下一点或［圆弧(A)/闭合(C)/半宽(H)/长度(L)/放弃(U)/宽度(W)］：50

//绘制截止符

指定下一点或［圆弧(A)/闭合(C)/半宽(H)/长度(L)/放弃(U)/宽度(W)］：

//回车结束多段线命令

(4) 绘制右边引线。

**【例 4-13】** 利用绘图命令绘制如图 4-42 所示的图形。

**案例目的：**主要练习“起点、端点、半径”画优弧的方法。

微课
圆弧命令

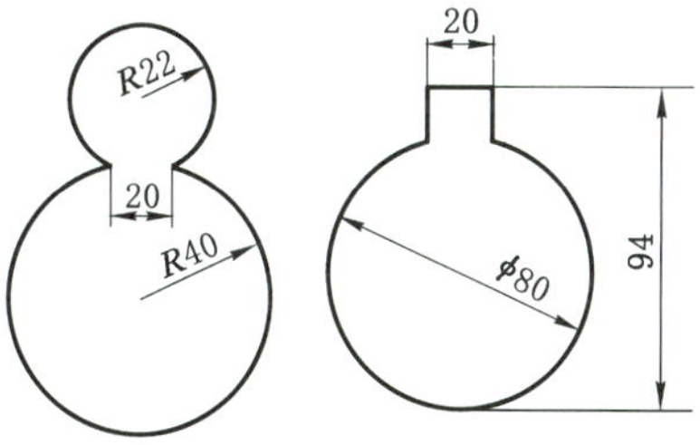


图 4-42 例 4-13 图

**具体步骤：**

(1) 先画上方三段直线。

(2) 再以“起点、端点、半径”模式画下方优弧。

系统提示：

命令：_arc 指定圆弧的起点或［圆心(C)］： //拾取左竖线下端点

指定圆弧的第二个点或［圆心(C)/端点(E)］：_e //拾取右竖线下端点

指定圆弧的端点：

指定圆弧的圆心或［角度(A)/方向(D)/半径(R)］：_r 指定圆弧的半径：—40

//输入优弧半径值—40

**【例 4-14】** 利用绘图命令绘制如图 4-43 所示的图形。

**案例目的：**主要练习椭圆弧的画法。

**具体步骤：**

(1) 利用椭圆命令“圆弧”选项绘制杯体。

微课
椭圆命令

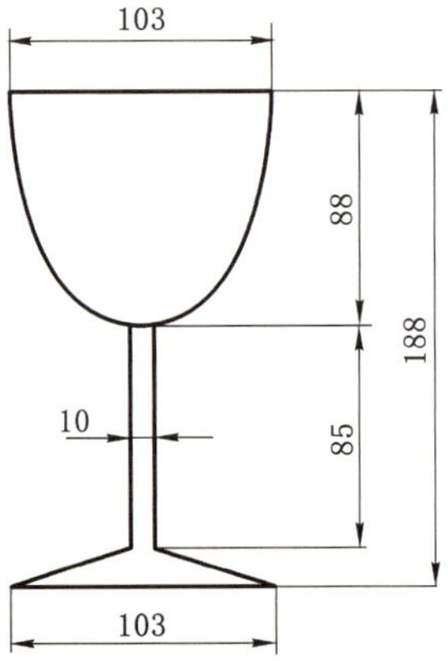


图 4-43　例 4-14 图

命令:_ellipse　　//激活椭圆命令
指定椭圆的轴端点或[圆弧(A)/中心点(C)]:a　　//画椭圆弧
指定椭圆弧的轴端点或[中心点(C)]:　　//屏幕任拾一点
指定轴的另一个端点:103　　//自动追踪绘长轴
指定另一条半轴长度或[旋转(R)]:88　　//指定短半轴
指定起始角度或[参数(P)]:　　//拾取长轴左端点
指定终止角度或[参数(P)/包含角度(I)]:　　//拾取长轴右端点

(2) 用直线命令绘制杯脚。

2. 平面综合绘图实例

**【例 4-15】**　绘制如图 4-44 所示的手柄。

微课
手柄

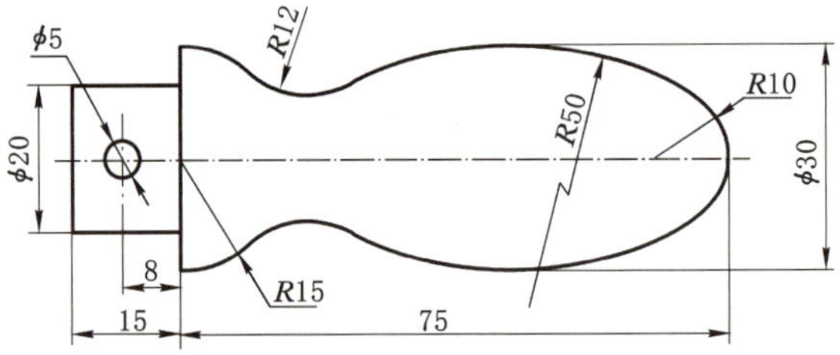


图 4-44　例 4-15 图(一)

**案例目的:**主要练习 AutoCAD 中对称图形的画法。通过本实例的绘制,可深入了解修剪、圆角、镜像等命令的使用方法。

**具体步骤:**

(1) 创建设置三个图层(轮廓线、中心线、细实线),并将“轮廓线”设为当前图层。

(2) 绘制手柄上半轮廓:

① 画直线:依次画长 10 的竖直线、长 15 的水平线,自动追踪画长 15 的竖线。

② 画 $R15$ 和 $R10$ 的圆：以长 15 竖线上端点为圆心画 $R15$ 的圆，自动追踪画 $R10$ 的圆。

③ 画 $R50$ 的圆：画中心线并将其改为“中心线”图层，然后将其向上偏移 15，以“相切、相切、半径”画圆 $R50$，如图 4-45(a)所示。

④ 整理图形：先圆角生成弧 $R12$，再删除辅助线、修剪多余圆弧，如图 4-45(b)所示。

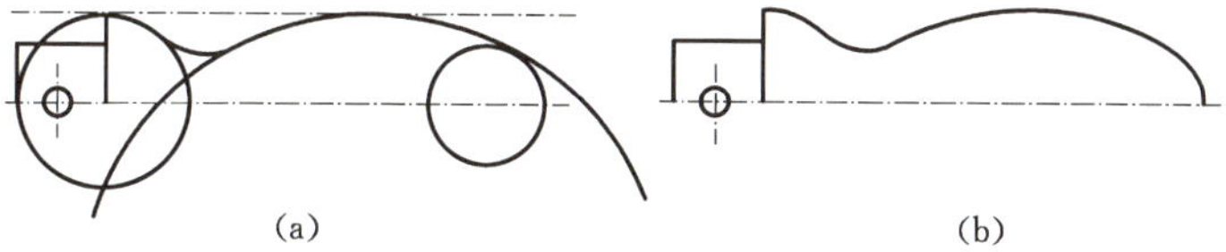

(a) (b)

图 4-45 例 4-15 图(二)

(3) 使用镜像命令完成手柄的绘制。

**【例 4-16】** 绘制如图 4-46 所示的扳手。

**案例目的：**本案例练习打断于点、圆角、修剪等命令。

**具体步骤：**

(1) 创建设置三个图层(轮廓线、中心线、细实线)，并将“轮廓线”设为当前图层。

微课
扳手

(2) 绘制扳手头：

① 画扳手口：先画辅助圆 $\phi44$，并将其图层改为“细实线”，再画正六边形。

② 画 $R44$ 和 $R22$ 的圆。

③ 修剪多余部分。

(3) 绘制扳手柄：

① 自动追踪画圆 $\phi15$ 和 $R14$。

② 画中心线(注意超出轮廓 3～5 mm，并将其图层改为“中心线”)，向左向右各偏移 22，连接 1(交点)3(切点)、2(交点)4(切点)，如图 4-47(a)所示。

③ 倒圆角 $R22$ 和 $R33$，注意将圆角命令中的“修剪”选项设为“不修剪”模式。

④ 整理图形：删除辅助线、修剪多余部分，将直线 13 和 24 分别打断于 5、6 点，将 15、26 改为“细实线”图层，如图 4-47(b)所示。

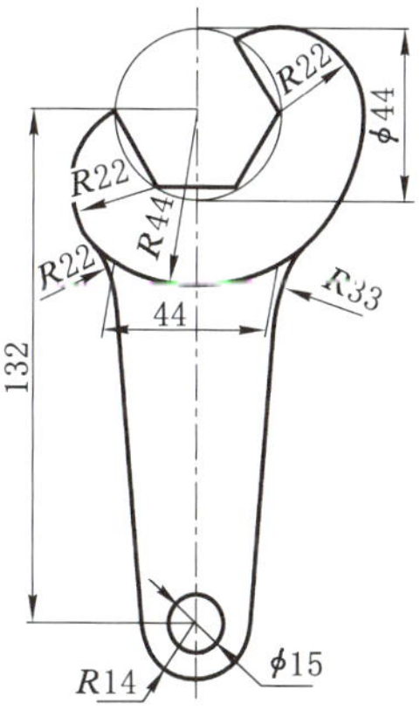


图 4-46 例 4-16 图(一)

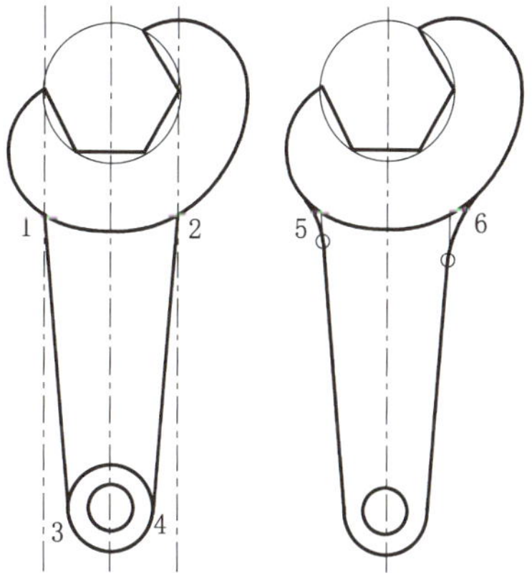


(a) (b)

图 4-47 例 4-16 图(二)

## 二、平面图形绘图技巧

利用 AutoCAD 绘制复杂平面图形时，首先必须熟练掌握有关的绘图和编辑命令；其次，还应分析图形，设计合理的绘图步骤；再次，多积累一些经验和技巧，对提高绘图的效率也是十分必要的。

用户在绘图时应根据具体情况进行分析，采用最为便捷、适宜的方法来绘制。下面分别介绍直线、圆弧连接以及具有对称、均布、旋转特征平面图形的画法。

### （一）直线图形绘制的方法与技巧

微课
直线绘制技巧

#### 1. 画直线的方法

在 AutoCAD 中，画直线图形的方法有：

（1）利用“直线”“多段线”“构造线”“射线”等命令，注意借助“正交”或“极轴”等功能。

（2）利用编辑命令，如“旋转”“偏移”可得到斜线和平行线，“拉长”可调整直线长度，还有“打断”或“分解”命令则将一个对象分成多个。

（3）利用“夹点”操作则能灵活快捷编辑直线，如拉伸、旋转等。

**【例 4-17】** 绘制如图 4-48 所示的图形。

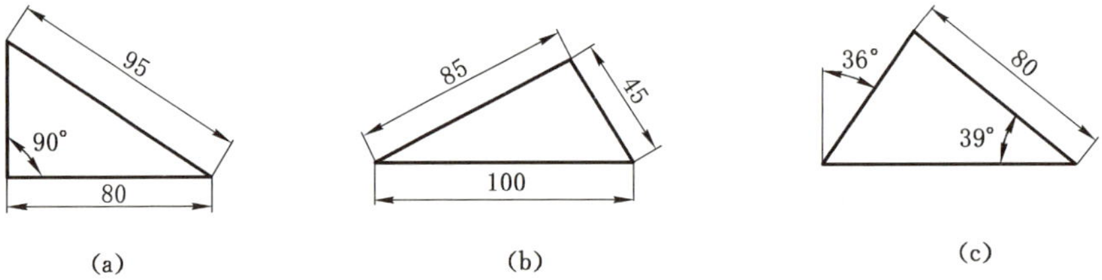


图 4-48 例 4-17 图(一)

**案例目的：**练习直线图形的绘制方法。

**案例分析：**图形看上去只是三角形，但直接画却有困难。其中，图 4-48(a)需过水平线右端点作一辅助圆 $R95$；图 4-48(b)需过水平线两端点作两个辅助圆 $R85$ 和 $R45$；图 4-48(c)则可利用“夹点”操作来完成。

**具体步骤：**

① 首先画长 80 的竖线和水平线，再过 $A$ 画圆 $R95$，连接 $A$、$B$，如图 4-49(a)所示。

② 对于图 4-48(b)，可分别画圆 $C$ 和圆 $D$($R85$ 和 $R45$)，得圆交点 $E$，连接 $C$、$E$ 和 $E$、$D$ 即可，如图 4-49(b)所示。

③ 对于图 4-48(c)，可先画长 80 的横竖两线，再以 $A$、$B$ 为夹点“旋转、复制”$-36°$和$-39°$，得 $AD$ 和 $BC$ 两线，如图 4-49(c)所示。删除竖线，再偏移 $DA$ 生成 $CE$，最后延伸、修剪 $BA$ 和 $CE$ 完成绘制，如图 4-49(d)所示。

#### 2. 平行线的画法

在 AutoCAD 中，绘制平行关系的方法比较多。单纯地画两条平行线的问题，可以直接用对象捕捉模式中的“par”命令作平行线；或利用“xline”命令作平行线，这时的平行线是一条两端无限延伸的直线；还可利用“offset”命令，这是一种通用方法，它不管平行的两图元是直线或是其他多段线、圆、圆弧等，都可以偏移一定的距离。由此可见，单纯地作平行直线，

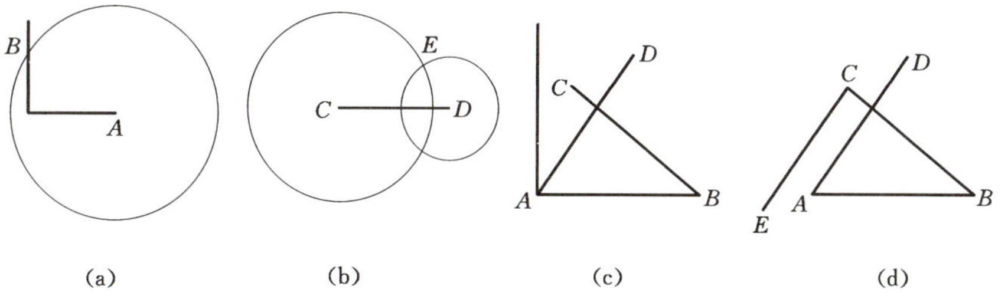


图 4-49 例 4-17 图(二)

利用第一种方法简单易行,但是对于作非直线的平行情况,用“offset”命令能有效地解决。

技巧点拨:

(1) 以平行捕捉方式(par)画直线 CD 的平行线时,先将十字光标靠近直线 CD,在 CD 线上出现平行线标记时,水平移动十字光标,当出现平行线延伸标记时,单击鼠标左键即可。

(2) 对于向外边界的偏移,在使用“offset”命令之前,首先应保证偏移的实体是一条完整的多段线。否则,可用“pedit”命令把多条多段线连接成一条多段线,然后再进行偏移。

(3) 平行四边形法则,依据的是夹在两平行线之间的平行线段必然平行且相等的原理。应用条件:若已知一直线的两端点在两线上,且其方位长度已知,则可利用构造平行四边形来确定其具体位置。

**【例 4-18】** 绘制如图 4-50 所示的图形。

**案例目的:**练习平行四边形法则。

**案例分析:**整个图形均由直线构成,难点在 C、D、E 点的确定。其中,CD 可用平行四边形法则来确定,E 点则依据“直径所对圆周角等于 90°”,以 CD 为直径画辅助圆即可确定。

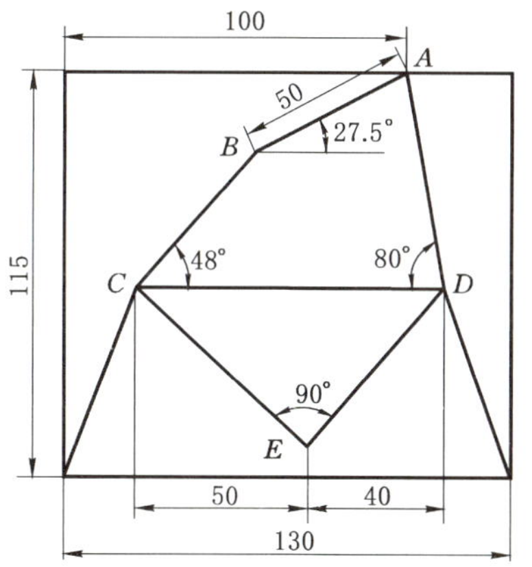


图 4-50 例 4-18 图(一)

**具体步骤:**

(1) 绘制外边框。

(2) 绘制 AB。

系统提示:

命令:_line //激活"line"命令
指定第一点:
//鼠标在边框左上角点悬停后向右水平移动,输入追踪距离100,此即 A 点
指定下一点或[放弃(U)]:@50<-152.5 //鼠标水平向左移动,输入追踪距离50
指定下一点或[放弃(U)]: //回车结束"line"命令

以 A 为夹点旋转27.5°。

(3) 绘制 AD 和 BC。以 A 点为起点,沿与 X 轴成-80°绘制任意长的一段直线 A1;以 B 点为起点,沿与 X 轴成-132°绘制任意长的一段直线 B2,如图4-51(a)所示。

(4) 绘制 BC。过 B 点沿水平方向绘制长度为90的线段 B3,如图4-51(a)所示;通过3点绘制 B2 的平行线,如图4-51(b)所示。以 D 点为起点,沿 X 轴负向移动鼠标,当出现"交点"标记时,拾取得 C 点,如图4-51(c)所示。删除辅助线,并修剪。

系统提示:
命令:_line //激活"line"命令
指定第一点: //捕捉 B 点
指定下一点或[放弃(U)]:<正交开>90
//打开"正交",将鼠标水平向右移动,并输入90
指定下一点或[放弃(U)]: //回车结束"line"命令
命令:_line //再次激活"line"命令
指定第一点: //捕捉3点
指定下一点或[放弃(U)]:_par //打开"平行线"捕捉方式
//将鼠标在 B2 上移过后移动,当屏幕上出现如图4-51(b)所示跟踪线时拾取其上一点,得交点 D,如图4-51(c)所示
指定下一点或[放弃(U)]: //回车结束"line"命令

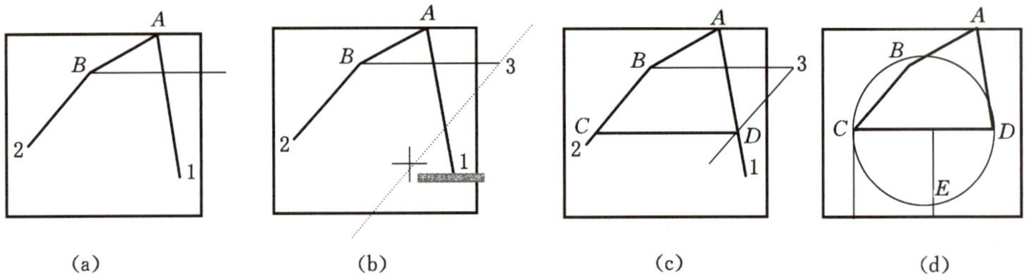


图4-51 例4-18图(二)

(5) 绘制 CE 和 ED。以 CD 为直径绘制一个圆,过 C 画一竖线并向右偏移50,该线与圆的交点即 E,如图4-51(d)所示。连接 C、E 和 E、D。

(二) 圆弧连接图形绘制的方法与技巧

绘制圆弧连接的方法为:可利用"圆"命令中的"相切、相切、半径"方式(需"修剪"),也可用"圆角"命令来实现。

技巧点拨:

绘制外公切圆弧最快速的方法是用“圆角”命令设置半径后分别选择两圆。但“圆角”命令不能完成内公切圆弧，只能先用“相切、相切、半径”画圆，然后再用“修剪”命令修剪。

**【例 4-19】** 绘制如图 4-52 所示的吊钩。

**案例目的：**练习圆弧连接的绘制方法。

**案例分析：**吊钩柄左、右对称，可先画右半部，再镜像生成左半部；弧 $R24$、$R36$ 及 $R2$ 可用“圆角”完成；吊钩尖部 $R14$ 和 $R24$ 则需要借助辅助圆[理论依据：若圆 $A$ 与圆 $B$ 相切，则圆 $A$ 的圆心必在与圆 $B$ 同心的半径为两圆之和(外切)或之差(内切)的圆 $C$ 上]。

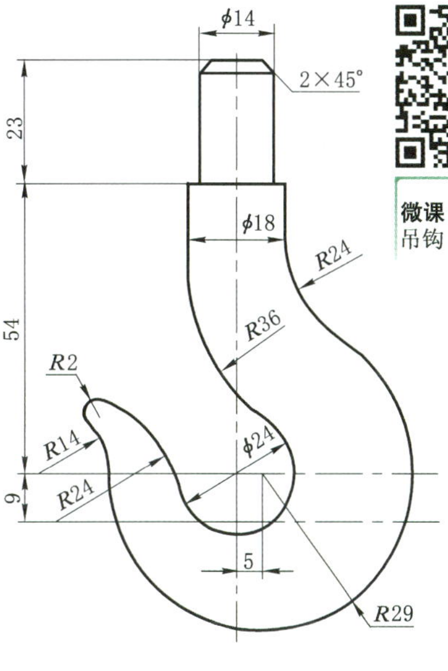

图 4-52　例 4-19 图(一)

微课
吊钩

**具体步骤：**

(1) 创建设置三个图层(轮廓线、中心线、细实线)，并将“轮廓线”设为当前图层。

(2) 画钩柄。首先画左半部分：利用自动追踪过点 1 画长为 7 的水平线和长为 23 的竖直线，然后对其进行距离为 2 的倒角。再过点 2 画长为 9 的水平线和长为 20 的竖直线，如图 4-53(a)所示。最后镜像生成右半部分。

(3) 画已知圆 $\phi24$ 和 $R29$。激活画圆命令，将鼠标在点 2 悬停后竖直向下追踪 54 [图 4-53(b)]，确定 $\phi24$ 圆心，画圆 $\phi24$。同理，以 $\phi24$ 圆心为基点水平向右追踪 5 确定 $R29$ 圆心，画圆 $R29$。

(4) 画中心线。利用自动追踪画中心线，并将其修改在“中心线”图层上。将水平线向下偏移 9，如图 4-53(c)所示。

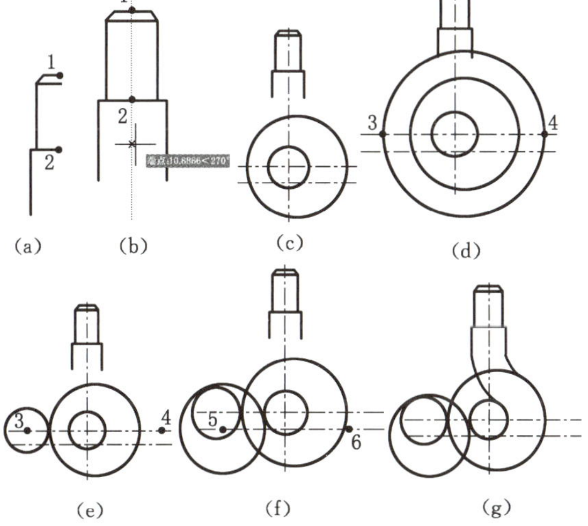

图 4-53　例 4-19 图(二)

(5) 画连接弧。画弧 $R14$，其圆心一方面在直线 34 上，另一方面与圆 $R29$ 外切，故其圆心

必在 $R29$ 的同心圆上。因此,将圆 $R29$ 向外偏移 14,与直线 34 交于两点,如图 4-53(d)所示。以点 3 为圆心画圆 $R14$,删除辅助线,结果如图 4-53(e)所示。同理,将 $\phi24$ 向外偏移 24,与直线 56 交于两点,以点 5 为圆心画圆 $R24$,删除辅助线,结果如图 4-53(f)所示。利用圆角命令绘制弧 $R24$、$R36$ 和 $R2$,结果如图 4-53(g)所示。

(6) 修剪整理,完成全图。

微课
风扇

**【例 4-20】** 绘制如图 4-54 所示的风扇。

**案例目的:**练习圆弧连接的绘制方法。

**案例分析:**风扇扇叶呈环形均布,可先画其中一扇,不妨先画右侧扇叶,画法如图 4-55 所示。

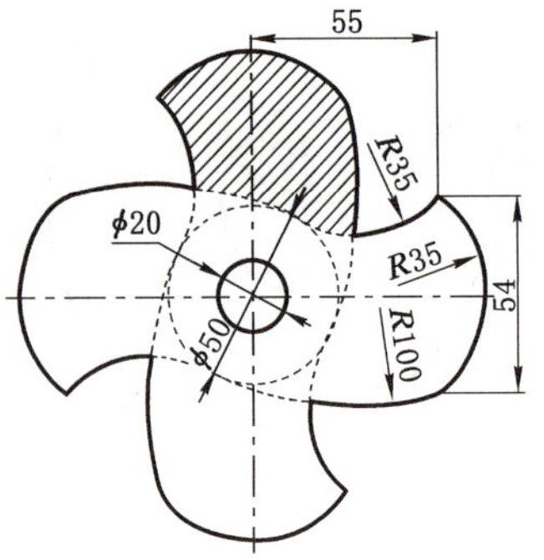


图 4-54 例 4-20 图(一)

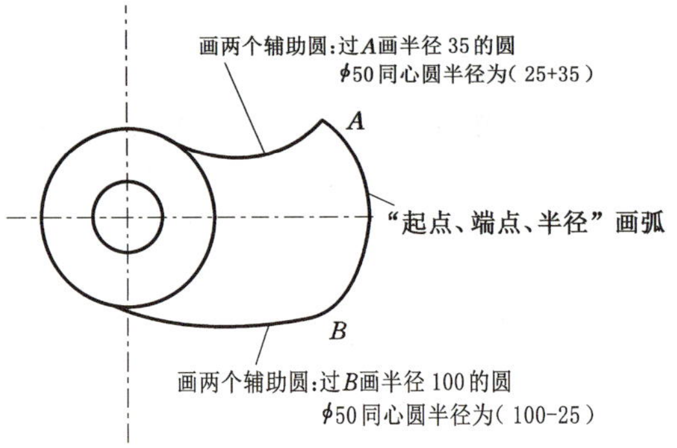


图 4-55 例 4-20 图(二)

**具体步骤:**

(1) 创建设置三个图层(轮廓线、中心线、细实线),并将"轮廓线"设为当前图层。

(2) 画右侧扇叶。

(3) 阵列扇叶。

(4) 打断于点,将内部弧线改为"虚线"图层。

(三) 对称图形与均布图形绘制的方法与技巧

1. 对称图形

绘制具有对称关系图样的方法是:先画好对称图形的一半,然后镜像生成完整图形。

技巧点拨:

(1) 使用"镜像"命令时,为了避免重复性工作,应当将对称线一侧的对称图形完全整理好。注意:如果是剖视图或剖面图,先不要画剖面线;否则,剖面线反向就不符合工程制图的要求;如果图形中有文字或属性时,应先将系统变量"mirrtext"设置为 0,这样镜像后的文本就不会反向。

(2) 有些具有对称线的图形,对称线两边的图并不完全是相同的,而是基本相似,这种情况也可以用镜像处理,然后稍做修改即可,这样可以提高作图效率。

**【例 4-21】** 绘制如图 4-56 所示的轴零件图。

**案例目的:**练习对称图形的绘制方法。

**具体步骤:**

(1) 新建文件,设置绘图环境及图层。

微课
阶梯轴

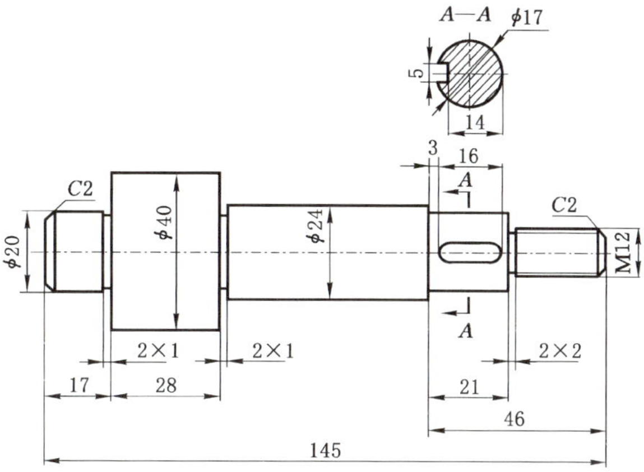


图 4-56　例 4-21 图(一)

(2) 绘制主视图：

① 打开“轮廓线”层，根据图 4-57(a)所给序号利用自动追踪绘制上半部外轮廓。

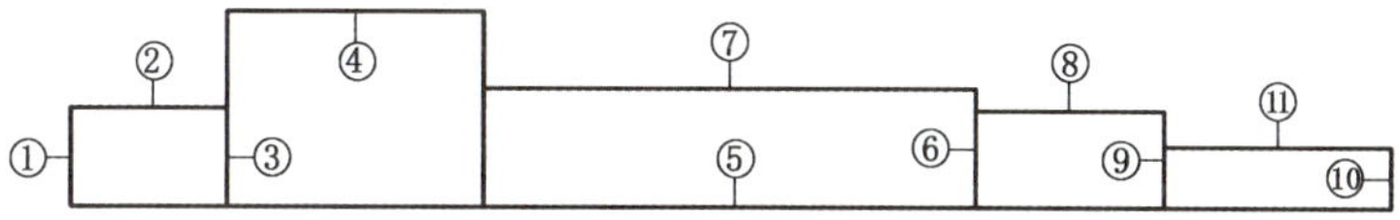


(a) 绘制主视图上半部外部轮廓

(b) 绘制主视图上半部分

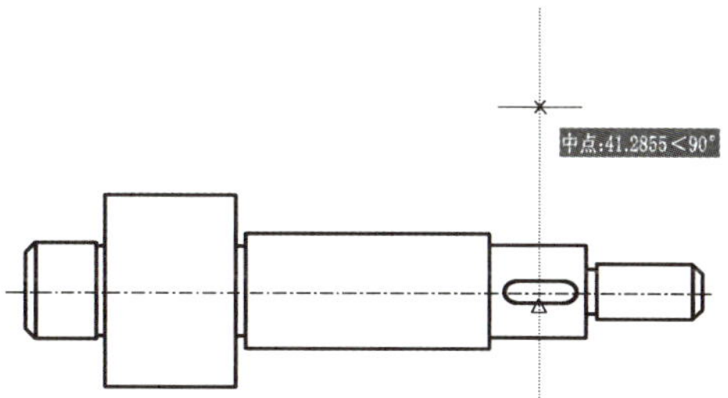


(c) 确定断面圆心

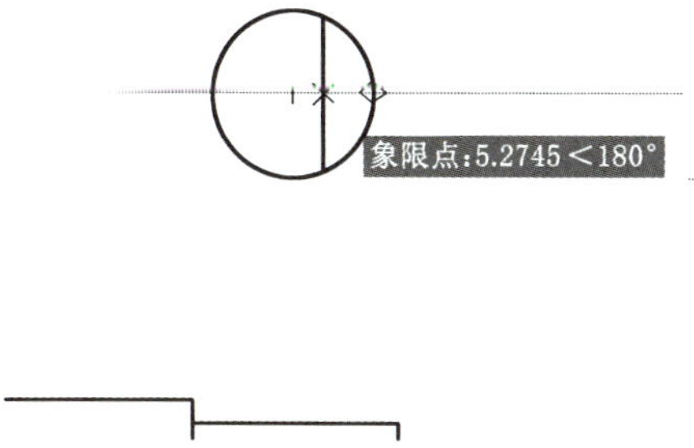


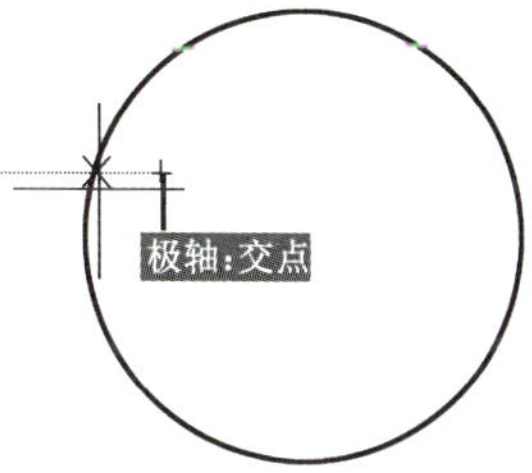


(d) 确定断面键槽中点　　　　(e) 画断面键槽

图 4-57　图 4-21 图(二)

② 绘制倒角、退刀槽、螺纹、键槽等结构，修改中心线属性，如图 4-57(b)所示。

③ 镜像、复制，生成轴的下半部分。

(3) 绘制移出断面图：

① 画断面圆。如图 4-57(c)所示，以键槽水平线中点为基点，自动追踪适当距离确定断面图的圆心，画 $\phi$17 圆。

② 画断面键槽。如图 4-57(d)所示，以断面圆右象限点为基点，自动追踪距离 14 确定槽底中点，再向上竖直 2.5，向左水平追踪到交点，如图 4-57(e)所示。最后镜像生成槽下半部分。

③ 修剪。以"ANSI31"图案填充剖面线，画断面中心线。

(4) 检查，存盘。

2. 均布图形

绘制具有简单规律排列图形(即均布图形)的方法是：先画其中相同的一部分，然后阵列生成完整图形。

微课
均布图形

【例 4-22】 绘制如图 4-58 所示的图形。

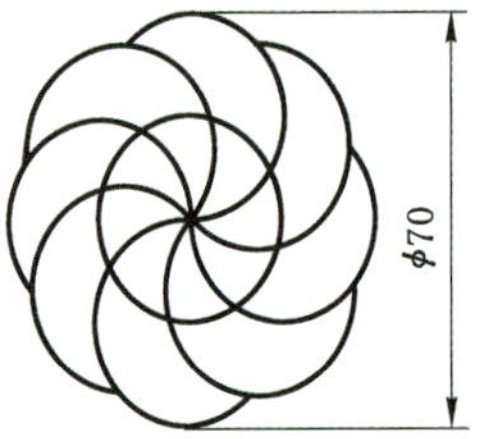


微课
复制类命令

图 4-58 例 4-22 图(一)

**案例目的：**主要练习 AutoCAD 中具有简单规律排列图形的画法。

**案例分析：**图形外围由 8 段相同弧组成，故可先画其中一段弧，再阵列完成全图。

**具体步骤：**

(1) 新建文件，设置绘图环境及图层。

(2) 画其中一段弧。画 $\phi$35 两个圆 $A$ 和 $B$，再以 $A$ 圆心为中心环形阵列 8 个圆 $B$，然后以圆①为修剪边修剪圆②即得其中一段弧，如图 4-59 所示。

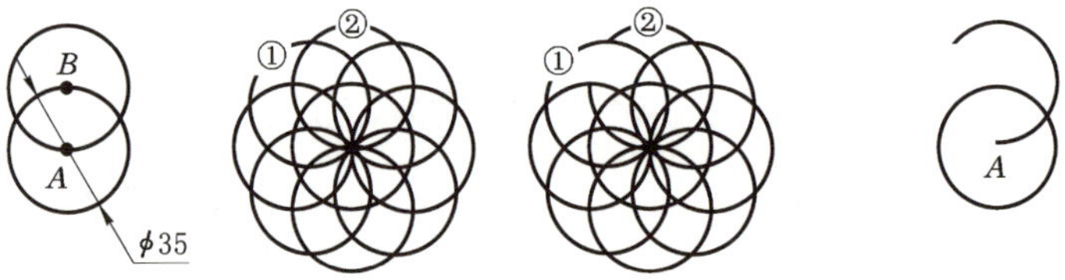


图 4-59 例 4-22 图(二)

(3) 环形阵列。以 $A$ 圆心为中心环形阵列弧，完成全图。

(四) 灵活应用命令

1. 巧选命令提高效率

在长期使用 AutoCAD 的过程中，对于各种命令熟练使用的基础上可以发现，画一个对象可以用多种方法实现，如绘制斜线的方法有：相对极坐标输入法（@距离＜角度），如@100＜45°；极轴捕捉方式（绝对、相对上一段方式）；已知直线＋旋转；夹点方式——旋转＋复制。再如绘制圆弧的方法有：圆命令＋修剪、弧命令和圆角。

因此，在绘图时应尽可能灵活应用命令，实现快速高效绘制图形。

**【例 4-23】** 绘制如图 4-60 所示的图形。

**案例分析：**用圆角命令绘制是最快的。

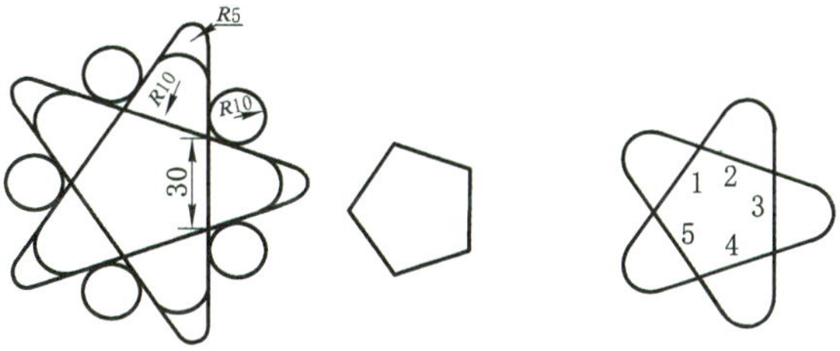


微课
巧选命令提高效率

图 4-60 例 4-23 图

(1) 新建文件，设置绘图环境及图层。

(2) 画正五边形。以“边”选项画正五边形并分解。

(3) 利用圆角命令画圆弧。

系统提示：

命令：_fillet //激活圆角命令

当前设置：模式＝修剪，半径＝0.0000 //系统提示信息

选择第一个对象或[放弃(U)/多段线(P)/半径(R)/修剪(T)/多个(M)]：r

//选择“半径”选项

指定圆角半径＜0.0000＞：10 //指定半径为 10

选择第一个对象或[放弃(U)/多段线(P)/半径(R)/修剪(T)/多个(M)]：m

//选择“多个”选项

选择第一个对象或[放弃(U)/多段线(P)/半径(R)/修剪(T)/多个(M)]：

//选择图 4-60 中 1 线

选择第二个对象，或按住 Shift 键选择要应用角点的对象： //选择图 4-60 中 3 线

选择第一个对象或[放弃(U)/多段线(P)/半径(R)/修剪(T)/多个(M)]：

//选择图 4-60 中 2 线

选择第二个对象，或按住 Shift 键选择要应用角点的对象： //选择图 4-60 中 4 线

…… //同理依次选择 3 和 5、4 和 1、5 和 2 线

选择第一个对象或[放弃(U)/多段线(P)/半径(R)/修剪(T)/多个(M)]：

//回车结束圆角命令

同理，完成 $R5$ 的圆角。

(4) 利用“相切、相切、半径”命令画圆。

2. 夹点命令组合应用

进行夹点操作时,往往将缩放+旋转或旋转+复制组合使用,以提高绘图效率。

微课
夹点组合应用

**【例 4-24】** 绘制如图 4-61 所示的图形。

**案例分析:**图中三部分相同,可不妨先画上部,再用夹点操作“旋转、复制”完成左、右两部分。

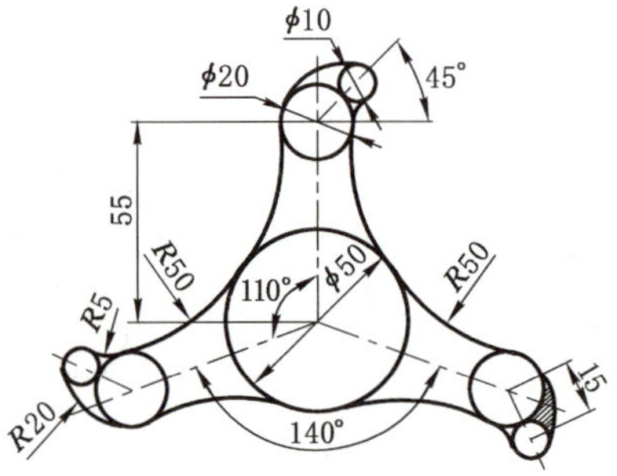


图 4-61 例 4-24 图(一)

**具体步骤:**

(1) 画上部,如图 4-62(a)所示。

(2) 利用夹点操作“旋转、复制”图形。如图 4-62(b)所示,选中上部,以 $O$ 点为夹点,击右键在快捷菜单中选择“旋转”,再次击右键在快捷菜单中选择“复制”,依次输入 110 和 −110即可,结果如图 4-62(c)所示。

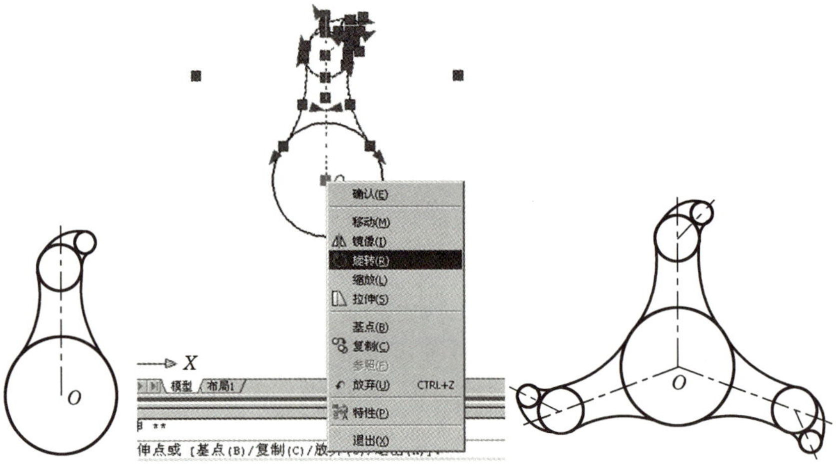


(a) (b) (c)

图 4-62 例 4-24 图(二)

(3) 图案填充。以图案“ANSI31”填充右部。

3. 线的编辑

AutoCAD 提供了特定的线性编辑命令,如多线编辑、多段线编辑及样条曲线编辑等,所以在此将重点介绍多段线和多线编辑命令。

(1) 编辑多段线

选择“修改”→“对象”→“多段线”下拉菜单或输入“pedit”(别名 pe)均可激活编辑“多段线”命令，系统在命令行提示选择需要编辑的多段线时，若用户选择非多段线，则命令行提示“选定的对象不是多段线，是否将其转换为多段线？＜Y＞”，此时按回车键，则表示将所选的非多段线转换为多段线。

**微课**
多段线 1

**【例 4-25】** 绘制如图 4-63 所示的图形。

**案例目的：**主要练习利用多段线特性来快速绘制图形。通过本实例的绘制，熟悉多段线的编辑。

**具体步骤：**

① 利用“circle”命令＋“trim”命令画外面两弧。

② 利用多段线编辑命令“pe”或边界“boundary”命令将外面两弧转换为多段线。

③ 偏移生成内部弧线。

④ 填充图案。

⑤ 补画中心线。

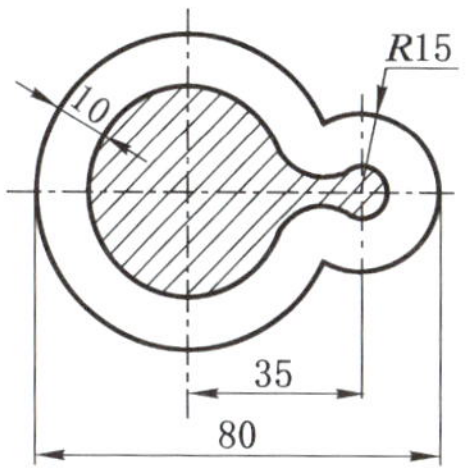


图 4-63 例 4-25 图

(2) 编辑多线

在使用“mline”命令绘制了墙体、巷道等后，常需要对相交的多线进行编辑操作，此时就可使用 AutoCAD 提供的专用多线编辑命令。选择“修改”→“对象”→“多线”或输入“mledit”命令即可执行多线编辑命令。如对图 4-64(a)所示的墙体进行编辑，主要使用“T形打开”和“角点结合”编辑，结果如图 4-64(b)所示。使用多线编辑工具的优点在于：用户无须将多线分解为单个独立的直线，而可以直接对其进行编辑修剪。

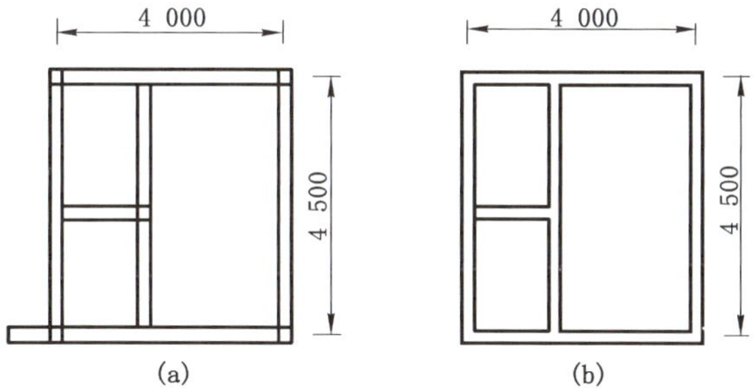


图 4-64 墙线

4.“先形状、后尺寸”的几何作图法

对如图 4-65 所示的三个图形，很多人第一时间的想法就是要先计算出内部这些小圆的直径。事实上这种方法比较直接，但却不一定能画准确，而且对这三个图形来说这种方法并不合适。在此我们不妨利用“先形状、后尺寸”的几何作图法。

(1) 图 4-65(a)中，先按内部矩形尺寸比例 2∶1 画一矩形，比如 60×30，再画其外接圆。激活缩放指令，选定全部图形对象，指定合适的基点(如圆心)，选择参照的方法，将圆直径选为参照长度，输入新长度 75。这样，原来的全部图形就会放大成如题中所示的尺寸关系了。这种方法先保证了图形的形状，后满足了其尺寸，故称其为“先形状、后尺寸”的几何作图法。

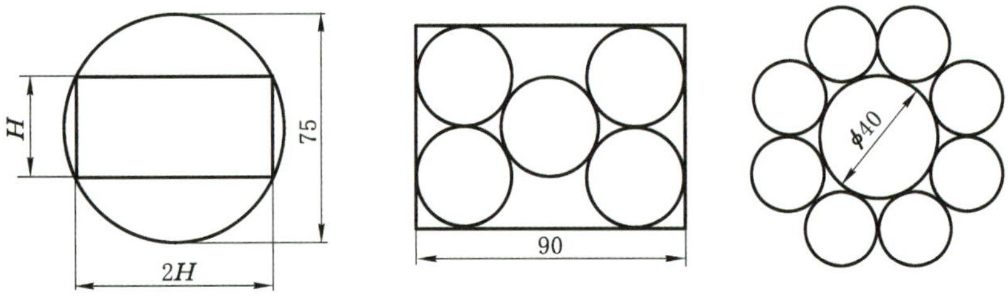


(a) (b) (c)

**微课**
先形状、后尺寸

图 4-65 “先形状、后尺寸”的几何作图法

(2) 图 4-65(b)中，先画一半径已知的圆，如 $R5$(这样根据各种相切的关系，我们可以很容易地画出题中的图形)，再沿 30°、水平、竖直方向复制生成矩形内的圆。最后激活缩放指令，选定全部图形对象，指定合适的基点(如左下角点)，选择参照的方法，将最外侧的矩形的长边选为参照长度，输入新长度 90。

(3) 图 4-65(c)中，以任意半径画一圆，再画该圆外切正八边形。以该正八边形某一顶点为圆心，过其边中点画圆，如图 4-66(a)所示。以大圆圆心为中心来阵列小圆，结果如图 4-66(b)所示。再以“相切、相切、相切”的方式画内部圆，如图 4-66(c)所示。激活缩放指令，用框选选定全部图形对象，指定合适的基点(如圆心)，选择参照的方法，将内部圆的直径选为参照长度，输入新长度 40。

(a) (b) (c)

图 4-66 图 4-65(c)所示图形的作图过程

## 三、练习与提高

### (一) 绘图命令练习

按所给要点提示绘制如图 4-67 所示的图形。

(1) 花园外形：矩形、样条曲线；图案填充：鹅卵石小路图案：“GRAVEL”；绿草坪图案：“GRASS”；池塘：渐变色。如图 4-67(a)所示。

(2) 车厢：矩形或直线；车轮：圆。如图 4-67(b)所示。

(3) 外围：矩形或直线；等高线：样条曲线。如图 4-67(c)所示。

(4) 脸：椭圆；眼睛：圆环；鼻子：椭圆弧；嘴巴：多段线；帽子：样条曲线。如图 4-67(d)所示。

(5) “起点、端点、角度”画弧。如图 4-67(e)所示。

技巧点拨：利用多段线“圆弧”可一气呵成完成绘制。

(6) 画正多边形，注意里面正方形绘制时要配合 45°极轴追踪。如图 4-67(f)所示。

(7) 左图：构造线命令“二等分”选项绘制角平分线；右图：构造线命令“偏移”选项。如

图 4-67(g)所示。

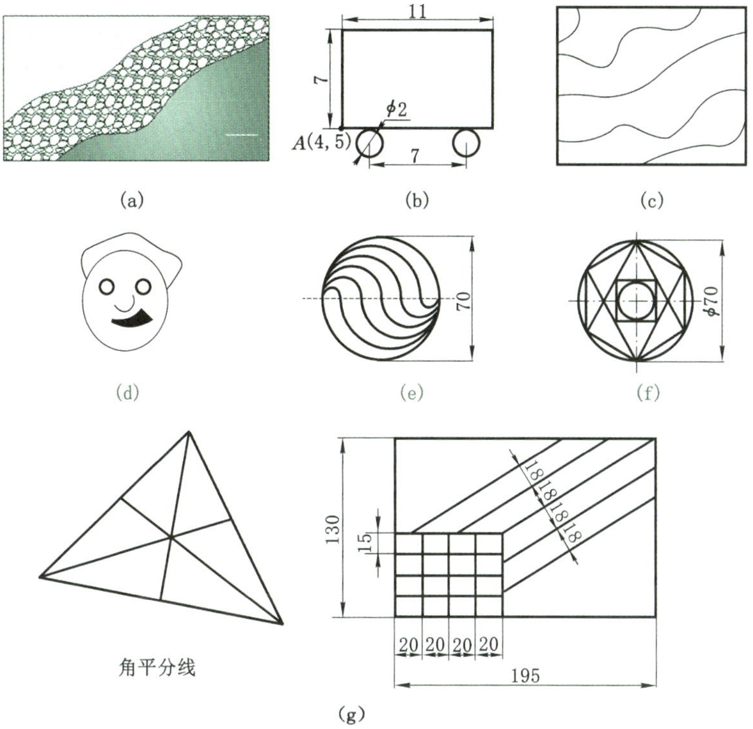


图 4-67 绘图命令练习

微课
图案填充

（二）编辑命令练习

按所给要点提示绘制如图 4-68 所示的图形。

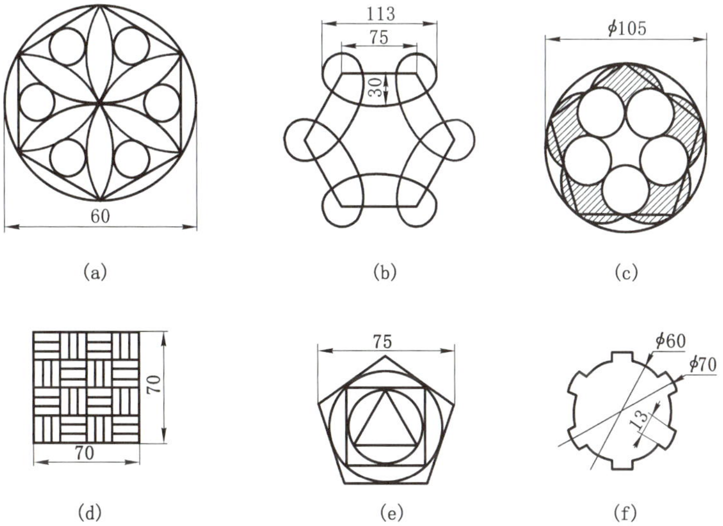


图 4-68 编辑命令练习

(1) 绘制圆 $\phi$60 和圆内接六边形;"三点"方式画弧并阵列;"相切、相切、相切"画圆并阵列。如图 4-68(a)所示。

(2) 以"边"画正六边形;以"中心"画最上方椭圆并阵列,再修剪。如图 4-68(b)所示。

(3) 画圆 $\phi$105 和圆内接五边形;"三点"方式画弧并阵列;画两条辅助线,再"相切、相切、相切"画圆并阵列。如图 4-68(c)所示。

(4) 绘制右下角 1/16:不妨取正方形边长为 9,偏移距离为 3;阵列:以其左上角点为中心,数目为 4;同理再次阵列;参照缩放整个图形。如图 4-68(d)所示。

(5) 绘制圆及正多边形,尺寸不妨任取;参照缩放整个图形。如图 4-68(e)所示。

(6) 画 $\phi$60 圆,再画一轮齿并阵列;修剪。如图 4-68(f)所示。

(三) 平面图形绘制技巧练习

1. 直线绘制技巧练习

绘制如图 4-69 所示的图形。主要练习 AutoCAD 中直线图形的画法,特别是平行四边形法则的应用。其中,图 4-69(d)中 *AB* 线、图 4-69(e)中的 *CD* 线以及图 4-69(f)中的 *AB*、*CB* 线要使用平行四边形法则来绘制。

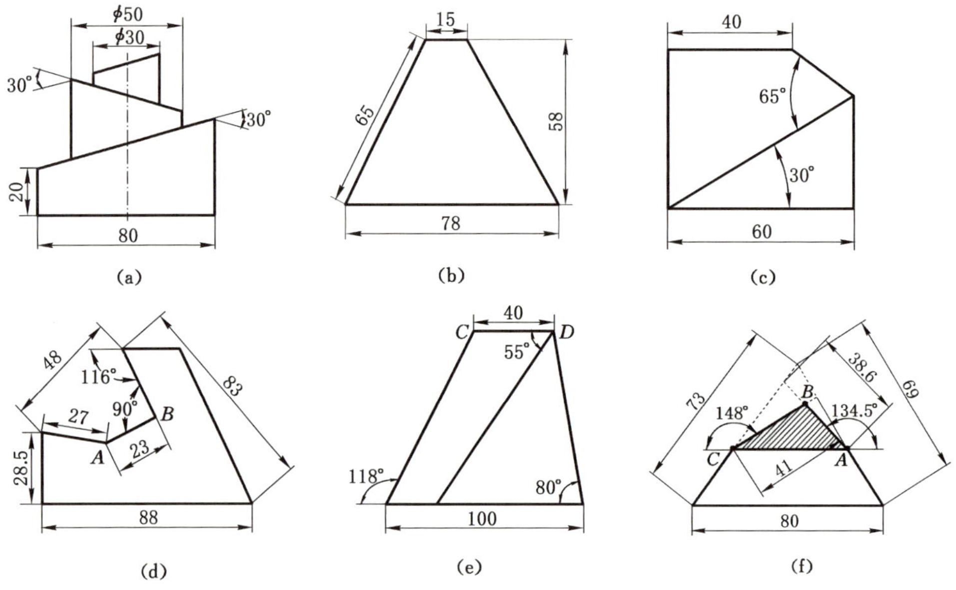


图 4-69　直线绘制技巧练习

2. 圆弧连接绘制技巧练习

绘制如图 4-70 所示的图形。

3. 对称与均布图形绘制技巧练习

(1) 对称图形

绘制如图 4-71 所示的图形。

(2) 均布图形

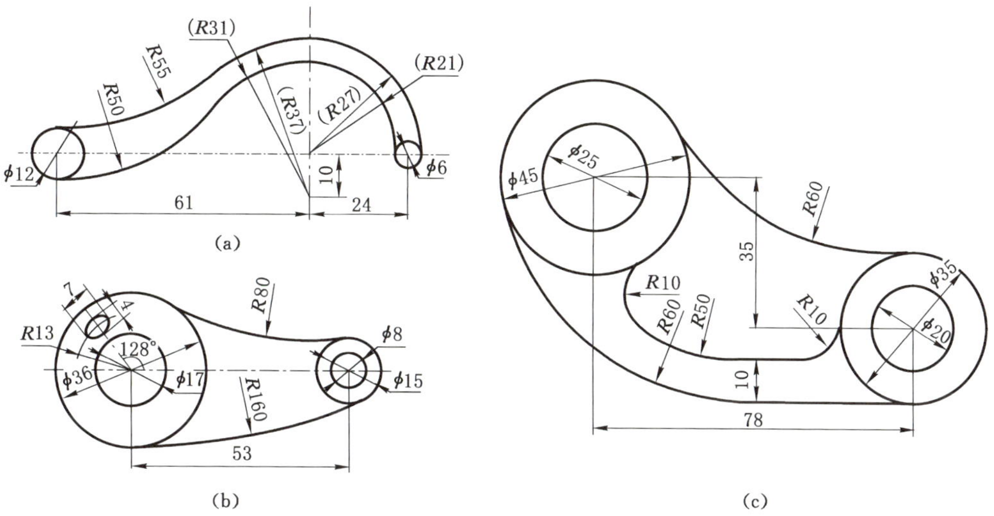


图 4-70 圆弧连接绘制技巧练习

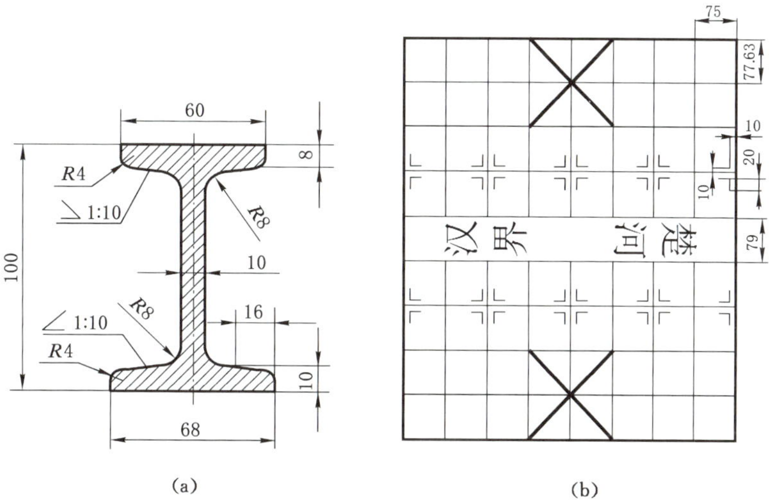


图 4-71 对称图形绘制技巧练习

绘制如图 4 72 所示的图形。

4. 灵活应用命令练习

(1) 夹点命令组合应用

绘制如图 4-73 所示的图形。

(2) 多段线编辑命令组合应用

绘制如图 4-74 所示的图形。

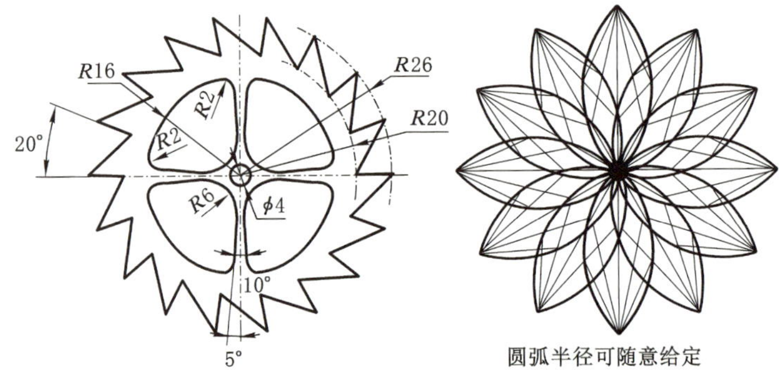


(a) (b)

图 4-72 均布图形绘制技巧练习

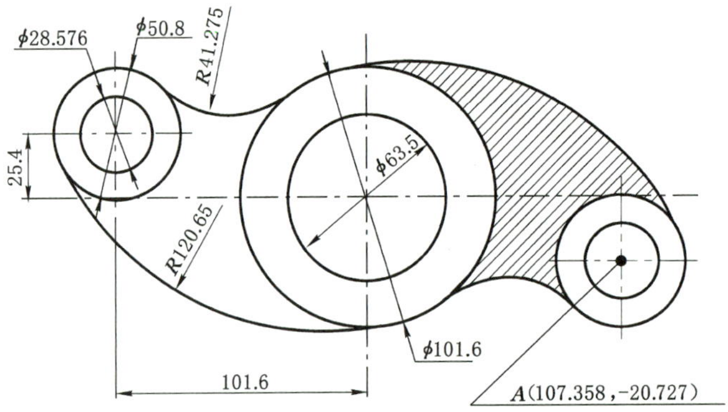


微课
段线 2

图 4-73 夹点命令组合应用

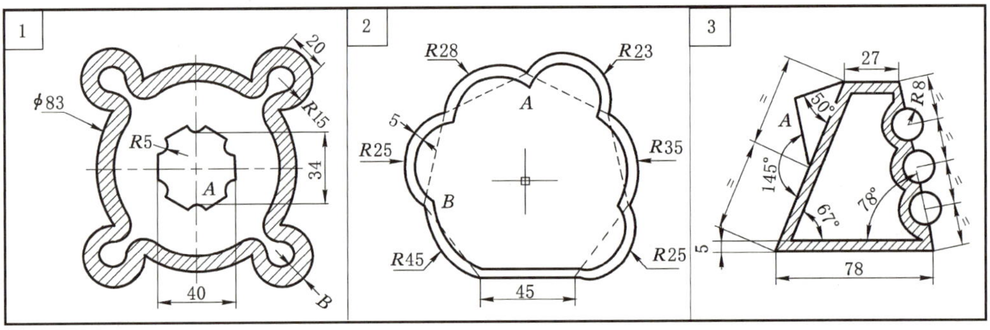


图 4-74 多线段编辑命令组合应用

# 任务十二 AutoCAD标注平面图形

【知识要点】 了解文字设置、注写和尺寸设置、注写的方法和操作。

【技能目标】 掌握AutoCAD平面图形的文本注写和尺寸标注的方法与技巧，并能按国标标注平面图形。

【思政目标】 规范设样式，标注新蓝图。

## 任务导入

绘制工程图常用图形表达实际物体的形状，而必要的文字说明可以表达许多非图形信息，如标题栏、规格说明和图形注释等。所以，标注文字也是绘图必不可少的内容，即图形和文字相结合才能准确地表达设计意图。同时，一张图纸不仅需要反映形体的形状，而且还需表达图形对象的大小及其位置关系。AutoCAD提供了很强的文字处理功能和完整的尺寸标注命令，可使用户轻松完成文字和尺寸标注。

思政案例

## 相关知识

### 一、文字设置及注写

在工程图中除了要将实际物体绘制成几何图形外，还需要加上必要的注释，如标题栏、明细栏和技术要求等。利用注释可以将一些用几何图形难以表达的信息表示出来。利用AutoCAD的文字标注功能，可对图形进行清楚的标注和说明，让用户对图形的设计进行更好的认识，如对图形进行必要的材料说明和结构说明等。

在AutoCAD中，所有文字都有与之相关联的文字样式。在创建文字注释和标注时，通常使用当前的文字样式。对图形进行文字注释和标注前，一般要根据具体要求设置文字样式。

1. 设置文字样式

AutoCAD中，系统提供了默认的“Standard”文字样式，字体文件是“txt.shx”。默认的文字样式仅能注写西文，而不能注写汉字。用户可以根据自己的需要定义不同的文字样式，包括文字的字体、字形、高度、宽度系数、倾斜角、反向、颠倒、垂直等参数。

微课
文字样式

根据国标，我们需要定义两类文字样式：一是西文，字体选择“gbeitc.shx”或“gbenor.shx”，并勾选使用大字体，再选择“gbcbig.shx”；二是汉字，字体选择宋体或仿宋，比例不变或设为0.7。

单击“注释”工具面板中的“文字样式”按钮或在命令行中执行“Style”命令，系统打开“文字样式”对话框。单击“新建”按钮，弹出“新建文字样式”对话框，在“样式名”中输入样式名的西文。单击“确定”按钮，如图4-75所示来设置：在“SHX字体(X)”下拉列表中选择“gbeitc.shx”，勾选“使用大字体”，然后选择“gbcbig.shx”(符合国标的中文大五码字体)，其余默认。

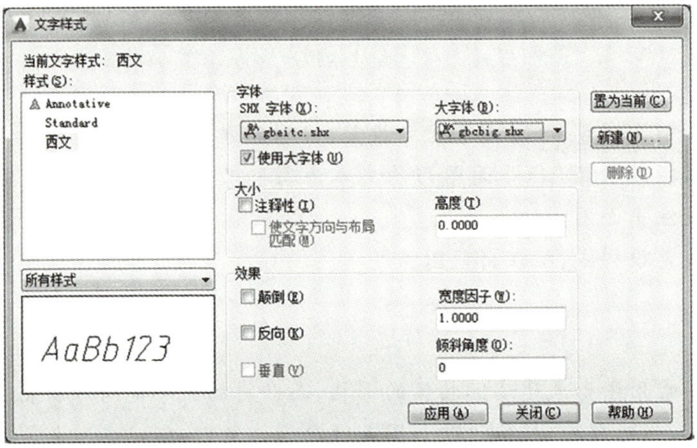


图 4-75　西文设置“文字样式”对话框

同理,设置汉字“文字样式”,如图 4-76 所示来设置:在“字体名(F)”下拉列表中选择“仿宋”,宽度比例因子设为“0.7”,其余默认。

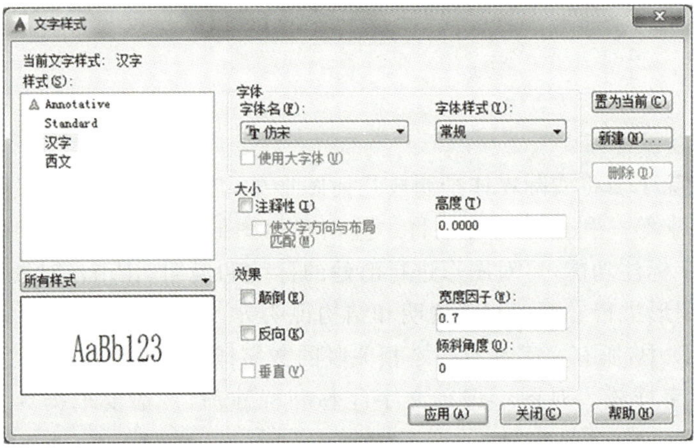


图 4-76　汉字设置“文字样式”对话框

技巧点拨:

(1) 字体

AutoCAD 支持两类字体:“True type”字体(如宋体、楷体),是由 Windows 系统提供的已注册的字体;“SHX”字体,为 AutoCAD 本身编译的存放在 AutoCAD Fonts 文件夹中的字体,分别在字体文件名前用“ ”与“ ”前缀区别。用于标注的字体可为“gbeitc.shx”或“gbenor.shx”与“gbcbig.shx”组合,也可采用“isocp.shx”。

(2) 高度

高度指字的大小,在 AutoCAD 中文字的大小采用西文规则,即字号越小字越小,高度越大字越大。在设置文字高度时,若用户默认高度为 0,表示字体高度是可以变动的,即在标注单行文字时,系统会提示用户指定文字高度;若将高度设为其他值,则在标注文字时,系统就不会提示指定文字高度。高度值不能为负数。

(3) 文字效果

文字效果中的“颠倒”“反向”“垂直”复选框用于确定文字特殊放置效果，从字面就可以理解其含义；“宽度比例”编辑框用于确定文字的宽度和高度的比例，值为 1 时保持字体文件中定义的比例，值小于 1 时字体变窄，反之变宽；“倾斜角度”编辑框用于确定文字的倾斜角度，为相对于 $Y$ 轴正方向的倾斜角度，其值在 ±85°之间选取，值为 0 时不倾斜，正值表示右斜，负值表示左斜。

2. 创建文字

AutoCAD 提供了两种创建文字的工具，即创建单行文字命令和创建多行文字命令。这两种命令在创建文字时对文字的控制方式不一样，功能也不一样。

**微课**
文字创建

单行文字是指在创建的多行段落文字中，每一行文字是一个单独的对象，可以单独进行编辑。多行文字是由任意数目的文字行或段落组成的，布满指定的宽度，还可以沿垂直方向无限延伸，类似于 Word 中的段落，所有文字均为一个整体，用户可同时对整个段落的文字进行编辑。因此，在使用文本注释时，如果注释中的文字具有同样的格式，注释又很短，则选用“text(dtext)”命令；当需要书写大段文字，且段落中的文字可能具有不同格式，如字体、字高、颜色、专用符号、分子式等，则应使用“mtext”命令。

(1) 创建单行文字

可通过单击“文字”工具栏中的单行文字“AI”按钮或选择“绘图”→“文字”→“单行文字”下拉菜单或可键入“text”或“dtext”命令来创建单行文字。

在标注文字时，常需要输入如下划线“_”、百分号“%”、度数“°”等特殊符号，这些特殊符号不能直接输入，可用以下两种方法输入。

① 控制码

AutoCAD 提供了一些控制码，用于输入一些特殊字符。常用的控制码见表 4-9。

表 4-9　特殊符号

| 控制码 | 特殊字符 | 说明 | 控制码 | 特殊字符 | 说明 |
| --- | --- | --- | --- | --- | --- |
| %%o | ‾ | 上划线 | %%p | ± | 正负号/公差符号 |
| %%u | _ | 下划线 | %%c | $\phi$ | 直径符号 |
| %%d | ° | 度数 | %%% | % | 百分比符号 |

其中，%%o 和%%u 分别是上划线和下划线的开关，第一次出现此符号，开始画上划线和下划线，第二次出现此符号，上划线和下划线终止。如输入“我喜欢%%uAutoCAD%%u”，则可得到如图 4-77 所示的文本行。

图 4-77　文本行

② 利用软键盘

借助于 Windows 系统提供的软键盘，其具体操作为：首先选择某种输入法，如“智能

ABC”，用鼠标右键单击输入法提示条中的软键盘图标“⌨”，打开软键盘列表，如图 4-78 所示。在列表中选中某种软键盘，如“希腊字母”，打开软键盘。单击要输入的符号，即可输入。

图 4-78　软键盘

(2) 创建多行文字

可通过在命令行中执行“mtext(t)”命令或单击“绘图”工具栏中的多行文字“A”按钮或选择“绘图”→“文字”→“多行文字”命令，系统弹出“多行文字”编辑器，如图 4-79 所示。该编辑器包含一个“文字格式”对话框和一个快捷菜单。用户可以在编辑器中输入和编辑多行文本，包括设置字高、文字样式以及倾斜角度等。该编辑器与 Word 界面相似，事实上该编辑器与 Word 在某些功能上趋于一致。这样既增强了多行文字的编辑功能，又能使用户更熟悉和方便地使用。

图 4-79　“多行文字”编辑器

3. 编辑文字

要编辑文字，用户可直接双击文字对象完成。也可通过文字编辑命令“ddedit”和“ddmodify”(或“properties”特性选项板)。其中，“ddedit”命令只能修改单行文字的内容和多行文字的内容及格式，而“ddmodify”(或“properties”特性选项板)命令则不仅可以修改文字的内容，还可以改变文字的位置、倾斜角度、样式和字高等属性。

(1) 利用“ddedit”命令编辑文字

可通过选择“修改”→“对象”→“文字”→“编辑”下拉菜单或单击文字工具栏“”按钮或键入“ddedit”命令或者直接双击文字对象来实现。

在 AutoCAD 中，编辑单行文字标注与多行文字标注都可以使用“ddedit”命令来完成，但选择不同类型的标注文字，打开的对话框也不相同。

① 若用户选择的文字类型是多行文字，则系统将打开多行文字编辑框。

② 若用户选择的文字类型是单行文字，则只显示文字输入框，用户可在其中更改文字内容，然后按回车键即可。

(2) 利用“ddmodify”或“properties”特性选项板来编辑文字

执行该命令时，系统打开“特性”对话框，其中列出了所选对象的基本特性和几何特性的设置，用户可以根据需要进行相应的修改。

## 二、尺寸设置及标注

1. 设置尺寸样式

在 AutoCAD 中，使用标注样式可以控制标注的格式和外观，建立强制执行的绘图标准，并有利于对标注格式及用途进行修改。标注样式中定义了标注的尺寸线与界限、箭头、文字、对齐方法、标注比例等各种参数的设置。AutoCAD 系统默认的尺寸标注样式是 ISO-25。使用者可在这个尺寸类型的基础上加以修改，得到自己的尺寸类型。

选择“格式”→“标注样式”或单击“注释”工具面板中的“”按钮或在命令行中执行“dimstyle(ddim)”命令，系统打开“标注样式管理器”对话框，如图 4-80 所示。由于系统提供的 ISO-25 样式是基于美国标准设定的，在某种程度上不太适合我国国内设计用户的需要，因此，通常需要创建新的尺寸标注样式，设定符合自己需要的尺寸标注参数。

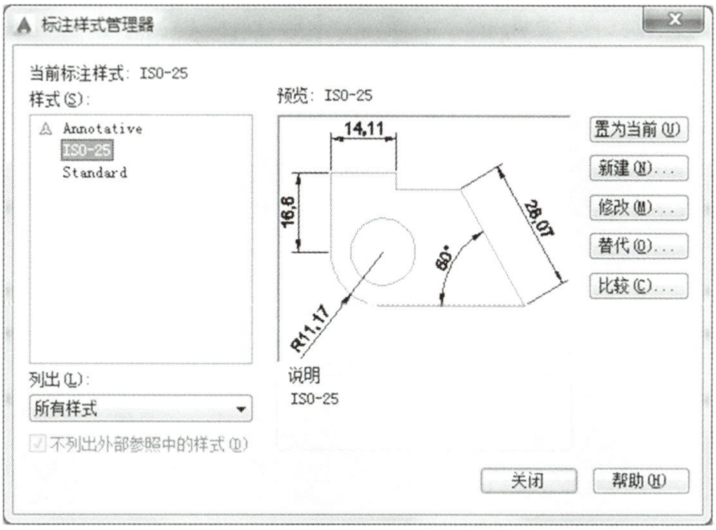


图 4-80 “标注样式管理器”对话框

【例 4-26】 创建用于符合国标的“机械”标注样式。

微课
设置标注样式

**案例分析**:根据国标在创建标注样式的过程中,主要对标注的直线、箭头和文字进行设置。

**具体步骤**:

(1) 设置父样式(表 4-10 适用于所有类型尺寸)

① 新建

单击“标注样式管理器”对话框中的“新建”按钮,弹出“创建新标注样式”对话框,在“新样式名”文本框中输入新尺寸标注样式的名称——“机械”;在“基础样式”下拉列表框中选择新的标注样式是基于哪一个标注样式创建的。由于当前图形中只有 ISO-25 标注样式,因此,该下拉列表框中也只有一个选项。通常我们都默认该设置,即以系统默认标注样式来创建新的标注样式;在“用于”下拉列表框中指定新标注样式的应用范围,如应用于所有标注、半径标注、对齐标注等。通常也默认该设置,即创建的新标注样式应用于所有标注。若用户需单独为某种标注创建一个标注样式,可在该下拉列表框中选择相应的标注类型即可。

单击“继续”按钮,关闭“创建新标注样式”对话框,并弹出“新建标注样式:机械”对话框。

② 设置

在此对话框中进行如下设置:

a. 打开“直线”选项卡

表 4-10 “机械”标注样式父样式参数设置一览表

| 选项卡 | 选项组 | 选项名称 | 变量值 | 图示 |
|---|---|---|---|---|
| 直线和箭头 | 尺寸线 | 基线间距 | 8(约为字高 2～3 倍,推荐 7～10) | 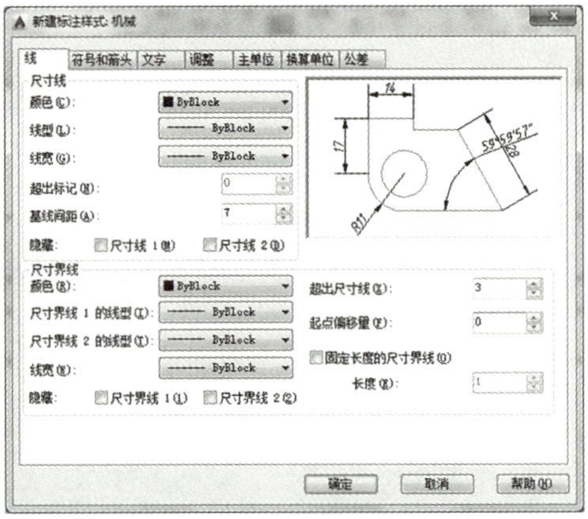 |
| | 尺寸界限 | 超出尺寸线 | 3 | |
| | | 起点偏移 | 0 | |
| | 箭头 | 箭头大小 | 3(略小于字高) | |

表 4-10(续)

<table>
<tr><th>选项卡</th><th>选项组</th><th>选项名称</th><th>变量值</th><th>图示</th></tr>
<tr><td rowspan="2">文字</td><td rowspan="2">文字外观</td><td>文字样式</td><td>西文</td><td rowspan="2">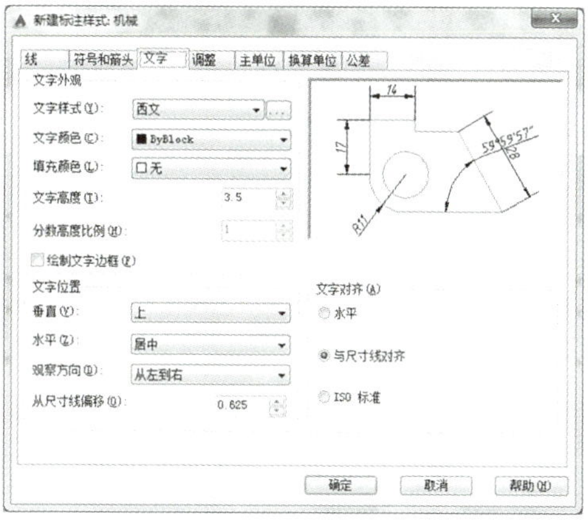
</td></tr>
<tr><td>文字高度</td><td>3.5</td></tr>
<tr><td rowspan="4">主单位</td><td rowspan="2">线性标注</td><td>精度</td><td>0</td><td rowspan="4">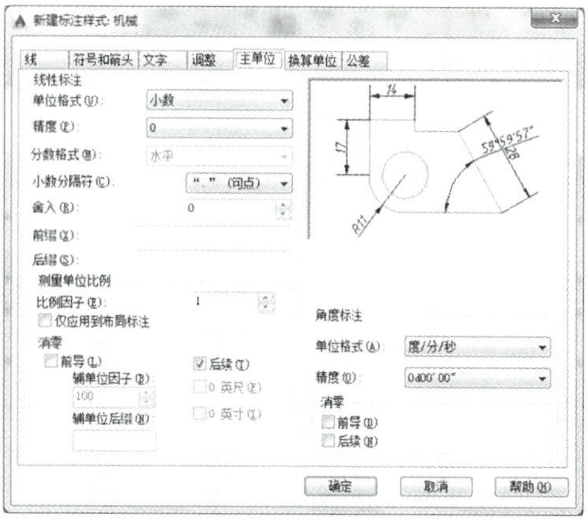
</td></tr>
<tr><td>小数分隔符</td><td>“。”句点</td></tr>
<tr><td rowspan="2">角度标注(可不设置)</td><td>单位格式</td><td>度/分/秒</td></tr>
<tr><td>精度</td><td>0°00′00″</td></tr>
</table>

在“基线间距”数值框中输入“8”,在“尺寸界线”栏的“超出尺寸线”数值框中输入“3”,在“起点偏移量”数值框中输入“0”。其他选项采用默认值。

b. 打开“符号和箭头”选项卡

在“箭头大小”数值框中输入“2.5”,在“圆心标记”栏选择“无”选项。其他选项采用默认值。

c. 打开“文字”选项卡

在“文字外观”选项组“文字样式”下拉列表框中,选择已经设置的“西文”,“文字高度”微调框设为“3.5”;在“文字位置”栏的“从尺寸线偏移”栏中输入“2.5”,在“文字对齐”栏中选中“与尺寸线对齐”单选项。其他选项采用默认值。

d. 打开“主单位”选项卡

在“线性标注”选项组“单位格式”下拉列表框中选择“小数”,“精度”选择“0”;“小数分隔符”下拉列表框中选择“‘.’(句点)”项。其他选项采用默认值。

③ 完成

单击“确定”按钮，返回“标注样式管理器”对话框，选中“机械”标注样式，单击“置为当前(U)”按钮，将该样式置为当前。单击“关闭”按钮，完成标注样式设置。

(2) 设置子样式(表 4-11 适用于局部尺寸类型)

表 4-11 “机械”标注样式子样式参数设置一览表

| 名称 | 选项卡 | 选项组 | 选项值 | 图示 |
| --- | --- | --- | --- | --- |
| 角度 | 文字 | 文字位置(可默认) | 垂直:上 | 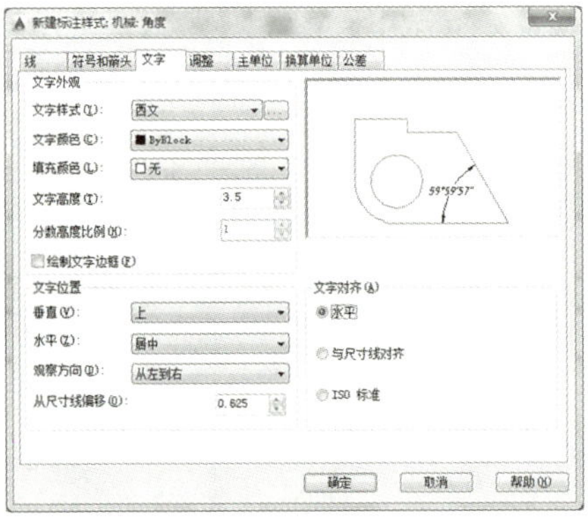 |
| | | | 水平:居中 | |
| | | 文字对齐 | 水平 | |
| 直径/半径 | 文字 | 文字对齐 | ISO | 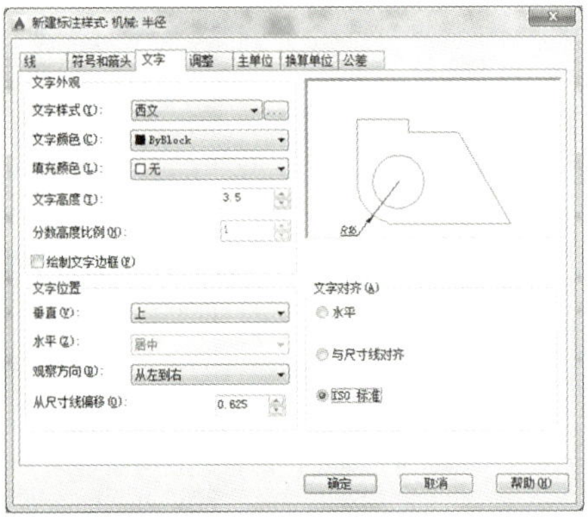 |
| | 调整 | 调整选项 | 文字 | |

在绘制的工程图中，通常都有多种局部尺寸标注的形式，使用同一个标注样式不能满足所有的标注规范。使用 AutoCAD 的标注子样式的功能可以在同一个标注样式中针对不同的标注需要进行进一步设置，从而提高绘图速度。新建标注样式时选择用于某一类标注即可新建标注子样式。工程图中常用角度、半径及直径三种尺寸标注子样式。

① 角度子样式

在“标注样式管理器”对话框中，选择已有的标注样式“机械”，单击“新建”按钮。在弹出“创建新标注样式”对话框的“用于”下拉选项列表中，选择“角度标注”，单击“继续”按钮，弹出“新建标注样式”对话框，将“文字”选项卡中的“文字对齐”方式设置为“水平”；“文字位置”选项卡：垂直(V)设置为“上”，水平(Z)设置为“居中”(可不设置)，其他默认；单击“确定”按钮，关闭对话框，完成设置。

② 半径/直径子样式

在“标注样式管理器”对话框中，选择已有的标注样式“机械”，单击“新建”按钮。在弹出的“创建新标注样式”对话框的“用于”下拉选项列表中，选择“半径标注”（或选择“直径标注”），单击“继续”按钮，弹出“新建标注样式”对话框，将“文字”选项卡中的“文字对齐”方式设置为“ISO 标准”；“调整”选项卡：选择箭头、手动设置文字（注意该项可不设置），其他默认；单击“确定”按钮，关闭对话框，完成设置。

2. 尺寸标注

（1）尺寸标注命令

在 AutoCAD 中，我们可以利用命令、“标注”工具栏或“标注”下拉菜单进行图形尺寸标注。常见的尺寸标注命令见表 4-12。

表 4-12 常见的尺寸标注命令

| 类型 | 名称 | 功能及注意事项 |
|---|---|---|
| 长度型尺寸标注 | 线性 | 标注水平或者垂直方向上的长度尺寸 |
| | 对齐 | 标注与拾取的标注点对齐的长度尺寸，即标注倾斜线性尺寸。显然，线性标注是对齐标注的特例 |
| | 弧长 | 标注圆弧的弧长 |
| | 基线或连续 | 基线标注是由同一个基准面引出一系列尺寸。连续标注是首尾相接的一系列连续尺寸。<br>技巧点拨：在进行基线/连续标注前，一定要确认标注对象中是否存在一个线性或角度标注。否则无法进行基线/连续标注 |
| 半径类标注 | 半径或折弯 | 标注圆或者圆弧半径。折弯标注是对大圆弧进行省略的折弯半径标注，需要指定一个圆心替代点 |
| | 直径 | 标注圆或者圆弧直径 |
| | 圆心 | 标注圆心位置 |
| 角度型标注 | 角度 | 对两条非平行直线形成的夹角、圆或圆弧的夹角或者是不共线的三个点进行角度标注，标注值为度数 |
| | 快速引线 | 使用“qleader”命令可以创建引线标注，引线标注常应用于标注某对象的说明信息，该命令并非是系统产生的尺寸信息，而是由用户指定标注的文字信息 |
| | 多重线性标注 | 提供倒角的尺寸，以及一些文字注释、装配图的零件号等的标注 |
| | 多重引线标注的编辑 | 添加或删除多重引线 |
| | 坐标 | 可以标注相对于用户坐标原点的坐标 |

表 4-12(续)

| 类型 | 名称 | 功能及注意事项 |
| --- | --- | --- |
| 其他类型标注 | 快速 | 快速标注用来快速创建或编辑一系列标注。即快速创建成组的基线、连续、阶梯和坐标标注,快速标注多个圆、圆弧,以及编辑现有标注的布局 |
| | 等距 | 可以修改已经标注的图形中的标注线的位置、间距、大小 |
| | 折断 | 可以在标注线和图形之间产生一个隔断 |
| | 检查 | 为选定的标注添加或删除检验信息 |
| | 折弯线性 | 在线性标注或对齐标注中添加或删除折弯线 |
| | 公差 | 标注形位公差 |

(2) 尺寸标注的步骤

在 AutoCAD 中,对图形进行尺寸标注的基本步骤如下:

① 选择"格式"→"图层"命令,在打开的"图层特性管理器"对话框中创建一个独立的图层,用于尺寸标注。

② 选择"格式"→"文字样式"命令,在打开的"文字样式"对话框中创建一种文字样式,用于尺寸标注。

③ 选择"格式"→"标注样式"命令,在打开的"标注样式管理器"对话框中设置标注样式。

④ 使用对象捕捉和标注等功能,对图形中的元素进行标注。

(3) 公差标注

公差在机械图形中极为重要,公差的标注形式如图4-81所示。

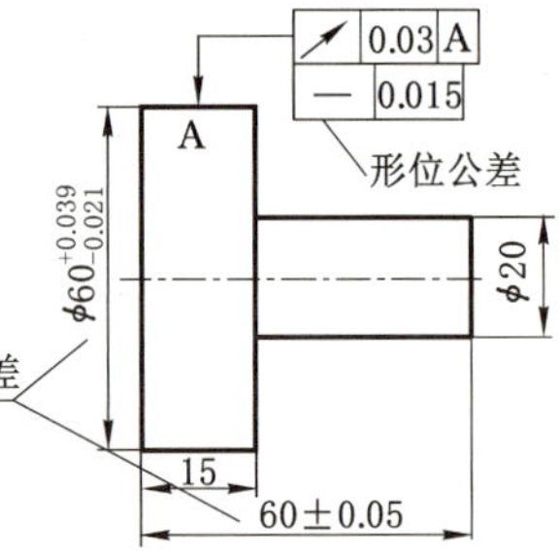


图 4-81 公差的标注形式

① 尺寸公差

通过指定生产中的公差,可以控制部件所需的精度等级。标注尺寸公差的方法很多,以尺寸公差 $60^{+0.039}_{-0.021}$ 为例,见表 4-13。

技巧点拨:要在非圆视图上标注直径尺寸,可先用线性尺寸标注,再利用"多行文字"或"文字"选项、特性中"文字替代"输入替代的标注文字来实现。如图 4-81 中线性直径 $\phi 20$、$\phi 60$,可利用"ddedit"命令来标注。

表 4-13　尺寸公差的标注方法

| 方法 | | 步骤 | 图示 |
|---|---|---|---|
| 样式替代 | 使用标注替代的方法为即将标注的尺寸设置公差，标注完成后再选择回根标注 | 打开“标注样式管理器”对话框，单击“替代(O)…”按钮，打开“替代当前样式”对话框，单击“公差”选项，按右图设置，单击“确定”按钮，返回“标注样式管理器”对话框，在该对话框中单击“关闭”按钮，返回绘图区。接下来即可在绘图区标注对象尺寸。使用线性命令标注如图 4-81 所示的尺寸，此时，系统会自动在尺寸标注文本中加上偏差值 | 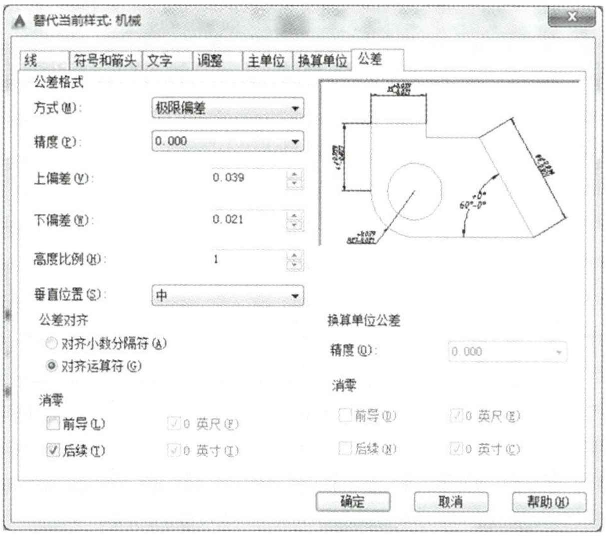 |
| 设置专门标注样式 | 创建专门公差标注样式——可以设置每一个尺寸都附加上尺寸公差。需要的时候直接从标注样式下拉列表中去选取 | 打开“标注样式管理器”对话框，单击“新建”按钮，创建新样式——尺寸公差，单击“继续”，打开“新建标注样式:尺寸公差”对话框，单击“公差”选项卡，按右图设置，单击“确定”按钮。将“尺寸公差”样式置为当前，使用线性命令标注如图 4-81 所示的尺寸 $\phi60$ 即可 | 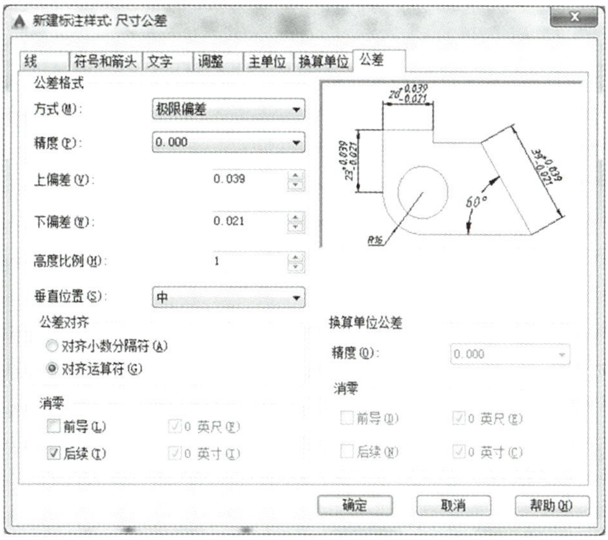 |

表 4-13(续)

| 方法 | | 步骤 | 图示 |
|---|---|---|---|
| 利用「多行文字编辑器」 | 用编辑标注命令“dimedit”或修改文字“ddedit”，修改基本尺寸的尺寸数字来实现尺寸公差标注 | (1) “ddedit”命令：键入“ed”后回车，激活“ddedit”命令后，选择图 4-81 中要修改的尺寸 $\phi$60，在弹出的“多行文字”编辑器中对尺寸文字进行编辑，在 $\phi$60 尾部输入“+0.039^-0.021”后，点击“堆叠”，如右图所示，然后单击“确定”按钮即可。<br>(2) “dimedit”命令：单击“标注”工具栏中的编辑标注“”按钮或在命令行键入“dimedit”激活命令后，选择“新建”项，如右图所示，在测量值后输入“+0.039^-0.021”后，点击“堆叠”，并将其应用到图 4-81 中要修改的尺寸 $\phi$60 即可 | 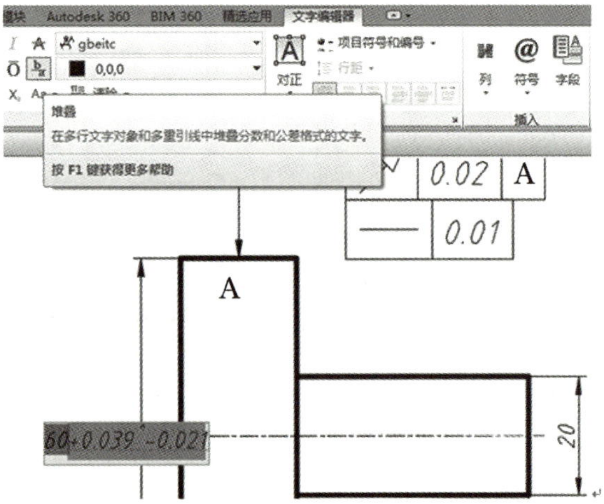<br>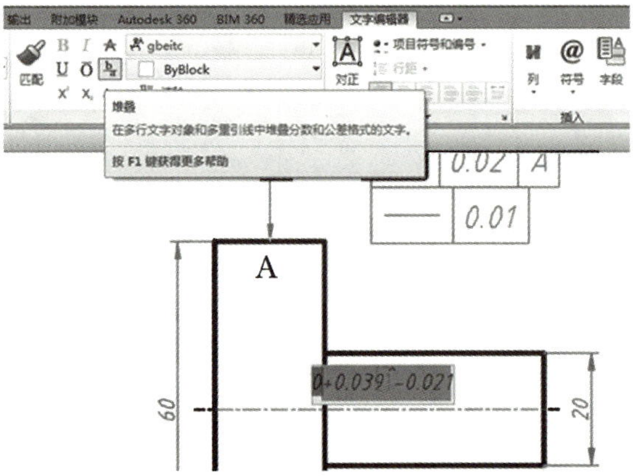 |

② 形位公差

形位公差是机械图中表明尺寸在理想尺寸中几何关系的偏差，比如垂直度、同轴度、平行度等。形位公差分为形状公差和位置公差两种。其标注方法也同样有两种，见表 4-14。

表 4-14 形位公差的标注方法

<table>
<tr><th>方法及步骤</th><th>图示</th></tr>
<tr><td>键入“le”,命令行操作如下:<br>命令:_qleader //激活“qleader”命令<br>输入公差位置: //回车,设置引线标注参数<br>“注释类型”选中“公差”选项,如右上图所示。单击“确定”按钮,返回绘图区中,命令行操作如下:<br>指定第一个引线点或[设置(S)]＜设置＞:<br>//在图 4-81 中 A 点处单击鼠标左键<br>指定下一点: //在垂直上方拾取一点<br>指定下一点: //在水平右侧拾取一点<br>在“形位公差”对话框中,设置如右下图所示。单击“确定”按钮即可。<br>技巧点拨:<br>① 快速引线命令“qleader”创建公差标注可以标注出引线,公差标注命令需补画引线和箭头。<br>② 在“形位公差”对话框中有两行可同时对形位公差进行设置,可实现复合形位公差的标注。如果两行中输入的公差代号相同,则得到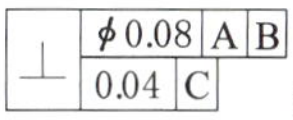形式</td>
<td>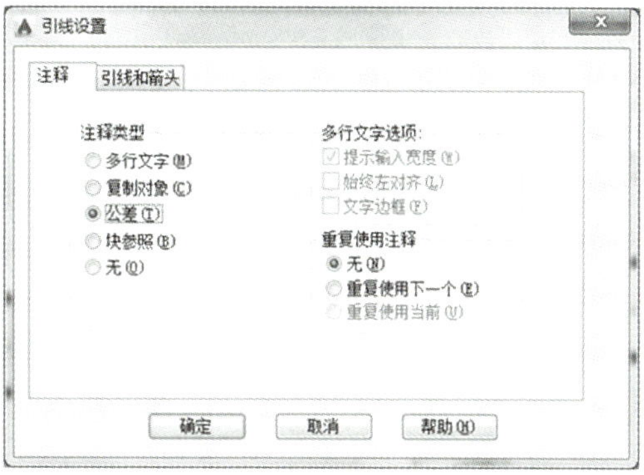<br>快速引线“le”命令<br>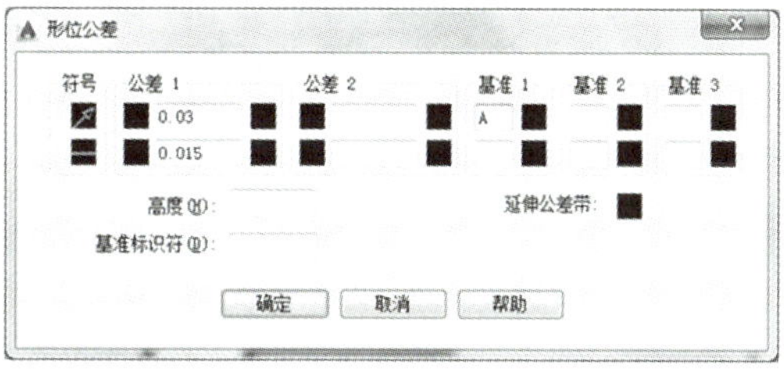<br>公差标注命令</td></tr>
</table>

3. 编辑与修改标注

用 AutoCAD 中的标注命令对图形进行标注时,也许会有少数尺寸标注不满足要求,这时根据需要可以对标注的文字、位置及样式进行修改编辑。AutoCAD 提供了多种编辑尺寸的方法:① 通过修改标注样式的方法可同时对图形中的尺寸进行编辑;② 通过尺寸标注编辑命令可对需要编辑的尺寸标注进行全面的修改编辑;③ 通过夹点操作快速编辑尺寸标注的位置;④ 通过“属性”选项板修改选定尺寸的各属性值等。

(1) 利用标注关联性进行编辑

AutoCAD 中默认的标注尺寸与标注对象之间具有关联性,也就是说,如果修改了标注对象,标注会自动更新。

(2) 编辑标注尺寸文字

利用多行文字编辑器对标注好的尺寸文字内容进行修改。最快捷的方法有两种:

① 用编辑文字命令“ddedit”来编辑尺寸文字

激活命令后,选择想要修改的尺寸,则弹出多行文字编辑器,可对尺寸文字进行编辑。

② 用编辑标注命令“dimedit”来编辑尺寸文字

单击“标注”工具栏中的编辑标注“”按钮或在命令行键入“dimedit”激活命令后,选择“新建”项。

(3) 编辑标注尺寸

使用编辑标注命令“dimedit”可以编辑标注对象上的标注文字和尺寸界线。

（4）使用夹点调整标注位置

通过以夹点方式调整标注位置是调整标注位置的一种非常方便的方法。选中要调整位置的尺寸标注，当尺寸标注上出现夹点时，通过鼠标指针单击相应的夹点进行移动即可调整标注位置。

（5）通过“属性”选项板修改选定尺寸

对象特性管理器可以对任何 AutoCAD 对象进行编辑，标注也不例外。在这里可以对标注样式到标注文字的几乎全部设置进行编辑。用鼠标双击选定尺寸，或选定尺寸后击右键，在弹出的快捷菜单中选择“特性”，则系统弹出“特性”选项板，如图 4-82 所示，在其中可修改选定尺寸的各属性值。

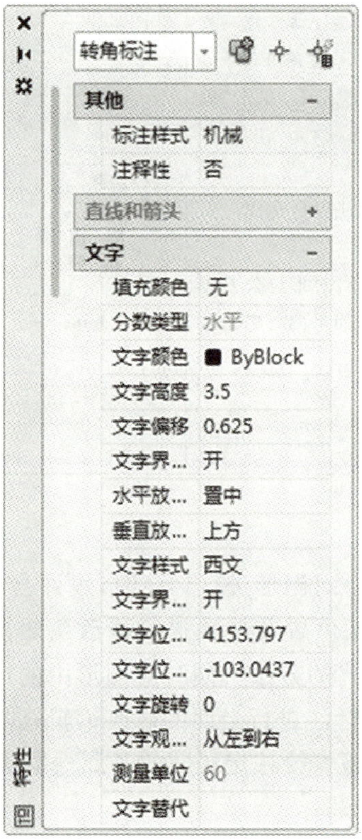


图 4-82　尺寸的“特性”选项板

技巧点拨：

在使用“ddedit”命令编辑尺寸标注时，用户还可通过“文字格式”工具栏对标注文字的特性进行详细设置。另外，若用户使用了“dimscale”（标注比例）等系统变量对标注参数进行设置，也可使用标注更新命令来更新相应的尺寸标注。

## 任务实施

### 一、文字注写与表格

**【例 4-27】** 利用“单行文字”命令注写如图 4-83 所示的文本，要求文字样式为“西文”，字高为 5。

微课
文字创建

$\phi 60 \pm 0.5$

$\angle A = 45°$

图 4-83　单行文字输入

**具体步骤：**

(1) 按表 4-4 设置图层“文字”，并将其置为当前层。

(2) 设置“西文”文字样式，将其置为当前。

(3) 激活“单行文字”命令，系统提示：

命令：_text　　//激活“单行文字”命令

当前文字样式：“西文”　文字高度：2.5000　注释性：否　　//系统提示信息

指定文字的起点或[对正(J)/样式(S)]：　　//在屏幕上拾取一点作为起点

指定高度＜2.5000＞：5　　//指定文字高度为 5

指定文字的旋转角度＜0＞：　　//回车，默认不旋转

//在“在位文字编辑器”中输入“%%C60%%p0.5”后回车；再输入“\u+2220(或利用软键盘输入角度符号)=45%%d”，后按两次回车，结束“单行文字”命令

**【例 4-28】** 利用“多行文字”命令注写如图 4-84 所示的多行文本。“技术要求”字号为“7”，字体为“宋体”，字的颜色设为“红色”。其余文字字号为“3.5”，字体为“宋体”，字的颜色为“绿色”，“左对齐”，段落间距为“单倍行距”。

技术要求：

1. 孔距公差 $\pm\frac{1}{5}$；

2. 周边去毛刺、飞边；

3. 板材平面度≤0.5 mm.

图 4-84　多行文字输入

**具体步骤：**

(1) 按表 4-4 设置图层“文字”，并将其置为当前层。

(2) 设置“汉字”文字样式，将其置为当前。

(3) 激活“多行文字”命令：

① 输入图 4-84 中的文字，注意在输入特殊符号时可单击“@▾”符号按钮，系统打开符号列表，选择相应符号即可；输入 $\frac{1}{5}$ 时，首先输入 1/5，再单击堆叠“ ”按钮。

② 通过文字样式对中文字进行设置，或者在多行文字编辑器中对文本字体、字号、颜色进行设置。

如选中“技术要求”设置其字号为“7”，颜色设置为“红色”；选中其他内容，设置字号为“3.5”，颜色设为“绿色”。单击“行距”按钮调整行距，文字排列单击“多行文字对正”按钮，文

本编号可以进行键盘操作，或者“单击编号”按钮自动生成。

技巧点拨：

“堆叠”用于创建分数形式。当文字中某处出现“/”或“^”或“#”这三种堆叠符号之一时可堆叠文字，方法是选中需堆叠的文字，然后单击此按钮，则符号左边文字作为分子，右边文字作为分母。

AutoCAD 提供了三种分数形式，如选中“1/5”后单击此按钮，得到如图 4-85(a)所示的分数形式；如果选中“1^5”后单击此按钮，则得到如图 4-85(b)所示的形式，此形式多用于标注极限偏差；如果选中“1,5”后单击此按钮，则创建斜排的分数形式，如图 4-85(c)所示。如果选中已经堆叠的文字对象后单击此按钮，则文字恢复到非堆叠形式。

$\frac{1}{5}$　　$\begin{matrix}1\\5\end{matrix}$　　$^{1}/_{5}$

(a)　　(b)　　(c)

图 4-85　文字堆叠

**【例 4-29】** 绘制如图 1-15 所示简易标题栏。

**案例分析**：在 AutoCAD 中利用其表格功能，很难绘制有固定行高和列宽的表格。因此，我们可以利用“直线、偏移和修剪”命令来快速绘制表格线，利用单行或多行文字完成其内容填写。

**微课**
标题栏

**具体步骤**：

(1) 绘制表格线。将“轮廓线”置为当前层，画长为 130 的水平线 $AB$，依次向上偏移 8，完成表格横线；画长为 32 的竖线 $AC$，依次向右偏移 12、40、130，再向右偏移 23、65，最后向右偏移 12、30，完成表格竖线；分别以 $AB$、$AC$ 为边界修剪，再将表格内线放置在“细实线”图层。

(2) 设置“汉字”文字样式为当前，将“文字”置为当前层。激活多行文字命令，依次填写，注意图名和校名为 5 号字，其他为 3.5 号字。

## 二、尺寸标注

**【例 4-30】** 标注图 4-18。

**案例分析**：在标注图形的过程中，主要使用对齐标注、基线标注、直径标注以及角度标注等命令。

**微课**
尺寸标注

**具体步骤**：

(1) 打开“图 4-18”图形文件。按表 4-4 设置“标注”图层，并置为当前层，创建文字样式和“机械”标注样式，并将其置为当前。

(2) 利用“线性标注”和“基线标注”命令，标注尺寸 20、55 和 15、30，结果如图 4-86(a)所示。

(3) 利用“直径标注”命令对圆进行标注。

(4) 利用“对齐标注”命令标注尺寸 25。

(5) 利用“角度标注”命令标注角度 15°，结果如图 4-86(b)所示。

(6) 利用“单行文字”命令注写字母 $A \sim D$，结果如图 4-86(c)所示。

**【例 4-31】** 标注图 4-87(a)所示的吊钩。

**微课**
标注吊钩

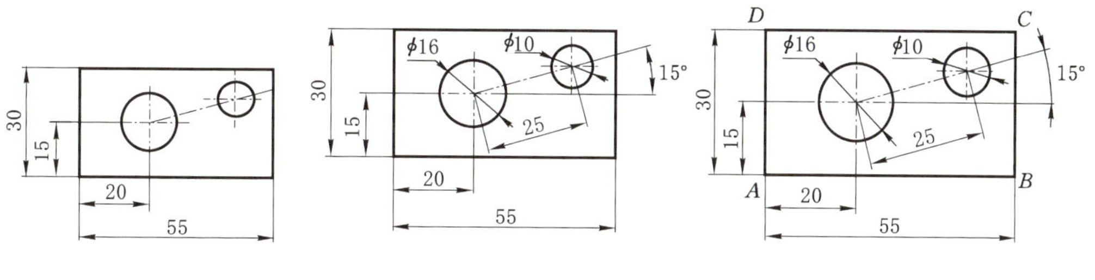


(a)　　(b)　　(c)

图 4-86　例 4-30 图

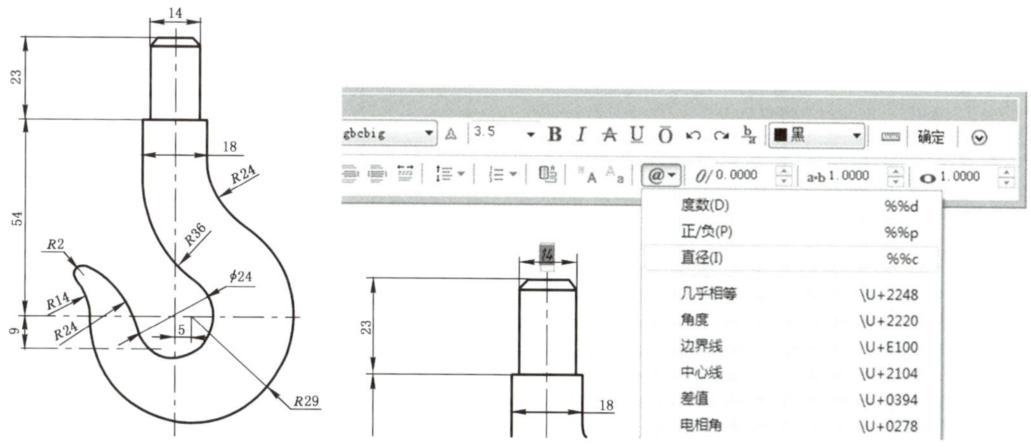


(a)　　(b)

图 4-87　例 4-31 图(一)

**案例分析**:主要使用线性标注、直径标注以及引线标注等命令进行标注。

**具体步骤**:

(1) 打开"吊钩.dwg"图形文件。设置"标注"图层为当前层,创建文字样式和"机械"标注样式,并将其置为当前。

(2) 利用"线性标注"命令,首先对吊钩长度尺寸、辅助线定位尺寸进行标注;利用"半径标注"命令对圆弧类图形进行标注,结果如图 4-87(a)所示。

(3) 标注线性直径。键入"ed"回车,激活"ddedit"命令,系统提示:

命令:ed　　//激活"ddedit"命令

选择注释对象或[放弃(U)]:

　　//选择图 4-87(a)中的尺寸 14,点击"插入符号",选择"直径",如图 4-87(b)所示

选择注释对象或[放弃(U)]:　　//选择尺寸 18,同理完成标注

选择注释对象或[放弃(U)]:　　//击右键,结束命令

(4) 标注倒角。键入"qleader"回车,激活"快速引线标注"命令,系统提示:

命令:qleader //激活“qleader”命令

指定第一个引线点或［设置(S)］＜设置＞:s

//选择“设置”选项,选择注释为“多行文字”,如图4-88(a)所示,箭头“无”,“附着”中勾选“最后一行加下划线”

指定第一个引线点或［设置(S)］＜设置＞: //选择尺寸18,同理完成标注

指定下一点: //拾取$A$点

指定下一点: //拾取$B$点

指定文字宽度＜0＞: //回车,默认宽度

输入注释文字的第一行＜多行文字(M)＞:2x45%%d //输入倒角文字

输入注释文字的下一行: //回车,结束输入,完成倒角标注,结果如图4-88(b)所示

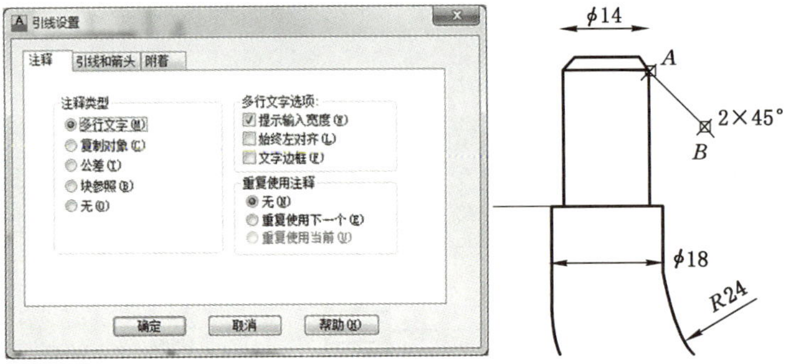


(a) (b)

图4-88 例4-31图(二)

**【例4-32】** 标注如图4-89所示的扳手。

**案例分析:**主要练习编辑标注文字(线性直径)和编辑标注命令(尺寸44)等命令。

微课
标注扳手

**具体步骤:**

(1) 打开“扳手.dwg”图形文件。设置“标注”图层为当前层,创建文字样式和“机械”标注样式,并将其置为当前。

(2) 利用“线性标注”命令对扳手长度尺寸进行标注;利用“半径标注”命令对圆弧类图形进行标注;利用“ddedit”命令完成线性直径的标注,结果如图4-89(a)所示。

(3) 编辑尺寸44。单击“标注”工具栏编辑标注“ ”按钮,系统提示:

命令:_dimedit //激活“dimedit”命令

输入标注编辑类型［默认(H)/新建(N)/旋转(R)/倾斜(O)］＜默认＞:o

//选择“新建”选项

选择对象:找到1个 //选择尺寸44

选择对象: //回车,结束选择

输入倾斜角度(按回车表示无):78 //输入倾斜角度,结果如图4-89(b)所示

## 三、练习与提高

按操作提示绘制并标注表4-15中的图形。

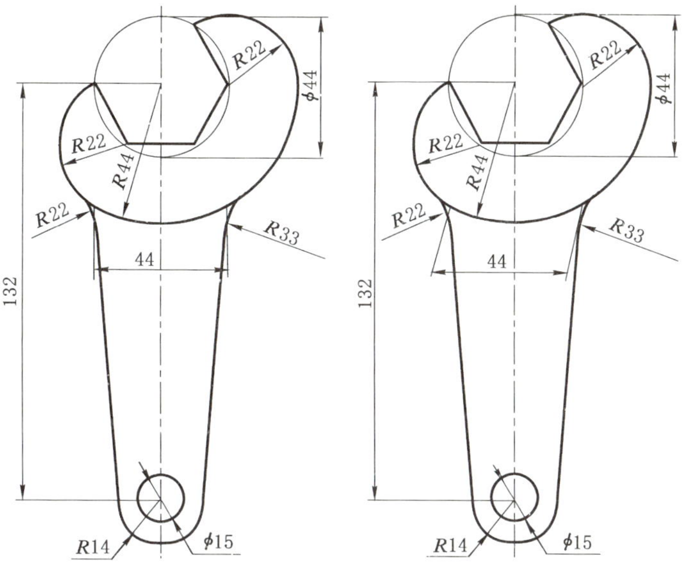


(a) (b)

图 4-89 例 4-32 图

表 4-15

| | | | |
|---|---|---|---|
| 图号 | <br>(a) | 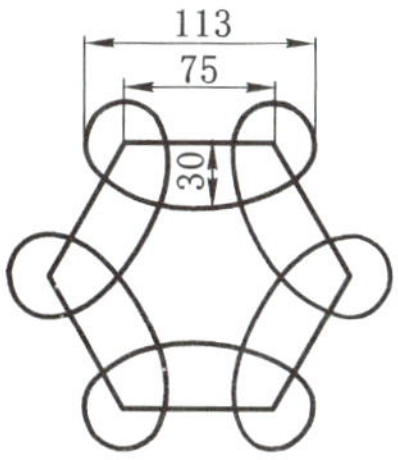<br>(b) | 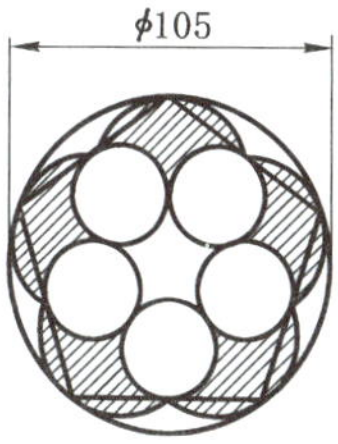<br>(c) |
| 要点提示 | (1) 绘制圆 φ60 和圆内接六边形；<br>(2)“三点”方式画弧并阵列；<br>(3)“相切、相切、相切”画圆并阵列 | (1) 以“边”画正六边形；<br>(2) 以“中心”画最上方椭圆并阵列，再修剪 | (1) 画圆 φ105 和圆内接五边形；<br>(2)“三点”方式画弧并阵列；<br>(3) 画两条辅助线，再“相切、相切、相切”画圆并阵列 |
| 图号 | 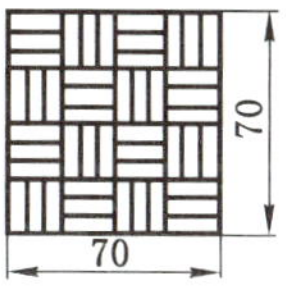<br>(d) | 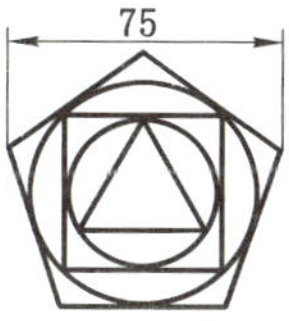<br>(e) | 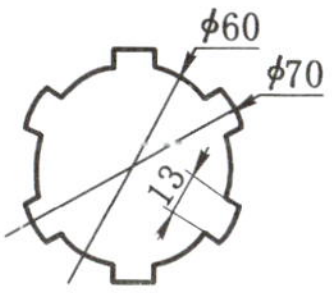<br>(f) |
| 要点提示 | (1) 绘制右下角 1/16：不妨取正方形边长为 9，偏移距离为 3；<br>(2) 阵列：以其左上角点为中心，数目为 4，同理再次阵列；<br>(3) 参照缩放整个图形 | (1) 绘制圆及正多边形，尺寸不妨任取；<br>(2) 参照缩放整个图形 | (1) 画 φ60 圆，再画一轮齿并阵列；<br>(2) 修剪 |

# 任务十三　AutoCAD 绘制机械图样

【知识要点】　了解组合体三视图、剖视图、图块和公差标注的方法与步骤。

【技能目标】　掌握符合国标机械制图专业样板文件的制作，在此基础上能熟练绘制轴类、盘类等常见零件的机械图样并完整标注。

【思政目标】　掌握时代技术，技能创变未来。

## 任务导入

用 AutoCAD 绘制零件图是图纸矢量化的终极目标之一。

不同专业的图样有着不同的标准，因此用 AutoCAD 来绘制机械图样时，我们可以将常用的图纸要素进行统一制作，生成机械专业样板文件，利用它可以高效绘制图样，达到事半功倍的效果，这样更有利于表达设计思想，进行创新设计，开创美好未来。

思政案例

## 相关知识

### 一、绘制组合体的三视图

用 AutoCAD 绘制三视图有多种方法，一般通过绝对、相对坐标定位，辅助线辅助绘图和采用对象捕捉追踪的方法来保证视图之间的“三等”投影规律。绘制组合体三视图的步骤为：① 设置绘图环境；② 绘制三视图；③ 标注尺寸；④ 保存文件。

**【例 4-33】**　绘制如图 4-90 所示的三视图。

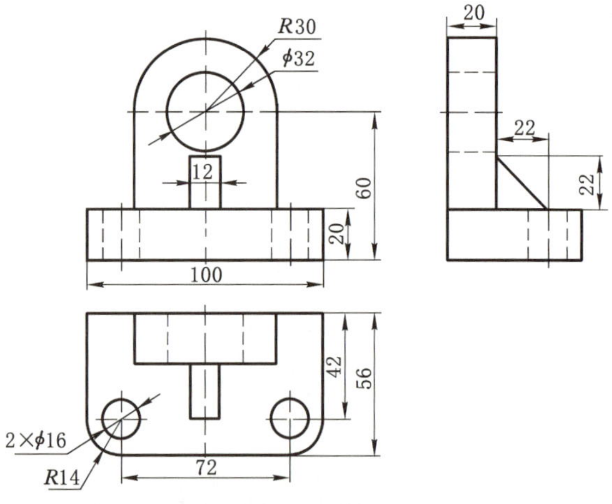


图 4-90　组合体三视图

**案例分析**：主要介绍用对象捕捉、极轴追踪的方法绘制组合体三视图的具体过程。

**具体步骤**：

(1) 设置绘图环境

按任务十一和任务十二中介绍的方法设置绘图环境，包括度量单位（如公制或英制，度或弧度）、图幅大小及格式、图层、文字样式、标注样式、标题栏等。

(2) 绘制三视图

① 绘制底板三视图

a. 置“轮廓线”为当前图层；单击矩形按钮“□”，画 100×10 矩形，完成底板主视图绘制；打开“极轴追踪”，同理绘制底板俯视图和左视图。用“圆角”命令绘制底板俯视图 $R14$ 圆弧；用“圆”命令绘制底板俯视图 $\phi16$ 圆。如图 4-91(a)所示。

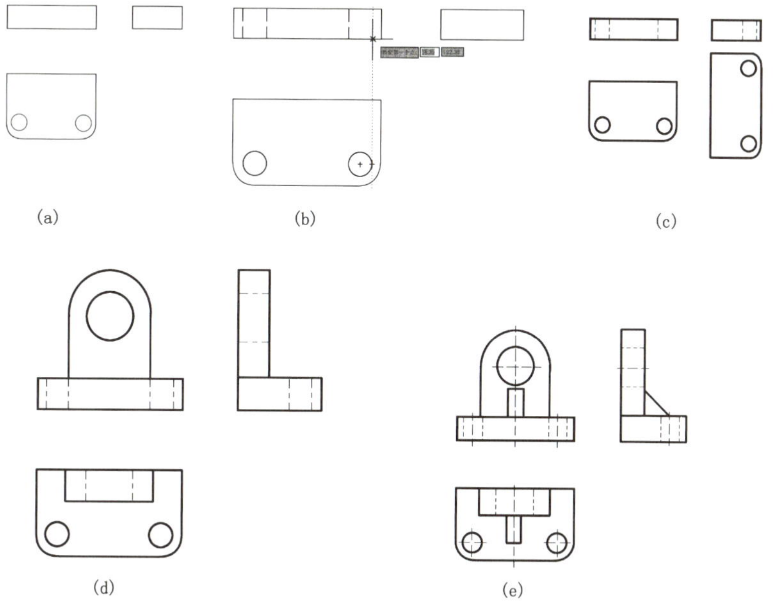


图 4-91 绘制组合体三视图的步骤

b. 置“虚线”为当前图层。打开“直线”命令，选中“草图设置”对象捕捉模式“象限点”，利用“极轴追踪”绘制主视图上 $\phi16$ 圆孔所对应的虚线。如图 4-91(b)所示。

c. 绘制底板左视图中的虚线。有三种方法：一是利用“偏移”命令绘制；二是利用 45°线绘制；三是把俯视图复制、旋转到图 4-91(c)所示位置，利用极轴追踪绘制。

② 绘制长半圆板三视图[图 4-91(d)]

a. 绘制长半圆板主视图。置“轮廓线”为当前图层，利用自动追踪绘制 $\phi32$ 的圆，发出“圆”命令，将光标在底板主视图下边线的中点上绕一下，垂直向上移动，当出现 90°极轴追踪线时，输入“60”，此为 $\phi32$ 的圆心位置，右击选择“直径”画圆。接着绘制 $R30$ 的圆弧（画圆＋修剪）和主视图左、右边竖直线。

b. 绘制长半圆板俯、左视图。开启“极轴追踪”和“对象捕捉”，利用“直线”命令按尺寸绘制 U 形块俯、左视图，其中绘制虚线前，将“虚线层”置为当前图层。

③ 绘制三棱柱肋板三视图[图 4-91(e)]

a. 绘制三棱柱肋板左视图。置“轮廓线”为当前图层，按尺寸绘制直线。

b. 绘制三棱柱肋板主视图和俯视图。利用“直线”命令，配合使用“极轴追踪”和“对象捕捉”完成三棱柱肋板主、俯视图的绘制。

c. 绘制对称中心线。置“中心线”为当前图层，利用“直线”命令绘制所需的对称中心线。

(3) 标注尺寸

切换“标注”为当前图层，切换“机械”样式为当前标注样式。将“标注”工具栏弹出或将功能区“注释”功能显示，以便于命令的调用。

① 线性标注：标注长度尺寸 100、20、60、72、42、56、22、20。

② 直径标注：单击直径“”按钮，标注（键入“ed”修改）$\phi$32 直径尺寸。

③ 半径标注：单击半径“”按钮，标注 $R$30、$R$14 半径尺寸。

完成标注结果如图 4-90 所示。

(4) 保存文件

确定保存路径，保存文件名为“组合体三视图.dwg”。

## 二、绘制剖视图

绘制剖视图时，可先用绘制视图的方法绘出除剖面线以外的其他图线，再画上剖面线（利用“图案填充”命令）和标注剖切符号（利用“多段线”命令），如果是局部视图还要画上波浪线（利用“样条曲线”命令）。剖视图的绘制步骤为：① 设置绘图环境；② 绘制图形；③ 剖面线的填充与剖视图的标注；④ 标注尺寸；⑤ 保存文件。

**【例 4-34】** 绘制如图 4-92 所示的法兰盘。

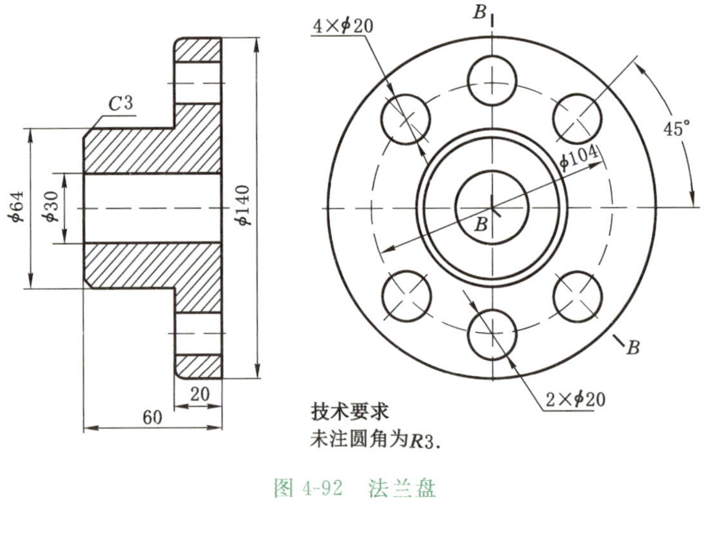


图 4-92 法兰盘

**案例分析：**本例在绘制三视图的基础上，主要介绍了剖面线的绘制。从而使学习者在绘图及编辑图形技能上得到加强，熟练掌握图案填充和剖切标注的画法，进一步掌握标注尺寸、编辑尺寸及技术要求的注写等技能。

**具体步骤：**

(1) 设置绘图环境

按任务十一和任务十二中介绍的方法设置绘图环境，包括度量单位（如公制或英制，度或弧度)、图幅大小及格式、图层、文字样式、标注样式、标题栏等。

(2) 绘制三视图

① 绘制左视图[图 4-93(a)]

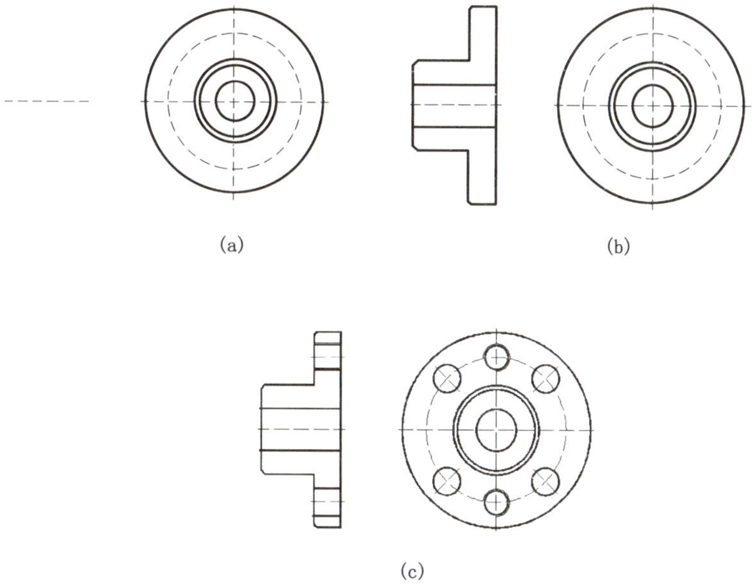


图 4-93 绘制法兰盘的步骤

a. 左视图圆轮廓线。置“轮廓线”为当前图层，选择功能区“默认”→“绘图”→“圆”，绘制 $\phi$30、$\phi$64、$\phi$140 的圆；将 $\phi$64 的圆向内偏移 3，形成倒角圆。

b. 绘制中心线。置“中心线”为当前图层，利用“直线”命令绘制圆的对称中心线及主视图轴线；利用“圆”命令绘制 $\phi$104 细点画线圆。

② 绘制主视图[图 4-93(b)]

a. 绘制主视图轮廓线。置“轮廓线”为当前图层，利用“直线”命令按照标注的尺寸，根据主、左视图“高平齐”的关系，自动追踪绘制主视图轮廓的上半部分。

b. 对轮廓进行 $C3$ 倒角、$R3$ 圆角操作，镜像“”完成主视图下半部分轮廓线。

③ 绘制 2×M20 螺纹孔和 4×$\phi$20 孔

a. 画 M20 螺纹孔。选择各自的图层，捕捉点画线圆的上象限点画圆(螺纹大径的 3/4 圈细实线圆应用修剪，螺纹小径圆公式 $d_1=0.85d$，计算为 17)，镜像完成另外一个螺纹孔；根据主、左视图“高平齐”的投影规律，应用“直线”命令和“对象捕捉”及“极轴追踪”功能绘制主视图上 M20 螺纹孔。

b. 画孔。置“中心线”为当前图层，45°追踪画直线；置“轮廓线”为当前图层，捕捉左上角交点画 $\phi$20 圆，环形阵列生成 4×$\phi$20 孔；根据主、左视图“高平齐”的投影规律，应用“直线”命令和“对象捕捉”及“极轴追踪”功能完成主视图上 $\phi$20 孔绘制。

(3) 剖面线的填充与剖视图的标注

① 剖面线的填充

置“细实线”为当前图层。

a. “绘图”菜单→“图案填充”，功能区出现如图 4-94 所示的面板。

图 4-94　图案填充面板

b. 单击图案填充按钮“”，弹出如图 4-95 所示的对话框，选择“ANSI31”图案。

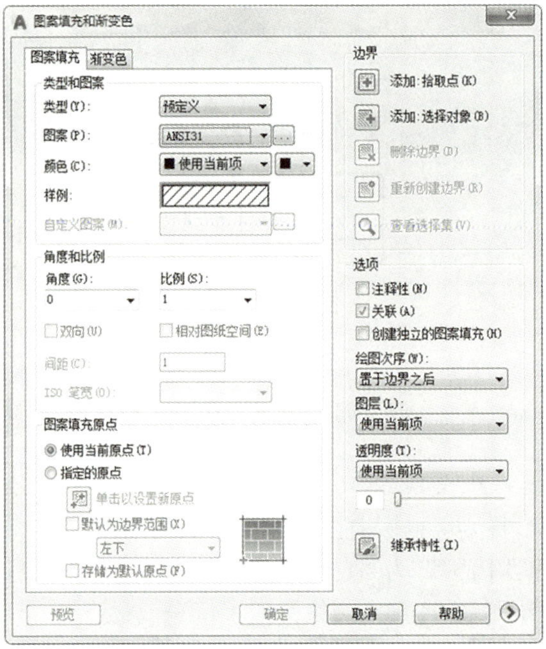


图 4-95　图案填充对话框

c. 功能区单击“”按钮，命令行提示“拾取内部点或选择对象(S)放弃(U)设置(T)”，选取主视图中需填充区域内的任意点，即填充完成。若有需要调整的地方，可通过功能区面板修改。剖面线填充效果如图 4-96 所示。

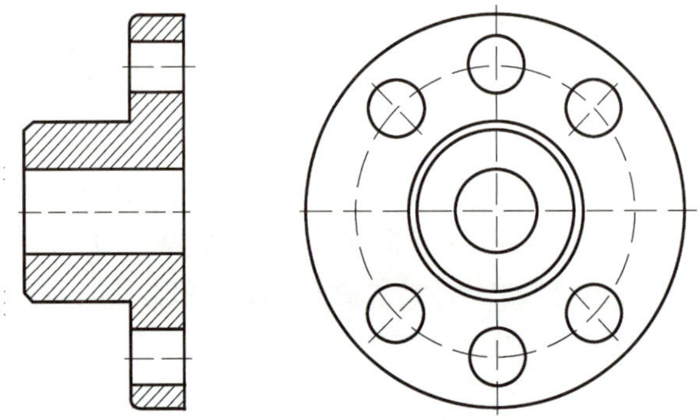

图 4-96　剖面线填充

技巧点拨："图案填充和渐变色"对话框中的"角度"用来设置图案的旋转角，系统默认值为 0。机械制图规定剖面线倾角为 45°或 135°，特殊情况下可以使用 30°和 60°。若选用图案"ANSI31"，剖面线倾角为 45°时，设置该值为"0"；倾角为 135°时，设置该值为"90°"。其中的"比例"用来设置图案中线条的间距，以保证剖面线有适当的疏密程度，系统默认值为 1。

② 剖视图的标注

将粗实线层设置为当前图层。

a. 剖切位置线与图形轮廓线相隔 5，用"偏移"命令作一辅助圆；用"直线"命令绘制剖切位置线；删除已绘制的辅助圆。

b. 将文字层设置为当前图层，应用单行文字标注"*B*—*B*"及左视图上的"*B*"。结果如图 4-97 所示。

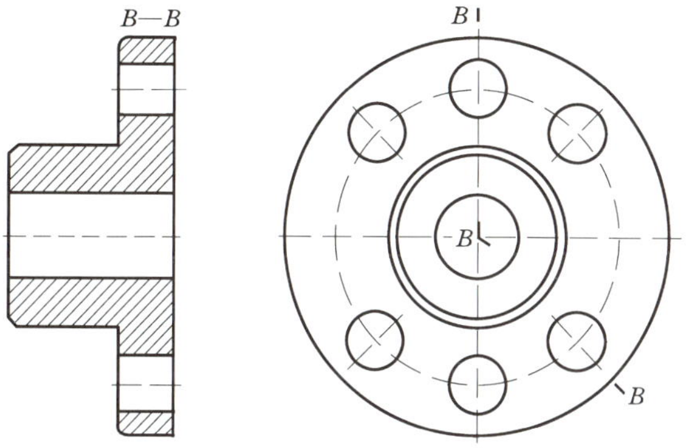


图 4-97　剖视图标注

(4) 标注尺寸

置"标注"为当前图层，在样式工具栏中把"机械"标注样式设置为当前样式。

a. 标注直径、线性、角度尺寸。其中 $\phi 4 \times 20$、$2 \times M20$ 和线性直径 $\phi 140$、$\phi 64$、$\phi 30$ 可利用"ddedit"命令来编辑修改。

b. *C*3 标注可键入"le"，利用快速引线标注来实现。

(5) 技术要求

建议用"多行文字"命令完成技术要求的书写。最后绘图结果如图 4-92 所示。

(6) 保存文件

确定保存路径，保存文件名为"法兰盘.dwg"。

## 三、图块

图块是定义好的且赋予名称的一组实体，系统将定义后的块作为一个实体来处理，并可按所需的比例和转角插入图中的任意位置。这样各种各样的图形可以由图块结合成一个整体，可以快速绘制一些复杂图形，还可以删除、替换这些图块，这对修改设计而言非

### （一）表面粗糙度符号的标注

在 AutoCAD 中，可以创建带属性的块（逻辑上相关联的一系列图形对象所组成的整体），当插入时可以指定该块的附加信息。表面粗糙度符号在机械图样中出现的频率高，为提高绘图速度，可将其定义为带有属性的图块进行标注，具体步骤如下。

微课
粗糙度

1. 创建带属性的块

(1) 画出基本符号图形——创建组成块的对象

在“细实线”图层中，参照表 3-5、表 3-6 的规定，完成符号“√‾‾”的绘制（过程略）。

(2) 定义所需的各种属性

块属性是附属于块的非图形信息，是块的组成部分。在粗糙度符号中，除了“√‾‾”图形外，还应在该图形上注写出粗糙度参数和数值、加工方法、表面纹理方向、加工余量等内容。各参数在图形中的注写位置国标均有明确的规定。最常见的是标注粗糙度参数和数值，其他默认参数按默认值可不标出。利用 AutoCAD 的属性定义功能，在创建块之前，可将需要注写的与块相关的参数定义成块的属性。

点击“默认”→“块”中定义属性“✎”就打开“属性定义”对话框，如图 4-98 所示，设置属性文字，用拾取点的方法指定属性插入点（拾取粗糙度右水平线下方某一点），即可完成标记为 *Ra* 的属性定义。显然，AutoCAD 将属性标记按指定的对齐方式、文字样式显示在指定的位置上。

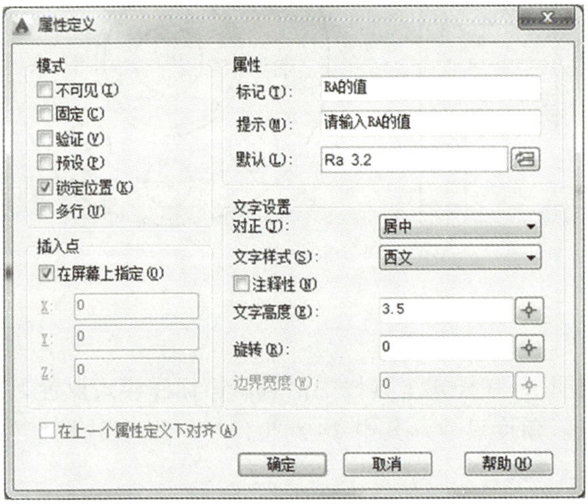


图 4-98 “属性定义”对话框

(3) 定义带属性的块

定义了相关的属性后，点击“默认”→“块”中创建“▭”可激活块命令“block”定义块，系统打开如图 4-99 所示“块定义”对话框，利用该对话框可定义图块并为之命名，实际上就是指定块的三要素：块名（表面粗糙度）、基点（插入点）和对象（图形与属性）。完成以上各项设置后，单击“确定”按钮，弹出如图 4-100 所示的“编辑属性”对话框（若在“定义块”对话框中不选择“转换为块”，则不会弹出此对话框），此时可修改输入的属性值，单击“确定”按钮完成块的定义。此时用于定义块的图形对象及属性定义变为一个属性块。

技巧点拨：之所以显示此对话框，是因为在图 4-99 所示的“块定义”对话框中设置块时，选中了“转换为块”单选按钮，将所定义块的对象转换成了块，此时要求输入块的属性值。

2. 插入块

创建好图块以后就可以在绘图时将其插入图形中。

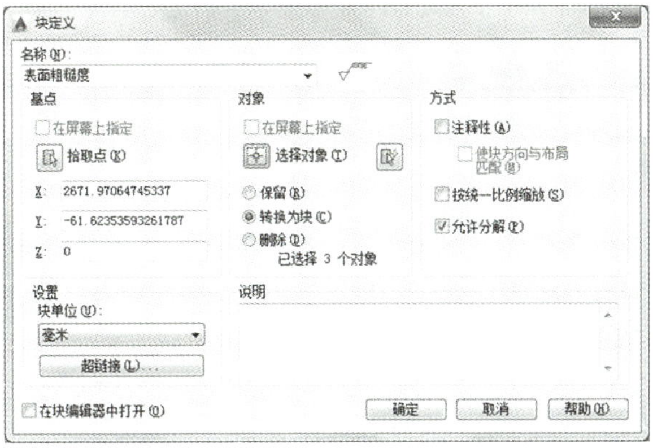


图 4-99 “块定义”对话框

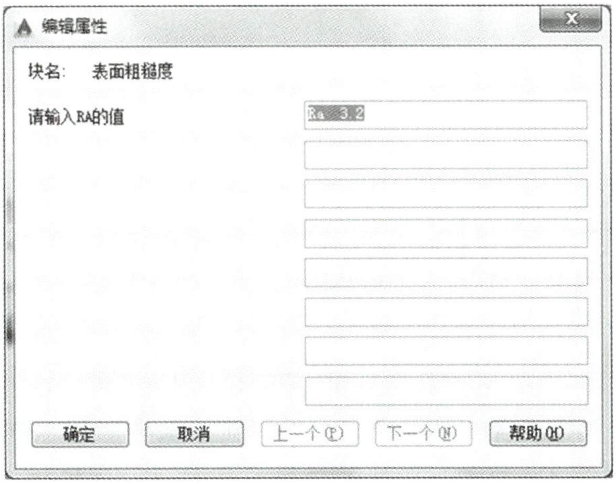


图 4-100 “编辑属性”对话框

(1) 直接插入单个图块

点击“默认”→“块”中“插入”按钮或在命令行中键入“i”或“insert”可激活插入块命令“insert”,在插入图块“表面粗糙度”的过程中,可指定图块的插入点(在对应位置确定一点,可捕捉轮廓线或指引线上的点)、缩放比例、旋转角度等参数。

例如,对于糙度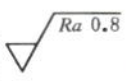,修改属性值时,双击图块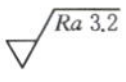,弹出“增强属性编辑器”对话框,修改属性值为“*Ra* 0.8”即可,如图 4-101 所示;于对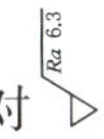,修改属性值后还应旋转 90°。

(2) 阵列插入图块

在命令行执行“minsert”命令,可阵列插入图块。该命令综合了“insert”和“array”命令的操作特点。当用户需要插入多个具有规律的图块时,可使用“minsert”命令,这样不仅节省绘图时间,还可减少占用的磁盘空间。

用“minsert”命令插入的图块是一个整体,不能用“explode”命令分解,但可以通过“ddmodify”命令改变插入块时所设的特性,如插入点、比例因子、旋转角度、行数、列数、行

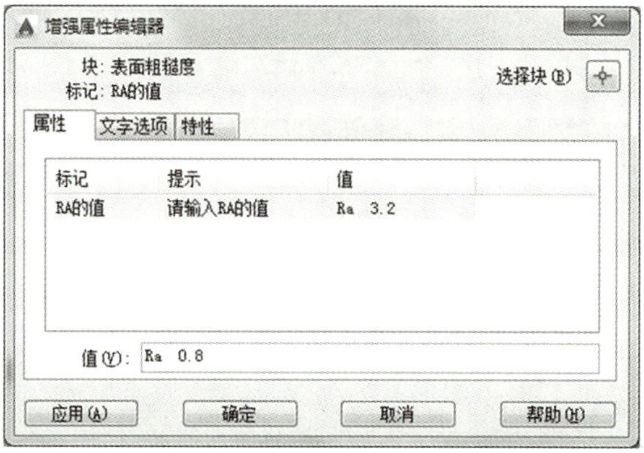


图 4-101 “增强属性编辑器”对话框

距和列距等参数。

(3) 以定距/定数等分方式插入图块

以定距/定数等分方式插入图块和以定距/定数等分方式插入点的方法类似，在此不再赘述。

(4) 在设计中心插入块

通过设计中心，用户可以组织对图形、块、图案填充和其他图形内容的访问。将原图形中的任何内容拖动到当前图形中，也可以将图形、块和填充拖动到工具选项板上，以简化绘图过程。

单击“管理”工具栏中的“ ”按钮即可打开“设计中心”窗口，用户可在窗口右侧对显示的内容进行操作，双击内容区域上的项目可以按层次顺序显示详细信息。例如，双击图形图像将显示若干图标，包括代表块的图标。双击“块”图标将显示图形中每个块的图像。

可通过如下几种方法可以将设计中心的图块添加到当前绘图区中：

① 将某个项目直接拖动到绘图区中，按照默认设置将其插入。

② 在内容区域中的某个项目上单击右键，将显示包含若干选项的快捷菜单，通过该快捷菜单也可将图块插入绘图区中。

③ 双击相应的图块将打开“插入”对话框，若双击填充图案将打开“边界图案填充”对话框，可通过这两个对话框将图形插入绘图区中。

(5) 使用工具选项板插入块

工具选项板是“工具选项板”窗口中选项卡形式的区域，是提供组织、共享和放置块及填充图案的有效方法。单击“管理”工具栏中的工具选项板窗口“ ”按钮或“Ctrl+3”即可打开工具选项板。将其中的某个项目直接拖动到绘图区中，按照默认设置插入。如从工具选项板中的“建筑”中拖出“车辆-英制”，即将该车辆作为一个动态块(具有不同视图类型)插入。

技巧点拨：

① 块与图层的关系

块可以由绘制在若干图层上的对象组成，系统可以将图层的信息保留在块中。虽然组成图块的各对象都有自己的图层、颜色、线型和线宽等特性，但插入图形中，图块各对象原有的图层、颜色、线型和线宽特性常会发生变化。其规律为：在0层创建的块具有浮动性（插入后其属性随当前图层）；非0层对象的图层具有继承性。即图块被插入时，图块中0层上的对象改变到图块的插入层，图块中非0层上的对象图层不变。

② 创建专业图库

专业图库包括标准件、常用符号等，如定义斜度、锥度块，见表4-16。

表4-16 定义斜度、锥度块

| 类型 | 相关知识 | 画法 | 块制作操作指导 |
|---|---|---|---|
| 斜度 | 斜度是指一直线（或平面）对另一直线（或平面）的倾斜程度。其大小用该两直线（或平面）夹角的正切值来表示，并把比值写成1∶$n$的形式，即斜度$=\tan\alpha=H:L=1:L/H=1:n$ | (1) 启动“直线”命令，指定斜度或锥度线通过的某点作为第一点；在指定下一点时使用相对直角坐标，如1∶3锥度，则输入相对直角坐标@−1.5,1。<br>(2) 启动“延伸”命令，将刚作的直线段延伸到指定边界。<br>(3) 若绘制锥度，还应启动“镜像”命令作出与其对称的圆锥母线 | 在进行标注时，由于AutoCAD中没有专门的斜度和锥度符号，用户应根据实际情况建立符合国标的斜度和锥度符号 |
| 锥度 | 锥度是指正圆锥体的底圆直径与其高度之比。若为圆台，则为两底圆直径之差与圆台高之比，同样将比值化为1∶$n$的形式 | | |

3. 利用块完成组装图

**【例4-35】** 将图4-102(a)所示的轴、轴承、盖板和螺钉图形作为图块插入图4-102(b)中，完成箱体组装图。

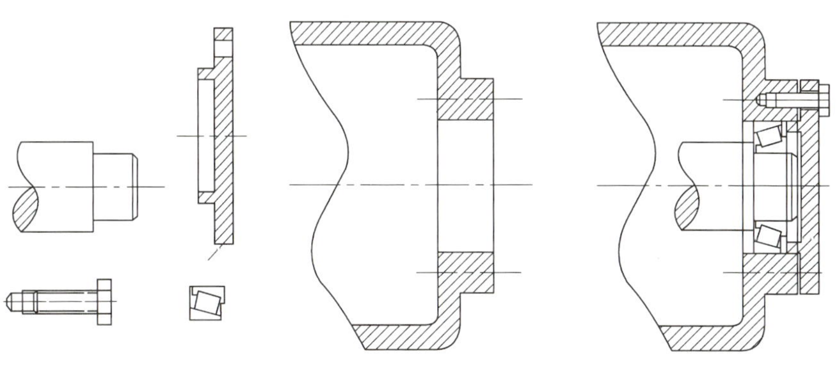

(a) 轴、轴承、盖板和螺钉　(b) 箱体零件图　(c) 箱体组装图

图4-102 箱体零件图和组装图

**案例分析：**组装图是机械制图中最重要也是最复杂的图形。为了保持零件图与组装图

的一致性，同时减少一些常用零件的重复绘制，经常采用图块插入的形式。本例通过组装零件图，掌握外部图块相关命令的使用方法与技巧。

**具体步骤：**

（1）将图 4-102(a)中的盖板零件图定义为图块并保存。

（2）打开绘制好的箱体零件图，如图 4-102(b)所示。

（3）执行"插入块"命令，将步骤(1)中定义好的图块设置相关参数，插入箱体零件图中。最终形成的组装图如图 4-102(c)所示。

（二）创建机械样板文件

微课
样板文件

用户每次创建新的图形文件时，系统调用默认的样板文件，如 acad.dwt、acadiso.dwt 等图形文件，在该样板文件中包括了系统对图形边界的设定、单位控制、光标捕捉模数、图层、视图、坐标系、尺寸标注、文字样式及各种命令参数初值等的设置，它涉及图形环境中的全部可变部分。

AutoCAD 2022 提供了许多样板文件，其文件扩展名为".dwt"，但这些样板文件和我国的国标不完全符合。为了提高绘图效率，在实际绘图之前，常需要创建符合各自专业国家标准的样板文件，保证图纸的规范性，而且能快速完成工程绘图。

可通过两种方式创建样板文件：一是自定义样板文件（用户可采用系统默认的样板文件"acadiso.dwt"创建一个新的图形文件，然后根据分析绘图过程中所需要使用的图形参数进行重新定义，最后将该图形文件以样板文件的格式保存，在下次创建新图形文件时调用该样板文件即可）；二是调用已有图形作为样板（用户只需打开计算机中已有的一个符合规定的专业工程图形文件，将文件中多余的图形删除，然后将其另存为一个后缀为".dwt"的样板文件即可）。

**【例 4-36】** 建立符合我国机械制图国家标准的"V_A4"（竖装 A4）机械样板文件。

**具体步骤：**

（1）新建图形文件，设置绘图环境（如图形界限、相关选项）。

（2）设置图层（依据表 4-4）。

（3）设置文字样式（两种样式）。

（4）设置标注样式：

① 父样式：4 个标签 7 个位置。

② 子样式：角度为水平；半径和直径为 ISO 标准。

（5）绘制图框和标题栏。图纸的边界线应画成细实线，而图框线应画成粗实线，可将标题栏定义为图块。

① 调"粗实线"为当前层，按不留有装订边格式绘制图框（190×277），左下角点坐标(10,10)；右上角点坐标(200,287)，按国家标准绘制标题栏框（180×56）。

② 调"细实线"为当前层，按国家标准绘制标题栏。

③ 定义标题栏块。绘制并填写简化标题栏，将（图名）、（图号）和（姓名）定义为属性，创建属性块（选择标题栏及其属性，捕捉标题栏右下角点作为基点），结果如图 4-103 所示。

| (图名) | | | 比例 | (比例) | (图号) |
|---|---|---|---|---|---|
| | | | 材料 | (材料) | |
| 制图 | (姓名) | (日期) | | | |
| 审核 | (姓名) | (日期) | | | |

图 4-103 标题栏

(6) 定义常用符号图块。通过设计中心,可以将已有图形的符号块添加进来,也可以由用户自定义,如粗糙度等,操作步骤略。

(7) 保存样板文件。单击下拉菜单“文件”→“另存为”,弹出“图形另存为”对话框,在“文件类型”下拉列表框中选择“AutoCAD 图形样板( *.dwt )”,输入文件名为“V_A4”,再单击“保存”按钮,在弹出的“样板说明”对话框中可以给样板图一些文字性的说明,然后单击“确定”按钮即可。

技巧点拨:可以利用设计中心复制已有的图层、文字样式、块、表格样式和尺寸标注样式。

## 四、公差标注

零件上常见尺寸公差用“ddedit”命令、几何公差用快速引线“qleader”命令完成,下面以传动轴为例来介绍。

微课
标注公差

**【例 4-37】** 绘制并标注图 4-104 所示的传动轴。

**案例分析:**主要用编辑标注文字(线性直径)和编辑标注命令(尺寸 44)等命令。

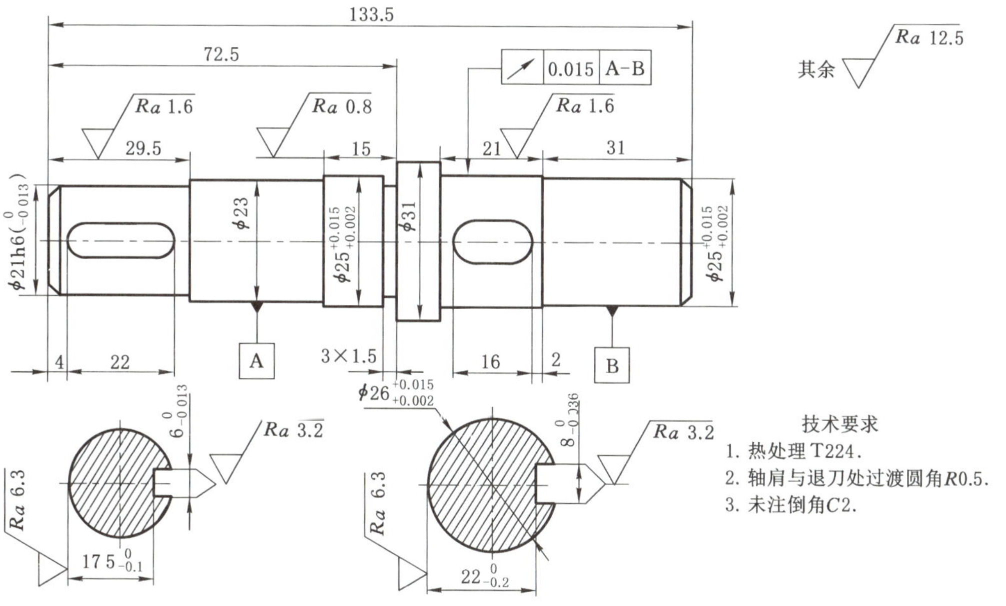


图 4-104 传动轴

**具体步骤：**

(1) 绘制传动轴。由图 4-104 可知，主视图上、下对称，故可画一半，利用镜像生成全图。键及移出断面图利用自动追踪快速完成。具体绘制过程略。

(2) 标注基本尺寸。利用“线性标注”命令标注轴向长度尺寸和轴径，利用直径标注圆直径，然后利用“ddedit”命令修改完成线性直径和退刀槽的标注，结果如图 4-105 所示。

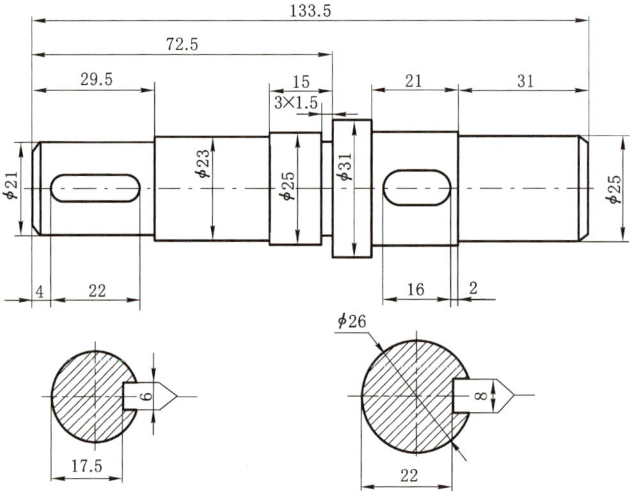


图 4-105　标注基本尺寸

(3) 标注尺寸公差。键入“ed”激活“ddedit”命令，系统提示选择对象时选择 $\phi 21$，系统弹出多行文字编辑器，如图 4-106 所示，在 $\phi 21$ 后输入“h6(0^－0.013)”，然后单击“堆叠”即可完成 $\phi 21h6(^{\ 0}_{-0.013})$ 的标注。同理，利用“ddedit”命令完成其他尺寸公差的标注。

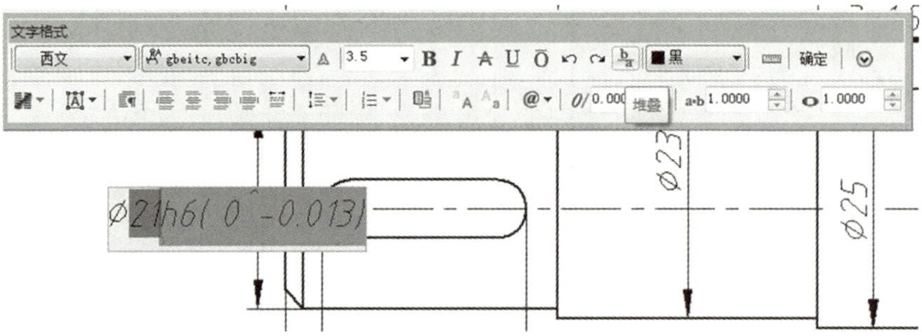


图 4-106　标注尺寸公差

(4) 标注几何公差。用快速引线标注“qleader”完成圆跳动公差标注。

键入“le”后回车，系统提示：

命令：qleader

指定第一个引线点或［设置(S)］＜设置＞：s

//进入“设置”，选择“公差”，如图 4-107(a)所示

指定第一个引线点或［设置(S)］＜设置＞：　　//回车

指定下一点：　　//拾取图 4-108 中 *C* 点

指定下一点： //拾取图 4-108 中 $D$ 点

指定下一点： //拾取图 4-108 中 $E$ 点，弹出如图 4-107(b)所示的对话框，进行设置

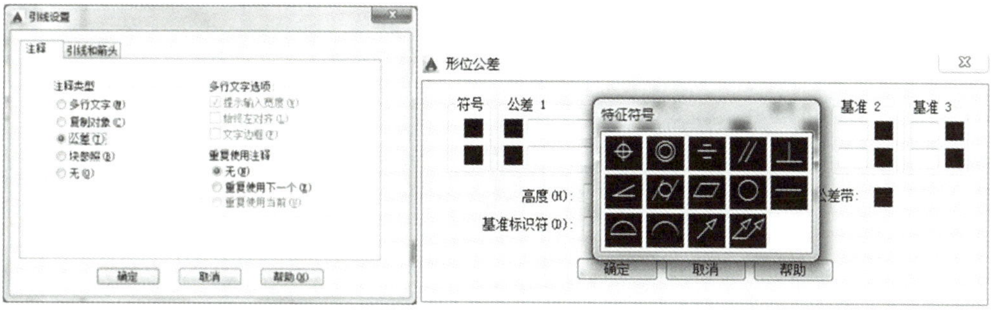


(a) “引线设置”对话框　　(b) “形位公差”对话框

图 4-107　利用“le”命令标注圆跳动公差

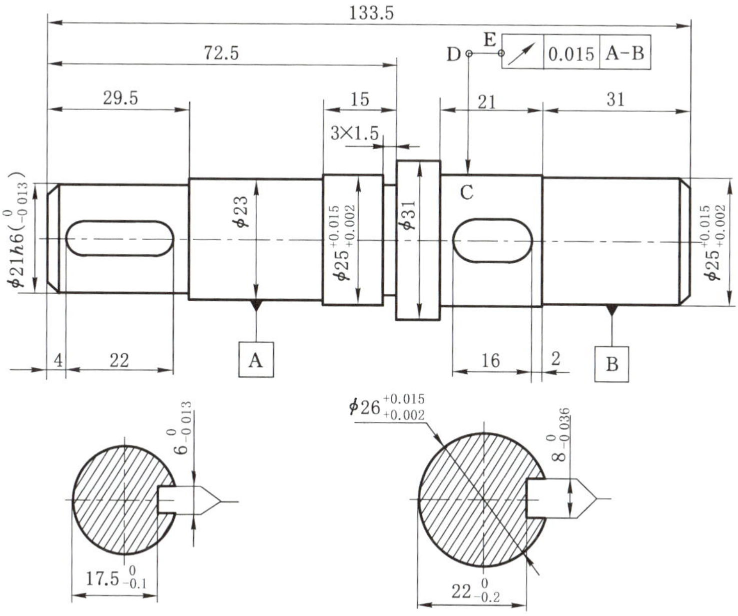


图 4-108　标注公差

(5) 标注基准符号。用快速引线标注“le”完成基准符号标注。

同理输入“le”激活“leader”命令，在“引线设置”对话框“引线和箭头”标签中选择“实心基准三角形”(图 4-109)，然后按提示操作即可。

结果如图 4-108 所示。基准符号的尺寸及要求如图 4-110 所示。

(6) 标注粗糙度符号。

(7) 利用多行文字注写技术要求。

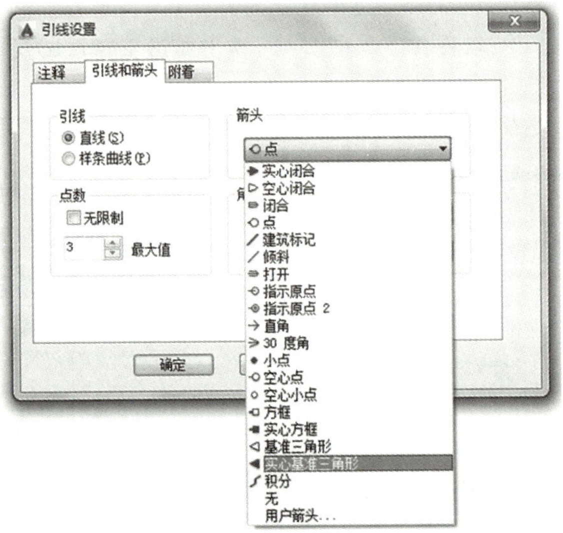


图 4-109　利用“le”命令标注圆跳动公差

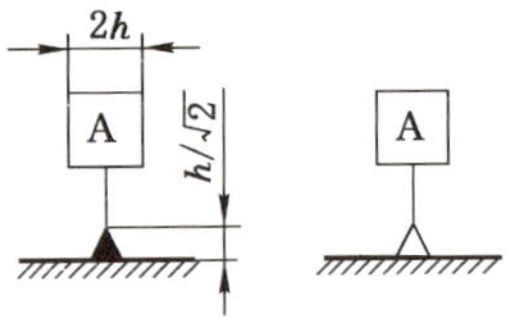


图 4-110　基准符号的构成

## 任务实施

### 一、利用 AutoCAD 绘制零件图

利用 AutoCAD 绘制零件图时，与组合体的绘图相比，主要区别有以下两点：

(1) 零件图存在铸造圆角和过渡线等工艺结构。

(2) 零件图中包含了表面粗糙度、尺寸公差、几何公差等技术要求。

零件上常见的结构倒角和铸造圆角利用“倒角”和“圆角”命令绘制即可，尺寸公差用“ddedit”命令、几何公差用快速引线“qleader”命令完成。下面主要介绍表面粗糙度符号的标注和利用 AutoCAD 样板文件来快速绘制典型零件图。

微课
绘制轴图形

1. 用 AutoCAD 绘制轴套类零件图(图 3-1)

(1) 分析

轴套类零件的特点如下：

① 结构特点。通常由几段不同直径的同轴回转体组成，它们的轴向尺寸较大，而径向尺寸较小，常有键槽、退刀槽、砂轮越程槽、中心孔、销孔、倒角、圆角以及轴肩、螺纹等结构。

微课
标注轴基本尺寸

② 主要加工方法。毛坯一般用棒料或锻件，主要加工方法是车削、镗削和磨削。

③ 视图表达。主视图按加工位置轴线水平横放，表达其主体结构。采用断面图、局部剖视图、局部放大图等表达零件的局部结构。结构简单且较长的部分可用折断画法。套类零件的主视图采用全剖或半剖视图表达内部结构。

④ 尺寸标注。以回转轴线作为径向尺寸基准，轴向的主要尺寸基准是重要端面。主要尺寸直接注出，其余尺寸按加工顺序标注。键槽的尺寸集中标注，并要便于测量。

⑤ 技术要求。有配合要求的表面，其表面粗糙度参数较小；有配合要求的轴颈、主要端面一般有形位公差要求。

(2) 绘制过程

① 新建文件。启动 AutoCAD 2022 软件，调用“H_A3”样板图，新建图形文件。

② 绘主视图。置“轮廓线”为当前，用自动追踪和偏移、修剪命令绘制上半部分主要轮廓线；用倒角、倒圆及修剪命令绘制齿形轮廓、键槽和倒角；利用样条曲线命令绘制局部断裂线，用图案填充绘制剖面线；置“中心线”为当前层，用直线命令绘制轴的中心线，修改中心线属性(LTS，修改其值为 0.3)，如图 4-111(a)所示；用镜像命令复制轴线下方的轮廓。

③ 绘断面图。作移出剖面图并标注，注意其位置要使图形布局合理，如图 4-111(b)所示。

④ 标注。打开“标注”层和“机械”样式，进行尺寸标注；用“ed”命令标注尺寸公差；用“le”命令标注几何公差轴尺寸公差的公差代号；打开“文字”层，用多行文字输入技术要求并修改标题栏。

⑤ 存盘退出。检查，存盘或打印输出。

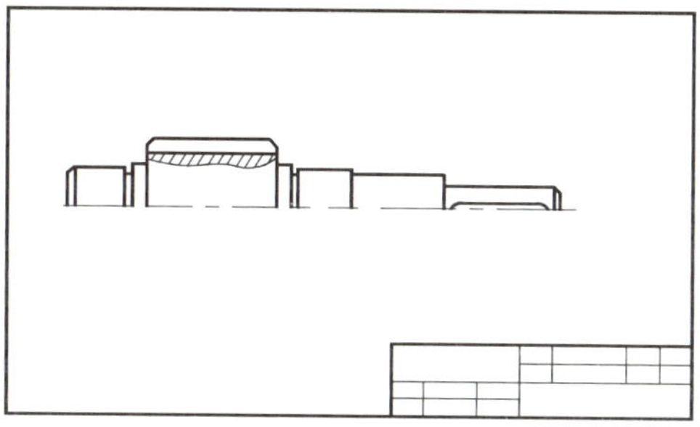

(a) 绘制主视图

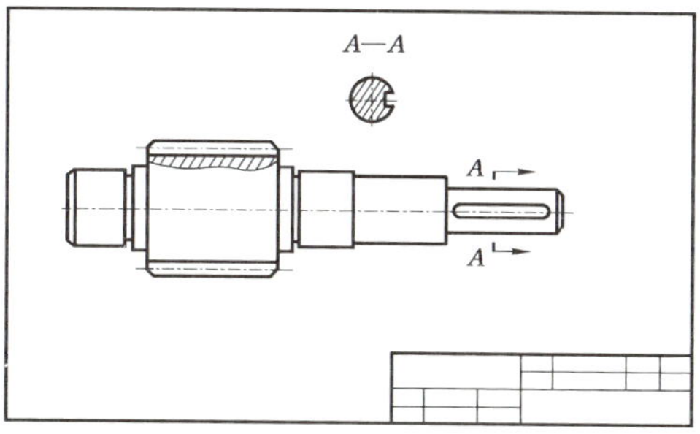


(b) 绘制断面图

图 4-111 AutoCAD 绘制轴套类零件图

2. 用 AutoCAD 绘制轮盘类零件图(图 3-3)

(1) 分析

轮盘类零件的特点如下：

① 结构特点。多为径向尺寸较大、轴向尺寸较小的扁平形状，主体部分常由回转体组成，也可能是方形或组合形体，通常还带有各种形状的凸缘、均布的圆孔和肋等局部结构。

② 主要加工方法。毛坯多为铸件，主要在车床上加工，较薄时采用刨床或铣床加工。

③ 视图表达。一般采用两个基本视图。主视图按加工位置原则，轴线水平放置（对于不以车削为主的零件则按工作位置或形状特征选择主视图），通常采用全剖视图表达内部结构；另一个视图表达外形轮廓和其他结构，如孔、肋、轮辐的相对位置等；也可用断面图、局部剖视图、局部放大图等表达肋、轮辐、键槽等结构。

④ 尺寸标注。以回转轴线作为径向尺寸基准，重要接合面为长度（轴向）主要尺寸基准。对于其上的均布孔，一般采用"$n\times\phi m$ EQS"的形式标注，角度定位尺寸可省略。

⑤ 技术要求。重要的轴、孔和端面尺寸精度要求较高，且一般都有形位公差要求，如同轴度、垂直度、平行度和端面跳动等。配合的内、外表面及轴向定位端面的表面有较高的表面粗糙度要求。材料多数为铸件，有时效处理和表面处理等要求。

(2) 绘制过程

① 新建文件。启动 AutoCAD 2022 软件，调用"H_A4"样板图，新建图形文件。

② 绘制左视图。置"轮廓线"为当前，画圆、修剪、阵列。将 $\phi95$ 放在"中心线"层，修改其属性（LTS，修改其值为 0.3），如图 4-112(a)所示。

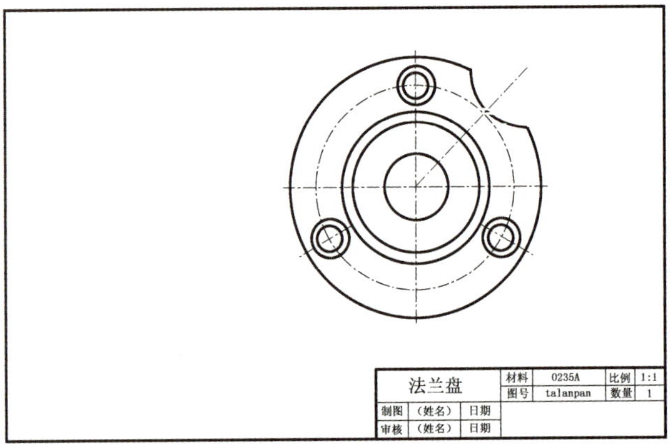


(a) 绘制左视图

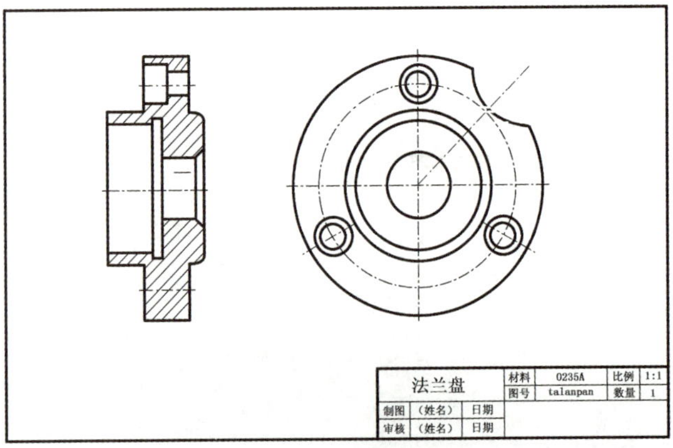


(b) 绘制右视图

图 4-112 AutoCAD 绘制轮盘类零件图

③ 绘制主视图。用自动追踪和偏移、修剪命令绘制主视图的主要轮廓线;用倒角命令绘制倒角;用图案填充命令绘制剖面线;置“中心线”为当前层,用直线命令绘制轴的中心线,如图 4-112(b)所示。

④ 标注。打开“标注”层和“机械”样式,进行尺寸标注;用“ed”命令标注尺寸公差;用“le”命令标注几何公差轴尺寸公差的公差代号;打开“文字”层,用多行文字输入技术要求并修改标题栏。

⑤ 存盘退出。检查,存盘或打印输出。

3. 用 AutoCAD 绘制叉架类零件图(图 3-4)

(1) 分析

叉架类零件的特点如下:

① 结构特点。叉架类零件一般有拨叉、连杆、支座等,通常起传动、连接、支承等作用,其形状不规则,外形比较复杂,常有弯曲或倾斜结构,且带有肋板、轴孔、耳板、底板、螺孔等结构,一般可分为工作部分和联系部分。工作部分指该零件与其他零件配合或连接的套筒、叉口、支承板、底板等;联系部分指将该零件各工作部分联系起来的薄板、肋板、杆体等。

② 主要加工方法。这类零件多数由铸造或模锻制成毛坯后,经必要的机械加工而成,主要在车床上加工,较薄时采用刨床或铣床加工。

③ 视图表达。由于这类零件加工位置多变,在选择主视图时,主要考虑工作位置和形状特征。对其他视图的选择,常常需要两个或两个以上的基本视图,并且还要用适当的局部视图、断面图等表达方法来表达零件上的凹坑、凸台、肋板、杆体等的局部结构。一般用斜视图表达零件上的倾斜结构。

④ 尺寸标注。在标注叉架类零件的尺寸时,通常选用安装基面或零件的对称面作为尺寸基准。

⑤ 技术要求。重要的轴、孔和端面尺寸精度要求较高,且一般都有形位公差要求,如同轴度、垂直度、平行度和端面跳动等。配合的内、外表面及轴向定位端面的表面有较高的表面粗糙度要求。材料多数为铸件,有时效处理和表面处理等要求。

(2) 绘制过程

① 新建文件。启动 AutoCAD 2022 软件,调用“H_A4”样板图,新建图形文件。

② 绘制主、左视图。置“轮廓线”为当前,用自动追踪和偏移、修剪命令绘制轴线上方的主要轮廓线;用倒角、修剪命令绘制倒角;用样条曲线命令绘制局部断裂线;用图案填充命令绘制剖面线;置“中心线”为当前层,用直线命令绘制轴的中心线,修改中心线属性(LTS,修改其值为 0.3),如图 4-113(a)所示。

③ 绘制断面图。作移出断面图并标注,注意其位置要使图形布局合理,用图案填充命令绘制剖面线,如图 4-113(b)所示。

④ 绘制斜视图。作 A 向视图并标注,注意其位置要使图形布局合理;用“样条曲线”绘制局部断裂线,如图 4-113(b)所示。

⑤ 标注。打开“标注”层和“机械”样式,进行尺寸标注;用“ed”命令标注尺寸公差;用“le”命令标注几何公差轴尺寸公差的公差代号;打开“文字”层,用多行文字输入技术要求及并修改标题栏。

⑥ 存盘退出。检查,存盘或打印输出。

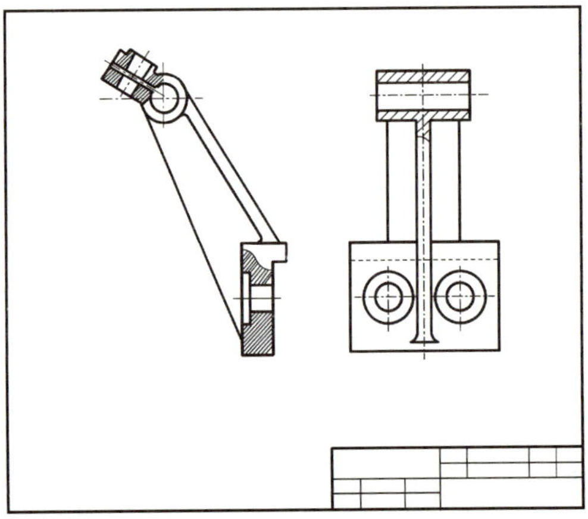

(a) 绘制主视图

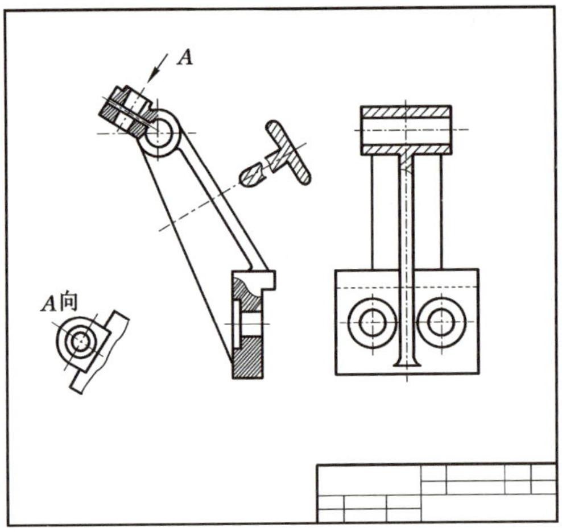


(b) 绘制断面和向视图

图 4-113　AutoCAD 绘制叉架类零件图

4. 用 AutoCAD 绘制箱体类零件图(图 3-5)

(1) 分析

箱体类零件的特点如下：

① 结构特点。箱体类零件一般有阀体、泵体、减速器箱体等，主要起包容、支承其他零件的作用，常有内腔、轴承孔、凸台、肋、安装板、光孔、螺纹孔等结构。

② 主要加工方法。毛坯一般为铸件，主要在铣床、刨床、钻床上加工。

③ 视图表达。一般来说，这类零件的形状、结构比前面三类零件复杂，而且加工位置的变化更多。在选择主视图时，主要考虑工作位置和形状特征。选用其他视图时，应根据实际情况采用适当的剖视、断面、局部视图和斜视图等多种辅助视图，以清晰地表达零件的内、外结构。

④ 尺寸标注。长、宽、高三个方向的主要尺寸基准通常选用轴孔中心线、对称平面、接合面和较大的加工平面。定位尺寸多，各孔的中心线(或轴线)之间的距离、轴承孔轴线与安

装面的距离应直接注出。

⑤ 技术要求。箱体类零件的轴孔、接合面及重要表面，在尺寸精度、表面粗糙度和形位公差等方面有较严格的要求。常有保证铸造质量的要求，如进行时效处理，不允许有砂眼、裂纹等。

(2) 绘制过程

① 新建文件。启动 AutoCAD 2022 软件，调用“H_A4”样板图，新建图形文件。

② 绘制三视图。置“轮廓线”为当前，用圆、直线、修剪等命令绘制主视图主要轮廓线；用自动追踪和偏移、修剪命令绘制俯、左视图主要轮廓线；用圆、倒角、圆角及修剪命令绘制细节；用样条曲线命令绘制局部断裂线；用图案填充命令绘制剖面线；置“中心线”为当前层，用直线命令绘制的中心线，修改其属性(LTS，修改其值为 0.3)，如图 4-114(a)所示。

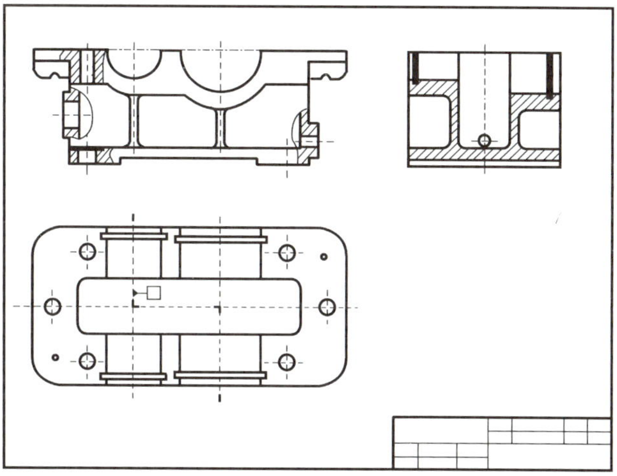

(a) 绘制三视图

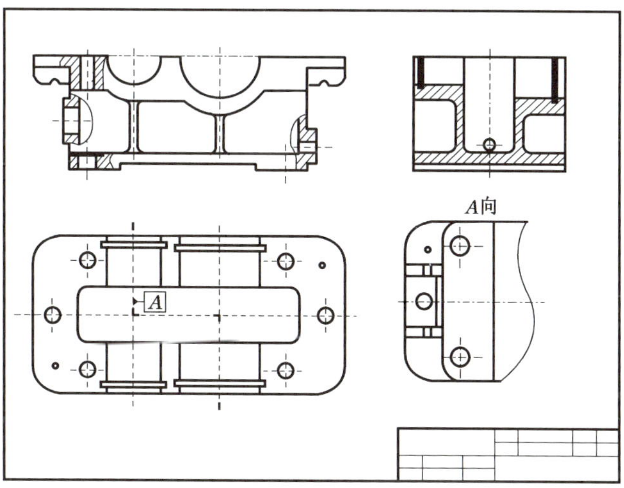


(b) 绘制 A 向视图

图 4-114 AutoCAD 绘制箱体类零件图

③ 绘制向视图。作 A 向视图并标注，注意其位置要使图形布局合理；用样条曲线命令绘制局部断裂线，如图 4-114(b)所示。

④ 标注。打开"标注"层和"机械"样式，进行尺寸标注；用"ed"命令标注尺寸公差；用"le"命令标注几何公差轴尺寸公差的公差代号；打开"文字"层，用多行文字输入技术要求并修改标题栏。

⑤ 存盘退出。检查，存盘或打印输出。

## 二、用 AutoCAD 绘制装配图

由于装配图的信息量大，且机械产品具有多样性和复杂性，因此，用 AutoCAD 绘制装配图是一件较为复杂的工作。

对于经常绘制装配图的部门和人员，最好将常用的零件、部件和标准件以及一些专业符号做成图库。例如，将轴承、弹簧、螺钉、螺栓等制作成图块文件，在绘制装配图时可根据需要插入图中。

画装配图的常用方法有三种：一是直接绘制法，根据零件的尺寸关系和装配关系，直接画出装配图(适用于比较简单的装配图)；二是零件插入法，由零件图拼画成装配图，即首先绘制出装配图中的各种零件，然后选择其中的一个主体零件，将其他各零件依次通过复制、粘贴、修剪等命令插入主体零件中，从而完成绘制；三是零件图块插入法，将各种零件均存储为图块，然后以插入图块的方法来装配零件以绘制装配图。

当机器或部件的大部分零件图已由 AutoCAD 绘出时，就可以采用插入图形文件的方法拼画装配图，基本作法如下：

(1) 确定装配图的表达方案。

(2) 对所需的零件图进行必要的编辑，如擦除装配图中可以省略或简化的工艺结构，关闭不必要的图层，并将编辑好的零件图存为文件或图块，以便使用时调用。

(3) 进行视图拼合。根据已确定的表达方案，按装配图的画图步骤，逐个调用已有图形进行拼合。

(4) 进行编辑、补画漏线和视图，将多余图线擦掉，标注尺寸、编写序号、填写标题栏和明细栏、注写技术要求。

**【例 4-38】** 绘制如图 4-115(e)所示的铣刀头装配图。其中，AutoCAD 中已绘出铣刀头的机座、端盖、轮、带轮等的零件图，滚动轴承和螺钉已做成图块文件。

**具体步骤：**

(1) 选择基础零件作为拼画装配图的基础

铣刀头的基础零件是机座，所以首先复制一张机座零件图，然后对其进行编辑和修改，如删除装配图上不需要的表面粗糙度符号、尺寸等，修改后的机座视图如图 4-116 所示，以此图作为拼画装配图的基础。

注意冻结图层中"标注层"，使图中的尺寸标注不显示，便于装配图的绘制。

(2) 插入端盖、轴承、螺钉

将端盖、轴承、螺钉零件分别调入，将各零件组装在一起，使其符合装配关系。分解各零件图，删除多余的图线。

在插入端盖之前，也需要对端盖零件图进行编辑，删除多余尺寸、表面粗糙度、剖面线等，并保存为图块文件。在插入轴承、螺钉等图块文件时，因尺寸、比例和方向的不同，可在

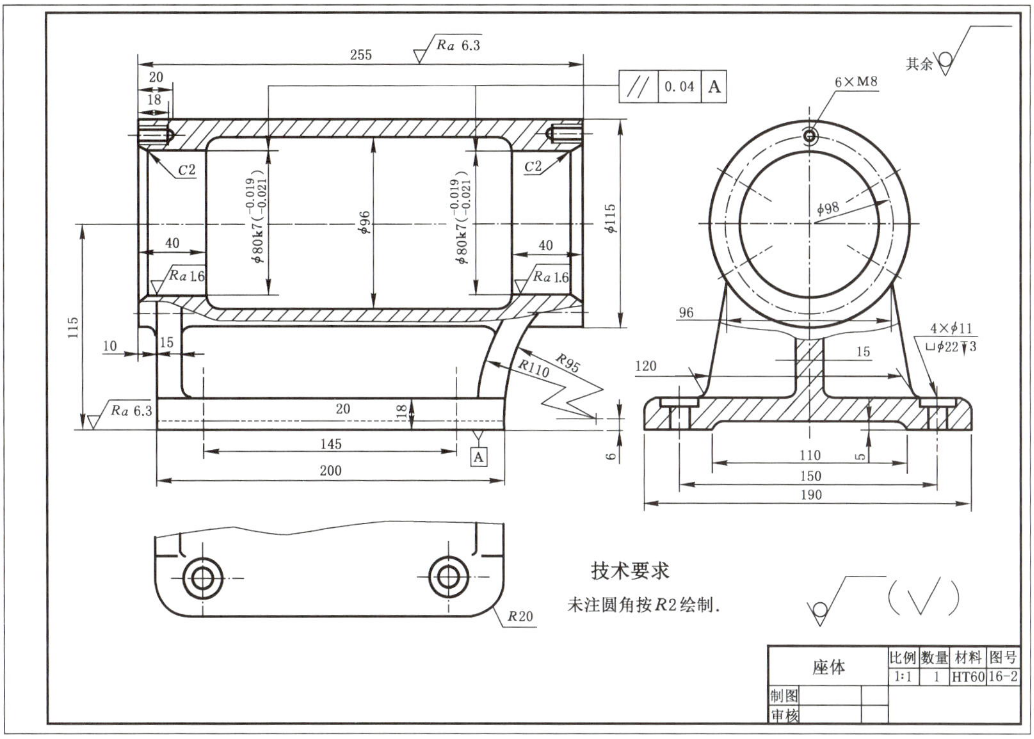


(a)

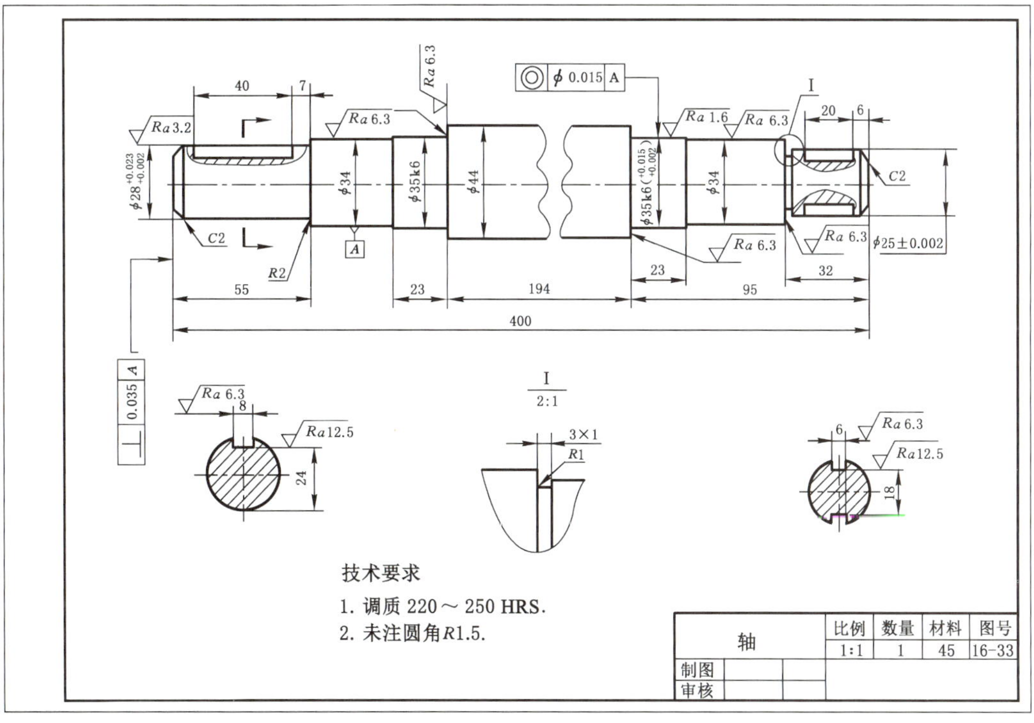


(b)

图 4-115　铣刀头零件图与装配图

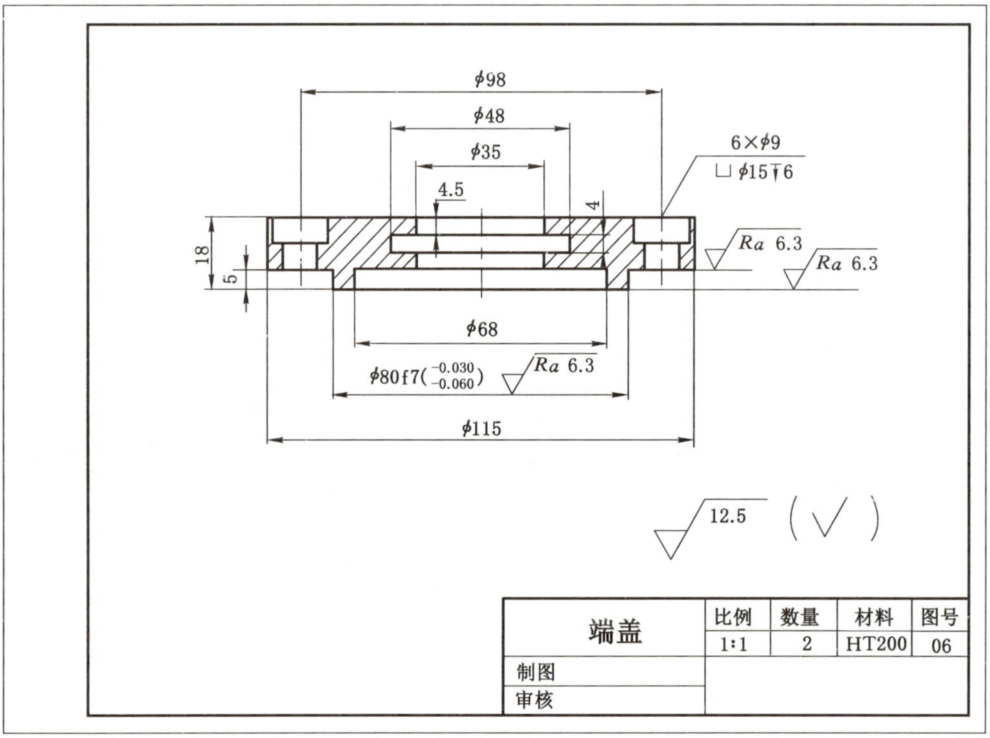
ϕ98
ϕ48
ϕ35
4.5
4
6×ϕ9
⌴ϕ15↧6
18
5
Ra 6.3
Ra 6.3
ϕ68
ϕ80f7(−0.030 −0.060)
Ra 6.3
ϕ115
12.5
(√)
端盖
比例
数量
材料
图号
1:1
2
HT200
06
制图
审核

(c)

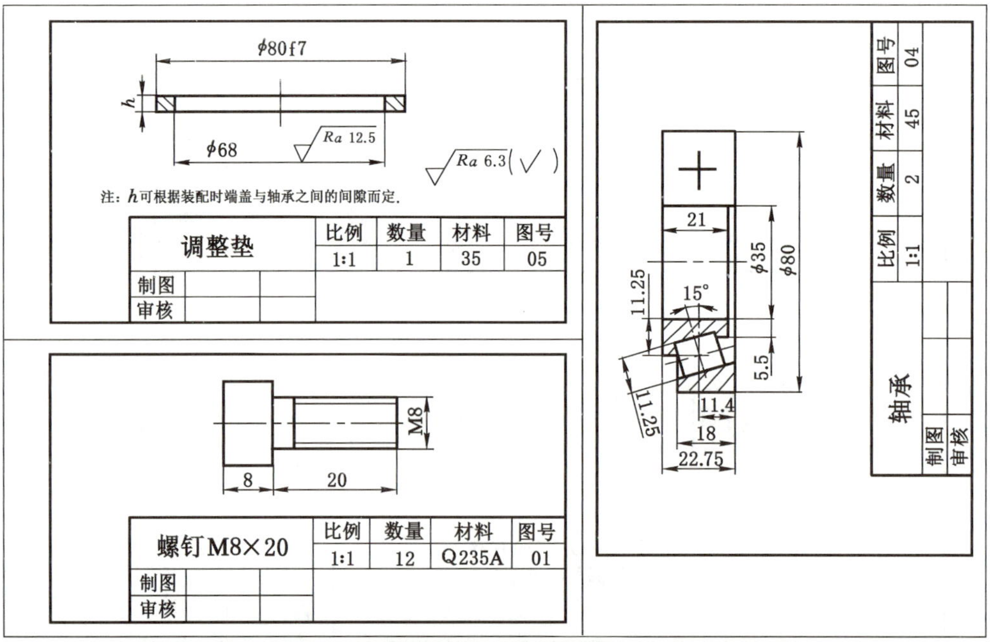
ϕ80f7
h
ϕ68
Ra 12.5
Ra 6.3
(√)
注：h可根据装配时端盖与轴承之间的间隙而定.
调整垫
比例
数量
材料
图号
1:1
1
35
05
制图
审核
M8
8
20
螺钉M8×20
比例
数量
材料
图号
1:1
12
Q235A
01
制图
审核
21
ϕ35
ϕ80
11.25
15°
5.5
11.25
11.4
18
22.75
轴承
比例
数量
材料
图号
1:1
2
45
04
制图
审核

(d)

图 4-115(续)

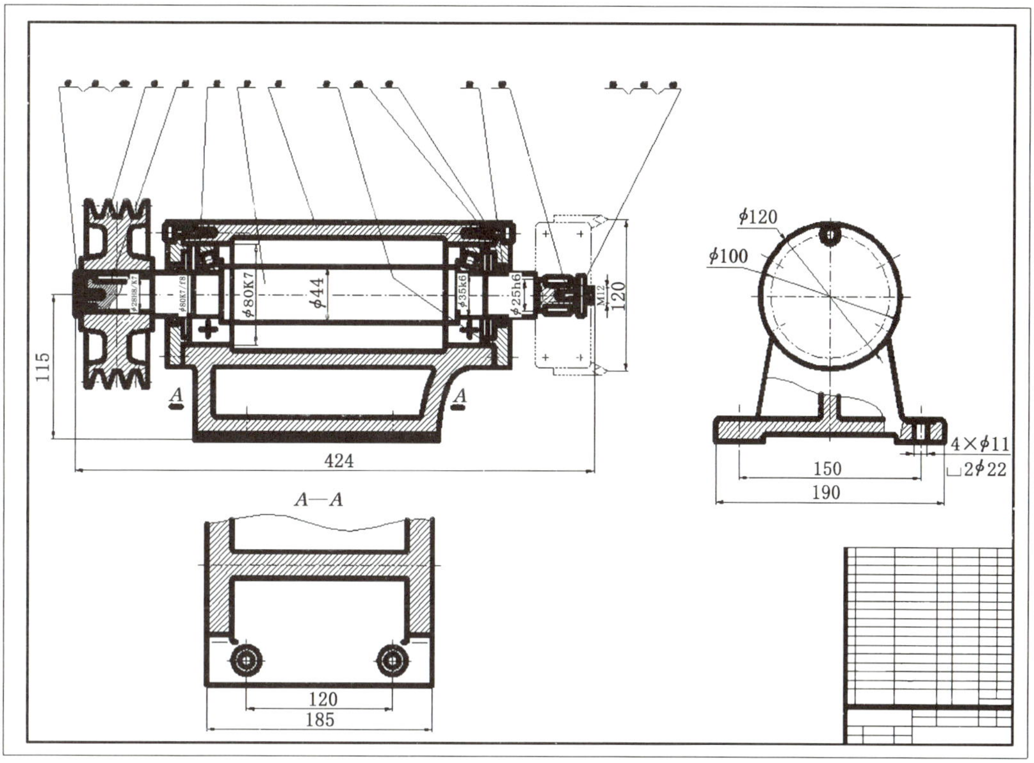


(e)

图 4-115(续)

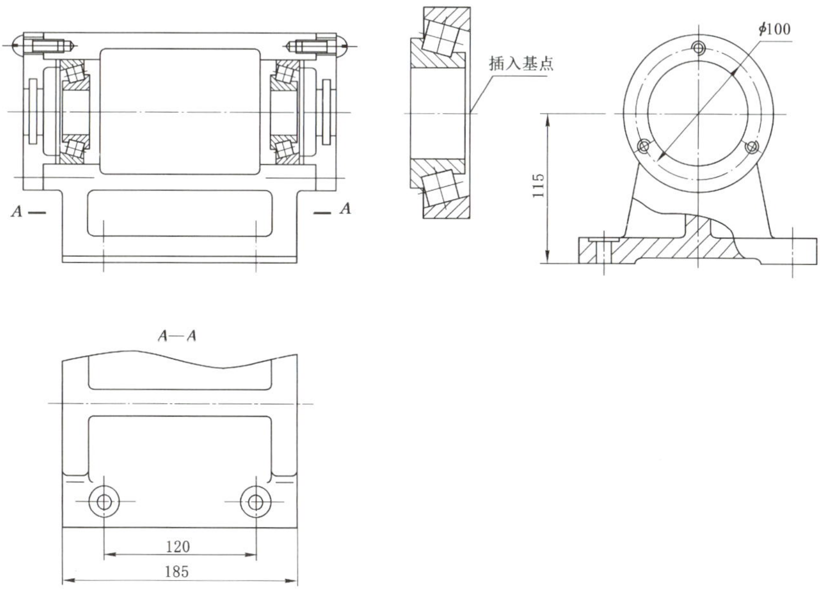


图 4-116 修改后的机座零件图

插入对话框中设置合适的缩放比例和旋转角度，或先插入再编辑，如图 4-117 中的轴承，先将其插入一基准轴线上，然后用“scale”命令进行缩放。注意要用“reference”参考方式，尺寸合适后再移动到相应位置。零件插入后，对遮挡部分进行擦除、修剪等编辑（零件以图块形式插入后，修改时应先进行分解）。

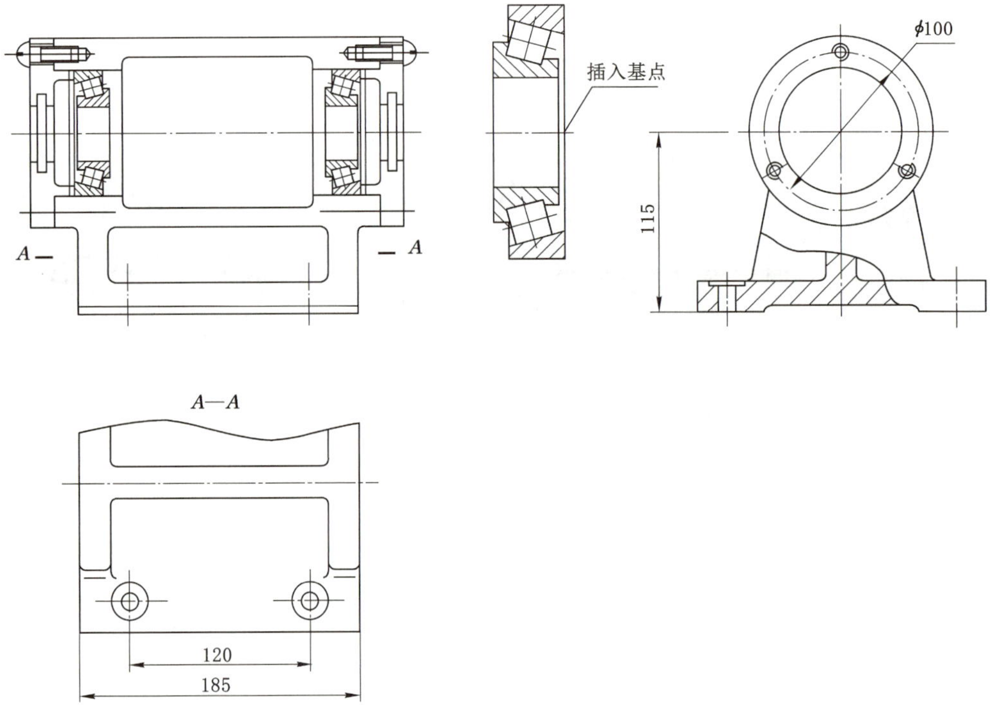


图 4-117　插入端盖、轴承和螺钉

(3) 插入轴、带轮，绘制刀盘

用同样的方法插入轴和带轮。刀盘因没有零件图，所以采用假想画法画出刀盘轮廓。编辑后的铣刀头装配图如图 4-118 所示。

(4) 整理视图、标注尺寸、对零件进行编号、绘制并填写明细栏

整理视图时可绘制出剖面线及细部结构（如键、密封圈等），标题栏和明细栏可放在样板图中，这样更便于装配图的绘制，完成后的铣刀头装配图如图 4-115(e)所示。

以上插入零件图的顺序也可以根据装配关系做适当调整。需要注意的是，每插入一个零件后，都要做适当的编辑和修改，不要把所有零件都插入后再修改，以免造成图线杂乱，修改困难。当零件图不全时，也可采用插、画结合的方法绘制装配图。

技巧点拨：在装配时，尽量将要插入的零件设置为固定颜色，不同零件尽量用不同的颜色。

**【例 4-39】** 绘制如图 4-119 所示的零件图及装配图。

**具体步骤：**

(1) 绘制零件图中的图形

① 图形的绘制及尺寸标注参考前面各章内容。注意块、样板图及设计中心的应用。

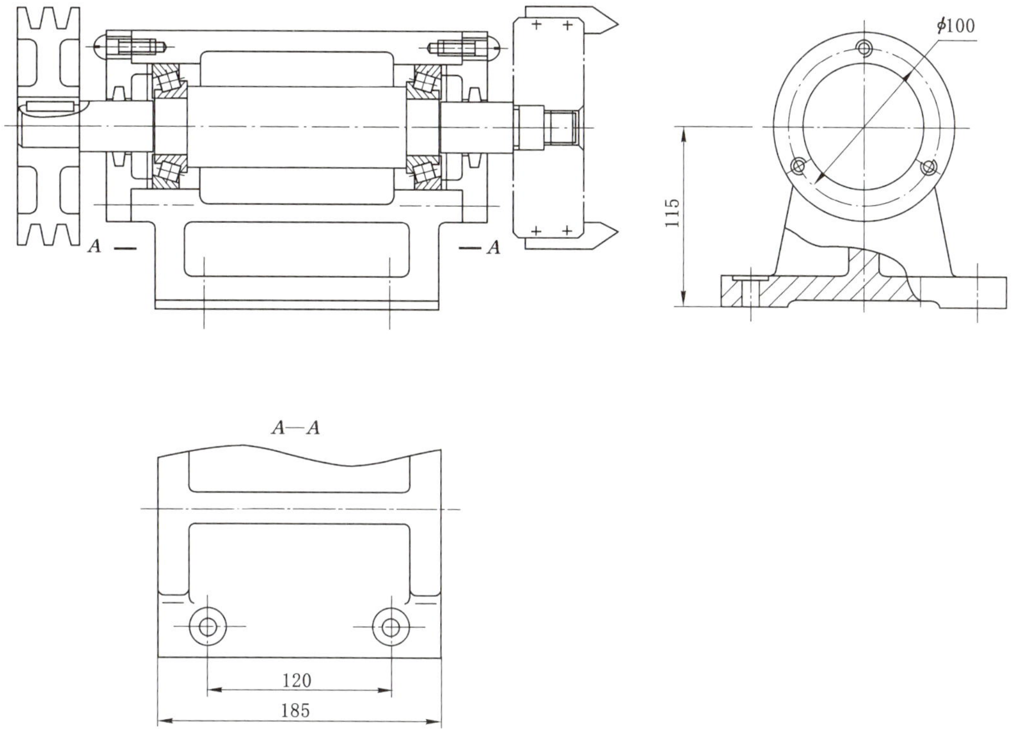


图 4-118　插入轴、带轮，绘制刀盘

② 存盘前应设置好基点，如图 4-120 所示。

(2) 完成各零件图的绘制（以滑块为例说明绘图步骤）

① 新建文件，打开以前所建“A4 样板图”。

② 插入“滑块”文件。

③ 修改标题栏块的属性。

④ 插入表面粗糙度符号，则得到图 4-119 所示零件图。

同理绘制螺杆及钳座零件图。

(3) 绘制钳体装配图

① 打开“钳座”文件。

② 插入文件“滑块”。绘图工具栏：“”下拉菜单中“插入”→“块”。

a. 插入“滑块”：单击“插入”对话框中“浏览”按钮，找到“滑块”文件，将其打开，插入“钳座”图中，将基点捕捉到“钳座”图上的相应点，如图 4-121 所示。

b. 编辑“滑块”：此时滑块作为一整体存在。将其绕基点旋转 90°，分解“滑块”，将“滑块”俯视图移到“钳座”俯视图相应位置，如图 4-122 所示。

c. 修改装配体图形：由于俯视图是在销孔处剖切得到的全剖视图，所以俯视图中原螺纹的投影不存在，将其删除；填充“钳座”俯视图中的剖面线；更改滑块剖面线的方向，使其与“钳座”剖面线方向相反。修改后如图 4-123 所示。

③ 插入文件“螺杆”。

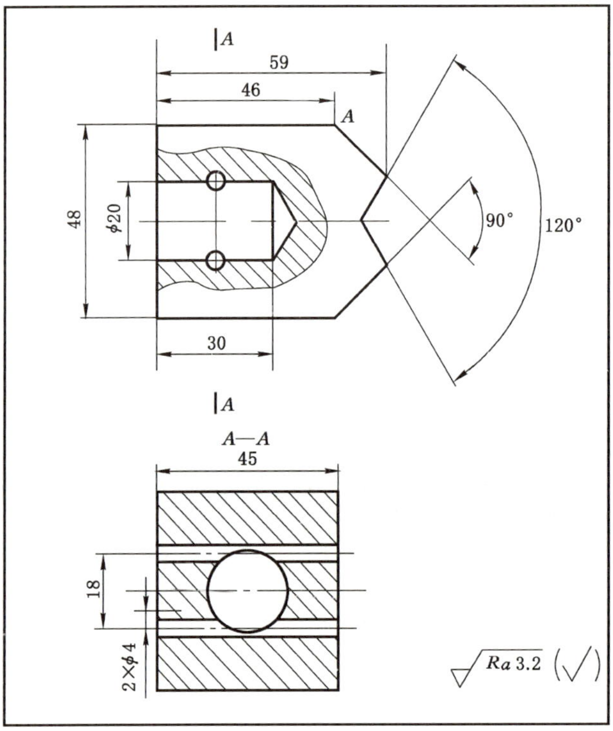


(a) 滑块零件图

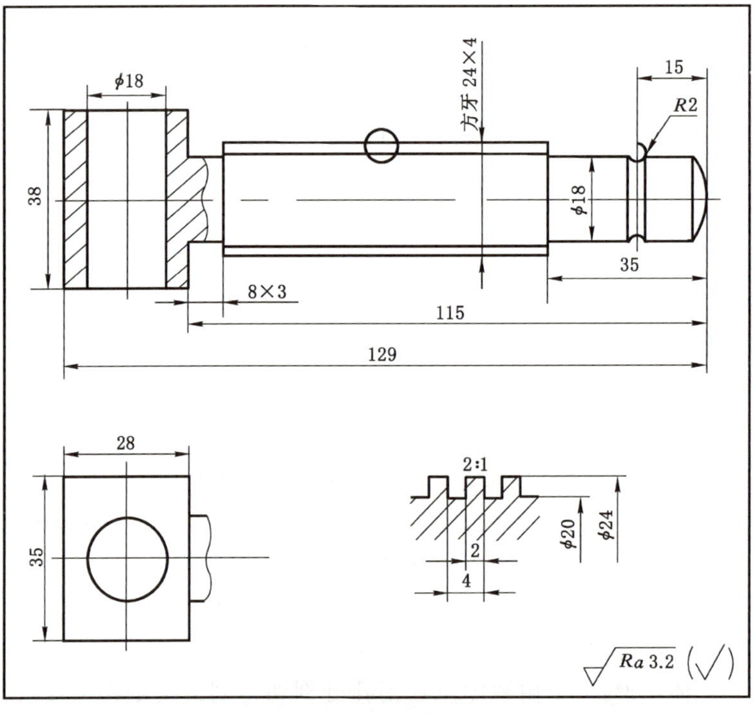


(b) 螺杆零件图

图 4-119 钳体零件图及装配图

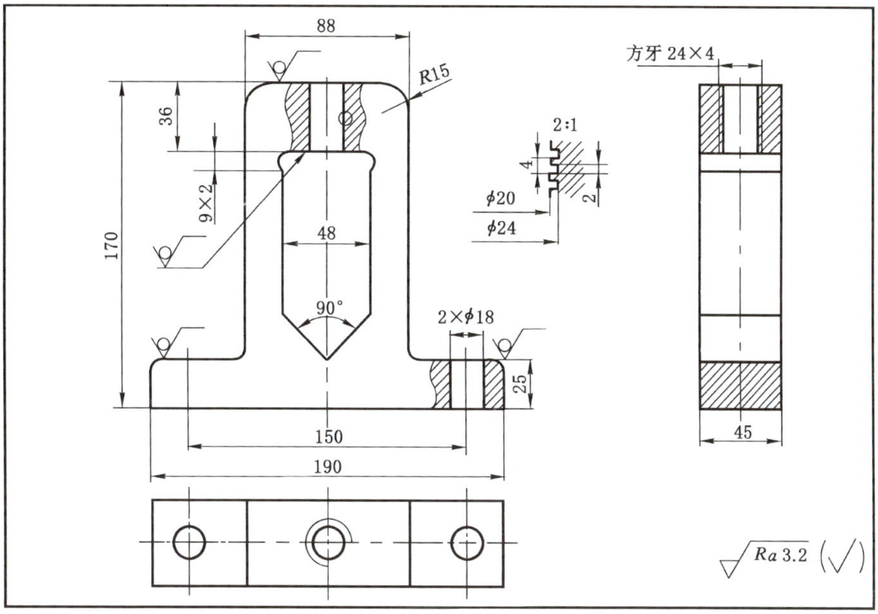


(c) 钳座零件

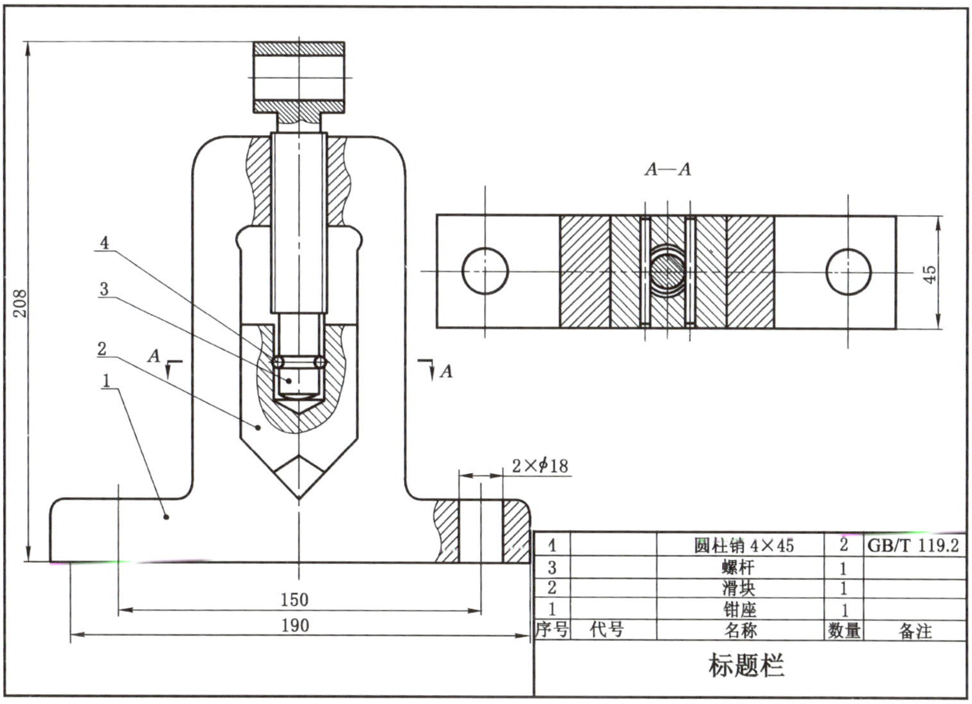


| 序号 | 代号 | 名称 | 数量 | 备注 |
|---|---|---|---|---|
| 4 | | 圆柱销 4×45 | 2 | GB/T 119.2 |
| 3 | | 螺杆 | 1 | |
| 2 | | 滑块 | 1 | |
| 1 | | 钳座 | 1 | |

标题栏

(d) 钳体装配图

图 4-119(续)

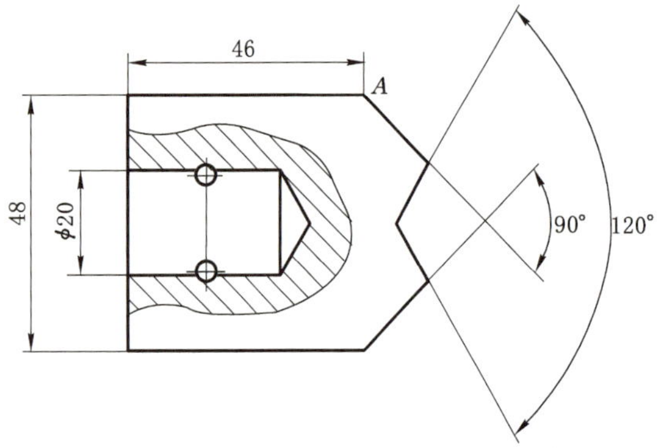


(a) 滑块基点的设置

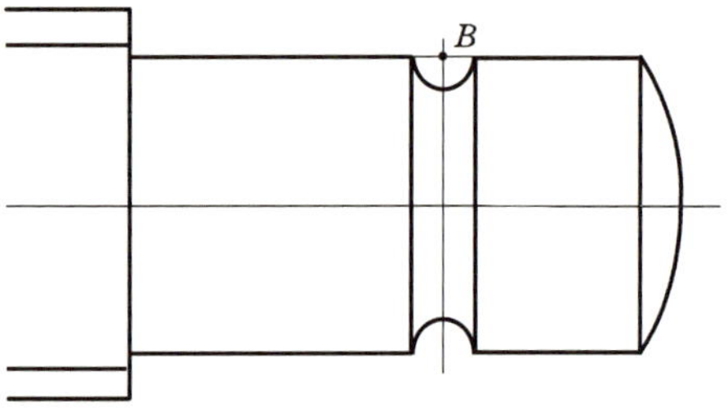


(b) 螺杆基点的设置

图 4-120 设置零件基点

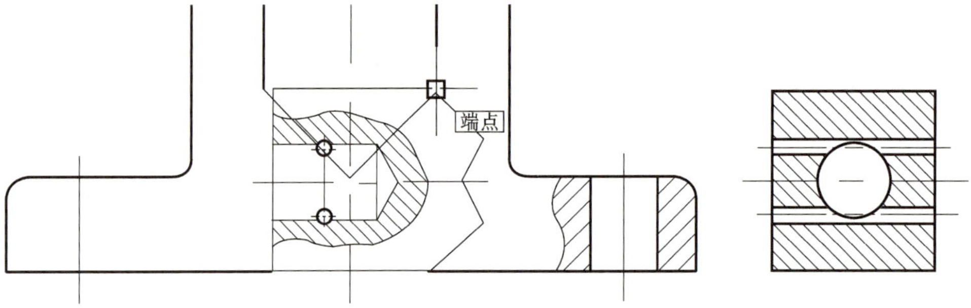


图 4-121 插入“滑块”

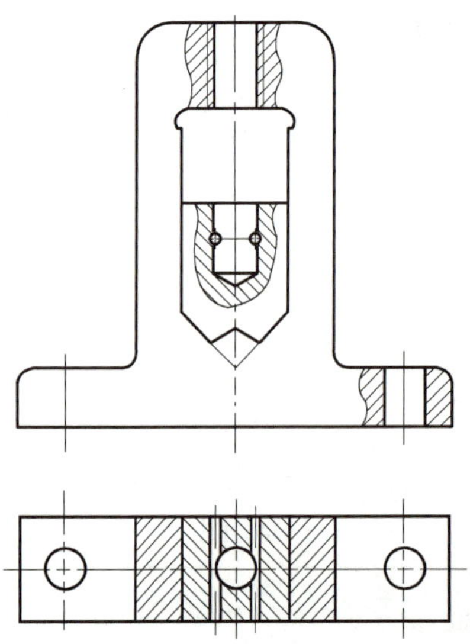

图 4-122 编辑“滑块”

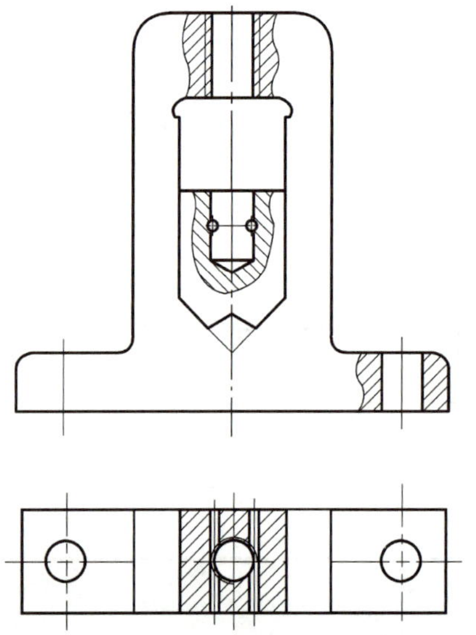

图 4-123 编辑后装配体的图形

a. 插入“螺杆”:使用插入“滑块”方法进行操作。将基点捕捉到“滑块”主视图上销孔圆心点,如图 4-124 所示。

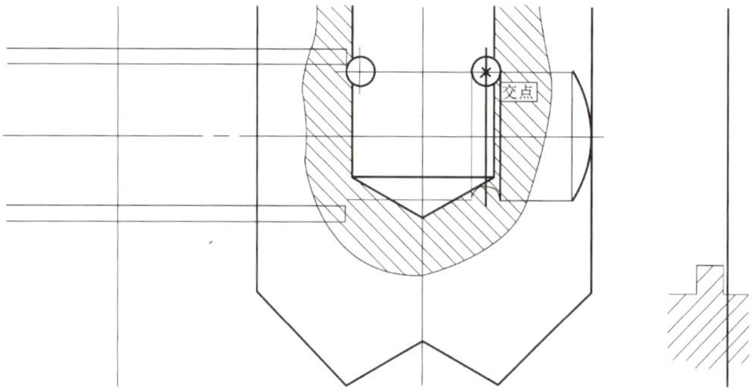


图 4-124 插入“螺杆”

b. 编辑“螺杆”:此时螺杆作为一整体存在。

c. 编辑“装配体”:利用修剪、删除等命令编辑“装配体”的主视图,如图 4-125 所示;利用投影关系绘制俯视图所缺的线型;填充螺杆俯视图的剖面线;采用“钳座”俯视图剖面线的填充方法进行操作。编辑之后装配体的俯视图如图 4-126 所示。

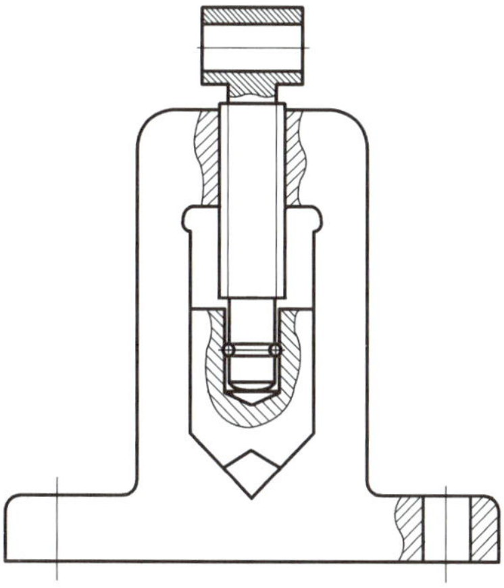

图 4-125 编辑“装配体”主视图

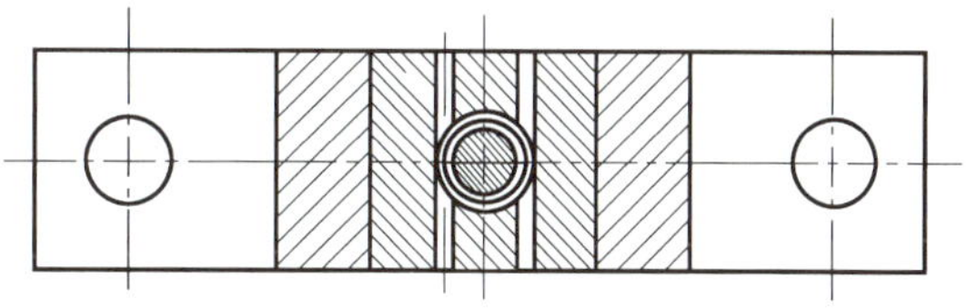

图 4-126 编辑“装配体”俯视图

d. 绘制销:主视图没有改变,俯视图变为如图 4-127 所示。

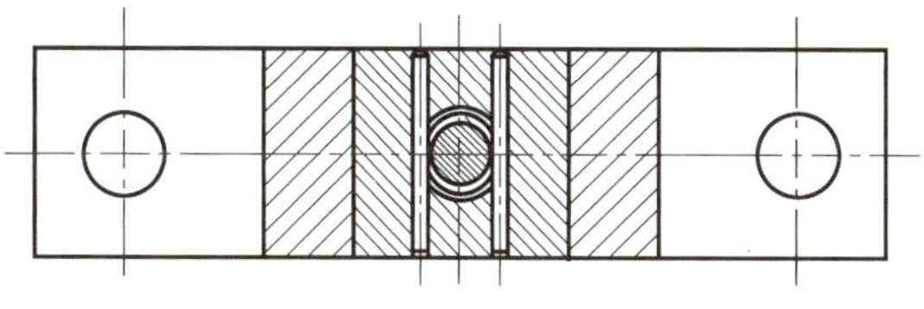

图 4-127 绘制销

(4) 完成装配图的绘制

将刚建立的装配图插入相应的带明细栏的图框中,标注尺寸及零件序号,完成装配图的绘制。

## 三、练习与提高

(1) 绘制图 4-128 所示组合体的三视图。

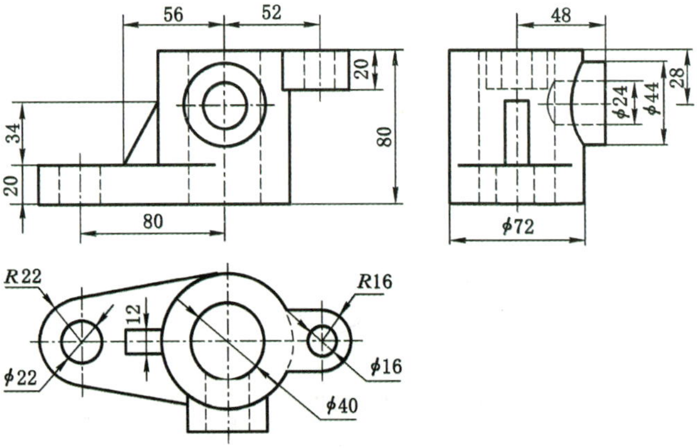


(a)

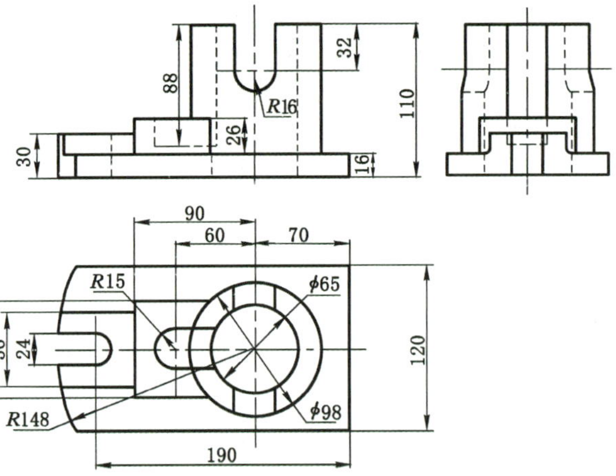


(b)

图 4-128　组合体三视图

绘制组合体 1

绘制组合体 2

(2) 根据图 4-129 所给千斤顶的装配示意图和零件图，在 AutoCAD 中完成其零件图和 2D 装配图。

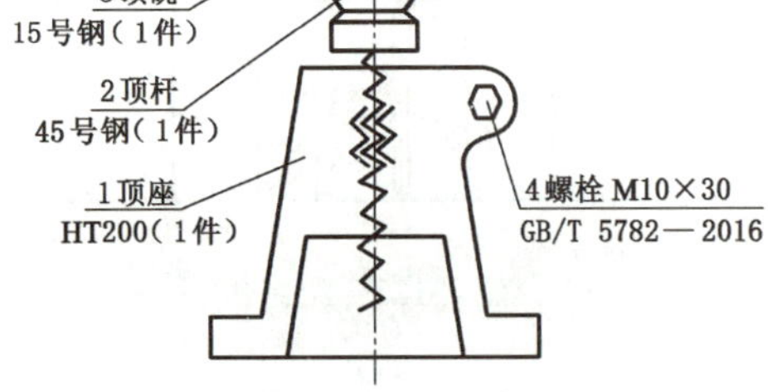


(a) 装配示意图

图 4-129　千斤顶

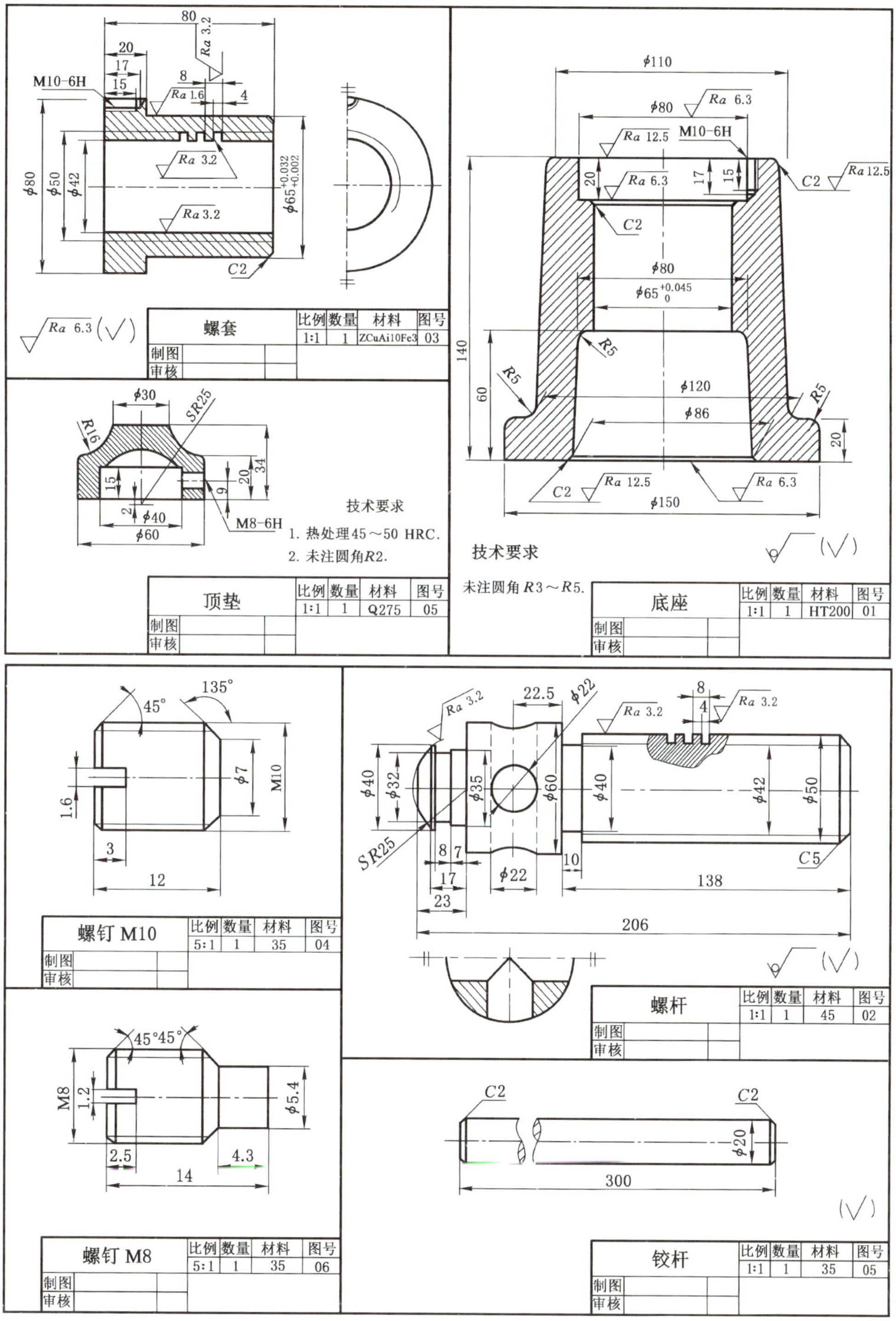

螺套
比例 数量 材料 图号
1:1 1 ZCuAi10Fe3 03
制图
审核
M10-6H
底座
比例 数量 材料 图号
1:1 1 HT200 01
技术要求
未注圆角R3～R5.
顶垫
比例 数量 材料 图号
1:1 1 Q275 05
技术要求
1. 热处理45～50 HRC.
2. 未注圆角R2.
M8-6H
螺钉 M10
比例 数量 材料 图号
5:1 1 35 04
螺杆
比例 数量 材料 图号
1:1 1 45 02
螺钉 M8
比例 数量 材料 图号
5:1 1 35 06
铰杆
比例 数量 材料 图号
1:1 1 35 05


(b) 零件图

图 4-129(续)

# 项目五　AutoCAD绘制3D图

## 任务十四　AutoCAD三维建模

【知识要点】　了解AutoCAD中轴测图的绘制方法和三维建模功能。

【技能目标】　能够熟练绘制并编辑3D实体;掌握由3D实体生成2D图的方法。

【思政目标】　三维全景看蓝图,助力启航新征程。

### 任务导入

AutoCAD 2022不仅具有强大的二维绘图功能,而且还具备强大的三维绘图功能。利用AutoCAD的三维绘图功能,可以绘制各种三维的线、平面、曲面以及实体等。

思政案例

### 相关知识

#### 一、绘制正等轴测图

(一)正等轴测图的三种轴测模式

在轴测投影中,坐标轴的轴测投影称为轴测轴,它们之间的夹角称为轴间角。在等轴测图中,三个轴向的缩放比例相等,并且三个轴测轴与水平方向所成的角度分别为30°、90°和150°。在三个轴测轴中,每两个轴测轴定义一个轴测面,如图5-1(a)所示。

AutoCAD在绘制轴测图时,选择三个轴测平面之一将导致"正交"和十字光标沿相应的轴测轴对齐,按快捷键"Ctrl+E"或者按"F5"键可以循环切换各轴测平面。同时,还要注意区分不同的轴测面,尤其是左视平面和右视平面,如图5-1(b)所示。

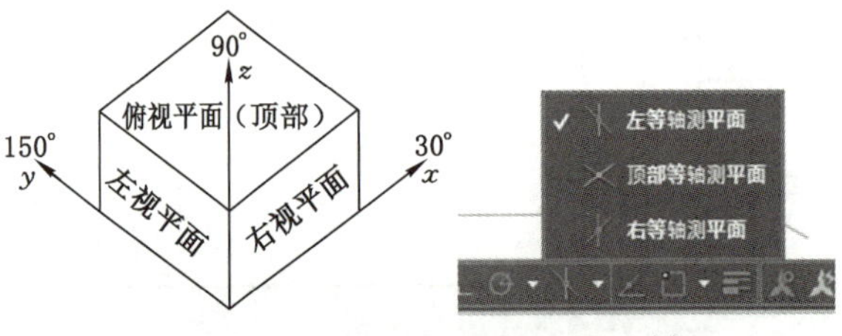


(a)　(b)

图5-1　正等轴测图的三种轴测平面

注意：

（1）任何时候用户只能在一个轴测面上绘图，因此绘制立体不同方位的面时，必须切换到不同的轴测面上去作图。

（2）切换到不同的轴测面上作图时，十字准线、捕捉与栅格显示都会相应于不同的轴测面进行调整，以便看起来仍像位于当前轴测面上。

（3）正交模式也要被调整。要在某一轴测面上画正交线，首先应使该轴测面成为当前轴测面，然后再打开正交模式。

（4）用户只能沿轴测轴的方向进行长度的测量，而沿非轴测轴方向的测量是不正确的。

（5）轴测模式只是改变了光标显示状态，是辅助绘图的工具，并没有改变 AutoCAD 的系统坐标，此时 $x$、$y$ 坐标仍然是水平和垂直方向。

（二）设置等轴测环境

AutoCAD 为绘制等轴测图创造了一个特定的环境。在这个环境中，系统提供了相应的辅助手段——等轴测图绘制模式，以帮助用户方便地构建轴测图。右击状态栏中“捕捉模式”按钮，在弹出的菜单中选择“捕捉设置”。系统弹出“草图设置”对话框，选择“等轴测捕捉”单选项后，单击“确定”按钮，这样就启动了等轴测环境，如图 5-2 所示。

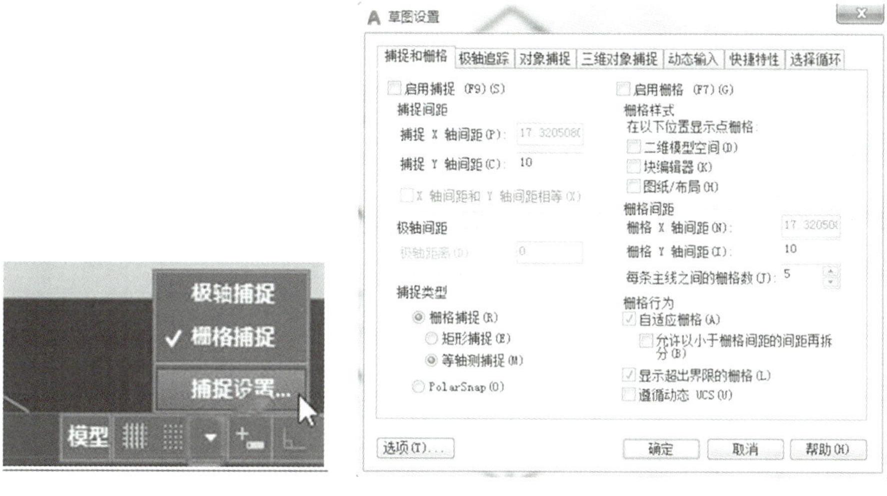


图 5-2　激活轴测模式

由于轴测轴与 $X$ 轴的夹角都是 30°角的倍数，故一般在设置完轴测模式后，还需将极轴追踪增量角设置为 30°，并且选中“用所有极轴角设置追踪”。

（三）绘制平面立体轴测图

二维轴测图中的偏移（平行线）和镜像（对称结构）命令是不可用的，需要用复制（CO）命令来达到偏移或者镜像的效果。即在轴测模式下，打开正交模式，可以用直线命令绘制所有与轴测轴平行的直线。对于其他对象，可以在沿轴测轴方向复制出的平行线确定点的坐标后，关闭正交模式，而后使用极轴追踪、对象捕捉及自动追踪等工具继续绘制图形。如绘制斜线时，常用极轴追踪的方法连接直线的两端点。

**【例 5-1】** 绘制如图 5-3 所示的平面立体的正等轴测图。

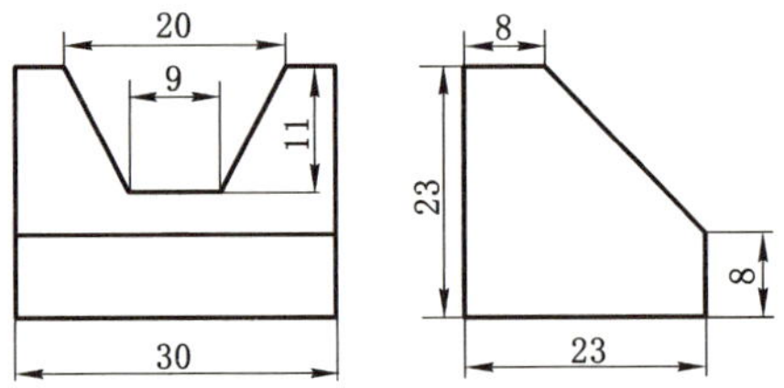


图 5-3　平面立体二视图

**具体步骤：**

(1) 绘制 30×23×23 长方体

设置好等轴测环境，按“F8”键捕捉，打开正交，利用直线绘制 30×23 矩形；切换到左视图中，向上复制矩形 23；通过矩形角点连线。如图 5-4(a)所示。

(2) 斜面定位

画直线 34：由点 1 沿 330°延伸 8 至点 3，由点 2 沿 90°延伸 8 至点 4。如图 5-4(b)所示。

(3) 绘制斜角

画连接顶面和前端面上的交线 35 和 46，再画直线 56，修剪多余线条。如图 5-4(c)所示。

(4) 绘制缺口

画线段 78：由点 1 沿 30°延伸 5 至点 7，由点 3 沿 30°延伸 5 至点 8；同理画线段 9—10。再由点 1 向下延伸 14 至点 11，沿 330°画线 11—12。由点 12 沿 30°画线 12—13 和 13—14。由点 14 沿 150°画线至与 30°方向追踪线交点 15。连线 8—13、10—14、9—15 和 15—11。如图 5-4(d)所示。

修剪整理，完成图形，如图 5-4(e)所示。

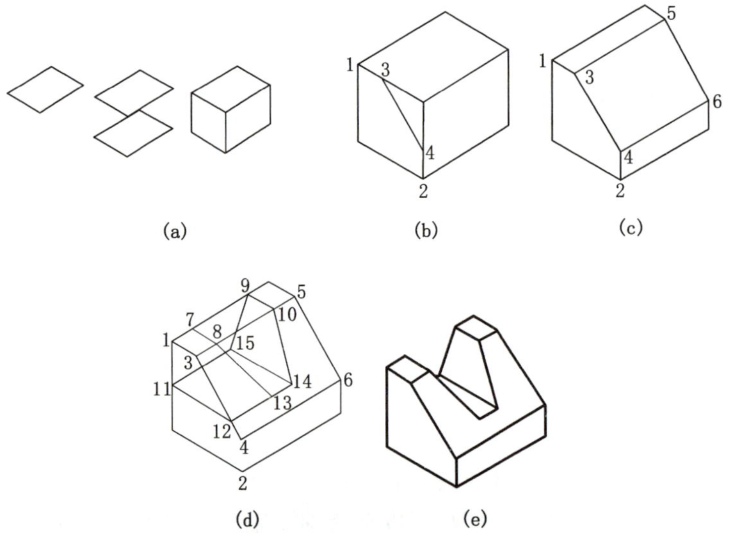


图 5-4　例 5-1 图

（四）绘制曲面立体轴测图

在二维轴测图中，只能使用椭圆命令下的“等轴测圆(I)”来绘制指定的圆形，然后再将圆形复制，从而得到圆柱体。

**【例 5-2】** 绘制一个半径为 50、高为 100 的圆柱体。

**具体步骤：**

(1) 采用前面所讲的方法设置好等轴测环境，按“F8”键捕捉。激活椭圆命令→选择“等轴测圆(I)”→指定圆心→指定半径。

(2) 切换到左视图，将绘制好的圆向上复制 100。

(3) 连接圆的三个象限点，结果如图 5-5 所示。

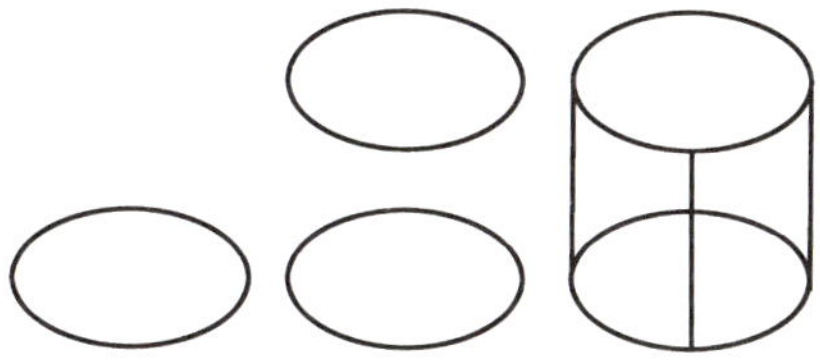

图 5-5 圆柱轴测图

**【例 5-3】** 绘制如图 5-6 所示的图形。

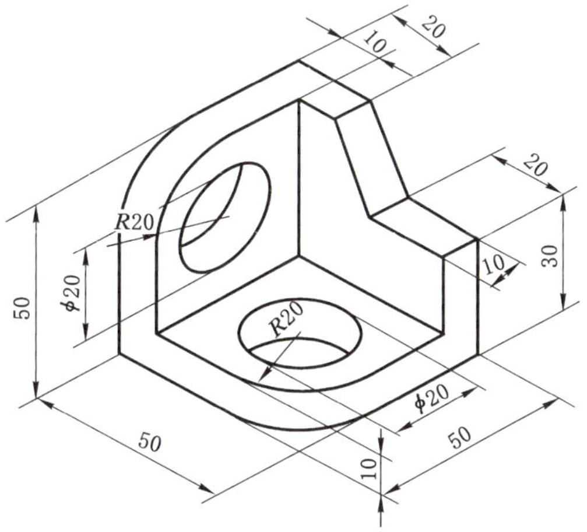


图 5-6 三维几何模型分类

**案例分析：**该图形表示的是一个正等轴测图。水平方向是在一个长方体的板上开一个圆形通孔，并倒有圆角。正立面结构与水平面相同。侧面上用一个水平面和一个侧垂面截去一个角。

**具体步骤：**

(1) 绘制水平底板

设置好等轴测环境，设置一个“轮廓线”层(该图形只用到了粗实线)。将光标切换至“等轴测上”状态，调用直线命令画出上表面的菱形，如图 5-7(a)所示。调用直线命令进行左侧面 *AEFD* 的绘制，将光标切换至“等轴测右”状态，以同样的方法得前表面 *FGCD*，如图 5-7(b)所示。

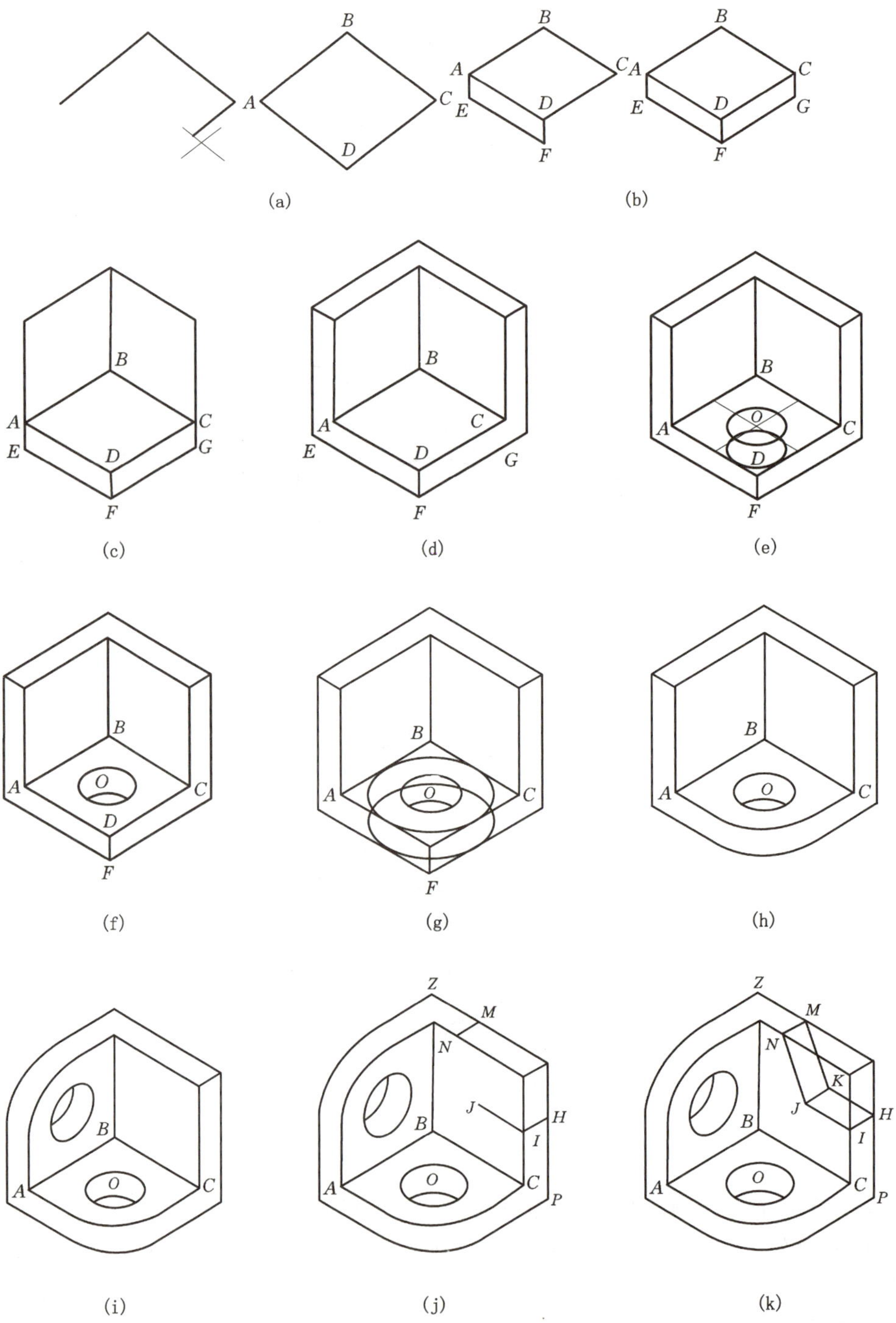


图 5-7　例 5-3 图

(2) 绘制立板

绘制右侧、后侧立板的内侧轮廓线，再绘制外侧框线，如图 5-7(c)所示。删除 $AE$、$CG$ 处线段；将光标切换至“等轴测右”状态，以同样的方法得前表面 $FGCD$，如图 5-7(d)所示。

(3) 绘制底面圆孔

调用直线命令确定椭圆中心,调用椭圆命令绘制椭圆(I,捕捉交点 $O$,10),调用复制命令绘制下底面椭圆,如图 5-7(e)所示。修剪整理,完成图形,如图 5-7(f)所示。

(4) 绘制底面圆角

调用椭圆命令(I,捕捉上表面椭圆圆心,20),向下复制该椭圆,如图 5-7(g)所示。修剪整理,完成图形,如图 5-7(h)所示。

注意:此处不能用圆角,因为轴测图中的圆角是椭圆弧,而用圆角所绘制的弧线为圆弧。

(5) 后侧立面的圆孔和倒圆角

调整光标至"等轴测右"状态,用前面的方法绘制圆孔和倒圆角,如图 5-7(i)所示。

(6) 绘制右侧立面结构

调用直线命令确定点 $I$ 和点 $J$,如图 5-7(j)所示。再调用直线命令完成折线 $ZMNJ$ 和 $HKM$ 的绘制,调用直线命令连接 $JK$,如图 5-7(k)所示。

注意:直线 $HI$ 与 $MN$ 在轴测图中不能用偏移复制方法获得。因为偏移复制所给的距离为原直线与偏移复制的直线间的垂直距离。

(7) 整理保存

用修剪命令修剪并保存图形。

## 二、绘制 3D 实体

在 AutoCAD 中,用户可创建三种类型的三维模型:线框模型、曲面模型和实体模型,如图 5-8 所示。其中,线框模型是一种轮廓模型,它是描绘三维对象的骨架,不包含面及体的信息,只有组成对象边界的点、直线和曲线;表面模型比线框模型复杂,它不仅定义三维对象的边,而且定义了面,像一个壳子,组成三维表面模型的基本元素是三维面,三维面即三维空间内的平面或曲面;实体模型不仅具有边、面,还有在其表面内由计算机确定的质量,即为实心物体,它与表面模型有着本质的区别,具有线、面、体的全部信息。

在实际绘图工作中,三维实体因其信息最完整、创建方式最直接,所以应用非常普遍。鉴于此,本书主要介绍三维实体建模。

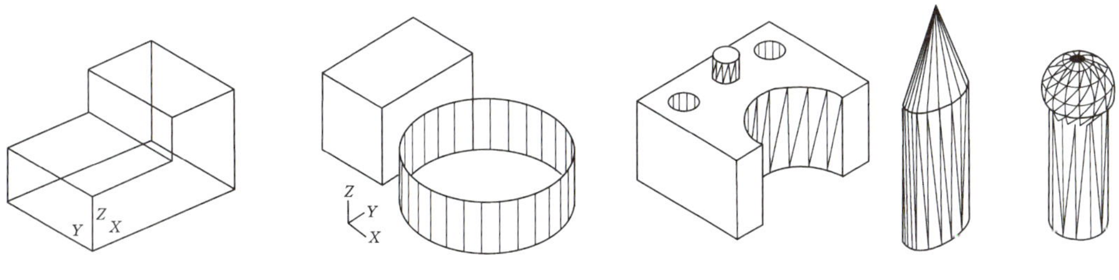


(a) 线框模型 (b) 曲面模型 (c) 实体模型

图 5-8 三维几何模型分类

### (一) 设置 3D 建模界面

1. 三维坐标系

三维实体模型需要在三维实体坐标系下进行描述,在 AutoCAD 中提供了三种形式的三维坐标表示法：直角坐标、圆柱坐标和球坐标。

(1) 直角坐标

如图 5-9(a)所示，三维直角坐标就是在原来二维直角坐标的基础上增加了一个 $Z$ 坐标。

(2) 柱坐标

如图 5-9(b)所示，柱坐标是通过三个参数描述一点：80<45,90。该点在 $XY$ 面上的投影与当前坐标系原点的距离 $\rho=80$；坐标系原点与该点的连线在 $XY$ 面上的投影同 $X$ 轴正方向的夹角 $\alpha=45°$；该点的 $Z$ 坐标为 90。距离与角度之间要用符号"<"隔开，而角度与 $Z$ 坐标之间要用逗号隔开，即"$\rho<\alpha, Z$"。

(3) 球坐标

如图 5-9(c)所示，球坐标也用三个参数表示一个点：80<45<40，即点与坐标系原点的距离 $L=80$；坐标系原点与空间点的连线在 $XY$ 面上的投影与 $X$ 轴正方向的夹角(简称在 $XY$ 面内与 $X$ 轴的夹角)$\alpha=45°$；坐标系原点与空间点的连线同 $XY$ 面的夹角(简称与 $XY$ 面的夹角)$\beta=40°$，各参数之间用符号"<"隔开，即"$L<\alpha<\beta$"。从球坐标的定义可知，如果 $L$ 坐标值保持不变，而改变 $\alpha$ 和 $\beta$ 坐标时，将形成一个以原点为中心的圆球面，$L$ 为该圆球的半径，这种坐标形式被称为球坐标。

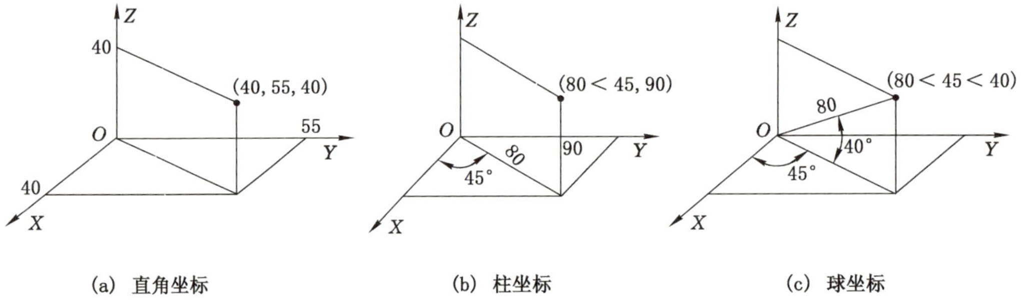


图 5-9　三维坐标

(4) UCS

缺省情况下，AutoCAD 坐标系为世界坐标系，除此之外，用户可以根据需要定制自己的坐标系，即 UCS(用户坐标系)。创建三维对象时，用户可以通过 UCS 命令，在任意位置、任意方向建立合适的用户坐标系，从而使三维绘图变得更加简便。

技巧点拨：

① UCS 对于输入坐标、建立绘图平面和设置视图非常有用。而且改变 UCS 并不改变视点，只会改变坐标系的方向和倾斜度。

② 在三维绘图过程中，需要利用"右手定则"随时判断三维坐标的方向：若已知 $X$、$Y$ 轴的正方向，将右手手背靠近屏幕放置，大拇指指向 $X$ 轴正方向，食指指向 $Y$ 轴正方向，则中指所指方向即为 $Z$ 轴的正方向。

③ UCS 是坐标输入、操作和观察的一个活动参考系，新绘制的对象只能在当前 UCS 的 $XY$ 平面上，多数编辑修改命令也取决于 UCS 的位置和方向。因此在三维建模过程中，建立适当的 UCS 坐标系，可以轻松地绘制出各个平面内的三维面和体，从而组合成为三维立体图。

2. 三维模型的观察与显示

(1) 观察三维模型

在 AutoCAD 中，可以缩放或平移三维图形，以观察图形的整体或局部。其方法与观察平面图形的方法相同。此外，AutoCAD 可以从任意方向观察 3D 模型，它用视点来确定观察 3D 对象的方向，在默认状态下，AutoCAD 是沿 Z 轴方向观察，因此看起来没有立体感，通过改变观察视点即可改变观察 3D 模型的角度。常用设置视点的方法有：特殊视图、动态观察和 Viewcube 工具。

① 快速设置特殊视点

提供了 6 个平面视图、4 个等轴测图等 10 个标准视图供用户使用。用户可利用“视图”工具栏中的各个视图按钮在二维视图和三维视图之间进行切换，如图 5-10(a)所示。如果用一个立方体代表三维空间中的三维模型，那么各种预置标准视图的观察方向如图 5-10(b)所示。

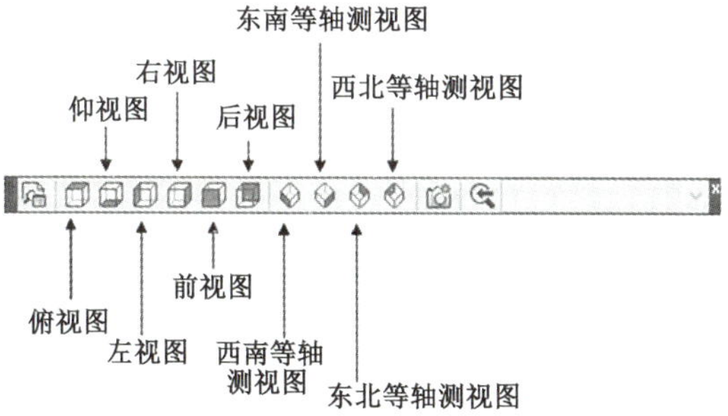


(a) “视图”工具栏

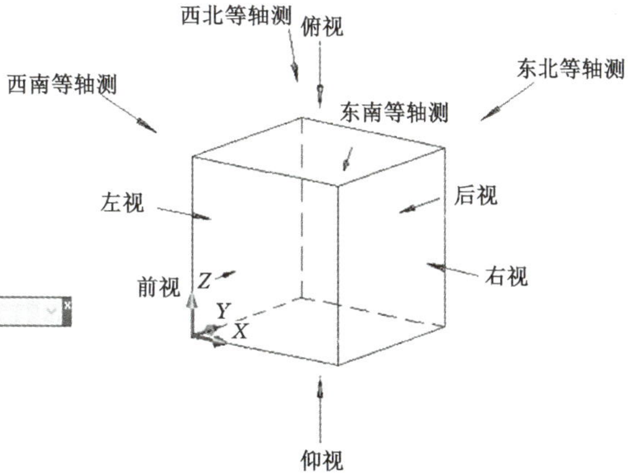


(b) 标准视图的观察方向

图 5-10 特殊视图

② 动态观察

使用 3D Orbit(三维动态观察器)可以实时地设置视点，以便动态观察图形图像。在菜单栏选择“视图”→“动态观察”菜单的子命令(提供了三种观察模式)，可以动态观察视图。也可以在 AutoCAD 左侧的快捷导航栏中单击“动态观察”按钮下方的三角形，选择动态观察模式，如图 5-11(a)所示。

a. 受约束的动态观察：在绘图窗口中按住鼠标左键拖动旋转，在三维环境的各种方位和角度观察实体。

b. 自由动态观察：屏幕上将显示三维动态观察器图标，把光标移动到转盘上的不同位置，光标图标将改变，然后拖动鼠标进行观察，理解不同的图标形状所代表的含义。

c. 连续动态观察：绘图区域将不显示三维动态观察器，按住鼠标左键拖动光标，模型就会自动连续旋转，以便用户动态观察，单击鼠标左键即可停止连续动态观察。

注意：AutoCAD 在执行三维动态观察期间不能绘制或编辑图形，必须退出之后才能恢复绘图和编辑，可按键盘“Esc”键退出。

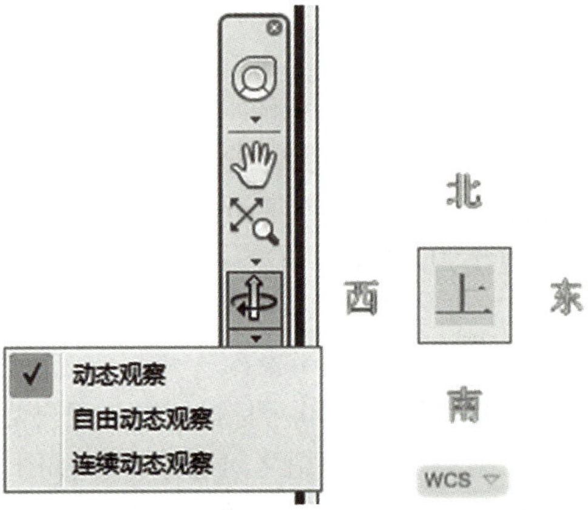


(a) 动态观察　　(b) Viewcube 工具

图 5-11　动态观察

在三维动态观察模式下，在屏幕上单击鼠标右键，则弹出快捷菜单，其中包括了三维动态观察器的所有功能。

③ Viewcube 工具

Viewcube 在窗口一角以不活动状态显示在模型上方，如图 5-11(b)所示。它提供了模型当前方向的直观反映。可以使用 Viewcube 工具调整模型的视点，可以用它在模型的标准视图和等轴测视图之间进行切换，可以点击立方体的点、线、面得到不同视点，也可以拖动查看任意视点。

(2) 显示

① 视觉样式

观察三维模型的效果除了与观察的方向有关外，还和视觉样式的设置有关。视觉样式是一组设置，主要用来控制三维模型中边和着色的显示。AutoCAD 提供了五种默认视觉样式，见表 5-1。

表 5-1　应用不同视觉样式的视觉效果

| 二维线框 | 三维线框 | 三维隐藏 | 概念 | 真实 |
|---|---|---|---|---|
| 显示用直线和曲线表示边界的对象。光栅和 OLE 对象、线型和线宽均可见 | 显示用直线和曲线表示边界的对象 | 显示用三维线框表示的对象并隐藏表示后向面的直线 | 着色多边形平面间的对象，并使对象的边平滑化。着色使用古氏面样式（一种冷色和暖色间的过渡，而不是深色到浅色的过渡）。效果缺乏真实感，但可更方便地查看模型的细节 | 着色多边形平面间的对象，并使对象的边平滑化。将显示已附着到对象的材质 |

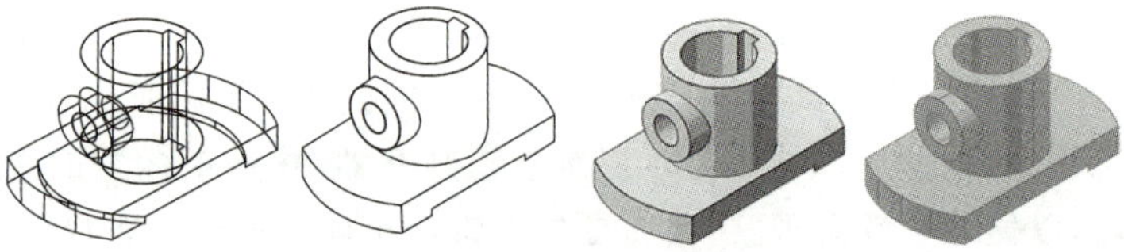

② 渲染与着色

为使实体对象看起来更加清晰，可消除图形中的隐藏线，或对三维实体对象进行着色和渲染处理，增加色泽感，以使模型更逼真（具有真实感），以便预览设计的结果，见表 5-2。

表 5-2 渲染和着色

| | | |
|---|---|---|
| 消隐和着色 | 对三维实体进行消隐操作，可隐藏屏幕上存在而实际上应该被遮挡的轮廓线和其他线条。<br>使用着色命令可以给三维实体着色，其功能比消隐命令更强大，不仅可以实现实体消隐，而且还可以给其表面着色 | 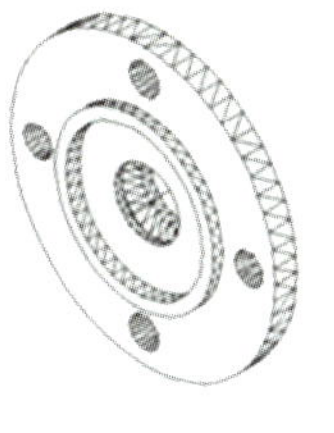 消隐图形 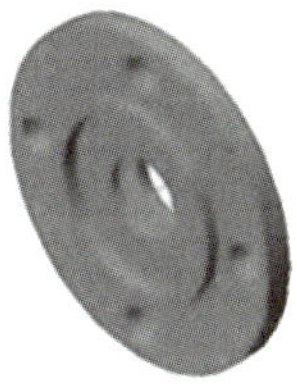 着色图形 |
| 渲染 | 渲染是对三维图形对象加上颜色和材质因素，或灯光、背景、场景等因素的操作，能够更真实地表达图形的外观和纹理。渲染是输出图形前的关键步骤，尤其是在效果图的设计中。<br>渲染图形的过程一般分为以下四步：<br>(1) 准备渲染模型：包括遵从正确的绘图技术、删除消隐面、创建光滑的着色网格和设置视图的分辨率；<br>(2) 创建和放置光源以及创建阴影；<br>(3) 定义材质并建立材质与可见表面间的联系；<br>(4) 进行渲染，包括检验渲染对象的准备、照明和颜色的中间步骤 | 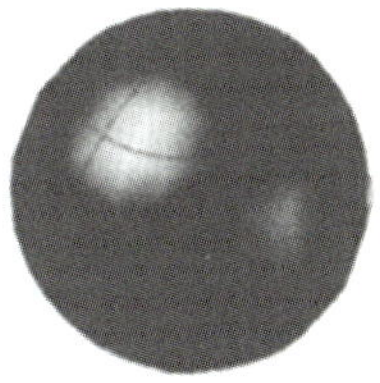 贴图前 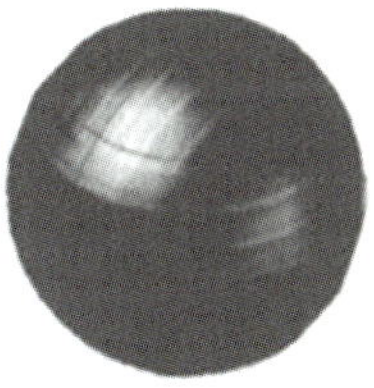 贴图后<br>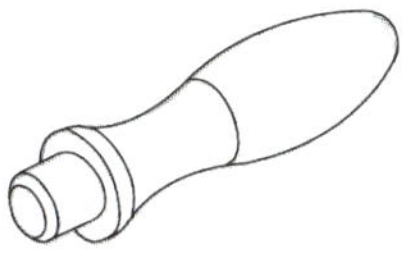 附着前 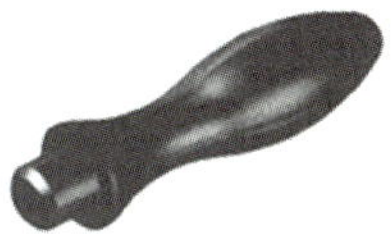 附着材质（木材）后 |

3. 设置用户界面

“三维建模”工作空间，如图 5-12 所示，为绘制三维图形、观察图形、创建动画、设置光源、三维实体附加材质等操作提供了非常方便的环境。

（二）绘制基本体

按三维建模的特性来分，基本实体应分为基本几何体和简单体，在 AutoCAD 中有对应的创建命令。如图 5-13 所示，这些基本实体的特征主要由实体位置和实体尺寸两种参数决定，实体位置可由角点、中心点确定，实体尺寸则由半径、直径及长、宽、高等来确定。

与二维绘图相似，可通过使用“绘图”→“建模”子菜单中的命令，或使用“建模”工具

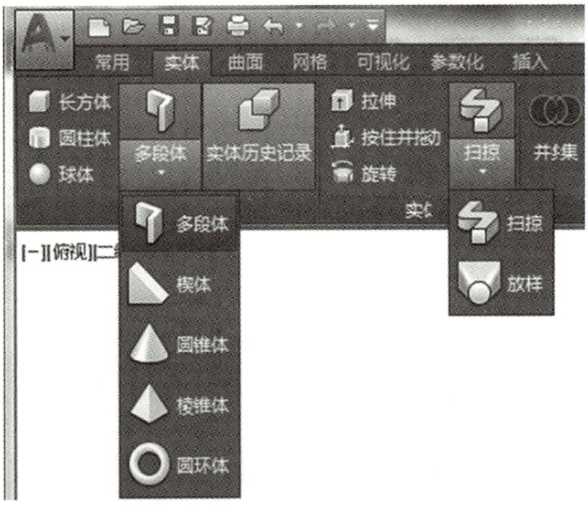


图 5-12 “实体”选项卡

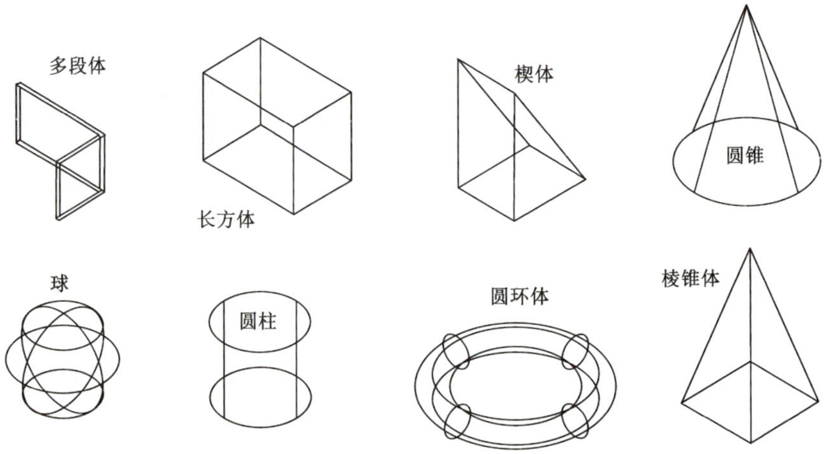


图 5-13 基本三维实体

栏来激活相应的命令，然后按提示指定相应的定位点及尺寸数值，即可创建基本三维实体。

（三）绘制组合体实体

AutoCAD 提供有功能强大的三维实体建模的基本方法，可直接创建长方体、圆柱体等规则的基本形体，或利用二维图形通过拉伸、扫掠、放样等操作生成复杂的三维实体，还可对已创建的三维实体进行布尔运算、面边编辑和三维操作等，从而完成复杂实体的造型。

1. 实体的布尔运算和干涉运算

在 AutoCAD 2022 中可对三维基本实体进行布尔运算来创建复杂实体，见表 5-3。

表 5-3 布尔运算和干涉运算

| | 并集运算 | 差集运算 | 交集运算 |
|---|---|---|---|
| 布尔运算 | 可以合并选定的三维实体，生成一个新实体。该命令主要用于将多个相交或相接触的对象组合在一起(生成一个对象) | 差集可以从一些实体中去掉部分实体，得到一个新实体 | 交集是用各个实体的公共部分创建一个新实体 |
| | 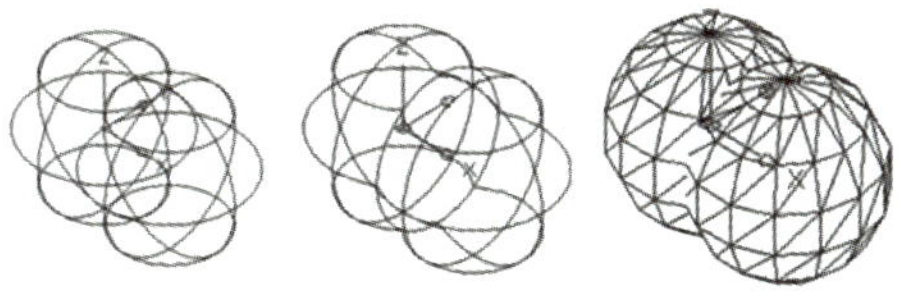<br>布尔与（并集） | 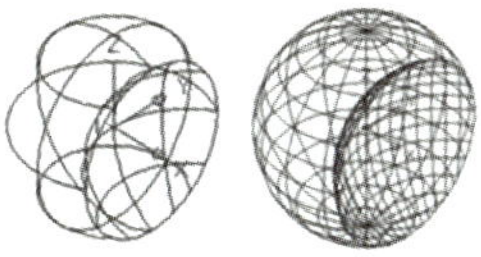<br>布尔差（差集） | 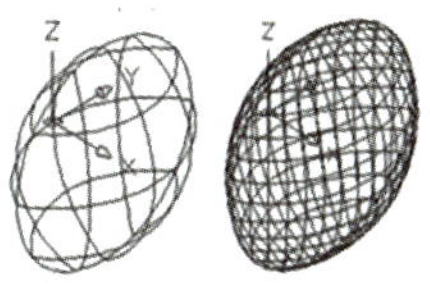<br>布尔交（交集） |
| 干涉运算 | 选择“修改”→“三维操作”→“干涉检查”命令，单击图中任意球体作为第一组对象，回车确认，再单击另一球体作为第二组对象，回车确认，则得到两个球体作干涉运算的效果 | | 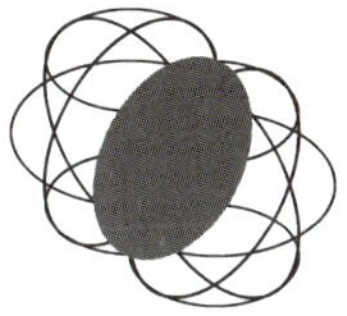 |

2. 利用二维对象生成三维实体

在 AutoCAD 中，对二维面域或多段线对象通过拉伸、旋转、放样、移动等操作，可以创建出三维实体。

(1) 拉伸

沿多段线路径拉伸圆，如图 5-14 所示。

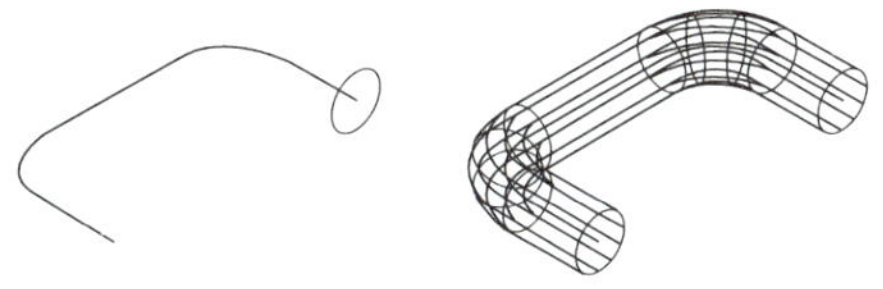

(a) 拉伸前　　(b) 拉伸后

图 5-14 拉伸创建三维实体

技巧点拨：三维实体默认在三维视图中是以线框的形式显示的，因此，若将三维实体的线框密度值设得更大，则三维实体的显示也就越光滑。调整三维实体线框密度的命令是“isolines”。

命令：isolines　　//激活“isolines”命令

输入 ISOLINES 的新值＜4＞：20　　//设定三维实体线框密度

命令：_extrude　　//激活“extrude”命令

当前线框密度：ISOLINES＝20　　//显示当前线框密度

选择对象：　　//选择图 5-14(a)所示的圆

指定拉伸高度或［路径(P)］：p　　//按路径拉伸

选择拉伸路径或[倾斜角]: //选择图 5-14(a)中的多段线

(2) 旋转

① 绘制图 5-15(a)所示的二维图形,编辑处理成为一封闭轮廓,并将其转换为多段线或面域。

② 利用“旋转”命令生成实体,选择图 5-15(a)已画好的轮廓图形(多段线或面域)为旋转对象,指定点 $A$ 和 $B$ 来确定旋转轴。

③ 打通孔:画一直径为 5 的圆柱,与手柄主体作差集。将视图改为“西南等轴测”,视觉样式设为“概念视觉样式”,结果如图 5-15(b)所示。

注意:对于回转体机件,利用“旋转”命令来创建实体尤为简便。

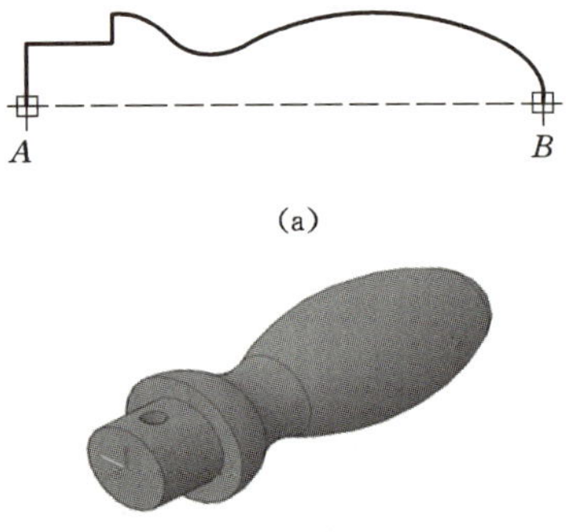


(a)

(b)

图 5-15 旋转创建三维实体

3. 编辑三维图形

在三维绘图中,复杂实体模型往往不能一次生成,一般都是由相对简单的实体通过编辑而成的。

在二维图形编辑中的许多修改命令(如移动、复制、删除等)同样适用于三维对象,其中大多数对三维图形也适用,且操作步骤基本相同,只是操作方式有所不同而已。另外,用户可以在快速访问工具栏选择“显示菜单栏”命令,在弹出的菜单中选择“修改”→“三维操作”菜单中的子命令,对三维空间中的对象进行三维阵列、三维镜像、三维旋转以及对齐位置等操作。

(1) 编辑修改命令

① 倒角和圆角

对三维实体进行倒角和圆角的命令与二维图形相同,可以对实体的棱边修倒角或修圆角,从而在两相邻的面间生成一个平坦的过渡面或圆滑过渡的曲面。

② 剖切和切割

在三维绘图中,为了表达实体的内部结构,常采用“slice”命令对实体进行剖切操作。选择“修改”→“三维操作”→“剖切”命令(slice)或在命令行中输入“slice”可以使用平面剖切一组实体,如图 5-16(a)所示。剖切面可以是对象、$Z$ 轴、视图、$XY/YZ/ZX$ 平面或三点定义的面。

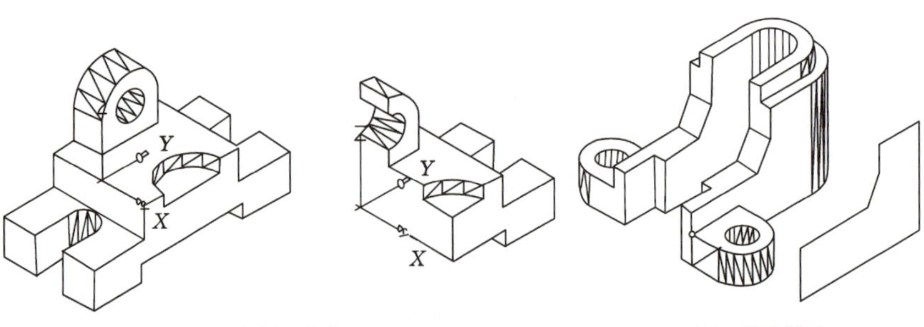


(a) 剖切实体 (b) 创建截面

图 5-16 剖切与切割

利用“section”命令可使用某一平面切割实体，得到实体的截面面域。其方法与剖切实体的方法完全相同，选择“修改”→“移动”命令将截面拉出，只是生成截面操作对原来的实体没有任何影响而已，如图 5-16(b)所示。

③ 修改实体的面和边

通过修改三维实体的某个面或某条边，也可以改变三维实体的造型。其操作可通过如图 5-17 所示“实体编辑”工具栏中的相应按钮来实现，激活命令后按提示进行操作，具体操作步骤不再赘述。

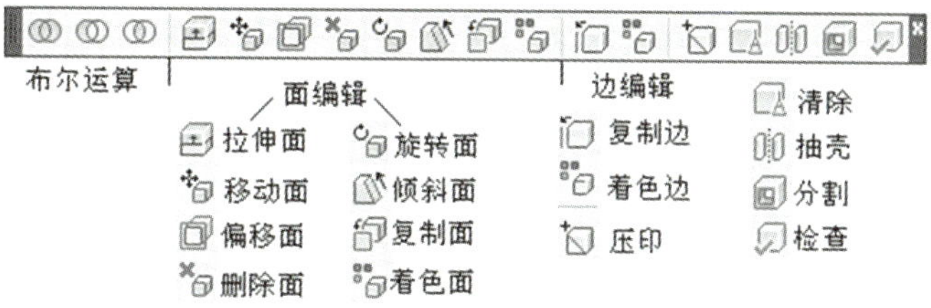


图 5-17 “实体编辑”工具栏

**【例 5-4】** 绘制如图 5-18 所示的实体模型，并创建如图 5-19 所示的断面图形。

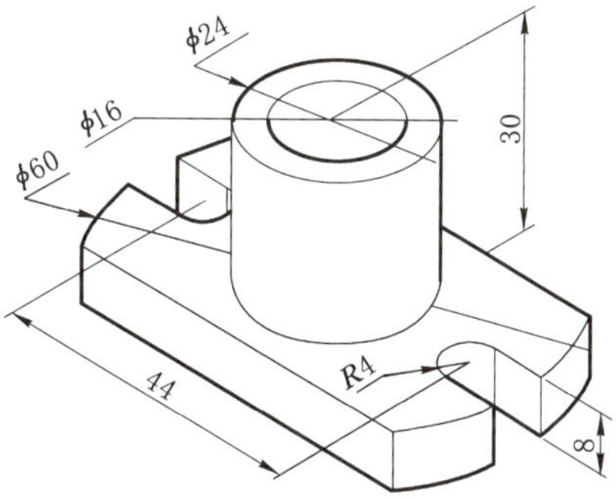


图 5-18 轴承座

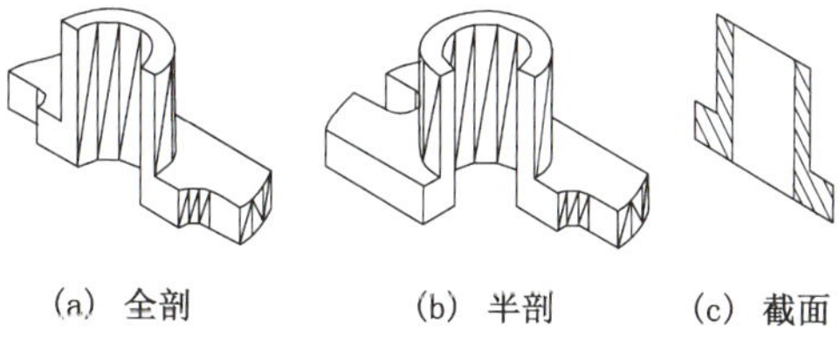


图 5-19 创建断面

**案例目的：**通过绘制此图形，学习剖切命令、切割命令的使用。

**具体步骤：**

① 创建三维模型

将创建的实体复制两份备用。

② 创建全剖实体模型

选择下拉菜单“修改”→“实体编辑”→“剖切”或单击建模工具栏剖切按钮“”或键入“slice”命令，系统提示：

命令：_slice //激活剖切命令

选择对象：↙ //选择实体模型

找到 1 个 //系统提示信息

选择对象：↙ //回车，结束对象选择

指定切面上的第一个点，依照［对象(O)/Z 轴(Z)/视图(V)/XY 平面(XY)/YZ 平面(YZ)/ZX 平面(ZX)/三点(3)］＜三点＞： //选择左侧 U 形槽上圆心 $A$

指定平面上的第二个点： //选择圆筒上表面圆心 $B$

指定平面上的第三个点： //选择右侧 U 形槽上圆心 $C$

在要保留的一侧指定点或［保留两侧(B)］： //在图形的右上方单击，即后侧保留

结果如图 5-19(a)所示。

③ 创建半剖实体模型

a. 选择前面复制的完整轴座实体，重复剖切过程，当系统提示：“在要保留的一侧指定点或［保留两侧(B)］:”时，选择“B”选项，则剖切的实体两侧全保留。结果如图 5-20(a)所示，虽然看似一个实体，但已经分成前、后两部分，并且在两部分中间过 $ABC$ 已经产生一个分界面。

b. 将前部分左、右剖切

调用“剖切”命令，系统提示：

命令：_slice //激活剖切命令

选择对象： //选择前部分实体

找到 1 个 //系统提示信息

选择对象：↙ //回车，结束对象选择

指定切面上的第一个点，依照［对象(O)/Z 轴(Z)/视图(V)/XY 平面(XY)/YZ 平面(YZ)/ZX 平面(ZX)/三点(3)］＜三点＞： //选择圆筒上表面圆心 $B$

指定平面上的第二个点： //选择底座边中心点 $D$

指定平面上的第三个点： //选择底座边中心点 $E$

在要保留的一侧指定点或［保留两侧(B)］： //在图形左上方单击

结果如图 5-20(b)所示。

c. 合成

调用“并集”运算命令，选择两部分实体，将剖切后得到的两部分合成一体，结果如图 5-19(b)所示。

④ 创建断面图

选择备用的完整实体操作。

a. 切割

选择下拉菜单“修改”→“实体编辑”→“切割”或键入“section”命令，系统提示：

命令：_section //激活切割命令

选择对象： //选择实体模型

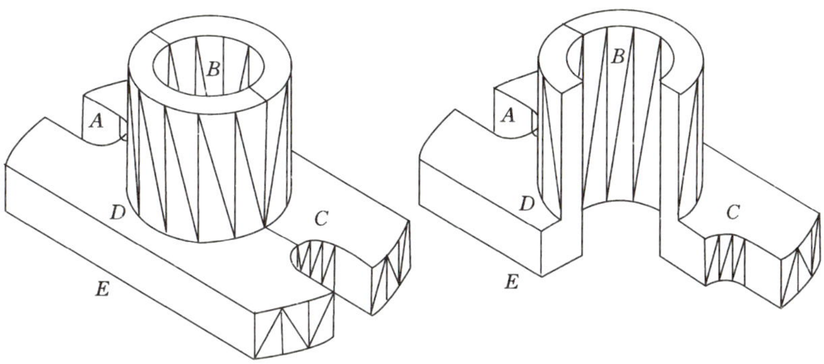


(a) 切割成两部分的实体　　(b) 半剖的实体

图 5-20 创建半剖实体

找到 1 个 //系统提示信息

选择对象:↙ //回车,结束对象选择

指定截面上的第一个点,依照[对象(O)/Z 轴(Z)/视图(V)/XY 平面(XY)/YZ 平面(YZ)/ZX 平面(ZX)/三点(3)]<三点>: //选择左侧 U 形槽上圆心 *A*

指定平面上的第二个点: //选择圆筒上表面圆心 *B*

指定平面上的第三个点: //选择右侧 U 形槽上圆心 *C*

结果如图 5-21(a)所示(在线框模式下)。

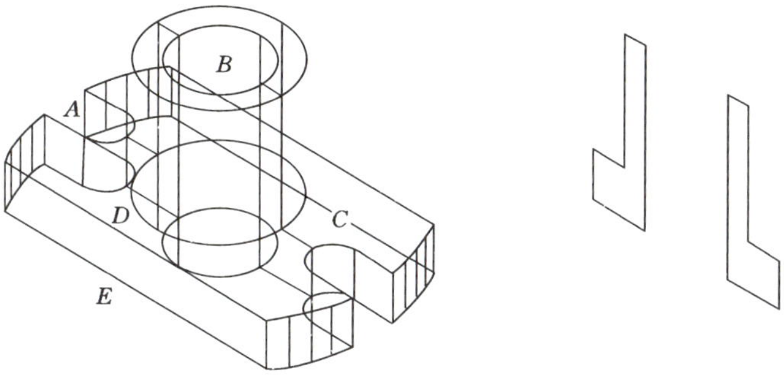


(a)　　(b)

图 5-21 切割

b. 移出切割面

调用移动命令,选择图 5-21(a)中的切割面,移动到图形外,如图 5-21(b)所示。

c. 连接图线

调用直线命令,连接上、下缺口。

d. 填充图形

调用填充命令,选择两侧闭合区域填充,结果如图 5-19(c)所示。

**【例 5-5】** 利用抽壳命令创建如图 5-22 所示的花盆。

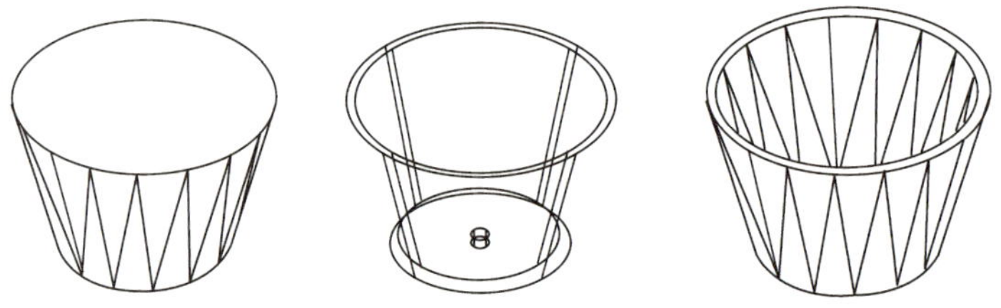


图 5-22　花盆

**案例目的**：通过本案例，练习利用抽壳来生成薄壳类实体。

**具体步骤**：

① 创建初步轮廓。

② 抽壳：单击“实体编辑”工具栏中的抽壳“”按钮，系统提示

命令：_solidedit　　//激活实体编辑命令

实体编辑自动检查：SOLIDCHECK＝1　　//系统提示信息

输入实体编辑选项［面(F)/边(E)/体(B)/放弃(U)/退出(X)］＜退出＞：b

//选择“体”选项

输入体编辑选项

［压印(I)/分割实体(P)/抽壳(S)/清除(L)/检查(C)/放弃(U)/退出(X)］＜退出＞：s

//选择“抽壳”选项

选择三维实体：　　//选择三维实体

删除面或［放弃(U)/添加(A)/全部(ALL)］：　　//选择开口面

输入抽壳偏移距离：　　//指定壳体厚度值

已开始实体校验。　　//系统提示信息

已完成实体校验。　　//系统提示信息

③ 消隐完成创建。

技巧点拨：

抽壳是用指定的厚度创建一个空的薄层。可以为所有面指定一个固定的薄层厚度，通过选择面可以将这些面排除在壳外。一个三维实体只能有一个壳，通过将现有面偏移出其原位置来创建新的面。

(2) 三维操作

大多数二维图形编辑命令都可以适用于三维实体，如复制、删除和移动命令等。但对于三维实体采用二维编辑命令阵列、镜像和旋转时，只能将三维实体置于当前用户坐标系UCS的 *XY* 平面上进行编辑。因此，AutoCAD 为实体提供了几个专用的编辑命令，即三维阵列、三维镜像和三维旋转，允许三维实体在空间旋转和布局。

4. 典型三维实体造型

**【例 5-6】** 将图 4-104 传动轴创建为三维模型，结果如图 5-23 所示。

**案例分析**：由图可以看出，该零件为回转类零件，在创建三维实体时，可先根据图 4-104 传

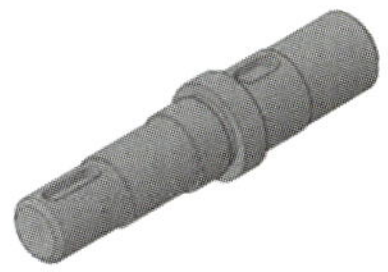

图 5-23　传动轴实体

动轴的结构尺寸作出其一半的轮廓并生成面域或多段线，然后将其绕轴线旋转，创建轴主体；对于倒角和退刀槽结构，可在轴的一半轮廓图中作出，通过旋转直接产生；对于键槽可先作出实体键，再通过差集操作来实现。

**具体步骤：**

① 创建轴主体

a. 绘制轴轮廓并创建面域或多段线，如图 5-24 所示。

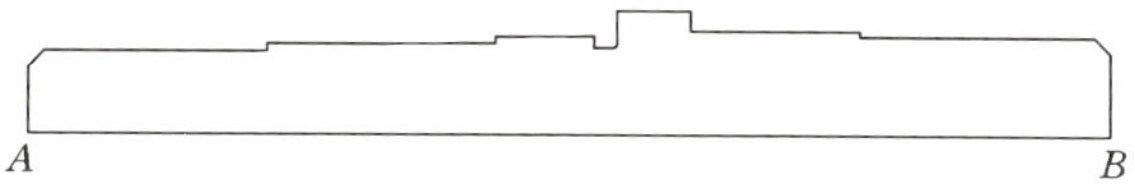


图 5-24　轴轮廓面域

b. 生成轴主体模型。选择"绘图"→"建模"→"旋转"或单击建模工具栏中的旋转" "按钮，将轴轮廓面域绕轴 $AB$ 旋转得到轴主体模型。

② 生成键实体

绘制键轮廓并创建面域或多段线，拉伸键面域 1、2，拉伸高度≥4，如图 5-25 所示。

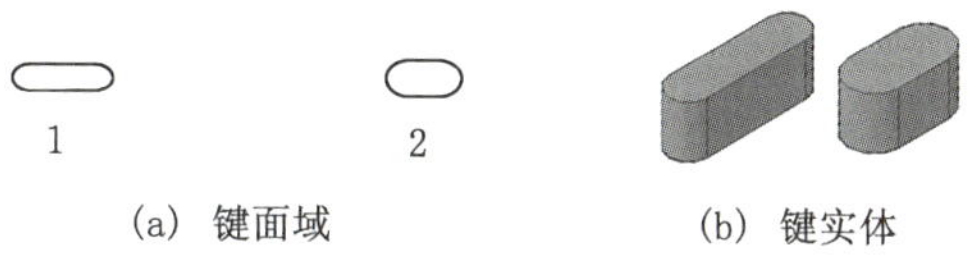


图 5-25　键

③ 创建轴上键槽

a. 执行"UCS"命令，将坐标系移到点左端轴心 $A$ 点。执行移动命令，系统提示：

命令：_move　　　　//激活移动命令

选择对象：找到 1 个　　　　//选择键 1 实体

选择对象：　　　　//击右键结束选择

指定基点或[位移(D)]<位移>：　　　　//选择键 1 模型下底面左象限点为基点

指定第二个点或<使用第一个点作为位移>：7，0，－4

//根据系统当前坐标状态，输入坐标值

结果如图 5-26 所示。同理移动键 2。

b. 执行"修改"→"实体编辑"→"差集"命令，先选轴主体，击右键后再选键 1 和键 2 实体进行差集运算。

④ 调整视图为"西南等轴测"，视觉样式为"概念"，效果如图 5-23 所示。

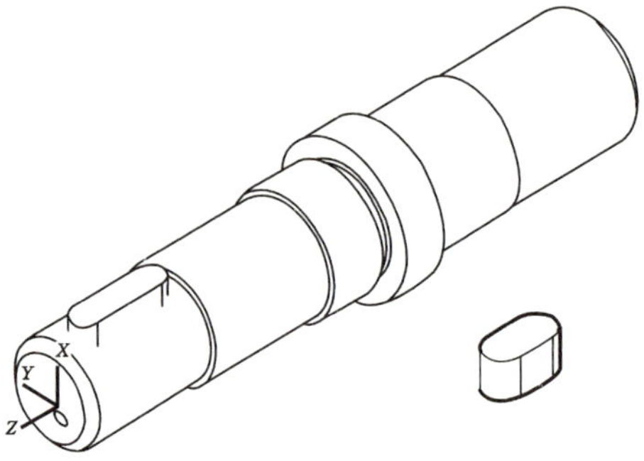


图 5-26　移动键 1

【例 5-7】　绘制如图 5-27 所示支承座的三维图形，并标注。

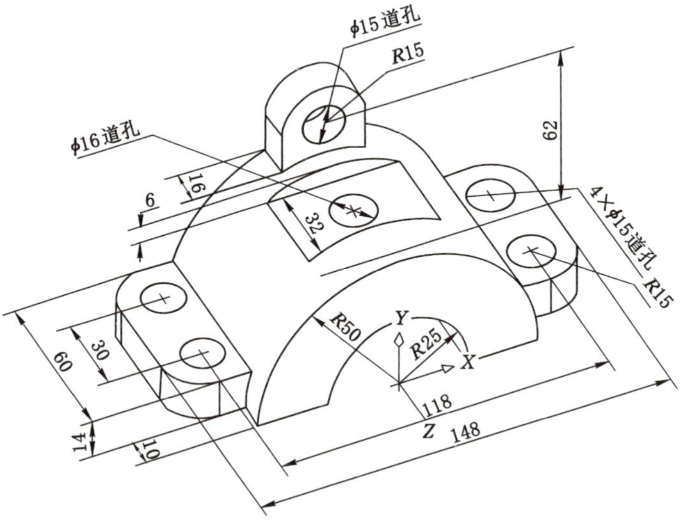


图 5-27　支承座

**案例目的：**通过组合体的创建过程可以进一步掌握建立三维复杂实体的一般过程，同时通过标注来熟悉三维环境的标注方法。

**案例分析：**因为 AutoCAD 中的三维操作始终是以 *XY* 平面为基准，因此为了方便绘图和标注，要运用“UCS”命令不断变换三维坐标系，将绘制或标注的对象放置在 *XY* 平面内。

① 绘制组合体

a. 创建半圆筒

可用三种方法实现：将二维截面拉伸或旋转得到，也可将三维圆筒剖切得到。在此介绍剖切的方法。

(a) 执行“视图”→“三维视图”→“东南等轴测”，将视图切换到东南等轴测视图下；在命令行输入“UCS”命令，回车后选择“新建(N)”选项，之后再输入“Y”，绕 *Y* 轴旋转坐标系，旋转角度为 90°。

(b) 执行“绘图”→“建模”→“圆柱体”命令，分别绘制半径为 25、50，高为 −70，中心点为坐标原点的两个圆柱体，如图 5-28(a)所示。

(c) 执行“修改”→“实体编辑”→“差集”命令，将半径为 25 的圆柱体从半径为 50 的圆柱体中减去。

(d) 执行“修改”→“实体编辑”→“剖切”命令，先后捕捉空心圆柱体上的三个象限点将圆柱体剖切并保留上半部，如图 5-28(b)所示。

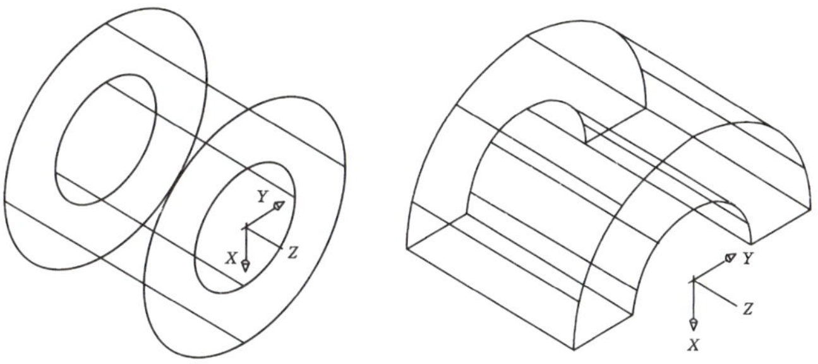


(a) 绘制两实体圆柱体　　(b) 剖切后的半圆筒

图 5-28　创建半圆筒

b. 绘制底板

先绘制右半部分，再镜像生成另一半。

(a) 将 UCS 返回到世界模式。

(b) 按图 5-29 所示的尺寸绘制外形轮廓(尺寸 30，由图 5-27 可知应介于 24～49 之间)→创建面域→拉伸面域得实体→移动右半部分底板。

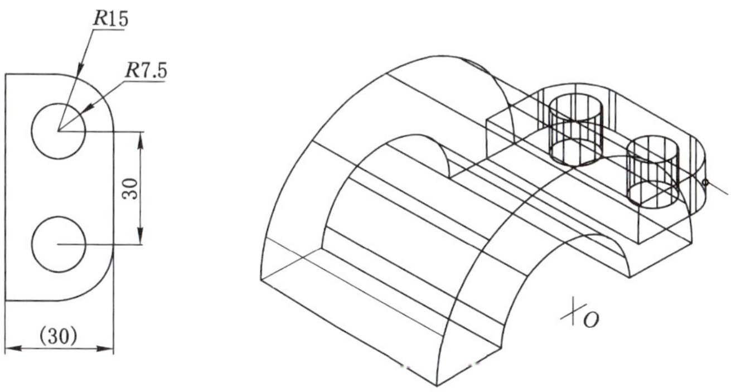


(a) 绘制平面图形　　(b) 拉伸生成底板右半部分

图 5-29　绘制底板右半部分实体

(c) 镜像生成底板左半部分。执行“修改”→“三维操作”→“三维镜像”命令，以过图 5-29(b)中 $O$ 点的 $XZ$ 面为对称面，对底板右半部分进行镜像。

c. 绘制上耳板

(a) 在命令行输入“UCS”命令，回车后选择“移动(M)”选项移动坐标系，捕捉 O 点作为新坐标系原点。再次执行“UCS”命令，回车后选择“移动(M)”选项移动坐标系，输入(0,0,－62)作为新坐标系原点。

(b) 绘制并创建面域，如图 5-30(a)所示。将该面域拉伸 16 生成上耳板，如图 5-30(b)所示。

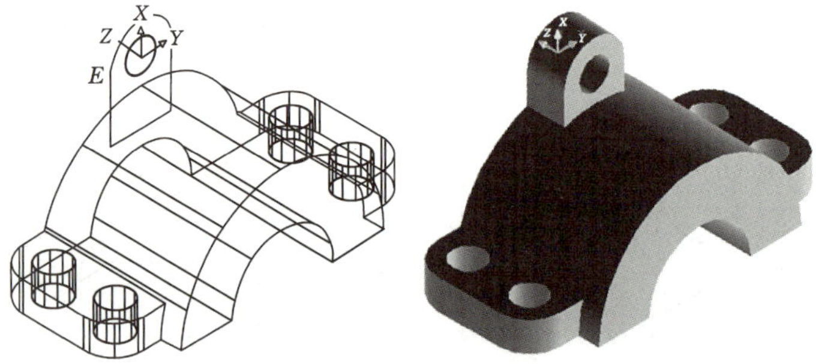


(a) 绘制平面图形　　(b) 拉伸生成上耳板

图 5-30　绘制上耳板实体

d. 作平台

(a) 执行“UCS”命令，将坐标系移到点(－12,0,－35)的位置。

(b) 执行“绘图”→“建模”→“长方体”命令，以(0,25,16)、(－6,－25,－16)为角点绘制长方体；执行“修改”→“实体编辑”→“差集”命令，先选半圆筒，击右键后再选长方体进行差集运算。结果如图 5-31(a)所示。

e. 打通孔

(a) 执行“UCS”命令，绕 Y 轴将坐标系旋转 90°；执行“绘图”→“建模”→“圆柱体”命令，以坐标原点为圆心，绘制半径为 8、高为－30 的圆柱体。

(b) 执行“修改”→“实体编辑”→“差集”命令，先选空心圆柱体，击右键后再选圆柱体进行差集运算，打出通孔，结果如图 5-31(b)所示。

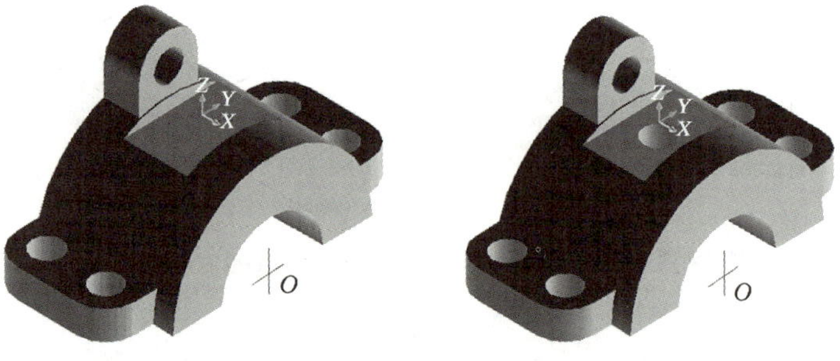


(a) 作平台　　(b) 打通孔

图 5-31　作平台及打通孔

f. 合并生成整体

执行“修改”→“实体编辑”→“并集”命令，将所有实体进行合并。

g. 着色渲染

执行“视图”→“着色”→“体着色”命令，进行着色，观察实体效果。

② 标注三维对象的尺寸

a. 在图 5-31 所示坐标系的基础上，执行“UCS”命令将坐标系移动到 *O* 点，并绕 *Y* 轴旋转 90°；点击“标注”→“半径”标注半径为 25、50 的两半圆，如图 5-32(a)所示。

b. 如图 5-32(b)所示，执行“UCS”命令，将坐标系移动到相应点，调用“标注”→“线标标注”命令标注高度 14。其他的高度也可以用同样的方法完成。

c. 如图 5-32(c)所示，执行“UCS”命令，将坐标系移动到圆心处，再绕 *Y* 轴旋转 −90°；调用“标注”→“线标标注”命令标注位于当前 *XY* 平面内的宽度 30、60 及长度 118、148。其他的宽度、长度可以运用同样的方法完成。最后标注如图 5-27 所示。

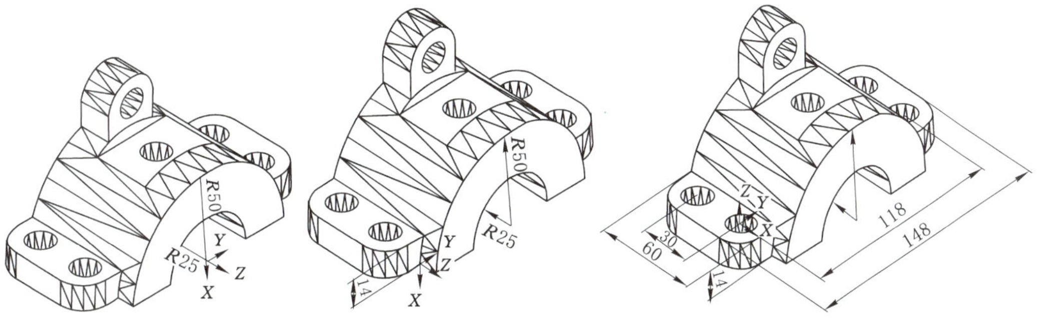


(a) 标注半径　(b) 标注高度　(c) 标注长度与宽度

图 5-32　标注

## 任务实施

### 一、画 3D 装配图与爆炸图

绘制三维装配图与绘制二维装配图的基本思路差不多，绘制三维装配图一般有三种方法：第一种方法是按照装配关系，在同一个绘图区中，逐个地绘制零件的三维图，最后完成三维装配图；第二种方法是先绘制单个零件，然后将其创建块的形式，通过三维旋转、三维移动等编辑命令对所引入的块进行位置的确定，最后进行总装配；第三种方法与第二种方法类似，先绘制好各个零件图，然后分别将各个零件依次拷贝到同一个视图中，并进行三维编辑，直到装配图完成。

后两种方法较为简单，但必须定位准确。装配图在绘制之前，要先定好基准，然后根据所绘制的装配图的特点，选择上面介绍的三种方法进行装配图的绘制。

**【例 5-8】** 绘制如图 4-115 所示铣刀头的三维装配图。

**案例分析：**利用第三种方法来绘制。

**具体步骤：**

1. 绘制零件的三维图

严格按尺寸绘制所有零件的三维图（如轴、轴承、座体等，键可以和轴一起绘出），如图 5-33 所示。

应当注意：

(1) 三维装配图剖切表示方法与二维装配图表示方法的区别。如图 5-33 中铣刀头座体、轴承、端盖等零件的三维图，仅旋转 270°。

(2) 各零件应按装配位置的方向绘制三维图，如图 5-33 中轴的轴线方向与轴承的轴线方向为同一方向。

(3) 最好一个零件一张图纸（或一个图层/颜色），便于以后查阅。

图 5-33　铣刀头各零件的三维图

技巧点拨：绘每个零件的三维图时，可不用按实际的安装方向画，装配时可以再旋转进行安装。

2. 定位

(1) 将三维视点调整到装配主干线的顶视图方向。

(2) 根据两装配零件间的装配关系确定各零件的安装点。

如图 5-33 所示的轴与轴承之间的安装点，轴的安装点为轴肩端面的圆心点，轴承的安装点为轴承内圈端面的圆心点。两零件安装点就是两零件装配后的重合点，它与 AutoCAD 绘制二维装配图中的插入点相同。安装点的坐标或距离可以用“DI”命令查询，查询时应用单项捕捉工具，如仅仅捕捉圆心。

3. 总装

用 AutoCAD 安装零件和装配零件实物一样，首先应确定装配主干线和装配顺序。再应用移动命令“move”将零件移到安装位置。移动的基点为一个零件的安装点，如轴承内圈端面的圆心点。移动的第二个点为另一零件的安装点，如轴肩端面圆心点，这样便可将零件逐个装配好。用移动命令“move”进行安装时，安装点的坐标可以用“DI”命令查询后输入，但应用捕捉工具捕捉安装点更为准确快捷。

注意：三维装配要体现人性化，零件的安装符合人的思维习惯：从里到外、从左到右、从下到上、从上到下的装配顺序。

4. 铣刀头三维装配图安装过程

命令:(点取“View”工具条中的“Top view”图标,显示装配主干线径向的顶视图)

命令:move

选择对象:↙ //(选取图5-33中右下面的轴承)

指定基点或[位移(D)]<位移>:

//捕捉轴承的内圈上端面的圆心点,即轴承的安装点

指定第二个点或<使用第一个点作为位移>:

//捕捉轴 $\phi$44 轴肩下端面的圆心点,即轴的安装点

执行程序,轴承便可准确地装配在轴上。用同样的方法安装另一个轴承,如图5-34所示。同理安装其他零件。图5-35为经渲染后的铣刀头三维装配图。

图5-34 将轴承安装在轴上

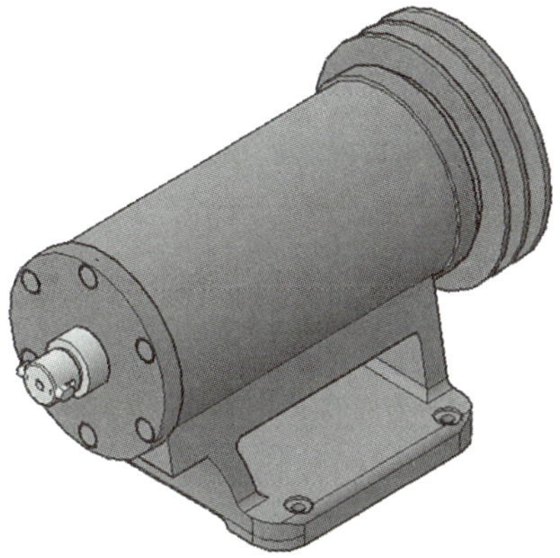

图5-35 经渲染后的铣刀头三维装配图

技巧点拨:装配时最好新建文件,以便查阅。第一次装配时,新建文件把以前绘制的零件复制进来,如把轴和齿轮进行装配,再把轴承装配,装配好后做并集运算并保存,以防在后来的装配中这些位置关系的改变。用同样方法再新建一张图纸装另一根轴。这些做完以后就可以总装了,新建一张装配图,把以前装好的各个轴复制进来装配就可以了,装好以后保存,再做一个并集另存。

## 二、由3D实体生成二维图形

在AutoCAD中,由3D实体生成工程图有两种方法来实现:“solview”命令和“solprof”命令。

1. 用“solview”创建正交视图

在AutoCAD中“solview”命令可以创建基于三维实体的俯视图、主视图、左视图、剖视图等正交视图。为了读图方便,采用“solview”命令还可以创建轴测图。在绘制正交视图过程中,首先打开布局,根据实体的大小进行页面设置。执行“solview”命令后,选择“UCS(U)”选项,AutoCAD将以所选坐标系 $XY$ 平面作为投影面,并利用正投影法将三维实体向该平面进行投影,生成俯视图。“solview”命令的其他选项都是以该选项为基础来执行的。生成俯视图后,选择“正交(O)”选项可以根据现有视图创建主视图;选择“辅助(A)”选项可以根据现有视图创建辅助视图,辅助视图投影和已有视图正交并倾斜于相邻视图的平面,选择“截面(S)”选项可以根据现有视图创建实体图形的剖视图。返回模型空间,确定当前窗

口为西南等轴测视图，用“UCS”命令设置当前视图为 $XY$ 平面，执行“solview”命令后，选择“UCS(U)”选项，生成等轴测视图。

执行以上命令过程中，为了保证视图符合投影规律，不能对正交视图中的图形进行缩放，可以通过拾取窗口边界，单击鼠标右键，选择“显示锁定”→“是”选项，来锁定窗口，以避免无意中缩放图纸空间窗口中的图形。

执行“solview”命令过程中，AutoCAD 将自动创建一些为每个视图放置可见线、隐藏线和标注的图层。这些图层的默认名称及其控制的对象类型见表 5-4。

表 5-4　由“solview”命令创建的图层

| 图层名 | 控制的对象类型 |
|---|---|
| 视图名—VIS | 可见线 |
| 视图名—HID | 隐藏线 |
| 视图名—DIM | 标注 |
| 视图名—HAT | 填充图案(用于截面) |

通过“solview”命令创建出俯视图、主视图、左视图、剖视图等之后，用“solview”命令创建视口中表示实体轮廓的可见线及隐藏线。执行“solview”命令之后，在“选择对象”提示下，可以直接选择预绘图的视口，也可以直接输入“all”，以选择全部视口。选定视口中的所有轮廓图和剖视图都将被删除，然后由“solview”命令创建视口中表示实体轮廓的可见线及隐藏线，并投影到垂直视图方向的平面上。

基本视图创建好之后，根据需要重新设置剖面线、绘制中心线、标注尺寸、关闭 VPORTS 图层及关闭视图外框、插入图框、插入标题栏等，至此正交视图创建完毕。

2. 用“solprof”命令创建正交视图

首先将三维图形转换成线框图形，然后点击布局进入，将原有图形删除后输入命令“mview”选择“4”可生成 4 个图形分别转成三视图，再输入命令“solprof”分别选择图形确定(连敲 4 次空格键)，那么图层命令中会有 8 个图层，只要将原有 0 图层和 PH 图层关掉，把 PV 图层打开就可以了。

**【例 5-9】** 创建如图 5-36 所示的三维实体，并由其在图纸空间中生成如图 5-37 所示的二维图形，其中视图比例为 1∶1，图纸幅面为 A3。

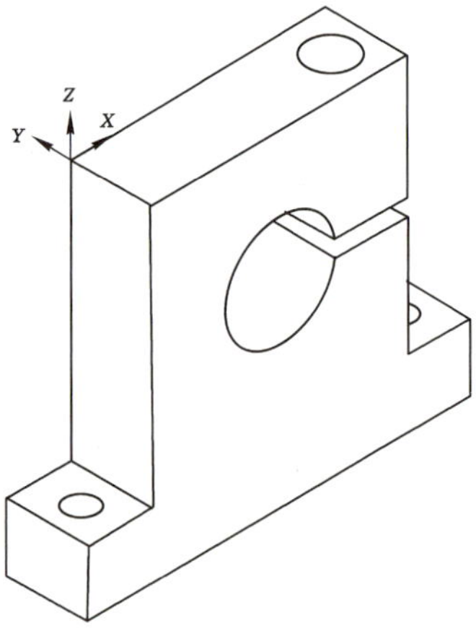

图 5-36　实体图

**具体步骤：**

(1) 用“solview”命令创建浮动视口，用“soldraw”命令生成二维机械工程图

① 在模型空间中按照 1∶1 绘制三维实体模型，设置 UCS 为平行于某一基本视图的位置(图 5-36)。

② 切换到布局空间，按照要求设置布局，将默认的视口删除。

③ 使用“solview”命令创建所需视图。“solview”命令用于创建符合机械投影关系的

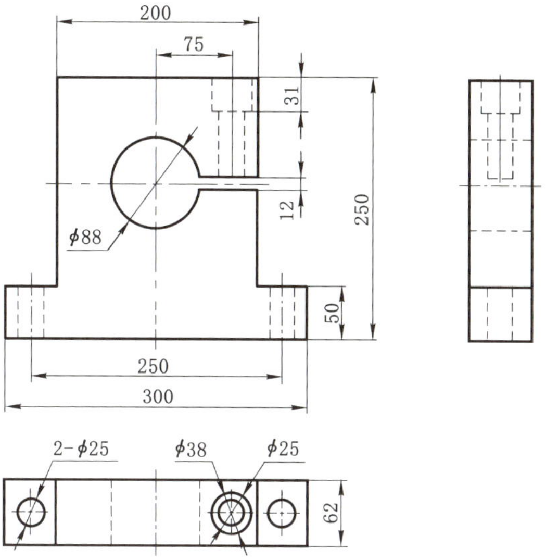


图 5-37 工程图

浮动视口，为生成基本视图、向视图和剖视图做准备。使用该命令还可同时生成5种图层："＊－VIS"(可见线即轮廓线)；"＊－HID"(隐藏线)；"＊－DIM"[标注线(预留，标注用)]；"＊－HAT"[填充线(使用剖切视图才有)及用于放置视口对象的公共图层(VPORTS)]。

选择下拉菜单"绘图"→"建模"→"设置"→"视图"或键入"solview"命令，系统提示：

"输入选项[UCS(U)/正交(O)/辅助(A)/截面(S)]："

其中，UCS项可创建基于坐标系的投影图，即使用当前UCS或WCS或已命名的坐标系的 *XY* 平面作为投影面，生成的浮动视口平行于UCS的 *XY* 平面。值得注意的是，在使用"solview"命令时，如果还没有浮动视口，应选择UCS项生成初始的浮动视口，然后再由它生成其他浮动视口。

如本例在创建第一个视口(俯视图)时，先激活"solview"，再依次输入U、W、视口比例(不合适可以后面调)→指定视图中心(在 *O* 点附近处单击，可多次指定，直到满意为止，即左键预览、右键确定)→拖拽一个矩形框作为该视口的边界→最后命名。

通过以上步骤就创建了一个浮动视口，同时在视图中显示以当前UCS的 *XY* 平面为投影面的俯视图。

注意：按照命令行提示来做，一旦失误，撤销重做。千万不要忘了命名，否则到了最后一步会发现前功尽弃。

选中刚刚创建的视口，通过视口工具栏调整视口显示比例。再调用"solview"命令→输入"O"(正交)→命令行提示"指定视口要投影的那一侧"，此时点击俯视图视口框下边线中点→命令行提示"指定视图中心"时，在俯视图上侧适当位置单击后回车→拖出所要创建的视口，并命名。至此就可以在垂直的方向上创建正交主视图。

同理通过主视图可创建左视图。

注意：指定投影侧的时候，点击哪里就表示从哪个角度看，注意要捕捉视口某一边的中点。如创建第二个视口时，应点第一个视口(即俯视图下边界线中点)。

若要创建向视图，可键入“A”、剖视图可键入“S”。其作图步骤与创建俯视图类似。

④ 使用“soldraw”命令生成工程图样的轮廓和截面。“soldraw”命令只能应用于由“solview”命令创建的视口中，其功能是将实体向视口平面进行投影。

点选下拉菜单“绘图”→“建模”→“设置”→“图形”或键入“soldraw”命令，激活该命令，并提示选择要进行处理(生成二维投影视图)的视口。本例选中所有视口，回车，系统自动会将实体向各个视口平面进行投影，生成二维投影视图。

⑤ 根据需要添加尺寸等工程图内容：

a. 设置可见线、隐藏线和标注线的线型，对各视图进行标注，新建一图层来绘制中心线、注释等。注意：标注及中心线的绘制应在图纸空间状态下，即浮动视口中实现。

b. 插入图幅和标题栏。若对布局不满意，可通过有关命令进行移动，然后冻结“VPORTS”图层，最后在图纸空间中插入图幅和标题栏，就形成了图 5-37 所示的标准机械工程图样。

技巧点拨：

① 应正确设置模型空间的 UCS。在创建三维模型时，也许需要多次变换 UCS 坐标。因此为得到正确和预期的二维投影图，在完成三维图形的创建后请务必将 UCS 设置为正确的位置。因前已述，在创建二维浮动视口时，首先要根据 UCS 的 *XY* 平面生成第一个浮动视口。如 UCS 设置不正确，会给浮动视口的创建带来麻烦，甚至得不到预期的效果。

② 应要正确设置页面和视图比例。因为我们在创建第一个视口后，其他视口的创建是按正投影关系得到的，为不影响各视口图形的位置关系(长对正、宽相等的位置关系)，最好不要在浮动视口中采用缩放方式来缩放二维图形，否则将难以调整到正确位置。

③ 应正确设置图纸布局。要创建几个视口、各视口在图纸中的位置，一定要做到心中有数，这样才不会造成布局混乱，甚至会破坏图形的位置关系。

(2) 用“solprof”命令创建工程轮廓图

“solprof”命令用于在当前视口中根据视图生成实体的轮廓图，包括实体的所有边。它是用来创建二维投影的，如生成三视图的轮廓和轴测投影。注意：该命令必须在图纸空间(即布局)中的浮动模型空间中使用。

① 在图纸空间创建视口

在模型空间打开如图 5-36 所示的实体模型图，切换到图纸空间(布局 1)，删除默认视口。选择“视图”→“视口”→“四个视口”，然后直接回车，则系统会创建四个轴测图视口(图 5-38)。

② 设置视点及比例

根据图 5-37 设置四个视口的视点及比例，并调整各视图之间的位置。

③ 用“solprof”命令创建各视图的投影轮廓

首先新建一图层并置为当前，进入第一个视口(主视图)的浮动模型空间(视口框线加粗)，选择“绘图”→“建模”→“设置”→“轮廓”，执行“solprof”命令，选择主视图。然后系统会询问三个问题，全部回车即可获取三维实体的主视图。同理生成其他三个视口轮廓。

注意：“solprof”命令会自动生成图层“PH—句柄号”和“PV—句柄号”，分别放置轮廓的不可见线和可见线。

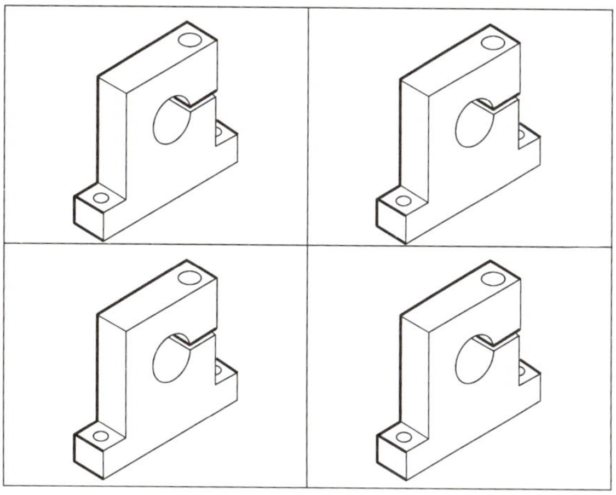

图 5-38　四个轴测图视口

④ 根据需要添加尺寸等工程图内容

如显示粗实线(在"图层特性管理器"中设置"PV"打头图层线宽为 0.7,单击状态栏"线宽"按钮)和虚线(关闭实体所在图层,设置"PH"打头图层线型为"hidden",关闭轴测图的虚线层),新建一图层,设置线型为"center",在浮动视口中补画各视图中心线等。

技巧点拨:

两种方法都可以生成机械三视图,第一种方法可以生成剖视图,第二种方法可以生成轴测图。

显然,应用上述方法,可以通过创建三维实体,快速、准确地自动生成二维工程图样,然后添加中心线、标注等,提高了绘图工作效率,特别是极大地提高了复杂图形的绘图效率,具有工程应用价值。

**【例 5-10】** 创建如图 5-39 所示的三维实体,并由其在图纸空间中生成二维图形,其中视图比例为 1∶1,图纸幅面为 A3。

**案例目的:**通过本案例进一步巩固三维实体建模方法,熟悉由三维模型生成三视图的方法和技巧。

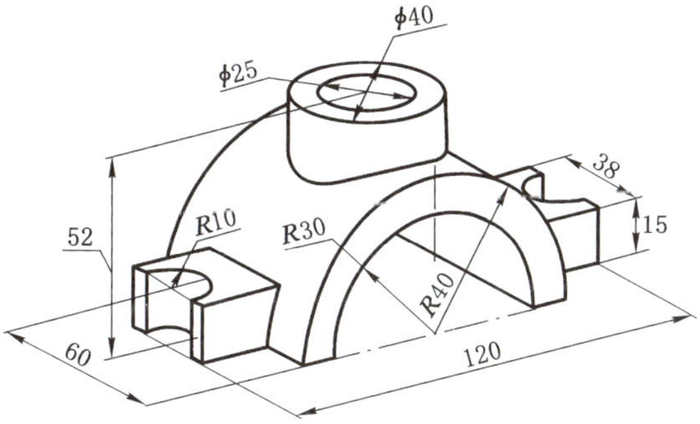


图 5-39　例 5-10 图(一)

**具体步骤：**

1. 创建三维实体

（1）设置工作空间，绘制辅助线

① 将工作空间切换为 AutoCAD 经典，打开“建模”“视图”“视觉样式”“渲染”等工具栏。打开新建层（红色、center），打开“中点”捕捉。

② 任意画一个长为 80、宽为 60 的矩形，画一条对称中心线，如图 5-40 所示。

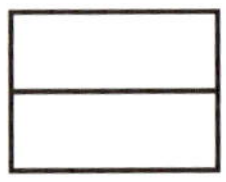

图 5-40　例 5-10 图（二）

（2）创建半圆筒的二维图形

① 在视图工具栏中选主视图，改为 0 层。

② 以红线中心为圆心，利用圆、直线和修剪命令绘制如图 5-41(a)所示图形，然后利用边界命令将区域 1 转换为多段线。

③ 在视图工具栏中选“西南等轴测”，如图 5-41(b)所示。

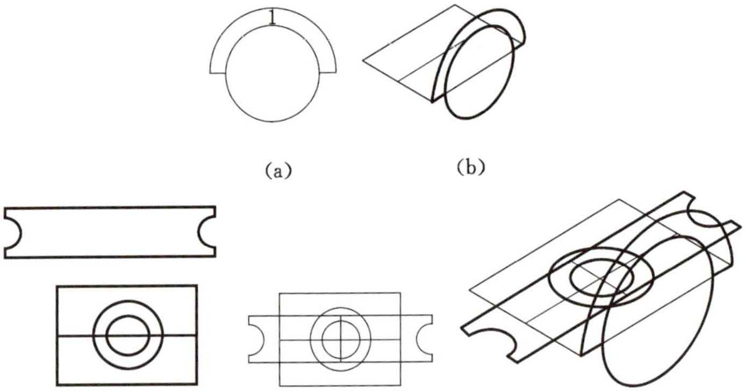


(a)　(b)

(c)　(d)　(e)

图 5-41　例 5-10 图（三）

（3）创建基本体的二维图形

① 选俯视图，先在任意地方画 120×30 的矩形，在它的两侧边画两个半径为 10 的圆，用修剪命令剪去多余的圆弧，用编辑多段线命令将它们连成一体。

② 在红色底线中心处画直径为 40 与 25 的圆，如图 5-41(c)所示。

③ 将有凹圆侧边的矩形移到合适的位置。先换 center 层，用“line”命令连接有凹圆侧边的矩形上、下两边的中心，这条中心连线的中点就是这个物体的中心，然后以它为基点，用“move”命令将物体移到它应该的位置[图 5-41(d)]用西南方向观察，如图 5-41(e)所示。

（4）拉伸为三维实体

在图 5-41(e)中，单击拉伸“”按钮，分别将各个基本二维图形（两个水平的圆、一个水平的有凹半圆侧边的矩形、一个正面半径为 30 的圆和一个正面的半圆环）拉伸它们各自的深度，注意正面的两个图形拉伸的深度为负数。如图 5-42 所示。

（5）用布尔运算将各部分合并或剪切为一个实体

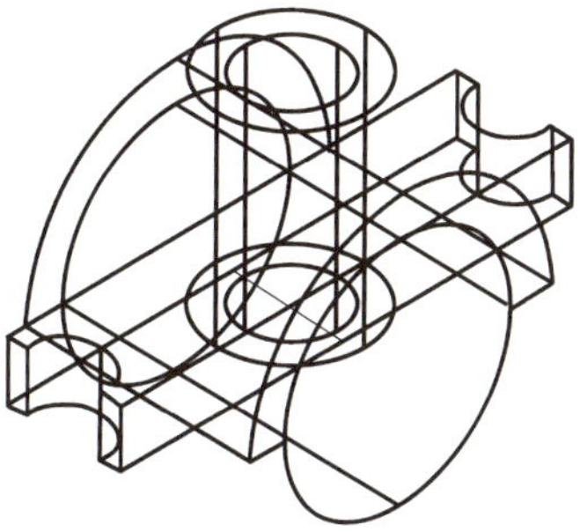

图 5-42 例 5-10 图(四)

① 先修改轮廓密度。在鼠标空闲时,击右键,选择快捷菜单"选项",系统弹出"选项"对话框,选择"显示"选项卡,修改渲染对象的平滑度和曲面轮廓素线,分别改为 8(即密度增加),如图 5-43 所示。

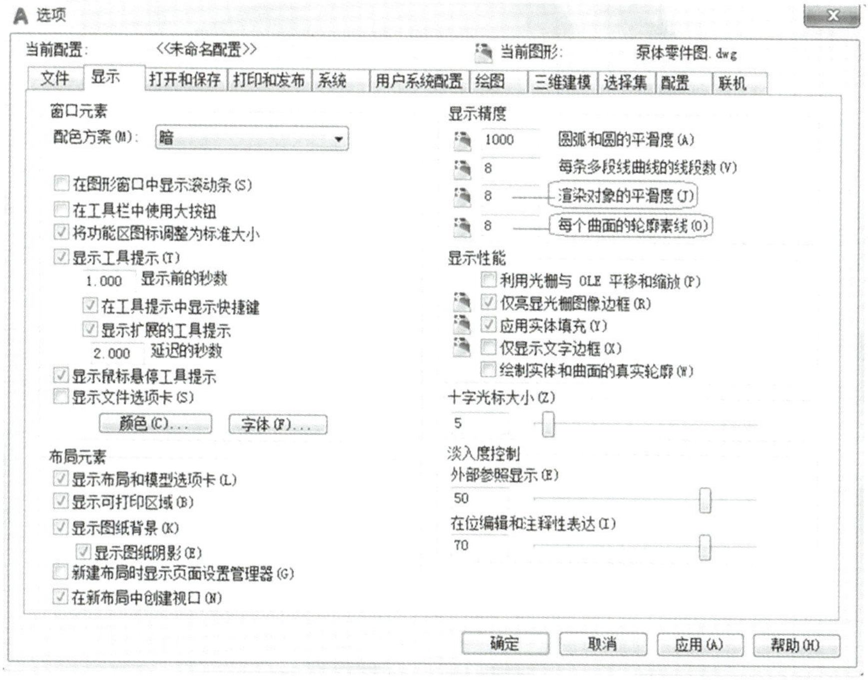


图 5-43 例 5-10 图(五)

② 并集操作。用并集命令将外层的三个物体(直径为 40 的水平圆柱,长为 120、宽为 30 的那个两边为半圆槽的立方体,正面的半圆环)连成一体。

③ 差集操作。用差集命令减除两个圆柱,一定要先减去轴线铅垂直径为 25 的小圆柱,后减半径为 30 的大圆柱,且要通过两次操作分别减。

④ 用"渲染"工具栏中消隐" "观察,如图 5-44 所示。

2. 生成三视图

(1) 将前面做好的三维造型图拷贝到标准的 A3 样板图中。

① 选下拉菜单"编辑"→"拷贝",选实体模型,回车。

② 打开 A3 样板图,在样板图中新建层 1(与层 0 的设置相同),打开层 1。再选下拉菜单"编辑"→"粘贴",将实体放置于中央,并改为蓝色。

(2) 设置图纸空间。按"布局 1",再按右键,选页面设置管理器,系统弹出"页面设置管理器",在其中将图纸幅面改为 ISO A3 (420.00×297.00)。得到图 5-45,左下角为图纸空间标记。

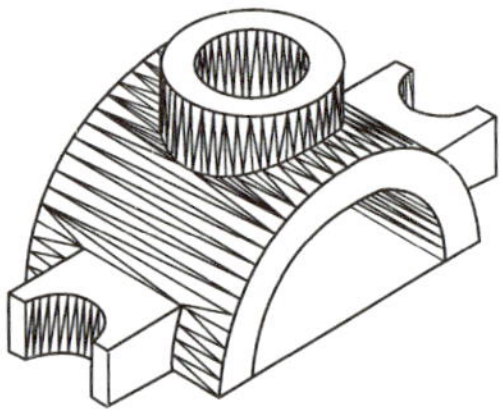

图 5-44 例 5-10 图(六)

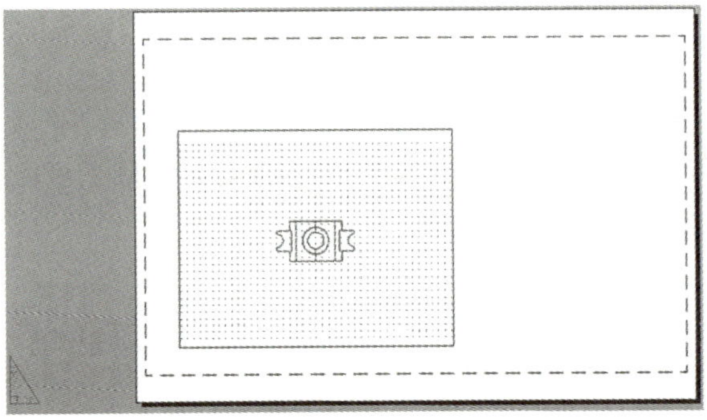

图 5-45 例 5-10 图(七)

(3) 设置视图:

① 用"move" 命令将图框移到主视图位置,再点击视图工具条中的主视图图标,然后按"图框",得到图 5-46。用"缩放"命令的"比例(S)"将主视图改为 1∶1。

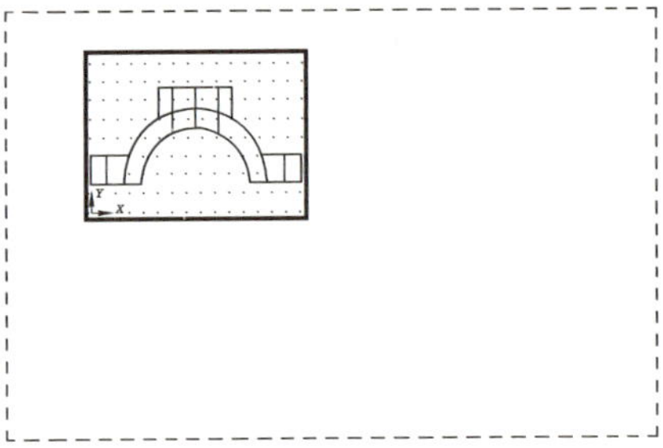

图 5-46 例 5-10 图(八)

② 投影得到俯视图和左视图,如图 5-47 所示。选下拉菜单"建模"→"设置"→"视图"中的"solview"命令,操作选择为:

命令:solview ↙

输入选项 [UCS(U)/正交(O)/辅助(A)/截面(S)]:o //选正交

指定视口要投影的那一侧: //从主视图窗口的上边往下拉出俯视图

指定视图中心: //上下移动鼠标确定俯视图位置

指定视口的第一个角点:

指定视口的对角点: //拖一个窗口将俯视图框住

输入视图名:fu //为俯视图取名 fu
输入选项[UCS(U)/正交(O)/辅助(A)/截面(S)]:o //选正交
指定视口要投影的那一侧: //从主视图窗口的左边往右拉出左视图
指定视图中心: //左右移动鼠标确定左视图位置
指定视口的第一个角点:
指定视口的对角点: //拖一个窗口将左视图框住
输入视图名:zuo //为俯视图取名 zuo

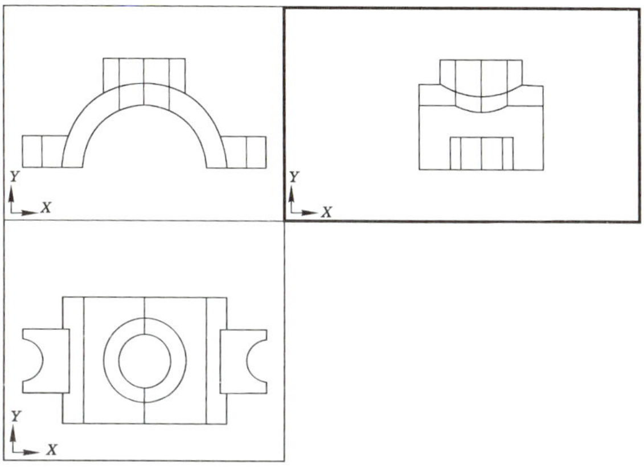


图 5-47 例 5-10 图(九)

③ 作正等轴测视图。选择下拉菜单"视图"→"视口"→"一个视口",在右下角作一个新视口,并按西南等测图标来移动与放缩,如图 5-48 所示。

注意:这时四个窗口中的图形都是同一个图形。

(4) 提取轮廓:

① 提取面轮廓。选下拉菜单"建模"→"设置"→"轮廓"中的"solprof"命令,操作选择为:左键选边框为粗线框中的图形(即正等轴测图),提示"是否在单独的图层中显示隐藏的轮廓线?"选缺省;提示"是否将轮廓线投影到平面?"选缺省,命令结束,结果如图 5-49 所示。

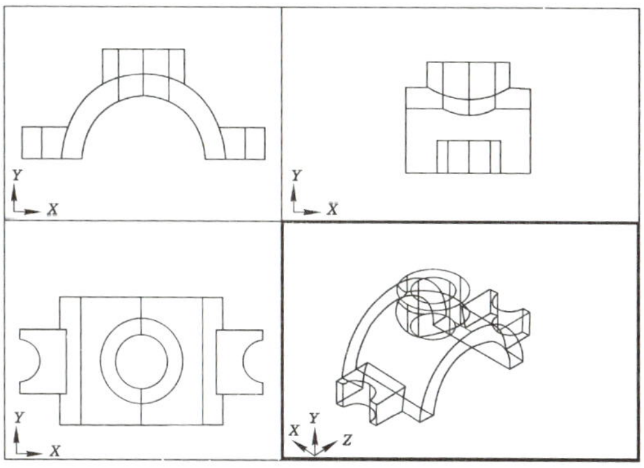

图 5-48 例 5-10 图(十)

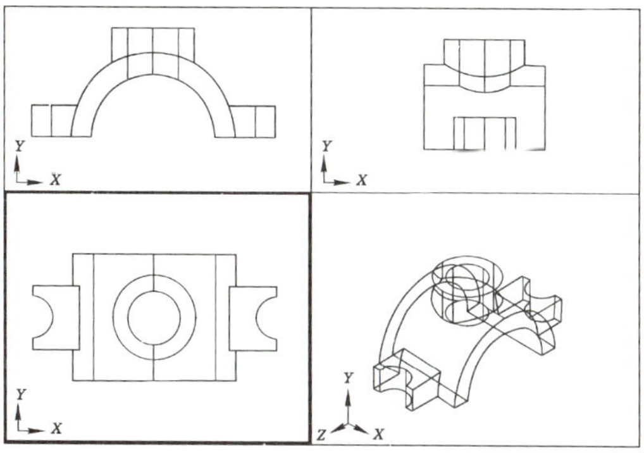

图 5-49 例 5-10 图(十一)

同理提取主、俯左三视图的轮廓。

② 修改层设置。将 PV 层的线宽全改成 0.5，将 PH 层的线型全改成“hidden”，并通过点击轴测图中的虚线检查它们所在的层，关闭这一层，并关闭 1 层和 vports 层，将 0 层设为当前层。

(5) 标注尺寸和画图框。将 center 层设为当前层，画所有的中心线，将 DIM 层设为当前层，画所有的尺寸。最后将 3 号图框插入。结果如图 5-50 所示。

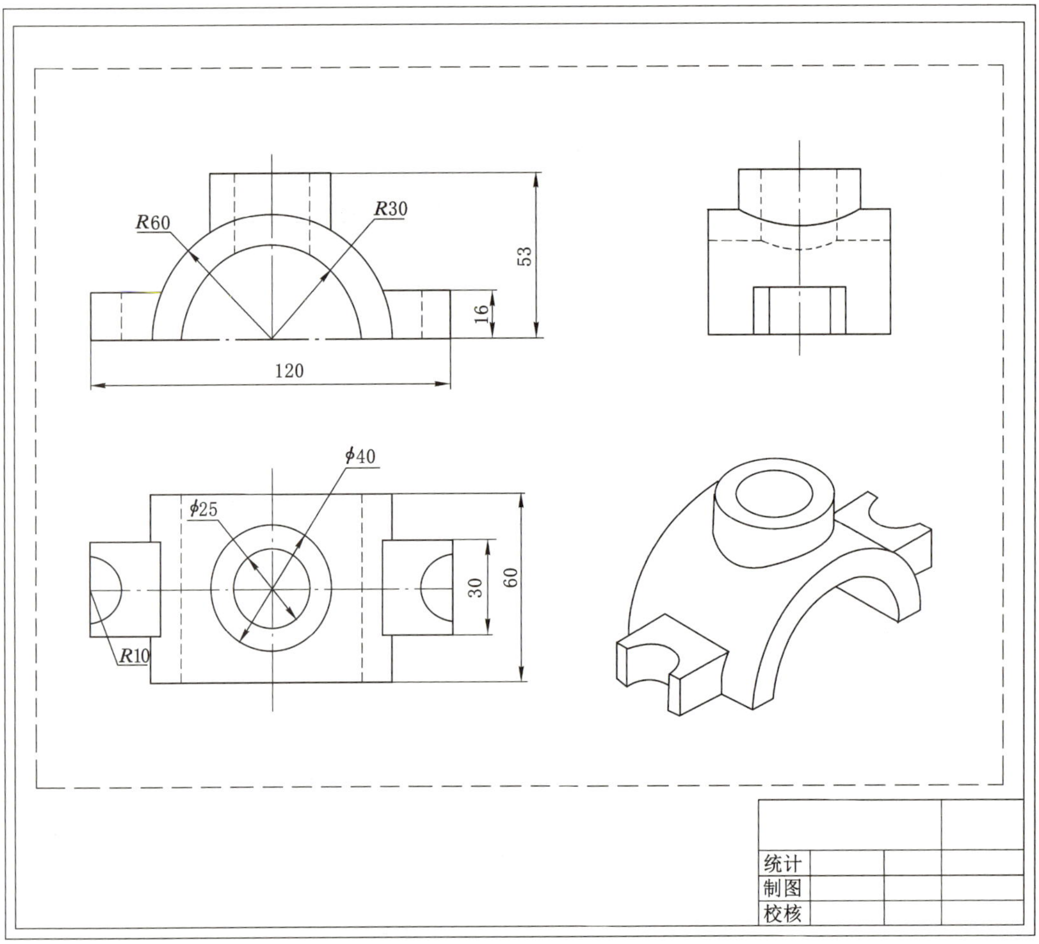


图 5-50 例 5-10 图(十二)

### 三、练习与提高

根据图 5-51 所给蜗轮减速器的爆炸图和零件图，在 AutoCAD 中完成其 2D 和 3D 装配图。注意：零件上键槽等标准结构的规格查表确定；滚动轴承、螺母等标准件按规定画法绘制。

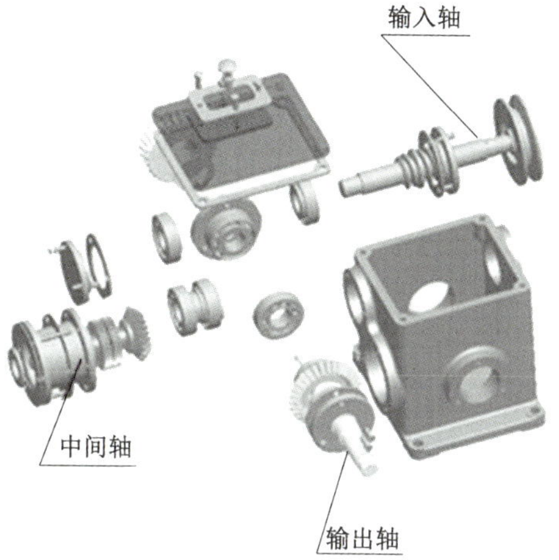


(a)

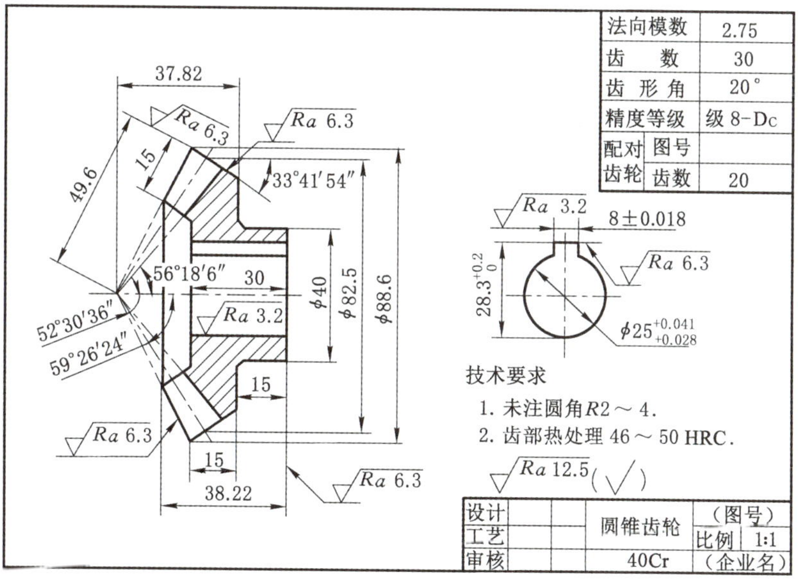


(b)

图 5-51 蜗轮减速器

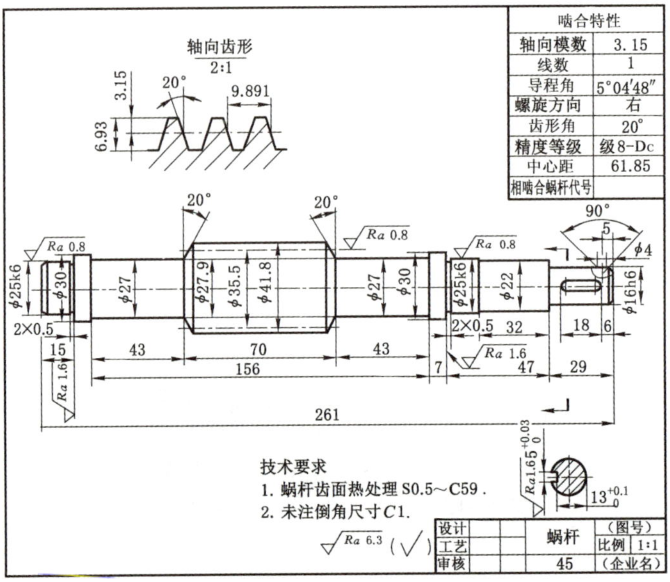
啮合特性
轴向模数 3.15
线数 1
导程角 5°04′48″
螺旋方向 右
齿形角 20°
精度等级 级8-Dc
中心距 61.85
相啮合蜗杆代号
轴向齿形
2:1
技术要求
1. 蜗杆齿面热处理 S0.5～C59 .
2. 未注倒角尺寸C1.
设计
工艺
审核
蜗杆
(图号)
比例 1:1
45
(企业名)

(c)

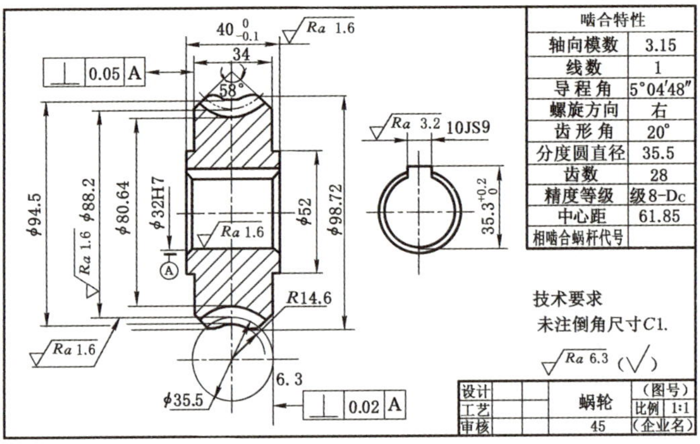
啮合特性
轴向模数 3.15
线数 1
导程角 5°04′48″
螺旋方向 右
齿形角 20°
分度圆直径 35.5
齿数 28
精度等级 级8-Dc
中心距 61.85
相啮合蜗杆代号
技术要求
未注倒角尺寸C1.
设计
工艺
审核
蜗轮
(图号)
比例 1:1
45
(企业名)

(d)

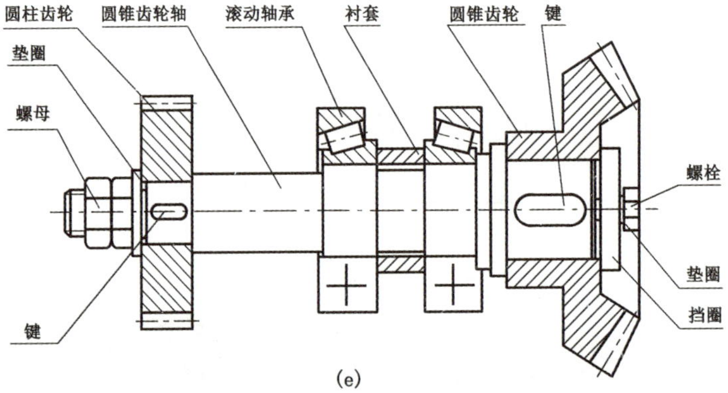
圆柱齿轮
圆锥齿轮轴
滚动轴承
衬套
圆锥齿轮
键
垫圈
螺母
螺栓
垫圈
挡圈
键

(e)

图 5-51(续)

# 参考文献


[1] 陈玉莲,卢雪红.AutoCAD 实用教程[M].徐州:中国矿业大学出版社,2010.

[2] 李学京.机械制图和技术制图国家标准学用指南[M].北京:中国标准出版社,2016.

[3] 刘力,王冰.机械制图[M].4 版.北京:高等教育出版社,2013.

[4] 刘胜利.机械制图及习题集[M].徐州:中国矿大出版社,2006.

[5] 王冰.工程制图[M].2 版.北京:高等教育出版社,2015.

[6] 王槐德.机械制图课教学参考书[M].北京:中国劳动社会保障出版社,2007.

[7] 王其昌,翁民玲.机械制图[M].4 版.北京:人民邮电出版社,2014.

[8] 杨桢.机械制图与 AutoCAD[M].北京:煤炭工业出版社,2009.

# 附　　录

## 附录 A　螺　　纹

表 A-1　普通螺纹(GB/T 193—2003、GB/T 196—2003)摘编　　单位:mm

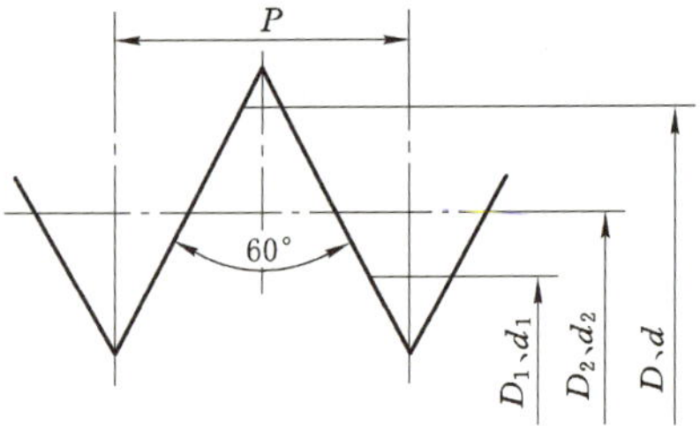


**标记示例**

M24——公称直径 24 mm,螺距为 3 mm 的粗牙右旋普通螺纹;

M24×1.5LH——公称直径 24 mm,螺距为 1.5 mm 的细牙左旋普通螺纹

| 公称直径 D、d | | 螺距 P | | 粗牙小径 $D_1$、$d_1$ | 公称直径 D、d | | 螺距 P | | 粗牙小径 $D_1$、$d_1$ |
|---|---|---|---|---|---|---|---|---|---|
| 第一系列 | 第二系列 | 粗牙 | 细牙 | | 第一系列 | 第二系列 | 粗牙 | 细牙 | |
| 3 | | 0.5 | 0.35 | 2.459 | | 22 | 2.5 | 2,1.5,1,(0.75),(0.5) | 19.294 |
| | 3.5 | (0.6) | | 2.850 | 24 | | 3 | 2,1.5,1,(0.75) | 20.752 |
| 4 | | 0.7 | 0.5 | 3.242 | | 27 | 3 | 2,1.5,1,(0.75) | 23.752 |
| | 4.5 | (0.75) | | 3.688 | 30 | | 3.5 | (3),2,1.5,(1),(0.75) | 26.211 |
| | | | | | | 33 | 3.5 | (3),2,1.5 | 29.211 |
| 5 | | 0.8 | | 4.134 | 36 | | 4 | 3,2,1.5,(1) | 31.670 |
| 6 | | 1 | 0.75,(0.5) | 4.917 | | 39 | 4 | | 34.670 |
| 7 | | | | 5.197 | 42 | | 4.5 | (4),3,2,1.5,(1) | 37.129 |
| 8 | | 1.25 | 1,0.75,(0.5) | 6.647 | | 45 | 4.5 | 4,3,2,1.5,(1) | 40.129 |
| 10 | | 1.5 | 1.25,1,0.75,(0.5) | 8.376 | 48 | | 5 | | 42.587 |
| 12 | | 1.75 | 1.5,1.25,1,(0.75),(0.5) | 10.106 | | 52 | 5 | 4,3,2,1.5,(1) | 46.587 |
| | 14 | 2 | 1.5,(1.25),1,(0.75),(0.5) | 11.835 | 56 | | 5.5 | | 50.046 |
| 16 | | 2 | 1.5,1,(0.75),(0.5) | 13.835 | | 60 | 5.5 | | 54.046 |
| | 18 | 2.5 | 2,1.5,1,(0.75),(0.5) | 15.294 | 64 | | 6 | | 57.505 |
| 20 | | 2.5 | | 17.294 | | 68 | 6 | | 61.505 |

注:1. 优先选用第一系列,其次是第二系列,第三系列未列入。

2. 括号内尺寸尽可能不用。

3. M14×1.25 仅用于火花塞;M35×1.5 仅用于滚动轴承锁紧螺母。

**表 A-2 55°非螺纹密封的圆柱管螺纹(GB/T 7307—2001)摘编** 单位:mm

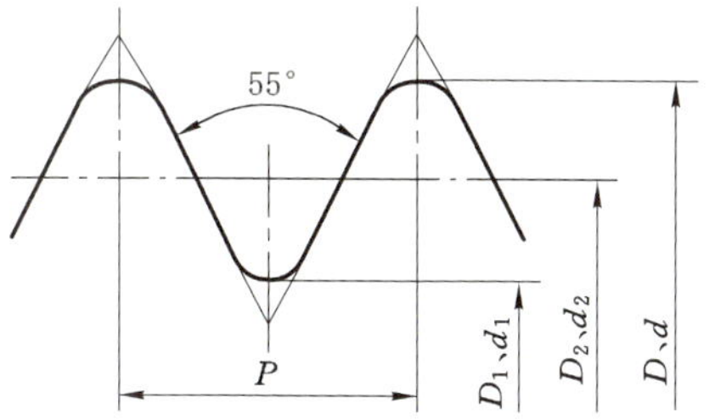


螺纹的设计牙形

**标记示例**

G2——尺寸代号 2,右旋,圆柱内螺纹;

G3A——尺寸代号 3,右旋,A 级圆柱外螺纹;

G2LH——尺寸代号 2,左旋,圆柱内螺纹;

G4BLH——尺寸代号 3,左旋,B 级圆柱外螺纹

| 尺寸代号 | 每 25.4 mm 内所含的牙数 $n$ | 螺距 $P$ | 牙高 $h$ | 圆弧半径 $r\approx$ | 基本直径 | | |
|---|---|---|---|---|---|---|---|
| | | | | | 大径 $d=D$ | 中径 $d_2=D_2$ | 小径 $d_1=D_1$ |
| 1/16 | 28 | 0. 907 | 0. 581 | 0. 125 | 7.723 | 7. 142 | 6. 561 |
| 1/8 | 28 | 0. 907 | 0. 581 | 0. 125 | 9. 728 | 9.147 | 8. 566 |
| 1/4 | 19 | 1. 337 | 0. 856 | 0. 184 | 13. 157 | 12. 301 | 11. 445 |
| 3/8 | 19 | 1. 337 | 0. 856 | 0. 184 | 16. 662 | 15. 806 | 14. 950 |
| 1/2 | 14 | 1. 814 | 1. 162 | 0. 249 | 20. 955 | 19. 793 | 18. 631 |
| 5/8 | 14 | 1. 814 | 1. 162 | 0. 249 | 22. 911 | 21. 749 | 20. 587 |
| 3/4 | 14 | 1. 814 | 1. 162 | 0. 249 | 26. 441 | 25. 279 | 24. 117 |
| 7/8 | 14 | 1. 814 | 1. 162 | 0. 249 | 30. 201 | 29. 039 | 27. 877 |
| 1 | 11 | 1. 814 | 1. 162 | 0. 249 | 33. 249 | 31. 770 | 30. 291 |
| 1½ | 11 | 2. 309 | 1.479 | 0. 317 | 37. 897 | 36. 418 | 34. 939 |
| 1¼ | 11 | 2. 309 | 1.479 | 0. 317 | 41. 910 | 40. 431 | 38. 952 |
| 1½ | 11 | 2. 309 | 1.479 | 0. 317 | 47. 803 | 46. 324 | 44. 845 |
| 1¾ | 11 | 2. 309 | 1.479 | 0. 317 | 53. 746 | 52. 267 | 50. 788 |
| 2 | 11 | 2. 309 | 1.479 | 0. 317 | 59. 614 | 58. 135 | 56. 656 |
| 2¼ | 11 | 2. 309 | 1.479 | 0. 317 | 65. 710 | 64. 231 | 62. 752 |
| 2½ | 11 | 2. 309 | 1.479 | 0. 317 | 75. 184 | 73. 705 | 72. 226 |
| 2¾ | 11 | 2. 309 | 1.479 | 0. 317 | 81. 534 | 80. 055 | 78. 576 |
| 3 | 11 | 2. 309 | 1.479 | 0. 317 | 87. 884 | 86. 405 | 84. 926 |
| 3½ | 11 | 2. 309 | 1.479 | 0. 317 | 100. 330 | 98. 851 | 97. 372 |
| 4 | 11 | 2. 309 | 1.479 | 0. 317 | 113. 030 | 111. 551 | 110. 072 |
| 4½ | 11 | 2. 309 | 1.479 | 0. 317 | 125. 730 | 124. 251 | 122. 772 |
| 5 | 11 | 2. 309 | 1.479 | 0. 317 | 138. 430 | 136. 951 | 135. 472 |
| 5½ | 11 | 2. 309 | 1.479 | 0. 317 | 151. 130 | 149. 651 | 148. 172 |
| 6 | 11 | 2. 309 | 1.479 | 0. 317 | 163. 830 | 162. 351 | 160. 872 |

# 附录B　常用标准件

**表 B-1　六角头螺栓——A 级和 B 级(GB/T 5782—2016)摘编**　　单位:mm

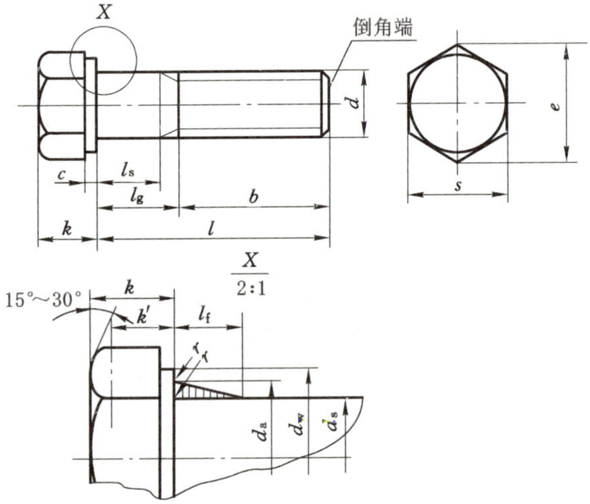


$l_{gmax}=l_{公称}-b_{参考}$

$l_{gmin}=l_{gmax}-5P$

$P$——螺距

**标记示例**

螺栓 GB 5782 M12×80——螺纹规格 $d=$M12,公称长度 $l=80$ mm、性能等级为 8.8 级,表面氧化,产品等级为 A 级的六角螺栓

| 螺纹规格 $d$ | | | | M5 | M6 | M8 | M10 | M12 | M16 | M20 | M24 | M30 |
|---|---|---|---|---|---|---|---|---|---|---|---|---|
| 螺距 $P$ | | | | 0.8 | 1 | 1.25 | 1.5 | 1.75 | 2 | 2.5 | 3 | 3.5 |
| $b_{参考}$ | $l_{公称}\leqslant125$ | | | 16 | 18 | 22 | 26 | 30 | 38 | 46 | 54 | 66 |
| | $125<l_{公称}\leqslant200$ | | | 22 | 24 | 28 | 32 | 36 | 44 | 52 | 60 | 72 |
| | $l_{公称}>200$ | | | 35 | 37 | 41 | 45 | 49 | 57 | 65 | 73 | 85 |
| $c$ | min | | | 0.15 | 0.15 | 0.15 | 0.15 | 0.15 | 0.2 | 0.2 | 0.2 | 0.2 |
| | max | | | 0.5 | 0.5 | 0.6 | 0.6 | 0.6 | 0.8 | 0.8 | 0.8 | 0.8 |
| $d_a$ | max | | | 5.7 | 6.8 | 9.2 | 11.2 | 13.7 | 17.7 | 22.4 | 26.4 | 33.4 |
| $d_s$ | max | | | 5 | 6 | 8 | 10 | 12 | 16 | 20 | 24 | 30 |
| | min | 产品等级 | A | 4.82 | 5.82 | 7.78 | 9.78 | 11.73 | 15.73 | 19.67 | 23.67 | — |
| | | | B | 4.70 | 5.70 | 7.64 | 9.64 | 11.57 | 15.57 | 19.48 | 23.48 | 29.48 |
| $d_w$ | min | 产品等级 | A | 6.9 | 8.9 | 11.6 | 14.6 | 16.6 | 22.5 | 28.2 | 33.6 | — |
| | | | B | 6.7 | 8.7 | 11.4 | 14.4 | 16.4 | 22 | 27.7 | 33.2 | 42.7 |
| $e$ | min | 产品等级 | A | 8.79 | 11.05 | 14.38 | 17.77 | 20.03 | 26.75 | 33.53 | 39.98 | — |
| | | | B | 8.63 | 10.89 | 14.20 | 17.59 | 19.85 | 26.17 | 32.95 | 39.55 | 50.85 |
| $f$ | max | | | 1.2 | 1.4 | 2 | 2 | 3 | 3 | 4 | 4 | 6 |
| $k$ | 公称 | | | 3.5 | 4 | 5.3 | 6.4 | 7.5 | 10 | 12.5 | 15 | 18.7 |
| | 产品等级 | A | min | 3.35 | 3.85 | 5.15 | 6.22 | 7.32 | 9.82 | 12.28 | 14.78 | — |
| | | | max | 3.65 | 4.15 | 5.45 | 6.58 | 7.68 | 10.18 | 12.72 | 15.22 | — |
| | | B | min | 3.26 | 3.76 | 5.06 | 6.11 | 7.21 | 9.71 | 12.15 | 14.65 | 18.28 |
| | | | max | 3.74 | 4.24 | 5.54 | 6.69 | 7.79 | 10.29 | 12.85 | 15.35 | 19.12 |

表 B-1(续)

| 螺纹规格 $d$ | | | | M5 | M6 | M8 | M10 | M12 | M16 | M20 | M24 | M30 |
|---|---|---|---|---|---|---|---|---|---|---|---|---|
| 螺距 $P$ | | | | 0.8 | 1 | 1.25 | 1.5 | 1.75 | 2 | 2.5 | 3 | 3.5 |
| $k'$ | min | 产品等级 | A | 2.3 | 2.7 | 3.6 | 4.4 | 5.1 | 6.9 | 8.6 | 10.3 | — |
| | | | B | 2.3 | 2.6 | 3.5 | 4.3 | 5 | 6.8 | 8.5 | 10.2 | 12.8 |
| $r$ | min | | | 0.2 | 0.25 | 0.4 | 0.4 | 0.6 | 0.6 | 0.8 | 0.8 | 1 |
| $s$ | max=公称 | | | 8 | 10 | 13 | 16 | 18 | 24 | 30 | 36 | 46 |
| | min | 产品等级 | A | 7.78 | 9.78 | 12.73 | 15.73 | 17.73 | 23.67 | 29.67 | 35.38 | — |
| | | | B | 7.64 | 9.64 | 12.57 | 15.57 | 17.57 | 23.16 | 29.16 | 35 | 45 |
| $l$(商品规格范围) | | | | 25~50 | 30~36 | 35~80 | 40~100 | 45~120 | 55~160 | 65~200 | 80~240 | 90~300 |
| $l$(系列) | | | | 20,25,30,35,40,45,50,55,60,65,70,80,90,100,110,120,130,140,150,160,180,200,220,240,260,280,300,320,340,360,380,400,420,440,460,480 | | | | | | | | |

注:$l_g$ 和 $l_s$ 表中未列出。

表 B-2 Ⅰ型六角螺母—— A 级和 B 级(GB/T 6170—2015)摘编 单位:mm

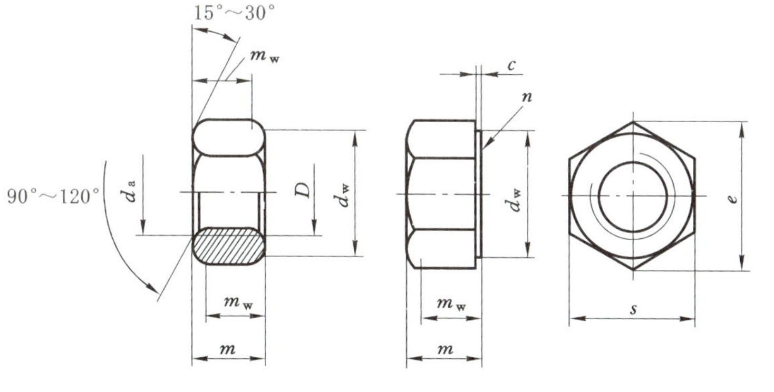


垫圈面型,应在订单中注明

**标记示例**

螺母 GB/T 6170 M12——螺纹规格 D=M12,性能等级为 10 级,不经表面处理,产品等级为 A 级的Ⅰ型六角螺母

| 螺纹规格 $D$ | | M4 | M5 | M6 | M8 | M10 | M12 | M16 | M20 | M24 | M30 |
|---|---|---|---|---|---|---|---|---|---|---|---|
| 螺距 $P$ | | 0.7 | 0.8 | 1 | 1.25 | 1.5 | 1.75 | 2 | 2.5 | 3 | 3.5 |
| $c$ | max | 0.4 | 0.5 | 0.5 | 0.6 | 0.6 | 0.6 | 0.8 | 0.8 | 0.8 | 0.8 |
| | min | 0.15 | 0.15 | 0.15 | 0.15 | 0.15 | 0.15 | 0.20 | 0.20 | 0.20 | 0.20 |
| $d_a$ | max | 4.6 | 5.75 | 6.75 | 8.75 | 10.8 | 13 | 17.30 | 21.6 | 25.9 | 32.4 |
| | min | 4 | 5 | 6 | 8 | 10 | 12 | 16 | 20 | 24 | 30.0 |
| $d_w$ | min | 5.9 | 6.9 | 8.9 | 11.6 | 14.6 | 16.6 | 22.5 | 27.7 | 33.2 | 42.8 |
| $e$ | min | 7.66 | 8.79 | 11.05 | 14.38 | 17.77 | 20.03 | 26.75 | 32.95 | 39.55 | 50.85 |
| $m$ | max | 3.2 | 4.7 | 5.2 | 6.8 | 8.4 | 10.8 | 14.8 | 18 | 21.5 | 25.6 |
| | min | 2.9 | 4.4 | 4.9 | 6.44 | 8.04 | 10.37 | 14.1 | 16.9 | 20.2 | 24.3 |
| $m_w$ | min | 2.3 | 3.5 | 3.9 | 5.1 | 6.4 | 8.3 | 11.3 | 13.5 | 16.2 | 19.4 |
| $s$ | max=公称 | 7 | 8 | 10 | 13 | 16 | 18 | 24 | 30 | 36 | 46 |
| | min | 6.78 | 7.78 | 9.78 | 12.73 | 15.73 | 17.73 | 23.67 | 29.16 | 35 | 45 |

注:1. A 级用于 $D \leqslant 16$ 的螺母;B 级用于 $D > 16$ 的螺母。本表仅按优选的螺纹规格列出。

2. 螺纹规格为 M8~M64、细牙、A 级和 B 级的Ⅰ型六角螺母,请查阅 GB/T 6171—2016。

表 B-3 垫圈(GB/T 97.1—2002、GB/T 97.2—2002)摘编 单位:mm

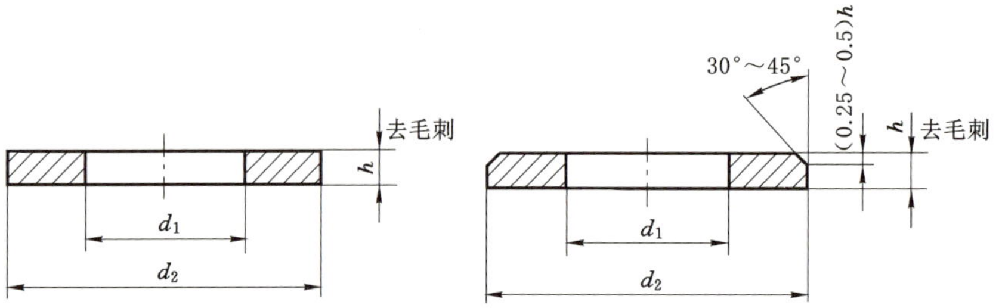


**标记示例**

垫圈 GB/T 97.1—2002 8－140HV——标准系列,公称尺寸 $d=8$ mm,性能等级为 140HV 级,不经表面处理的平垫圈;

垫圈 GB/T 97.2—2002 8－140HV——标准系列,公称尺寸 $d=8$ mm,性能等级为 140HV 级,倒角型,不经表面处理的平垫圈

| 公称尺寸(螺纹规格 $d$) | 内径 $d_1$ | | 外径 $d_2$ | | 厚度 $h$ | | |
|---|---|---|---|---|---|---|---|
| | 公称(min) | max | 公称(max) | min | 公称 | max | min |
| 5 | 5.3 | 5.48 | 10 | 9.64 | 1 | 1.1 | 0.9 |
| 6 | 6.4 | 6.62 | 12 | 11.57 | 1.6 | 1.8 | 1.4 |
| 8 | 8.4 | 8.62 | 16 | 15.57 | 1.6 | 1.8 | 1.4 |
| 10 | 10.5 | 10.77 | 20 | 19.48 | 2 | 2.2 | 1.8 |
| 12 | 13 | 13.27 | 24 | 23.48 | 2.5 | 2.7 | 2.3 |
| 14 | 15 | 15.27 | 28 | 27.48 | 2.5 | 2.7 | 2.3 |
| 16 | 17 | 17.27 | 30 | 29.48 | 3 | 3.3 | 2.7 |
| 20 | 21 | 21.33 | 37 | 36.38 | 3 | 3.3 | 2.7 |
| 24 | 25 | 25.33 | 44 | 43.38 | 4 | 4.3 | 3.7 |
| 30 | 31 | 31.39 | 56 | 55.26 | 4 | 4.3 | 3.7 |
| 36 | 37 | 37.62 | 66 | 64.8 | 5 | 5.6 | 4.4 |

表 B-4 弹簧垫圈(GB 93—1987、GB 859—1987)摘编

单位:mm

标准型弹簧垫圈

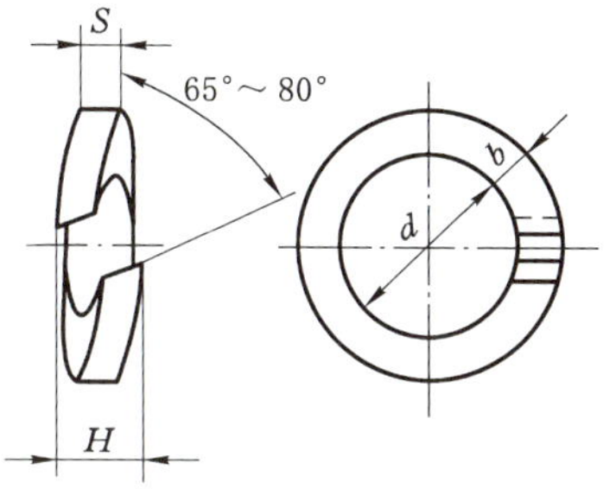


轻型弹簧垫圈

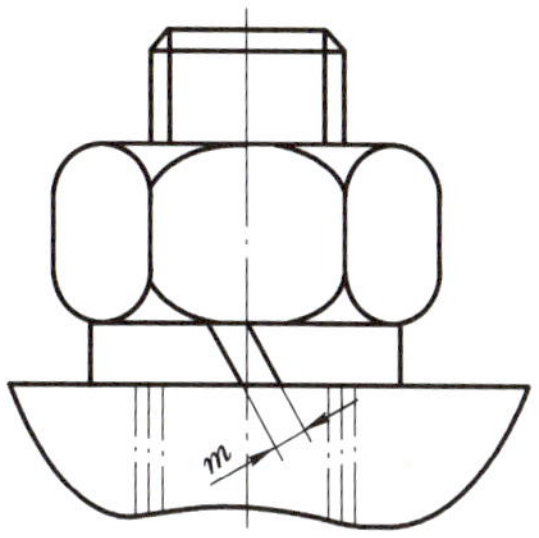


标记示例

垫圈 GB 93—1987 16——规格 16 mm,材料为 65 Mn,表面氧化的标准型弹簧垫圈

| 规格（螺纹大径） | | 3 | 4 | 5 | 6 | 8 | 10 | 12 | (14) | 16 | (18) | 20 | (22) | 24 | (27) | 30 |
|---|---|---|---|---|---|---|---|---|---|---|---|---|---|---|---|---|
| $d$ | | 3.1 | 4.1 | 5.1 | 6.1 | 8.1 | 10.2 | 12.2 | 14.2 | 16.2 | 18.2 | 20.2 | 22.5 | 24.5 | 27.5 | 30.5 |
| $H$ | GB 93—1987 | 1.6 | 2.2 | 2.6 | 3.2 | 4.2 | 5.2 | 6.2 | 7.2 | 8.2 | 9 | 10 | 11 | 12 | 13.6 | 15 |
| | GB 859—1987 | 1.2 | 1.6 | 2.2 | 2.6 | 3.2 | 4 | 5 | 6 | 6.4 | 7.2 | 8 | 9 | 10 | 11 | 12 |
| $S(b)$ 公称 | GB 93—1987 | 0.8 | 1.1 | 1.3 | 1.6 | 2.1 | 2.6 | 3.1 | 3.6 | 4.1 | 4.5 | 5 | 5.5 | 6 | 6.8 | 7.5 |
| $S$ 公称 | GB 859—1987 | 0.6 | 0.8 | 1.1 | 1.3 | 1.6 | 2 | 2.5 | 3 | 3.2 | 3.6 | 4 | 4.5 | 5 | 5.5 | 6 |
| $m\leqslant$ | GB 93—1987 | 0.4 | 0.55 | 0.65 | 0.8 | 1.05 | 1.3 | 1.55 | 1.8 | 2.05 | 2.25 | 2.5 | 2.75 | 3 | 3.4 | 3.75 |
| | GB 859—1987 | 0.3 | 0.4 | 0.55 | 0.65 | 0.8 | 1 | 1.25 | 1.5 | 1.6 | 1.8 | 2 | 2.25 | 2.5 | 2.75 | 3 |
| $b$ 公称 | GB 859—1987 | 1 | 1.2 | 1.5 | 2 | 2.5 | 3 | 3.5 | 4 | 4.5 | 5 | 5.5 | 6 | 7 | 8 | 9 |

注:1. 括号内的规格尽可能不采用。

2. $m$ 应大于零。

### 表 B-5　圆柱销(GB/T 119.1—2000)摘编

单位:mm

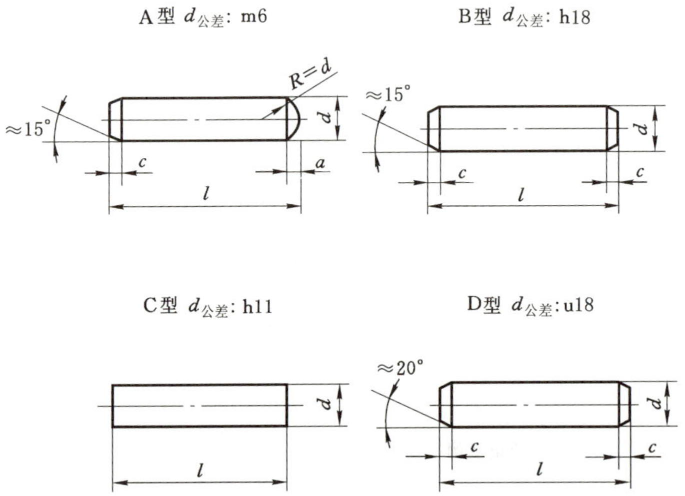


**标记示例**

销 GB/T 119.1 A8×30——公称直径 $d=8$ mm,长度 $l=30$ mm,材料 35 号钢,热处理硬度 28～38 HRC,表面氧化处理的 A 型圆柱销

销 GB/T 119.1 8×30——公称直径 $d=8$ mm,长度 $l=30$ mm,材料 35 号钢,热处理硬度 28～38 HRC,表面氧化处理的 B 型圆柱销

| D 公称 | 2 | 2.5 | 3 | 4 | 5 | 6 | 8 | 10 | 12 | 16 | 20 |
|---|---|---|---|---|---|---|---|---|---|---|---|
| $a\approx$ | 0.25 | 0.30 | 0.40 | 0.50 | 0.63 | 0.80 | 1.0 | 1.2 | 1.6 | 2.0 | 2.5 |
| $c\approx$ | 0.35 | 0.40 | 0.50 | 0.63 | 0.80 | 1.2 | 1.6 | 2.0 | 2.5 | 3.0 | 3.5 |
| $l$ (商品范围) | 6～20 | 6～24 | 8～30 | 8～40 | 10～50 | 12～60 | 14～80 | 18～95 | 22～140 | 26～180 | 35～200 |
| $l$ 系列 | 6,8,10,12,14,16,18,20,22,24,26,28,30,32,35,40,45,50,55,60,65,70,75,80,85,90,95,100,120,140,160,180,200 | | | | | | | | | | |

### 表 B-6　圆锥销(GB/T 117—2000)摘编

单位:mm

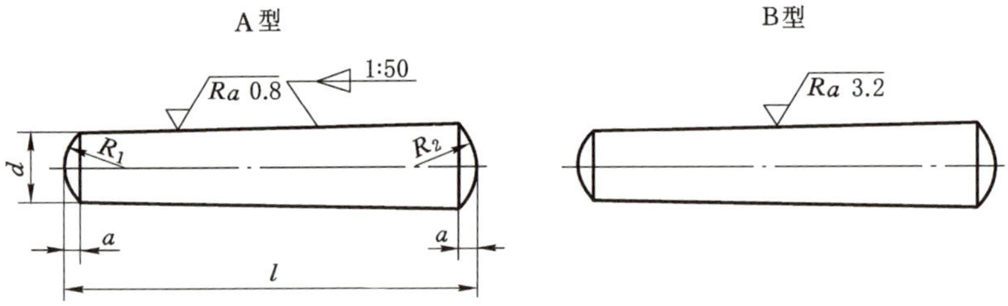


$R_1\approx d\quad R_2\approx d+(l-2a)/50$

**标记示例**

销 GB/T 117 A10×60——公称直径 $d=10$ mm,长度 $l=60$ mm,材料 35 号钢,热处理硬度 28～38 HRC,表面氧化处理的 A 型圆锥销

| | | | | | | | | | | | | | | | | | | |
|---|---|---|---|---|---|---|---|---|---|---|---|---|---|---|---|---|---|---|
| $d$ | 公称 | 0.6 | 0.8 | 1 | 1.2 | 1.5 | 2 | 2.5 | 3 | 4 | 5 | 6 | 8 | 10 | 12 | 16 | 20 | 25 |
| | min | 0.56 | 0.76 | 0.96 | 1.16 | 1.46 | 1.96 | 2.46 | 2.96 | 3.95 | 4.95 | 5.95 | 7.94 | 9.94 | 11.93 | 15.93 | 19.92 | 24.92 |
| | max | 0.6 | 0.8 | 1 | 1.2 | 1.5 | 2 | 2.5 | 3 | 4 | 5 | 6 | 8 | 10 | 12 | 16 | 20 | 25 |
| | a≈ | 0.08 | 0.1 | 0.12 | 0.16 | 0.2 | 0.25 | 0.3 | 0.4 | 0.5 | 0.63 | 0.8 | 1 | 1.2 | 1.6 | 2 | 2.5 | 3 |
| $l$(商品规格范围公称长度) | | 4～8 | 5～12 | 6～16 | 6～20 | 8～24 | 10～35 | 10～35 | 12～45 | 14～55 | 18～60 | 22～90 | 22～120 | 26～160 | 32～180 | 40～200 | 45～200 | 50～200 |
| $l$ 系列 | | 2,3,4,5,6,8,10,12,14,16,18,20,22,24,26,28,30,32,35,40,45,50,55,60,65,75,80,85,90,95,100,120,140,160,180,200 | | | | | | | | | | | | | | | | |

表 B-7 平键的剖面及键槽(GB/T 1095—2003)摘编

单位:mm

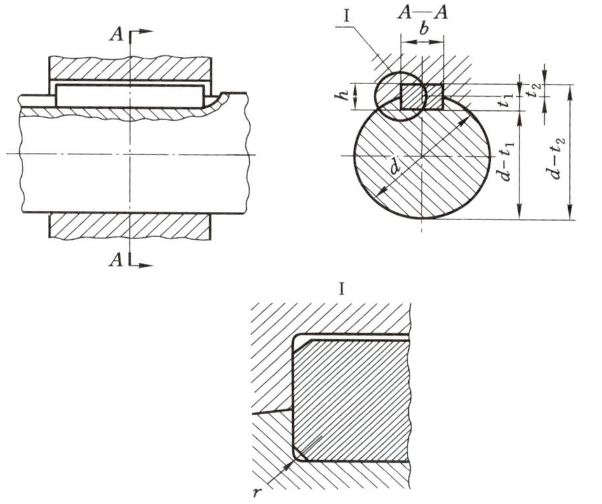


| 轴 | 键 | 键槽 | | | | | | | | | | | |
|---|---|---|---|---|---|---|---|---|---|---|---|---|---|
| 公称直径 d | 公称尺寸 $b\times h$ | 宽度 b | | | | | | 深度 | | | | 半径 r | |
| | | 公称尺寸 b | 偏差 | | | | | 轴 t | | 毂 $t_1$ | | | |
| | | | 较松键连接 | | 一般键连接 | | 较紧键连接 | | | | | | |
| | | | 轴 H9 | 毂 D10 | 轴 N9 | 毂 JS9 | 轴和毂 P9 | 公称 | 偏差 | 公称 | 偏差 | 最小 | 最大 |
| 自 6~8 | 2×2 | 2 | +0.025<br>0 | +0.060<br>+0.020 | −0.004<br>−0.029 | ±0.0125 | −0.006<br>−0.031 | 1.2 | +0.2<br>0 | 1 | +0.2<br>0 | 0.08 | 0.16 |
| >8~10 | 3×3 | 3 | | | | | | 1.8 | | 1.4 | | | |
| >10~12 | 4×4 | 4 | +0.030<br>0 | +0.078<br>+0.030 | 0<br>−0.030 | ±0.015 | −0.012<br>−0.042 | 2.5 | | 1.8 | | | |
| >12~17 | 5×5 | 5 | | | | | | 3.0 | | 2.3 | | 0.16 | 0.25 |
| >17~22 | 6×6 | 6 | | | | | | 3.5 | | 2.8 | | | |
| >22~30 | 8×7 | 8 | +0.036<br>0 | +0.098<br>+0.040 | 0<br>−0.036 | ±0.018 | −0.015<br>−0.051 | 4.0 | +0.1<br>0 | 3.3 | +0.2<br>0 | | |
| >30~38 | 10×8 | 10 | | | | | | 5.0 | | 3.3 | | 0.25 | 0.40 |
| >38~44 | 12×8 | 12 | +0.043<br>0 | +0.120<br>+0.050 | 0<br>−0.043 | ±0.0215 | −0.018<br>−0.061 | 5.0 | | 3.3 | | | |
| >44~50 | 14×9 | 14 | | | | | | 5.5 | | 3.8 | | | |
| >50~58 | 16×10 | 16 | | | | | | 6.0 | | 4.3 | | | |
| >58~65 | 18×11 | 18 | | | | | | 7.0 | | 4.4 | | | |
| >65~75 | 20×12 | 20 | +0.052<br>0 | +0.149<br>+0.065 | 0<br>−0.052 | ±0.026 | −0.022<br>−0.074 | 7.5 | | 4.9 | | 0.40 | 0.60 |
| >75~85 | 22×14 | 22 | | | | | | 9.0 | | 5.4 | | | |
| >85~95 | 25×14 | 25 | | | | | | 9.0 | | 5.4 | | | |
| >95~110 | 28×16 | 28 | | | | | | 10.0 | | 6.4 | | | |

注:1. 在工作图中,轴槽深用 t 或($d-t$)标注,轮毂槽深用($d+t_1$)标注。平键键槽的长度偏差用 H14。

2. l 系列:6~22(2 进位),25,28,32,36,40,45,50,56,63,70,80,90,100,110,125,140,160,180,200,220,250,280,320,360,400,450,500。

表 B-8 深沟球轴承(GB/T 276—2013)摘编　　单位：mm

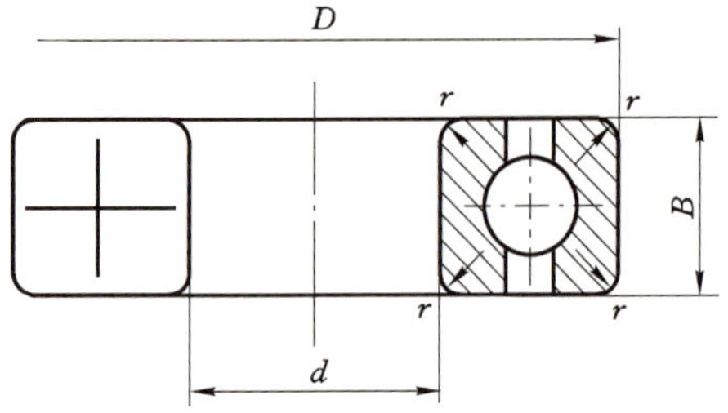


| 轴承型号 | 尺寸 | | | |
| --- | --- | --- | --- | --- |
| | $d$ | $D$ | $B$ | $r_{smin}$ |
| 01 系列 | | | | |
| 6100 | 10 | 26 | 8 | 0.3 |
| 6101 | 12 | 28 | 8 | 0.3 |
| 6102 | 15 | 32 | 9 | 0.3 |
| 6103 | 17 | 35 | 10 | 0.3 |
| 6104 | 20 | 42 | 12 | 0.6 |
| 6105 | 25 | 47 | 12 | 0.6 |
| 6106 | 30 | 55 | 13 | 1 |
| 6107 | 35 | 62 | 14 | 1 |
| 6108 | 40 | 68 | 15 | 1 |
| 6109 | 45 | 75 | 16 | 1 |
| 6110 | 50 | 80 | 16 | 1 |
| 6111 | 55 | 90 | 18 | 1.1 |
| 6112 | 60 | 95 | 18 | 1.1 |
| 02 系列 | | | | |
| 6200 | 10 | 30 | 9 | 0.6 |
| 6201 | 12 | 32 | 10 | 0.6 |
| 6202 | 15 | 35 | 11 | 0.6 |
| 6203 | 17 | 40 | 12 | 0.6 |
| 6204 | 20 | 47 | 14 | 1 |
| 6205 | 25 | 52 | 15 | 1 |
| 6206 | 30 | 62 | 16 | 1 |
| 6207 | 35 | 72 | 17 | 1.1 |
| 6208 | 40 | 80 | 18 | 1.1 |
| 6209 | 45 | 85 | 19 | 1.1 |
| 6210 | 50 | 90 | 20 | 1.1 |
| 6211 | 55 | 100 | 21 | 1.5 |
| 6212 | 60 | 110 | 22 | 1.5 |
| 03 系列 | | | | |
| 6300 | 10 | 35 | 11 | 0.6 |
| 6301 | 12 | 37 | 12 | 1 |
| 6302 | 15 | 42 | 13 | 1 |
| 6303 | 17 | 47 | 14 | 1 |
| 6304 | 20 | 52 | 15 | 1.1 |
| 6305 | 25 | 62 | 17 | 1.1 |
| 6306 | 30 | 72 | 19 | 1.1 |
| 6307 | 35 | 80 | 21 | 1.5 |
| 6308 | 40 | 90 | 23 | 1.5 |
| 6309 | 45 | 100 | 25 | 1.5 |
| 6310 | 50 | 110 | 27 | 2 |
| 6311 | 55 | 120 | 29 | 2 |
| 6312 | 60 | 130 | 31 | 2.1 |
| 6313 | 65 | 140 | 33 | 2.1 |
| 6314 | 70 | 150 | 35 | 2.1 |
| 6315 | 75 | 160 | 37 | 2.1 |
| 6316 | 80 | 170 | 39 | 2.1 |
| 6317 | 85 | 180 | 41 | 3 |
| 6318 | 90 | 190 | 43 | 3 |
| 04 系列 | | | | |
| 6403 | 17 | 62 | 17 | 1.1 |
| 6404 | 20 | 72 | 19 | 1.1 |
| 6405 | 25 | 80 | 21 | 1.5 |
| 6406 | 30 | 90 | 23 | 1.5 |
| 6407 | 35 | 100 | 25 | 1.5 |
| 6408 | 40 | 110 | 27 | 2 |
| 6409 | 45 | 120 | 29 | 2 |
| 6410 | 50 | 130 | 31 | 2.1 |
| 6411 | 55 | 140 | 33 | 2.1 |
| 6412 | 60 | 150 | 35 | 2.1 |
| 6413 | 65 | 160 | 37 | 2.1 |
| 6414 | 70 | 180 | 42 | 3 |
| 6415 | 75 | 190 | 45 | 3 |
| 6416 | 80 | 200 | 48 | 3 |
| 6417 | 85 | 210 | 52 | 4 |
| 6418 | 90 | 225 | 54 | 4 |
| 6419 | 95 | 240 | 55 | 4 |
| 6420 | 100 | 250 | 58 | 4 |

注：$r$ 为内、外圈公称倒角尺寸；$r_{smin}$ 为 $r$ 的单向最小倒角尺寸。

# 附录C 极限与配合

### 表 C-1 标准公差数值(GB/T 1800.2—2009)摘编

| 公称尺寸/mm | | 标准公差等级 | | | | | | | | | | | | | | | | | |
|---|---|---|---|---|---|---|---|---|---|---|---|---|---|---|---|---|---|---|---|
| | | IT1 | IT2 | IT3 | IT4 | IT5 | IT6 | IT7 | IT8 | IT9 | IT10 | IT11 | IT12 | IT13 | IT14 | IT15 | IT16 | IT17 | IT18 |
| 大于 | 至 | μm | | | | | | | | | | | mm | | | | | | |
| — | 3 | 0.8 | 1.2 | 2 | 3 | 4 | 6 | 10 | 14 | 25 | 40 | 60 | 0.1 | 0.14 | 0.25 | 0.4 | 0.6 | 1 | 1.4 |
| 3 | 6 | 1 | 1.5 | 2.5 | 4 | 5 | 8 | 12 | 18 | 30 | 48 | 75 | 0.12 | 0.18 | 0.3 | 0.48 | 0.75 | 1.2 | 1.8 |
| 6 | 10 | 1 | 1.5 | 2.5 | 4 | 6 | 9 | 15 | 22 | 36 | 58 | 90 | 0.15 | 0.22 | 0.36 | 0.58 | 0.9 | 1.5 | 2.2 |
| 10 | 18 | 1.2 | 2 | 3 | 5 | 8 | 11 | 18 | 27 | 43 | 70 | 110 | 0.18 | 0.27 | 0.43 | 0.7 | 1.1 | 1.8 | 2.7 |
| 18 | 30 | 1.5 | 2.5 | 4 | 6 | 9 | 13 | 21 | 33 | 52 | 84 | 130 | 0.21 | 0.33 | 0.52 | 0.84 | 1.3 | 2.1 | 3.3 |
| 30 | 50 | 1.5 | 2.5 | 4 | 7 | 11 | 16 | 25 | 39 | 62 | 100 | 160 | 0.25 | 0.39 | 0.62 | 1 | 1.6 | 2.5 | 3.9 |
| 50 | 80 | 2 | 3 | 5 | 8 | 13 | 19 | 30 | 46 | 74 | 120 | 190 | 0.3 | 0.46 | 0.74 | 1.2 | 1.9 | 3 | 4.6 |
| 80 | 120 | 2.5 | 4 | 6 | 10 | 15 | 22 | 35 | 54 | 87 | 140 | 220 | 0.35 | 0.54 | 0.87 | 1.4 | 2.2 | 3.5 | 5.4 |
| 120 | 180 | 3.5 | 5 | 8 | 12 | 18 | 25 | 40 | 63 | 100 | 160 | 250 | 0.4 | 0.63 | 1 | 1.6 | 2.5 | 4 | 6.3 |
| 180 | 250 | 4.5 | 7 | 10 | 14 | 20 | 29 | 46 | 72 | 115 | 185 | 290 | 0.46 | 0.72 | 1.15 | 1.85 | 2.9 | 4.6 | 7.2 |
| 250 | 315 | 6 | 8 | 12 | 16 | 23 | 32 | 52 | 81 | 130 | 210 | 320 | 0.52 | 0.81 | 1.3 | 2.1 | 3.2 | 5.2 | 8.1 |
| 315 | 400 | 7 | 9 | 13 | 18 | 25 | 36 | 57 | 89 | 140 | 230 | 360 | 0.57 | 0.89 | 1.4 | 2.3 | 3.6 | 5.7 | 8.9 |
| 400 | 500 | 8 | 10 | 15 | 20 | 27 | 40 | 63 | 97 | 155 | 250 | 400 | 0.63 | 0.97 | 1.55 | 2.5 | 4 | 6.3 | 9.7 |
| 500 | 630 | 9 | 11 | 16 | 22 | 32 | 44 | 70 | 110 | 175 | 280 | 440 | 0.7 | 1.1 | 1.75 | 2.8 | 4.4 | 7 | 11 |
| 630 | 800 | 10 | 13 | 18 | 25 | 36 | 50 | 80 | 125 | 200 | 320 | 500 | 0.8 | 1.25 | 2 | 3.2 | 5 | 8 | 12.5 |
| 800 | 1 000 | 11 | 15 | 21 | 28 | 40 | 56 | 90 | 140 | 230 | 360 | 560 | 0.9 | 1.4 | 2.3 | 3.6 | 5.6 | 9 | 14 |
| 1000 | 1 250 | 13 | 18 | 24 | 33 | 47 | 66 | 105 | 165 | 260 | 420 | 660 | 1.05 | 1.65 | 2.6 | 4.2 | 6.6 | 10.5 | 16.5 |
| 1250 | 1 600 | 15 | 21 | 29 | 39 | 55 | 78 | 125 | 195 | 310 | 500 | 780 | 1.25 | 1.95 | 3.1 | 5 | 7.8 | 12.5 | 19.5 |
| 1600 | 2 000 | 18 | 25 | 35 | 46 | 65 | 92 | 150 | 230 | 370 | 600 | 920 | 1.5 | 2.3 | 3.7 | 6 | 9.2 | 15 | 23 |
| 2000 | 2 500 | 22 | 30 | 41 | 55 | 78 | 110 | 175 | 280 | 440 | 700 | 1100 | 1.75 | 2.8 | 4.4 | 7 | 11 | 17.5 | 28 |
| 2500 | 3 150 | 26 | 36 | 50 | 68 | 96 | 135 | 210 | 330 | 540 | 860 | 1350 | 2.1 | 3.3 | 5.4 | 8.6 | 13.5 | 21 | 33 |

注:1. 公称尺寸大于 500 的 IT1～IT5 的标准公差数值为试行。

2. 公称尺寸小于或等于 1 mm 时,无 IT14～IT18。

表 C-2 轴 a、b、c、d、e 的极限偏差(GB/T 1800.2—2009)摘编 单位:μm

| 公称尺寸/mm | | a | b | | c | | | d | | | | e | | |
|---|---|---|---|---|---|---|---|---|---|---|---|---|---|---|
| 大于 | 至 | 11 | 11 | 12 | 9 | 10 | 11* | 8 | 9* | 10 | 11 | 7 | 8 | 9 |
| — | 3 | −270<br>−330 | −140<br>−200 | −140<br>−240 | −60<br>−85 | −60<br>−100 | −60<br>−120 | −20<br>−34 | −20<br>−45 | −20<br>−60 | −20<br>−80 | −14<br>−24 | −14<br>−28 | −14<br>−39 |
| 3 | 6 | −270<br>−348 | −140<br>−215 | −140<br>−260 | −70<br>−100 | −70<br>−118 | −70<br>−145 | −30<br>−48 | −30<br>−60 | −30<br>−78 | −30<br>−105 | −20<br>−32 | −20<br>−38 | −20<br>−50 |
| 6 | 10 | −280<br>−370 | −150<br>−240 | −150<br>−300 | −80<br>−116 | −80<br>−138 | −80<br>−170 | −40<br>−62 | −40<br>−76 | −40<br>−98 | −40<br>−130 | −25<br>−40 | −25<br>−47 | −25<br>−61 |
| 10 | 18 | −290<br>−400 | −150<br>−260 | −150<br>−330 | −95<br>−138 | −95<br>−165 | −95<br>−205 | −50<br>−77 | −50<br>−93 | −50<br>−120 | −50<br>−160 | −32<br>−50 | −32<br>−59 | −32<br>−75 |
| 18 | 30 | −300<br>−430 | −160<br>−290 | −160<br>−370 | −110<br>−162 | −110<br>−194 | −110<br>−240 | −65<br>−98 | −65<br>−117 | −65<br>−149 | −65<br>−195 | −40<br>−61 | −40<br>−73 | −40<br>−92 |
| 30 | 40 | −310<br>−470 | −170<br>−330 | −170<br>−420 | −120<br>−182 | −120<br>−220 | −120<br>−280 | −80<br>−119 | −80<br>−142 | −80<br>−180 | −80<br>−240 | −50<br>−75 | −50<br>−89 | −50<br>−112 |
| 40 | 50 | −320<br>−480 | −180<br>−340 | −180<br>−430 | −130<br>−192 | −130<br>−230 | −130<br>−290 | | | | | | | |
| 50 | 65 | −340<br>−530 | −190<br>−380 | −190<br>−490 | −140<br>−214 | −140<br>−260 | −140<br>−330 | −100<br>−146 | −100<br>−174 | −100<br>−220 | −100<br>−290 | −60<br>−90 | −60<br>−106 | −60<br>−134 |
| 65 | 80 | −360<br>−550 | −200<br>−390 | −200<br>−500 | −150<br>−224 | −150<br>−270 | −150<br>−340 | | | | | | | |
| 80 | 100 | −380<br>−600 | −220<br>−440 | −220<br>−570 | −170<br>−257 | −170<br>−310 | −170<br>−390 | −120<br>−174 | −120<br>−207 | −120<br>−260 | −120<br>−340 | −72<br>−107 | −72<br>−126 | −72<br>−159 |
| 100 | 120 | −410<br>−630 | −240<br>−460 | −240<br>−590 | −180<br>−267 | −180<br>−320 | −180<br>−400 | | | | | | | |
| 120 | 140 | −460<br>−710 | −260<br>−510 | −260<br>−660 | −200<br>−300 | −200<br>−360 | −200<br>−450 | −145<br>−208 | −145<br>−245 | −145<br>−305 | −145<br>−395 | −85<br>−125 | −85<br>−148 | −85<br>−185 |
| 140 | 160 | −520<br>−770 | −280<br>−530 | −280<br>−680 | −210<br>−310 | −210<br>−370 | −210<br>−460 | | | | | | | |
| 160 | 180 | −580<br>−830 | −310<br>−560 | −310<br>−710 | −230<br>−330 | −230<br>−390 | −230<br>−480 | | | | | | | |
| 180 | 200 | −660<br>−950 | −340<br>−630 | −340<br>−800 | −240<br>−355 | −240<br>−425 | −240<br>−530 | −170<br>−242 | −170<br>−285 | −170<br>−355 | −170<br>−460 | −100<br>−146 | −100<br>−172 | −100<br>−215 |
| 200 | 225 | −740<br>−1 030 | −380<br>−670 | −380<br>−840 | −260<br>−375 | −260<br>−445 | −260<br>−550 | | | | | | | |
| 225 | 250 | −820<br>−1 110 | −420<br>−710 | −420<br>−880 | −280<br>−395 | −280<br>−465 | −280<br>−570 | | | | | | | |

表 C-2(续)

| 公称尺寸/mm | | a | b | | c | | | d | | | | e | | |
|---|---|---|---|---|---|---|---|---|---|---|---|---|---|---|
| 大于 | 至 | 11 | 11 | 12 | 9 | 10 | 11 * | 8 | 9 * | 10 | 11 | 7 | 8 | 9 |
| 250 | 280 | −920<br>−1 240 | −480<br>−800 | −480<br>−1 000 | −300<br>−430 | −300<br>−510 | −300<br>−620 | −190<br>−271 | −190<br>−320 | −190<br>−400 | −190<br>−510 | −110<br>−162 | −110<br>−191 | −110<br>−240 |
| 280 | 315 | −1 050<br>−1 370 | −540<br>−860 | −540<br>−1060 | −330<br>−460 | −330<br>−540 | −330<br>−650 | | | | | | | |
| 315 | 355 | −1 200<br>−1 560 | −600<br>−960 | −600<br>−1 170 | −360<br>−500 | −360<br>−590 | −360<br>−720 | −210<br>−299 | −210<br>−350 | −210<br>−440 | −210<br>−570 | −125<br>−182 | −125<br>−214 | −125<br>−265 |
| 355 | 400 | −1 350<br>−1 710 | −680<br>−1 040 | −680<br>−1 250 | −400<br>−540 | −400<br>−630 | −400<br>−760 | | | | | | | |
| 400 | 450 | −1 500<br>−1 900 | −760<br>−1 160 | −760<br>−1 390 | −440<br>−595 | −440<br>−690 | −440<br>−840 | −230<br>−327 | −230<br>−385 | −230<br>−480 | −230<br>−630 | −135<br>−198 | −135<br>−232 | −135<br>−290 |
| 450 | 500 | −1 650<br>−2 050 | −840<br>−1 240 | −840<br>−1 470 | −480<br>−635 | −480<br>−730 | −480<br>−880 | | | | | | | |

注:1. 带 * 号者为优先公差带。

2. 公称尺寸小于 1 mm 时,各级的 a 和 b 均不采用。

## 表 C-3 轴 f、g、h 的极限偏差(GB/T 1800.2—2009)摘编

单位:μm

| 公称尺寸/mm | | f | | | | g | | | h | | | | | | |
|---|---|---|---|---|---|---|---|---|---|---|---|---|---|---|---|
| 大于 | 至 | 5 | 6 | 7 * | 8 | 5 | 6 * | 7 | 5 | 6 * | 7 * | 8 | 9 * | 10 | 11 * |
| — | 3 | −6<br>−10 | −6<br>−12 | −6<br>−16 | −6<br>−20 | −2<br>−6 | −2<br>−8 | −2<br>−12 | 0<br>−4 | 0<br>−6 | 0<br>−10 | 0<br>−14 | 0<br>−25 | 0<br>−40 | 0<br>−60 |
| 3 | 6 | −10<br>−15 | −10<br>−18 | −10<br>−22 | −10<br>−28 | −4<br>−9 | −4<br>−12 | −4<br>−16 | 0<br>−5 | 0<br>−8 | 0<br>−12 | 0<br>−18 | 0<br>−30 | 0<br>−48 | 0<br>−75 |
| 6 | 10 | −13<br>−19 | −13<br>−22 | −13<br>−28 | −13<br>−35 | −5<br>−11 | −5<br>−14 | −5<br>−20 | 0<br>−6 | 0<br>−9 | 0<br>−15 | 0<br>−22 | 0<br>−36 | 0<br>−58 | 0<br>−90 |
| 10 | 18 | −16<br>−24 | −16<br>−27 | −16<br>−34 | −16<br>−43 | −6<br>−14 | −6<br>−17 | −6<br>−24 | 0<br>−8 | 0<br>−11 | 0<br>−18 | 0<br>−27 | 0<br>−43 | 0<br>−70 | 0<br>−110 |
| 18 | 30 | −20<br>−29 | −20<br>−33 | −20<br>−41 | −20<br>−53 | −7<br>−16 | −7<br>−20 | −7<br>−28 | 0<br>−9 | 0<br>−13 | 0<br>−21 | 0<br>−33 | 0<br>−52 | 0<br>−84 | 0<br>−130 |
| 30 | 50 | −25<br>−36 | −25<br>−41 | −25<br>−50 | −25<br>−64 | −9<br>−20 | −9<br>−25 | −9<br>−34 | 0<br>−11 | 0<br>−16 | 0<br>−25 | 0<br>−39 | 0<br>−62 | 0<br>−100 | 0<br>−160 |
| 50 | 80 | −30<br>−43 | −30<br>−49 | −30<br>−60 | −30<br>−76 | −10<br>−23 | −10<br>−29 | −10<br>−40 | 0<br>−13 | 0<br>−19 | 0<br>−30 | 0<br>−46 | 0<br>−74 | 0<br>−120 | 0<br>−190 |

表 C-3(续)

| 公称尺寸/mm | | f | | | | g | | | h | | | | | | |
|---|---|---|---|---|---|---|---|---|---|---|---|---|---|---|---|
| 大于 | 至 | 5 | 6 | 7* | 8 | 5 | 6* | 7 | 5 | 6* | 7* | 8 | 9* | 10 | 11* |
| 80 | 120 | −36<br>−51 | −36<br>−58 | −36<br>−71 | −36<br>−90 | −12<br>−27 | −12<br>−34 | −12<br>−47 | 0<br>−15 | 0<br>−22 | 0<br>−35 | 0<br>−54 | 0<br>−87 | 0<br>−140 | 0<br>−220 |
| 120 | 180 | −43<br>−61 | −43<br>−68 | −43<br>−83 | −43<br>−106 | −14<br>−32 | −14<br>−39 | −14<br>−54 | 0<br>−18 | 0<br>−25 | 0<br>−40 | 0<br>−63 | 0<br>−100 | 0<br>−160 | 0<br>−250 |
| 180 | 250 | −50<br>−70 | −50<br>−79 | −50<br>−96 | −50<br>−122 | −15<br>−35 | −15<br>44 | −15<br>−61 | 0<br>−20 | 0<br>−29 | 0<br>−46 | 0<br>−72 | 0<br>−115 | 0<br>−185 | 0<br>−290 |
| 250 | 315 | −56<br>−79 | −56<br>−88 | −56<br>−108 | −56<br>−137 | −17<br>−40 | −17<br>−49 | −17<br>−69 | 0<br>−23 | 0<br>−32 | 0<br>−52 | 0<br>−81 | 0<br>−130 | 0<br>−210 | 0<br>−320 |
| 315 | 400 | −62<br>−87 | −62<br>−98 | −62<br>−119 | −62<br>−151 | −18<br>−43 | −18<br>−54 | −18<br>−75 | 0<br>−25 | 0<br>−36 | 0<br>−57 | 0<br>−89 | 0<br>−140 | 0<br>−230 | 0<br>−360 |
| 400 | 500 | −68<br>−95 | −68<br>−108 | −68<br>−131 | −68<br>−165 | −20<br>−47 | −20<br>−60 | −20<br>−83 | 0<br>−27 | 0<br>−40 | 0<br>−63 | 0<br>−97 | 0<br>−155 | 0<br>−250 | 0<br>−400 |

表 C-4　轴 js、k、m、n、p 的极限偏差(GB/T 1800.2—2009)摘编　　单位:μm

| 基本尺寸/mm | | js | | | k | | | m | | | n | | | p | | |
|---|---|---|---|---|---|---|---|---|---|---|---|---|---|---|---|---|
| 大于 | 至 | 5 | 6 | 7 | 5 | 6* | 7 | 5 | 6 | 7 | 5 | 6* | 7 | 5 | 6* | 7 |
| — | 3 | ±2 | ±3 | ±5 | +4<br>0 | +6<br>0 | +10<br>0 | +6<br>+2 | +8<br>+2 | +12<br>+2 | +8<br>+4 | +10<br>+4 | +14<br>+4 | +10<br>+6 | +12<br>+6 | +16<br>+6 |
| 3 | 6 | ±2.5 | ±4 | ±6 | +6<br>+1 | +9<br>+1 | +13<br>+1 | +9<br>+4 | +12<br>+4 | +16<br>+4 | +13<br>+8 | +16<br>+8 | +20<br>+8 | +17<br>+12 | +20<br>+12 | +24<br>+12 |
| 6 | 10 | ±3 | ±4.5 | ±7 | +7<br>+1 | +10<br>+1 | +16<br>+1 | +12<br>+6 | +15<br>+6 | +21<br>+6 | +16<br>+10 | +19<br>+10 | +25<br>+10 | +21<br>+15 | +24<br>+15 | +30<br>+15 |
| 10 | 18 | ±4 | ±5.5 | ±9 | +9<br>+1 | +12<br>+1 | +19<br>+1 | +15<br>+7 | +18<br>+7 | +25<br>+7 | +20<br>+12 | +23<br>+12 | +30<br>+12 | +26<br>+18 | +29<br>+18 | +36<br>+18 |
| 18 | 30 | ±4.5 | ±6.5 | ±10 | +11<br>+2 | +15<br>+2 | +23<br>+2 | +17<br>+8 | +21<br>+8 | +29<br>+8 | +24<br>+15 | +28<br>+15 | +36<br>+15 | +31<br>+22 | +35<br>+22 | +43<br>+22 |
| 30 | 50 | ±5.5 | ±8 | ±12 | +13<br>+2 | +18<br>+2 | +27<br>+2 | +20<br>+9 | +25<br>+9 | +34<br>+9 | +28<br>+17 | +33<br>+17 | +42<br>+17 | +37<br>+26 | +42<br>+26 | +51<br>+26 |
| 50 | 80 | ±6.5 | ±9.5 | ±15 | +15<br>+2 | +21<br>+2 | +32<br>+2 | +24<br>+11 | +30<br>+11 | +41<br>+11 | +33<br>+20 | +39<br>+20 | +50<br>+20 | +45<br>+32 | +51<br>+32 | +62<br>+32 |
| 80 | 120 | ±7.5 | ±11 | ±17 | +18<br>+3 | +25<br>+3 | +38<br>+3 | +28<br>+13 | +35<br>+13 | +48<br>+13 | +38<br>+23 | +45<br>+23 | +58<br>+23 | +52<br>+37 | +59<br>+37 | +72<br>+37 |

表 C-4(续)

| 基本尺寸/mm | | js | | | k | | | m | | | n | | | p | | |
|---|---|---|---|---|---|---|---|---|---|---|---|---|---|---|---|---|
| 大于 | 至 | 5 | 6 | 7 | 5 | 6* | 7 | 5 | 6 | 7 | 5 | 6* | 7 | 5 | 6* | 7 |
| 120 | 180 | ±9 | ±12.5 | ±20 | +21<br>+3 | +28<br>+3 | +43<br>+3 | +33<br>+15 | +40<br>+15 | +55<br>+15 | +45<br>+27 | +52<br>+27 | 67<br>+27 | +61<br>+43 | +68<br>+43 | +83<br>+43 |
| 180 | 250 | ±10 | ±14.5 | ±23 | +24<br>+4 | +33<br>+4 | +50<br>+4 | +37<br>+17 | +46<br>+17 | +63<br>+17 | +51<br>+31 | +60<br>+31 | +77<br>+31 | +70<br>+50 | +79<br>+50 | +96<br>+50 |
| 250 | 315 | ±11.5 | ±16 | ±26 | +27<br>+4 | +36<br>+4 | +56<br>+4 | +43<br>+20 | +52<br>+20 | +72<br>+20 | +57<br>+34 | +66<br>+34 | +86<br>+34 | +79<br>+56 | +88<br>+56 | +108<br>+56 |
| 315 | 400 | ±12.5 | ±18 | ±28 | +29<br>+4 | +40<br>+4 | +61<br>+4 | +46<br>+21 | +57<br>+21 | +78<br>+21 | +62<br>+37 | +73<br>+37 | +94<br>+37 | +87<br>+62 | +98<br>+62 | +119<br>+62 |
| 400 | 500 | ±13.5 | ±20 | ±31 | +32<br>+5 | +45<br>+5 | +68<br>+5 | +50<br>+23 | +63<br>+23 | +86<br>+23 | +67<br>+40 | +80<br>+40 | +103<br>+40 | +95<br>+68 | +108<br>+68 | +131<br>+68 |

表 C-5　轴 r、s、t、u、v、x、y、z 的极限偏差(GB/T 1800.2—2009)摘编　　单位:μm

| 公称尺寸/mm | | r | | s | | | t | | | u | | v | x | y | z |
|---|---|---|---|---|---|---|---|---|---|---|---|---|---|---|---|
| 大于 | 至 | 6 | 7 | 5 | 6* | 7 | 5 | 6 | 7 | 6* | 7 | 6 | 6 | 6 | 6 |
| — | 3 | +16<br>+10 | +20<br>+10 | +18<br>+14 | +20<br>+14 | +24<br>+14 | — | — | — | 24<br>+18 | +28<br>+18 | — | +26<br>+20 | — | +32<br>+26 |
| 3 | 6 | +23<br>+15 | +27<br>+15 | +24<br>+19 | +27<br>+19 | +31<br>+19 | — | — | — | +31<br>+23 | +35<br>+23 | — | +36<br>+28 | — | +43<br>+35 |
| 6 | 10 | +28<br>+19 | +34<br>+19 | +29<br>+23 | +32<br>+23 | +38<br>+23 | — | — | — | +37<br>+28 | +43<br>+28 | — | +43<br>+34 | — | +51<br>+42 |
| 10 | 14 | +34<br>+23 | +41<br>+23 | +36<br>+28 | +39<br>+28 | +46<br>+28 | — | — | — | +44<br>+33 | +51<br>+33 | — | +51<br>+40 | — | +61<br>+50 |
| 14 | 18 | | | | | | | | | | | +50<br>+39 | +56<br>+45 | — | +71<br>+60 |
| 18 | 24 | +41<br>+28 | +49<br>+28 | +44<br>+35 | +48<br>+35 | +56<br>+35 | — | — | — | +54<br>+41 | +62<br>+41 | +60<br>+47 | +67<br>+54 | +76<br>+63 | +86<br>+73 |
| 24 | 30 | | | | | | +50<br>+41 | +54<br>+41 | 62<br>+41 | +61<br>+48 | +69<br>+48 | +68<br>+55 | +77<br>+64 | +88<br>+75 | +101<br>+88 |
| 30 | 40 | +50<br>+34 | +59<br>+34 | +54<br>+43 | +59<br>+43 | +68<br>+43 | +59<br>+48 | +64<br>+48 | +73<br>+48 | +76<br>+60 | +85<br>+60 | +84<br>+68 | +96<br>+80 | +110<br>+94 | +128<br>+112 |
| 40 | 50 | | | | | | +65<br>+54 | +70<br>+54 | +79<br>+54 | +86<br>+70 | +95<br>+70 | +97<br>+81 | +113<br>+97 | +130<br>+114 | +152<br>+136 |

表 C-5(续)

| 公称尺寸/mm | | r | | s | | | t | | | u | | v | x | y | z |
|---|---|---|---|---|---|---|---|---|---|---|---|---|---|---|---|
| 大于 | 至 | 6 | 7 | 5 | 6* | 7 | 5 | 6 | 7 | 6* | 7 | 6 | 6 | 6 | 6 |
| 50 | 65 | +60<br>+41 | +71<br>+41 | +66<br>+53 | +72<br>+53 | +83<br>+53 | +79<br>+66 | +85<br>+66 | +96<br>+66 | +106<br>+87 | +117<br>+87 | +121<br>+102 | +141<br>+122 | +163<br>+144 | +191<br>+172 |
| 65 | 80 | +62<br>+43 | +73<br>+43 | +72<br>+59 | +78<br>+59 | +89<br>+59 | +88<br>+75 | +94<br>+75 | +105<br>+75 | +121<br>+102 | +132<br>+102 | +139<br>+120 | +165<br>+146 | +193<br>+174 | +229<br>+210 |
| 80 | 100 | +73<br>+51 | +86<br>+51 | +86<br>+71 | +93<br>+71 | +106<br>+71 | +106<br>+91 | +113<br>+91 | +126<br>+91 | +146<br>+124 | +159<br>+124 | +168<br>+146 | +200<br>+178 | +236<br>+214 | +280<br>+258 |
| 100 | 120 | +76<br>+54 | +89<br>+54 | +94<br>+79 | +101<br>+79 | +114<br>+79 | +119<br>+104 | +126<br>+104 | +139<br>+104 | +166<br>+144 | +179<br>+144 | +194<br>+172 | +232<br>+210 | +276<br>+254 | +332<br>+310 |
| 120 | 140 | +88<br>+63 | +103<br>+63 | +110<br>+92 | +117<br>+92 | +132<br>+92 | +140<br>+122 | +147<br>+122 | +162<br>+122 | +195<br>+170 | +210<br>+170 | +227<br>+202 | +273<br>+248 | +320<br>+300 | +390<br>+365 |
| 140 | 160 | +90<br>+65 | +105<br>+65 | +118<br>+100 | +125<br>+100 | +140<br>+100 | +152<br>+134 | +159<br>+134 | +174<br>+134 | +215<br>+190 | +230<br>+190 | +253<br>+228 | +305<br>+280 | +365<br>+340 | +440<br>+415 |
| 160 | 180 | +93<br>+68 | +108<br>+68 | +126<br>+108 | +133<br>+108 | +148<br>+108 | +164<br>+146 | +171<br>+146 | +186<br>+146 | +235<br>+210 | +250<br>+210 | +277<br>+252 | +335<br>+310 | +405<br>+380 | +490<br>+465 |
| 180 | 200 | +106<br>+77 | +123<br>+77 | +142<br>+122 | +151<br>+122 | +168<br>+122 | +186<br>+166 | +195<br>+166 | +212<br>+166 | +265<br>+236 | +282<br>+236 | +313<br>+284 | +379<br>+350 | +454<br>+425 | +549<br>+520 |
| 200 | 225 | +109<br>+80 | +126<br>+80 | +150<br>+130 | +159<br>+130 | +176<br>+130 | +200<br>+180 | +209<br>+180 | +226<br>+180 | +287<br>+258 | +304<br>+258 | +339<br>+310 | +414<br>+385 | +499<br>+470 | +604<br>+575 |
| 225 | 250 | +113<br>+84 | +130<br>+84 | +160<br>+140 | +169<br>+140 | +186<br>+140 | +216<br>+196 | +225<br>+196 | +242<br>+196 | +313<br>+284 | +330<br>+284 | +369<br>+340 | +454<br>+425 | +549<br>+520 | +669<br>+640 |
| 250 | 280 | +126<br>+94 | +146<br>+94 | +181<br>+158 | +190<br>+158 | +210<br>+158 | +241<br>+218 | +250<br>+218 | +270<br>+218 | +347<br>+315 | +367<br>+315 | +417<br>+385 | +507<br>+475 | +612<br>+580 | +742<br>+710 |
| 280 | 315 | +130<br>+98 | +150<br>+98 | +193<br>+170 | +202<br>+170 | +222<br>+170 | +263<br>+240 | +272<br>+240 | +292<br>+240 | +382<br>+350 | +402<br>+350 | +457<br>+425 | +557<br>+525 | +682<br>+650 | +822<br>+790 |
| 315 | 355 | +144<br>+108 | +165<br>+108 | +215<br>+190 | +226<br>+190 | +247<br>+190 | +293<br>+268 | +304<br>+268 | +325<br>+268 | +426<br>+390 | +447<br>+390 | +551<br>+475 | +626<br>+590 | +766<br>+730 | +936<br>+900 |
| 355 | 400 | +150<br>+114 | +171<br>+114 | +233<br>+208 | +244<br>+208 | +265<br>+208 | +319<br>+294 | +330<br>+294 | +351<br>+294 | +471<br>+435 | +492<br>+435 | +566<br>+530 | +696<br>+660 | +856<br>+820 | +1 036<br>+1 000 |
| 400 | 450 | +166<br>+126 | +189<br>+126 | +259<br>+232 | +272<br>+232 | +295<br>+232 | +357<br>+330 | +370<br>+330 | +393<br>+330 | +530<br>+490 | +553<br>+490 | +635<br>+595 | +780<br>+740 | +960<br>+920 | +1 140<br>+1 100 |
| 450 | 500 | +172<br>+132 | +195<br>+132 | +279<br>+252 | +292<br>+252 | +315<br>+252 | +387<br>+360 | +400<br>+360 | +423<br>+360 | +580<br>+540 | +603<br>+540 | +700<br>+660 | +860<br>+820 | +1 040<br>+1 000 | +1 290<br>+1 250 |

表 C-6　孔 G、H、JS、K、M 的极限偏差(GB/T 1800.2—2009)摘编　　单位:μm

| 公称尺寸/mm | | G | | H | | | | | | JS | | K | | M | |
|---|---|---|---|---|---|---|---|---|---|---|---|---|---|---|---|
| 大于 | 至 | 6 | 7* | 6 | 7* | 8* | 9* | 10 | 11* | 6 | 7 | 6 | 7* | 6 | 7 |
| — | 3 | +8<br>+2 | +12<br>+2 | +6<br>0 | +10<br>0 | +14<br>0 | +25<br>0 | +40<br>0 | +60<br>0 | ±3 | ±5 | 0<br>−6 | 0<br>−10 | −2<br>−8 | −2<br>−12 |
| 3 | 6 | +12<br>+4 | +16<br>+4 | +8<br>0 | +12<br>0 | +18<br>0 | +30<br>0 | +48<br>0 | +75<br>0 | ±4 | ±6 | +2<br>−6 | +3<br>−9 | −1<br>−9 | 0<br>−12 |
| 6 | 10 | +14<br>+5 | +20<br>+5 | +9<br>0 | +15<br>0 | +22<br>0 | +36<br>0 | +58<br>0 | +90<br>0 | ±4.5 | ±7 | +2<br>−7 | +5<br>−10 | −3<br>−12 | 0<br>−15 |
| 10 | 18 | +17<br>+6 | +24<br>+6 | +11<br>0 | +18<br>0 | +27<br>0 | +43<br>0 | +70<br>0 | +110<br>0 | ±5.5 | ±9 | +2<br>−9 | +6<br>−12 | −4<br>−15 | 0<br>−18 |
| 18 | 30 | +20<br>+7 | +28<br>+7 | +13<br>0 | +21<br>0 | +33<br>0 | +52<br>0 | +84<br>0 | +130<br>0 | ±6.5 | ±10 | +2<br>−11 | +6<br>−15 | −4<br>−17 | 0<br>−21 |
| 30 | 50 | +25<br>+9 | +34<br>+9 | +16<br>0 | +25<br>0 | +39<br>0 | +62<br>0 | +100<br>0 | +160<br>0 | ±8 | ±12 | +3<br>−13 | +7<br>−18 | −4<br>−20 | 0<br>−25 |
| 50 | 80 | +29<br>+10 | +40<br>+10 | +19<br>0 | +30<br>0 | +46<br>0 | +74<br>0 | +120<br>0 | +190<br>0 | ±9.5 | ±15 | +4<br>−15 | +9<br>−21 | −5<br>−24 | 0<br>−30 |
| 80 | 120 | +34<br>+12 | +47<br>+12 | +22<br>0 | +35<br>0 | +54<br>0 | +87<br>0 | +140<br>0 | +220<br>0 | ±11 | ±17 | +4<br>−18 | +10<br>−25 | −6<br>−28 | 0<br>−35 |
| 120 | 180 | +39<br>+14 | +54<br>+14 | +25<br>0 | +40<br>0 | +63<br>0 | +100<br>0 | +160<br>0 | +250<br>0 | ±12.5 | ±20 | +4<br>−21 | +12<br>−28 | −8<br>−33 | 0<br>−40 |
| 180 | 250 | +44<br>+15 | +61<br>+15 | +29<br>0 | +46<br>0 | +72<br>0 | +115<br>0 | +185<br>0 | +290<br>0 | ±14.5 | ±23 | +5<br>−24 | +13<br>−33 | −8<br>−37 | 0<br>−46 |
| 250 | 315 | +49<br>+17 | +69<br>+17 | +32<br>0 | +52<br>0 | +81<br>0 | +130<br>0 | +210<br>0 | +320<br>0 | ±16 | ±26 | +5<br>−27 | +16<br>−36 | −9<br>−41 | 0<br>−52 |
| 315 | 400 | +54<br>+18 | +75<br>+18 | +36<br>0 | +57<br>0 | +89<br>0 | +140<br>0 | +230<br>0 | +360<br>0 | ±18 | ±28 | +7<br>−29 | +17<br>−40 | −10<br>−46 | 0<br>−57 |
| 400 | 500 | +60<br>+20 | +83<br>+20 | +40<br>0 | +63<br>0 | +97<br>0 | +155<br>0 | +250<br>0 | +400<br>0 | ±20 | ±31 | +8<br>−32 | +18<br>−45 | −10<br>−50 | 0<br>−63 |

表 C-7　孔 N、P、R、S、T、U 的极限偏差(G/T 1800.2—2009)摘编　　单位:μm

| 公称尺寸/mm | | N | | | P | | R | | S | | T | | U |
|---|---|---|---|---|---|---|---|---|---|---|---|---|---|
| 大于 | 至 | 6 | 7* | 8 | 6 | 7* | 6 | 7 | 6 | 7* | 6 | 7 | 7* |
| — | 3 | −4<br>−10 | −4<br>−14 | −4<br>−18 | −6<br>−12 | −6<br>−16 | −10<br>−16 | −14<br>−20 | −14<br>−20 | −14<br>−24 | — | — | −18<br>−28 |
| 3 | 6 | −5<br>−13 | −4<br>−16 | −2<br>−20 | −9<br>−17 | −8<br>−20 | −12<br>−20 | −11<br>−23 | −16<br>−24 | −15<br>−27 | — | — | −1<br>−31 |
| 6 | 10 | −7<br>−16 | −4<br>−19 | −3<br>−25 | −12<br>−21 | −9<br>−24 | −16<br>−25 | −13<br>−28 | −20<br>−29 | −17<br>−32 | — | — | −22<br>−37 |
| 10 | 14 | −9<br>−20 | −5<br>−23 | −3<br>−30 | −15<br>−26 | −11<br>−29 | −20<br>−31 | −16<br>−34 | −25<br>−36 | −21<br>−39 | — | — | −26<br>−44 |
| 14 | 18 | | | | | | | | | | | | |
| 18 | 24 | 11<br>−24 | −7<br>−28 | −3<br>−36 | −18<br>−31 | −14<br>−35 | −24<br>−37 | −20<br>−41 | −31<br>−44 | −27<br>−48 | — | — | −33<br>−54 |
| 24 | 30 | | | | | | | | | | −37<br>−50 | −33<br>−54 | −40<br>−61 |
| 30 | 40 | −12<br>−28 | −8<br>−33 | −3<br>−42 | −21<br>−37 | −17<br>−42 | −29<br>−45 | −25<br>−50 | −38<br>−54 | −34<br>−59 | −43<br>−59 | −39<br>−64 | −51<br>−76 |
| 40 | 50 | | | | | | | | | | −49<br>−65 | −45<br>−70 | −61<br>−86 |
| 50 | 65 | −14<br>−33 | −9<br>−39 | −4<br>−50 | −26<br>−45 | −21<br>−51 | −35<br>−54 | −30<br>−60 | −47<br>−66 | −42<br>−72 | −60<br>−79 | −55<br>−85 | −76<br>−106 |
| 65 | 80 | | | | | | −37<br>−56 | −32<br>−62 | −53<br>−72 | −48<br>−78 | −69<br>−88 | −64<br>−94 | −91<br>−121 |
| 80 | 100 | −16<br>−38 | −10<br>−45 | −4<br>−58 | −30<br>−52 | −24<br>−59 | −44<br>−66 | −38<br>−73 | −64<br>−86 | −58<br>−93 | −84<br>−106 | −78<br>−113 | −111<br>−146 |
| 100 | 120 | | | | | | −47<br>−69 | −41<br>−76 | −72<br>−94 | −66<br>−101 | −97<br>−119 | −91<br>−126 | −131<br>−166 |
| 120 | 140 | | | | | | −56<br>−81 | −48<br>−88 | −85<br>−110 | −77<br>−117 | −115<br>−140 | −107<br>−147 | −155<br>−195 |
| 140 | 160 | −20<br>−45 | −12<br>−52 | −4<br>−67 | −36<br>−61 | −28<br>−68 | −58<br>−83 | −50<br>−90 | −93<br>−118 | −85<br>−125 | −127<br>−152 | −119<br>−159 | −175<br>−215 |
| 160 | 180 | | | | | | −61<br>−86 | −53<br>−93 | −101<br>−126 | −93<br>−133 | −139<br>−164 | −131<br>−171 | −195<br>−235 |
| 180 | 200 | | | | | | −68<br>−97 | −60<br>−106 | −113<br>−142 | −105<br>−151 | −157<br>−186 | −149<br>−195 | −219<br>−265 |
| 200 | 225 | −22<br>−51 | −14<br>−60 | −5<br>−77 | −41<br>−70 | −33<br>−79 | −71<br>−100 | −63<br>−109 | −121<br>−150 | −113<br>−159 | −171<br>−200 | −163<br>−209 | −241<br>−287 |
| 225 | 250 | | | | | | −75<br>−104 | −67<br>−113 | −131<br>−160 | −123<br>−169 | −187<br>−216 | −179<br>−225 | −267<br>−313 |

表 C-7(续)

| 公称尺寸/mm | | N | | | P | | R | | S | | T | | U |
|---|---|---|---|---|---|---|---|---|---|---|---|---|---|
| 大于 | 至 | 6 | 7* | 8 | 6 | 7* | 6 | 7 | 6 | 7* | 6 | 7 | 7* |
| 250 | 280 | −25<br>−57 | −14<br>−66 | −5<br>−86 | −47<br>−79 | −36<br>−88 | −85<br>−117 | −74<br>−126 | −149<br>−181 | −138<br>−190 | −209<br>−241 | −198<br>−250 | −295<br>−347 |
| 280 | 315 | | | | | | −89<br>−121 | −78<br>−130 | −161<br>−193 | −150<br>−202 | −231<br>−263 | −220<br>−272 | −330<br>−382 |
| 315 | 355 | −26<br>−62 | −16<br>−73 | −5<br>−94 | −51<br>−87 | −41<br>−98 | −97<br>−133 | −87<br>−144 | −179<br>−215 | −169<br>−226 | −257<br>−293 | −247<br>−304 | −369<br>−426 |
| 355 | 400 | | | | | | −103<br>−139 | −93<br>−150 | −197<br>−233 | −187<br>−244 | −283<br>−319 | −273<br>−330 | −414<br>−471 |
| 400 | 450 | −27<br>−67 | −17<br>−80 | −6<br>−103 | −55<br>−95 | −45<br>−108 | −113<br>−153 | −103<br>−166 | −219<br>−259 | −209<br>−272 | −317<br>−357 | −307<br>−370 | −467<br>−530 |
| 450 | 500 | | | | | | −119<br>−159 | −109<br>−172 | −239<br>−279 | −229<br>−292 | −347<br>−387 | −337<br>−400 | −517<br>−580 |

# 附录D 标准结构

表 D-1 中心孔(GB/T 145—2001)、中心孔表示法(GB/T 4459.5—1999)摘编 单位:mm

| | | | | |
|---|---|---|---|---|
| 形式及标记示例 | R型<br>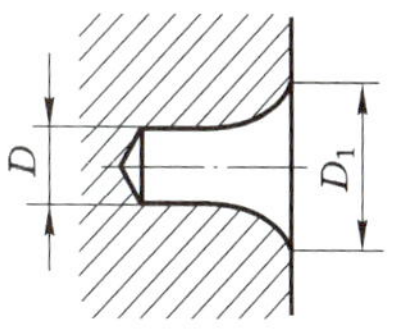<br><br>GB/T 4459.5-R3.15/6.7<br>($D$=3.15,$D_1$=6.7) | A型<br>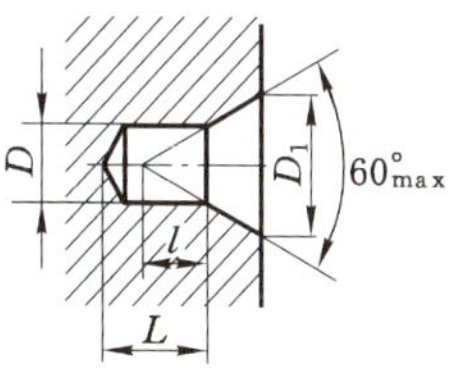<br><br>GB/T 4459.5-A4/8.5<br>($D$=4,$D_1$=8.5) | B型<br>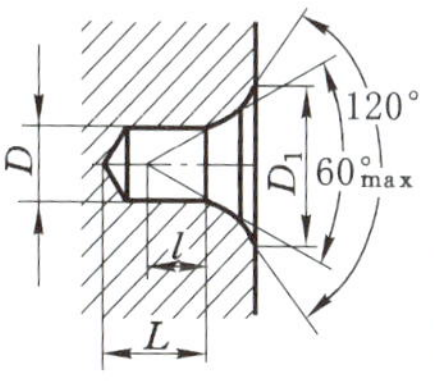<br><br>GB/T 4459.5-R2.5/8<br>($D$=2.5,$D_1$=8) | C型<br>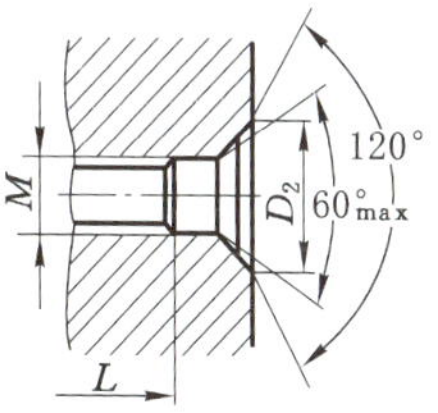<br><br>GB/T 4459.5-7 CM10L30/16.3<br>($D$=M10,$L$=30,$D_1$=6.7) |
| 用途 | 通常用于需要提高加工精度的场合 | 通常用于加工后可以保留的场合(此种情况占绝大多数) | 通常用于加工后必须要保留的场合 | 通常用于一些压紧装置的零件 |

表 D-1(续)

| | 要求 | 规定表示法 | 简化表示法 | 说明 |
|---|---|---|---|---|
| 中心孔表示法 | 在完工的零件上要求保留中心孔 | 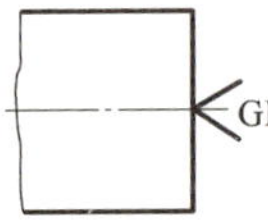  | 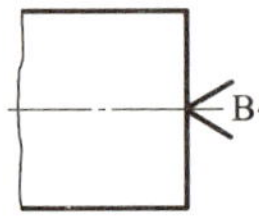  | 采用 B 型中心孔<br>$D=4, D_1=12.5$ |
| | 在完工的零件上可以保留中心孔(是否保留都可以,多数情况如此) | 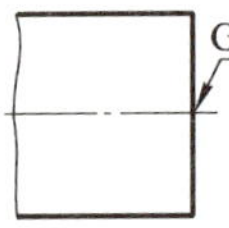  | 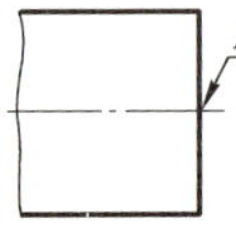  | 采用 A 型中心孔<br>$D=2, D_1=4.25$<br>一般情况下,均采用这种方式 |
| | | 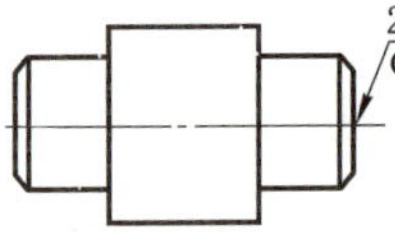  | 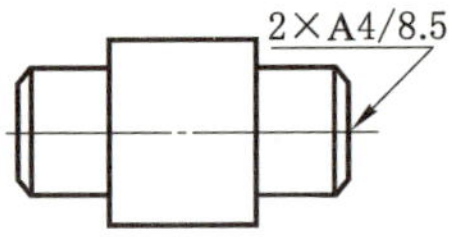  | 采用 A 型中心孔<br>$D=4, D_1=8.5$<br>轴的两端中心孔相同,可只在一端注出 |
| | 在完工的零件上不允许保留中心孔 | 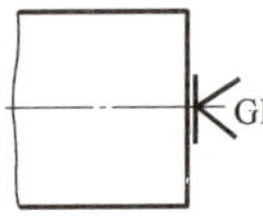  | 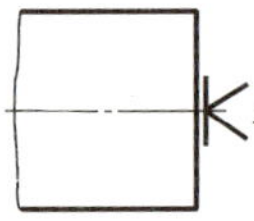  | 采用 A 型中心孔<br>$D=1.6, D_1=3.35$ |

注:1. 对标准中心孔,在图样中可不绘制其详细结构。

2. 简化标注时,可省略标准编号。

3. 尺寸 $L$ 取决于零件的功能要求。

中心孔的尺寸参数

| 导向孔直径 $D$(公称尺寸) | R 型 | A 型 | | B 型 | | C 型 | |
|---|---|---|---|---|---|---|---|
| | 锥孔直径 $D_1$ | 锥孔直径 $D_1$ | 参照尺寸 $t$ | 锥孔直径 $D_1$ | 参照尺寸 $t$ | 公称尺寸 $M$ | 锥孔直径 $D_2$ |
| 1 | 2.12 | 2.12 | 0.9 | 3.15 | 0.9 | M3 | 5.8 |
| 1.6 | 3.35 | 3.35 | 1.4 | 5 | 1.4 | M4 | 7.4 |
| 2 | 4.25 | 4.25 | 1.8 | 6.3 | 1.8 | M5 | 8.8 |
| 2.5 | 5.3 | 5.3 | 2.2 | 8 | 2.2 | M6 | 10.5 |
| 3.15 | 6.7 | 6.7 | 2.8 | 10 | 2.8 | M8 | 13.2 |
| 4 | 8.5 | 8.5 | 3.5 | 12.5 | 3.5 | M10 | 16.3 |
| (5) | 10.6 | 10.6 | 4.4 | 16 | 4.4 | M12 | 19.8 |
| 6.3 | 13.2 | 13.2 | 5.5 | 18 | 5.5 | M16 | 25.3 |
| (8) | 17 | 17 | 7 | 22.4 | 7 | M20 | 31.3 |
| 10 | 21.2 | 21.2 | 8.7 | 28 | 8.7 | M24 | 38 |

注:尽量避免选用括号中的尺寸。

表 D-2 零件倒角与倒圆(GB/T 6403.4—2008)摘编 单位:mm

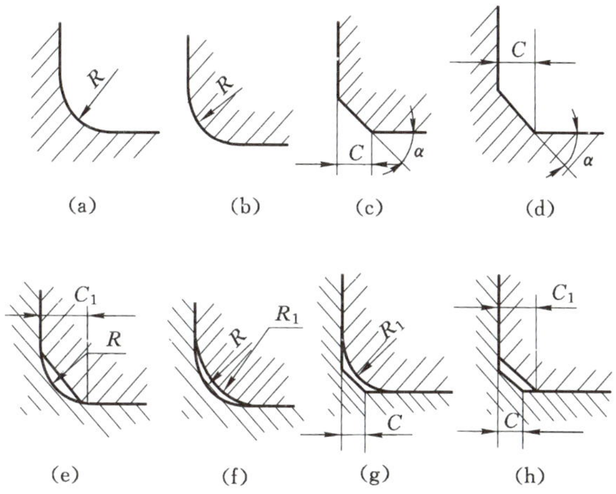


| | | | | | | |
|---|---|---|---|---|---|---|
| $\phi$ | —3 | >3～6 | >6～10 | >10～18 | >18～30 | >30～50 |
| $C$ 或 $R$ | 0.2 | 0.4 | 0.6 | 0.8 | 1.0 | 1.6 |
| $\phi$ | >50～80 | >80～120 | >120～180 | >180～250 | >250～320 | >320～400 |
| $C$ 或 $R$ | 2.0 | 2.5 | 3.0 | 4.0 | 5.0 | 6.0 |
| $\phi$ | >400～500 | >500～630 | >630～800 | >800～1 000 | >1 000～1 250 | >1 250～1 600 |
| $C$ 或 $R$ | 8.0 | 10 | 12 | 16 | 20 | 25 |

注:1. 内角倒圆,外角倒角时,$C_1>R$,如图(e)所示。

2. 内角倒圆,外角倒圆时,$R_1>R$,如图(f)所示。

3. 内角倒圆,外角倒圆时,$C>0.58R_1$,如图(g)所示。

4. 内角倒圆,外角倒角时,$C_1>C$,如图(h)所示。

## 表 D-3 紧固件通孔(GB/T 5277—1985)及沉头座尺寸 (GB/T 152.2—2014、GB 152.3—1988、GB/T 152.4—1988)

单位:mm

| 螺纹规格 $d$ | | | 3 | 4 | 5 | 6 | 8 | 10 | 12 | 14 | 16 | 18 | 20 | 22 | 24 | 27 | 30 | 36 |
|---|---|---|---|---|---|---|---|---|---|---|---|---|---|---|---|---|---|---|
| 通孔直径 GB/T 5277—1985 | | 精装配 | 3.2 | 4.3 | 5.3 | 6.4 | 8.4 | 10.5 | 13 | 15 | 17 | 19 | 21 | 23 | 25 | 28 | 31 | 37 |
| | | 中等装配 | 3.4 | 4.5 | 5.5 | 6.6 | 9 | 11 | 13.5 | 15.5 | 17.5 | 20 | 22 | 24 | 26 | 30 | 33 | 39 |
| | | 粗装配 | 3.6 | 4.8 | 5.8 | 7 | 10 | 12 | 14.5 | 16.5 | 18.5 | 21 | 24 | 26 | 28 | 32 | 35 | 42 |
| 六角头螺栓和六角螺母用沉孔 | 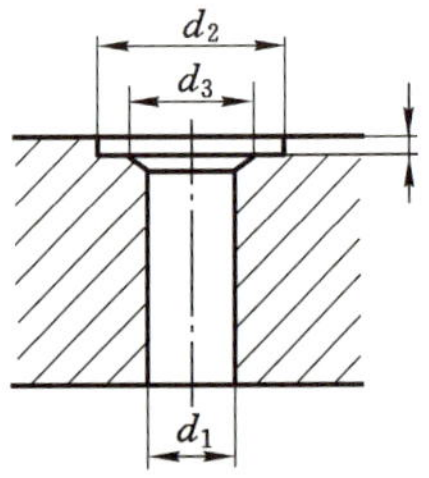 GB/T 152.4—1988 | $d_2$ | 9 | 10 | 11 | 13 | 18 | 22 | 26 | 30 | 33 | 36 | 40 | 43 | 48 | 53 | 61 | 适用于六角头螺栓和六角螺母 |
| | | $d_3$ | — | — | — | — | — | — | 16 | 18 | 20 | 22 | 24 | 26 | 28 | 33 | 36 | |
| | | $d_1$ | 3.4 | 4.5 | 5.5 | 6.6 | 9.0 | 11.0 | 13.5 | 15.5 | 17.5 | 20.0 | 22.0 | 24 | 26 | 30 | 33 | |
| 沉头用沉孔 | 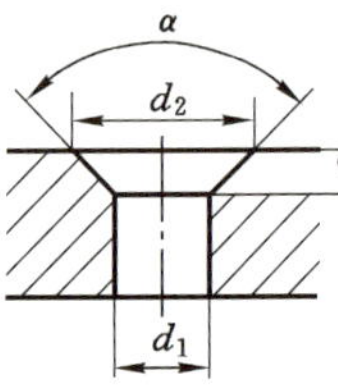 GB/T 152.2—2014 | $d_2$ | 6.4 | 9.6 | 10.6 | 12.8 | 17.6 | 20.3 | 24.4 | 28.4 | 32.4 | — | 40.4 | — | — | — | — | 适用于沉头及半沉头螺钉 |
| | | $t\approx$ | 1.6 | 2.7 | 2.7 | 3.3 | 4.6 | 5.0 | 6.0 | 7.0 | 8.0 | — | 10.0 | — | — | — | — | |
| | | $d_1$ | 3.4 | 4.5 | 5.5 | 6.6 | 9 | 11 | 13.5 | 15.5 | 17.5 | — | 22 | — | — | — | — | |
| | | $\alpha$ | 90° −3+ / −4+ | | | | | | | | | | | | | | | |
| 圆柱头用沉孔 | 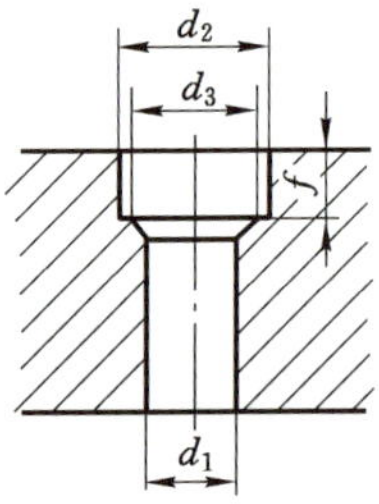 GB 152.3—1988 | $d_2$ | 6.0 | 8.0 | 10.0 | 11.0 | 15.0 | 18.0 | 20.0 | 24.0 | 26.0 | — | 33.0 | — | 40.0 | — | 48.0 | 适用于内六角圆柱头螺钉 |
| | | $t$ | 3.4 | 4.6 | 5.7 | 6.8 | 9.0 | 11.0 | 13.0 | 15.0 | 17.5 | — | 21.5 | — | 25.5 | — | 32.0 | |
| | | $d_1$ | — | — | — | — | — | — | 16 | 18 | 20 | — | 24 | — | 28 | — | 36 | |
| | | $d_2$ | 3.4 | 4.5 | 5.5 | 6.6 | 9.0 | 11.0 | 13.5 | 15.5 | 17.5 | — | 22.0 | — | 26.0 | — | 33.0 | |
| | | $d_2$ | — | 8 | 10 | 11 | 15 | 18 | 20 | 24 | 26 | — | 33 | — | — | — | — | 适用于开槽圆柱头螺钉 |
| | | $t$ | — | 3.2 | 4.0 | 4.7 | 6.0 | 7.0 | 8.0 | 9.0 | 10.5 | — | 12.5 | — | — | — | — | |
| | | $d_2$ | — | — | — | — | — | — | 16 | 18 | 20 | — | 24 | — | — | — | — | |
| | | $d_3$ | — | 4.5 | 5.5 | 6.6 | 9.0 | 11.0 | 13.5 | 15.5 | 17.5 | — | 22.0 | — | — | — | — | |

注:1. 对螺栓和螺母用沉孔的尺寸 $t$,只要能制出与通孔轴线垂直的圆平面即可,即刮平圆平面为止,常称锪平。

2. 表中尺寸 $d_1$、$d_2$、$t$ 的公差带都是 H13。

# 附录E 常用材料

**表 E-1 常用黑色金属材料**

| 名称 | 牌号 | | 应用举例 | 说明 |
|---|---|---|---|---|
| 碳素结构钢 | Q195 | — | 用于金属结构构件、拉杆、芯轴、垫圈、凸轮等 | 1. 新旧牌号对照：<br>Q215→A2；<br>Q235→A3；<br>Q275→A5。<br>2. A级不做冲击试验；<br>B级做常温冲击试验；<br>C、D级重要焊接结构用 |
| | Q215 | A | | |
| | | B | 用于金属结构构件、吊钩、拉杆、套、螺栓、螺母、楔、盖、焊拉件等 | |
| | Q235 | A | | |
| | | B | | |
| | | C | | |
| | Q255 | D | | |
| | | A | | |
| | Q275 | B | | |
| | | — | 用于轴、轴销、螺栓等强度较高件 | |
| 优质碳素钢 | 10 | | 屈服点和抗拉强度比值较低，塑性和韧性均高，在冷状态下，容易模压成形。一般用于拉杆、卡头、钢管垫片、垫圈、铆钉。这种钢焊接性甚好 | 牌号的两位数字表示平均含碳量，45号钢即表示平均含碳量为0.45%。含锰量较高的钢，须加注化学元素符号“Mn”。含碳量≤0.25%的碳钢是低碳钢（渗碳钢）。含碳量在0.25%～0.60%之间的碳钢是中碳钢（调质钢）。含碳量大于0.60%的碳钢是高碳钢 |
| | 15 | | 塑性、韧性、焊接性和冷冲性均良好，但强度较低。用于制造受力不大、韧性要求较高的零件、紧固件、冲模锻件及不要热处理的低负荷零件，如螺栓、螺钉、拉条、法兰盘及化工贮器、蒸汽锅炉等 | |
| | 35 | | 具有良好的强度和韧性，用于制造曲轴、转轴、轴销、杠杆、连杆、横梁、星轮、圆盘、套筒、钩环、垫圈、螺钉、螺母等。一般不作焊接用 | |
| | 45 | | 用于强度要求较高的零件，如汽轮机的叶轮、压缩机、泵的零件等 | |
| | 60 | | 强度和弹性相当高，用于制造轧辊、轴、弹簧圈、弹簧、离合器、凸轮、钢绳等 | |
| | 65Mn | | 性能与15号钢相似，但其淬透性、强度和塑性比15号钢都高些。用于制造中心部分的机械性能要求较高且须渗透碳的零件。这种钢焊接性好 | |
| | 15Mn | | 强度高，淬透性较大，脱碳倾向小，但有过热敏感性，易产生淬火裂纹，并有回火脆性。适宜作大尺寸的各种扁、圆弹簧，如座板簧、弹簧发条 | |

表 E-1(续)

| 名称 | 牌号 | 应用举例 | 说明 |
|---|---|---|---|
| 灰铸铁 | HT100 | 属低强度铸铁,用于铸盖、手把、手轮等不重要的零件 | "HT"是灰铸铁的代号,是由表示其特征的汉语拼音字的第一个大写正体字母组成。代号后面的一组数字,表示抗拉强度值($N/mm^2$) |
| 灰铸铁 | HT150 | 属中等强度铸铁,用于一般铸件,如机床座、端盖、皮带轮、工作台等 | "HT"是灰铸铁的代号,是由表示其特征的汉语拼音字的第一个大写正体字母组成。代号后面的一组数字,表示抗拉强度值($N/mm^2$) |
| 灰铸铁 | HT200<br>HT250 | 属高强铸铁,用于较重要铸件,如气缸、齿轮、凸轮、机座、床身、飞轮、皮带轮、齿轮箱、阀壳、联轴器、衬筒、轴承座等 | "HT"是灰铸铁的代号,是由表示其特征的汉语拼音字的第一个大写正体字母组成。代号后面的一组数字,表示抗拉强度值($N/mm^2$) |
| 灰铸铁 | HT300<br>HT350 | 属高强度、高耐磨铸件,用于重要的齿轮、凸轮、床身、高压液压筒、液压泵和滑阀的壳体、车床卡盘等 | "HT"是灰铸铁的代号,是由表示其特征的汉语拼音字的第一个大写正体字母组成。代号后面的一组数字,表示抗拉强度值($N/mm^2$) |
| 球墨铸铁 | QT700-2 | 用于曲轴、缸体、车轮等 | "QT"是球墨铸铁代号,是表示"球铁"的汉语拼音的第一个字母,它后面的数字表示强度和延伸率的大小 |
| 球墨铸铁 | QT600-3 | 用于曲轴、缸体、车轮等 | "QT"是球墨铸铁代号,是表示"球铁"的汉语拼音的第一个字母,它后面的数字表示强度和延伸率的大小 |
| 球墨铸铁 | QT500-7 | 用于阀体、汽缸、轴瓦等 | "QT"是球墨铸铁代号,是表示"球铁"的汉语拼音的第一个字母,它后面的数字表示强度和延伸率的大小 |
| 球墨铸铁 | QT450-10 | 用于减速器箱体、管路、阀体、盖、中低压阀体等 | "QT"是球墨铸铁代号,是表示"球铁"的汉语拼音的第一个字母,它后面的数字表示强度和延伸率的大小 |
| 球墨铸铁 | QT400-15 | 用于减速器箱体、管路、阀体、盖、中低压阀体等 | "QT"是球墨铸铁代号,是表示"球铁"的汉语拼音的第一个字母,它后面的数字表示强度和延伸率的大小 |

表 E-2 常用有色金属材料

| 类别 | 名称与牌号 | 应用举例 |
| --- | --- | --- |
| 加工青铜 | 4-4-4 锡青铜<br>QSn4-4-4 | 一般摩擦条件下的轴承、轴套、衬套、圆盘及衬套内垫 |
| | 7-0.2 锡青铜<br>QSn-7-0.2 | 中负荷、中等滑动速度下的摩擦零件，如抗磨垫圈、轴承、蜗轮等 |
| | 9-4 铝青铜<br>QAl9-4 | 高负荷下的抗磨、耐蚀零件，如轴承、轴套、衬套、阀座、齿轮、蜗轮等 |
| | 10-3-1.5 铝青铜<br>QAl10-3-1.5 | 高温下工作的耐磨零件，如齿轮、轴承、衬套、圆盘、飞轮等 |
| | 10-4-4 铝青铜<br>QAl10-4-4 | 高强度耐磨件及高温下工作零件，如轴衬、轴套、齿轮、螺母、法兰盘、滑座等 |
| | 2 铍青铜<br>QBe2 | 高速、高温、高压下工作的耐磨零件，如轴承、衬套等 |
| 铸造铜合金 | 5-5-5 锡青铜<br>ZCuSn5Pb5Zn5 | 用于较高负荷、中等滑动速度下工作的耐磨、耐蚀零件，如轴瓦、衬套、油塞、蜗轮等 |
| | 10-1 锡青铜<br>ZCuSn10P1 | 用于小于 20 MPa 和滑动速度小于 8 m/s 条件下工作的耐磨零件，如齿轮、蜗轮、轴瓦、轴套等 |
| | 10-2 锡青铜<br>ZCuSn10Zn2 | 用于中等负荷和小滑动速度下工作的管配件及阀、旋塞、泵体、齿轮、蜗轮、叶轮等 |
| | 8-13-3-2 铝青铜<br>ZCuAl8Mn13Fe3Ni2 | 用于强度高耐蚀重要零件，如船舶螺旋桨、高压阀体、泵体、耐压耐磨的齿轮、蜗轮、法兰、衬套等 |
| | 9-2 铝青铜<br>ZCuAl9Mn2 | 用于制造耐磨结构简单的大型铸件，如衬套、蜗轮及增压器内气封等 |
| | 10-3 铝青铜<br>ZCuAl10Fe3 | 制造强度高、耐磨、耐蚀零件，如蜗轮、轴承、衬套、管嘴、耐热管配件 |
| | 9-4-4-2 铝青铜<br>ZCuAl9Fe4Ni4Mn2 | 制造高强度重要零件，如船舶螺旋桨、耐磨及 400 ℃以下工作的零件，如轴承、齿轮、蜗轮、螺母、法兰、阀体、导向套管等 |
| | 25-6-3-3 铝黄铜<br>ZCuZn25Al6Fe3Mn3 | 适于高强耐磨零件，如桥梁支承板、螺母、螺杆、耐磨板、滑块、蜗轮等 |
| | 38-2-2 锰黄铜<br>ZCuZn38Mn2Pb2 | 一般用途结构件，如套筒、衬套、轴瓦、滑块等 |
| 铸造铝合金 | ZL301<br>ZL102<br>ZL401 | 用于受大冲击负荷、高耐蚀的零件；<br>用于汽缸活塞以及高温复杂形状零件；<br>适用于压力铸造的高强度铝合金 |

**表 E-3　常用非金属材料**

| 类别 | 名称 | 代号 | 说明及规格 | | 应用举例 |
|---|---|---|---|---|---|
| 工业用橡胶板 | 普通橡胶板 | 1608 | 厚度/mm | 宽度/mm | 能在－30～＋60 ℃的空气中工作，适于冲制各种密封、缓冲胶圈、垫板及铺设工作台、地板 |
| | | 1708 | 0.5、1、1.5、2、2.5、3、4、5、6、8、10、12、14、16、18、20、22、25、30、40、50 | 500～2 000 | |
| | | 1613 | | | |
| | 耐油橡胶板 | 3707 | | | 可在－30～80 ℃温度之间的机油、汽油、变压器油等介质中工作，适于冲制各种形状的垫圈 |
| | | 3807 | | | |
| | | 3709 | | | |
| | | 3809 | | | |
| 尼龙 | 尼龙<br>尼龙 1010 | | 有高的抗拉强度和良好的冲击韧性，一定的耐热性(可在 100 ℃以下使用)，能耐弱酸、弱碱，耐油性良好 | | 用以制作机械传动零件，有良好的灭音性，运转时噪声小，常用来做齿轮等零件 |
| 石棉制品 | 耐油橡胶石棉板 | | 有厚度为 0.4～0.3 mm 的十种规格 | | 供航空发动机的煤油、润滑油及冷气系统接合处的密封衬垫材料 |
| | 油浸石棉盘根 | YS450 | 盘根形状分 F(方形)形、Y(圆形)形、N(扭制)形三种，按需选用 | | 适用于回转轴，往复活塞或阀门杆上作为密封材料，介质为蒸汽、空气、工业用水、重质石油产品 |
| | 橡胶石棉盘根 | XS450 | 该牌号盘根只有 F(方形)形 | | 适用于作蒸汽机、往复泵的活塞和阀门杆上的密封材料 |
| 其他制品 | 毛毡 | 112-32-44(细毛)<br>122-30～38(半粗毛)<br>132-32～36(粗毛) | 厚度为 1.5～2.5 mm | | 用作密封、防漏油、防震、缓冲衬垫等。按需要选用细毛、半粗毛、粗毛 |
| | 软钢板纸 | | 厚度为 0.5～3.0 mm | | 用作密封连接处垫片 |
| | 聚四氟乙烯 | SFL-4-13 | 耐腐蚀、耐高温(＋250 ℃)，并具有一定的强度，能切削加工成各种零件 | | 用于腐蚀介质中，起密封和减磨作用，用作垫圈等 |
| | 有机玻璃板 | | 耐盐酸、硫酸、草酸、烧碱和纯碱等一般酸碱以及二氧化硫、臭氧等气体腐蚀 | | 适用于耐腐蚀和需要透明的零件 |

表 E-4 常用的热处理和表面处理名词解释

| 名词 | | 代号及标注示例 | 说明 | 应用 |
|---|---|---|---|---|
| 退火 | | Th | 将钢件加热到临界温度以上(一般是710～715 ℃,个别合金钢800～900 ℃)30～50 ℃,保温一段时间,然后缓慢冷却(一般在炉中冷却) | 用来消除铸造、锻、焊零件的内应力,降低硬度,便于切削加工,细化金属晶粒,改善组织,增加韧性 |
| 正火 | | Z | 将钢件加热到临界温度以上,保温一段时间,然后用空气冷却,冷却速度比退火快 | 用来处理低碳和中碳结构钢及渗碳零件,使其组织细化,增加强度与韧性,减少内应力,改善切削性能 |
| 淬火 | | C<br>C48—淬火回火(45～50 HRC) | 将钢件加热到临界温度以上,保温一段时间,然后在水、盐水或油中(个别材料在空气中)急速冷却,使其得到高硬度 | 用来提高钢的硬度和强度极限。但淬火会引起内应力,使钢变脆,所以淬火后必须回火 |
| 回火 | | 回火 | 将淬硬的钢件加热到临界点以下的温度,保温一段时间,然后在空气中或油中冷却下来 | 用来消除淬火后的脆性和内应力,提高钢的塑性和冲击韧性 |
| 调质 | | T<br>T235——调质至220～250 HB | 淬火后在450～650 ℃进行高温回火,称为调质 | 用来使钢获得高的韧性和足够的强度。重要的齿轮、轴及丝杆等零件是调质处理的 |
| 表面淬火 | 火焰淬火 | H54——火焰淬火后,回火到52～58 HRC | 用火焰或高频电流将零件表面迅速加热至临界温度以上,急速冷却 | 使零件表面获得高硬度,而芯部保持一定的韧性,使零件既耐磨又能承受冲击。表面淬火常用来处理齿轮等 |
| | 高频淬火 | G52——高频淬火后,回火到50～55 HRC | | |
| 渗碳淬火 | | 50.5-C59——渗碳层深0.5,淬火硬度56～62 HRC | 在渗碳剂中将钢件加热到900～950 ℃,停留一定时间,将碳渗入钢表面,温度约为0.5～2 mm,再淬火后回火 | 增加钢件的耐磨性能,表面硬度、抗拉强度及疲劳极限。适用于低碳、中碳(含量<0.40%)结构钢的中小型零件 |
| 氮化 | | D0.3-900——氮化深度为0.3,硬度大于850 HV | 氮化是在500～600 ℃通入氮的炉子内加热,向钢的表面渗入氮原子的过程。氮化层为0.025～0.8 mm,氮化时间需40～50 h | 增加钢件的耐磨性能、表面硬度、疲劳极限和抗蚀能力。适用于合金钢、碳钢、铸铁件,如机床主轴、丝杆以及在潮湿碱水和燃烧气体介质的环境中工作的零件 |
| 氰化 | | Q59——氰化淬火后,回火至56～62 HRC | 在820～860 ℃炉内通入碳和氮,保温1～2 h,使钢件的表面同时渗入碳、氮原子,可得到0.2～0.5 mm的氰化层 | 增加表面硬度、耐磨性、疲劳强度和耐蚀性。用于要求硬度高、耐磨的中小型及薄片零件和刀具等 |

表 E-4(续)

| 名词 | 代号及标注示例 | 说明 | 应用 |
|---|---|---|---|
| 时效 | 时效处理 | 低温回火后,精加工之前,加热到 100~160 ℃,保持 10~40 h。对铸件也可用天然时效(放在露天中一年以上) | 使工件消除内应力和稳定形状,用于量具、精密丝杆、床身导轨、床身等 |
| 发蓝<br>发黑 | 发蓝或发黑 | 将金属零件放在很浓的碱和氧化剂溶液中加热氧化,使金属表面形成一层氧化铁所组成的保护性薄膜 | 防腐蚀、美观。用于一般连接的标准件和其他电子类零件 |
| 硬度 | HB(布氏硬度) | 材料抵抗硬的物体压入其表面的能力称"硬度"。根据测定的方法不同,可分布氏硬度、洛氏硬度和维氏硬度<br>硬度的测定是检验材料经热处理后的机械性能——硬度 | 用于退火、正火、调质的零件及铸件的硬度检验 |
| | HRC(洛氏硬度) | | 用于经淬火、回火及表面渗碳、渗氮等处理的零件硬度检验 |
| | HV(维氏硬度) | | 用于薄层硬化零件的硬度检验 |

“十三五”职业教育国家规划教材

# 机械制图与计算机绘图习题集

## （第二版）

主　编　陈玉莲
副主编　季晓明　顾广辉
参　编　齐贤业　钟立才　刘　森

中国矿业大学出版社
·徐州·

## 内 容 提 要

本习题集与《机械制图与计算机绘图》教材配合使用。为了方便教学和学习，习题集的编写顺序与教材一致。本书八个任务，主要内容包括：任务一，应用国标手工绘制平面图形；任务二，点、线、平面和基本体的投影；任务三，识读与绘制轴测图；任务四，截交线、相贯线和组合体三视图的画法；任务五，机件的表达方法；任务六，识读与绘制标准件和常用件；任务七，识读零件图；任务八，识读装配图。

本书在习题的数量和难度方面有一定的选择余地，以满足不同学时、不同专业教学上的需要。本书可供普通高等教育应用型本科及高职高专院校机械类、近机类专业使用，也可供相关技术人员参考。

**图书在版编目(C I P)数据**

机械制图与计算机绘图习题集 / 陈玉莲主编. — 2版. — 徐州 ：中国矿业大学出版社，2022.2

ISBN 978 - 7 - 5646 - 5307 - 1

Ⅰ. ①机… Ⅱ. ①陈… Ⅲ. ①机械制图—职业教育—习题集②计算机制图—职业教育—习题集 Ⅳ. ①TH126—44②TP391.72—44

中国版本图书馆 CIP 数据核字(2022)第 032003 号

**书　　名**　机械制图与计算机绘图习题集
**主　　编**　陈玉莲
**责任编辑**　何晓明
**出版发行**　中国矿业大学出版社有限责任公司
（江苏省徐州市解放南路　邮编 221008）
**营销热线**　(0516)83884103　83885105
**出版服务**　(0516)83995789　83884920
**网　　址**　http://www.cumtp.com　**E-mail**：cumtpvip@cumtp.com
**印　　刷**　江苏淮阴新华印务有限公司
**开　　本**　787 mm×1092 mm　1/16　**本册印张** 4　**本册字数** 100 千字
**版次印次**　2022 年 2 月第 2 版　2022 年 2 月第 1 次印刷
**总 定 价**　58.00 元(共两册)

# 前　言

本习题集与《机械制图与计算机绘图》教材配合使用。为了方便教学和学习，习题集的编写顺序与教材一致。本书编写人员均来自教学一线，经过多年的高职高专制图课程教学实践，具有丰富的教学经验。

对于教师和学生而言，一本适用的制图习题集是“教、学”成功的必要前提。本习题集是根据教育部制定的高职高专教育对工程制图的基本要求，在总结机械制图课程教学经验及改革成果的基础上编写的，主要研究绘制与阅读机械图样的理论及方法，着重培养学生的绘图技能和空间想象力，在保证教学质量的前提下切实有效地提高教学效率。本习题集题型新颖多样，题量和难度适中，且配有一定量的直观图和徒手绘图练习。

本书由陈玉莲主编。本书具体编写分工为：季晓明任务一、刘森任务二、顾广辉任务三和任务四、祁贤业任务五、钟立才任务六和任务七、陈玉莲任务八。陈玉莲统稿、审核。

兰州资源环境职业技术大学杨桢教授审阅了本书，提出了宝贵的修改意见，在此表示衷心的感谢。本书可供普通高等教育应用型本科及高职高专院校机械类、近机类专业使用，也可供相关技术人员参考。

由于水平有限，书中难免存在不足之处，欢迎广大读者批评指正。

编　者

2022 年 1 月

# 目　录

# 任务一　应用国标手工绘制平面图形

1-1　图线练习

1. 在指定位置按示范图线抄画下列各种图线。

（1）

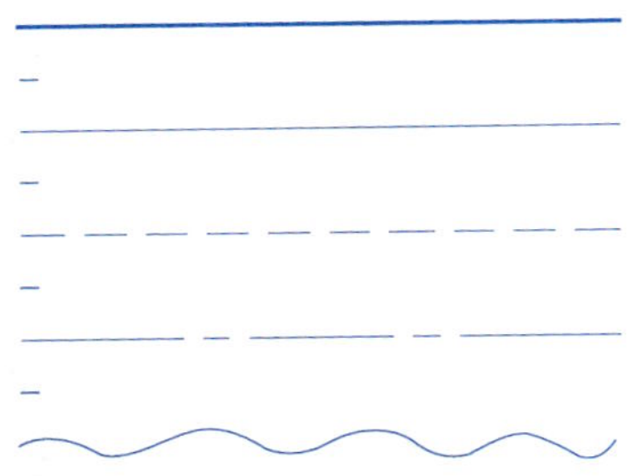

（2）

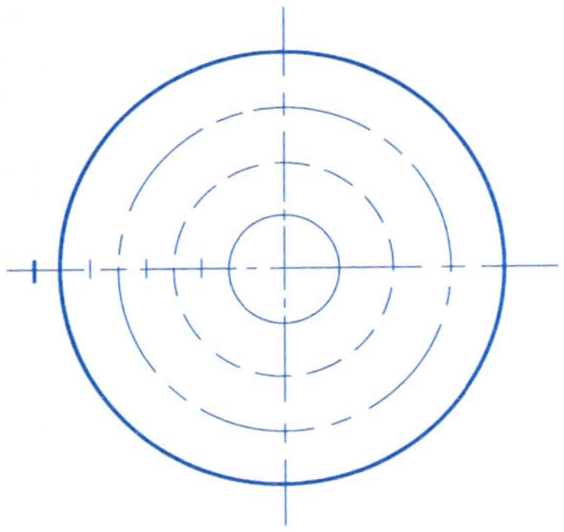

2. 在右边画出与左边对应的图线。

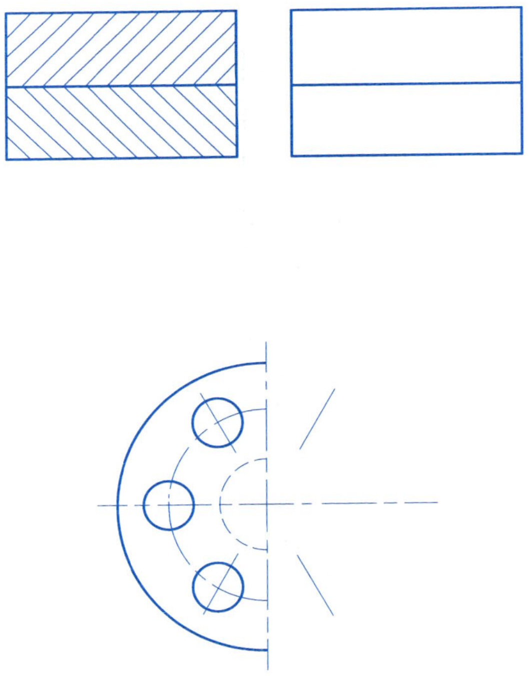

班级　　　　姓名　　　　学号

1-2 尺寸注法（找出图中尺寸标注的错误，并在相应的图上正确标注）

1.

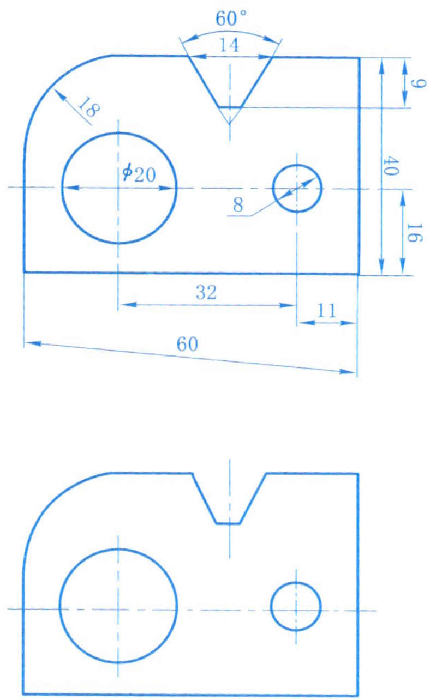


2.

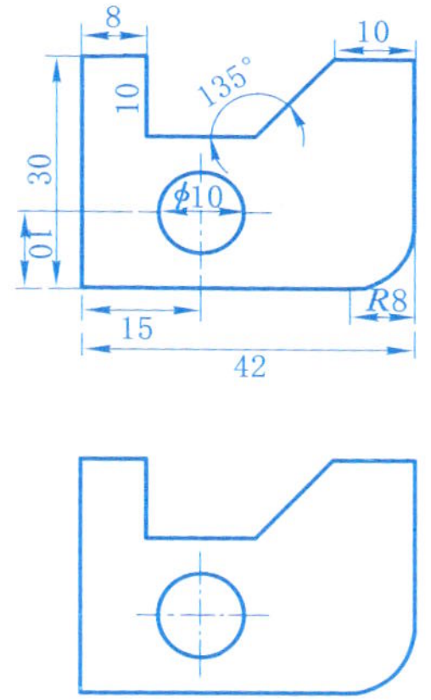


3.

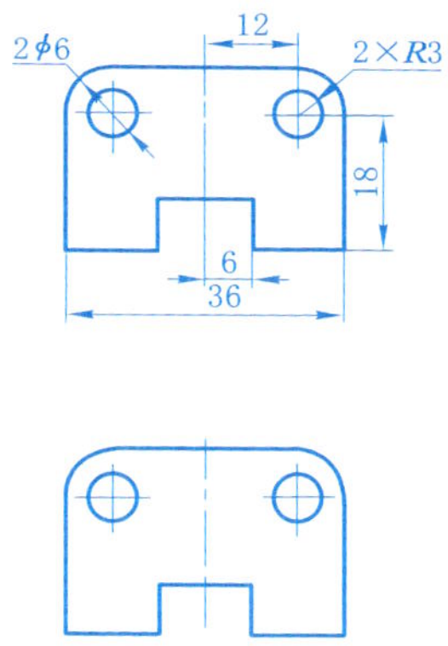


4.

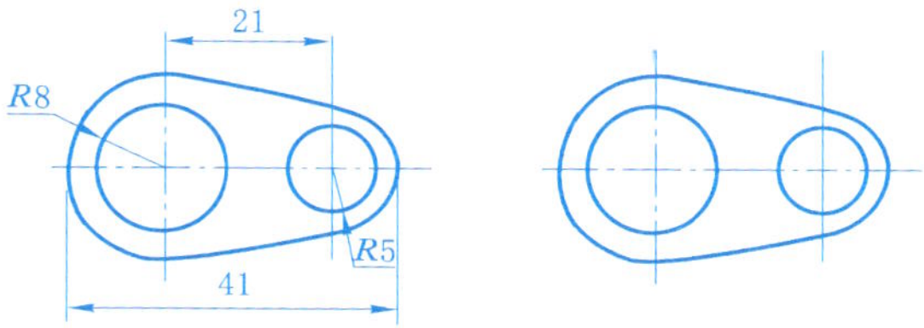


班级　　　　姓名　　　　学号

## 作业1 线 型

**一、目的**

（1）熟悉图纸幅面的大小，掌握图框及标题栏的画法。

（2）熟悉主要线型的形式、规格及其画法。

（3）学会长仿宋体字、数字、字母的正确书写方法。

（4）掌握与本次作业有关的几何作图方法。

（5）掌握尺寸界线、尺寸线、箭头的画法以及尺寸数字的注写规则，学会常用尺寸的标注方法。

（6）基本掌握常用绘图工具的使用方法以及绘图仪器的操作方法和技能。

**二、内容和要求**

（1）绘制图框和标题栏，并按示范图例绘制各种图线。

（2）用A4图纸，竖放，不标注尺寸，比例1∶1。

**三、绘图步骤**

（1）画图框。

（2）在右下角画标题栏。

（3）按图例所注尺寸作图。

（4）校对底稿，擦去多余图线。

**四、注意要点**

（1）粗实线的宽度建议采用0.7 mm，细线宽约0.35 mm。

（2）尺寸数字采用3.5号字，箭头宽约0.7 mm，长3～4 mm。

（3）各种图线的相交画法应符合要求。

（4）填写标题栏。图名：线型练习；图号：01.01；在相应栏内填写：班级、姓名、学号、比例、日期等内容。

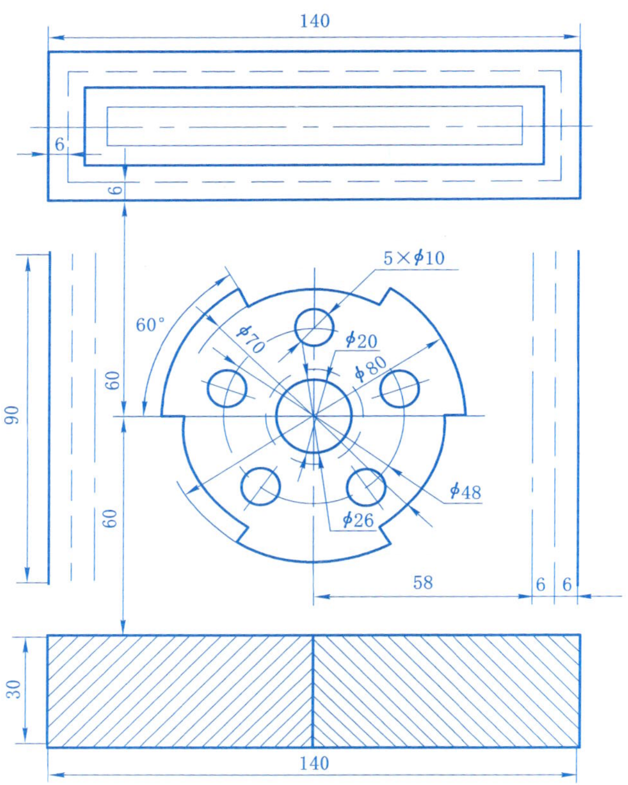


标 题 栏

班级 姓名 学号

1-4　几何作图(用给定的尺寸按 1∶1 抄绘图形)

1.

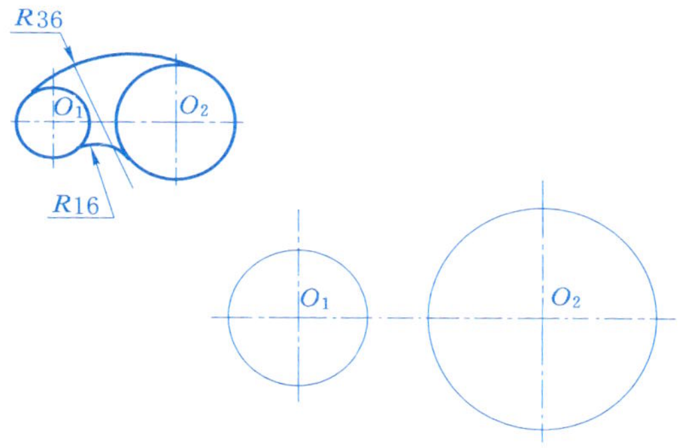


2.

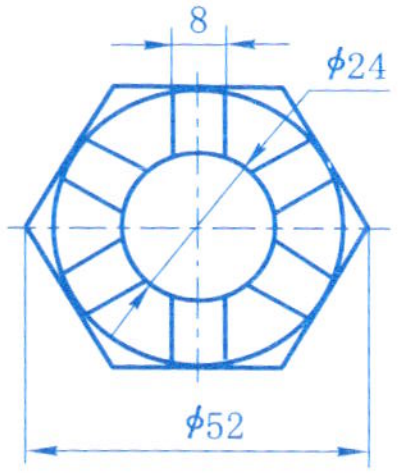


3. 按 1∶1 抄绘并标注斜度。

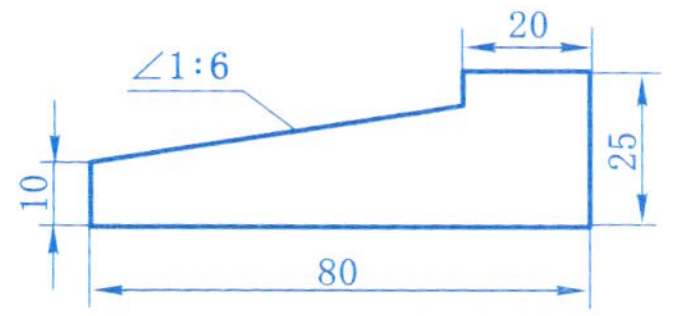


4. 按 1∶1 抄绘并标注锥度。

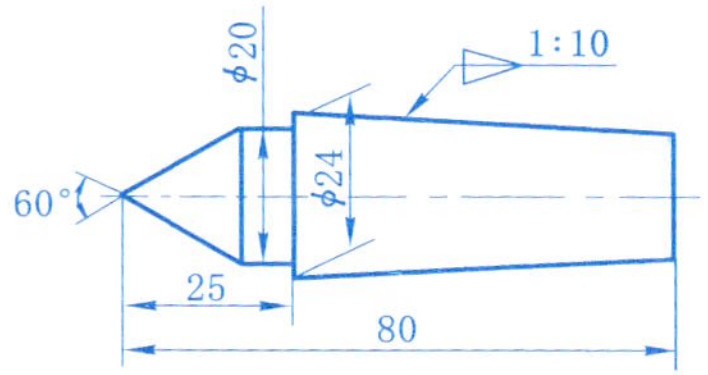


班级　　姓名　　学号

## 1-5　平面图形

1. 指出下列图形横、竖两个方向的尺寸基准。哪些尺寸是定形尺寸？哪些尺寸是定位尺寸？

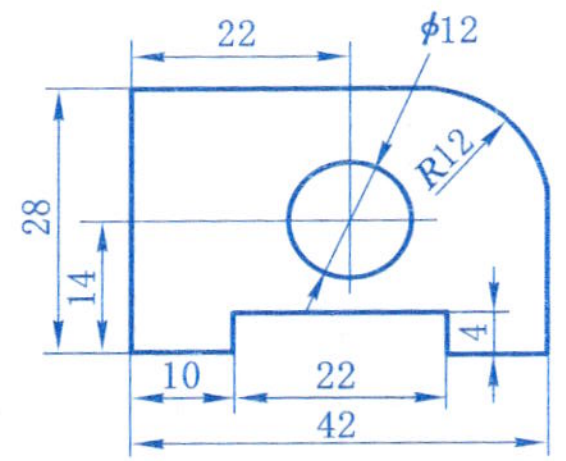


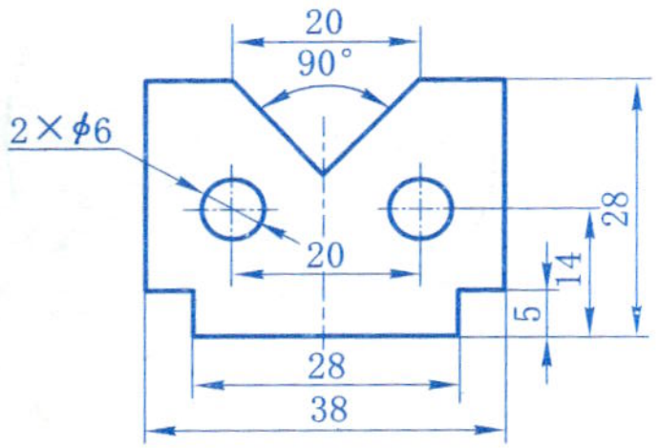


2. 指出图中的尺寸基准及定形、定位尺寸，确定线段性质，拟出作图顺序，并在空白处按图中注出的尺寸作出图形。

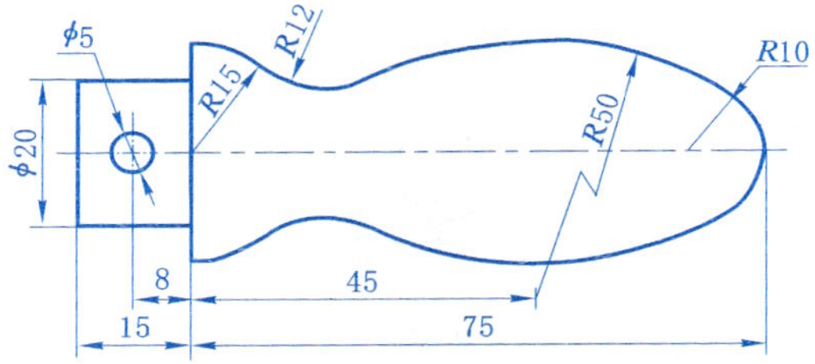


班级　　　　姓名　　　　学号

## 作业 2　平 面 图 形

**一、目的**

(1) 熟悉平面图形的绘制步骤和尺寸标注。

(2) 掌握线段连接方法及技巧。

**二、内容和要求**

(1) 按教师指定的题号绘制平面图形,并标注尺寸。

(2) 用 A4 图纸,自定绘图比例。

**三、绘图步骤**

(1) 分析图形:看懂图形的构成,分析图形中的尺寸和线段,确定作图步骤。

(2) 画底稿:

① 画图框和标题栏。

② 画作图基准线。

③ 按已知线段、中间线段、连接线段的顺序画出图形。

④ 画尺寸界线、尺寸线。

(3) 检查底稿,擦去多余线条。

(4) 描深图形。

(5) 画箭头,注写尺寸数字,填写标题栏。

(6) 校对,修饰图面。

**四、注意要点**

(1) 布图时应留足标注尺寸的位置,使图形布置匀称。

(2) 画底稿上的连接线段时,应准确找出圆心和切点。

(3) 描深时,同类线型同时描深,使其粗细一致,连接光滑。

(4) 箭头应符合规定,尺寸注法应正确、完整。

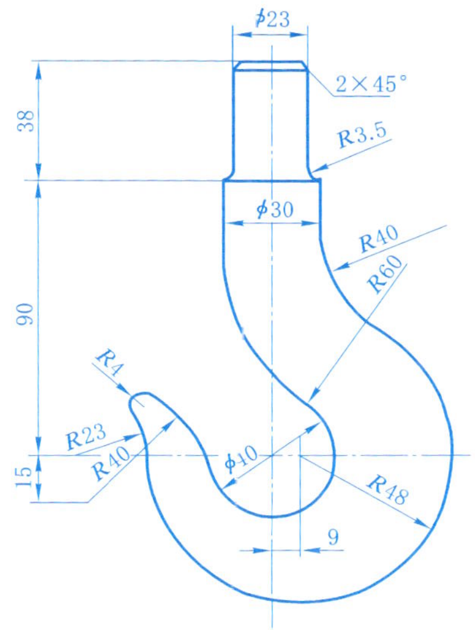


标　题　栏

班级　　姓名　　学号

## 1-7 平面图形作业(二)

1.

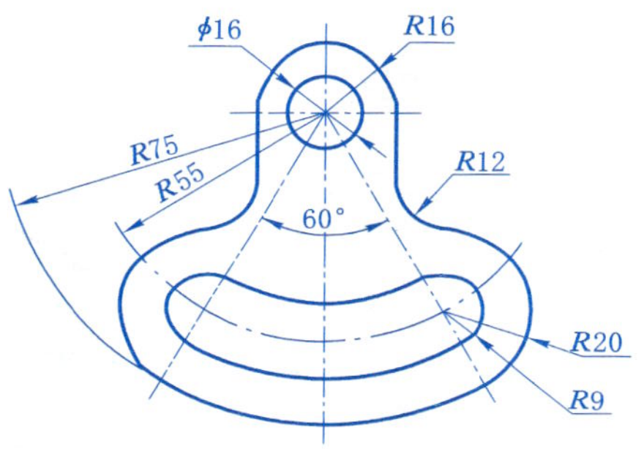


标 题 栏

2.

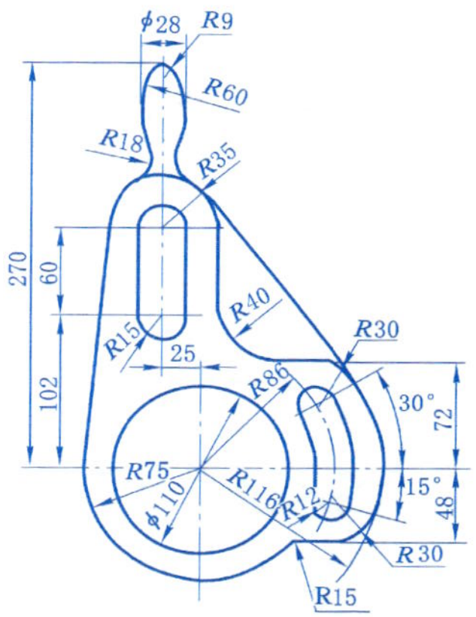


标 题 栏

3.

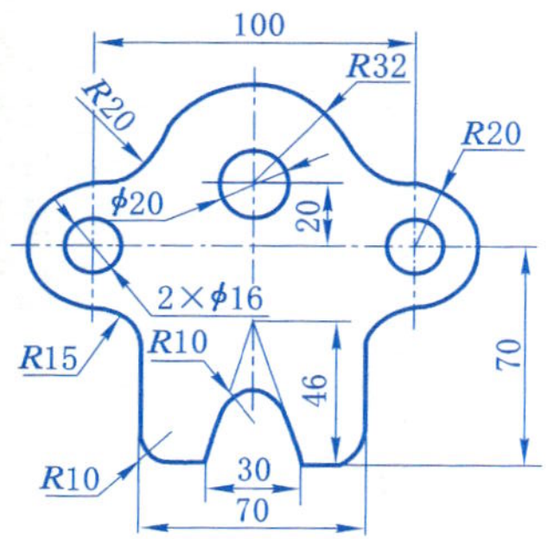


标 题 栏

4.

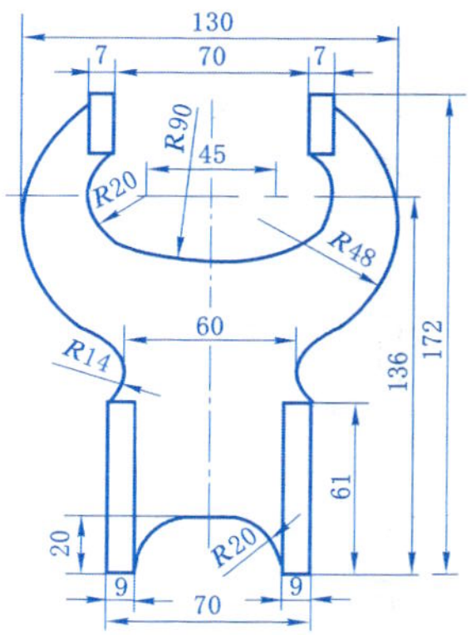


标 题 栏

班级　　　　姓名　　　　学号

# 任务二　点、线、平面和基本体的投影

2-1　投影法和三视图的形成

1. 在视图括号内填写立体图上所示位置关系。

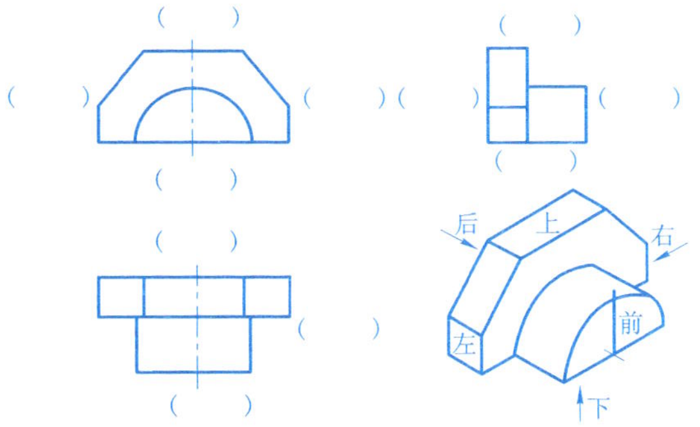


2. 按照箭头所示的投射方向，将正确视图的图号填入括号内。

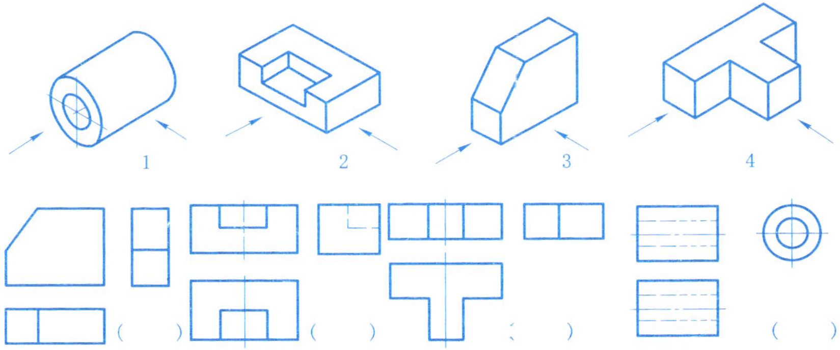


3. 观察如图所示立体图，将正确视图的图号填入括号内。

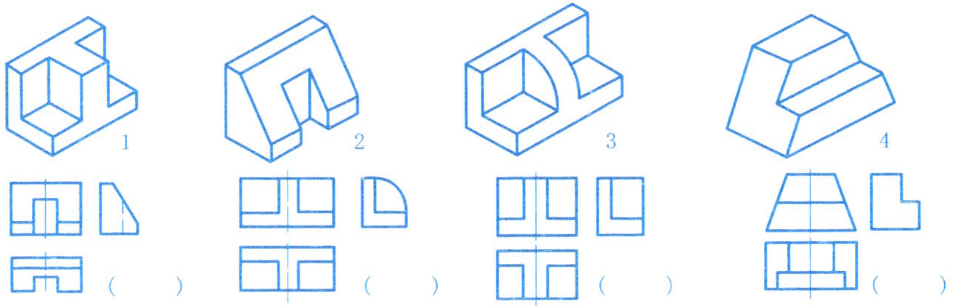


班级　　姓名　　学号

## 2-2 点的投影

1. 已知点 $B$ 距 $H$ 面 20 mm、距 $V$ 面 15 mm、距 $W$ 面 30 mm，试作出点 $B$ 的三面投影。

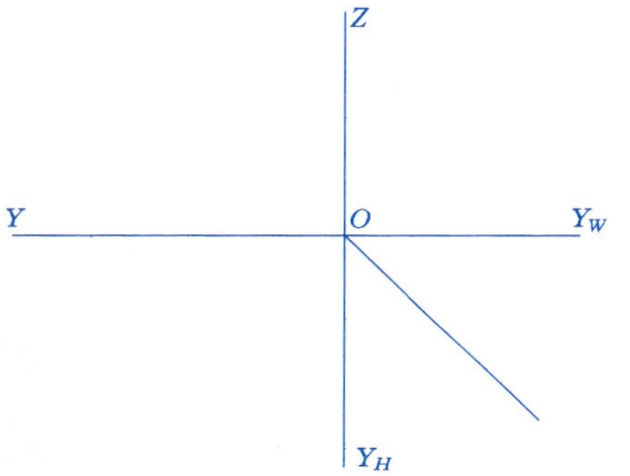


2. 已知点的两面投影，求第三面投影。点 $E$ 在 $W$ 面上，点 $F$ 在 $H$ 面上。

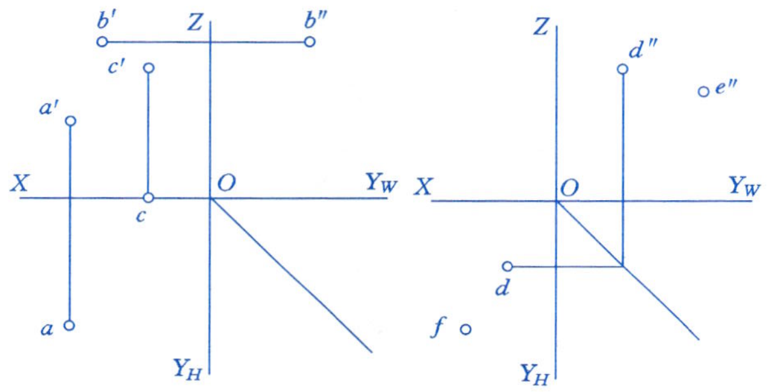


3. 根据所给点的坐标值，作出它们的三面投影图，并对比它们的相对位置。

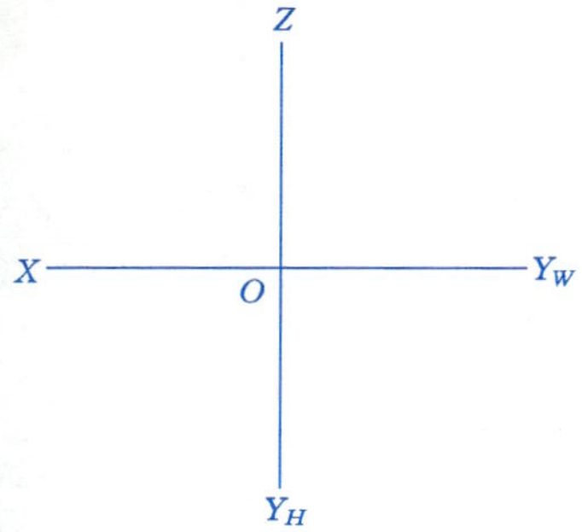


$A(10,20,15)$
$B(30,0,10)$
$C(10,15,15)$
距 $H$ 面______点最高，______点最低。距 $V$ 面______点最近，______点最近。

4. 说明 $B$、$C$ 两点相对于 $A$ 点的位置。

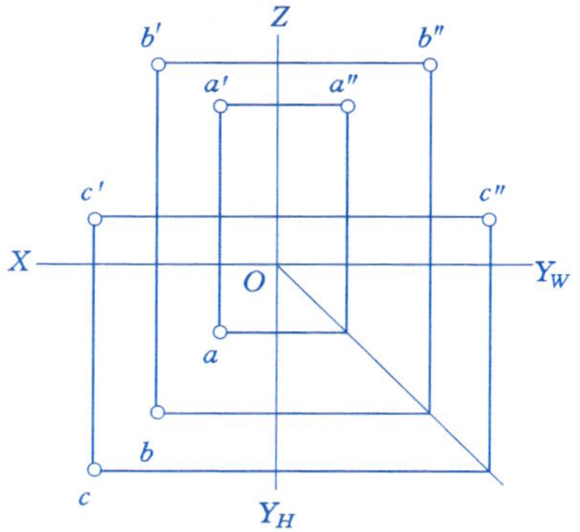


班级　　　　姓名　　　　学号

## 2-3 直线的投影

1. 作直线 $AB$ 的 $H$ 面投影。

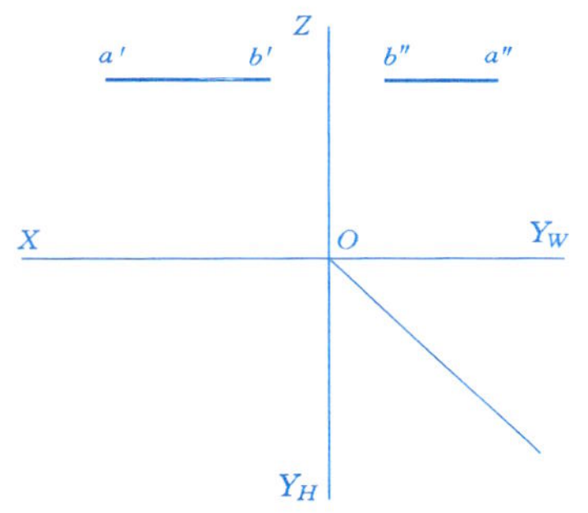


2. 求作正平线 $CD$ 的三面投影。已知 $CD$ 长 25 mm，与 $H$ 面倾角为 30°。

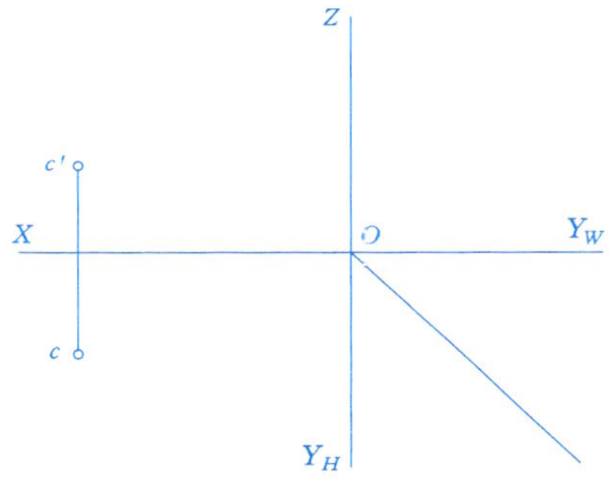


3. 求侧垂线 $EF$ 的三面投影。已知 $EF$ 长 30 mm，距 $V$ 面 15 mm，距 $H$ 面 20 mm，端点 $E$ 距 $W$ 面 40 mm。

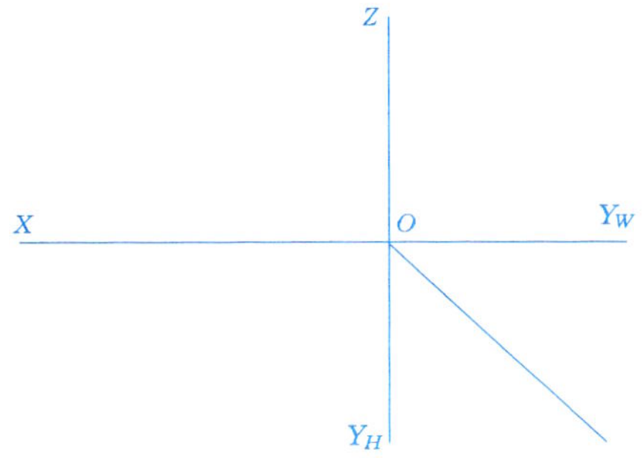


4. 已知点 $M$ 在直线 $CD$ 上，并与 $H$、$V$ 面的距离相等，完成点 $M$ 的投影。

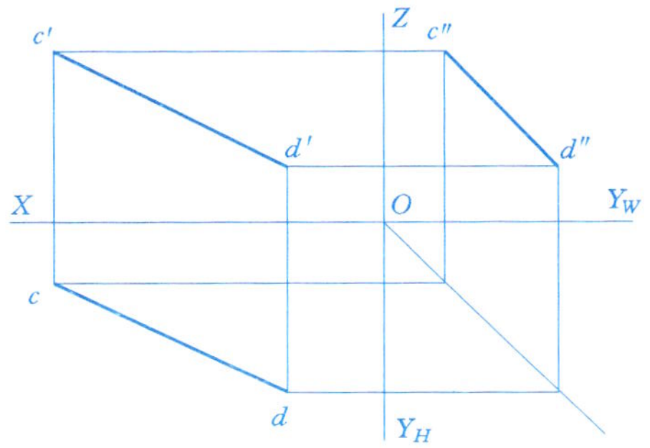


班级　　　　姓名　　　　学号

1. 已知 $AB$ 平行于 $CD$，补全其两面投影。

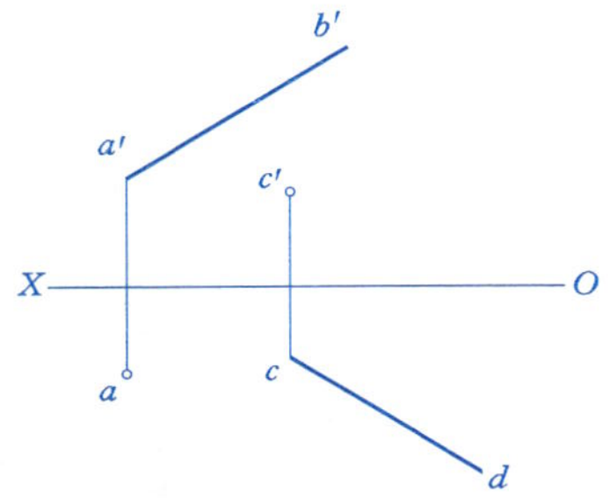


2. 过点 $C$ 作直线 $CD$ 与直线 $AB$ 相交，交点距 $V$ 面 15 mm。

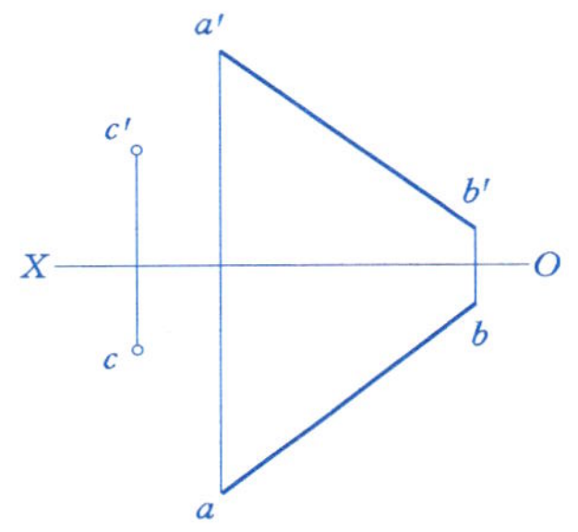


3. 作直线 $MN$ 平行于 $AB$，且与 $CD$、$EF$ 相交。

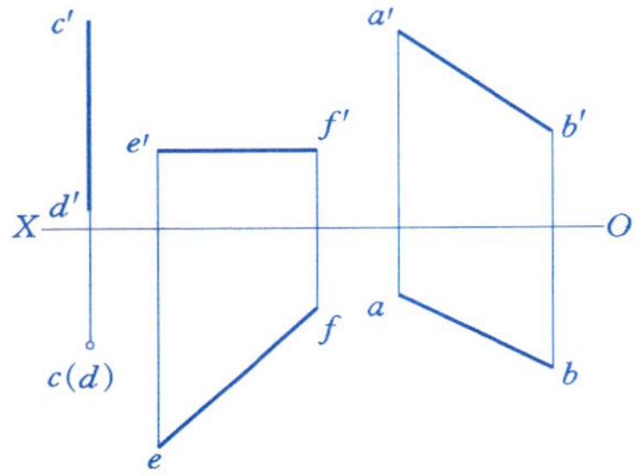


4. 判断两直线的相对位置。

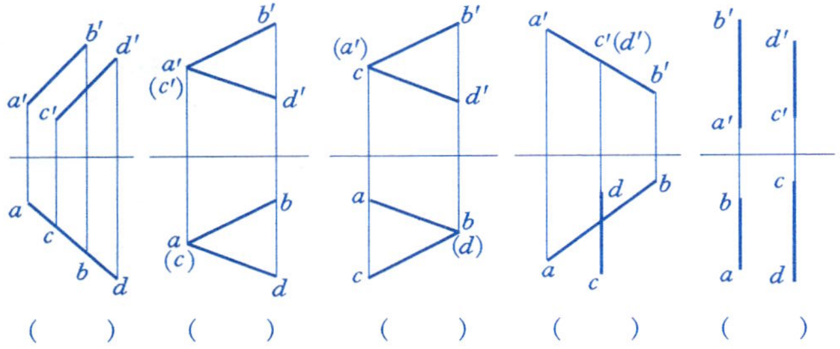


5. 用字母标出交叉两直线重影点的投影。

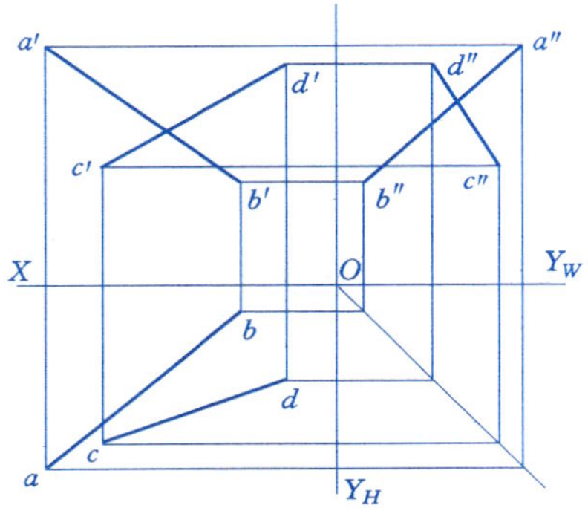


班级　　　　姓名　　　　学号

## 2-5 平面的投影

1. 已知△$ABC$的两面投影，求作其第三面投影。

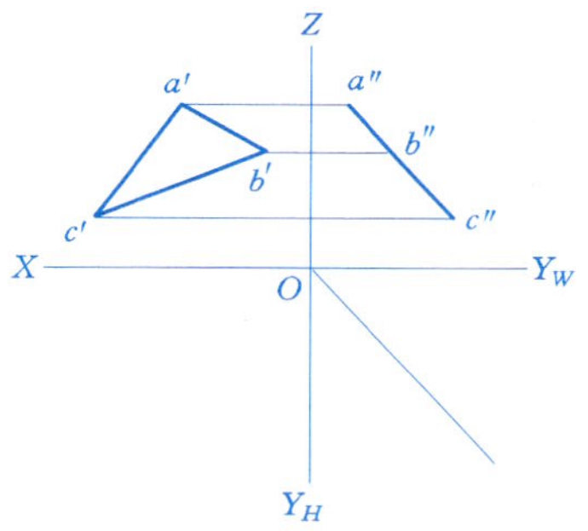


2. 补全平面图形的投影。

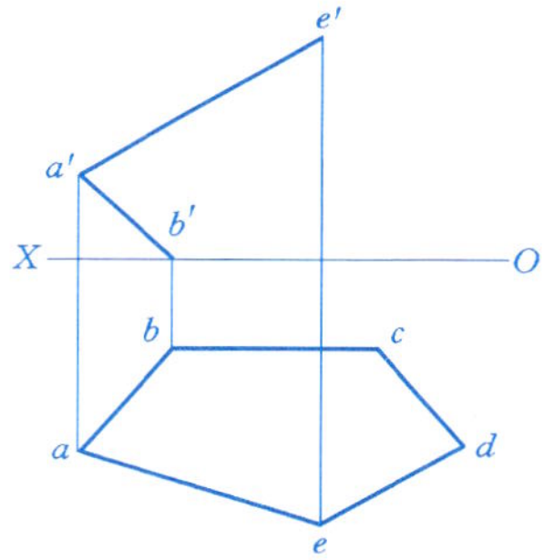


3. 已知点 $K$ 属于△$ABC$ 平面，完成△$ABC$ 的正面投影。

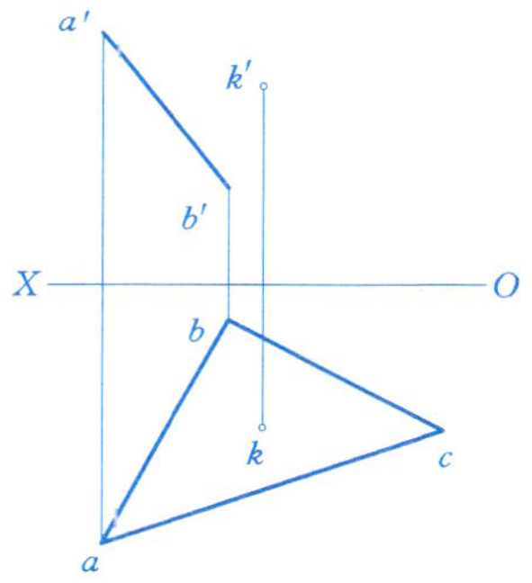


4. 已知 $AC$ 为正平线，补全平行四边形 $ABCD$ 的水平投影。

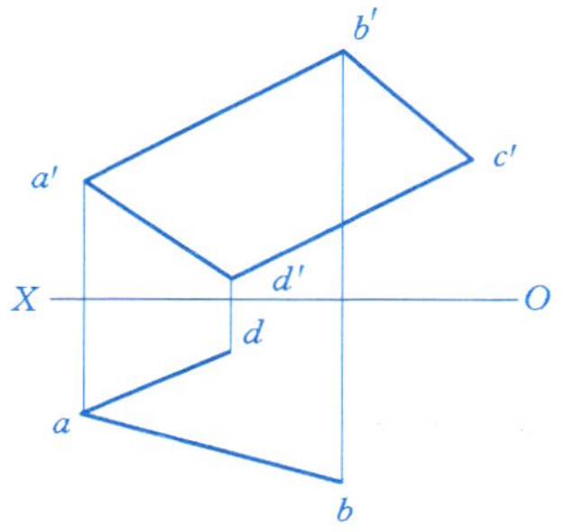


5. 补全平面图形 $PQRST$ 的两面投影。

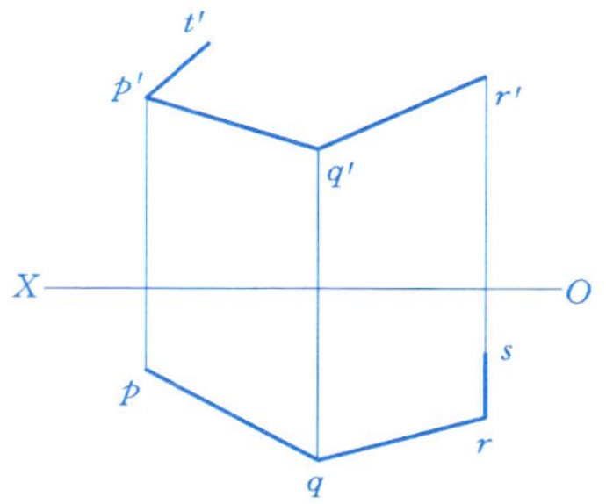


6. 在△$ABC$ 内作距 $V$ 面 15 mm 的正平线。

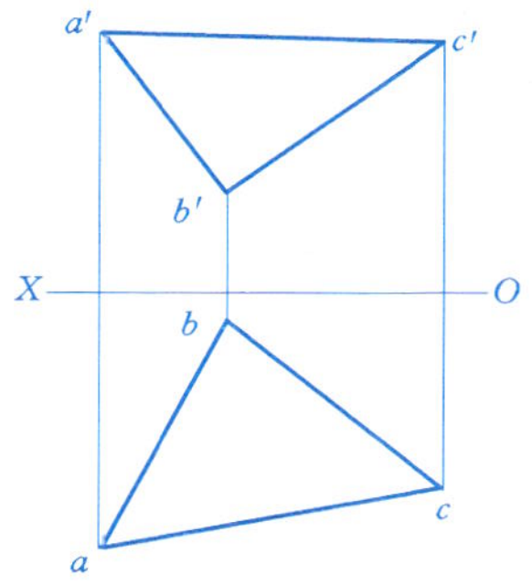


班级　　　　姓名　　　　学号

2-6　基本体的投影(根据给定的尺寸和视图画补全立体的投影,并求作立体表面点的另两个投影)

1. 正六棱柱(高度 30)。

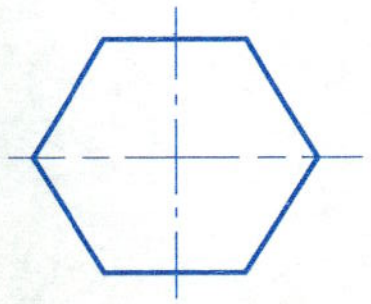

2.

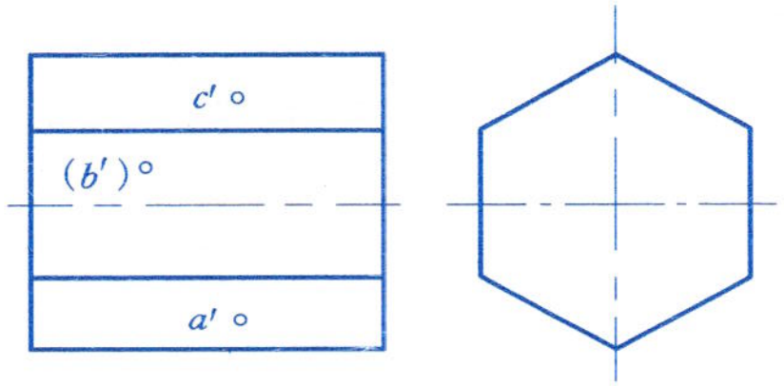


3.

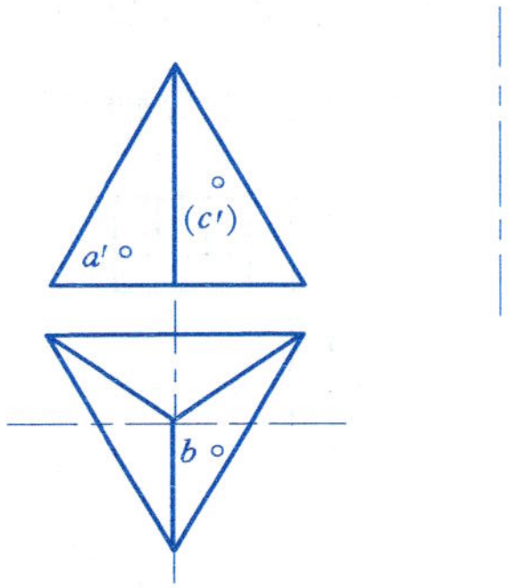


4.

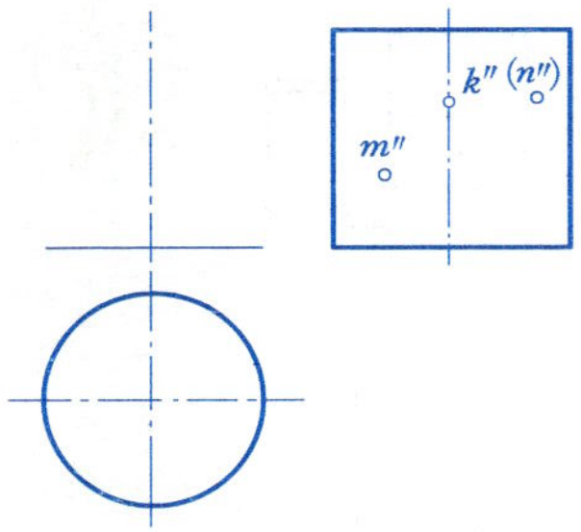


5.

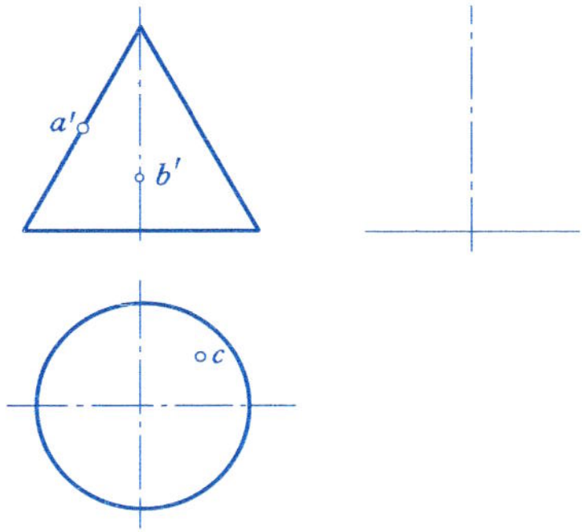


6.

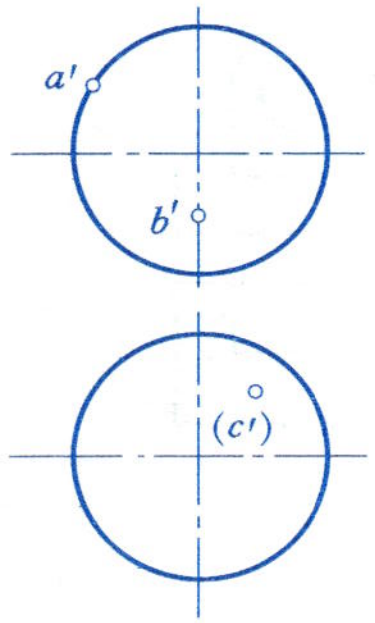


班级　　　　姓名　　　　学号

# 任务三　识读与绘制轴测图

3-1　根据已知视图，在指定位置作轴测图(尺寸在视图上按 1 : 1 量取)

1. 根据三视图，在指定位置作正等轴测图。

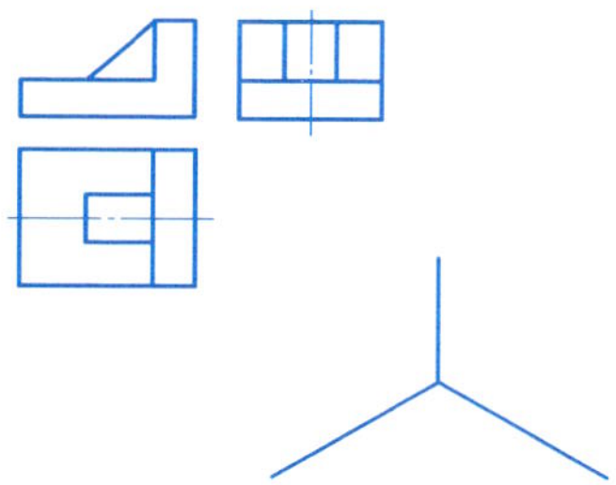

2. 根据已知的两个视图，在指定位置作正等轴测图。

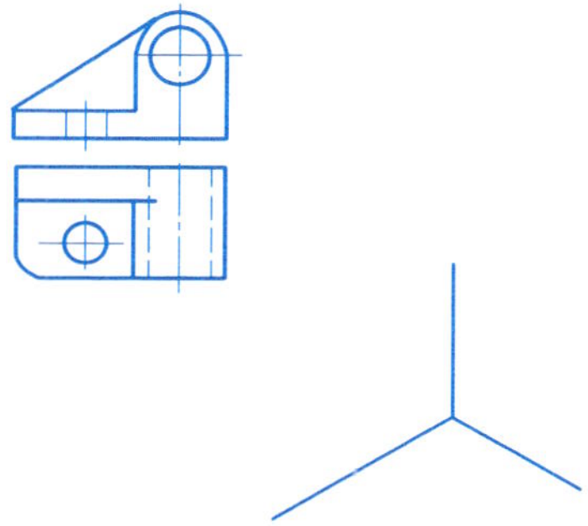

3. 根据已知的两个视图，在指定位置作斜二轴测图。

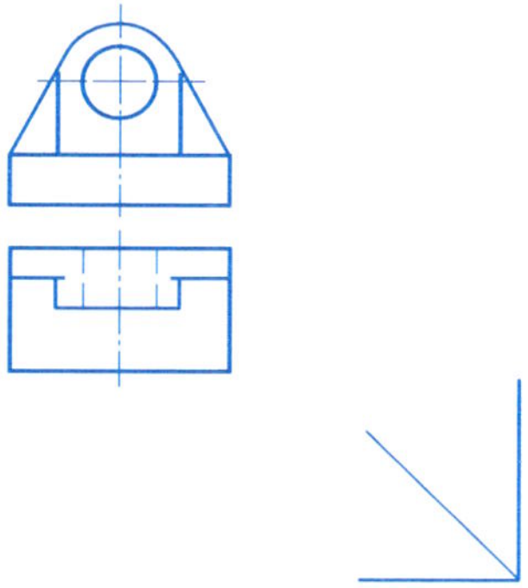

4. 根据已知的两个视图，在指定位置作斜二轴测图。

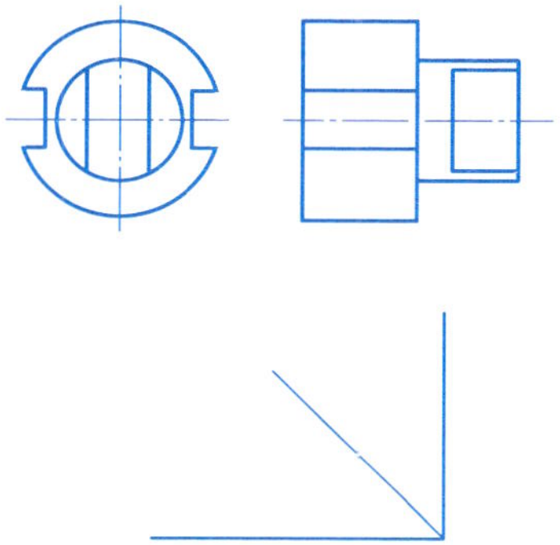

班级　　姓名　　学号

# 任务四　截交线、相贯线和组合体三视图的画法

4-1　求平面与立体表面的交线，并补全立体的三面投影

1.

2.

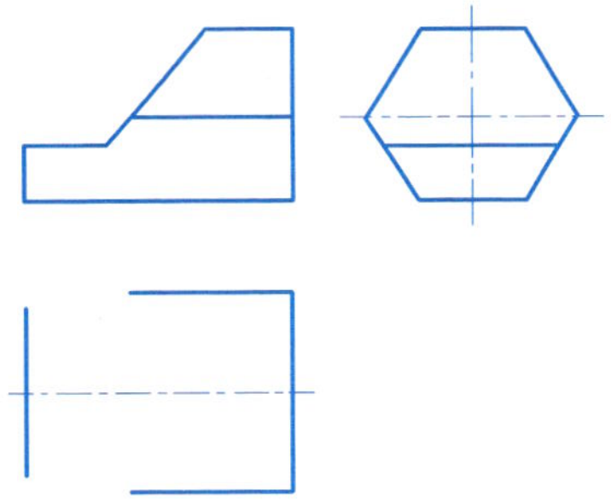

3.

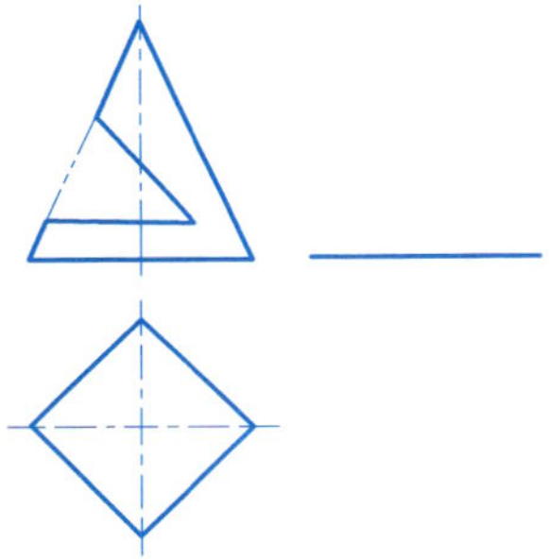

4.

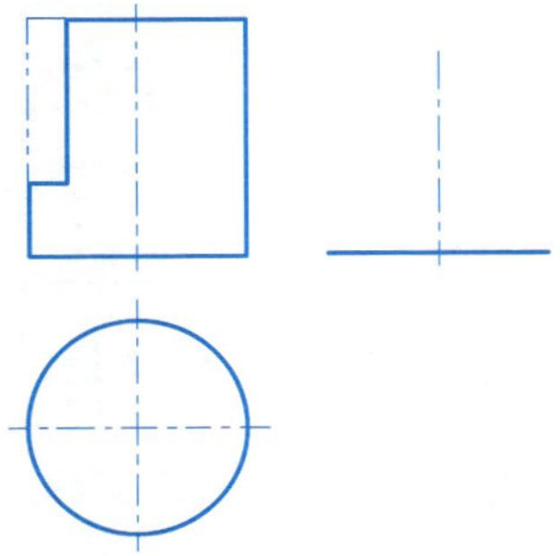

5.

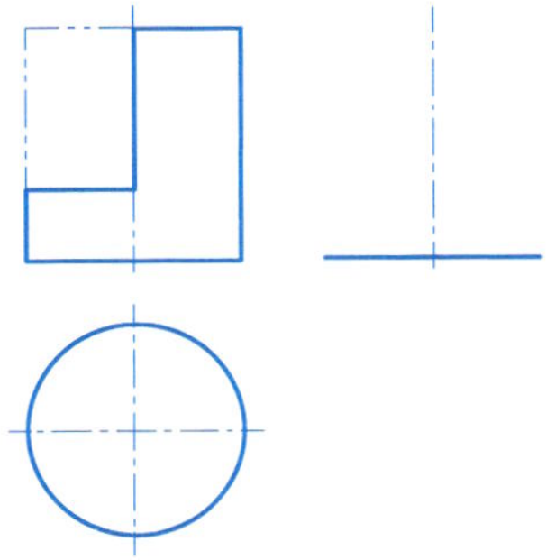

6.

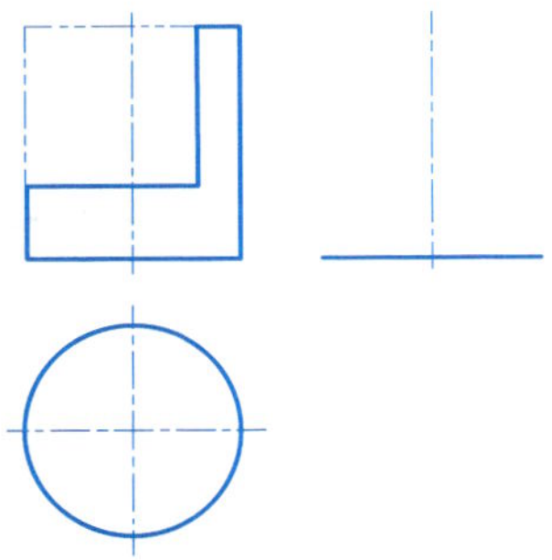

班级　　　　姓名　　　　学号

4-2 求平面与立体表面的交线，并补全立体的三面投影

1.

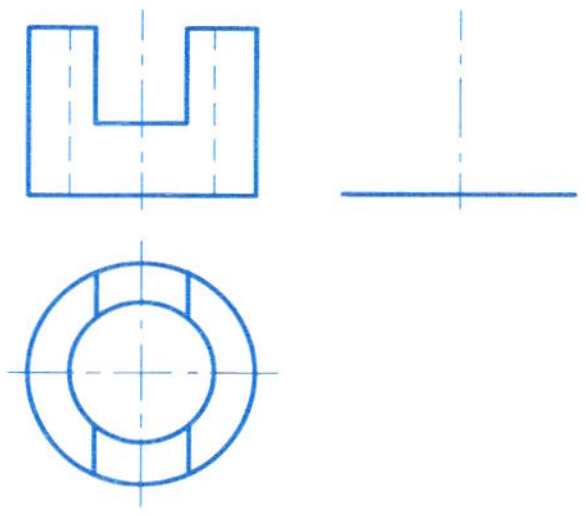

2.

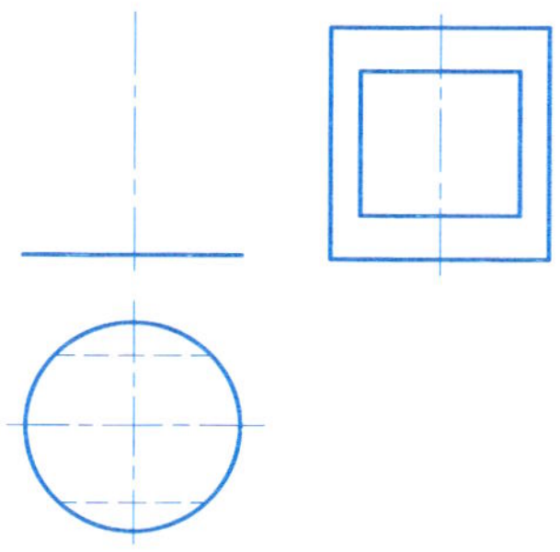

3.

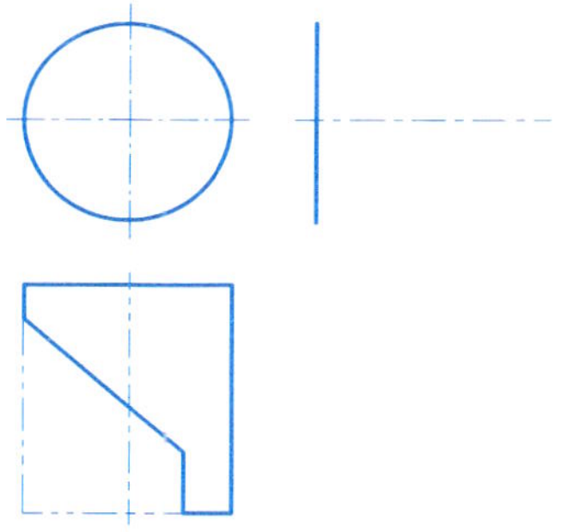

4.

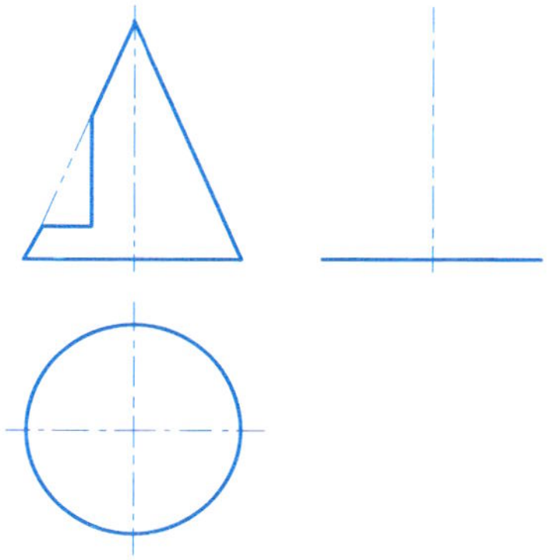

5.

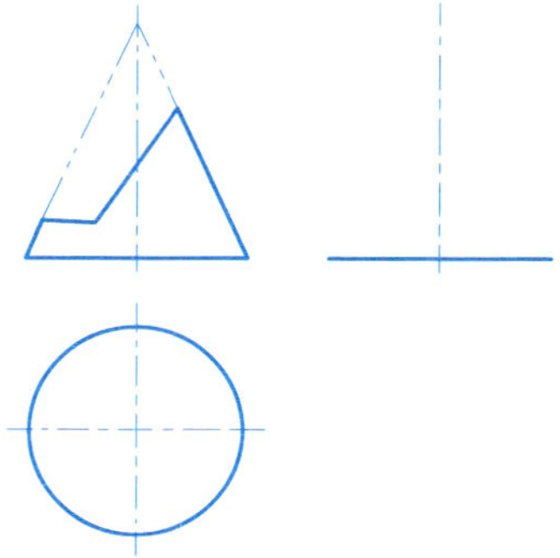

6.

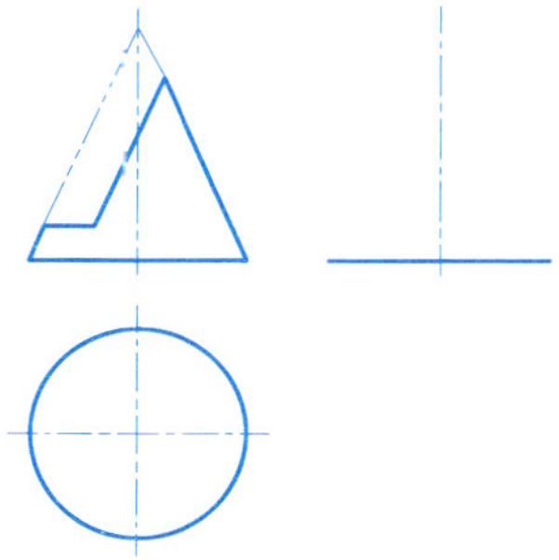

班级 姓名 学号

4-3 求平面与立体、立体与立体的表面交线，并补全立体的三面投影

1.

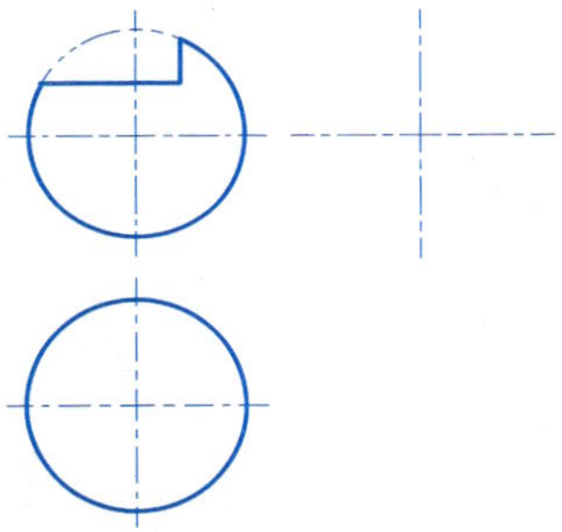

2.

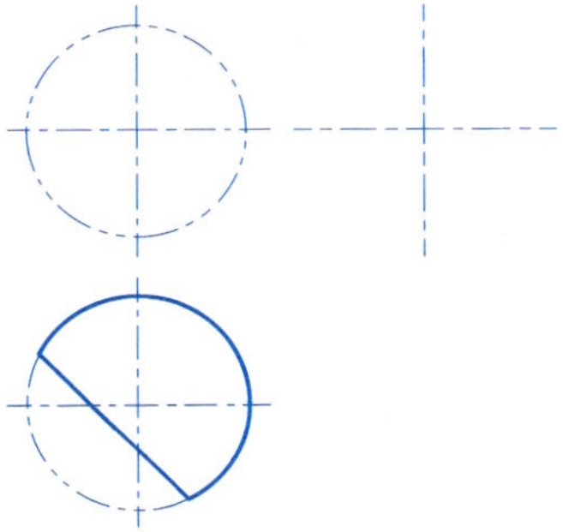

3.

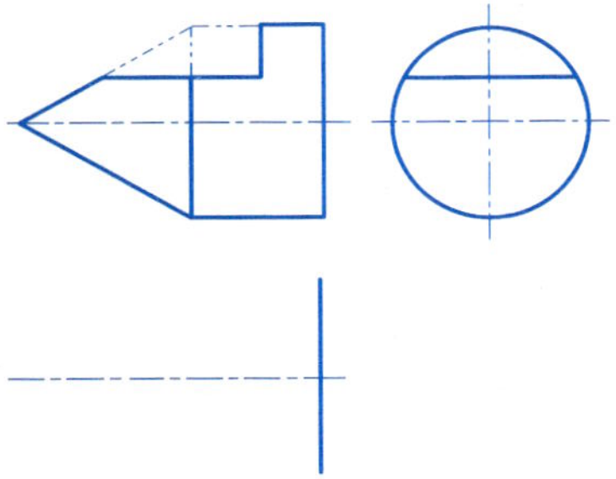

4.

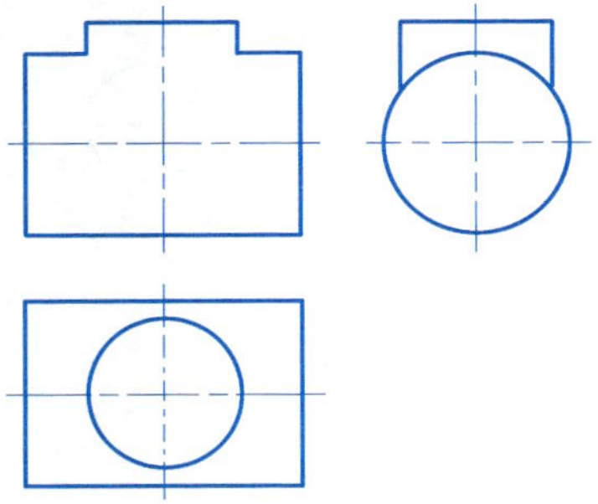

5.

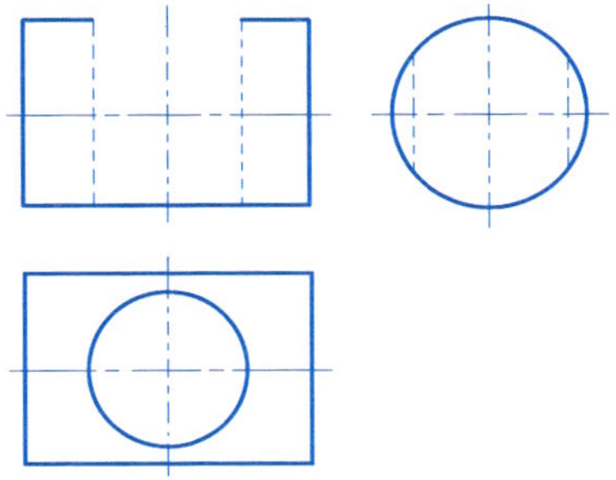

6.

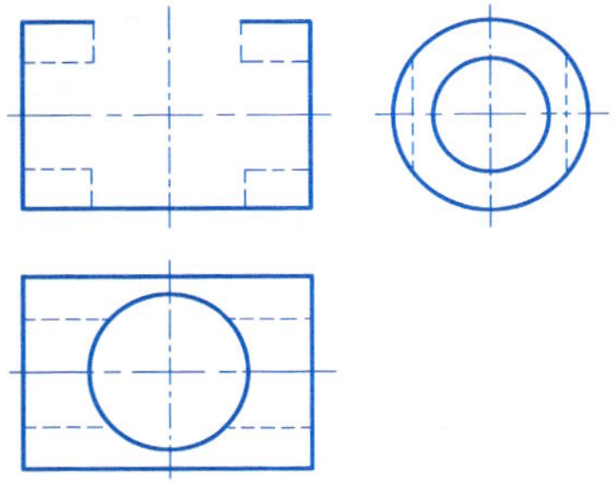

班级　　　　姓名　　　　学号

4-4　求两立体的表面交线，并补全立体的三面投影

1.

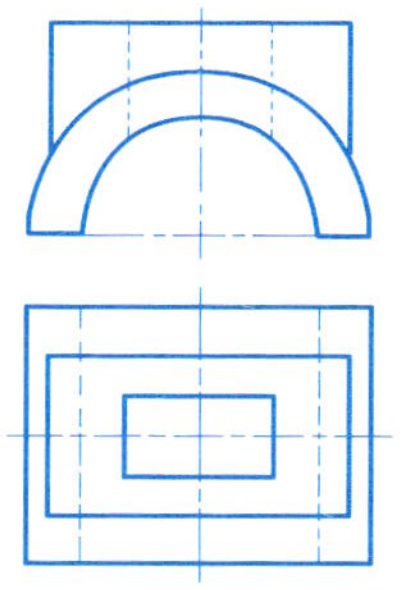

2.

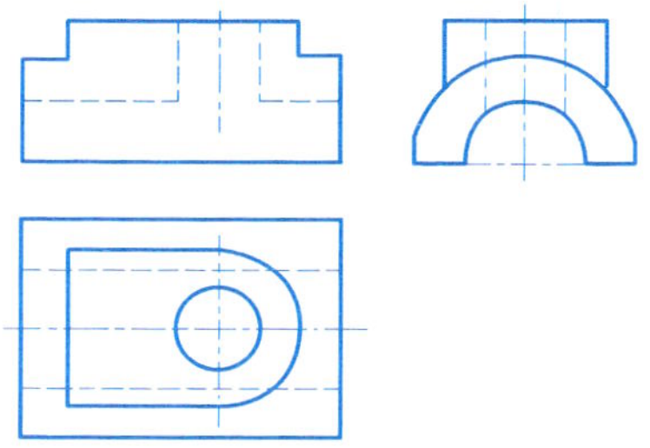

3.

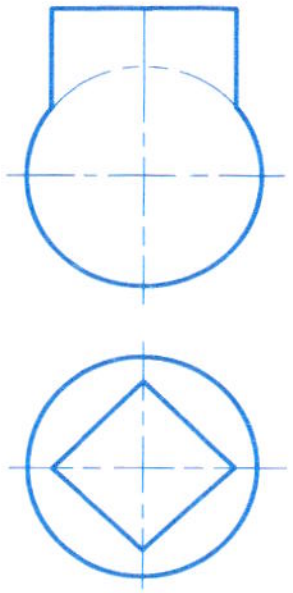

4.

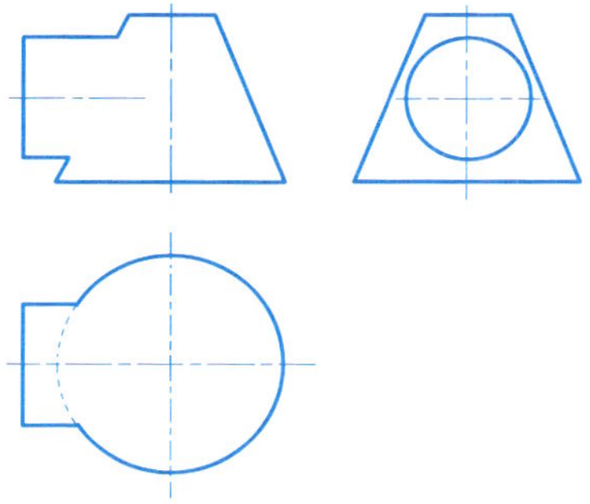

5.

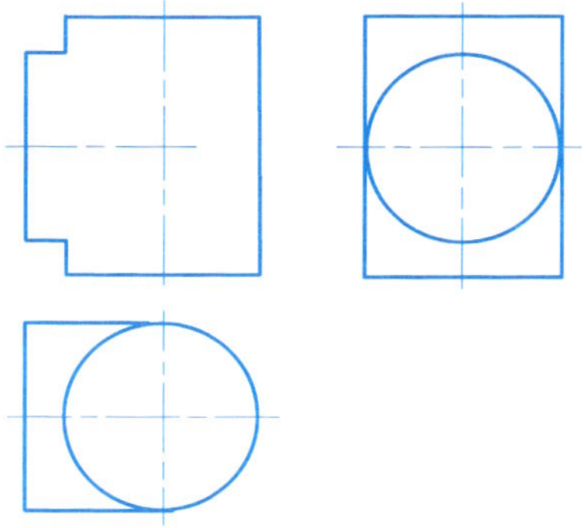

6.

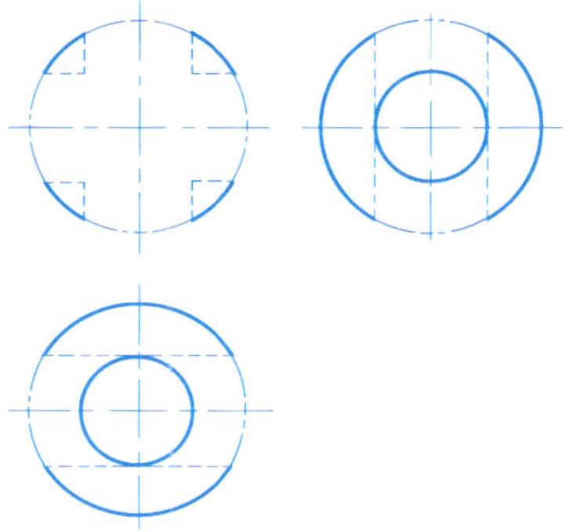

班级　　　　姓名　　　　学号

4-5 根据已知视图，补画视图中的漏线

1.

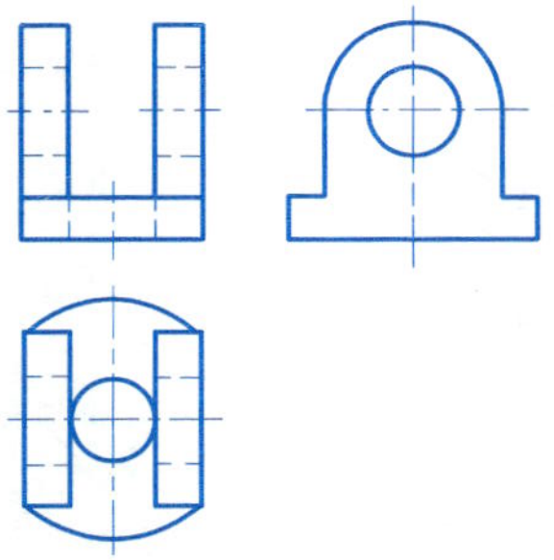

2.

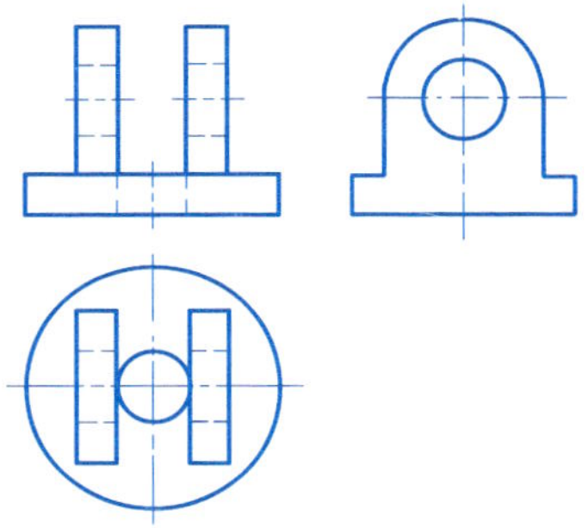

3.

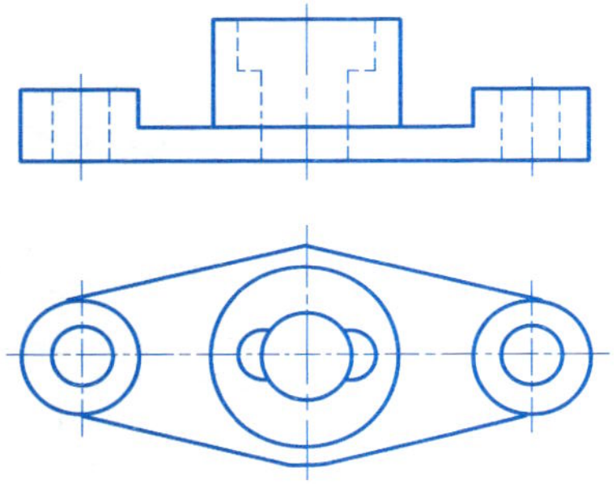

4.

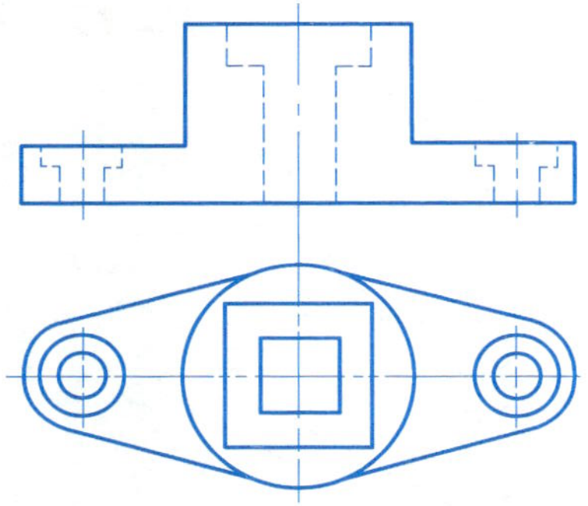

5.

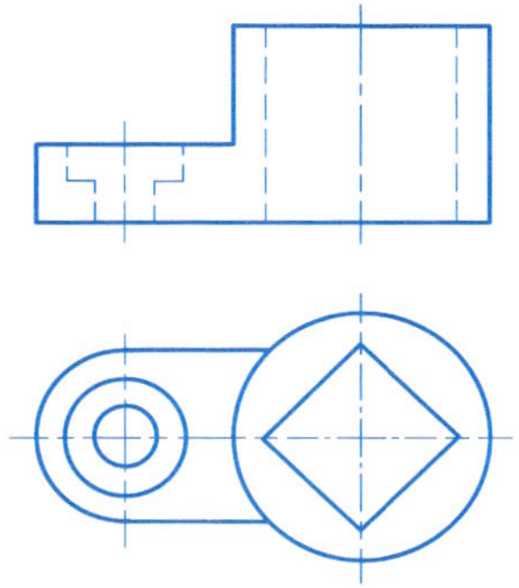

6.

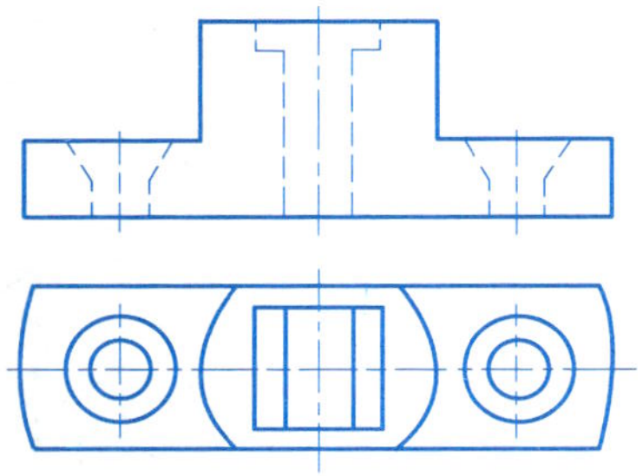

班级　　　　姓名　　　　学号

4-6　根据轴测图在图纸上画出组合体的三视图(未注孔深的孔均为通孔)，并标注尺寸(图纸幅面和比例自定)

1.

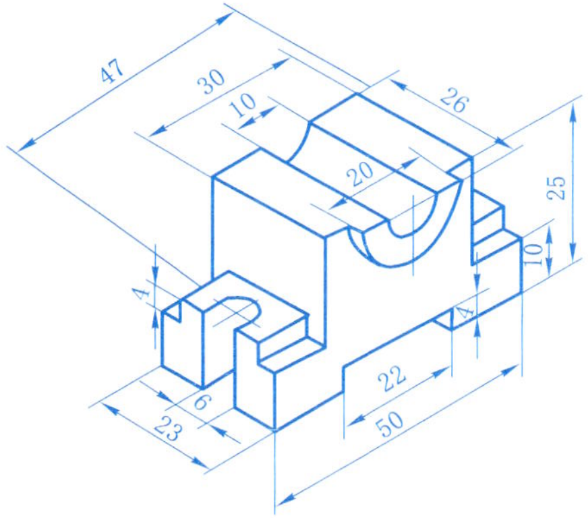


2.

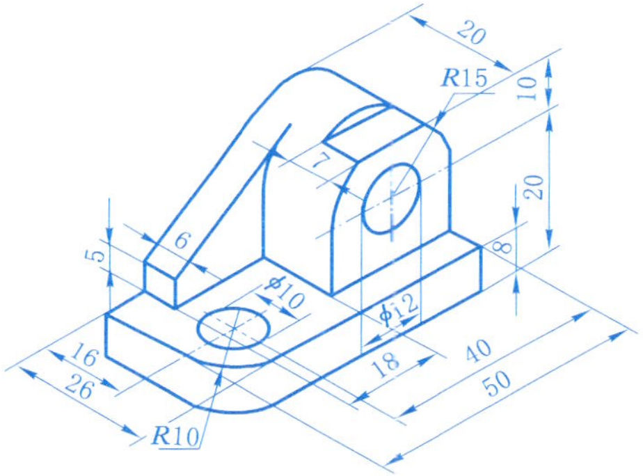


3.

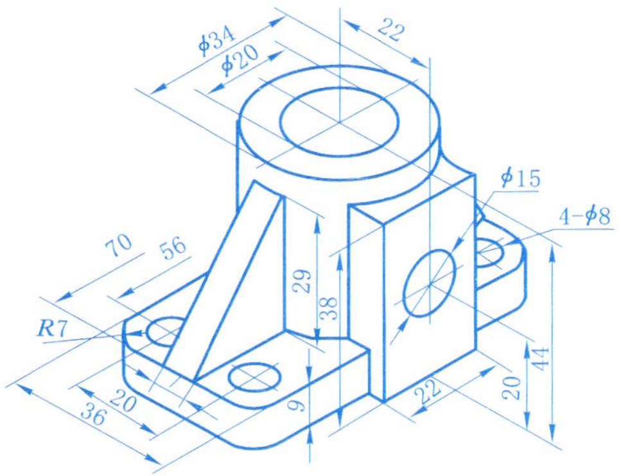


4.

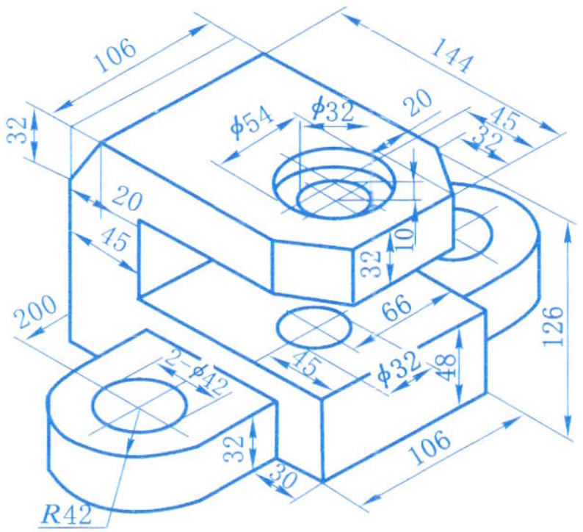


班级　　　　姓名　　　　学号

4-7　标注组合体的尺寸，按 1∶1 的比例在图中量取尺寸

1.

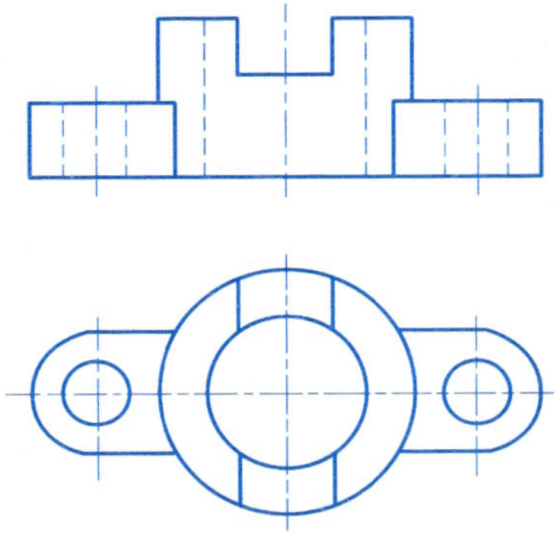

2.

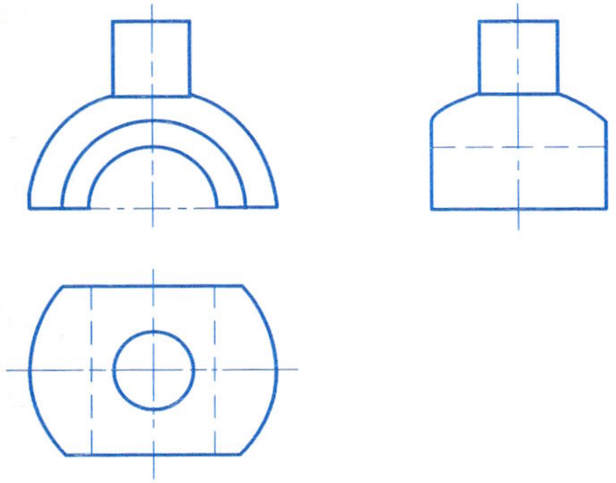

3.

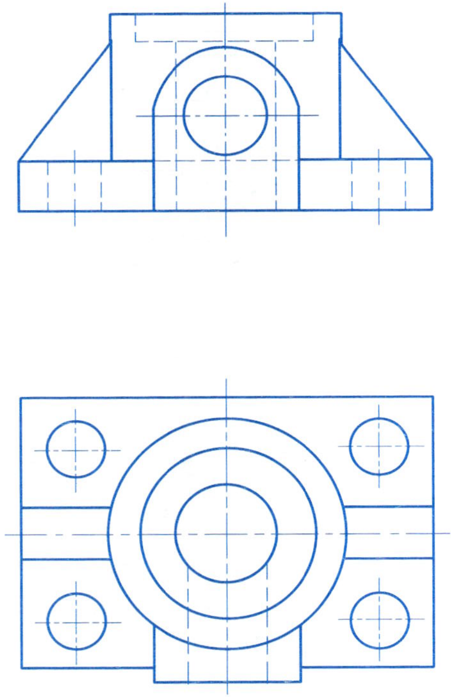

班级　　　　姓名　　　　学号

## 4-8 根据轴测图徒手画组合体三视图（草图）

1.

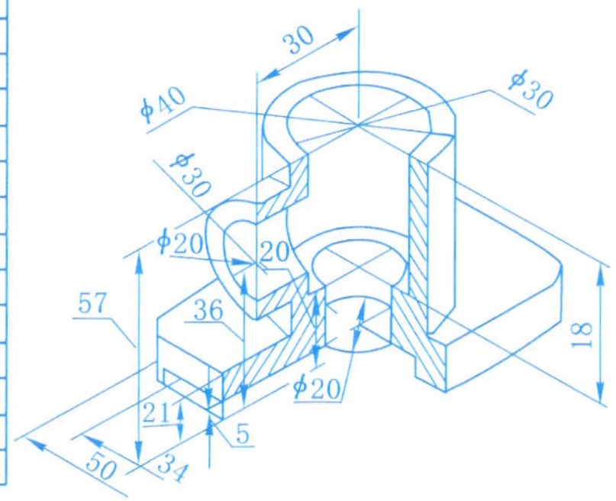


2.

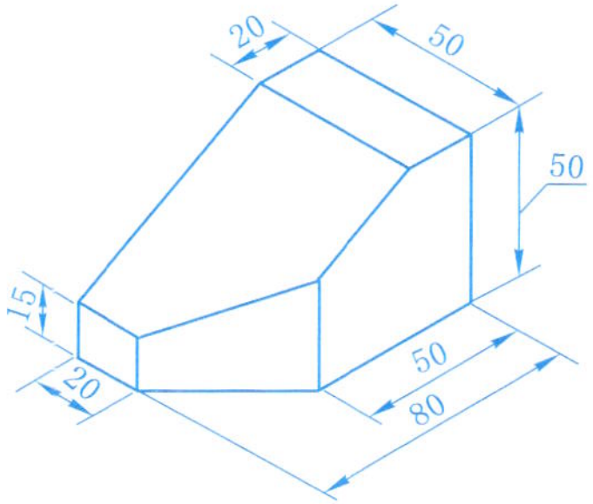


班级　　　　姓名　　　　学号

# 任务五　机件的表达方法

5-1　视图(一)

1. 补全六个基本视图，并画出所有细虚线。

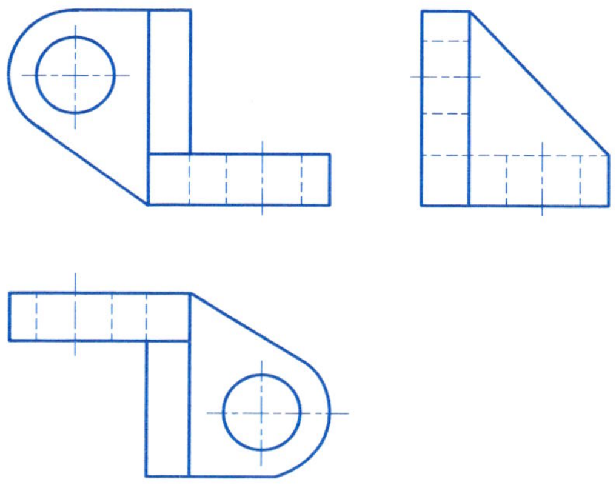

班级　　　　　　姓名　　　　　　学号

2. 在指定位置作各个向视图。

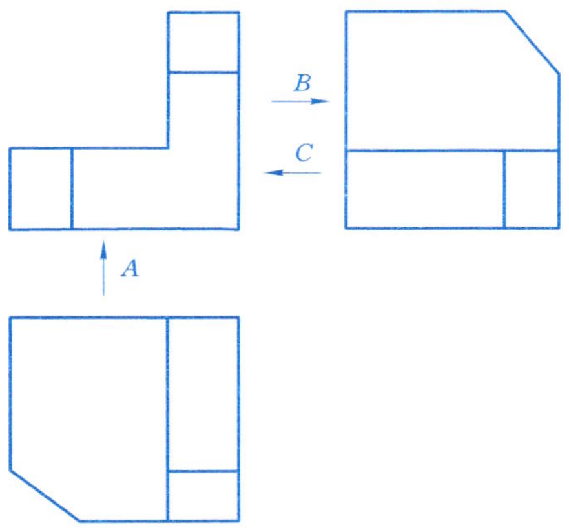


C

B

A

班级 姓名 学号

3. 分别画出 *A* 处和 *B* 处的斜视图及局部视图，并按规定标注。

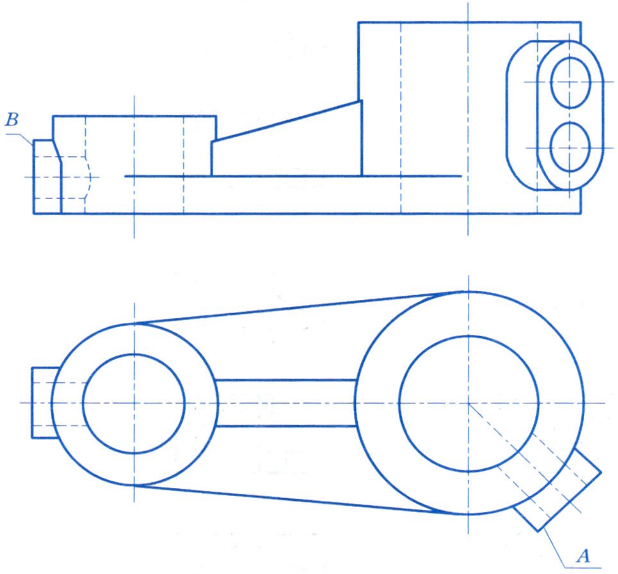


班级　　　　　　姓名　　　　　　学号

## 5-4　剖视(一)

1. 已知物体的俯视图，选择正确的全剖主视图。

(1)

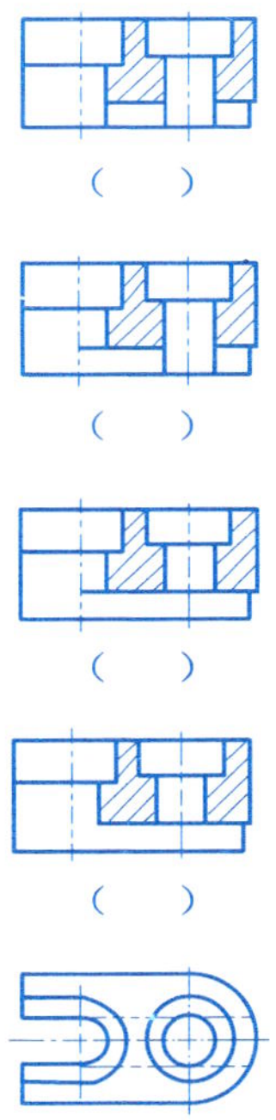

(2)

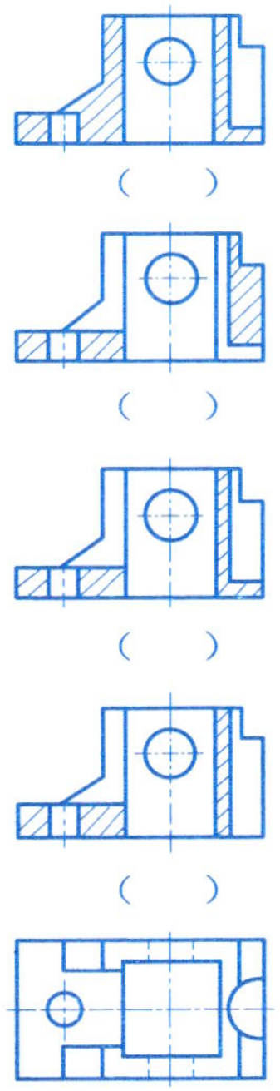

(3)

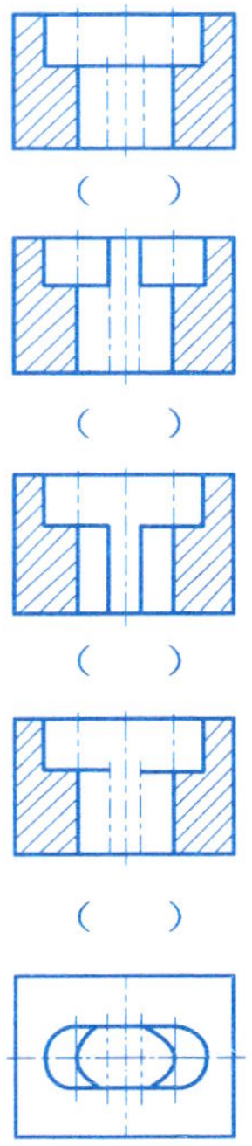

(4)

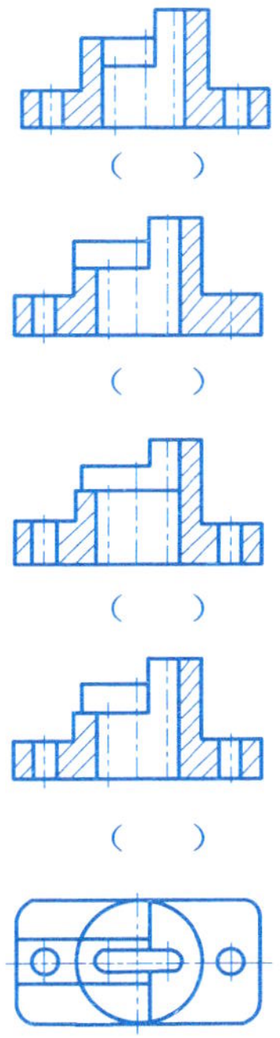

(5)

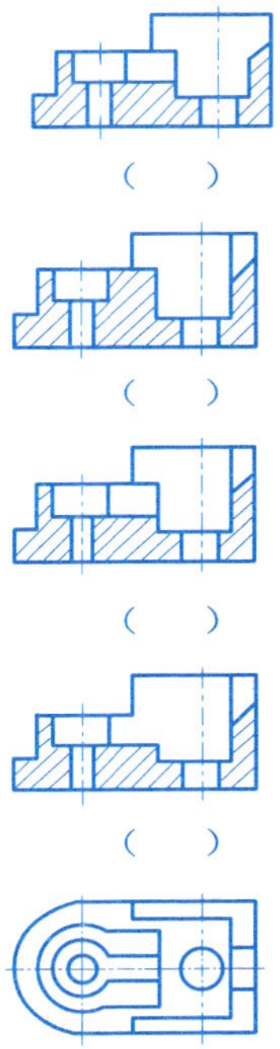

班级　　　　姓名　　　　学号

## 5-5 剖视(二)

2. 在指定位置将主视图画成全剖视图。

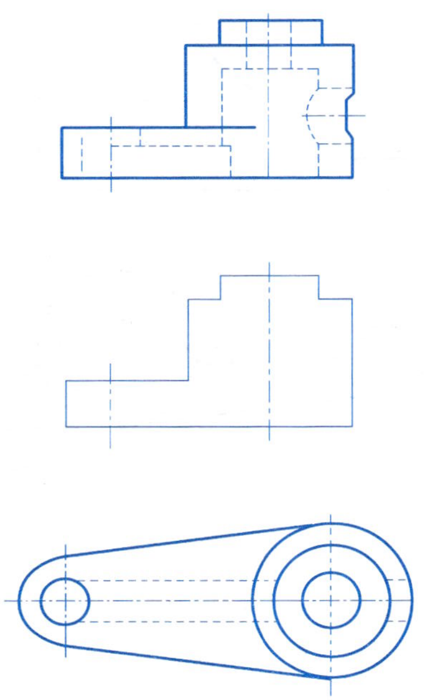

3. 在指定位置将主视图画成半剖视图。

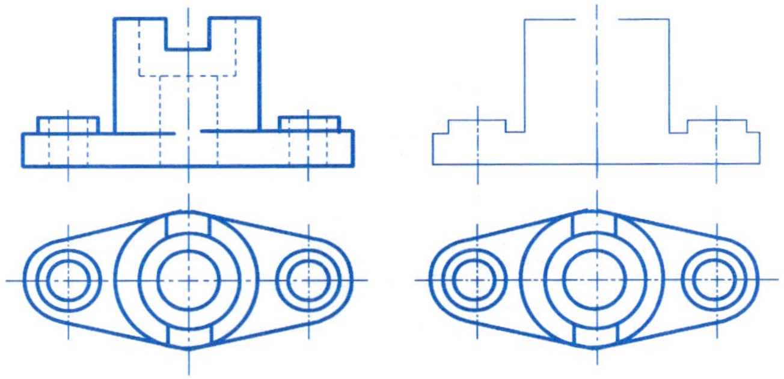

班级　　　　姓名　　　　学号

5-6　剖视(三)

4. 补画 $C—C$ 全剖视图。

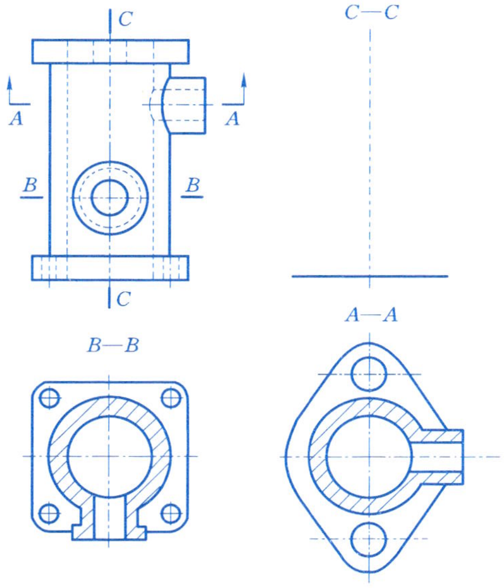


5. 利用几个相交的剖切面剖开机件，并画出全剖视图。

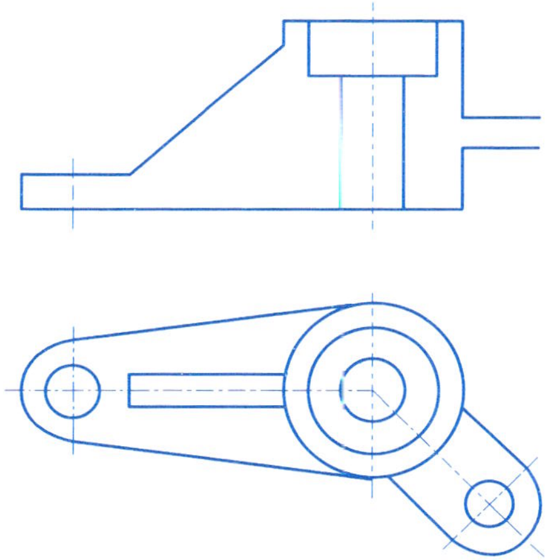

班级　　姓名　　学号

## 5-7 剖视(四)

6. 利用几个平行的剖切面剖开机件，并画出全剖视图。

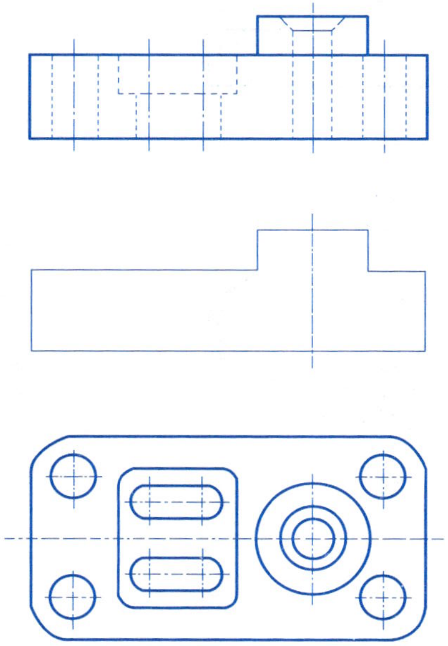

7. 将主、俯视图改画成局部剖视图。

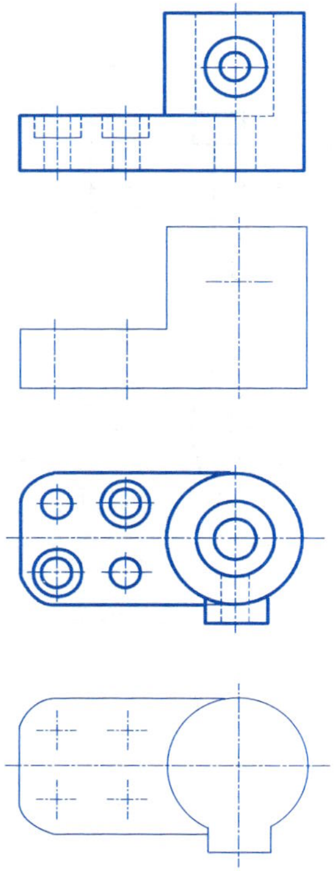

班级　　　　姓名　　　　学号

## 5-8 剖视(五)

8. 把主、俯视图画成半剖视图。

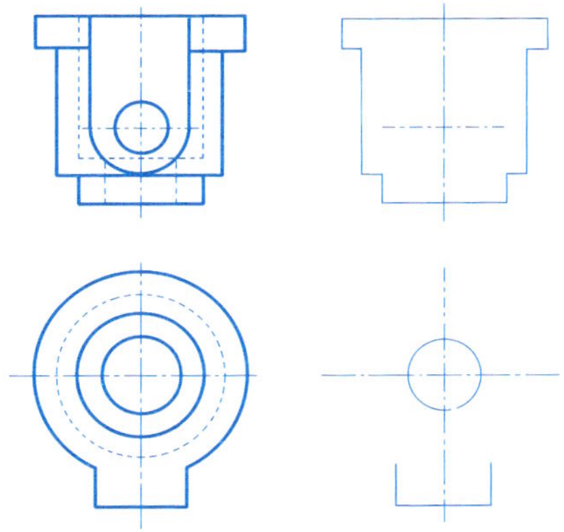

9. 补画半剖的左视图。

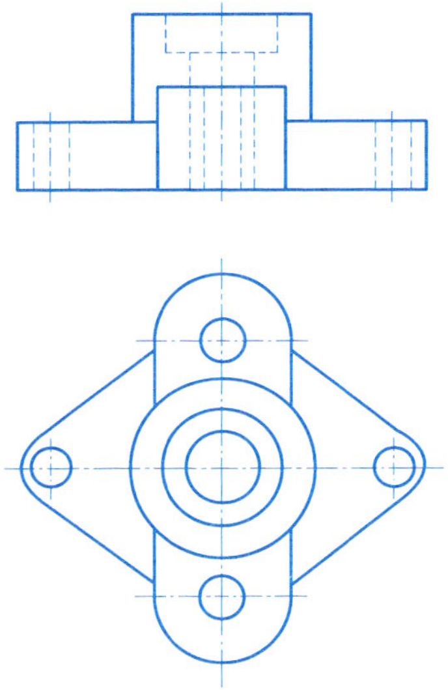

班级　　　　姓名　　　　学号

## 5-9　断面图和局部放大图

在指定位置作断面图和局部放大图，并按规定进行标注（左边键槽深为 4 mm，半圆键槽宽为 5 mm）。

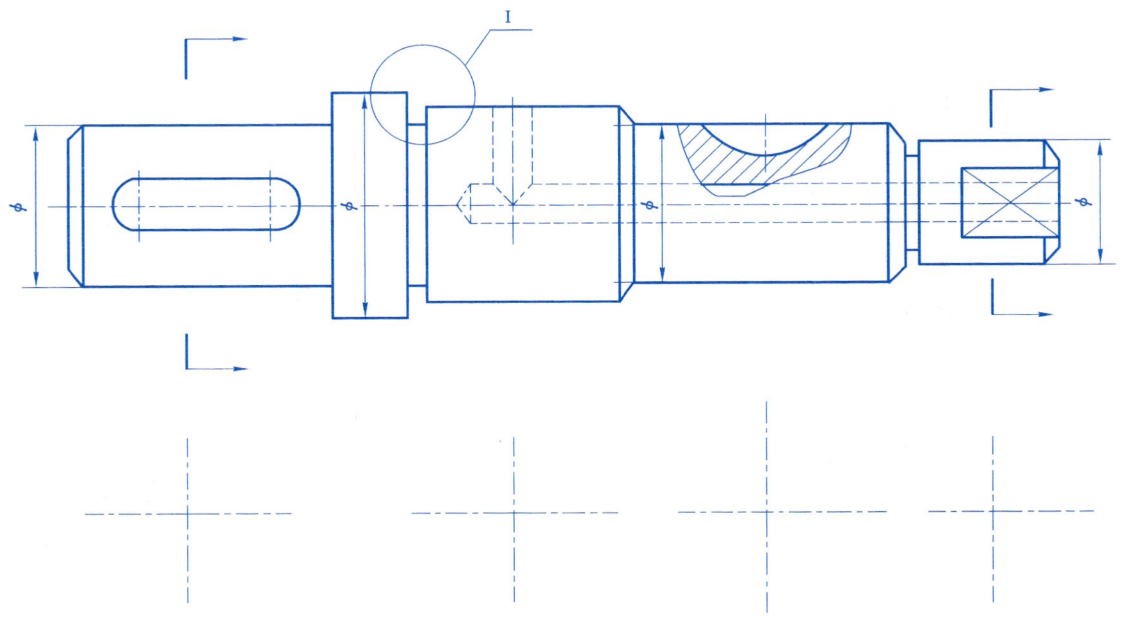


班级　　　　姓名　　　　学号

5-10　根据所给视图，用剖视图及其他视图表达机件各部分结构，并标注尺寸(一)

## 作业　剖视图

**一、目的**

(1) 运用常用机件的表达方法，表示出机件的内、外结构。

(2) 掌握剖视图的画法和标注方法。

**二、内容**

根据提供的视图，选择合适的表达方法绘制图样，并标注尺寸。

**三、要求**

(1) 将图样画在 A3 图纸上，图名：剖视图，比例自定。

(2) 完整清晰地表达出机件的内、外结构。

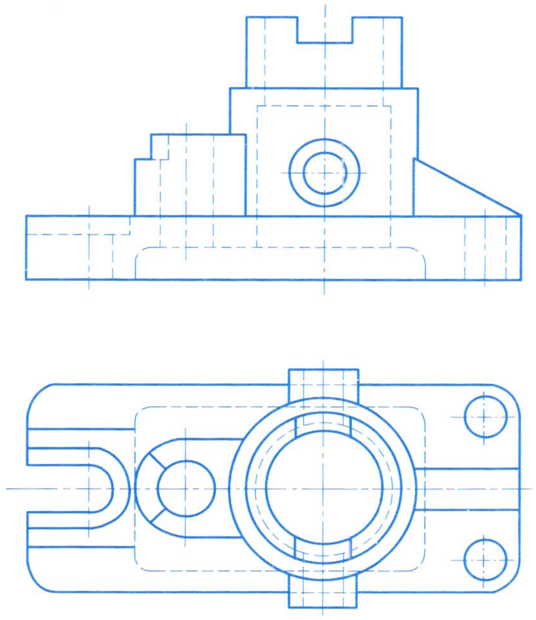

班级　　　　姓名　　　　学号

5-11　根据所给视图，用剖视图及其他视图表达机件各部分结构，并标注尺寸(二)

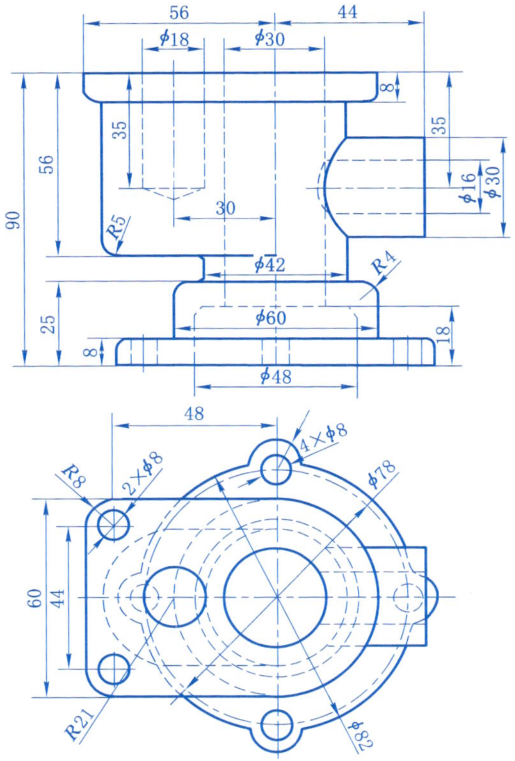


班级　　　　姓名　　　　学号

# 任务六　识读与绘制标准件和常用件

6-1　螺纹画法(识别下列螺纹的错误画法,并在空白处画出正确的图形)

1.

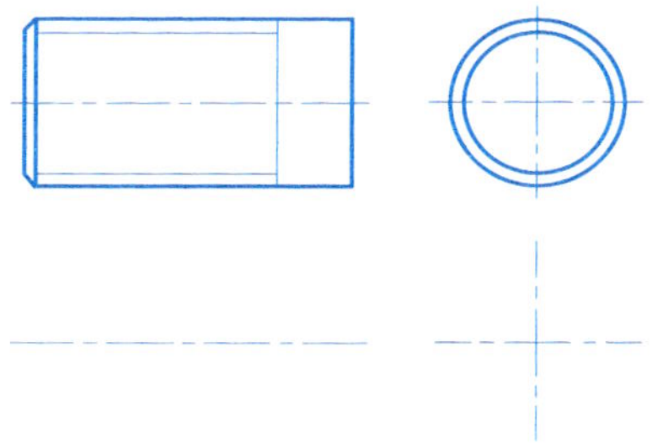

2.

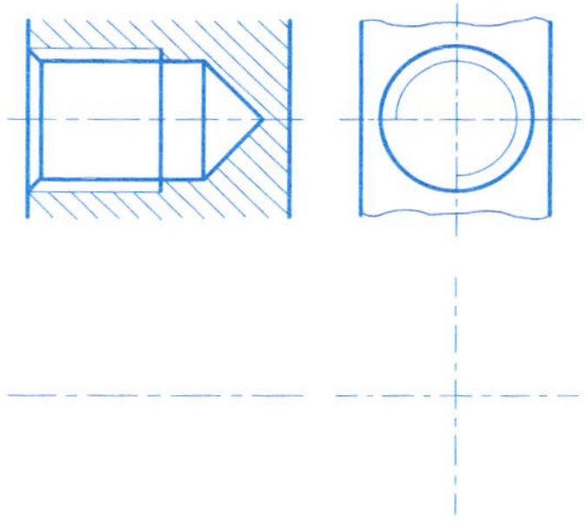

3.

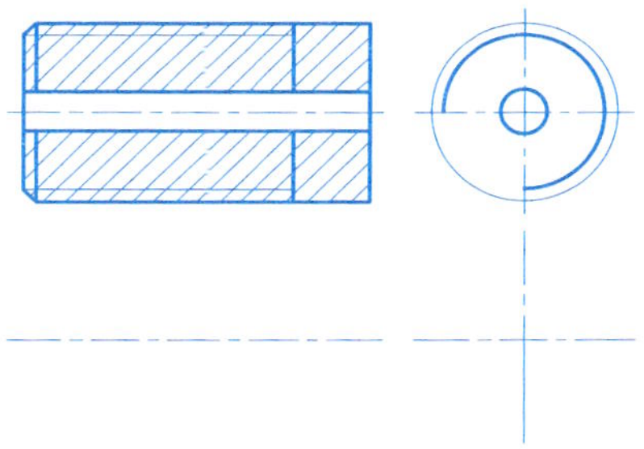

4.

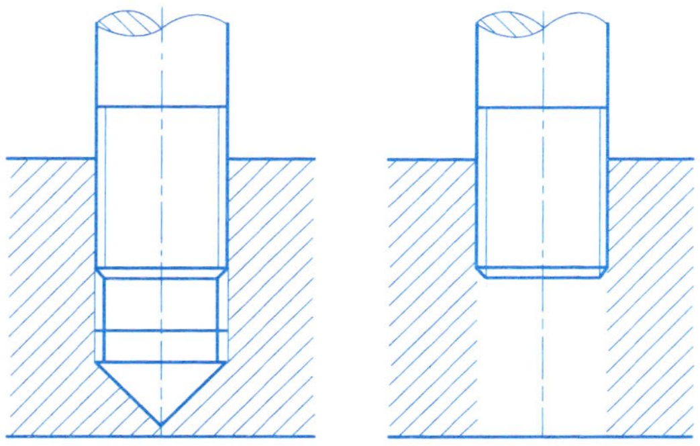

5.

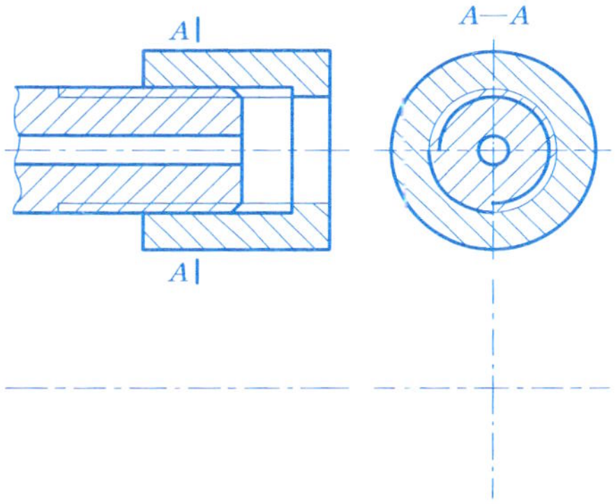


班级　　　　姓名　　　　学号

## 6-2　螺纹的标注及螺钉连接图画法

1. 粗牙普通螺纹大径为 16 mm，螺距为 2 mm，右旋，中、顶径公差带代号为 6g，旋合长度为 $L$。

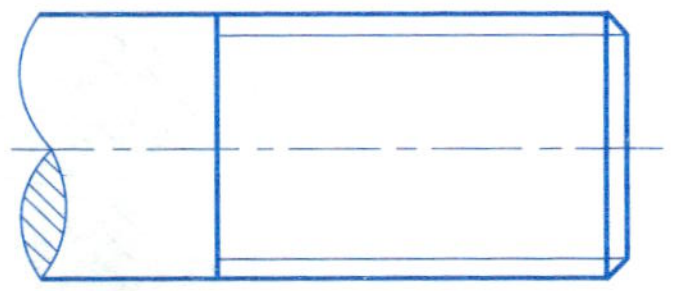

2. 细牙普通螺纹，大径为 20 mm，螺距为 1.5 mm，左旋，中、顶径公差带代号为 6h，中等旋合长度。

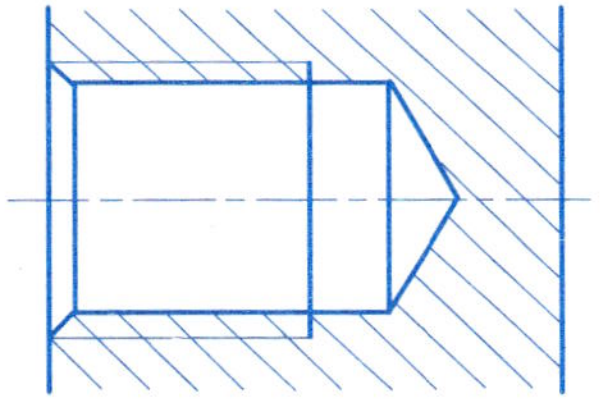

5. 补全螺钉连接图。

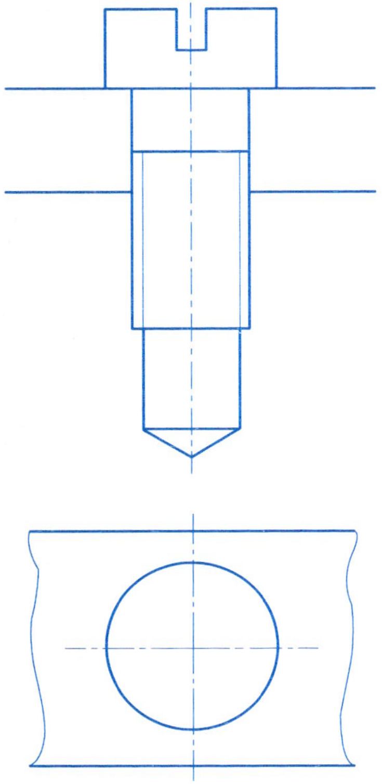

3. 55°非螺纹密封的圆柱管螺纹，尺寸代号为 3/4，左旋，公差等级为 A 级。

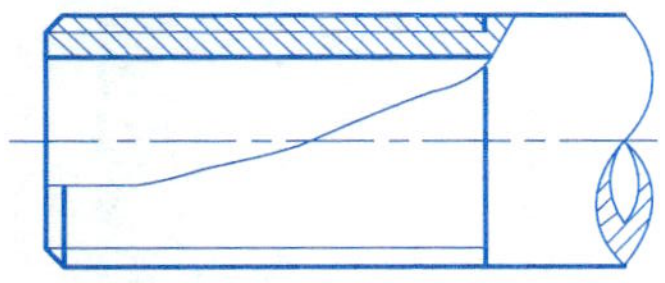

4. 锯齿形螺纹，公称直径为 38 mm，螺距为 5 mm，单线，左旋，中径公差带代号为 7H，中等旋合长度。

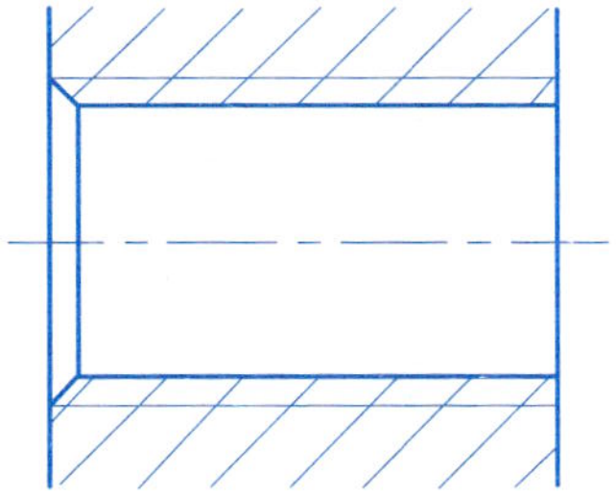

班级　　　　姓名　　　　学号

## 作业 1 螺纹连接

**一、目的**

掌握比例画法作图，熟悉作图要点。

**二、内容**

（1）已知螺栓为 M20，螺母为 M20，垫圈为 20 mm，被连接件厚度 $t_1=20$ mm，$t_2=20$ mm。

（2）用比例画法画螺栓连接的三视图。

（3）已知双头螺柱为 M20，螺母为 M20，弹簧垫圈为 20 mm，被连接件厚度 $t_3=22$ mm，$t_4$ 足够大，材料为铸铁。

（4）用比例画法画双头螺柱连接的主、俯视图。

**三、要求**

（1）用 A4 图纸，采用 1∶1 作图。

（2）标注必要的尺寸。

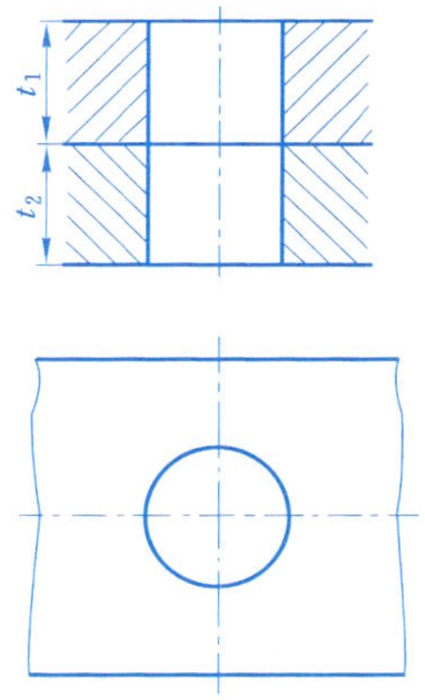


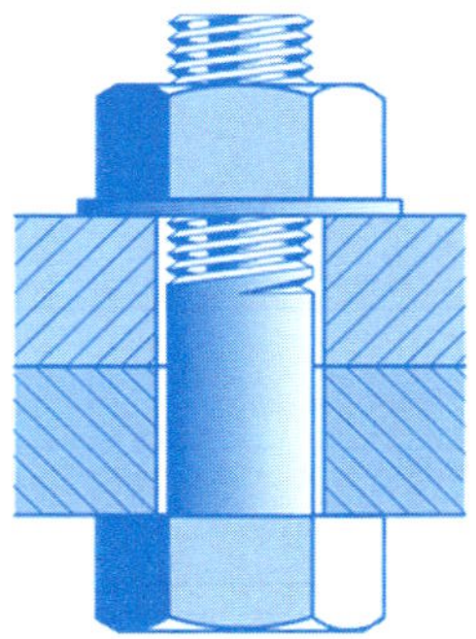

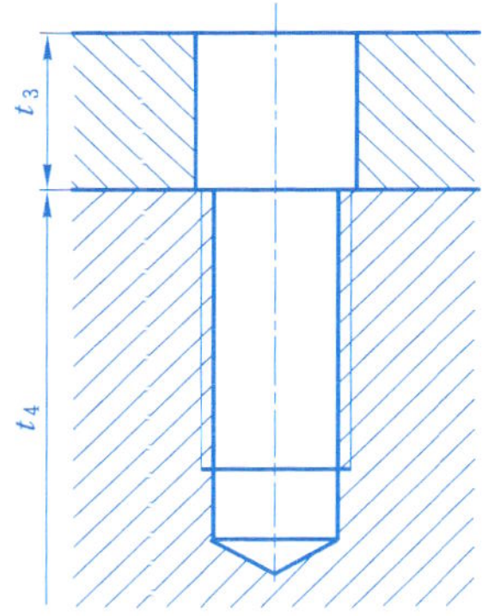


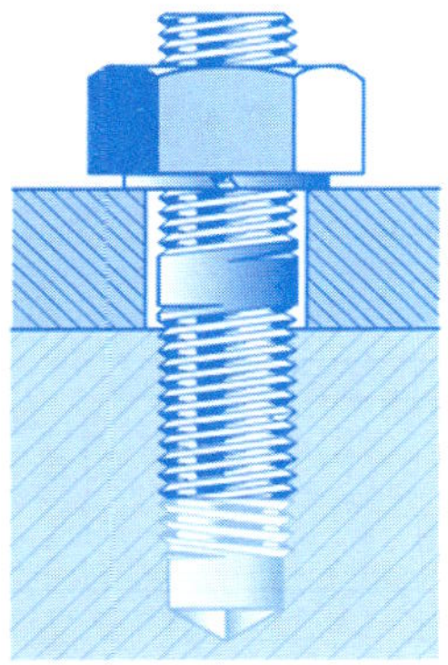

班级　　姓名　　学号

6-4　查表标注下列各标准件的尺寸，并写出规定标记

1. 六角头螺栓——C 级：M12，$l=45$ mm。

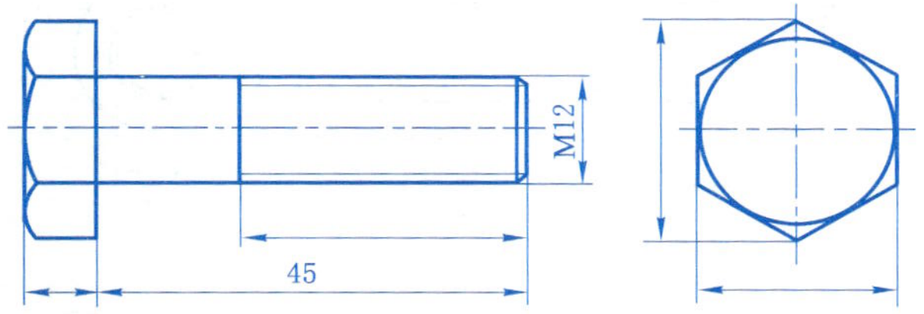


标记：________________

2. Ⅰ型六角螺母——A 级。

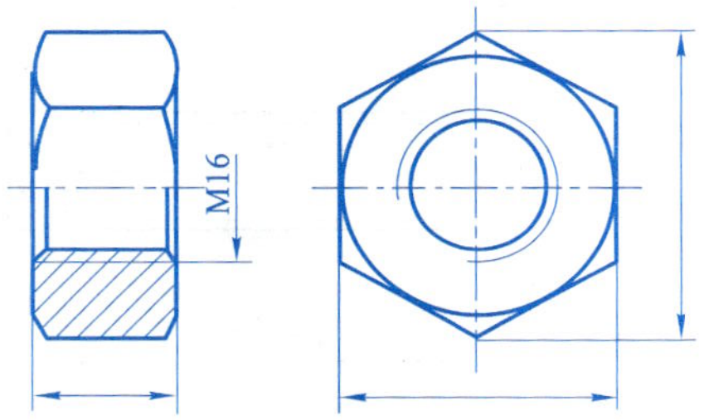


标记：________________

3. 螺柱，B 型，$b_m=1.25d$，M12，$l=45$ mm。

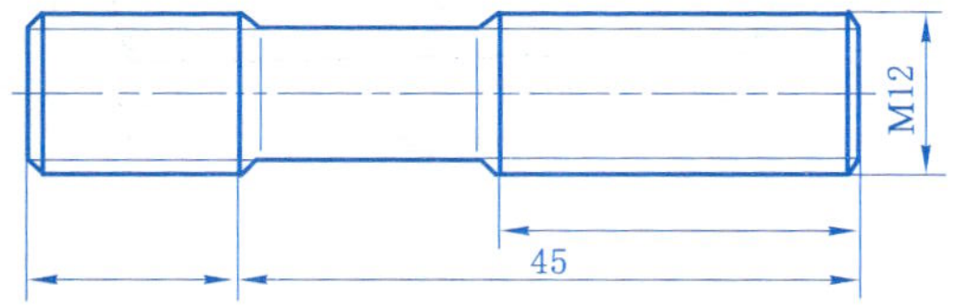


标记：________________

4. 垫圈，倒角型——A 级。

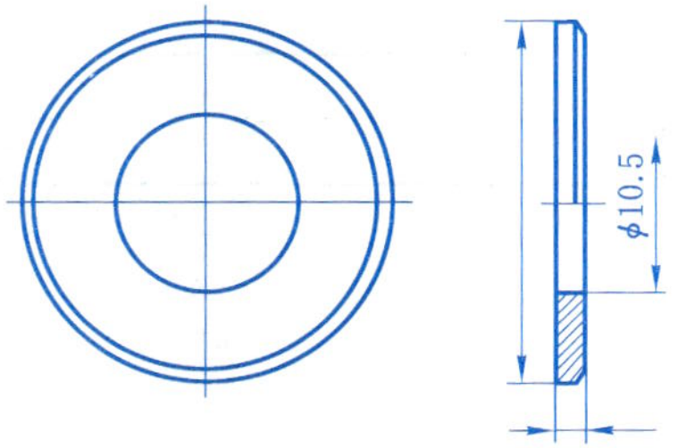


标记：________________

班级　　　　姓名　　　　学号

## 6-5 查表标注下列各标准件的尺寸，并写出规定标记

1. 开槽沉头螺钉。

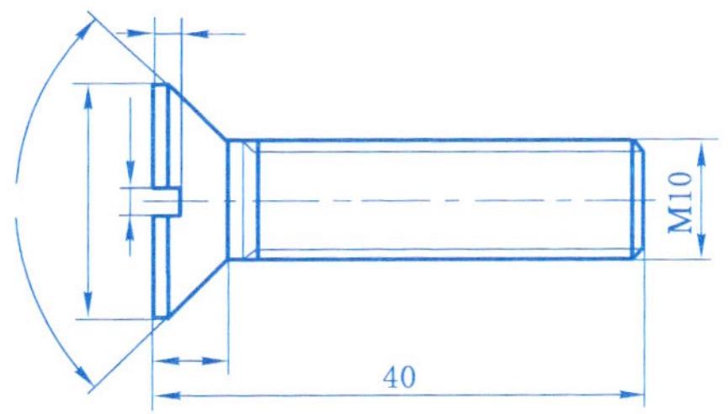


标记：________________

2. Ⅰ型六角螺母——A 级。

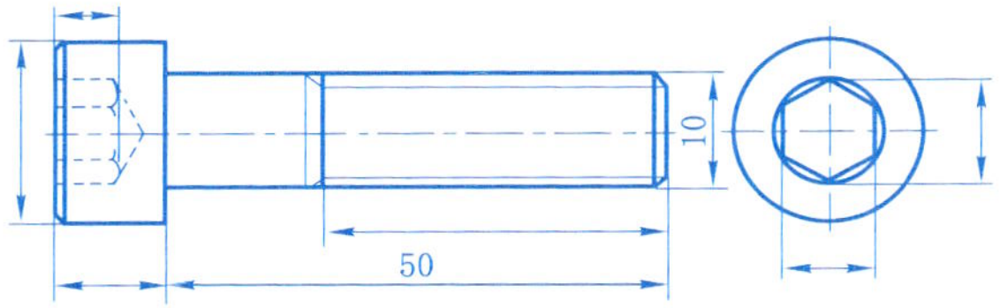


标记：________________

3. 圆柱销(公称直径 8 mm，长度 40 mm，公差 h8)。

标记：________________

4. 销，A 型，公称直径 8 mm，长度 40 mm。

标记：________________

班级　　　　姓名　　　　学号

## 6-6 直齿圆柱齿轮画法

已知直齿圆柱齿轮 $m=5$ mm，$z=40$，轮齿端部倒角 C2，补全齿轮的主、左视图（1∶2）。

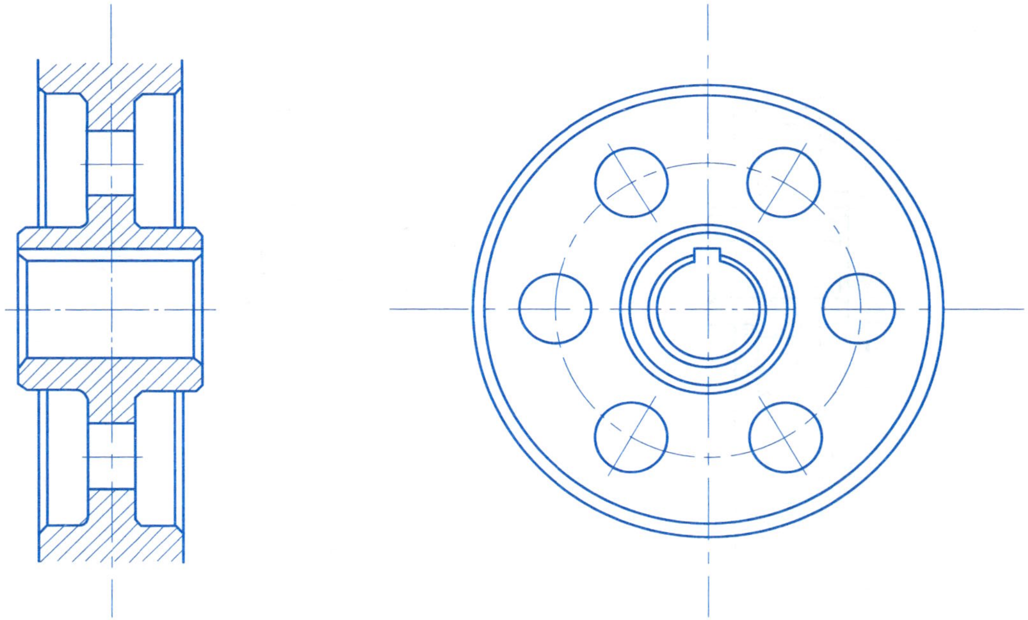

班级　　　　　　　　姓名　　　　　　　　学号

## 6-7 直齿圆柱齿轮啮合画法

已知两齿轮的中心距 $a=90$ mm，大齿轮的齿数 $z_1=30$，模数 $m=4$ mm，试计算两齿轮的主要参数，在图纸上完成两齿轮的啮合图，并标注尺寸(图纸幅面和比例自定)。

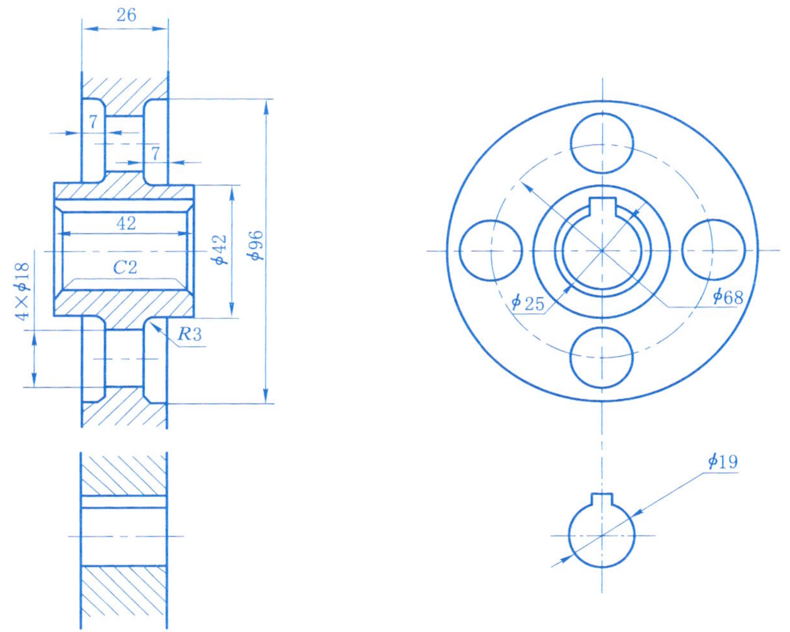


班级　　姓名　　学号

## 6-8　直齿圆锥齿轮画法

已知直齿圆锥齿轮 $m=4$ mm，$z=25$，分度圆锥角 $\delta_1=45°$，试计算齿轮的基本尺寸，完成齿轮视图(1∶1)。

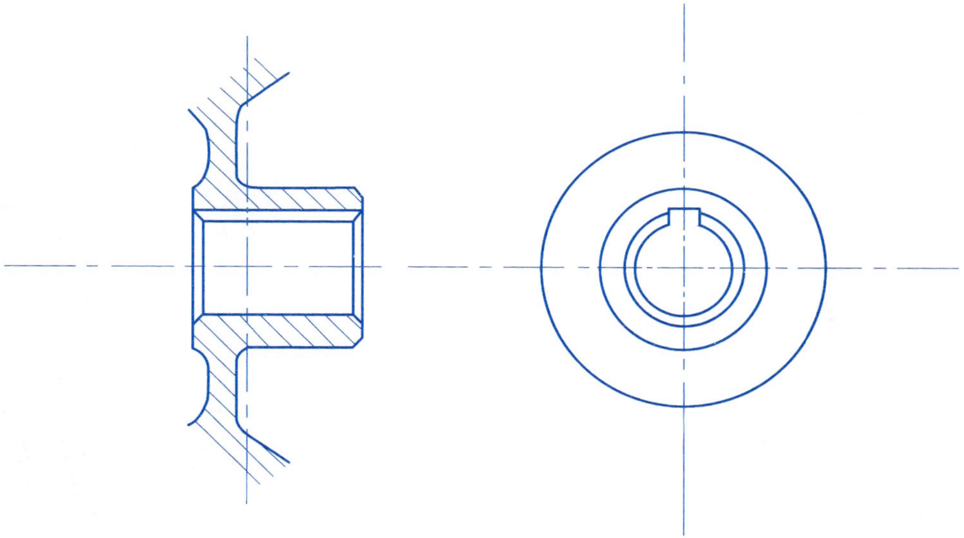

班级　　　　　　　姓名　　　　　　　学号

6-9　直齿圆柱齿轮测绘

## 作业 2　绘制齿轮工作图

**一、目的**

了解齿轮的测绘方法和步骤，掌握齿轮的画法。

**二、要求**

(1) 用 A3 图纸，横放，比例 1∶1。

(2) 测量并计算齿轮模数，取标准模数。

(3) 计算齿轮的基本尺寸。

(4) 画出齿轮的草图。

(5) 键槽尺寸查表标准化。

(6) 齿轮工作图上的尺寸完整、清晰，并标注技术要求。

(7) 图中右上角列出模数 $m$、齿数 $z$、压力角 $\alpha$ 和精度等级参数表。

**三、内容**

根据实物（或轴测图）测绘一标准直齿圆柱齿轮。

**四、图例**

见右图，齿轮、轮毂孔倒角为 $C2$，齿轮材料 HT150。

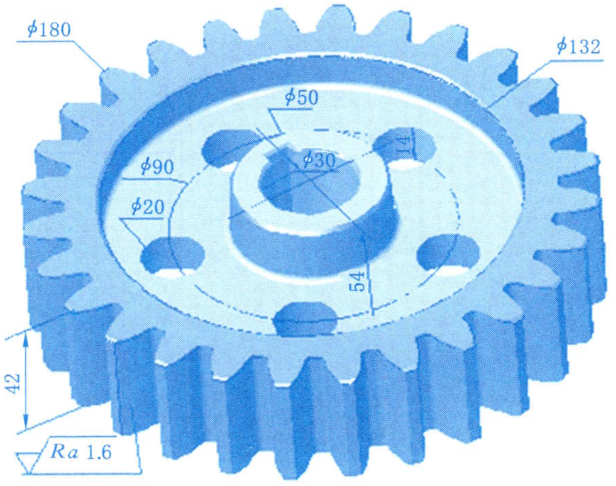


班级　　　　姓名　　　　学号

## 6-10 齿轮、轴、键连接图的画法

查表，为轴和齿轮设计键槽，并补全各零件及装配体的投影图。

1. 齿轮

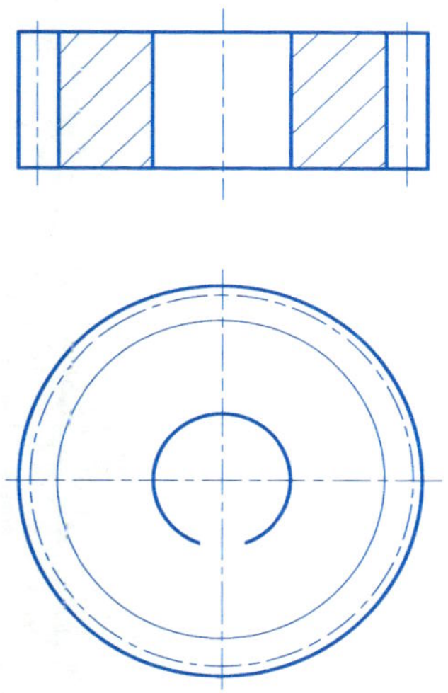

2. 轴

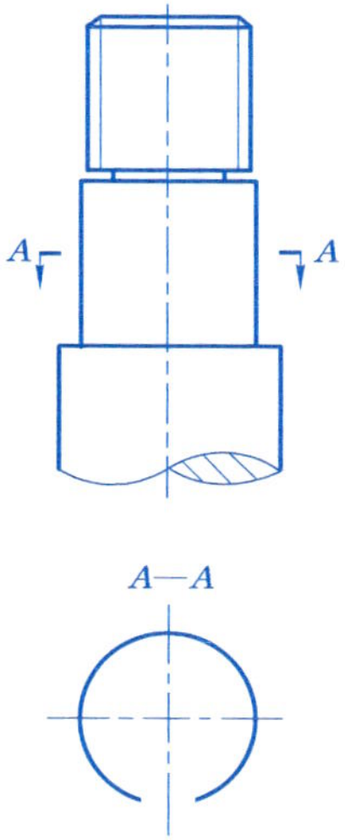


3. 齿轮、轴、键装配

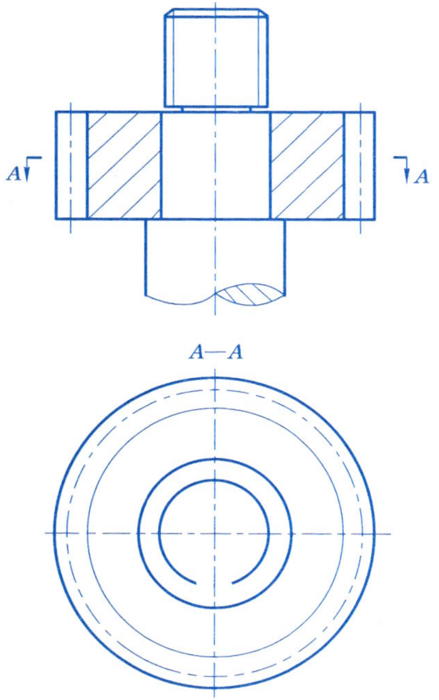


键的规定标记：________________

班级　　　　姓名　　　　学号

## 6-11　圆柱销、滚动轴承、弹簧的画法

1. 齿轮与轴用直径为 10 mm 的圆柱销连接，画出销连接的剖视图，比例 1∶1，并写出圆柱销的规定标记。

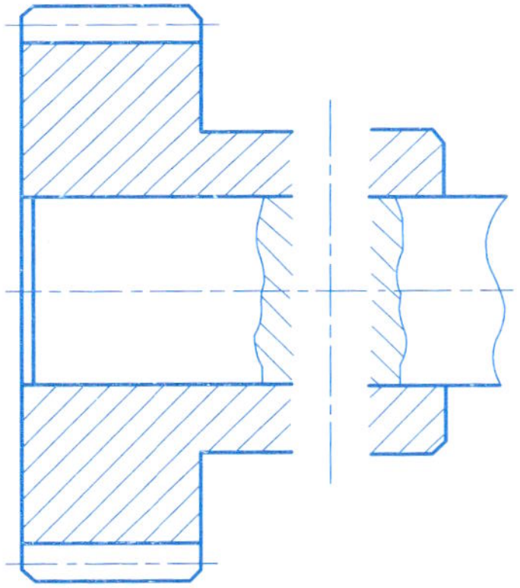

销的规定标记：__________________

2. 用规定画法画出 6205 轴承（右端面紧靠轴肩）。

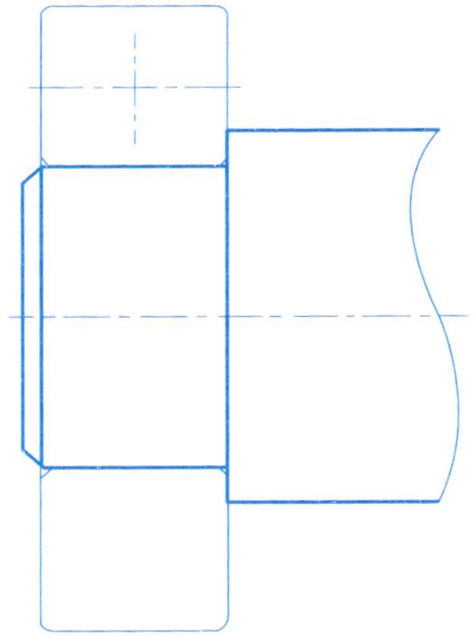

3. 已知圆柱螺旋压缩弹簧簧丝直径 5 mm，弹簧中径 40 mm，节距 10 mm，弹簧自由高度为 76 mm，支承圈数 $n_0=2.5$，右旋。试画出弹簧的全剖视图，比例 1∶1。

班级　　　　姓名　　　　学号

# 任务七　识读零件图

7-1　尺寸标注

根据尺寸标注的要求，选择恰当的尺寸基准，标注尺寸，尺寸数字按 1∶1 的比例从图中量取。

1.

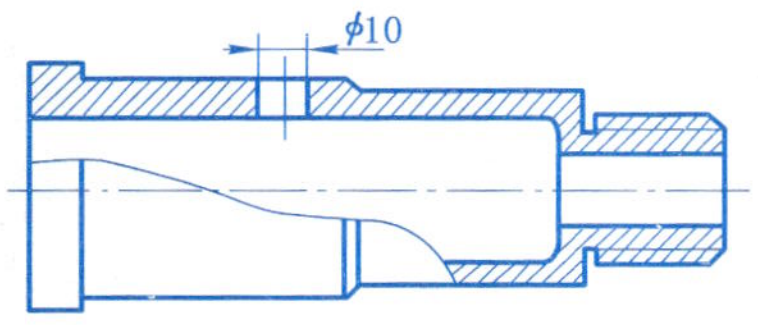


2.

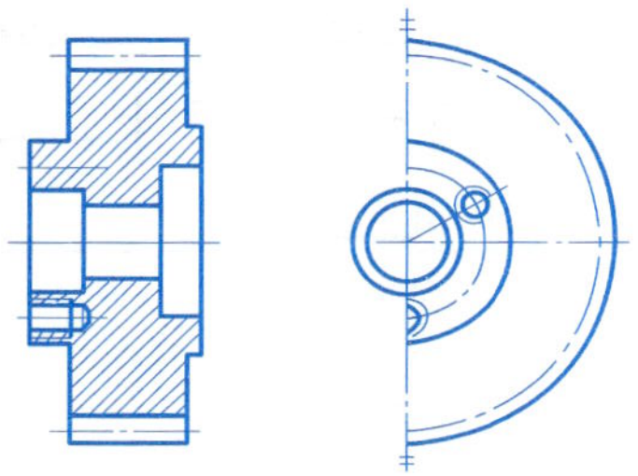

3.

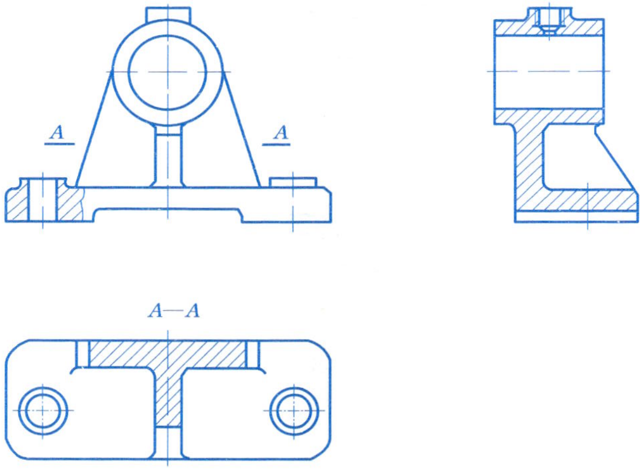


班级　　　　姓名　　　　学号

1. 分析以下图形的结构，其中不合理的结构有(　　　　)。

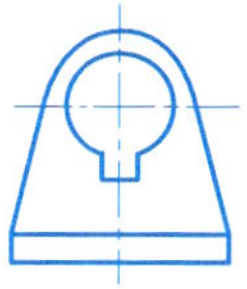

(a)

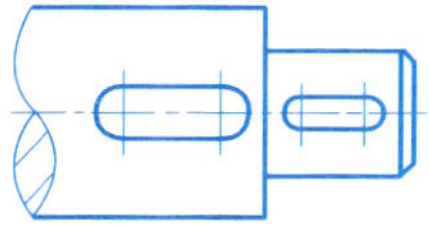

(b)

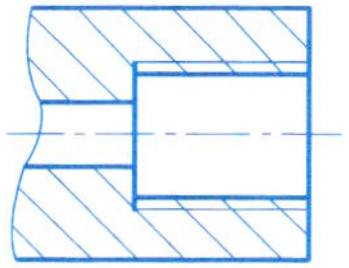

(c)

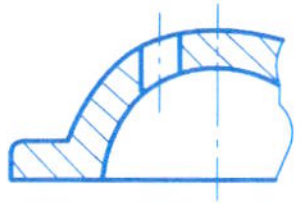

(d)

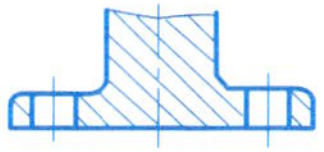

(e)

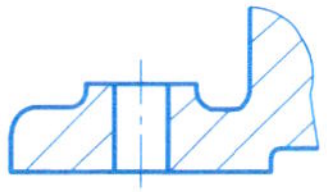

(f)

2. 分析以下铸件的一个视图，其中尺寸标注不合理的有(　　　　)。

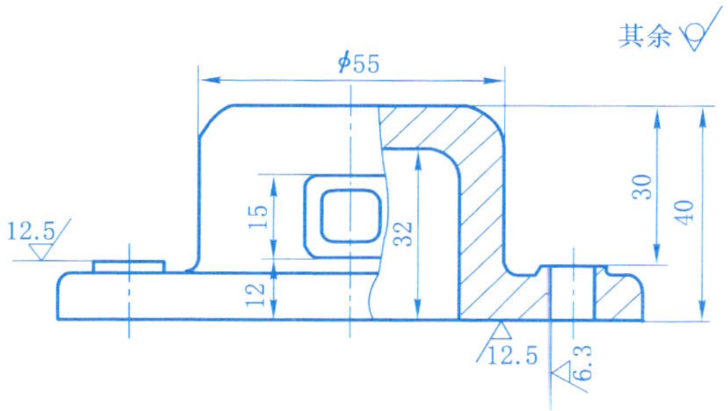


3. 分析以下退刀槽的尺寸，其中标注正确的有(　　　　)。

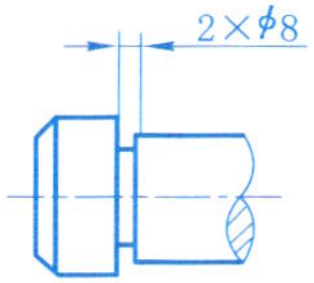


(a)

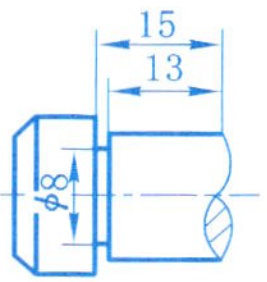


(b)

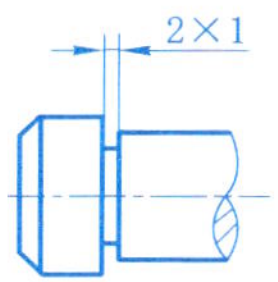


(c)

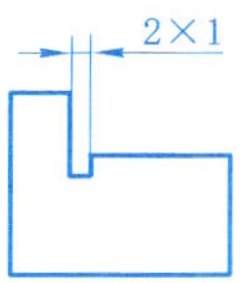


(d)

班级　　　　姓名　　　　学号

## 7-3 表面粗糙度标注

根据所给定的表面粗糙度 $Ra$ 值，用代号标注在以下图形上。

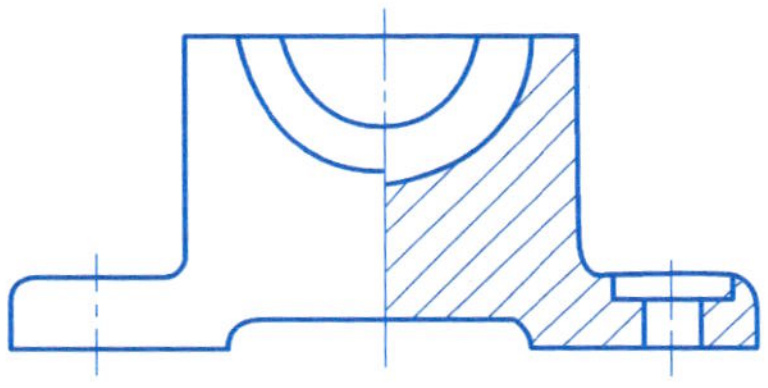

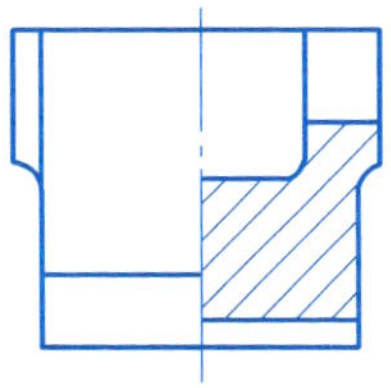

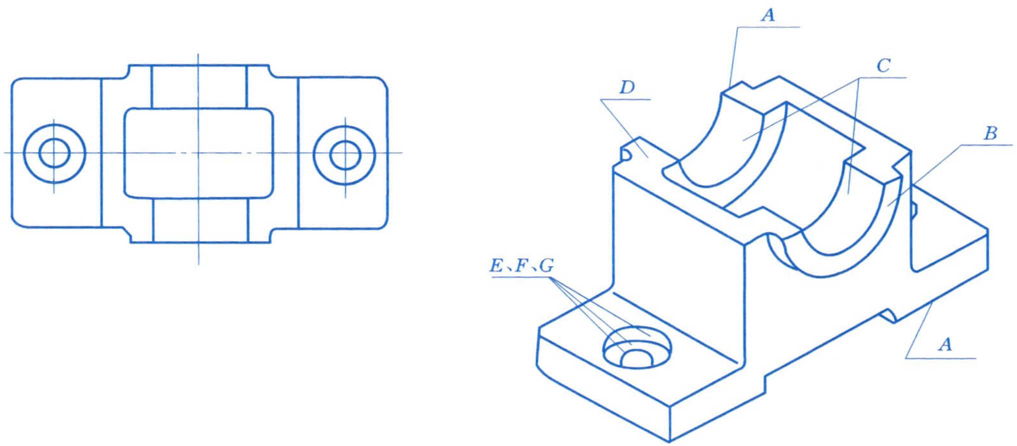


| 表面 | A、B | C | D | E、F、G | 其余 |
|---|---|---|---|---|---|
| $Ra$ 值/μm | 12.5 | 3.2 | 6.3 | 25 | 毛坯面 |

班级　　　　姓名　　　　学号

## 7-4 极限与配合练习

根据装配图中的配合代号，在零件图上分别标出孔和轴的尺寸及公差带代号，查出偏差数值并填空。

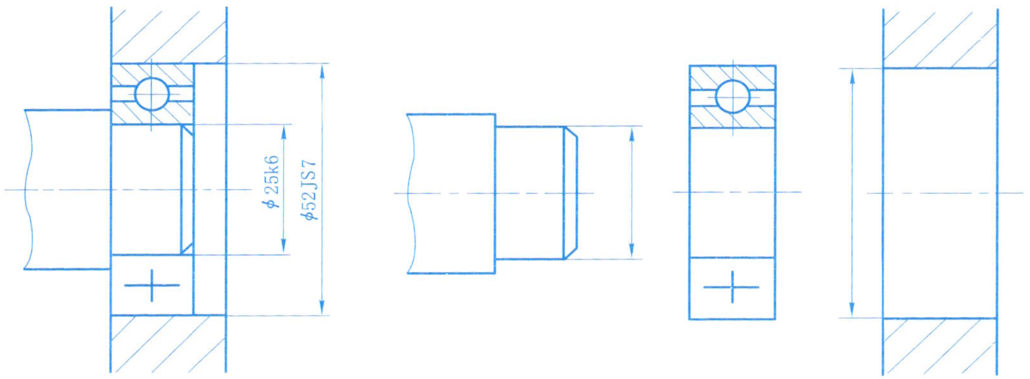


轴承内孔与轴的配合制度是__________制，轴的基本偏差代号为__________，是__________配合；

轴承外圈与孔的配合制度是__________制，孔的基本偏差代号为__________，公差等级是__________。

班级　　　　姓名　　　　学号

## 7-5 形位公差练习(把用文字说明的形位公差,用代号标注在图上)

1. 在图上用代号标出:槽(20 mm)对距离为 40 mm 的两平面的对称度公差为 0.06 mm。

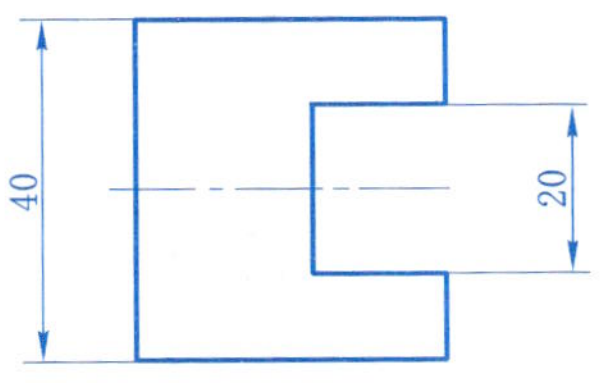


2. 在图上用代号标出:(1) 轴肩 $A$ 对 $\phi$15h6 轴线的端面圆跳动公差为 0.03 mm;(2) $\phi$25r7 圆柱对 $\phi$15h6 圆柱轴线的径向圆跳动公差为 0.03 mm。

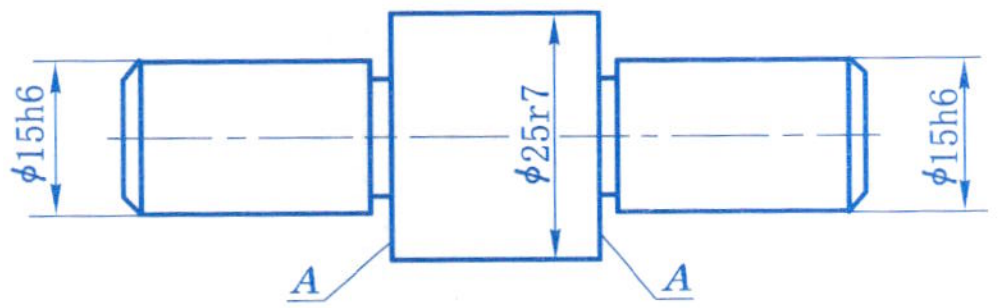


3. 在图上用代号标出:(1) $\phi$25h6 圆柱的轴线对 $\phi$18H7 圆孔轴线的同轴度公差为 $\phi$0.02 mm;(2) 右端面 $A$ 对孔 $\phi$18H7 圆柱轴线的垂直度公差为 0.04 mm。

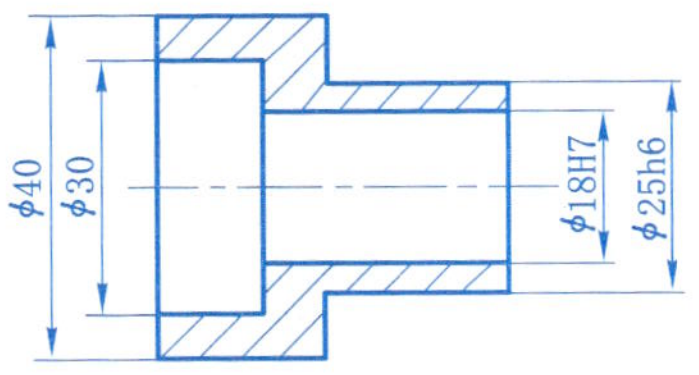


4. 在图上用代号标出:(1) 孔 $\phi$18 mm 轴线的直线度公差为 $\phi$0.02 mm;(2) 孔 $\phi$18 mm 的圆度公差为 0.01 mm。

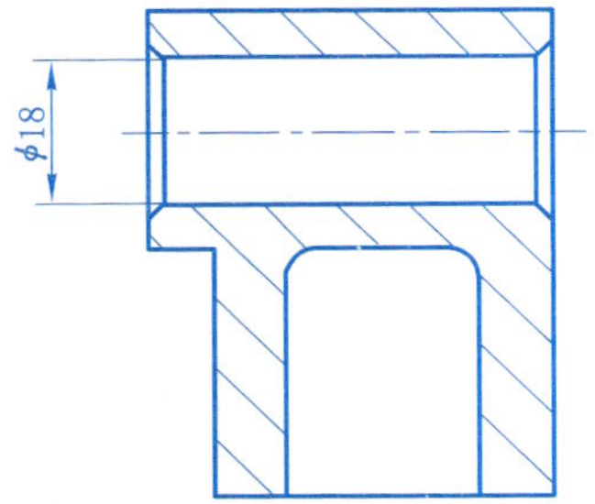


班级　　　　姓名　　　　学号

## 7-6　读零件图

读回转架零件图，另附页补画断面图，并回答以下问题。

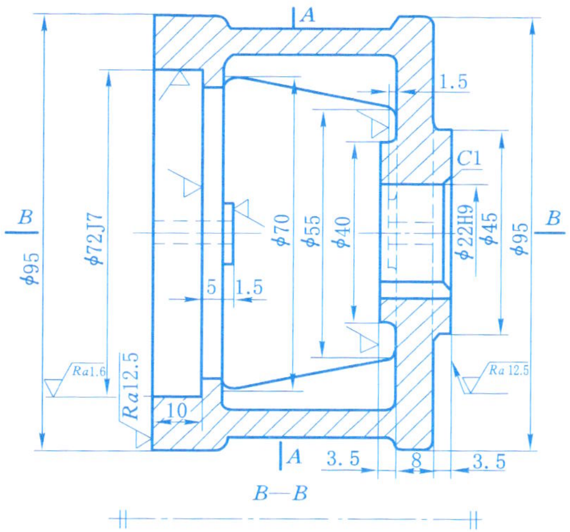


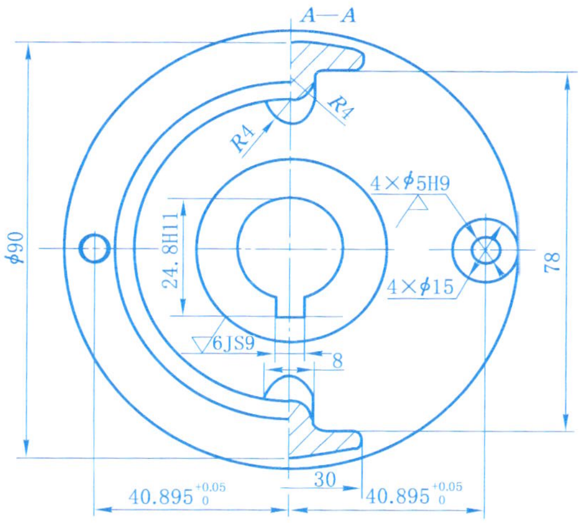


$\sqrt{}$ ( $\checkmark$ )

$\sqrt{}$ = $\sqrt{Ra\ 6.3}$

技术要求

1. 未注圆角$R3$.
2. 铸件不得有裂纹、砂眼等缺陷.

问题：

(1) 解释 $\phi22H9$ 的含义。

(2) 查出 6JS9、$\phi22H9$、$\phi5H9$、$\phi72J7$ 的上、下偏差值。

(3) 该零件表面结构要求有几种？

| 回转架 | | 比例 | 1∶1 | 材料 | HT200 |
|---|---|---|---|---|---|
| | | 图号 | | 数量 | |
| 制图 | | （校名） | | | |
| 审核 | | | | | |

班级　　　　姓名　　　　学号

## 7-7 画零件图

画座盖的零件图，A3 图幅，比例 1∶1，材料为 HT150。

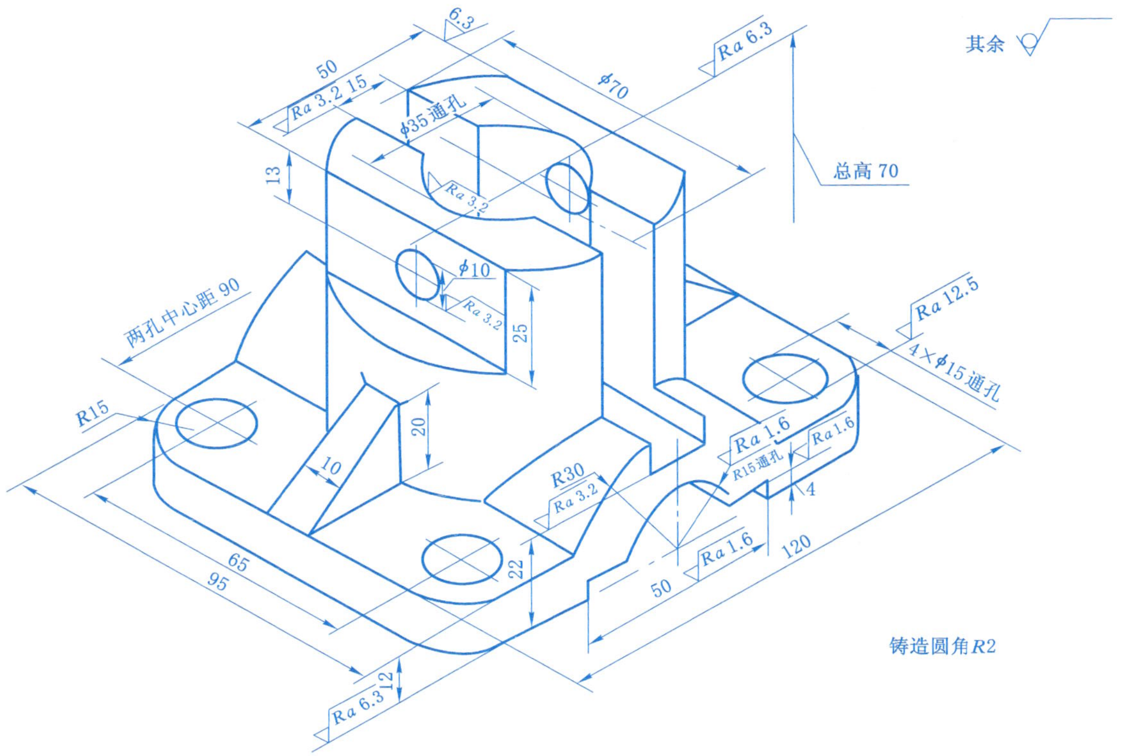


班级　　　　姓名　　　　学号

# 任务八　识读装配图

## 8-1　根据零件图画装配图

根据手压阀装配示意图和零件图绘制装配图。

**一、原理**

手压阀是开启或关闭液路的一种手动阀门。手柄向下压紧阀杆时，弹簧受压，阀杆向下移动，使入口和出口相通，阀门打开；松开手柄，因弹簧力作用，阀杆向上压紧阀体，入口与出口不通，阀门关闭。

**二、要求**

（1）图纸幅面 A3，比例 1∶1。

（2）注意图面合理布局。

（3）手柄可用折断画法。

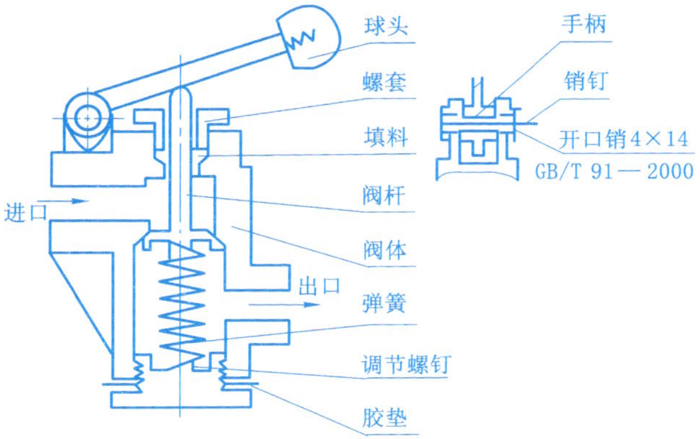


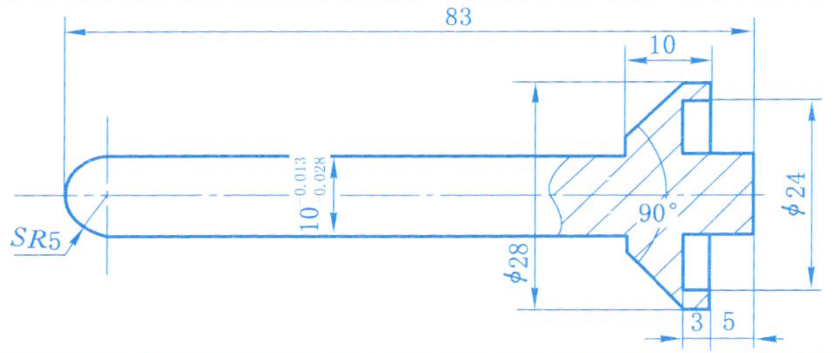


| 5 | 阀杆 | Q235 | 1件 |
|---|---|---|---|

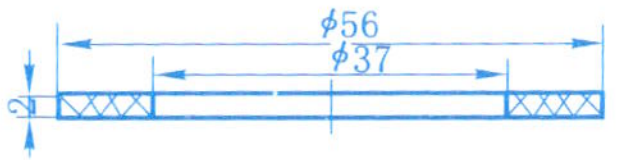


| 2 | 胶垫 | 橡胶 | 1件 |
|---|---|---|---|

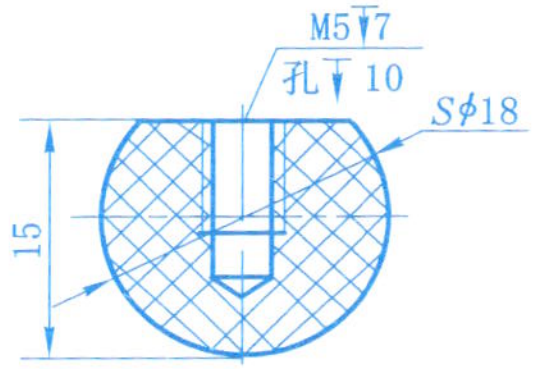


| 9 | 球头 | 胶木 | 1件 |
|---|---|---|---|

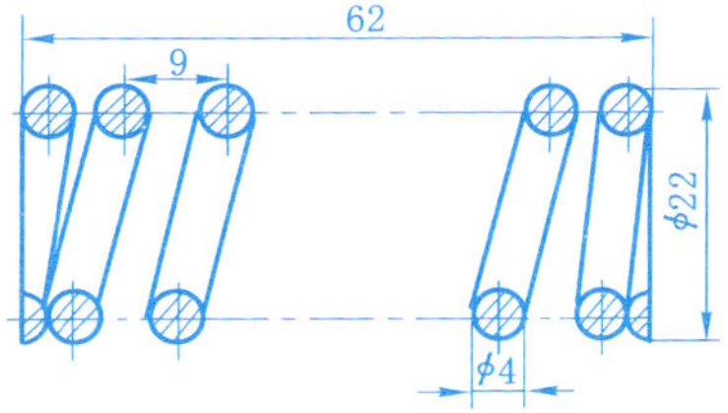


旋向：左；总圈数：8.5；

有效圈数：6；展开长度：488。

| 3 | 弹簧 | 60Mn | 1件 |
|---|---|---|---|

班级　　　　姓名　　　　学号

8-1 根据零件图画装配图(续)

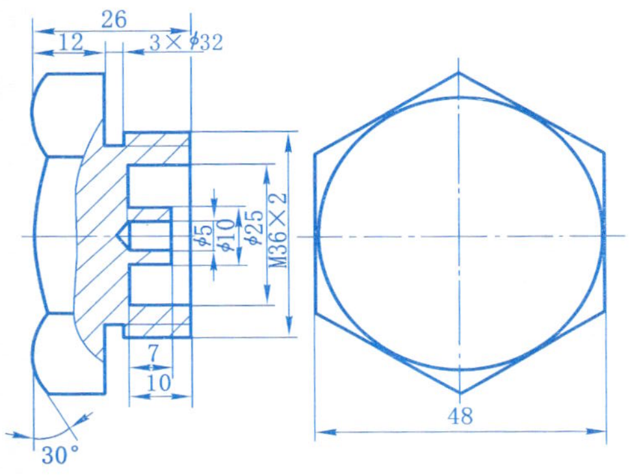


| | | | |
|---|---|---|---|
| 1 | 调节螺钉 | Q235 | 1 件 |

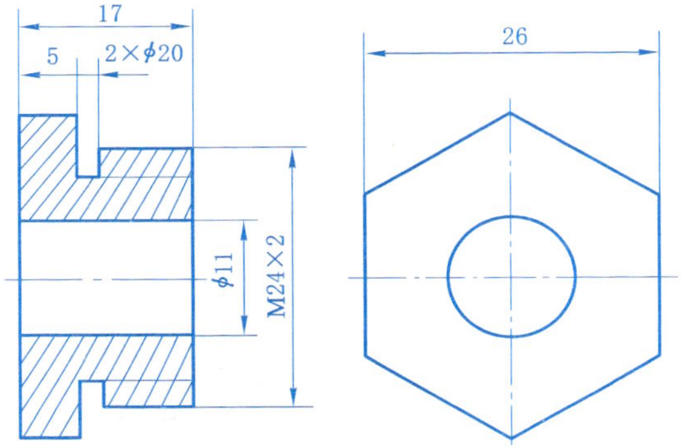


| | | | |
|---|---|---|---|
| 7 | 螺套 | Q235 | 1 件 |

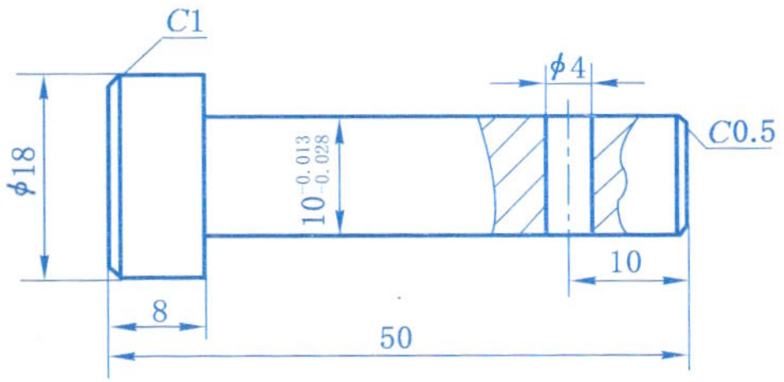


| | | | |
|---|---|---|---|
| 8 | 销钉 | 20 | 1 件 |

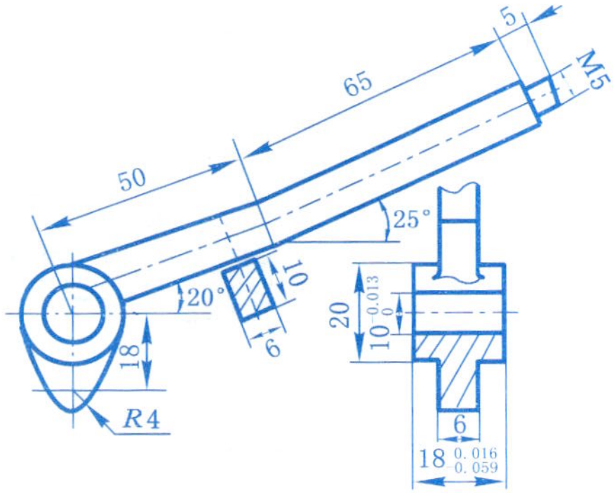


| | | | |
|---|---|---|---|
| 10 | 手柄 | 20 | 1 件 |

班级　　姓名　　学号

8-1 根据零件图画装配图(续)

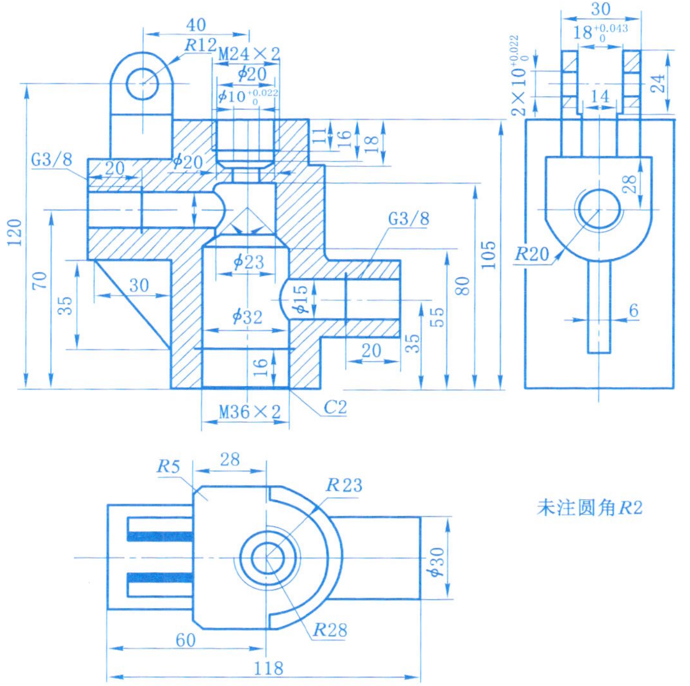


未注圆角R2

| 4 | 阀体 | HT150 | 1件 |
|---|---|---|---|

班级 姓名 学号

## 8-2 读装配图

读懂柱塞泵装配图，并回答下页问题。

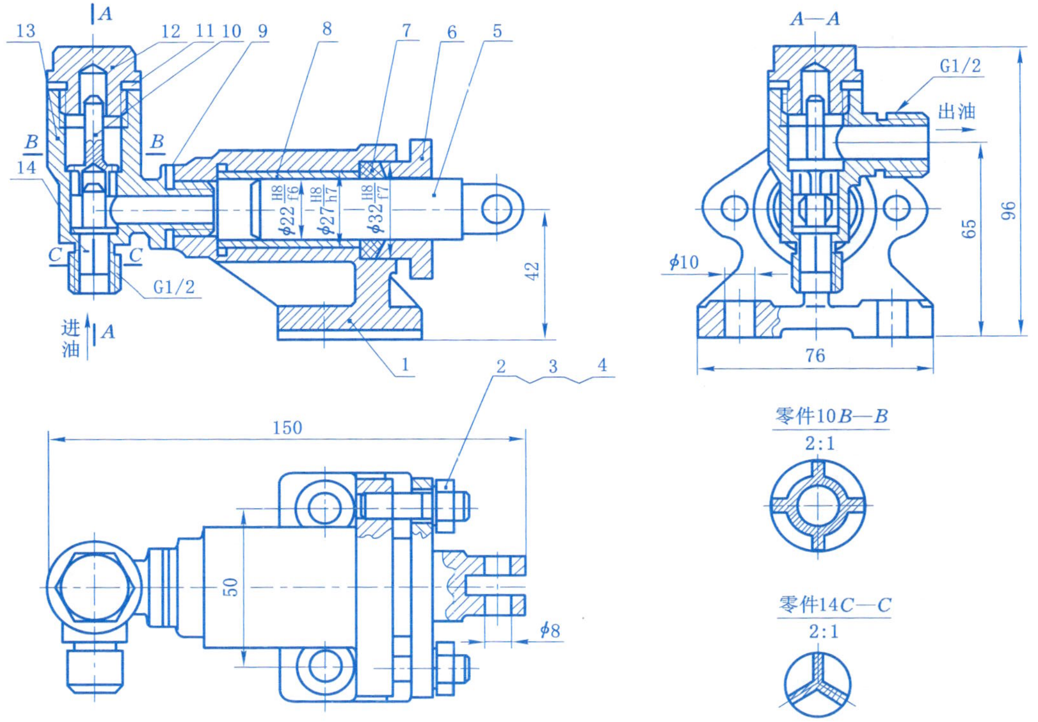


班级　　姓名　　学号

**一、原理**

柱塞泵是用来提高油压的部件。阀体 13 下部连接进油管,与油箱接通,油箱内油压为常压;后部连接出油管道,与用油设备接通。

柱塞 5 与曲柄(图上未画出)用 $\phi8$ 销子连接,曲柄带动柱塞 5 做左右往复运动。

当柱塞 5 向右移动时,泵体 1 的内腔压力降低,在大气压力的作用下,油就从油箱压入进油管,并推开下阀瓣 14,进入泵体内腔;当柱塞 5 向左移动时,下阀瓣 14 受压关闭,内腔油压急剧升高,顶开上阀瓣 10,进入阀体 13 的上部,油从后面出口流出,经过出油管道通向用油设备。

**二、问题**

(1) 读懂上阀瓣 10 和下阀瓣 14 的结构形状,并说明它们的作用。

(2) 衬套 8 有何作用?

(3) 填料压盖 6 有何作用? 它的结构形状如何?

(4) 说明图中各配合零件之间所注配合代号的意义。

(5) 阀体 13 与泵体 1 是什么连接?

(6) 填料 7 和垫片 9、11 的材料是什么? 它们在柱塞泵中起什么作用?

(7) 拆画泵体 1、柱塞 5、填料压盖 6、阀体 13 的零件草图。

| 序号 | 名称 | 数量 | 材料 | 备注 |
|---|---|---|---|---|
| 14 | 下阀瓣 | 1 | ZHMnD59-2-2 | |
| 13 | 阀体 | 1 | ZHMnD59-2-2 | |
| 12 | 螺塞 | 1 | ZHMnD59-2-2 | |
| 11 | 垫片 | 1 | 耐油橡胶 | |
| 10 | 上阀瓣 | 1 | ZHMnD59-2-2 | |
| 9 | 垫片 | 1 | 耐油橡胶 | |
| 8 | 衬套 | 1 | ZHMnD59-2-2 | |
| 7 | 填料 | 1 | 毛毡 | |
| 6 | 填料压盖 | 1 | ZHMnD59-2-2 | |
| 5 | 柱塞 | 1 | 45 | |
| 4 | 螺柱 M8×35 | 2 | Q235A | GB 899—1988 |
| 3 | 垫圈 | 2 | Q235A | GB 93—1987 |
| 2 | 螺母 M8 | 2 | Q235A | GB/T 6170—2015 |
| 1 | 泵体 | 1 | HT150 | |

| 柱塞泵 | 比例 | 数量 | 材料 | (图号) |
|---|---|---|---|---|
| 制图 | | | (校名) | |
| 校核 | | | | |

班级　　姓名　　学号

## 作业 读装配图和由装配图拆画零件图

**一、目的**

（1）学习读装配图的方法和步骤，培养读装配图的能力。

（2）掌握由装配图拆画零件图的方法和步骤。

**二、要求**

（1）读懂部件的视图，了解其工作原理和装配关系，分析各零件的作用。

（2）在装配图中，根据零件的功用，想出各零件的主要结构形状，拆画出零件图。

**三、内容**

（1）读懂装配图，了解它们的工作原理、装配关系及装拆顺序。

（2）回答题目中的问题，并拆画零件草图。

（3）按教师指定，拆画 1～2 个零件的零件图，用 A3 或 A2 图纸。

**四、步骤**

（1）读装配图：按照教材中读装配图的方法和步骤，阅读后面的装配图。看懂部件的工作原理和装配关系，从装配图中把零件的各个投影分离出来，并根据零件的功用想象其完整的结构形状。

（2）由装配图拆画零件工作图：根据看图想象出的零件形状以及零件图的表达方法，按照教材中介绍的拆画零件图的方法和步骤，重新选择视图，画出零件图。

**五、思考题**

（1）装配图的功用、传动关系各是什么？

（2）装配图采用了哪些表达方法？各视图的表达重点是什么？

（3）简述装配示意图的画法。

（4）装配图中哪些是装配尺寸、安装尺寸、外形尺寸？叙述图中配合代号的意义。

（5）简述部件的装拆顺序。

（6）如何拆画指定的零件图？如何画出指定的剖视图、断面图等？

班级　　　　姓名　　　　学号

## 8-3 读装配图和由装配图拆画零件图(续)

读懂旋阀装配图,并回答右侧问题。

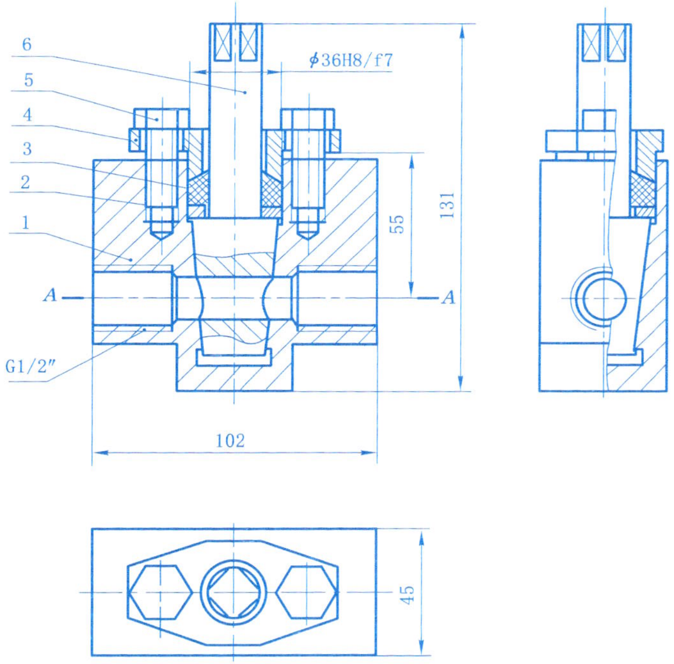


问题:

(1) 该装配体的名称、用途是什么? 共由几种零件组成? 其中哪几种为标准件?

(2) 试说明旋阀的工作原理。

(3) 件 1 和件 4 是什么配合?

(4) 件 3 起什么作用? 如何固定?

(5) 解释 G1/2″的含义。

(6) 作 A—A 剖视图。

(7) 拆画件 1 的零件草图。

| 序号 | 名称 | 数量 | 材料 | 备注 |
|---|---|---|---|---|
| 6 | 阀杆 | 1 | 45 | |
| 5 | 螺钉 M10×40 | 2 | 35 | GB/T 5783—2016 |
| 4 | 填料压盖 | 1 | 35 | |
| 3 | 填料 | 1 | 石棉绳 | |
| 2 | 垫圈 | 1 | Q235 | |
| 1 | 阀体 | 1 | 35 | |

| 旋阀 | | 比例 | 数量 | 材料 | (图号) |
|---|---|---|---|---|---|
| | | | | | |
| 制图 | | | (校名) | | |
| 校核 | | | | | |

班级　　　　姓名　　　　学号